U0163363

纺织服装高等教育"十二五"部委级规划教材

◎ 黄晓东 李成琴 主编

本书着重阐述有机化学的基础知识和基本原理，突出有机化合物的结构与性质的关系，在此基础上对纺织工业中应用较普遍的染料、表面活性剂、糖类化合物、氨基酸和蛋白质、高分子化合物等进行讨论，叙述上由浅入深，循序渐进，通俗易懂，便于自学。

纺织有机化学

FANGZHI YOUJI HUAXUE （2版）

东华大学出版社

内 容 提 要

本书为纺织服装高等院校"十二五"部委级规划教材。全书共十七章:第二～十一章为有机化学基础,按脂肪族和芳香族混合体系编写,主要介绍各类有机化合物的分类、命名、结构、性质及其应用;第十二～十七章主要介绍纺织工业中应用较多的糖类化合物、氨基酸和蛋白质、表面活性剂、染料、高分子化合物和合成纤维、红外光谱和核磁共振普等知识。

本书可作为纺织工程、染整、材料类有关专业的基础课教材,也可供相关专业的师生和工程技术人员参考。

图书在版编目(CIP)数据

纺织有机化学 / 黄晓东,李成琴主编. —2版. —上海:
东华大学出版社,2014.3
ISBN 978-7-5669-0442-3

Ⅰ.①纺… Ⅱ.①黄… ②李… Ⅲ.①纺织工业—有机
化学 Ⅳ.①TS101.3

中国版本图书馆 CIP 数据核字(2014)第 010236 号

责任编辑　张　静
装帧设计　魏依东

出　　　版:东华大学出版社(上海市延安西路 1882 号,200051)
本 社 网 址:http://www.dhupress.net
天猫旗舰店:http://dhdx.tmall.com
营 销 中 心:021-62193056　62373056　62379558
印　　　刷:江苏句容市排印厂
开　　　本:787 mm×1092 mm　1/16　印张 22.5
字　　　数:562 千字
版　　　次:2014 年 3 月第 2 版
印　　　次:2022 年 8 月第 3 次印刷
书　　　号:ISBN　978-7-5669-0442-3
定　　　价:59.00 元

2 版前言

　　本教材自 2008 年出版以来,在纺织服装类高等院校的教学中发挥了很好的作用,深受广大师生的欢迎。随着高等教育和教学改革的深入发展,教学内容和课程体系都随之发生变化。几年来,使用本书的广大师生对本书给予了很好的评价,同时也为本书的内容提出了一些问题和建议,为更好地满足广大读者的学习需求,我们决定修订本教材。

　　本次修订在听取了部分高校教师的建议的同时,继续保持第一版的特色:第二～十一章着重介绍有机化学的基础知识与基本原理,突出有机化合物的结构与性质的关系;第十二～十七章对纺织工业中应用较普遍的染料、表面活性剂、糖类化合物、氨基酸和蛋白质、高分子化合物、合成纤维等进行专章阐述,精选教材内容,体现由浅入深、循序渐进、通俗易懂,便于读者自学。本次修订主要对各章节中的部分内容(知识点和习题)进行调整、优化,做到与时俱进。

　　参加本书修订的有黄晓东副教授(第六、七、八、九、十三章)、王淑颖副教授(第二、三、四、十一、十六章)、金莹副教授(第五、十、十二章)、宋明姝讲师(第一、十四、十五章)、孟辉教授(第十七章)。李成琴教授进行审稿,提出了许多宝贵意见。最后由黄晓东统一修改定稿。

　　由于编者水平所限,不足之处在所难免,敬请广大读者批评指正,使本书在下一次修订时进一步完善。

黄晓东

2014 年 1 月于辽东学院

目 录 ▪

第一章 绪 论

本章将介绍有机化学的形成和发展过程,讨论有机化合物中共价键的形成、共价键的属性、有机反应的类型以及有机化合物的分类等问题。

一、有机化合物和有机化学

化学是研究物质的组成、结构、性质、合成方法以及它们之间相互转化规律的一门科学。物质就其组成和性质来说可以分为无机化合物和有机化合物两大类。无机化合物大多数是从矿物质中得到的,如金属、食盐等;而有机化合物在人们不能合成它们之前,都是来自动植物,如脂肪、蛋白质、糖等。

在人类与自然界的长期斗争中,很早以前就开始利用和制造有机物。如造酒、酿醋、造纸、浸提中草药等。在这方面,我国是比较先进的。从时间上至少可以追溯到四千年前的龙山文化期,那时就开始酿酒,但是由于生产力落后,尽管人们积累了丰富的经验,还未形成一门科学。

1806 年,瑞典的化学家,当时的化学权威贝齐里斯(J J Beyzelias)提出:只有生物体才能制造有机物,因为生物具有一种"生命力",因此,在实验室里不能制造有机物。生命力是什么? 他认为是一种神秘的、不可思议的东西。也是他第一次使用了"有机化学"这个名称,并给其下了定义:在动植物或在生命力影响下所生成的物质称有机物。这个唯心的生命力学说阻碍了有机化学的发展,尤其是减缓了有机合成的前进步伐。

1828 年德国 28 岁的青年化学家乌勒(Friedrich Wöhler,1800~1882 年)首次采用加热无机化合物氰酸铵的方法合成有机化合物尿素,从而冲破了"生命力"学说的束缚,这也是有机合成的开端。

$$NH_4OCN \xrightarrow{\triangle} H_2N-\overset{\displaystyle O}{\overset{\|}{C}}-NH_2$$

1845 年德国化学家柯贝尔(A W H Kolber)合成了醋酸。1845~1860 年法国化学家贝泰罗(M Berthelot)合成了许多有机化合物,包括脂肪族化合物。1861 年俄国化学家布特列洛夫(A M Butlerov)又合成了糖类化合物。1870 年德国化学家拜尔(Adolf-von Beyer)与他人合作,首次合成了靛蓝,他由于对靛蓝及其衍生物的深入研究而荣获 1905 年诺贝尔化学奖。

在许多事实面前,生命力学说彻底破产了,有机化学有了很大的发展。从乌勒合成尿素到现在虽然只有一百多年,但有机化学的发展日新月异,建立了各式各样的有机合成工业,为人类提供了生活所必须的染料、农药、塑料及药品,成为与人们衣、食、住、行密切相关的一门科学,与此同时,有机化学的理论也得到飞速发展。

现在我们继续沿用有机化学这个名称,但其含义已不同了,有机化合物都含有碳,绝大多数含有氢,有的有机物还含有氧、氮、卤素、硫和磷等元素。因此,有机化合物(organic compound)可以定义为碳氢化合物(烃)及其衍生物。但一氧化碳、二氧化碳、碳酸盐以及金属氰化物等含碳化合物因为它们的性质与无机物相似,仍属于无机物的范畴。有机化学(organic chemistry)是研究有机物的组成、结构、性质、合成方法、应用以及它们之间相互转变的内在联系的一门学科。

二、有机化合物中的共价键

共价键是有机化合物分子中最普遍的一种典型键,有机化合物的特点主要起因于分子中的共价键,它是研究有机化合物的结构与性质的关键。

1. 构造式的表示方法

有机化合物是以碳原子为骨架的化合物。碳元素处于元素周期表的第二周期第ⅣA族,它的最外层有四个价电子,既不易得电子也不易失去电子。碳元素的电负性大体上是各元素电负性数值的平均值。因此,碳元素形成化合物时不是靠电子的得失而是通过原子间共用电子对形成化学键,这种化学键就是共价键(covalent bond)。共用电子对与双方原子核相互吸引,使两个原子结合在一起。两个原子间通过共用一对、两对或三对电子形成的化学键分别叫单键、双键和叁键。例如,乙烷、乙烯、乙炔分子的电子式表示如下:

乙烷 乙烯 乙炔

这些式子被称为路易斯电子式。从电子式可以看出,共用电子对使分子中的每个氢原子和碳原子分别达到氦的电子构型。

为了书写方便,常用一根短线表示一对共用电子,在分子中一个原子周围的短线的数量就是该元素的化合价。例如,正丁烷的分子可以由下式表示:

$$
\begin{array}{c}
\quad\;H\;\;\;H\;\;\;H\;\;\;H \\
\;\;\;\;|\;\;\;\;\;|\;\;\;\;\;|\;\;\;\;\;| \\
H-C-C-C-C-H \\
\;\;\;\;|\;\;\;\;\;|\;\;\;\;\;|\;\;\;\;\;| \\
\quad\;H\;\;\;H\;\;\;H\;\;\;H
\end{array}
$$

在正丁烷分子中,每个碳原子都是四价,每个氢原子都是一价。这样的式子不但表明了每个原子的化合价,也表明了分子中原子间的连结顺序和方式,我们称之为构造式(constitution formula)。为了书写简便,还可以把构造式简写成:

$$CH_3-CH_2-CH_2-CH_3 \quad 或 \quad CH_3CH_2CH_2CH_3 \quad 或 \quad CH_3(CH_2)_2CH_3$$

环状化合物和链状化合物也可以用更简化的形式——键线式表示。例如:

$$\underset{\text{CH}_2}{\overset{\text{CH}_2}{\underset{|}{\text{CH}_2\text{—CH}_2}}} \qquad 写成 \qquad \triangle \qquad\qquad \underset{\text{CH}_2\text{—CH}_2}{\overset{\text{CH}_2\text{—CH}_2}{\underset{|}{}}}\text{CH—CH}_3 \qquad 写成$$

$$\text{CH}_3\text{—CH}_2\text{—CH—CH}_2\text{—CH}_2\text{—CH}_3 \qquad\qquad 写成$$
$$\underset{\text{CH}_3}{|}\ \ \underset{\text{CH}_3}{|}$$

在键线式中,碳和氢原子都不需标出,一般只需将每两条线画成一定角度,键线的端点或交点即为碳原子。碳原子如果与氢以外的其他原子相连,则应将其他原子标明。例如:

$$\underset{\text{CH}_2\text{—CH}_2}{\overset{\text{CH}_2\text{—CH}_2}{}}\text{C}{=}\text{O} \qquad 写成 \qquad {=}\text{O}$$

2. 原子轨道

20 世纪 20 年代,人们通过电子衍射实验证实电子、质子、中子等微观粒子具有波粒二象性。1926 年奥地利物理学家薛定谔(Schodinger)提出描述核外电子运动状态的数学方程,称为薛定谔方程。用量子力学(能量量子化)求解薛定谔方程可以得到一个包含空间坐标 x,y,z 的函数解 ψ,ψ 称波函数,是描述核外电子运动的状态函数,也叫原子轨道(valence bond)。我们可以以用电子云的概念来理解原子轨道,由于电子高速围绕原子核运动,就象笼罩在核外带负电的云,故称电子云。根据薛定谔方程可描述出核外电子在某一区域出现的概率大小,电子出现概率大的地方电子云密度就大。这种电子运动出现的区域可以粗略地称为原子轨道。

3. 共价键的形成

1927 年海特勒(Heitler)和伦敦(London)首次用量子力学处理氢分子并把结果推广到多原子分子。该理论假定两个原子在未化合时其外层原子轨道中各有一个未成对电子,当它们互相接近时,如果未成对电子自旋方向反平行($\uparrow\downarrow$),则互相吸引,体系的能量逐渐降低到最低值,两个电子配对形成共价单键(即两个原子轨道中电子云重叠),两个原子结合为稳定的分子,此状态为基态;如果两个原子所带的未成对电子自旋平行($\uparrow\uparrow$),它们互相接近时产生斥力,体系能量升高,故不能成键,此状态为排斥态。在基态时核间的电子云密度比较高,这表示两个原子轨道重叠,形成稳定的化学键;重叠越多,电子云密度越大,共价键越牢固。在排斥态时,两核间的电子云密度很小,表示原子轨道重叠少,不利于形成分子。由于这种方法基于电子配对成键,故又叫电子配对法,它与共价键概念一致。例如,氢原子有一个未成对电子,氯原子也有一个未成对电子,当这两个电子自旋反平行时可以配对,以共价键形成氯化氢分子(H:Cl)。

价键理论认为一个电子与另一个电子配对以后,就不能再与第三个原子的电子配对,这种性质称为共价键的饱和性。例如,氯化氢分子中的氢原子和氯原子的未成对电子已互相配对,就不能再与其他的原子化合。

原子形成分子时,若电子云重叠越多,则形成的共价键越牢固,因此要尽可能在电子云密度最大处重叠,这就是共价键的方向性。例如,氢原子的 $1s$ 轨道与氯原子的 $2p$ 轨道重叠会有三个不同方向:(a)氢原子沿 x 轴方向接近氯原子时,电子云重叠最大,形成稳定的结合状态;(b)氢原子沿 y 轴(或 z 轴)方向接近氯原子,电子云基本没有重叠,故不能形成分子;(c)氢原子沿 x 轴(或 y 轴或 z 轴)以外的方向接近氯原子,电子云重叠很少,不能形成稳定的分子。如图 1-1 所示。

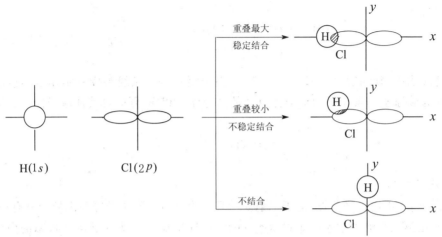

图 1-1　s 和 p 原子轨道的三种重叠形式

鲍林(Pauling)在经典价键理论基础上提出了杂化理论和共振理论,将在后面有关章节中予以介绍。

4.共价键的基本属性

(1)键长

以共价键相结合的两个原子的核间距离称作键长(bond length),不同的共价键具有不同的键长。相同的共价键虽然会受到分子中其他键的影响而稍有差异,但基本上相同。一些常见共价键的键长见表 1-1。

表 1-1　常见共价键的键长

键的种类	键长/nm	键的种类	键长/nm
C—C	0.154	C—N	0.147
C=C	0.134	C—F	0.141
C≡C	0.120	C—Cl	0.177
C—H	0.109	C—Br	0.191
C—O	0.143	C—I	0.212
C=O	0.122	N—H	0.109

(2)键角

任何一个二价以上的原子,它与其他原子所形成的两个共价键之间都有一个夹角,这个夹角称键角(bond angle)。例如,H_2O 分子有两个 O—H 键,这两个 O—H 键之间夹角就是 H_2O 分子的键角,实验测得 H_2O 分子的键角是 104.5°,如图 1-2。

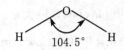

图 1-2 H₂O 分子的键角

在有机物分子中,碳原子与其他原子所形成键角大致有以下几种情况:C 原子以四个单键分别与四个原子相连接时,键角接近 109.5°;C 原子以一个双键和两个单键分别与三个原子相连接时,键角接近 120°;C 原子以一个叁键和一个单键或两个双键分别与两个原子相连接时,键角是 180°。

(3)键能

原子结合为分子形成共价键时有能量放出,而分子分解为原子时破坏共价键必须吸收能量。对双原子分子来说,共价键断裂时所吸收的能量叫离解能,又称键能(bond energy)。例如,在 25℃时,1 摩尔氢分子在基态下分解成 2 摩尔氢原子所需的热量为 435 kJ·mol⁻¹。

$$H—H \longrightarrow 2H \qquad \triangle H = 435 \text{ kJ·mol}^{-1}$$

$\triangle H$——反应热焓变,正值表示吸热,负值表示放热。

对于多原子分子,键能不等于离解能。离解能指的是断裂分子中某一个键所需的能量,而键能是指多原子分子中几个同类型键的离解能的平均值。例如,甲烷分子中每一个 C—H 键的离解能并不同,断裂第一个 C—H 键的离解能为 423 kJ·mol⁻¹,断裂第二、第三、第四个 C—H 键的离解能依次为 439 kJ·mol⁻¹、448 kJ·mol⁻¹ 和 347 kJ·mol⁻¹,因此,C—H 键的平均离解能为:

$$(423+439+448+347)/4 = 414 \text{ kJ·mol}^{-1}$$

键能可以用来衡量键的强度,通常键能越大则键越牢固。利用键能数据也可以计算化合物的相对稳定性和反应热。常见的共价键键能列于表 1-2 中。

表 1-2　常见共价键的键能(kJ·mol⁻¹)

键的种类	键能	键的种类	键能
C—C	347	C—Cl	339
C—H	414	C—Br	285
C—N	305	C—I	218
C—F	485	C═C	611
C—O	360	C≡C	837
H—H	435	N—H	389

(4)共价键的极性

相同的原子或电负性接近的原子所形成的键,由于它们对电子的吸引力相同或相近,这种共价键没有极性,叫做非极性键(nonpolar bond)。在有机物分子中最常见的非极性键是 C—H 和 C—C 键。电负性不同的原子所形成的键,由于电负性较大的原子对成键电子有较大的吸引力而带有部分负电荷;电负性较小的原子则带有部分正电荷。这样,成键电子对在两核间分布不是均等的,使键产生了偶极,这种键叫极性共价键(polar covalent bond)。键极性的大小主要取决于成键两原子的电负性的差值大小。几种常见元素的电负性见表 1-3。

表 1-3 有机化学中常见元素的电负性值

H						
2.1						
Li	Be	B	C	N	O	F
1.0	1.5	2.0	2.5	3.0	3.5	4.0
Na	Mg	Al	Si	P	S	Cl
0.9	1.2	1.5	1.8	2.1	2.5	3.0
K	Ca					Br
0.8	1.0					2.8
						I
						2.5

一般说来,两种元素电负性相差 1.7 以上者形成离子键;相差 0～0.6 之间者形成非极性共价键;相差在 0.6～1.7 之间者形成极性共价键。

键的极性可用 δ^+ 或 δ^- 标记。δ^+ 表示具有部分正电荷,δ^- 表示具有部分负电荷。例如:

$$\overset{\delta^+}{H}—\overset{\delta^-}{Cl} \qquad \overset{\delta^+}{CH_3}—\overset{\delta^-}{O}—\overset{\delta^+}{CH_3}$$

如上所述,极性共价键由于电荷分布不均匀,使正电荷中心与负电荷中心不能重合,因而形成偶极。键的极性大小由键矩(bond moment)来衡量,用 μ 表示。$\mu = q \times d$,其中 q 为正电荷中心或负电荷中心的电荷值,单位为 C(库仑);d 为正负电荷之间的距离,单位为 m(米),键矩 μ 的单位为 C·m。键矩是向量,用符号 $\longmapsto$ 表示,箭头指向键的负电荷一端。如:

$$H \longmapsto Cl$$

$$\mu = 3.4 \times 10^{-30} C·m \qquad \mu = 0$$

在双原子分子中键的极性就是分子的极性。在多原子分子中分子的极性是分子中各个键矩的向量和,叫偶极矩(dipole moment),也用 μ 表示,单位为 C·m。根据偶极矩可以大体确定分子的对称性。反之,若已知分子为对称性分子,则偶极矩必等于零。例如,在四氯化碳分子中,虽然 C—Cl 键的键矩为 $1.56 \times 10^{-30} C·m$,但由于分子对称,其键矩的矢量和为零,即分子的偶极矩为零,故四氯化碳是非极性分子。二氧化碳分子中虽有两个极性的 C=O 键,但由于是线型分子,并且分子是对称的,分子没有极性,偶极矩为零。已知水分子的偶极矩为 $1.84 \times 10^{-30} C·m$,且 O—H 键的键矩的矢量和并不为零,由此可知水分子必定不是线型分子。

分子的极性对物质的物理性质,如沸点、熔点、溶解度等都有影响,键的极性也影响物质的化学性质。

三、有机反应的类型

有机反应是旧键的断裂和新键的生成。根据共价键的断裂方式的不同,可以把有机反应分为自由基型、离子型和协同反应。

共价键的断裂方式有两种。一种是成键的一对电子平均分给两个成键的原子或基团,这种断裂方式称均裂(homolysis)。均裂一般在光或热的作用下发生。均裂产生的未成对电子的原子或基团,称为自由基(或游离基)。

$$A:B \xrightarrow{\text{均裂}} A \cdot + \cdot B$$
$$\text{自由基} \quad \text{自由基}$$

另一种断裂方式是成键的一对电子完全为成键原子中的一个原子或基团所占有,形成正、负离子,这种断裂方式称为异裂(heterolysis)。

$$A:B \xrightarrow{\text{异裂}} A^+ + :B^-$$

酸、碱或极性溶剂有利于共价键的异裂。当成键两原子之一是碳原子时,异裂既可生成碳正离子,也可以生成碳负离子。

自由基、碳正离子和碳负离子都是在反应过程中暂时存在的活性中间体。在有机反应中,根据生成的中间体的不同,将反应分为自由基型反应和离子型反应。通过共价键均裂生成自由基中间体的反应,称为**自由基型反应**;通过共价键异裂生成碳正离子或碳负离子中间体而进行的反应称为**离子型反应**。离子型反应又根据试剂的类型不同,分为亲核反应和亲电反应两大类型。由亲核试剂进攻而发生的反应,叫做亲核反应;由亲电试剂进攻而发生的反应,叫做亲电反应。在这两大类型反应中,又根据反应进行的方式分为取代反应、加成反应、消除反应等,分别称为亲核取代、亲核加成、亲电取代、亲电加成、亲核消除和亲电消除等。

还有一类反应,反应过程中旧键的断裂和新键的生成同时进行,无活性中间体生成,这类反应称为协同反应。

四、有机化合物的分类

有机化合物的数目非常庞大,为了便于研究与学习,将有机化合物进行科学的分类是必要的。一般采用两种分类方法:一种按碳骨架分类,一种按官能团分类。

1. 按碳骨架分类

根据有机物分子中的碳原子结合方式的差异,可将有机物分为以下三大类。

(1)开链化合物

分子中的碳原子连接成链状,其中碳原子之间可以通过单键、双键或叁键相连,此类化合物也称脂肪族化合物。例如:

$$CH_3-CH_2-CH_2-CH_3 \qquad \underset{\text{2,4-二甲基-1-戊烯}}{CH_2=\overset{\overset{\displaystyle CH_3}{|}}{C}-CH_2-\overset{\overset{\displaystyle CH_3}{|}}{CH}-CH_3} \qquad CH_3-CH_2-COOH$$

$$\underset{\text{丁烷}}{} \qquad\qquad\qquad \underset{\text{丙酸}}{}$$

(2) 碳环化合物

分子中碳原子间结合成环状结构的化合物。它又可分成两类：

① 脂环化合物

分子中有环状的碳架。因为它们的性质和脂肪族化合物相似，所以称脂环化合物。例如：

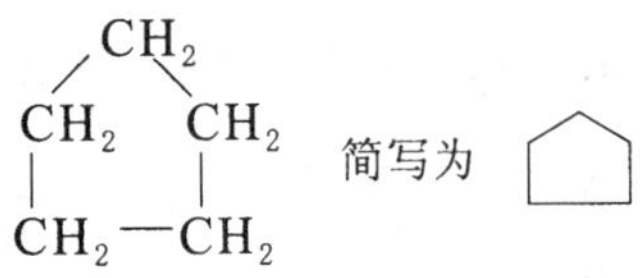

环戊烷 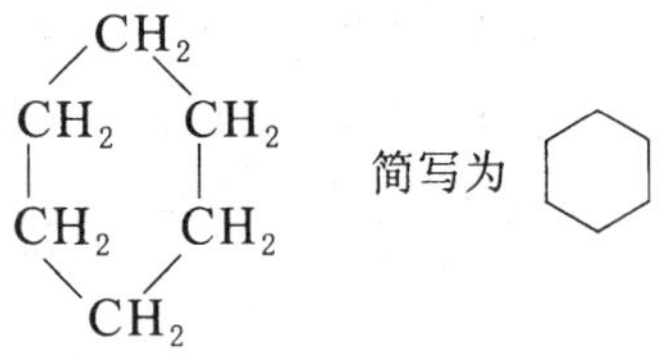   环己烷

② 芳香族化合物

这类化合物一般含有苯环，其性质与脂环化合物不同，它们在性质上最显著的特点是具有芳香性。例如：

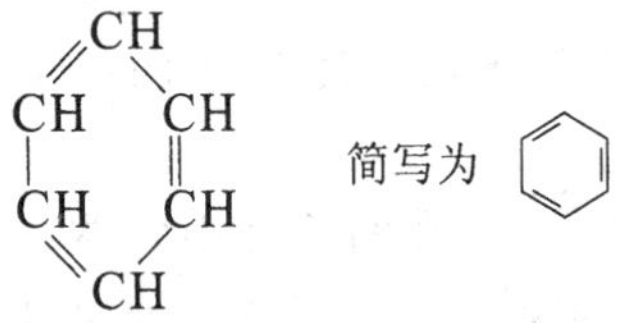

苯 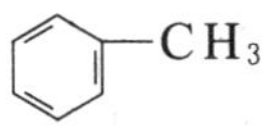   甲苯 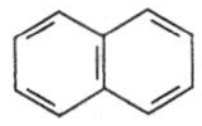   萘

(3) 杂环化合物

这也是一类环状化合物，不过分子中组成环的原子除碳以外，还有其他的原子，如 O、N、S 等，这类化合物也具有芳香性。例如：

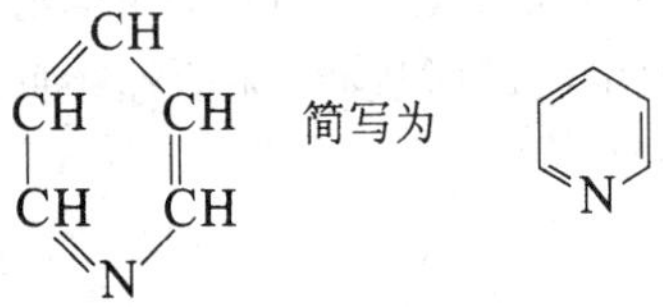

吡啶 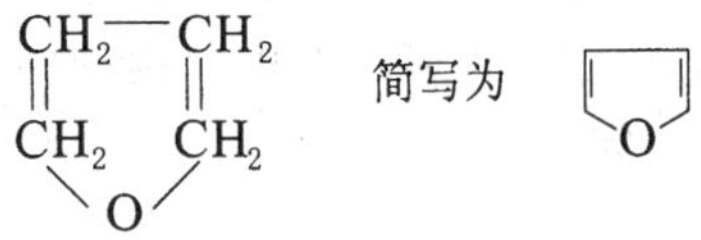   呋喃

2. 根据官能团分类

官能团是一类决定化合物特性的原子或原子团。具有相同官能团的化合物具有相近的性质。因此按官能团的不同可将有机物分为不同的类型。常见的重要官能团见表 1-4。

表 1-4　常见官能团及对应化合物的类别

化合物类别	官能团结构	官能团名称	实例
烯	$C=C$	碳碳双键	$CH_2=CH_2$
炔	$-C\equiv C-$	碳碳叁键	$CH\equiv CH$
卤代烃	$-X(X=F、Cl、Br、I)$	卤原子	CH_3CH_2Cl

8

化合物类别	官能团结构	官能团名称	实例
醇	—OH	羟基	CH_3CH_2OH
酚	—OH	羟基	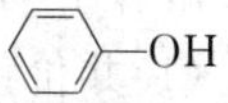 ⬡—OH
醚	(R)—O—(R)	醚键	$CH_3—O—CH_3$
醛	—CHO	醛基	$CH_3—CHO$
酮	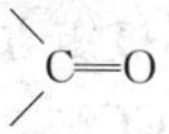 ＼C＝O／	酮基（羰基）	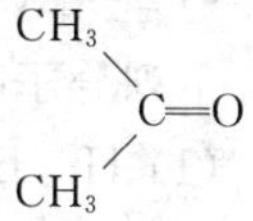 CH_3 ＼C＝O／ CH_3
羧酸	—COOH	羧基	$CH_3—COOH$
胺	—NH₂	氨基	$CH_3CH_2—NH_2$
硫醇	—SH	巯基	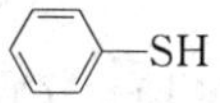 ⬡—SH
腈	—CN	氰基	$CH_3CH_2—CN$
硝基化合物	—NO₂	硝基	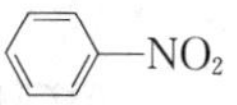 ⬡—NO₂

本书将主要按官能团分类进行研究与讨论。

五、有机化学与纺织工业

纺织工业所涉及的许多原材料如纤维、染料、浆料、纺织助剂等绝大多数都是有机化合物,各种天然纤维制成的织物通常要经过缫丝、脱胶、洗毛、梳棉、上浆、纺织、织造、编织以及退浆、漂白、染色、印花、整理等一系列的物理和化学加工过程,这些加工过程都要涉及到许多有机化学的基础知识——基本反应和基本理论,有的还必须使用各种纺织助剂,如抗静电剂、精练剂、漂白剂、乳化剂、粘合剂、染料以及各种功能的整理剂等,这些药剂绝大部分属于精细化工产品。

纺织有机化学是纺织、印染等专业的一门重要的基础课。在有限的学习时间里,应主要掌握本学科的基本规律,熟悉有机化合物的基本类型、组成、结构、性能、合成方法以及它们之间相互联系的规律和理论。掌握这些基本规律和理论,不仅是为了能更好地学习后续课程,更重要的是,在掌握比较全面的基本原理的基础上,根据今后工作的需要,能进一步学习和钻研与专业密切相关的有机化学知识。

习 题

1. 解释下列名词：

    (1)共价键   (2)键长   (3)键角   (4)键能

    (5)极性共价键   (6)异裂   (7)均裂

2. 写出下列官能团的电子式：

    (1) $-NO_2$ (2) $-NO$ (3) $-COOH$ (4) $-CN$

3. 下列分子哪些为极性分子？用箭头把它们的偶极矩方向表示出来。

    (1) $H-Br$ (2) I_2 (3) CCl_4 (4) CH_3-Cl

    (5) CH_3-O-CH_3 (6) NH_3

4. 按照不同的碳架和官能团，分别指出下列化合物是属于哪一族、哪一类化合物？

(1) 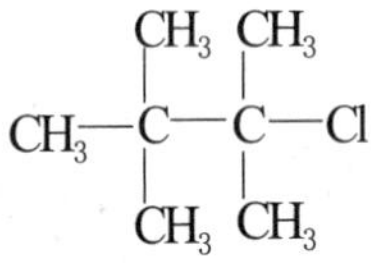
$$CH_3-\overset{\displaystyle CH_3}{\underset{\displaystyle CH_3}{C}}-\overset{\displaystyle CH_3}{\underset{\displaystyle CH_3}{C}}-Cl$$

(2) 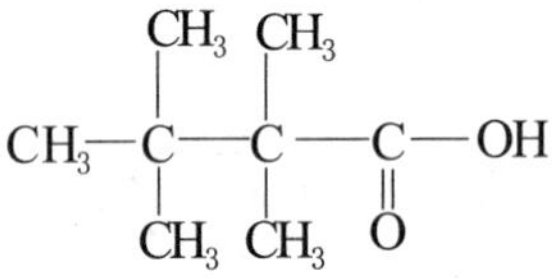
$$CH_3-\overset{\displaystyle CH_3}{\underset{\displaystyle CH_3}{C}}-\overset{\displaystyle CH_3}{\underset{\displaystyle CH_3}{C}}-\overset{\displaystyle }{\underset{\displaystyle O}{C}}-OH$$

(3) 环戊酮

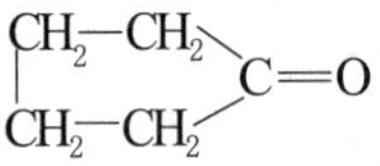

(4) 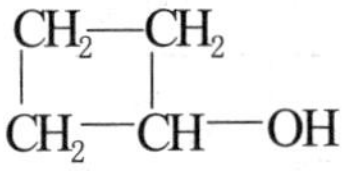 环丁基甲醇 CH_2-CH_2 / $CH_2-CH-OH$

(5) 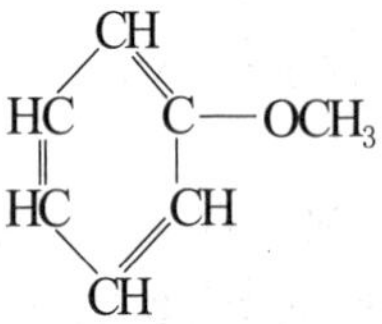 茴香醚（甲氧基苯）

(6) 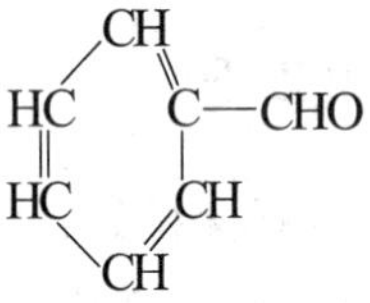 苯甲醛 $-CHO$

(7) 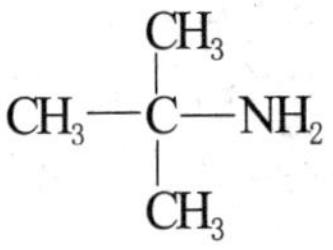
$$CH_3-\overset{\displaystyle CH_3}{\underset{\displaystyle CH_3}{C}}-NH_2$$

(8) 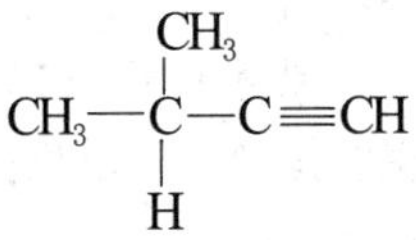
$$CH_3-\overset{\displaystyle CH_3}{\underset{\displaystyle H}{C}}-C\equiv CH$$

(9) 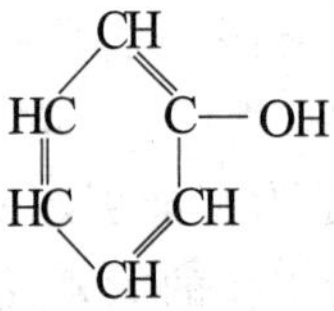 苯酚 $-OH$

(10) 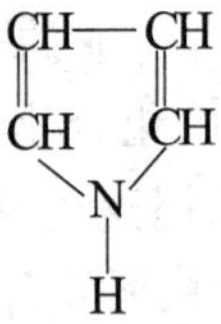 吡咯

5. 根据官能团区分下列化合物，哪些属于同一类化合物？

    (1) 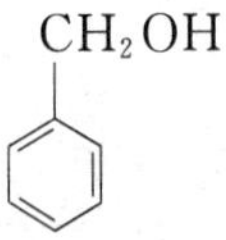 $C_6H_5CH_2OH$

    (2) 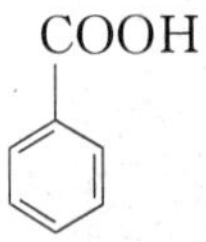 C_6H_5COOH

    (3) 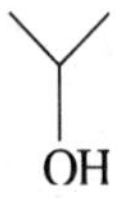 异丙醇 OH

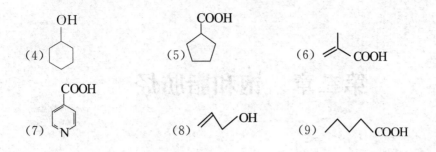

第二章　饱和脂肪烃

只由碳、氢两种元素组成的有机化合物称为碳氢化合物（hydrocarbons），简称为**烃**。烃分子中的氢原子被其他原子或原子团取代所生成的化合物，称为**烃的衍生物**。因此，烃是最基本的一类有机物，可看作是有机化合物的母体，其他有机化合物可以看作是烃的衍生物。

根据分子中碳原子间的连接方式，可以把烃分类如下：

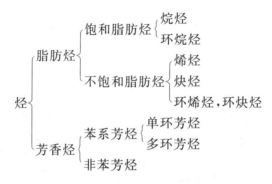

开链烃是指分子中的碳原子相连成链状（非环状）所形成的化合物。如果烃分子中碳和碳之间都以单键相连，其余的价键都被氢原子所饱和，则称为饱和烃（saturated hydrocabon），烷烃和环烷烃通常也称为饱和脂肪烃。开链的饱和烃称为烷烃（alkanes）；具有环状结构的饱和烃称为环烷烃（cycloalkane）。本章主要讨论饱和烃的结构、命名方法、分子的构象、环的稳定性以及自由基取代反应的反应历程。

第一节　烷　烃

一、烷烃的同系列和同分异构现象

1. 烷烃的同系列

烷烃是由一系列化合物所组成的，例如：甲烷（CH_4）、乙烷（C_2H_6）、丙烷（C_3H_8）等。所有的烷烃在组成上都有一个共同的规律，即如果碳原子数是 n，则氢原子数就是 $2n+2$。所以可以用通式 C_nH_{2n+2} 表示烷烃的分子组成。n 为正整数，$C_{35}H_{72}$ 是目前相对分子质量最大的烷烃。

结构上相似，组成上差一个或多个 CH_2，而且具有同一个通式的一系列化合物叫同系列（homologous serie）。同系列中的各个化合物互称同系物（homolog）；同系列中，相邻两个分子式差值 CH_2 称为系列差。

同系物的结构相似,故其化学性质相似,其物理性质(如沸点、熔点、相对密度、溶解度等)随碳原子数的增加呈现出规律性的变化。因此,当知道了同系列中某些同系物的性质后,就可以推测其他同系物的性质。对于了解和研究有机化合物的性质,这点很重要的,当然真实的结论还需要通过实践来验证。

2. 同分异构现象

有机化合物的结构是指分子中原子间相互连接的方式和次序以及在空间的相对位置。分子式相同而结构不同的化合物称为**同分异构体**(isomer),简称异构体,这种现象称同分异构现象。

分子中原子或原子团相互连接的方式和次序称构造(constitution)。由构造不同而产生的同分异构称**构造异构**(constitutional isomerism),构造异构是同分异构的一种(以后还将介绍其他类型的同分异构)。分子中碳原子数目越多,异构体就越多,如 C_4H_{10} 有两种构造异构体,C_5H_{12} 有 3 种构造异构体,而 $C_{10}H_{22}$ 有 75 种异构体。C_5H_{12} 的三种异构体为:

$$CH_3-CH_2-CH_2-CH_2-CH_3 \qquad CH_3-\overset{\displaystyle CH_3}{\overset{\displaystyle |}{CH}}-CH_2-CH_3 \qquad CH_3-\overset{\displaystyle CH_3}{\underset{\displaystyle CH_3}{\overset{\displaystyle |}{\underset{\displaystyle |}{C}}}}-CH_3$$

烷烃的这种同分异构现象是由于分子中的碳原子的连接方式不同(即碳链的不同)造成的,这种构造异构又称碳链异构。

随着分子中的碳原子数的增多,烷烃的构造异构现象越来越复杂,构造体的数目也越来越多,同分异构现象是造成有机化合物数量众多的原因之一。

二、烷烃的命名

1. 普通命名法

命名基本原则:

(1)含有 10 个或 10 个以下碳原子的直链烷烃,用天干顺序甲、乙、丙、丁、戊、己、庚、辛、壬、癸 10 个字分别表示碳原子的数目,按分子中碳原子的数目称"正某"烷。

例如:$CH_3CH_2CH_2CH_3$ 命名为正丁烷。

(2)含有 10 个以上碳原子的直链烷烃,用中文小写数字表示碳原子的数目。

例如:$CH_3(CH_2)_{10}CH_3$ 命名为正十二烷。

(3)对于含有支链的烷烃,则必须在某烷前面加上一个汉字来区别。直链烷烃称"正"(normal 或 n -)某烷;链端第二个碳原子上有一个甲基支链的称"异"(iso 或 i -)某烷;链端第二个碳原子上有二个甲基支链的称"新"(neo)某烷。例如前面 C_5H_{12} 的三种异构体的命名:

$$CH_3-CH_2-CH_2-CH_2-CH_3 \qquad CH_3-\overset{\displaystyle CH_3}{\overset{\displaystyle |}{CH}}-CH_2-CH_3 \qquad CH_3-\overset{\displaystyle CH_3}{\underset{\displaystyle CH_3}{\overset{\displaystyle |}{\underset{\displaystyle |}{C}}}}-CH_3$$

正戊烷(沸点 36.1℃)   异戊烷(沸点 28℃)   新戊烷(沸点 9.5℃)

普通命名法只适用于结构比较简单的化合物,结构复杂的化合物的命名需用系统命名法。

2.系统命名法

(1)烷基

烃分子中去掉一个氢原子后所剩下的基团叫做烃基。烷烃分子中去掉一个氢原子后所剩下的基团叫做烷基(alkyl groups),通常用—R表示。例如一些常见的烷基:

$$CH_3— \qquad CH_3CH_2— \qquad CH_3CH_2CH_2— \qquad CH_3CH—$$
$$\qquad\qquad\qquad\qquad\qquad\qquad\qquad\qquad\qquad\qquad | \\ \qquad\qquad\qquad\qquad\qquad\qquad\qquad\qquad\qquad\qquad CH_3$$

甲基	乙基	正丙基	异丙基
(methyl)	(ethyl)	(n-propyl)	(i-propyl)

$$CH_3CH_2CH_2CH_2— \qquad CH_3CHCH_2CH_3 \qquad CH_3CHCH_2— \qquad CH_3—\overset{\displaystyle CH_3}{\underset{\displaystyle CH_3}{C}}—$$

正丁基	仲丁基	异丁基	叔丁基
(n-butyl)	(s-butyl)	(i-butyl)	(t-butyl)

(2)系统命名法

1892年在日内瓦召开的国际化学会议,对有机物拟定了一种系统命名规则。目前国际上普遍采用的是由国际纯粹与应用化学联合会(International Union of Pure and Applied Chemistry,简称IUPAC)经多次修订后的该规则。系统命名法(systematic nomenclature)是以IUPAC命名法为基础,再结合我国的文字特点制定的。

①直链烷烃按碳原子数目称"某烷",十个碳以下的用天干,十个碳以上的用中文数字表示。

例:$CH_3CH_2CH_2CH_3$ \qquad $CH_3(CH_2)_6CH_3$ \qquad $CH_3(CH_2)_9CH_3$

丁烷 \qquad\qquad\qquad 辛烷 \qquad\qquad\qquad 十一烷

②支链烷烃的命名

第一,选择主链:选择最长的碳链作为主链,其余碳原子作为支链,根据主链上碳原子的数目命名为"某烷",支链为"某基"。若有两个等长的碳链可作主链时,选择支链较多的做主链。

第二,编号:从靠近支链的一端开始给主链碳原子编号,并使所有取代基的位次之和最小。当有相同位次编号的不同取代基时,应按次序规则(详见第三章烯烃的顺反异构体的命名,常见的烷基优先次序:异丙基>正丙基>乙基>甲基)将较优基团排在最后。

第三,命名:把取代基(支链)的名称、位置、数目按次优基团在前,较优基团在后写在"某烷"之前。多个相同取代基的位次编号之间用逗号隔开,位次编号与名称之间用"-"隔开。

例如:

4-乙基辛烷 \qquad\qquad\qquad\qquad\qquad\qquad 2-甲基-5-乙基庚烷

14

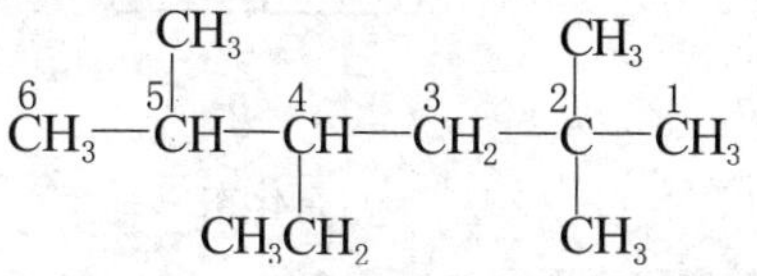

$$CH_3 \qquad\qquad CH_3$$
$$\overset{6}{C}H_3 - \overset{5}{C}H - \overset{4}{C}H - \overset{3}{C}H_2 - \overset{2}{C} - \overset{1}{C}H_3$$
$$\qquad CH_3CH_2 \qquad\qquad CH_3$$

2,2,5-三甲基-4-乙基己烷

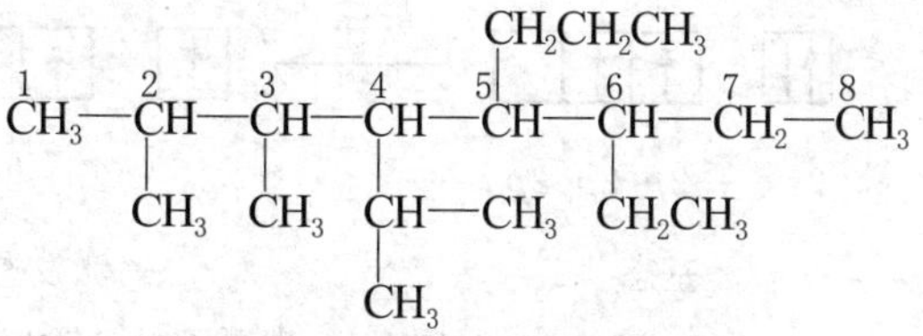

$$CH_2CH_2CH_3$$
$$\overset{1}{C}H_3 - \overset{2}{C}H - \overset{3}{C}H - \overset{4}{C}H - \overset{5}{C}H - \overset{6}{C}H - \overset{7}{C}H_2 - \overset{8}{C}H_3$$
$$\quad CH_3 \quad CH_3 \quad CH \quad CH_3 \; CH_2CH_3$$
$$\qquad\qquad\qquad\qquad CH_3$$

2,3-二甲基-6-乙基-5-丙基-4-异丙基辛烷

(3)碳原子和氢原子的类型:

只与 1 个碳原子相连接的碳原子称伯碳原子(primary carbon),也称一级碳原子或 1°碳原子;与 2 个碳原子相连接的碳原子称仲碳原子(secondary carbon),也称二级碳原子或 2°碳原子;与 3 个碳原子相连接的碳原子称叔碳原子(tertiary carbon),也称三级碳原子或 3°碳原子;与 4 个碳原子相连接的碳原子称季碳原子(quaternary carbon),也称四级碳原子或 4°碳原子。例:

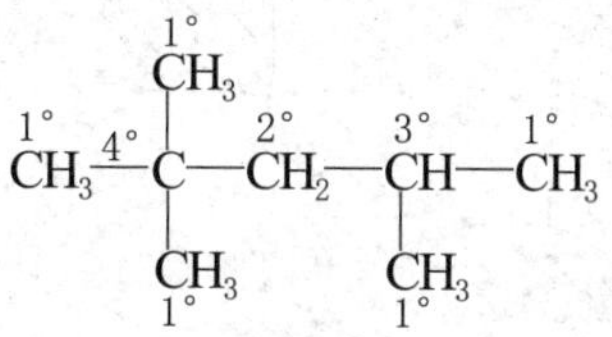

$$\overset{1°}{C}H_3$$
$$\overset{1°}{C}H_3 - \overset{4°}{C} - \overset{2°}{C}H_2 - \overset{3°}{C}H - \overset{1°}{C}H_3$$
$$\underset{1°}{C}H_3 \qquad\qquad \underset{1°}{C}H_3$$

与伯、仲、叔碳原子相连接的氢原子相应地分别叫做伯、仲、叔氢原子,或一级、二级、三级氢原子,也称 1°、2°、3°氢原子。不同类型的氢原子的活泼性是有一定差别的。

三、烷烃的结构——sp^3 杂化轨道

1. 甲烷的结构

甲烷是烷烃中最简单的化合物,碳的原子序数是 6,处于基态的碳原子的电子排布是 $1s^2 2s^2 2p_x^1 2p_y^1 2p_z^0$,只有两个单电子,应该形成二价化合物。但近代物理方法证明,甲烷分子中碳是四价的,而且四个键是等同的,甲烷分子中 C—H 键长 0.11nm,键角为 109.5°,分子为正四面体构型,碳原子位于正四面体的中心,四个氢原子位于四面体的四个顶点上。

根据量子力学的观点,原子在化合的过程中,原有的原子轨道混合起来重新组合,形成一组新的轨道,这种重新组合的过程叫杂化(hybridization),所形成的新轨道叫**杂化轨道**(hybridorbitals)。杂化理论认为,$2s$ 和 $2p$ 同属于一个电子能级层,它们之间的能量差很小,当碳原子和氢原子形成甲烷时,在氢原子的作用下,碳原子的 $2s$ 轨道中的一个电子被激发到 $2p_z$ 轨道上,使碳原子外层有四个未成对电子,它们的能量和电子云形状不完全相同,所以,这四个原子轨道要进行重新组合,形成新的等数目的原子轨道,即所谓的杂化轨道。杂化轨道的能量、形状相同,但伸展方向不同。杂化轨道的电子云在轨道对称轴的一个方向上集中,并沿对称轴对称分布。由 1 个 s 轨道和 3 个 p 轨道形成的杂化,称 sp^3 杂化。4 个 sp^3 杂化轨道的对称轴指向正四面体的四个顶点方向,之间的夹角为 109.5°,它们之间的排斥力最小,形成的体系也最稳定(如图 2-1、2-2)。

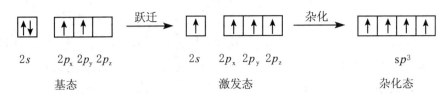

图 2-1 碳原子 sp^3 杂化过程轨道示意图

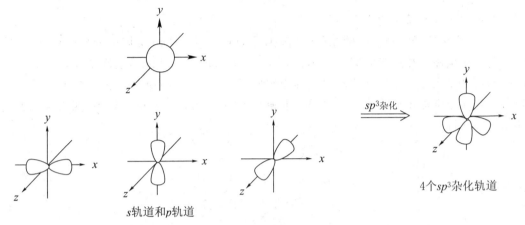

图 2-2 碳原子的 sp^3 杂化立体图示

甲烷的形成：

当形成甲烷分子时，碳原子的四个 sp^3 杂化轨道与四个氢原子的 $1s$ 轨道沿轨道对称轴进行"头碰头"的重叠，形成四个完全相同的 C—H σ 键，所以甲烷分子中碳原子的四个价键是等同的，由此甲烷分子中一个碳原子和四个氢原子构成正四面体构型（见图2-3）。

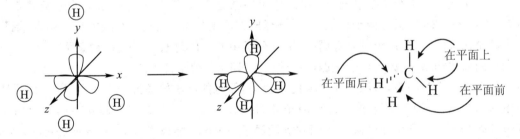

图 2-3 甲烷分子的形成

2. 乙烷的结构

碳原子为 sp^3 杂化，碳与碳之间各拿出一个 sp^3 杂化轨道沿轨道对称轴进行"头碰头"的重叠，每个碳原子剩余的 3 个 sp^3 杂化轨道分别与 3 个氢原子沿轨道对称轴进行"头碰头"的重叠。这样就形成了乙烷分子（见图2-4）。

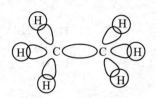

图 2-4　乙烷分子的结构

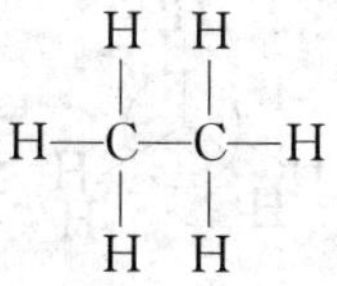

价键式　　　　示性式　　　　透视式 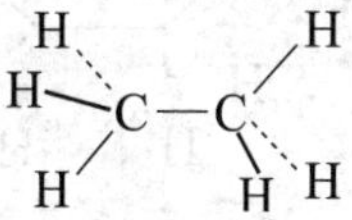　　　　三维透视式

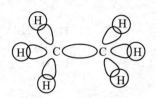

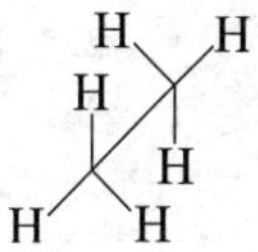

CH₃—CH₃

在烷烃分子中 C 原子都是采取 sp^3 杂化的,由于 sp^3 杂化轨道分布呈正四面体构型,所以高级烷烃分子中的碳链排布呈锯齿型。例如:

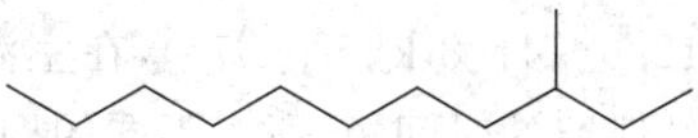

3-甲基十一烷

烷烃中 C—C 键和 C—H 键的形成,均是电子云沿着原子轨道对称轴方向即以"头碰头"发生重叠,这种重叠方式形成的共价键称 σ 键,其特点为:电子云在成键的两原子之间,具有轴对称性;电子云离原子核近,电子流动性小,较稳定,不易断键;σ 键两端的原子或原子团可以绕键轴自由旋转。

四、烷烃的构象

烷烃中只有 σ 键(C—C σ 键和 C—H σ 键),σ 键的特点之一是成键的两个原子可以围绕键轴自由旋转,使分子中的氢原子或烷基在空间的排列方式不断地发生变化,即分子的立体形象不断地改变。这种由于围绕 σ 键旋转而产生的分子的各种立体形象称为**构象**(conformation)。由此产生的异构体称为**构象异构体**(conformers)。

1. 乙烷的构象

当乙烷分子中的两个碳原子沿 C—C σ 键相对旋转时,一个碳原子上的氢原子与另一个碳原子上的氢原子的相对位置将不断改变,产生无数种构象,但只有两种典型构象——交叉式构象(staggered conformer)和重叠式构象(eclipsed conformer)。表示构象可以用透视式(sawhorse projection)或纽曼投影式(Newman projection)(见图 2-5)。

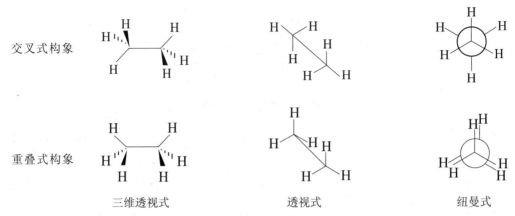

	三维透视式	透视式	纽曼式
交叉式构象			
重叠式构象			

图 2-5　乙烷分子的构象

交叉式是最稳定的构象,此时每两个 H 原子的距离最远,内能最低,是乙烷的稳定构象或优势构象。重叠式构象最不稳定,此时每两个 H 原子的距离最近,能量最高。

单键旋转的能量一般很小($12.6\sim41.8$ kJ·mol^{-1}),在室温下,分子的热运动即可达到此能量而使不同的构象相互转变,且停留的时间短,所以不同的构象是不能分开的(见图 2-6)。

透视式表示构象很直观,所有的原子和键都可见,但很难画好。纽曼投影式表示方法比较简单、清晰,画一个圆,圆心表示距观察者较近的一个碳原子,圆圈表示距观察者较远的另一个碳原子,圆心和圆圈上的三条线表示 C—H 键。

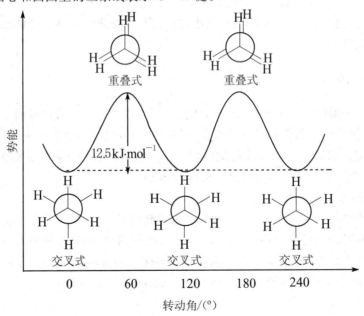

图 2-6　乙烷分子不同构象的能量曲线图

2. 正丁烷的构象

正丁烷可以看作是乙烷分子中的两个碳原子上各有一个氢原子被甲基所取代,它的构象较为复杂。当沿着 C_2 与 C_3 之间的 σ 键的键轴旋转时,可以形成四种极限构象。即:对位交叉式、邻位交叉式、部分重叠式、全重叠式(见图 2-7)。

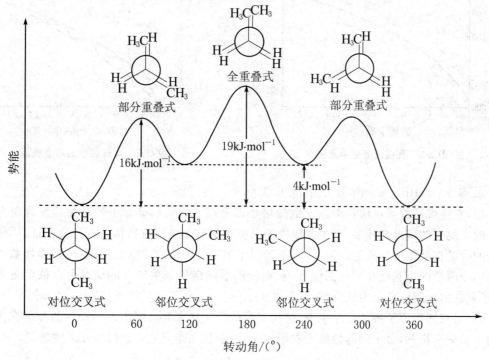

图 2-7　正丁烷分子不同构象的能量曲线图

从图中可看出势能高低顺序为:全重叠式>部分重叠式>邻位交叉式>对位交叉式。

尽管这几种构象之间有较大的能差,但它们仍可通过分子的热运动实现相互间的转化,其中以最稳定的对位交叉式所占比例最多,约占63%。因此,对位交叉式构象是正丁烷的优势构象。

五、烷烃的物理性质

同系列的化合物的物理性质(physical properties)随着相对分子质量的增减而有规律地变化的。

1. 物质的状态

室温下,C_1~C_4 的烷烃为气体,C_5~C_{16} 的烷烃为液体,C_{17} 以上是固体。

2. 沸点(boiling point,简写为 b. p.)

烷烃分子间的作用力主要是色散力,色散力的大小与分子的相对分子质量成正比。所以,直链烷烃的沸点随相对分子质量的增加而升高,而且沸点上升比较有规则,每增加一个 CH_2 基,上升 20~30℃,越到高级系列上升越慢(见图 2-8)。

在相同碳原子数的烷烃中,直链的沸点比带支链的高,含支链越多,沸点越低。这是由于在液态下,直链的烃分子易于相互接近,而有支链的烃分子空间阻碍较大,分子间的距离增大,不易靠近,使色散力减弱,其沸点较低。支链数目相同者,分子对称性越好,沸点越高。

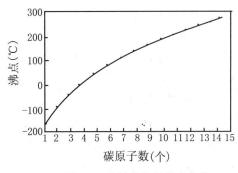

图 2-8 直链烷烃的沸点曲线

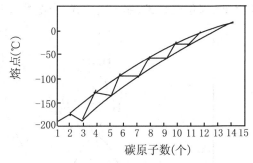

图 2-9 直链烷烃的熔点曲线

3. 熔点(melting point,简写为 m. p.)

(1)直链烷烃的熔点随着碳原子数的增加而升高。含偶数碳原子的正烷烃比含奇数碳原子的正烷烃的熔点高较多,这主要取决于晶体中碳链的空间排布情况。X 光验证,固体正烷烃的碳链在晶体中伸长为锯齿形,奇数碳原子的链中两端的甲基处在同一边,而偶数碳原子的链中两端的甲基处在相反的位置,从而使偶数碳链比奇数碳链的烷烃可以彼此更为靠近,于是它们之间的色散力就大些(见图 2-9)。

(2)对相同碳原子数的烷烃来说,结构对称的分子熔点高。因为结构对称的分子在固体晶格中可紧密排列,分子间的色散力作用较大,因而使之熔融就必须提供较多的能量。

		CH_3
		|
$CH_3CH_2CH_2CH_2CH_3$	$CH_3CHCH_2CH_3$	CH_3CCH_3
	|	|
	CH_3	CH_3
b. p. (℃) 36.1	28	10
m. p. (℃) −130	−160	−17

4. 相对密度(density)

烷烃都比水轻,即相对密度都小于1,直链烷烃的相对密度随着相对分子质量的增大而增加,最后趋近于常数在 0.80 左右(20℃)。相同碳原子数的烷烃,支链越多,相对密度越低。

5. 溶解度(solubility)

烷烃都是非极性分子,都不溶于水,而易溶于非极性的有机溶剂中(相似相溶原理)。

一些直链烷烃的物理常数见表 2-1。

表 2-1 一些直链烷烃的物理常数

名称	结构简式	熔点(℃)	沸点(℃)	相对密度(d_4^{20})	状态
甲烷	CH_4	−182.7	−161.7	0.424	
乙烷	CH_3CH_3	−183.6	−88.6	0.456	气态
丙烷	$CH_3CH_2CH_3$	−187.1	−42.1	0.501	
丁烷	$CH_3(CH_2)_2CH_3$	−138.5	−0.5	0.579	

名称	结构简式	熔点/℃	沸点/℃	相对密度/d_4^{20}	状态
戊烷	$CH_3(CH_2)_3CH_3$	−130.0	36.1	0.626	
己烷	$CH_3(CH_2)_4CH_3$	−95.3	68.1	0.659	
庚烷	$CH_3(CH_2)_5CH_3$	−90.6	98.4	0.684	
辛烷	$CH_3(CH_2)_6CH_3$	−5608	125.7	0.703	
壬烷	$CH_3(CH_2)_7CH_3$	−53.7	150.8	0.718	
癸烷	$CH_3(CH_2)_8CH_3$	−29.7	174.0	0.730	
十一烷	$CH_3(CH_2)_9CH_3$	−25.6	195.8	0.740	液态
十二烷	$CH_3(CH_2)_{10}CH_3$	−9.6	216.3	0.749	
十三烷	$CH_3(CH_2)_{11}CH_3$	−5.5	235.4	0.756	
十四烷	$CH_3(CH_2)_{12}CH_3$	5.9	263.7	0.763	
十五烷	$CH_3(CH_2)_{13}CH_3$	10.0	270.6	0.769	
十六烷	$CH_3(CH_2)_{14}CH_3$	18.2	287	0.773	
十七烷	$CH_3(CH_2)_{15}CH_3$	22	301.8	0.778	
十八烷	$CH_3(CH_2)_{16}CH_3$	28.2	316.1	0.777	固态
十九烷	$CH_3(CH_2)_{17}CH_3$	32.1	329	0.777	
二十烷	$CH_3(CH_2)_{18}CH_3$	36.8	343	0.786	

六、烷烃的化学性质

烷烃是一类不活泼的有机化合物。在常温常压下,烷烃与强酸、强碱、强氧化剂、强还原剂等都不发生反应。但在较特殊的条件下(如高温、加压、催化剂等),也能发生某些反应。

1.氧化反应

有机化学中的氧化反应是指在分子中加入氧或从分子中去掉氢的反应。烷烃的燃烧就是它和空气中的氧发生剧烈的氧化反应,生成 CO_2 和 H_2O,同时放出大量的热。燃烧反应的通式为:

$$2C_nH_{2n+2}+(3n+1)O_2 \longrightarrow 2nCO_2+2(n+1)H_2O + Q$$

烷烃的密度比空气小,在煤矿中,低级烷烃的蒸气聚集起来,与空气混合达到一定比例时,遇火花发生爆炸,这就是煤矿中瓦斯爆炸的原因。甲烷的爆炸极限为 5.53~14%。

2.取代反应

烷烃分子中的氢原子被其他原子或基团所取代的反应称为取代反应(substitution reaction)。烷烃在紫外光、热或催化剂的作用下,氢原子被卤素原子所取代的反应称卤代反应(halogenation reaction)。

$$CH_4+X_2 \longrightarrow CH_3X(X= F、Cl、Br、I)$$

以氯为例,此反应不能停留在一氯代阶段,随着 CH_3Cl 浓度的加大,它可以继续卤代下去。如:

$$CH_3Cl + Cl_2 \longrightarrow CH_2Cl_2 + HCl$$
$$CH_2Cl_2 + Cl_2 \longrightarrow CHCl_3 + HCl$$
$$CHCl_3 + Cl_2 \longrightarrow CCl_4 + HCl$$

CH_4 和 Cl_2 反应的实际产物是 CH_3Cl、CH_2Cl_2、$CHCl_3$、CCl_4 的混合物,混合物的组成取决于原料的配比和反应条件,如果反应中使用大大过量的甲烷,则反应可以控制在一氯取代阶段,如果反应温度在 400℃ 时,使原料比为 $CH_4 : Cl_2 = 0.263 : 1$,则反应产物主要是 CCl_4。

丙烷的一卤代产物可有两种:

$$CH_3CH_2CH_3 + X_2 \longrightarrow CH_3CH_2CH_2X + CH_3CHXCH_3$$

异戊烷的一卤代产物可有四种:

$$CH_3\underset{\underset{CH_3}{|}}{CH}CH_2CH_3 + X_2 \longrightarrow \begin{cases} CH_2X\underset{\underset{CH_3}{|}}{CH}CH_2CH_3 \\ CH_3\underset{\underset{CH_3}{|}}{CX}CH_2CH_3 \\ CH_3\underset{\underset{CH_3}{|}}{CH}CHXCH_3 \\ CH_3\underset{\underset{CH_3}{|}}{CH}CH_2CH_2X \end{cases}$$

实验表明:

$$CH_3CH_2CH_3 \xrightarrow[\text{光,25℃}]{Cl_2} CH_3CH_2CH_2Cl + CH_3CHClCH_3$$

丙烷　　　　　45%(取代伯氢)　　55%(取代仲氢)

所以仲氢原子与伯氢原子的活性之比是:　　仲氢:伯氢 $= \dfrac{55}{2} : \dfrac{45}{6} \approx 4 : 1$

$$CH_3\underset{\underset{CH_3}{|}}{CH}CH_3 \xrightarrow[\text{光,25℃}]{Cl_2} CH_3\underset{\underset{Cl}{|}}{\overset{\overset{CH_3}{|}}{C}}CH_3 + CH_3\underset{\underset{CH_3}{|}}{CH}CH_2Cl$$

异丁烷　　　　　37%(取代叔氢)　　63%(取代伯氢)

所以叔氢原子与伯氢原子的活性之比是:　　叔氢:伯氢 $= \dfrac{37}{1} : \dfrac{63}{9} \approx 5 : 1$

对于自由基氯化,烷烃中氢原子的活性顺序是:叔氢原子>仲氢原子>伯氢原子。其原因与 C—H 的解离能 E_d 有关。

22

$$(CH_3)_3C-H \qquad E_d = 389.1 \ kJ \cdot mol^{-1}$$
$$(CH_3)_2CH-H \qquad E_d = 397.5 \ kJ \cdot mol^{-1}$$
$$CH_3CH_2-H \qquad E_d = 410.0 \ kJ \cdot mol^{-1}$$

C—H 键的解离能越小,键越易断裂,从而导致叔氢原子较易被 Cl· 取代。这说明游离基形成的容易程度是:$3° > 2° > 1° > \cdot CH_3$

越易形成的游离基越稳定,所以游离基的稳定性顺序为:$3° > 2° > 1° > \cdot CH_3$

卤代反应历程(reaction mechanism):

烷烃的卤代反应属于自由基反应,分三个阶段:

(1)链的引发:在光照下,Cl_2 分子吸收能量均裂成高能量的氯自由基 $Cl:Cl \longrightarrow Cl\cdot + Cl\cdot$

(2)链的增长:$Cl\cdot$ 可以夺取烷烃分子中的 H 原子生成甲基自由基

$$CH_4 + Cl\cdot \longrightarrow CH_3\cdot + HCl$$

甲基自由基 $CH_3\cdot$ 与 Cl_2 分子作用生成一氯甲烷和一个新的氯自由基

$$CH_3\cdot + Cl:Cl \longrightarrow CH_3Cl + Cl\cdot$$

反应重复进行$CH_3Cl + Cl\cdot \longrightarrow \cdot CH_2Cl + HCl$

$$\cdot CH_2Cl + Cl:Cl \longrightarrow CH_2Cl_2 + Cl\cdot$$
$$CH_2Cl_2 + Cl\cdot \longrightarrow \cdot CHCl_2 + HCl$$
$$\cdot CHCl_2 + Cl:Cl \longrightarrow CHCl_3 + Cl\cdot$$
$$CHCl_3 + Cl\cdot \longrightarrow \cdot CCl_3 + HCl$$
$$\cdot CCl_3 + Cl:Cl \longrightarrow CCl_4 + Cl\cdot$$

(3)链的终止:自由基之间相互结合,反应就会逐渐停止。

$$Cl\cdot + Cl\cdot \longrightarrow Cl:Cl$$
$$CH_3\cdot + CH_3\cdot \longrightarrow CH_3CH_3$$
$$CH_3\cdot + Cl\cdot \longrightarrow CH_3Cl$$

3. 裂化

烷烃在无氧条件下进行的热分解反应(500~700℃)称为裂化反应(cracking reactor)。裂化反应过程很复杂,包括 C—C 键及 C—H 键的断裂,生成小分子的烷烃、烯烃及氢气等混合物。例如:

$$CH_3CH_3 \xrightarrow{600℃} \begin{cases} CH_2=CH_2 + H_2 \\ CH_4 + C + H_2 \end{cases}$$

$$CH_3CH_2CH_2CH_3 \xrightarrow{500℃} \begin{cases} CH_4 + CH_3-CH=CH_2 \\ CH_3CH_3 + CH_2=CH_2 \\ CH_3CH_2CH=CH_2 + H_2 \end{cases}$$

烷烃通过裂化反应,不但可以提高汽油的产量和质量,而且还可以得到乙烯、丙烯、丁烯等重要化工原料,是石油化工的基础。

七、烷烃的来源

天然烷烃主要来自于石油和天然气。石油是从地下开采出来的黄褐色、暗绿色或黑色的黏稠液体,主要成分是各类烷烃的混合物、少量的环烷烃和芳香烃。天然气是蕴藏在地层内的可燃气体,主要成分为甲烷,此外还有乙烷、丙烷和丁烷。汽油、煤油、柴油等都是从石油中提炼出的烷烃的混合物,是很好的燃料。生产塑料、橡胶、合成纤维、医药、农药和炸药的原料是从石油和天然气中提炼出的烃类化合物。

动植物体中也含有少量的烷烃。一些植物表皮上的蜡层含有烷烃,一般都是高级烷烃,起到防止水分蒸发和阻止外来有害成分侵入的作用。如苹果皮蜡质中含 $C_{27}H_{56}$ 和 $C_{29}H_{60}$。有些昆虫能分泌出传递信息的化学物质(称昆虫外激素)也是烷烃,如雌性蘑菇蝇分泌出可引诱雄蝇的物质主要是 $C_{17}H_{36}$。

第二节　环烷烃

分子中含有碳环构造,性质与开链烃非常相似的环状烃,称为脂环烃。脂环烃主要来自于石油,也广泛存在于植物中。分子中只含单键的脂环烃称环烷烃(cycloalkane)(即饱和脂环烃),其通式 C_nH_{2n},是烯烃的异构体。

一、环烷烃的分类和命名

根据环烷烃所含碳环数目不同,环烷烃可分为单环烷烃和多环烷烃。只有一个碳环的烷烃称单环烷烃;含两个以上碳环的烷烃称多环烷烃。

单环烷烃又根据环上的碳原子数的多少分成:小环(3～4 个碳原子)、普通环(5～7 个碳原子)、中环(8～12 个碳原子)和大环(12 个碳原子以上)。自然界最普遍存在的是五碳环和六碳环。

多环烷烃又分为隔离环、联环、螺环和桥环。

1. 单环烷烃的命名

如果环上没有取代基,则直接根据环上的碳原子数称"环某烷",如:

环丙烷 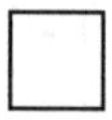　　　环丁烷 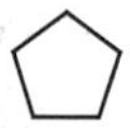　　　环戊烷 　　　环己烷

如果环上只有一个取代基,则根据取代基的名称和环上的碳原子数称"某基环某烷",如:

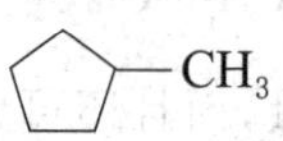

甲基环戊烷 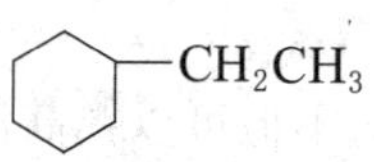　　　　乙基环己烷

如果环上有两个或两个以上取代基时,按次序规则,将连接最小的取代基的碳编号为1。环上有双键或三键时,编号应从含不饱和键的碳原子开始,经由不饱和键向最近的基团依次编号。例如:

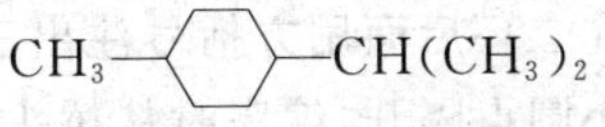

CH_3——⬡——$CH(CH_3)_2$
1-甲基-4-异丙基环己烷

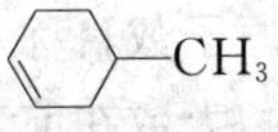

⬡——CH_3
4-甲基环己烯

对于较复杂的环烷烃,命名时可将环作为取代基看待。如:

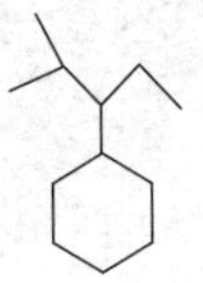

2-甲基-3-环己基戊烷

2. 多环烷烃的命名

(1)隔离二环

两个环被一个以上的碳原子隔开的环烷烃称隔离二环,如:

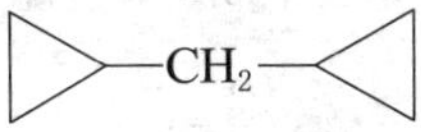

△——CH_2——▷

二环丙基甲烷

隔离多环可将环作为取代基来命名。

(2)联环

两个环直接相连,但没有共用碳原子的多环烷烃称联环。用两个环烷基加"联"字命名,如:

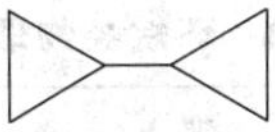

▷◁

联环丙基

(3)螺环

两个碳环共用一个碳原子的多环烷烃称螺环(spirocycloalkane)。其命名原则:

①按分子中碳原子的总数叫螺某烷;②在螺字后用方括号注出两个环中除了共用碳原子以外的碳原子数,小环的碳原子数排在前面,大环的碳原子数排在后面,两个数字间用小圆点隔开;③螺环母体的编序从小环开始,然后通过共用碳原子到大环;④有取代基时,应使取代基位次最小。

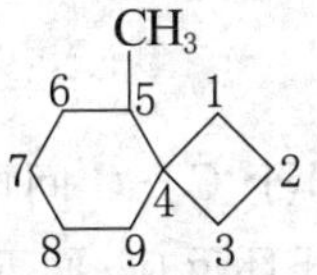

5-甲基螺[3.5]壬烷 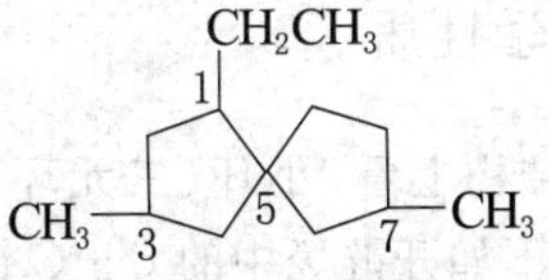   3,7-二甲基-1-乙基螺[4.4]壬烷

25

(4)桥环

两个环共用两个或两个以上碳原子的多环烷烃叫桥环烷烃(bridged cycloalkane)。共用的碳原子叫桥头碳,桥上的碳原子叫桥原子。在二桥环中,两环共用两个碳原子有三个桥,按桥环母体的碳原子数目称为二环某烷,在二环后面用方括号注出三座桥上的碳原子数目(桥头碳原子除外),大数在前,各数字间用小圆点隔开,编序时从桥头碳原子开始,沿最长的桥到另一桥头碳原子,再沿次长桥回到原桥头碳,最短的桥最后编号。相同的环以双键位置较小为宜,并标出双键位置。

二环[4.4.0]癸烷   1,7,7-三甲基二环[2.2.1]庚烷   2,3-二甲基二环[2.2.2]辛烷

二、环烷烃的物理性质

环丙烷和环丁烷常温下是气体,环戊烷和环己烷为液体,高级同系物为固体。环烷烃的熔点、沸点、密度都比相应的直链烷烃略高些,这是因为环烷烃比直链烷烃能够更紧密的排列在晶格中。环烷烃的密度小于1,一般不溶于水,易溶于有机溶剂。一些常见的环烷烃的物理常数见表2-2。

表2-2　环烷烃物理常数

名称	熔点(℃)	沸点(℃)	相对密度(d_4^{20})	折光率
环丙烷	−127	−32.9	0.681	1.373
环丁烷	−80	13	0.704	1.375
环戊烷	−94	49.5	0.746	1.406
环己烷	6.5	80.8	0.778	1.426
环庚烷	−13	118	0.810	1.445

三、环烷烃化学性质

从单环烷烃的结构上看,小环(三元环、四元环)烷烃由于C−C间电子云重叠程度较差,所以C−C键就不如开链烃中的C−C键稳定,易发生开环反应;而五元环、六元环结构稳定,与烷烃性质相似,易发生取代反应。

1. 开环反应

(1) 加氢

环丙烷、环丁烷在镍催化下较容易发生开环反应,生成相应的开链烃;环戊烷等较大环烷烃须用铂催化、较高温度下才能发生开环反应。

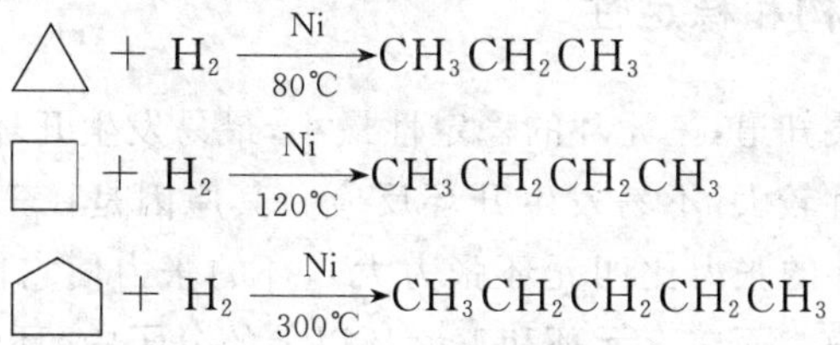

$$\triangle + H_2 \xrightarrow[80℃]{Ni} CH_3CH_2CH_3$$

$$\square + H_2 \xrightarrow[120℃]{Ni} CH_3CH_2CH_2CH_3$$

$$\pentagon + H_2 \xrightarrow[300℃]{Ni} CH_3CH_2CH_2CH_2CH_3$$

(2) 加卤素

环丙烷在常温下就能与溴发生开环加成反应,而使溴的四氯化碳溶液褪色。环丁烷与卤素的反应需要加热才能进行,环戊烷则不与卤素发生开环反应。

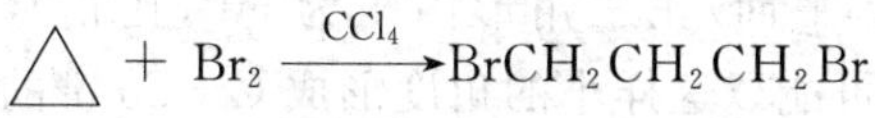

$$\triangle + Br_2 \xrightarrow{CCl_4} BrCH_2CH_2CH_2Br$$

1,3-二溴丙烷

$$\square + Br_2 \xrightarrow[\triangle]{CCl_4} BrCH_2CH_2CH_2CH_2Br$$

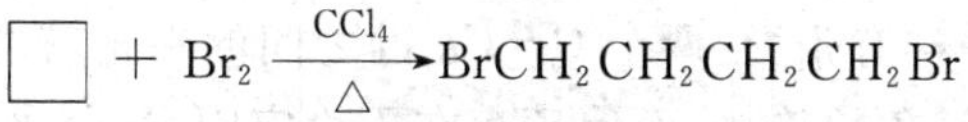

1,4-二溴丁烷

(3) 加卤化氢

环丙烷常温下也易与卤化氢发生开环加成反应。

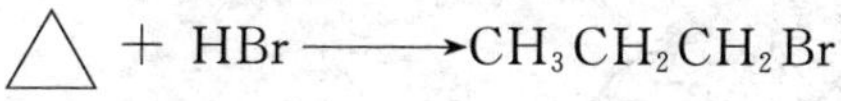

$$\triangle + HBr \longrightarrow CH_3CH_2CH_2Br$$

含有取代基的环丙烷与卤化氢开环加成反应时,氢加到含氢较多的碳原子上,溴则加到含氢较少的碳原子上。

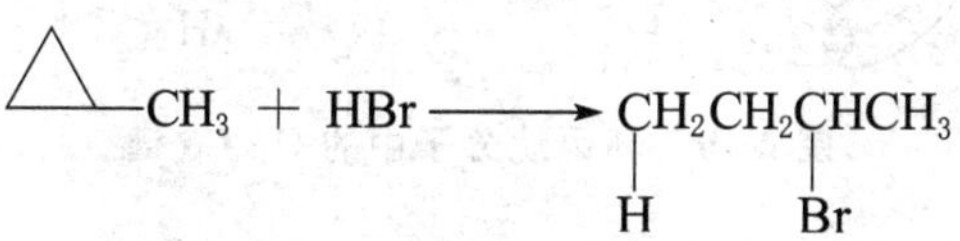

$$\triangle\text{—}CH_3 + HBr \longrightarrow \underset{H}{CH_2}CH_2\underset{Br}{CHCH_3}$$

环丁烷与溴化氢通常条件下不发生开环反应。

2. 取代反应

环烷烃在光照或加热的条件下可与卤素(主要指 Cl_2 和 Br_2)发生游离基取代反应。

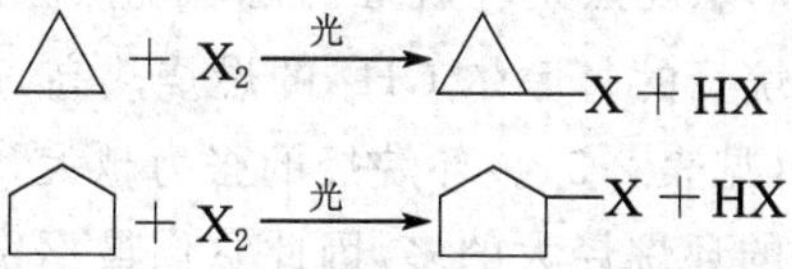

$$\triangle + X_2 \xrightarrow{光} \triangle\text{—}X + HX$$

$$\pentagon + X_2 \xrightarrow{光} \pentagon\text{—}X + HX$$

3. 氧化反应

常温下,环烷烃不与强氧化剂(高锰酸钾、臭氧等)发生反应,即使是环丙烷常温下也不会使高锰酸钾溶液褪色,这可以用于区别环烷烃和烯烃。

在加热和催化剂存在条件下,环烷烃也可以与强氧化剂作用。如:

$$\bigcirc \xrightarrow[\triangle]{HNO_3} HOOC(CH_2)_4COOH$$

四、环烷烃的结构和稳定性

从环烷烃化学性质知道,三元环的稳定性最小,最易发生开环反应;四元环次之;五元环及五元以上的环稳定性较大,不易发生开环反应。其原因是在三元环和四元环分子中存在着张力(strain)(三元环的张力比四元环张力大),环的张力使它们较易发生开环反应,生成开链化合物以解除张力。而在五元环和五元环以上的分子中,环的张力很小或者没有张力,所以它们不易发生开环反应。

1. 环丙烷的结构

在环烷烃中,环上的碳原子为 sp^3 杂化,sp^3 杂化轨道间键角为 109.5°;而环丙烷分子结构中,三个碳原子位于同一平面,正三角形内角为 60°,比正常的 sp^3 杂化轨道的键角小49.5°。但实际上环丙烷不可能以这样小的角度形成 C—Cσ 键的,所以在成键时,sp^3 杂化轨道不能沿着键轴方向进行最大重叠,应从 109.5° 向下压缩以弯曲的方式重叠形成弯曲的键,整个分子象拉紧的弓一样有张力,两个 C—Cσ 键之间的夹角就会产生角张力。这种张力的存在,使环有恢复正常键角的趋势,而使环存在不稳定因素,分子的能量较高,这种比正常烷烃高出的能量叫张力能。实际上环丙烷分子中,碳环键角 ∠CCC 为 105°,∠HCH 为 114°,∠HCC 约为 116°(见图 2-10)。

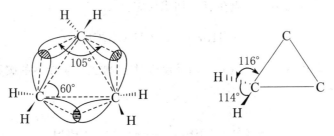

图 2-10 环丙烷分子中的 C—Cσ 键

2. 环烷烃的燃烧热与环的稳定性

燃烧热(△H_c)测定数据表明:烷烃分子每增加一个 CH_2,其燃烧热数值的增加基本上一定,平均为 658.6 kJ·mol^{-1}。

环烷烃分子中每个 CH_2 的燃烧热是环烷烃的总燃烧热除以环的碳原子数。许多环烷烃的每摩尔 CH_2 的燃烧热比烷烃的每摩尔 CH_2 的燃烧热高,这表明环烷烃具有较高的能量,这高出的能量就是张力能(见表 2-3)。环烷烃的张力越大,能量越高,分子就越不稳定。环丙烷、环丁烷的张力比其他的环烷烃大的多,因此它们最不稳定,容易开环。环己烷的张力能为零,因此环己烷是一个没有张力的环状分子。环戊烷、环庚烷张力不大,因此比较稳定。大于 12 个碳的环烷烃的张力不大,也是稳定的化合物,但大环在自然界和人工合成均不容易形成。所以常见的环烃以五元环和六元环最为多见。

表 2-3 　一些环烷烃的燃烧热

化合物	分子的燃烧热 （kJ·mol^{-1}）	CH$_2$ 的燃烧热 （kJ·mol^{-1}）	每个 CH$_2$ 的张力能 （kJ·mol^{-1}）	总张力能 （kJ·mol^{-1}）
环丙烷	2091	697.1	38.5	115.5
环丁烷	2744	686.2	27.6	110.4
环戊烷	3320	664.0	5.4	27.0
环已烷	3951	658.6	0	0
环庚烷	4637	662.3	3.7	25.9
环辛烷	5310	663.6	5.0	40.0
环壬烷	5981	664.4	5.8	52.2
环癸烷	6636	663.6	5.0	40.0
环十二烷	7913	659.4	0.8	9.6
环十五烷	9879	658.6	0	0
环十六烷	10544	659.0	0.4	6.4
烷烃		658.6		

五、环己烷的构象

环己烷是无色具有汽油味的易流动液体，毒性较大，不溶于水，可溶于乙醇、乙醚、丙酮、苯、四氯化碳等有机溶剂。环己烷在工业上主要是用于制备环己醇、环己酮、己二酸、己二胺及己内酰胺等化工原料，这些原料广泛用于合成纤维工业中，如生成尼龙-6、尼龙-66 等合成纤维。

1. 环己烷的椅型构象和船型构象

在环己烷分子中，碳原子为 sp^3 杂化，所以六个碳原子不可能在同一平面内，而是碳碳键角保持 109.5°，是一个无张力环，因此很稳定。环己烷通过 C—Cσ 键的旋转和扭曲可得无数种构象，其中有二种典型构象为椅型构象（chair conformer）和船型构象（boat conformer），分别用透视式（见图 2-11）和纽曼投影式（见图 2-12）表示。

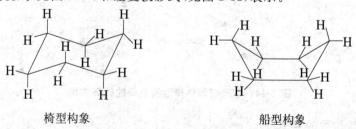

椅型构象　　　　　　　　　　　船型构象

图 2-11 　环己烷的两种构象

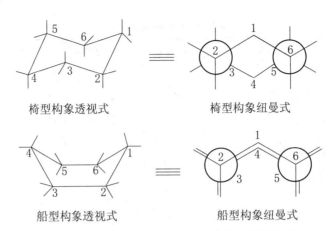

图 2-12　环己烷两种构象的透视式和纽曼投影式

从纽曼式可以看出,椅型构象中各键处于交叉式,原子之间相距较远,排斥作用较小;而船型构象中各键处于重叠式,原子之间相距较近,排斥作用较大。因此,船型构象比椅型构象能量高(大约高 $29.7 \ kJ \cdot mol^{-1}$),在常温下,环己烷几乎完全以椅型构象存在。

椅型环己烷的六个碳原子分别处在两个互相平行的平面上。如果垂直于平面并通过对称中心作一中轴,就可以看到,每个碳原子有一个 C－H 键与该轴平行,这个键称为直立键(axial bond)或 a 键;另一个 C－H 键与该轴约成 $109.5°$,这个键称为平伏键(equatorial bond)或 e 键(见图 2-13)。

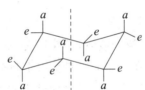

图 2-13　环己烷椅型构型中的 a 键与 e 键

椅型环己烷也有两种构象(如图 2-14),两种椅型构象可以通过分子的热运动发生环的翻转振动互变,这种作用称为转环作用(ring inversion)。转环作用是由于分子的热运动产生的,不需要碳碳键的断裂,室温下就能进行。在转环过程中,e 键都变成 a 键,a 键都变成了 e 键。这两种构象存在一个平衡。

图 2-14　环己烷两种椅型构象间的转环作用

2.一取代环己烷的构象

椅型环己烷中的 e 键都朝外伸展,相距较远,彼此间不产生张力。相同方向的两个 a 键之间相距较近,约 $0.25 \ nm$,也不产生张力。但当环己烷分子中的一个氢原子被其他原子或基团取代时,例如甲基环己烷,情况就不一样了(如图 2-15)。取代基如果连在 e 键上,与 3,5

碳上的氢原子不在同一平面内,相距较远,斥力小,内能低,稳定;如果连在 a 键上,与 3,5 碳上的氢原子在同一平面上,距离较近,甲基与氢原子间排斥力较大,内能高,不稳定。所以,取代基连接在 e 键上的构象是最稳定的构象。

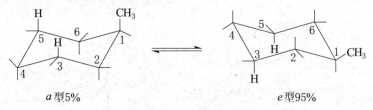

a型5% e型95%

图 2-15 甲基环己烷的两种椅型构象

环己烷的一元取代物是两种椅型构象的平衡混合物,常温下可以互变,其中以 e 型取代物占优势,称为优势构象。甲基环己烷椅型构象中 e 型约占 95%;叔丁基环己烷椅型构象中 e 型约占 99%。因此,环己烷一元取代物的取代基越大,e 型取代物所占比例就越大。

烷烃的主要反应

一、卤代反应

$$-\overset{|}{\underset{|}{C}}-H + X_2 \xrightarrow{250\sim400℃,或光} -\overset{|}{\underset{|}{C}}-X + HX$$

反应活性:$X_2(Cl_2 > Br_2)$;$H(3° > 2° > 1° > -CH_3)$

二、氧化反应

$$2C_nH_{2n+2} + (3n+1)O_2 \xrightarrow{燃烧} 2nCO_2 + 2(n+1)H_2O + Q$$

环烷烃的主要反应

一、开环反应

1.催化氢化

$$\triangle + H_2 \xrightarrow[80℃]{Ni} -\overset{|}{\underset{H}{C}}-\overset{|}{\underset{|}{C}}-\overset{|}{\underset{H}{C}}-$$

31

2.加卤素

$$\triangle + X_2 \xrightarrow{CCl_4} -\overset{|}{\underset{X}{C}}-\overset{|}{\underset{|}{C}}-\overset{|}{\underset{X}{C}}-$$

$X_2 = Cl_2 , Br_2$　　　　1,3-二卤代物

3.加卤化氢

$$\triangle + HX \longrightarrow -\overset{|}{\underset{H}{C}}-\overset{|}{\underset{H}{C}}-\overset{|}{\underset{X}{C}}-$$

$HX = HCl, HBr, HI$　　　　一卤代烃

二、取代反应(环戊烷、环己烷)

$$\pentagon + X_2 \xrightarrow{光或热} \pentagon -X + HX$$

$X_2 = Cl_2 , Br_2$　　　　一卤代环烷烃

习　题

1. 写出 C_7H_{16} 的所有同分异构体,并用系统命名法命名。

2. 用系统命名法命名下列化合物,并指出(1)中碳原子的类型。

$$(1)\ \underset{\underset{CH_3}{|}}{CH_3CH}CH_2\underset{\underset{CH_2CH_3}{|}}{\overset{\overset{CH_3}{|}}{C}}CH_3$$

$$(2)\ CH_3-CH_2\ \big|\ \underset{\underset{CH_3-CH_2}{|}}{CH}-CH_3$$

$$(3)\ CH_3CH_2\underset{\underset{CH(CH_3)_2}{|}}{CH}CH(CH_3)_2$$

$$(4)\ (CH_3)_2CH-C(CH_3)_3$$

$$(5)\ H_3C-\overset{\overset{H_3C\ \ CH_3}{\diagdown\diagup}}{\underset{\underset{CH_3}{|}}{CH}}\underset{\underset{CH_3}{|}}{CH}\overset{\overset{CH_3\ CH_3}{|\ \ \ |}}{\underset{\underset{CH_3}{}}{C}}CH_3$$

$$(6)\ H_3C-\overset{\overset{CH_3}{|}}{CH}-CH\overset{CH_2}{\diagup\diagdown}\overset{CH_3}{\underset{\underset{CH_3}{|}}{C}}$$

$$(7)\ \underset{\text{环己烷}}{H_3C\diagdown\bigcirc\diagup CH_2-CH_3}$$

3. 写出下列化合物的结构式,如有错误请予以更正。

(1)2,3,4-三甲基-3-乙基戊烷　　(2)2,3,3-三甲基丁烷

(3)2,4-二乙基-4-异丙基己烷　　(4)2,4-二甲基-3-丙基戊烷

(5)1,3-二甲基环戊烷　　(6)乙烯基环戊烷

4. 根据下述条件,推测戊烷 C_5H_{12} 的构造。

(1)一元氯代产物只有一种   (2)一元氯代产物有三种

(3)一元氯代产物有四种

5. 写出下列透视式和纽曼投影式所表示的分子的结构式,并用系统命名法命名。

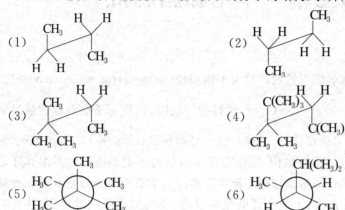

6. 将下列烷烃的沸点由高至低排列成序。

(1)正己烷   (2)正辛烷   (3)正庚烷   (4)2-甲基庚烷

(5)2,3-二甲基戊烷

7. 完成下列反应:

(1) 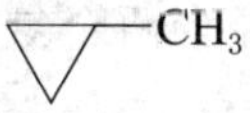 ▷—CH_3 + HBr ⟶

(2) 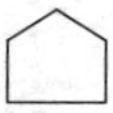 ⬠ + Cl_2 $\xrightarrow{\text{光}}$

(3)  ▯ + $2H_2$ $\xrightarrow[\wedge]{Ni}$

(4)  ⬠ + Br_2 $\xrightarrow{CCl_4}$

(5) 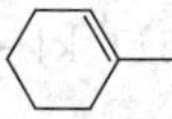 ⬡—CH_3 + HCl ⟶

8. 写出分子式为 C_6H_{12} 的环烷烃的所有构造异构体,并命名。

9. 用简单的化学方法区别下列各组化合物。

(1)环丙烷和环戊烷

(2)丙烷、环丙烷和丙烯

第三章　不饱和脂肪烃

分子中含有碳碳双键和碳碳叁键的烃称为不饱和烃(unsaturated hydrocarbons)。含有碳碳双键的烃叫烯烃(alkenes)，$\diagdown\!\!\!\!\diagup C\!=\!C\diagup\!\!\!\!\diagdown$ 是烯烃的官能团，根据分子中双键的数目又可将烯烃分为单烯烃、二烯烃和多烯烃；含有碳碳叁键的烃叫炔烃(alkynes)，—C≡C— 是炔烃的官能团。根据烯烃和炔烃的碳架结构，不饱和烃又可分为不饱和链烃和不饱和环烃两大类。不饱和链烃和不饱和环烃通常也称做不饱和脂肪烃。本章将主要讨论双键和叁键的形成、π键的特点、烯烃的顺反异构、不饱和烃的化学反应、亲电加成反应的历程、共轭二烯烃的结构以及共轭效应等。

第一节　单烯烃

分子中只含有一个碳碳双键的烃称单烯烃。单烯烃比相应的烷烃少两个氢，它们的通式为 C_nH_{2n}。

一、烯烃的结构——sp^2 杂化轨道

在烯烃同系列中最简单的是乙烯，现以乙烯为例讨论单烯烃的结构。

电子衍射和光谱分析证明乙烯是一平面型分子，每个碳原子只与三个原子相连接，即与两个氢原子和一个碳原子相连接。碳碳双键的键长为 0.134nm，键能是 611 kJ·mol^{-1}，不是两个碳碳单键键能的总和。其结构如图 3-1 所示：

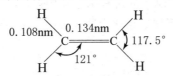

图 3-1　乙烯分子的结构

杂化轨道理论认为，碳原子在形成双键时，$2s$ 电子首先吸收能量跃迁到 $2p_z$ 轨道上变成激发态，然后 $2s$ 轨道和 $2p_x$、$2p_y$ 轨道进行杂化，$2p_z$ 轨道未参与杂化，这种杂化称为 sp^2 杂化(图 3-2)。

在 sp^2 杂化中，三个 sp^2 杂化轨道的对称轴处在一个平面上，之间的夹角为 120°。未参与杂化的 p 轨道的对称轴垂直于该平面(图 3-3)。

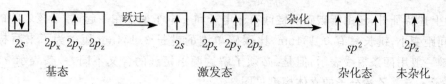

图 3-2 碳原子 sp^2 杂化形成过程轨道示意图

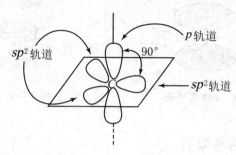

图 3-3 碳原子的三个 sp^2 杂化轨道和未杂化的 P_z 轨道

在形成乙烯分子时，两个碳原子之间各以一个 sp^2 杂化轨道沿着对称轴方向以"头碰头"相互重叠，形成 C—C σ 键，其余的 sp^2 杂化轨道分别与四个氢原子的 $1s$ 轨道重叠，形成四个 C—H σ 键（图 3-4），在乙烯分子中所形成的五个 σ 键的对称轴都处在同一平面，因此，也就决定了乙烯的平面型结构。

每个碳原子都还余下一个未杂化的 $2p_z$ 轨道，其对称轴垂直于 sp^2 杂化轨道对称轴所在的平面。在形成 σ 键的同时，p 轨道也彼此"肩并肩"地从侧面重叠，形成另一种键，叫 π 键（图 3-5）。

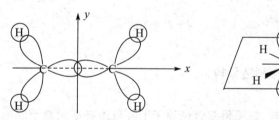

图 3-4 乙烯分子中的五个 σ 键　　　图 3-5 乙烯分子中的 π 键

其他烯烃的碳碳双键，也都是由一个 σ 键和一个 π 键组成的。显然这两种键的性质不同，π 键是由相邻的两个 p 轨道侧面重叠而成，重叠程度比 σ 键小得多，键能也小，只有 264 kJ·mol^{-1}（碳碳 σ 键的键能为 347 kJ·mol^{-1}，碳碳双键的总键能为 611 kJ·mol^{-1}），因此 π 键不如 σ 键牢固。同时，π 电子云又不像 σ 电子云那样集中在两原子核之间，它们分散在 σ 键的上方和下方（图 3-6），离碳原子核较远，这样原子核对 π 电子云的束缚力较小，所以 π 电子云的流动性较大，受外电场（外来试剂）的影响时容易极化，这也就是双键为什么能发生各种化学反应的主要原因。

此外，又因为两个 p 轨道只有在相互平行时，才能达到最大程度重叠，一旦 p 轨道失去平行，π 键必将削弱直至破坏。由此可知，组成碳碳双键的原子，不能像碳碳单键那样相对自由旋转。

除上述特征外,还由于碳碳双键间有 σ 电子和 π 电子聚集在一起,原子核之间的引力增大,核间距变小,键长只有 0.134nm,比碳碳单键的键长 0.154nm 短。为了书写构造式方便,双键一般用两条短线表示,但是,必须了解这两条短线的含义不同,一条表示 σ 键,另一条则表示 π 键。乙烯分子的立体模型见图 3-7。

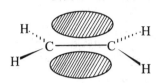
图 3-6　π键电子云

图 3-7　乙烯分子的立体模型

二、烯烃的同分异构和命名

1. 烯烃的同分异构

(1)构造异构

烯烃的同分异构现象比烷烃复杂,除碳链异构外,还有由于双键的位置不同而产生的位置异构。例如丁烯有三种同分异构体:

$$CH_3—CH_2—CH=CH_2 \qquad 1-丁烯$$

$$CH_3—CH=CH—CH_3 \qquad 2-丁烯$$
（位置异构）（碳链异构）

$$CH_3—\underset{\underset{CH_3}{|}}{C}=CH_2 \qquad 2-甲基丙烯$$

碳链异构和位置异构都属于构造异构。

(2)顺反异构

由于碳碳双键不能自由旋转,就使得双键碳原子上各自连有不同原子或原子团时,在空间有两种不同的排列方式。例如 2-丁烯的两种不同构型:

顺-2-丁烯（b.p. 3.7℃）　　　　　反-2-丁烯（b.p. 0.88℃）

一种是两个甲基(或氢原子)在双键的同侧,称做顺式;另一种是两个甲基(或氢原子)在双键的异侧,称做反式。顺-2-丁烯和反-2-丁烯是不同的物质,在一般条件下是不能相互转化的。

这种由于组成双键的两个碳原子上连接的基团在空间的位置不同而形成的构型异构的现象称为顺反异构现象。这两种不同的异构体互称顺反异构体。

并不是所有的烯烃都具有顺反异构体。产生顺反异构体应同时具备两个条件:一是分子中含有限制自由旋转的因素,如双键或某些脂环结构等;二是形成双键的两个碳原子,分别都连有两个不同的原子或原子团。烯烃的顺、反异构体通式:

$$\underset{b}{\overset{a}{\diagdown}}C=C\underset{e}{\overset{d}{\diagup}} \qquad (a\neq b \text{ 和 } d\neq e)$$

如果 $a=b$ 或 $d=e$ 则无顺、反异构体。

2.烯烃的命名

(1)普通命名法

简单烯烃可采用普通命名法命名,原则与烷烃相似。例如:

$$CH_2=CH_2 \qquad\qquad CH_3CH=CH_2 \qquad\qquad CH_2=\underset{}{\overset{CH_3}{\underset{|}{C}}}-CH_3$$

$$\text{乙烯} \qquad\qquad\qquad \text{丙烯} \qquad\qquad\qquad \text{异丁烯}$$

烯烃分子中去掉一个氢原子后余下的基团称做烯基。常见的烯基有:

$$CH_2=CH- \qquad CH_3CH=CH- \qquad CH_2=CHCH_2- \qquad CH_2=\overset{CH_3}{\underset{|}{C}}-$$

$$\text{乙烯基} \qquad\qquad \text{丙烯基} \qquad\qquad \text{烯丙基} \qquad\qquad \text{异丙烯基}$$

较复杂的烯烃采用系统命名法。

(2)系统命名法

烯烃系统命名原则和烷烃基本相似。其命名原则如下:

①选择主链:选择含碳碳双键的最长碳链为主链,根据主链碳原子数称为某烯。

②编号:从靠近双键的一端开始,将主链碳原子依次编号,并使双键碳原子编号最小。

③命名:按次序规则(详见烯烃的顺反异构体的命名)先写出取代基的位次和名称,再写出双键的位次(以双键碳原子中编号较小的数字表示)放在母体名称前面。例如:

$$\overset{6}{C}H_3\overset{5}{C}H\overset{4}{C}H\overset{CH_2CH_3}{\underset{|}{C}}H_2\overset{3}{C}=\overset{2}{C}H\overset{1}{C}H_3$$

5-甲基-3-乙基-2-己烯

4,4-二甲基-2-丙基-1-戊烯

3-十三碳烯

$$CH_3(CH_2)_8CH=CHCH_2CH_3$$

(3)顺反异构体的命名

顺反异构体一般可以用顺、反标记法加以命名,但顺反命名法有局限性,即在两个双键碳上所连接的两个基团彼此应该有一个是相同的,若无相同基团时,常采用 Z、E 标记法来命名。其规则:①按次序规则分别确定两个双键碳原子上的优先基团;②两个碳原子上的两个优先基团位于双键同侧的为 Z 型(德文 Zusammen,同一侧的意思),异侧的为 E 型(Eutgegen)。Z 或 E 写在括号里放在化合物系统名称的前面。例如:

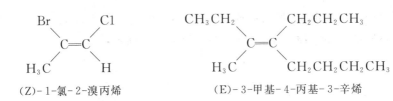

(Z)-1-氯-2-溴丙烯   (E)-3-甲基-4-丙基-3-辛烯

Z、E标记法适用于所有的顺反异构体,它与顺反标记法相比,更具广泛性,二者之间没有必然的联系,顺式构型不一定是Z型,反式构型也不一定是E型。例如:

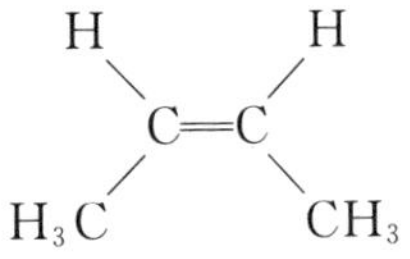

顺-2-丁烯	顺-2-溴-2-丁烯	反-3-溴-3-己烯
(Z)-2-丁烯	(E)-2-溴-2-丁烯	(Z)-3-溴-3-己烯

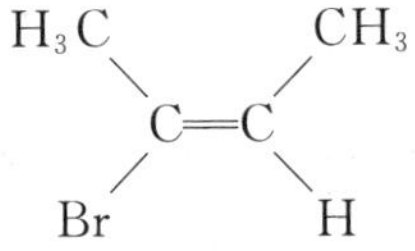

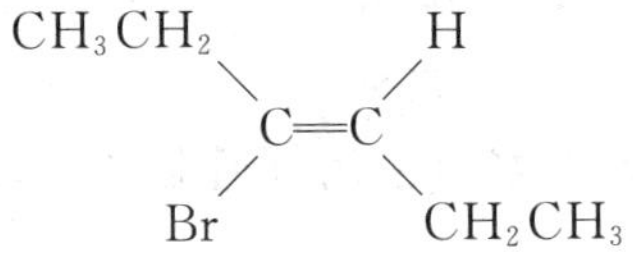

所谓次序规则(priority rule),是在立体化学中为了确定原子或基团在空间排列的次序而制定的规则,其内容是:

①比较与双键碳原子直接连接的原子的原子序数,原子序数大的为优先基团;对于同位素,质量数大的为优先基团。例如:

$$-I > -Br > -Cl > -SH > -PH_2 > -F > -OH > -NH_2 > -CH_3 > -D > -H$$

②如各取代基中与母体相连的第一个原子相同时,则比较与其相连的第二个原子的原子序数;若第二个原子相同时,则比较第三个原子的原子序数,依此类推。例如:

$CH_3CH_2- > CH_3-$,因CH_3-中与碳相连的是C(H、H、H)而CH_3CH_2-中与碳相连的是C(C、H、H),所以CH_3CH_2-为较优基团。

同理:$(CH_3)_3C- > (CH_3)_2CH- > CH_3CH_2CH_2- > CH_3CH_2- > CH_3-$

③当取代基为不饱和基团时,则把双键、三键原子看成是2个或3个相同原子。然后按原子序数大小进行比较。例如:

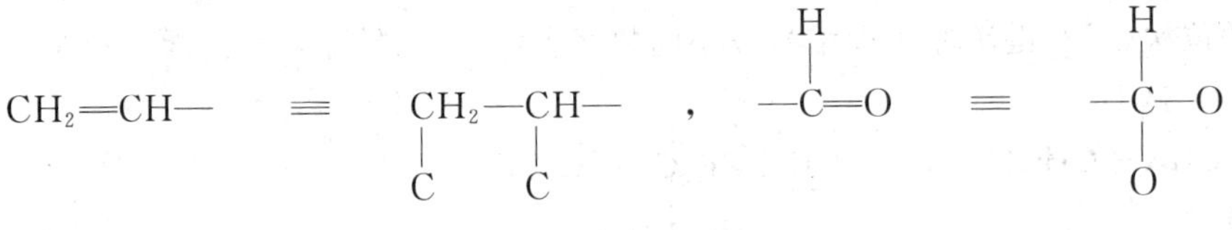

因此几种基团的优先次序为:

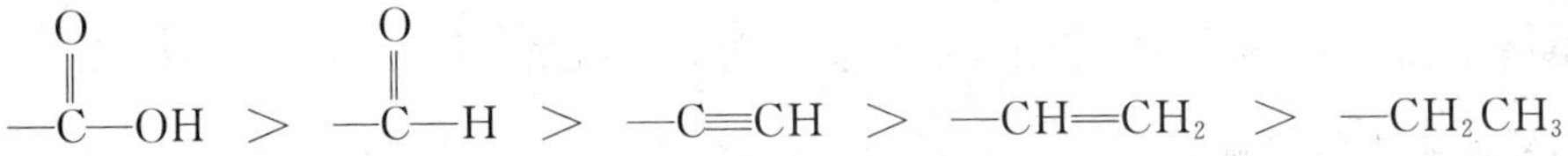

三、烯烃的物理性质

烯烃的物理性质与烷烃相似,在常温常压下,$C_2 \sim C_4$的烯烃为气体,$C_5 \sim C_{18}$的烯烃为液体,C_{19}以上的烯烃为固体,烯烃均无色。熔点、沸点、相对密度随相对分子质量的增加而升高,相对密度小于1。烯烃难溶于水,易溶于非极性的有机溶剂,如苯、乙醚、四氯化碳和氯仿等。某些烯烃的物理常数见表3-1。

表 3-1　某些烯烃的物理常数

名称	熔点(℃)	沸点(℃)	相对密度(d_4^{20})	折射率
乙烯	−169.5	−103.9	0.5699	1.363(100℃)
丙烯	−185.1	−47.7	0.61	1.3623
1-丁烯	−185.4	−6.5	0.6255	1.3777(−25℃)
顺-2-丁烯	−139.3	3.5	0.6213	
反-2-丁烯	−105.5	0.9	0.6042	
异丁烯	−140.8	−0.9	0.631(10℃)	
1-戊烯	−165.2	30.1	0.641	1.3715
1-己烯	−139.8	63.5	0.673	1.3877
1-庚烯	−119	93.6	0.697	1.3998
1-辛烯	−101.7	121.3	0.715	1.4087
1-壬烯	—	146	0.730	
1-癸烯	—	172.6	0.740	1.4215

在顺反异构体中,反式异构体的对称性较高,分子没有极性,而顺式异构体有微弱的极性,所以顺式的沸点一般比反式的高;而对熔点来说则相反,对称性分子在晶体中排列较紧密,所以反式异构体的熔点比顺式的高。

四、烯烃的化学性质

烯烃的化学性质很活泼,可以和很多试剂作用,主要发生在碳碳双键(π键)上,能起加成、氧化、聚合等反应。此外,由于双键的影响,与双键直接相连的碳原子(α- C)上的氢(α-H)原子也可发生一些反应。

1. 加成反应

在发生化学反应时,碳碳双键中的 π 键断裂,在双键的两个碳原子上各加入一个原子或原子团的反应,称为加成反应(addition reaction)。此时双键碳原子由 sp^2 杂化转变为 sp^3 杂化,这是烯烃加成反应的共性。

C＝C 双键的键能是 611 kJ·mol^{-1},C—C 的键能是 347 kJ·mol^{-1},π 键的键能是 611−347＝264 kJ·mol^{-1},比 σ 键能低,易断裂。由于两个 σ 键生成放出的能量大于一个 π 键断裂所吸收的能量,所以烯烃的加成反应是放热反应。

(1)催化加氢

在常温常压下,烯烃与氢气不能直接加成,若在适当的催化剂(如 Pt、Ni、Pd 等)存在下,则可与氢加成生成烷烃,此反应称为催化加氢反应或催化氢化反应(catalytic hydrogenation)。

$$RCH{=}CHR' + H_2 \xrightarrow{Pt} RCH_2CH_2R'$$

烯烃的催化加氢的难易程度取决于烯烃分子的结构和所选用的催化剂(catalyst),有些反应可在常温常压下进行,也有些反应需要 $200\sim300\,^{\circ}\!C$、高于 10 MPa 下进行。工业上一般是用雷尼(Raney)镍作为烯烃催化加氢的催化剂,利用此反应从不饱和化合物制取饱和化合物。

一摩尔烯烃催化加氢生成相应烷烃时所放出的热量称氢化热。烯烃的氢化热越高,说明了原化合物所含的内能越大,该化合物越不稳定。例如:

$$CH_3CH_2CH{=}CH_2 + H_2 \xrightarrow{\text{Ni}} CH_3CH_2CH_2CH_3 + 127 \text{ kJ} \cdot \text{mol}^{-1}$$

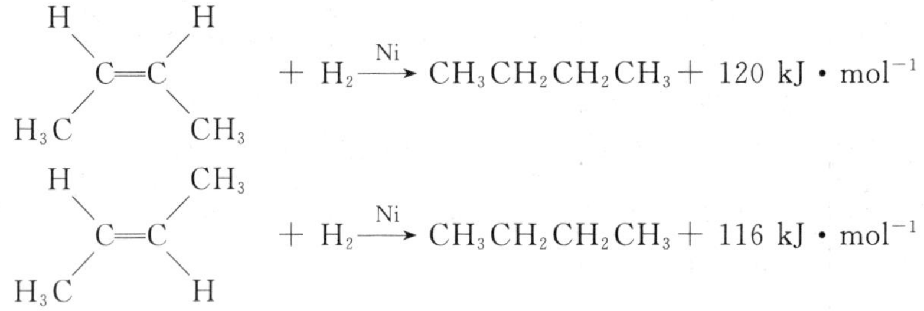

$$+ H_2 \xrightarrow{\text{Ni}} CH_3CH_2CH_2CH_3 + 120 \text{ kJ} \cdot \text{mol}^{-1}$$

$$+ H_2 \xrightarrow{\text{Ni}} CH_3CH_2CH_2CH_3 + 116 \text{ kJ} \cdot \text{mol}^{-1}$$

1-丁烯中只有 2 个 $\sigma{-}\pi$ 超共轭,2-丁烯中只有 6 个 $\sigma{-}\pi$ 超共轭,所以 2-丁烯比 1-丁烯稳定;顺式的因空间位阻而产生张力,故能量较高。

烯烃的稳定性为:

$$R_2C{=}CR_2 > R_2C{=}CHR > R_2C{=}CH_2 > RCH{=}CH_2 > CH_2{=}CH_2$$

烯烃的加氢可用于精制汽油、合成人造奶油等,还可以根据吸收氢气体积算出混合物中结构已知的不饱和化合物的含量或已知的不饱和化合物中双键的数目。

(2)加卤素

烯烃能与卤素起加成反应,生成邻二卤代物。氟与烯烃的反应剧烈,反应时放出大量的热,常使烯烃分解;碘与烯烃的反应非常困难;氯和溴常温常压下,无需催化剂存在就可以与烯烃加成。所以烯烃与卤素的加成实际上是指与氯和溴的加成。如果卤素是溴的四氯化碳溶液或溴水,则溴的红棕色褪去,实验室经常利用此反应鉴别烯烃。

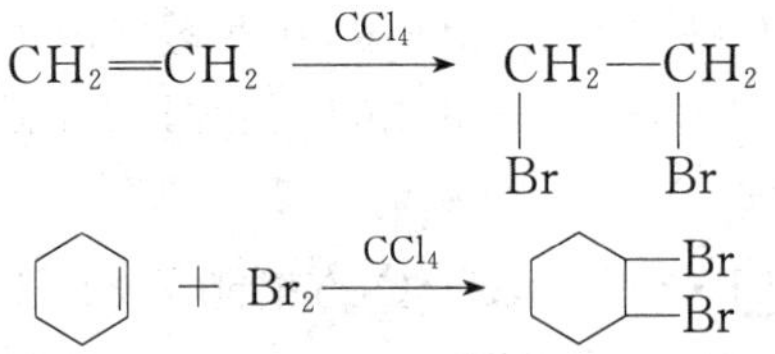

实验证明,烯烃与溴的加成不是简单地把两个溴原子同时加到打开 π 键的两个双键碳原子上,而是分步进行的。其反应历程如下:

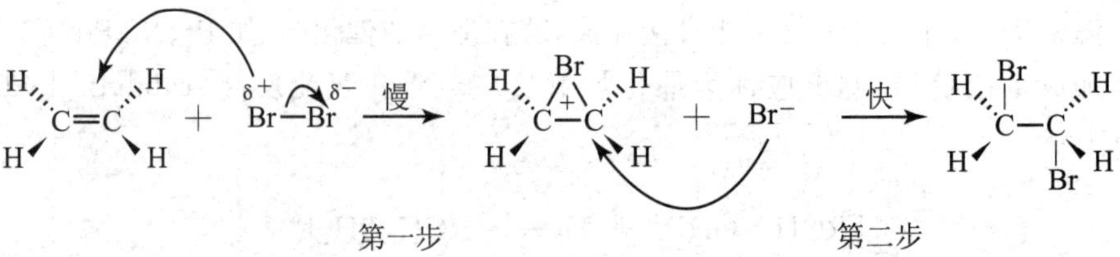

第一步   第二步

第一步:乙烯分子与溴分子相互接近时,中性分子 Br_2 受双键 π 电子的影响而极化变成极性分子($Br^{\delta+} - Br^{\delta-}$)。极化了的溴分子中带正电荷的一端与乙烯双键的 π 电子相互作用,形成带正电荷的三元环的溴鎓离子(cyclic buomonium ion)和 Br^-,这一步反应是慢反应,是反应速率的定速步骤。

第二步:Br^- 从溴鎓正离子的相反一侧迅速进攻该离子,将环打开,生成二溴代物。结果两个溴原子是分别从双键的两侧分别加到两个碳原子上的,这种加成称反式加成。

像溴这种缺电子试剂能进攻 π 键,具有亲电性能,故称为亲电试剂(electrophiles),由于亲电试剂的进攻而发生的加成反应称亲电加成反应(electrophilic addition reaction)。烯烃的加成反应属于亲电加成反应。

(3)加卤化氢

烯烃与卤化氢加成生成一卤代烷:

$$CH_2 = CH_2 + HX \longrightarrow \begin{array}{c} CH_2 - CH_2 \\ | \quad\quad | \\ H \quad\quad X \end{array}$$

HX 的反应活性:$HI > HBr > HCl > HF$

对于不对称烯烃与卤化氢加成时,可生成两种异构产物,例如:

$$CH_3CH = CH_2 + HBr \longrightarrow \underset{80\%}{\begin{array}{c} CH_3CH - CH_2 \\ | \quad\quad | \\ Br \quad\quad H \end{array}} + \underset{20\%}{\begin{array}{c} CH_3CH - CH_2 \\ | \quad\quad | \\ H \quad\quad Br \end{array}}$$

实验证明,丙烯与溴化氢加成的主要产物是 2-溴丙烷,占 80%;1-溴丙烷是次要产物,占 20%。

马尔可夫尼可夫(Markovnikov)在大量实验基础上总结出一条经验规律:不对称烯烃与卤化氢等不对称试剂进行加成时,试剂中氢原子(或带正电部分 E^+)总是加到含氢较多的双键碳原子上。这个经验规律称马尔可夫尼可夫规则(Markovnikov Rule),简称马氏规则。

一般情况下烯烃的加成反应都符合马氏规则,常称马氏加成。但在特殊情况下,如当有过氧化物(如 H_2O_2,$R-O-O-R$ 等)存在时,不对称烯烃与 HBr 的加成产物违反马氏规则,这种现象称为过氧化物效应(peroxide effect)。这种不符合马氏规则的加成称反马氏加成,例如:

$$CH_3 - CH = CH_2 + HBr \xrightarrow{\text{过氧化物}} CH_3 - CH_2 - CH_2Br$$
反马氏产物

对于 Markovnikov 规则可以从**诱导效应**和反应机理加以解释:

分子中键的极性与原子之间的电子云密度有关,而电子云密度不但取决于成键原子的性质,还受到分子内部与其不直接相连的邻近的原子影响,以至于使共价键电子云密度分布情况发生改变,这种影响称为电子效应(electric effect)。电子效应又可分为诱导效应(inductive effect)和共轭效应(conjugative effect)两种。这里我们先了解一下诱导效应。

在多原子分子中由于成键原子或基团之间电负性不同,使成键原子间电子云密度呈不对称分布,这样共价键就产生了极性,从而引起分子中其他原子之间的电子云沿着碳链向电负性大的原子一方偏移,把这种效应称**诱导效应**,通常以 I 表示。例如:在1-氯丙烷分子中,由于氯原子的电负性较强,C—Cl 键的电子云向氯原子偏移而使 C_1 带有部分的正电荷,C_1 原子的正电荷又吸引 C_1—C_2 间的共用电子对,使 C_2 也带有少量的正电荷,这种影响依次传递下去,但其影响逐渐减弱,一般到第三个原子以后,就可以忽略不计了。

$$H \longrightarrow \overset{\overset{\displaystyle H}{|}}{\underset{\underset{\displaystyle H}{|}}{C_3^{\delta+}}} \longrightarrow \overset{\overset{\displaystyle H}{|}}{\underset{\underset{\displaystyle H}{|}}{C_2^{\delta+}}} \longrightarrow \overset{\overset{\displaystyle H}{|}}{\underset{\underset{\displaystyle H}{|}}{C_1^{\delta}}} \longrightarrow Cl^{\delta-}$$

以 C—H 键中的 H 原子为标准,电负性比氢原子大的原子或基团,具有吸电子能力,它们所产生的诱导效应称吸电诱导效应($-I$);电负性比氢原子小的原子或基团则表现出斥电子能力,它们所产生的诱导效应称斥电诱导效应($+I$)。

$$\underset{\text{吸电诱导效应}(-I)}{-\overset{|}{\underset{|}{C}} \longrightarrow X} \qquad \underset{\text{对照标准}}{-\overset{|}{\underset{|}{C}} \longrightarrow H} \qquad \underset{\text{斥电诱导效应}(+I)}{-\overset{|}{\underset{|}{C}} \longleftarrow Y}$$

常见取代基电负性由大到小排列如下:

$$-F > -Cl > -Br > -OCH_3 > -NHCOCH_3 > -C_6H_5 > -CH$$
$$=CH_2 > H > -CH_3 > -CH_2CH_3 > -C(CH_3)_3$$

(H 前为吸电子基,H 后为斥电子基)

诱导效应具有叠加性,如几个基团同时对某一键产生诱导效应,则该键所受的诱导效应是这几个基团诱导效应的总和。方向相同时叠加,方向相反时互减。诱导效应不会使共用电子对完全转移到某个原子上,仅是使键的极性发生变化。

在结构不对称的烯烃分子中,如丙烯分子,由于甲基的斥电诱导效应,使共用电子对移向双键的一端,进而引起 π 键的极化:

$$CH_3 \longrightarrow \overset{\delta+}{CH}=\overset{\delta-}{CH_2}$$

电子云转移的结果,使甲基所连的双键碳原子即含氢较少的碳原子带有部分正电荷,而含氢较多的双键碳原子带有部分负电荷。当与 HBr 加成时,首先是 H^+ 加到含氢较多的双键碳原子上,然后 Br^- 加到含氢较少的双键碳原子上,所以主要产物是 2-溴丙烷。

① $CH_3 \overset{\delta+}{-CH}=\overset{\delta-}{CH_2} + H^+ \longrightarrow CH_3 \overset{+}{-CH}-CH_3$

　　　　　　　　　　　　　　　　　　　碳正离子

② $CH_3 \overset{+}{-CH}-CH_3 + Br^- \longrightarrow CH_3 \overset{|}{\underset{\underset{\displaystyle Br}{|}}{-CH}}-CH_3$

这便是马氏加成。

烯烃发生亲电加成反应时,双键上的电子云密度愈大,反应愈容易进行,当双键一端的碳原子上连有烷基(供电子基团)增多时,能增加反应速度。反之,当双键一端的碳原子上连

有吸电子基团时,则反应速度降低。所以,烯烃发生亲电加成反应时的活性次序为:

$$(CH_3)_2C{=}CH_2 > CH_3CH{=}CH_2 > CH_2{=}CH_2$$

烯烃亲电加成反应的中间体是碳正离子,碳正离子是指带有正电荷的碳氢基团。根据静电理论,带电体的稳定性随着电荷的分散而增大。因此,任何有利于分散碳正离子上正电荷的因素,都能降低碳正离子的能量,增大碳正离子的稳定性。比较碳正离子的稳定性,是以甲基正离子作为标准的,把其他碳正离子看作是取代的甲基正离子,如果取代基是推电子的基团,会降低碳正离子上的正电荷,增大碳正离子的稳定性;反之,如果取代基是吸电子的基团,就会增加碳正离子上的正电荷,降低碳正离子的稳定性。

$$Y\longrightarrow \overset{+}{\underset{H}{C}}{-}H \qquad H{-}\overset{+}{\underset{H}{C}}{-}H \qquad X\longleftarrow \overset{+}{\underset{H}{C}}{-}H$$

增大碳正离子的稳定性 　　　比较标准 　　　降低碳正离子的稳定性

由于甲基具有斥电子作用,所以烷基正离子稳定性大小的顺序为:

$$(CH_3)_3\overset{+}{C} > (CH_3)_2\overset{+}{C}H > CH_3\overset{+}{C}H_2 > \overset{+}{C}H_3$$

即:叔碳正离子＞仲碳正离子＞伯碳正离子＞甲基正离子

在反应中,形成碳正离子时,优先形成较稳定的碳正离子,较不稳定的碳正离子常常通过取代基的迁移,重排为较稳定的碳正离子。例如:

$$\underset{\underset{CH_3}{|}}{\overset{\overset{CH_3}{|}}{CH_3CCH}}{=}CH_2 + HCl \longrightarrow \underset{\underset{H_3C}{|}\ \underset{Cl}{|}}{\overset{\overset{CH_3}{|}}{CH_3C{-}CHCH_3}} + \underset{\underset{Cl}{|}\ \underset{CH_3}{|}}{\overset{\overset{CH_3}{|}}{CH_3C{-}CHCH_3}}$$

次要产物　　　　　　　主要产物

其反应机理:

$$\underset{\underset{CH_3}{|}}{\overset{\overset{CH_3}{|}}{CH_3CCH}}{=}CH_2 \xrightarrow{H^+} \underset{\underset{CH_3}{|}}{\overset{\overset{CH_3}{|}}{CH_3C{-}\overset{+}{C}H{-}CH_3}} \xrightarrow{Cl^-} \underset{\underset{H_3C}{|}\ \underset{Cl}{|}}{\overset{\overset{CH_3}{|}}{CH_3C{-}CHCH_3}} \quad (次要产物)$$

(二级碳正离子)

$$\Big\downarrow {-}CH_3迁移$$

$$\underset{\underset{CH_3}{|}}{\overset{\overset{CH_3}{|}}{CH_3\overset{+}{C}{-}CH{-}CH_3}} \xrightarrow{Cl^-} \underset{\underset{Cl}{|}\ \underset{CH_3}{|}}{\overset{\overset{CH_3}{|}}{CH_3C{-}CHCH_3}} \quad (主要产物)$$

(三级碳正离子)　　　　　　　　(重排产物)

碳正离子重排是有机反应中常见的现象。通过重排,总是生成更稳定的碳正离子。

43

在过氧化物存在下,烯烃的加成与马氏规则相反,是反马氏加成。例如:

$$CH_3CH{=}CH_2 + HBr \xrightarrow{\text{过氧化物}} CH_3CH_2CH_2Br$$

此反应历程不是亲电加成,而是自由基加成反应。过氧化物在温和条件下,容易引发一个链反应:

① $RO{-}OR \longrightarrow 2\ RO\cdot$

　　过氧化物　　　自由基

　$RO\cdot + H{-}Br \longrightarrow ROH + \cdot Br$

② $CH_3CH{=}CH_2 + Br\cdot$

　　　　$\longrightarrow CH_3\overset{\cdot}{C}H{-}CH_2Br$（2°自由基,优先生成）

　　　　$\longrightarrow CH_3\underset{\overset{|}{Br}}{C}H{-}\overset{\cdot}{C}H_2$　（1°自由基）

③　$CH_3{-}\overset{\cdot}{C}H{-}CH_2Br + HBr \longrightarrow CH_3CH_2CH_2Br + Br\cdot$

由于自由基的稳定性次序是:$3° > 2° > 1° > \overset{\cdot}{C}H_3$,因此,溴原子总是加到含氢较多的碳原子上,生成稳定的自由基(反应②)。反应②③重复进行直到终止。

（4）加硫酸

只要将烯烃和硫酸一起振摇,便可得到清亮的硫酸氢酯加成产物。因为硫酸氢酯溶于硫酸,而且加成符合马氏规则。

$$CH_2{=}CH_2 + HOSO_2OH \xrightarrow{0\sim15℃} CH_3CH_2OSO_2OH$$

　　　　　　　　　　　　　　　　　　　硫酸氢乙酯

$$CH_3CH{=}CH_2 + H_2SO_4 \xrightarrow{\text{约}1MPa} CH_3\underset{\overset{|}{OSO_2OH}}{C}HCH_3$$

　　　　　　　　　　　　　　　　　　　硫酸氢异丙酯

酸式硫酸酯遇水马上水解成醇:

$$CH_3\underset{\overset{|}{OSO_3H}}{C}HCH_3 + H_2O \longrightarrow CH_3\underset{\overset{|}{OH}}{C}HCH_3 + H_2SO_4$$

利用此法合成与烯烃不能直接加水反应的醇,故被称做烯烃间接水合法。生成的低级醇可溶于水,而烷烃不溶于水也不与硫酸作用,因此可以用冷的浓硫酸来除去烷烯混合物中的低级烯烃。

（5）加水

一般情况下,烯烃与水不发生化学反应,但在磷酸催化下,烯烃可以与水加成生成醇,这个反应称做烯烃直接水合法。

$$CH_2{=}CH_2 + HOH \xrightarrow[300℃,7MPa]{H_3PO_4} CH_3CH_2OH$$

$$CH_3CH{=}CH_2 + HOH \xrightarrow[250℃,4MPa]{H_3PO_4} CH_3\underset{\overset{|}{OH}}{C}HCH_3$$

（6）加次卤酸

烯烃能与次氯酸（Cl_2/H_2O）加成生成氯代醇。乙烯与次氯酸反应生成氯乙醇,是合成重要有机合成原料环氧乙烷的中间体;丙烯与次氯酸反应生成1-氯-2-丙醇,是合成甘油的一个步骤。

$$CH_2{=}CH_2 + HOCl \longrightarrow CH_2{-}CH_2$$
（OH Cl）

$$CH_3CH{=}CH_2 + HOCl \longrightarrow CH_3CH{-}CH_2$$
（OH Cl）

2.氧化反应

烯烃很容易给出电子而发生氧化反应,随氧化剂和反应条件的不同,氧化产物也不同。氧化反应发生时,首先是碳碳双键中的π键打开;当反应条件强烈时,σ键也可断裂。这些氧化反应在有机合成和鉴定烯烃分子结构是很有价值的。

（1）高锰酸钾氧化

用冷的稀 $KMnO_4$ 中性溶液或碱性溶液,可将烯烃氧化成邻二醇。

$$3RCH{=}CH_2 + 2KMnO_4 + 4H_2O \xrightarrow[\text{或中性}]{\text{碱性}} 3RCH{-}CH_2 + 2MnO_2{\downarrow} + 2KOH$$
（OH OH）

反应中 $KMnO_4$ 褪色,且有棕褐色的 MnO_2 沉淀生成。故此反应可用来鉴定不饱和烃,还可以推断烯烃中双键的位置。

用酸性 $KMnO_4$,则反应进行得更快,得到碳链断裂的氧化产物(低级酮或羧酸)。

$$RCH{=}CH_2 \xrightarrow[H_2SO_4]{KMnO_4} RCOOH + HCOOH$$
$$\longrightarrow CO_2 + H_2O$$

$$\underset{R'}{\overset{R}{>}}C{=}CHR'' \xrightarrow[H_2SO_4]{KMnO_4} \underset{R'}{\overset{R}{>}}C{=}O + R''COOH$$
酮   羧酸

（2）催化氧化

在某些催化剂的作用下,烯烃可被氧气氧化生成醛、酮或环氧化物。例如:

$$CH_2{=}CH_2 + O_2 \xrightarrow[100\sim125℃]{PdCl_2\sim CuCl_2} CH_3CHO$$

$$CH_3CH_2{=}CH_2 + \frac{1}{2}O_2 \xrightarrow{PdCl_2\sim CuCl_2} CH_3\overset{O}{\overset{\|}{C}}CH_3$$

$$2CH_2\!\!=\!\!CH_2 + O_2 \xrightarrow[200\sim300℃]{Ag} 2CH_2\!-\!CH_2$$

工业上就是用此反应来生产环氧乙烷。此反应的温度对反应影响很大,温度低,反应速度太慢;温度高,乙烯将有部分氧化成二氧化碳和水。

3.聚合反应

烯烃在少量引发剂或催化剂作用下,π 键断裂而互相加成,形成高分子化合物,此反应称聚合反应(polymerization)。参加聚合反应的小分子化合物称为单体(monomers)。参加聚合的单体分子个数叫聚合度(用 n 表示)。生成的加成产物叫高分子聚合物,简称高聚物。例如:

$$nCH_2\!\!=\!\!CH_2 \xrightarrow[150\sim250℃,150\sim300MPa]{过氧苯甲酸叔丁酯} \begin{array}{c}\left[CH_2\!-\!CH_2\right]_n\end{array}$$

　　乙烯(单体)　　　　　　　　　　　　　(高压)聚乙烯

$$nCH_2\!\!=\!\!CH_2 \xrightarrow[60\sim75℃,0.1\sim1MPa]{TiCl_4-Al(C_2H_5)_3} \begin{array}{c}\left[CH_2\!-\!CH_2\right]_n\end{array}$$

　　乙烯(单体)　　　　　　　　　　　　　(低压)聚乙烯

聚乙烯无毒,电绝缘性能好,耐酸碱(不耐硝酸腐蚀),抗腐蚀,是用途非常广的高分子材料(塑料)。

其他烯烃也可以聚合,例如:

$$nCH_3CH\!\!=\!\!CH_2 \xrightarrow[50℃,10MPa]{TiCl_4-Al(C_2H_5)_3} \left[\begin{array}{c}CH\!-\!CH_2 \\ | \\ CH_3\end{array}\right]_n$$

　　　丙烯　　　　　　　　　　　　　　聚丙烯

$$nCH_2\!\!=\!\!CHCl \xrightarrow[温度,压强]{催化剂} \left[CH_2\!-\!CHCl\right]_n$$

　　　氯乙烯　　　　　　　　　　　　聚氯乙烯

聚丙烯无毒,化学稳定性好,能绝缘,大量用作日用品的原料。聚氯乙烯在光照或一定温度下,缓慢的放出氯化氢气体,所以不能用做食品包装材料。

聚烯烃也可以由不同的两种单体共同聚合而得。这种聚合反应叫共聚反应。

$$nCH_2\!\!=\!\!CH_2 + nCH\!\!=\!\!CH_2 \longrightarrow \left[\begin{array}{c}CH_2\!-\!CH_2\!-\!CH\!-\!CH_2 \\ | \\ CH_3\end{array}\right]_n$$

$$\begin{array}{c} | \\ CH_3 \end{array}$$

　　乙烯　　　　　　丙烯　　　　　　乙丙橡胶

另外有些化合物则可通过缩合反应而聚合,称为缩聚。例如淀粉、纤维素、蛋白质都是天然的缩聚高分子化合物(见后面有关章节的介绍)。聚合反应是合成高分子工业(如合成树脂、合成橡胶、合成纤维等)的基础。

4.α-H 的反应

(1)卤代反应

在有机化合物中,与官能团相连的碳原子称 α 碳原子(α-C),α-C 上的氢原子称 α-H。在烯烃分子中,与不饱和碳相连的碳原子称 α 碳原子(α-C)。

有 α-H 的烯烃与氯或溴在光照或高温(500~600℃)下,发生 α-H 原子被卤原子取代的反应,而不是加成反应。温度越高,越有利于取代反应。双键碳原子上的氢(通常称为乙烯基型氢)则很难被卤代。

$$CH_3CH\!=\!CH_2 + Cl_2 \xrightarrow{>500℃} \underset{\displaystyle Cl}{CH_2CH\!=\!CH_2} + HCl$$

$$\bigcirc + Cl_2 \xrightarrow{>500℃} \bigcirc^{Cl} + HCl$$

卤代反应中 α-H 的反应活性为:3°α-H>2°α-H>1°α-H

$$\underset{\displaystyle CH_3}{CH_3CHCH\!=\!CHCH_3} + Br_2(1mol) \xrightarrow{>500℃} \underset{\displaystyle \underset{Br}{CH_3}}{CH_3CCH\!=\!CHCH_3} + \underset{\displaystyle \underset{Br}{CH_3}}{CH_3CHCH\!=\!CHCH_2}$$

主要产物　　　　　　次要产物

(2)氧化反应

α-H 原子也容易被氧化。用空气或氧气作氧化剂,在不同的催化条件下,氧化产物不同。

$$CH_3CH\!=\!CH_2 \xrightarrow[100\sim125℃,0.25MPa]{CuO} CH_2\!=\!CHCHO + H_2O$$

$$CH_3CH\!=\!CH_2 + O_2 \xrightarrow[300\sim400℃]{磷钼酸铋} CH_2\!=\!CHCOOH + H_2O$$

第二节　炔　烃

分子中含有碳碳叁键(—C≡C—)的烃叫炔烃(alkynes)。炔烃与同碳数的烯烃比较,分子中又少了两个氢原子,炔烃的通式为 C_nH_{2n-2}。碳碳叁键(—C≡C—)是炔烃的官能团。

一、乙炔的结构——sp 杂化轨道

现代物理方法证明,乙炔分子是一个直线型分子。分子中四个原子排布在一条直线上,分子中的 C≡C 键长为 0.120 nm,C—H 键长为 0.106 nm。

$$\overset{\displaystyle 0.106nm \quad\quad 0.12\,nm}{H\!-\!C\!\equiv\!C\!-\!H}$$
180°

杂化轨道理论认为,叁键碳原子成键时采用了 sp 杂化方式(见图 3-8)。

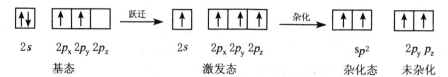

图 3-8 碳原子 sp 杂化形成过程轨道示意图

杂化后形成两个 sp 杂化轨道(含 $1/2s$ 和 $1/2p$ 成分),剩下两个未杂化的 p 轨道。两个 sp 杂化轨道成 $180°$ 分布(见图 3-9)。两个未杂化的 p 轨道互相垂直,且都垂直于 sp 杂化轨道的对称轴所在的直线(见图 3-10)。

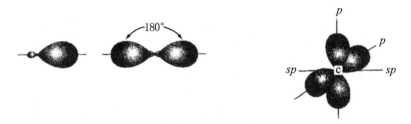

图 3-9 sp 杂化轨道   图 3-10 sp 杂化碳原子 p 轨道的分布

在乙炔分子中,两个碳原子各拿出一个 sp 杂化轨道相互重叠,形成一个 C—C σ键,其余的两个 sp 杂化轨道分别与氢原子的 $1s$ 轨道重叠形成两个碳氢 σ键。乙炔分子中共形成三个 σ单键,它们的键轴为一直线。当这两个碳原子成键时,两组互为平行的 p 轨道也两两侧面重叠,形成两个互相垂直的 π键,如图 3-11 所示。这两个 π键连同一个碳碳 σ键便构成了碳碳叁键。碳碳 σ键的电子云集中在两个原子核之间,而两个 π键的电子云侧位于 σ电子云的外围,对称地分布在 σ键轴的周围,呈圆柱体形状。所以碳碳叁键并不是三个单键的简单加合,而是由一个 σ键和两个 π键构成。叁键的总键能只有 837 kJ·mol^{-1},它比三个 σ键的键能之和 1041 kJ·mol^{-1} 小得多,这主要因为 $2p$ 轨道是侧面重叠,不能重叠得很充分。见图 3-12。

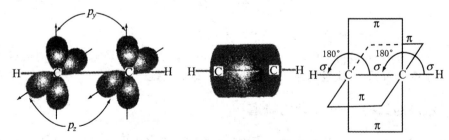

图 3-11 乙炔分子中的 π键及其形成

图 3-12 乙炔的立体模型

其他炔烃的叁键与乙炔相同,也是由一个 σ 键和两个 π 键组成。

二、炔烃的命名

1.炔烃的命名与烯烃相似,将"烯"改为"炔"。例:

$$CH_3CH_2C{\equiv}CH \qquad CH_3\underset{\underset{CH_3}{|}}{CH}C{\equiv}CCH_3 \qquad CH{\equiv}C{-} \qquad CH{\equiv}CCH_2{-}$$

　　1-丁炔　　　　　　4-甲基-2-戊炔　　　　　乙炔基　　　　　3-丙炔基

2.同时含叁键和双键的分子称烯炔(enyne),命名时选择同时含双键和叁键的最长碳链为主链,叫"某烯炔";位次编号从靠近双键或叁键一端开始编号,当双键、叁键处在相同的位次时,则给双键最低编号。

$$CH_3{-}CH{=}CH{-}C{\equiv}CH \qquad\qquad CH_2{=}CH{-}CH_2{-}C{\equiv}CH$$

　　　3-戊烯-1-炔　　　　　　　　　　　　1-戊烯-4-炔

$$CH_3{-}\underset{\underset{CH_3}{|}}{C}{=}CH{-}CH_2{-}C{\equiv}CH$$

　　　　　　5-甲基-4-己烯-1-炔

三、炔烃的物理性质

炔烃的物理性质与烯烃相似,随相对分子质量的变化而呈规律性变化。乙炔、丙炔和1-丁炔在室温下为气体。炔烃为低极性的化合物,难溶于水,易溶于有机溶剂(如石油醚、苯、乙醚、丙酮等)。炔烃相对密度均小于1。叁键在链端的直链炔烃的沸点和相对密度比相应的烯烃和烷烃高,碳链相同的炔烃叁键由 1 位移到 2 位时,沸点和相对密度均升高。一些炔烃的物理常数见表 3-2。

表 3-2　一些炔烃的物理常数

名称	结构式	熔点(℃)	沸点(℃)	相对密度(d_4^{20})
乙炔	$CH{\equiv}CH$	−80.8	−84	0.6208(−82℃)
丙炔	$CH_3C{\equiv}CH$	−101.5	−23.2	0.7062(−50℃)
1-丁炔	$CH_3CH_2C{\equiv}CH$	−125.7	8.1	0.6784(0℃)
2-丁炔	$CH_3C{\equiv}CCH_3$	−32.2	27	0.6910
1-戊炔	$CH_3CH_2CH_2C{\equiv}CH$	−90	40.2	0.6901
2-戊炔	$CH_3CH_2C{\equiv}CCH_3$	−101	56	0.7107
3-甲基-1-丁炔	$(CH_3)_2CHC{\equiv}CH$	−89.7	29.5	0.6660
1-己炔	$CH_3CH_2CH_2CH_2C{\equiv}CH$	−124	72	0.719

四、炔烃的化学性质

炔烃的化学性质主要表现在官能团——碳碳叁键的反应上。叁键和双键相似也能发生加成、氧化、聚合等反应。但是叁键和双键毕竟不完全相同,也有不同于烯烃的特性,如炔烃可发生亲核加成以及端基炔有一定的酸性等。

1.加成反应

(1)催化加氢

炔烃在催化剂(如 Ni、Pt、Pd 等)存在下,可以发生加氢反应,但反应难以停留在烯烃阶段,而直接被加成为烷烃。当选用钝化的催化剂,如林德拉(Lindlar)催化剂(将钯沉积在硫酸钡或碳酸钙上,然后用乙酸铅处理)时,可得到顺式的烯烃;用钠及液氨催化,可得到反式的烯烃。

$$CH\equiv CH + H_2 \xrightarrow{Pd} CH_2=CH_2 \xrightarrow{H_2/Pd} CH_3-CH_3$$

$$CH_3C\equiv CCH_3 + H_2 \xrightarrow{Pd-CaCO_3-Pd(Ac)_2} \begin{array}{c} H_3C \quad\quad CH_3 \\ C=C \\ H \quad\quad\quad H \end{array}$$

$$CH_3C\equiv CCH_3 + H_2 \xrightarrow[NH_3(\text{液})]{Na} \begin{array}{c} H_3C \quad\quad H \\ C=C \\ H \quad\quad\quad CH_3 \end{array}$$

(2)加卤素

炔烃能和卤素(主要是氯和溴)发生亲电加成反应,反应分步完成,一般是在液相中进行。当炔烃与溴加成后,溴的红棕色消失,以此来鉴别炔烃。

$$CH_3C\equiv CH \xrightarrow{Cl_2} CH_3CCl=CHCl \xrightarrow{Cl_2} CH_3CCl_2-CHCl_2$$

1,1,2,2-四氯丙烷(63%)

$$R-C\equiv C-R \xrightarrow[CCl_4]{Br_2} \begin{array}{c} R-C=C-R \\ | \quad\; | \\ Br \;\; Br \end{array} \xrightarrow[CCl_4]{Br_2} \begin{array}{c} Br \;\; Br \\ | \quad\; | \\ R-C-C-R \\ | \quad\; | \\ Br \;\; Br \end{array}$$

叁键的反应活性比双键低,当分子中同时含有双键和叁键时,双键首先和溴加成。在溴不过量的情况下,只与双键加成而叁键不反应。

$$CH_2=CH-CH_2-C\equiv CH + Br_2 \xrightarrow[CCl_4]{20℃} CH_2Br-CHBr-CH_2-C\equiv CH$$

1,5-二溴-1-戊炔

(3)加卤化氢

炔烃与卤素、卤化氢、水的加成反应和烯烃相似,为亲电加成反应,遵守马氏规则。

$$RC{\equiv}CH \xrightarrow{HX} \underset{X}{RC}{=}CH_2 \xrightarrow{HX} \underset{X}{\overset{X}{RC}}{-}CH_3$$

$$CH{\equiv}CH + HCl \xrightarrow[150\sim160℃]{HgCl_2-活性炭} CH_2{=}CHCl$$

此反应是工业上生产氯乙烯的一个方法。氯乙烯是生产聚氯乙烯的单体。氯乙烯可以进一步与氯化氢加成,生成的产物主要是1,1-二氯乙烷。

$$CH_2{=}CHCl + HCl \longrightarrow CH_3{-}CHCl_2$$

(4)加水

炔烃与水的加成,是在稀酸水溶液中,用汞盐作催化剂,反应首先生成不稳定的烯醇式中间体,很快发生分子内重排,形成稳定的羰基化合物。

$$CH{\equiv}CH + H_2O \xrightarrow[HgSO_4,\,100℃]{H_2SO_4} \left[\underset{OH}{CH_2{=}CH}\right] \longrightarrow CH_3{-}\overset{H}{\underset{O}{C}}$$

这是工业上生产乙醛的一个方法。不对称炔烃与水加成,符合马氏规则,产物为酮。

$$R{-}C{\equiv}C{-}H + H_2O \xrightarrow[HgSO_4]{H_2SO_4} \left[\underset{OH}{R{-}C{=}CH_2}\right] \xrightarrow{重排} R{-}\overset{O}{\overset{\|}{C}}{-}CH_3$$

(5)加醇

在碱的催化下,乙炔与醇加成产物生成乙烯基醚。例如:

$$CH{\equiv}CH + CH_3OH \xrightarrow[160℃,\,2MPa]{20\%KOH\ 水溶液} CH_3O{-}CH{=}CH_2$$

乙烯基甲醚

反应历程如下:

$$CH_3OH + KOH \Longrightarrow CH_3O^-K^+ + H_2O$$

$$CH_3O^- + CH{\equiv}CH \longrightarrow CH_3O{-}CH{=}\overset{-}{CH} \xrightarrow{CH_3OH} CH_3O{-}CH{=}CH_2 + CH_3O^-$$

因为反应首先是甲氧基负离子进攻乙炔带部分正电荷部位,所以该反应为亲核加成反应。

(6)加醋酸

$$CH{\equiv}CH + CH_3COOH \xrightarrow[170\sim230℃]{醋酸锌} \underset{\underset{H}{CH_3COO}}{\overset{CH{=}CH}{\big|}}$$

乙酸乙烯酯

这是工业上生产醋酸乙烯酯的一个方法,反应为亲核加成反应。乙烯基甲醚、乙酸乙烯酯是合成浆料、聚乙烯醇、维纶、涂料的原料。

2. 氧化反应

碳碳叁键比双键要难以氧化。炔烃可被高锰酸钾等氧化剂氧化,碳碳叁键断裂,生成羧酸或 CO_2 等,如:

$$RC\equiv CH \xrightarrow{KMnO_4} RCOOH + CO_2 + H_2O$$

$$R'C\equiv CR'' \xrightarrow[H^+]{KMnO_4} R'COOH + R''COOH$$

根据炔烃在高锰酸钾的酸性介质中的氧化产物可确定炔烃的结构。

3. 聚合反应

炔烃一般不能聚合成高分子,而是发生低分子聚合。条件不同,聚合得到的产物也不同。

$$2CH\equiv CH \xrightarrow[H^+,70℃]{Cu_2Cl_2,NH_4Cl} CH_2=CH-C\equiv CH \xrightarrow[HgCl_2]{HCl} CH_2=CH-C=CH_2$$
$$|$$
$$Cl$$

是合成氯丁橡胶的单体

$$3CH\equiv CH \xrightarrow{Ni(CO)_2,(C_6H_5)_3P} \bigcirc$$

$$4CH\equiv CH \xrightarrow[50℃,1.5\sim2.0\ MPa]{Ni(CN)_2} \bigcirc$$

4. 炔氢的反应

炔烃分子中 $C\equiv C$ 的 C 原子为 sp 杂化,s 成分较大,吸引电子能力较强,电负性较 sp^2、sp^3 杂化的碳原子大,其顺序为 $sp>sp^2>sp^3$,所以与碳碳叁键相连的氢原子的活性较大,具有一定的酸性,在强碱的作用下,可以被某些金属取代,生成炔化物。

$$RC\equiv CH + NaNH_2 \longrightarrow RC\equiv C^-Na^+ + NH_3$$

NH_3 的酸性比叁键上的氢的酸性弱得多,所以液氨中的氨负离子可以把乙炔和其他末端炔烃的氢夺取下来,生成炔负离子。炔化物中的炔负离子是很强的亲核试剂,可以发生亲核取代反应和亲核加成反应。金属炔化物与伯卤代烷发生取代反应可得到较高级的炔烃。

$$RC\equiv C^-Na^+ + R'X \longrightarrow RC\equiv CR' + NaX$$

末端炔烃(含有 $RC\equiv CH$ 结构的炔烃)与银氨溶液或亚铜氨溶液反应,分别析出灰白色或红棕色炔化物沉淀:

$$CH\equiv CH + 2[Ag(NH_3)_2]NO_3 \longrightarrow AgC\equiv CAg\downarrow + 2NH_4NO_3 + 2NH_3$$

硝酸银的氨溶液　　　乙炔银,灰白色

$$RC\equiv CH + 2[Cu(NH_3)_2]Cl \longrightarrow RC\equiv CCu\downarrow + 2NH_4Cl + 2NH_3$$

氯化亚铜的氨溶液　　　炔亚铜,棕红色

该反应很灵敏,现象明显,可用于鉴定乙炔或末端炔烃。

炔银($R-C\equiv C-Ag$)和炔亚铜($R-C\equiv C-Cu$)潮湿时比较稳定;干燥时,因受撞击、震动或受热会发生爆炸,在实验室完成反应后,应立即加硝酸使其分解。

第三节 二烯烃

分子中含有两个碳碳双键(C＝C)的烃叫二烯烃。开链二烯烃的通式为 C_nH_{2n-2}，与炔烃互为同分异构体。

一、二烯烃的分类和命名

1.二烯烃的分类

根据分子中两个双键的相对位置不同，二烯烃可分为三类：

（1）累积二烯烃(cumulated diene)

两个双键相连在同一个碳原子上(C＝C＝C)，称累积二烯烃，如丙二烯(CH_2＝C＝CH_2)。

（2）隔离二烯烃(isolated diene)

两个双键之间被两个或两个以上单键间隔(C＝C—C—C＝C)，称为隔离二烯烃，也叫孤立二烯烃。如1,5-己二烯(CH_2＝CH—CH_2—CH_2—CH＝CH_2)，这一类二烯烃，由于分子中两个双键的位置相距较远，双键之间的相互影响很小，所以分子中的两个双键结构和性质与单烯烃相同。

（3）共轭二烯烃(conjugated diene)

两个双键被一个单键隔开(C＝C—C＝C)的二烯烃叫做共轭二烯烃。如1,3-丁二烯(CH_2＝CH—CH＝CH_2)，它是最简单的也是最重要的共轭二烯烃。在1,3-丁二烯分子中的两个双键叫做共轭双键，包含有共轭双键的体系，称为共轭体系。共轭二烯烃的结构和性质与前两类二烯烃不同，由于两个双键的相互影响，表现出特有的性能，因此这一类二烯烃在理论研究和实际应用中占有特别重要的地位。

2.二烯烃的命名

二烯烃的系统命名法和单烯烃相似，要选择含有两个双键的最长碳链做主链，不同之处是将母体名称相应地改为某二烯，同时必须标明每个双键的位次，如双键有顺反异构，用Z、E标明。如：

CH_2＝$CHCH_2CH_2CH$＝CH_2
1,5-己二烯

$(CH_3)_2C$＝$CHCH$＝CH_2
4-甲基-1,3-戊二烯

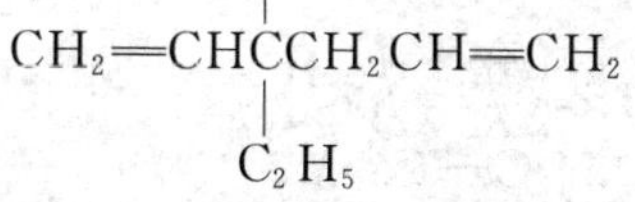

3-甲基-3-乙基-1,5-己二烯

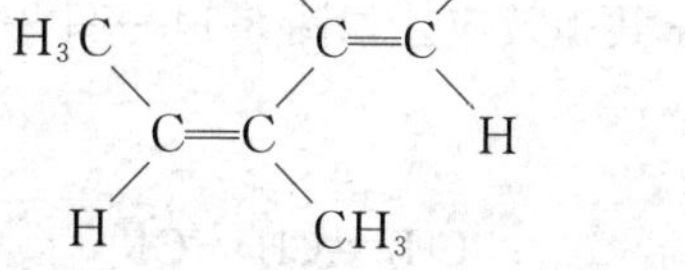

(2Z,4E)-3-甲基-2,4-庚二烯

53

二、共轭二烯烃的结构和共轭效应

1,3-丁二烯($CH_2=CH-CH=CH_2$)是最简单的共轭二烯烃,其分子中四个碳原子均为 sp^2 杂化,每个碳原子的三个 sp^2 杂化轨道分别与另外的碳原子 sp^2 杂化轨道或氢原子的 $1s$ 轨道重叠形成三个 σ 键,所以分子中的十个原子在一个平面内,每个碳原子还剩余一个未杂化的 p 轨道,其轨道对称轴都垂直这个平面,即互相平行,在侧面互相重叠,形成含四个碳原子的四个电子的大 π 键,这种现象称**电子的离域**(delocalization)。单烯烃中成键电子仅在两个原子核之间运动,称为定域(见图 3-13)。

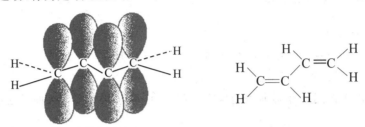

图 3-13 共轭丁二烯中 π 键和 π 电子云

离域大 π 键的形成,导致分子能量下降(降低的那部分能量称离域能),键长平均化。

$$CH_3-CH_3 \qquad CH_2=CH_2 \qquad CH_2-CH=CH-CH_2$$

键长　　0.154 nm　　　0.134 nm　　　0.147 nm　0.137 nm

在不饱和化合物中,π 键与 π 键之间以一个单键相隔所形成的体系,或 π 键与碳碳双键相邻原子上的 p 轨道形成一个包括两个以上原子的体系,称共轭体系(conjugated system)。在共轭体系中,由于分子中原子间的相互影响,电子云密度平均化(键长趋于平均化),使分子体系能量降低,这种效应称共轭效应(conjugative effect)或称电子离域效应,用 C 表示。共轭效应分为以下几种类型:

(1)π-π 共轭效应

在共轭多烯中,由于 π 电子离域所产生的共轭效应,称为 π-π 共轭效应。凡双键、单键交替连接的结构都属于此种类型。如 $CH_2=CH-CH=CH_2$(1,3-丁二烯)、$CH_3=CH-CH=CH_2-CH_3$(1,3-戊二烯)、$CH_2=CH-CH=O$(丙烯醛)、$CH_2=CH-C\equiv N$(丙烯腈)等。

(2)p-π 共轭效应

由组成 π 键的两个 p 轨道与相邻原子的 p 轨道重叠,成键电子云离域而产生的共轭效应,称 p-π 共轭效应。如图 3-14~图 3-16 所示的三种 p-π 共轭效应:

$$CH_2=CH-\ddot{\underset{\cdot\cdot}{Cl}}:$$

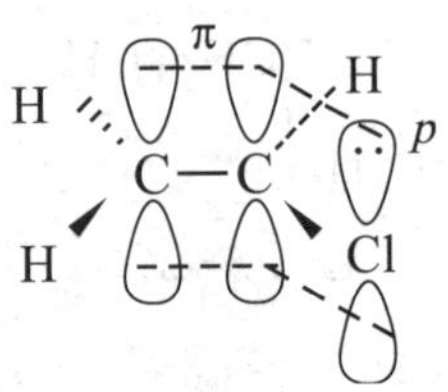

图 3-14 氯乙烯分子中的多电子 p-π 共轭

54

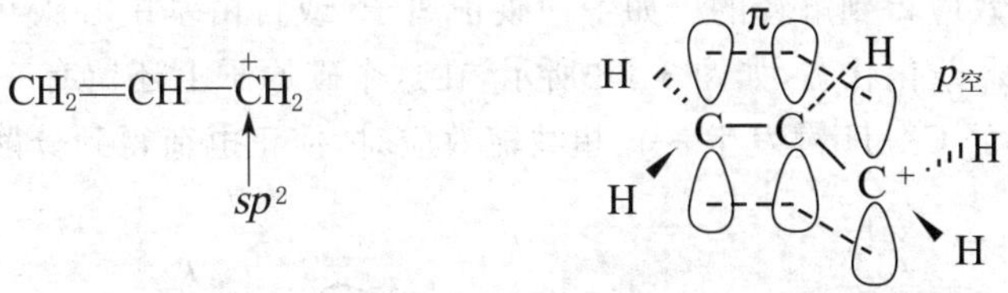
$CH_2=CH-\overset{+}{C}H_2$
sp^2
π
H
H
$p_{空}$
C—C
C+
H
H
H

图 3-15 烯丙基正离子中的缺电子 *p*-π 共轭

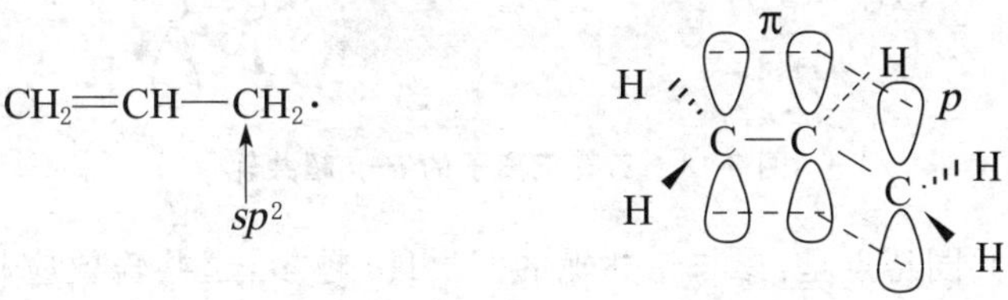
$CH_2=CH-CH_2\cdot$
sp^2
π
H
H
p
C—C
C
H
H
H

图 3-16 烯丙基自由基中等电子 *p*-π 共轭

(3)σ-π 超共轭效应

它是一类微弱的共轭效应，当碳氢 σ 键与 π 键相邻，并处于一种近似于平行状态时，则 π 电子云和 σ 电子云也有类似的离域现象，这种 σ、π 电子的离域作用称为 σ-π 超共轭效应。如图 3-17 所示，丙烯分子中的超共轭：

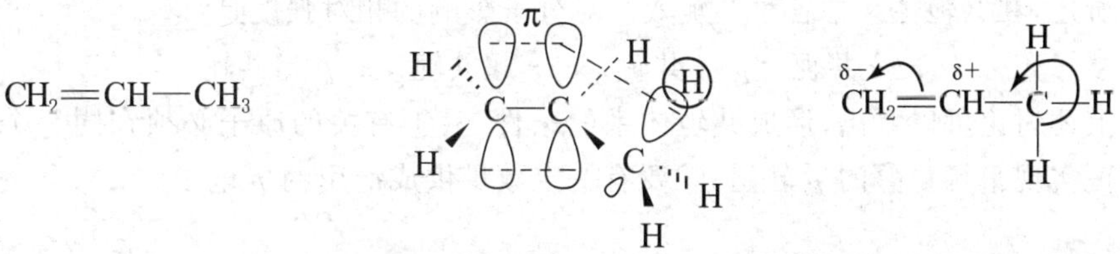
$CH_2=CH-CH_3$
π
H
H
H
C—C
C
H
H
H
δ−
δ+
$CH_2=CH-C-H$
H
H

图 3-17 丙烯分子 σ-π 超共轭

烯烃分子中的 σ-π 超共轭效应，从它们的氢化热（有机化合物催化加氢时放出来的热量）可以得到证明，例如：

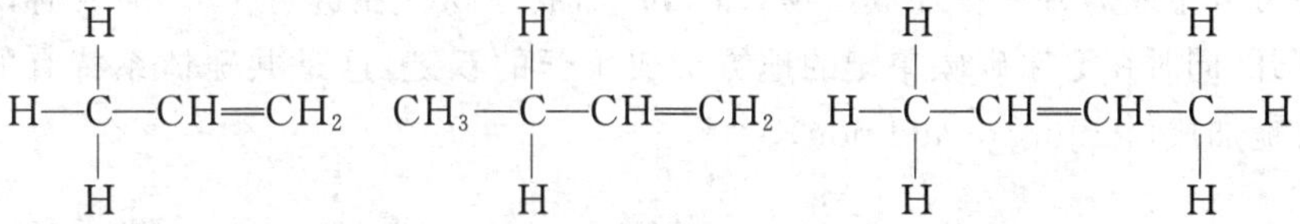
H
H—C—CH=CH₂
H
H
CH₃—C—CH=CH₂
H
H
H
H—C—CH=CH—C—H
H
H

氢化热（kJ · mol^{-1}）	126	127	120（顺式）
与 π 键共轭的 C—Hσ 键数	三个	两个	六个

由上述可知，与双键相邻碳原子上的碳氢 σ 键越多，发生超共轭效应的机会也越多，成键电子云离域也越充分，氢化热越低，化合物越稳定。如 2-丁烯比 1-丁烯稳定是由于前者有六个 C—Hσ 键与双键共轭，而 1-丁烯只有两个 C—Hσ 键与双键共轭。

(4)σ-*p* 超共轭效应

与 σ-π 超共轭效应相似，当碳氢 σ 键与 *p* 轨道相邻时，C—Hσ 电子云也可以发生部分离域作用，这种电子的离域称为 σ-*p* 超共轭效应。碳正离子（或自由基）的稳定性的比较就是

借助于 σ-p 超共轭效应得到解释的。如各种碳正离子(或自由基中心碳)一般认为是 sp^2 杂化状态或近似于 sp^2 杂化状态,如图 3-18 所示,在这个碳原子上还留有一个空的 p 轨道,当空的 p 轨道与相邻的 C—H 键发生 σ-p 超共轭效应时,使正电荷得到分散,离子的稳定性增加。

$$CH_3\overset{+}{—}CH_2$$

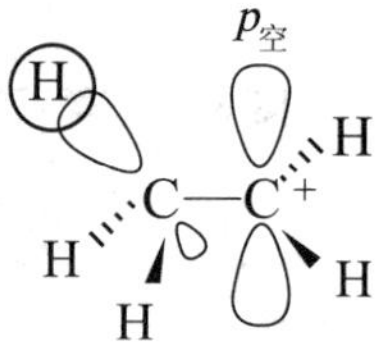

图 3-18 乙基正离子的 σ-p 超共轭

超共轭体系的共同特点是:参与超共轭的 C—Hσ 越多,超共轭效应越强。在乙基碳正离子中,带正电的碳原子上空的 p 轨道与甲基上 C—H 键的电子云部分重叠,使部分正电荷向甲基分散,碳正离子的稳定性相应提高。甲基越多,碳正离子越稳定,碳正离子的稳定性次序为:

$$(CH_3)_3\overset{+}{C} > (CH_3)_3\overset{+}{CH} > (CH_3)_3\overset{+}{CH_2} > \overset{+}{CH_3}$$

综上所述,在共轭体系中各种共轭效应对分子影响的相对强度是:

$$\pi\text{-}\pi \text{ 共轭} > p\text{-}\pi \text{ 共轭} > \sigma\text{-}\pi \text{ 超共轭} > \sigma\text{-}p \text{ 超共轭}$$

通过上述讨论可以看出,形成共轭体系的条件是:①有关的原子必须在同一个平面上;②必须有可实现平行重叠的 p 轨道;③要有一定数量供成键用的 p 电子。

三、共轭二烯烃的化学性质

1. 1,4-加成反应

1,3-丁二烯发生加成反应时,除了生成与一个碳碳双键加成的产物外(1,2-加成产物),还可以生成另外一种加成产物,即 1,4-加成产物。在进行 1,4-加成时,分子中 2 个 π 键均打开,同时在原来碳碳单键的地方形成了新的双键,这是共轭体系特有的加成方式,故又称共轭加成(conjugate addition)。

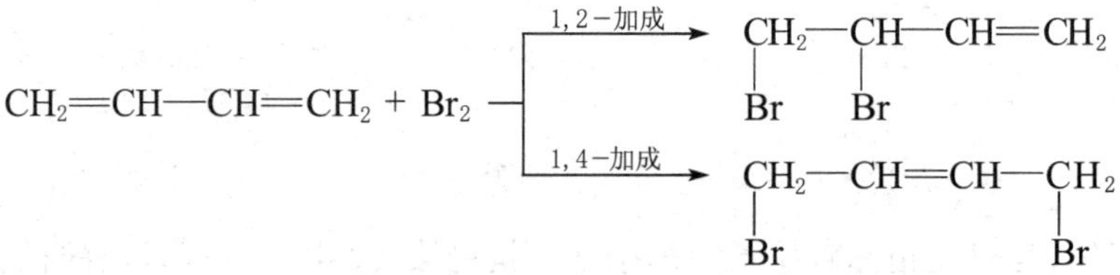

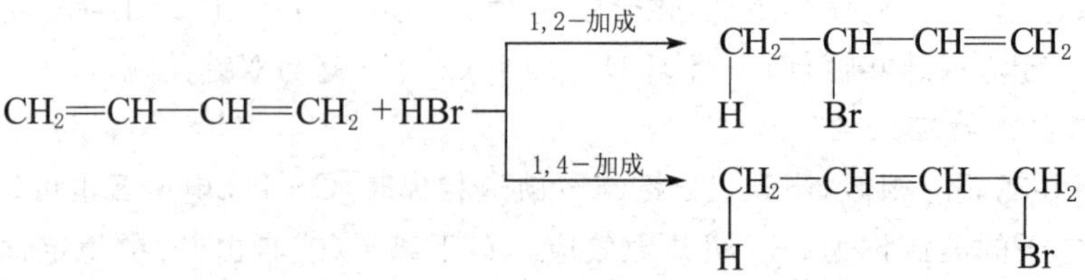

反应机理(以与 HBr 反应为例)如下:

共轭二烯烃与 HBr 加成时,带正电荷的 H^+ 首先进攻共轭二烯烃形成①或②两种形式的碳正离子,①和②相比,①中带正电荷的碳原子和双键碳原子能形成 p-π 共轭体系,正电荷得到了分散,整个体系的能量降低;而②中只能形成 σ-p 超共轭,正电荷分散程度较小,体系能量相对较高。所以,加成反应的第一步以形成碳正离子①为主。

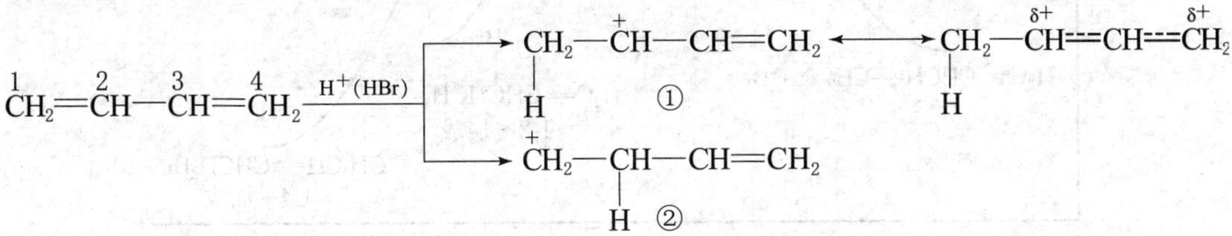

$$\underset{CH_2=CH-CH=CH_2}{\overset{1\quad2\quad3\quad4}{}} \xrightarrow{H^+(HBr)}$$

$$CH_2\overset{+}{-}\underset{H}{\overset{|}{CH}}-CH=CH_2 \quad ① \longleftrightarrow \overset{\delta^+}{CH_2}-\underset{H}{\overset{|}{CH}}=CH\overset{\delta^+}{=}CH_2$$

$$CH_2-\underset{H}{\overset{\overset{+}{|}}{CH}}-CH=CH_2 \quad ②$$

由于共轭体系内极性交替存在,致使在碳正离子①中的 π 电子云不是平均分布在这三个碳原子上,而正电荷主要分布在 C_2 和 C_4 上,所以反应的第二步,Br^- 既可以与 C_2 结合,发生 1,2-加成,也可以与 C_4 结合,发生 1,4-加成。而往往 1,4-加成产物占主要比例。

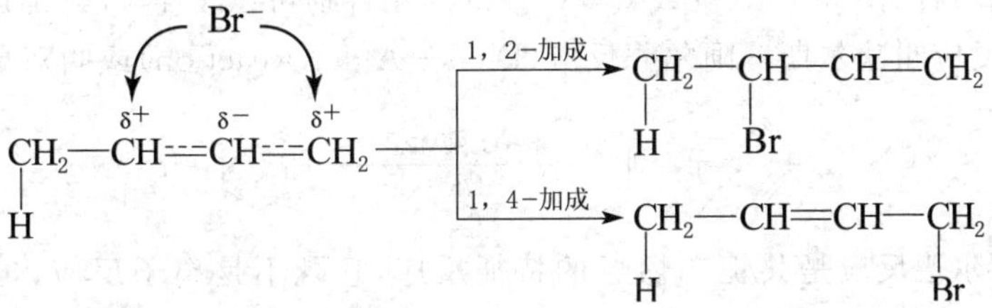

$$\overset{Br^-}{\overset{\curvearrowright\curvearrowright}{\underset{H}{\overset{|}{CH_2}}-\overset{\delta^+}{CH}==\overset{\delta^-}{CH}==\overset{\delta^+}{CH_2}}}$$

1,2-加成 → $CH_2-\underset{H}{\overset{|}{CH}}-\underset{Br}{\overset{|}{CH}}-CH=CH_2$

1,4-加成 → $CH_2-\underset{H}{\overset{|}{CH}}-CH=CH-\underset{Br}{\overset{|}{CH_2}}$

实验证明,1,2-加成产物和 1,4-加成产物的比例决定于共轭二烯烃的结构和反应条件。极性溶剂有利于 1,4-加成,非极性溶剂有利于 1,2-加成;高温(40℃以上)有利于 1,4-加成,低温(0℃以下)有利于 1,2-加成。例如:

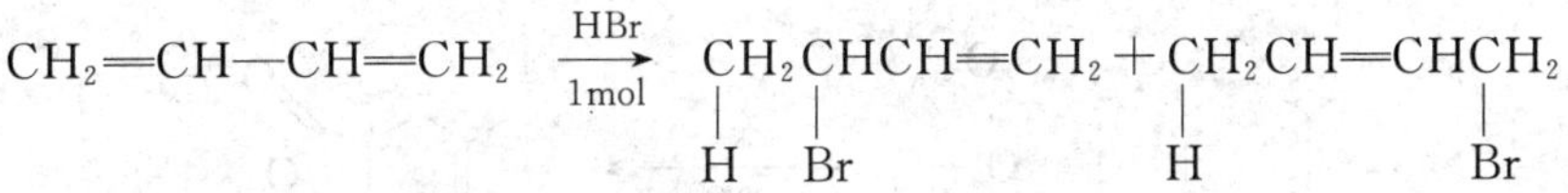

$$CH_2=CH-CH=CH_2 \xrightarrow[1mol]{HBr} CH_2CHCH=CH_2 + CH_2CH=CHCH_2$$
$$\phantom{CH_2=CH-CH=CH_2 \xrightarrow[1mol]{HBr}} \underset{H}{|}\ \underset{Br}{|} \qquad \underset{H}{|}\qquad\quad \underset{Br}{|}$$

−80℃	80%	20%
40℃	20%	80%

从反应的能量图(见图 3-19)可以看出,1,4-加成比 1,2-加成的活化能高,且 1,4-加成产物(5 个 σ-π 超共轭)比 1,2-加成产物稳定(1 个 σ-π 超共轭)。所以,在低温时,碳正离子首先达到 1,2-加成反应的活化能,生成 1,2-加成产物,反应由动力学控制;在较高温度时,碳正离子有条件获得更多的能量,达到 1,4-加成反应的活化能,生成 1,4-加成产物,先生成的 1,2-加成产物也可以逆转为碳正离子,生成更多的比较稳定的 1,4-加成产物,因此,达到动态平衡时,更稳定的 1,4-加成产物是反应的主要产物,这步反应是由反应热力学控制的。

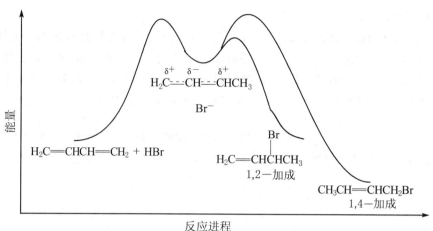

图 3-19 丁二烯与溴化氢加成反应的能量示意图

2. 双烯合成反应(Diels—Alder 反应)

共轭二烯烃与含有 C=C 双键或 C≡C 叁键的化合物可以发生 1,4-加成反应生成六元环状化合物,此反应叫狄尔斯—阿尔德反应(Diels—Alder Reaction)或叫双烯合成。例如:

$$\begin{array}{c}\ce{+ \|} \xrightarrow[17h]{165℃,90MPa}\end{array}$$

狄尔斯—阿尔德反应是共轭二烯烃的特征反应,它既不是离子反应,也不是自由基反应,而是协同反应。其反应特征:新键的生成和旧键的断裂同时发生并协同进行,不需要催化剂,一般只要求在光或热的作用下发生反应。有共轭双键的化合物叫双烯体,与共轭二烯烃进行双烯加成的不饱和化合物称亲双烯体(dienophile)。当双烯体连有供电子基团,而亲双烯体连有吸电子基团(— CHO、— COR、— CN、— NO₂)时,将有利于反应的进行。

$$\xrightarrow[100℃]{苯}$$

$$\ce{+ \overset{CHO}{} } \xrightarrow[\triangle]{苯} \overset{CHO}{}$$

狄尔斯—阿尔德反应是可逆的,在加热到较高温度时,加成产物又可以分解为双烯体和亲双烯体。狄尔斯—阿尔德反应应用非常广泛,是合成六元碳环化合物的一种重要方法。

3. 聚合反应

共轭二烯烃也容易发生聚合反应,既可以进行 1,2-加成聚合,也可以进行 1,4-加成聚合,或两种聚合反应同时发生。其中 1,4-加成聚合反应是制备橡胶的基本反应,选择不同的反应条件和催化剂,可以控制聚合的方式,得到不同的高聚物——橡胶。

$$n CH_2=CHCH=CH_2 \xrightarrow[\text{齐格勒—纳塔}]{TiCl_4-Al(C_2H_5)_3} \begin{array}{c} \text{—}\!\!\!+\!\!CH_2 \qquad\qquad CH_2\!\!+\!\!\text{—}_n \\ \diagdown C\!\!=\!\!C \diagup \\ \mathstrut H \qquad\quad H \end{array}$$

1,3-丁二烯   顺丁橡胶

$$n CH_2=CCH=CH_2 \atop CH_3 \xrightarrow[\text{齐格勒—纳塔}]{TiCl_4-Al(C_2H_5)_3} \begin{array}{c} \text{—}\!\!\!+\!\!CH_2 \qquad\qquad CH_2\!\!+\!\!\text{—}_n \\ \diagdown C\!\!=\!\!C \diagup \\ CH_3 \qquad\quad H \end{array}$$

2-甲基-1,3-丁二烯   顺异戊橡胶

  橡胶是工农业生产、交通运输、国防建设和日常生活中不可缺少的物资。顺丁橡胶主要用于制造轮胎,轮胎制造业大约消耗顺丁橡胶产量的 $85\%\sim90\%$ 。异戊橡胶的分子结构与天然橡胶相同,因此它的化学、物理性质与天然橡胶相似,所以异戊橡胶又叫"合成天然橡胶"。

烯烃的主要反应

一、加成反应

1.加氢

$$\begin{array}{c} | \quad | \\ \text{—}C\!\!=\!\!C\text{—} \end{array} + H_2 \xrightarrow{\text{Ni,Pt 或 Pd}} \begin{array}{c} | \quad | \\ \text{—}C\!\!-\!\!C\text{—} \\ | \quad | \\ H \quad H \end{array}$$

烯烃   烷烃

2.加卤素

$$\begin{array}{c} | \quad | \\ \text{—}C\!\!=\!\!C\text{—} \end{array} + X_2 \longrightarrow \begin{array}{c} | \quad | \\ \text{—}C\!\!-\!\!C\text{—} \\ | \quad | \\ X \quad X \end{array}$$

烯烃   二卤代烃

3.加卤化氢

$$\begin{array}{c} | \quad | \\ \text{—}C\!\!=\!\!C\text{—} \end{array} + HX \longrightarrow \begin{array}{c} | \quad | \\ \text{—}C\!\!-\!\!C\text{—} \\ | \quad | \\ H \quad X \end{array}$$

烯烃   卤代烃

4. 加水

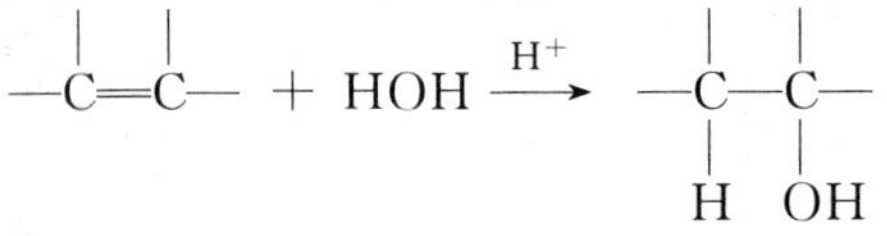

$$\text{—C}=\text{C—} + HOH \xrightarrow{H^+} \text{—C—C—}$$

（烯烃）   （醇）

产物下标为 H、OH

5. 加硫酸

$$\text{—C}=\text{C—} + H_2SO_4 \longrightarrow \text{—C—C—}$$

（下标为 H、OSO_2OH）

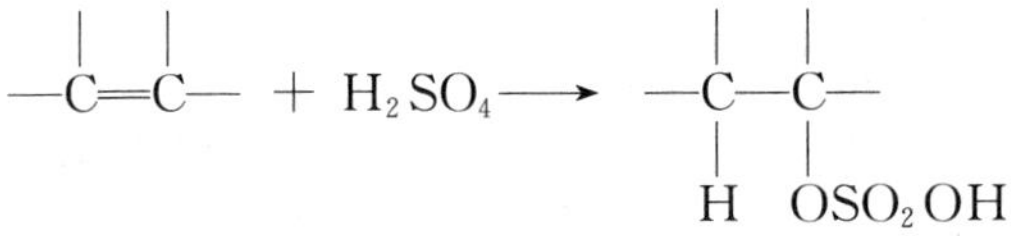

烯烃   硫酸氢酯

6. 加次卤酸

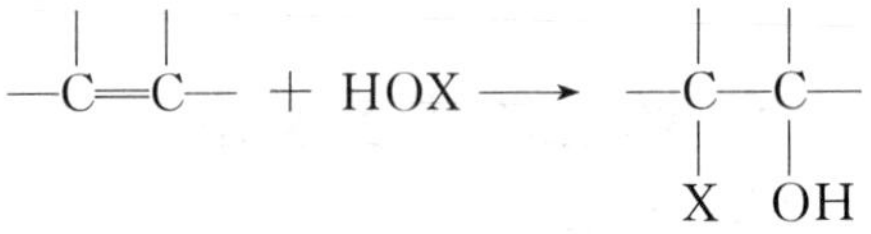

$$\text{—C}=\text{C—} + HOX \longrightarrow \text{—C—C—}$$

（下标为 X、OH）

烯烃   卤代醇

二、聚合反应

$$n\,\text{—C}=\text{C—} \xrightarrow{\text{过氧化物}} \left[\text{—C—C—}\right]_n$$

（下标为 X、OH）

烯烃   多聚物

三、氧化反应

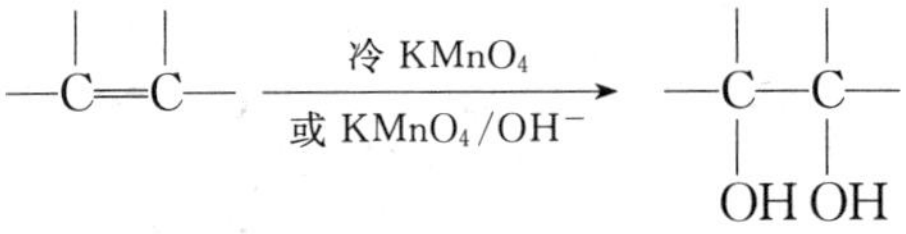

$$\text{—C}=\text{C—} \xrightarrow[\text{或 } KMnO_4/OH^-]{\text{冷 } KMnO_4} \text{—C—C—}$$

（下标为 OH、OH）

烯烃   邻二醇

$$\text{—C}=\text{C—} \xrightarrow{KMnO_4/H^+} \text{C}=O + O=\text{C}$$

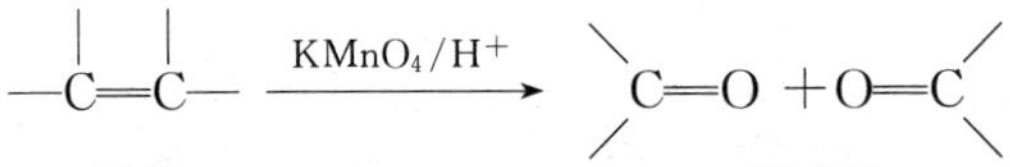

烯烃   酮或酸

四、烃基的反应——α-H 原子的卤代反应（C—H 键的断裂）

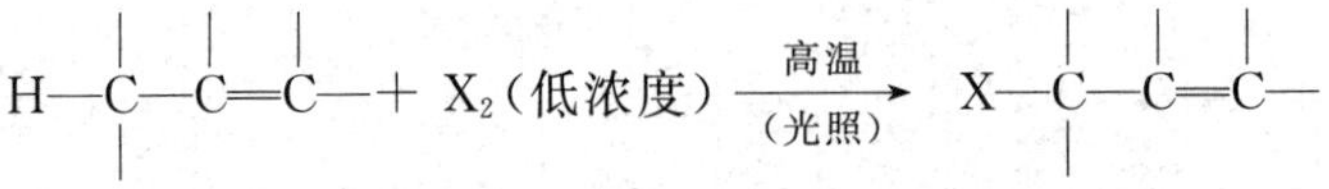

$$H\text{—C—C}=\text{C—} + X_2\,(\text{低浓度}) \xrightarrow[\text{(光照)}]{\text{高温}} X\text{—C—C}=\text{C—}$$

烯烃 $X_2=Cl_2，Br_2$ 烯丙基卤代物

炔烃的主要反应

一、加成反应

1.加氢

$$-C \equiv C- \ + \ H_2 \ \xrightarrow{Ni,Pt \ 或 \ Pd} \ \begin{matrix} H & H \\ | & | \\ -C = C- \end{matrix} \ \longrightarrow \ \begin{matrix} H & H \\ | & | \\ -C-C- \\ | & | \\ H & H \end{matrix}$$

   炔烃   烯烃   烷烃

2.加卤素

$$-C \equiv C- \ + \ X_2 \ \longrightarrow \ \begin{matrix} X & X \\ | & | \\ -C = C- \end{matrix} \ \xrightarrow{X_2} \ \begin{matrix} X & X \\ | & | \\ -C-C- \\ | & | \\ X & X \end{matrix}$$

   炔烃 $X_2 = Cl_2, Br_2$ 二卤代烯烃   多卤代烃

3.加卤化氢

$$-C \equiv C- \ + \ HX \ \longrightarrow \ \begin{matrix} H & X \\ | & | \\ -C = C- \end{matrix} \ \xrightarrow{HX} \ \begin{matrix} H & X \\ | & | \\ -C-C- \\ | & | \\ H & X \end{matrix}$$

   炔烃 $HX = HCl, HBr, HI$ 卤代烯烃   二卤代烃

4.加水

$$-C \equiv C- \ + \ HOH \ \xrightarrow{H_2SO_4, HgSO_4} \ \left[\begin{matrix} H & OH \\ | & | \\ -C = C- \end{matrix} \right] \ \longrightarrow \ \begin{matrix} & H & & O \\ & | & & \parallel \\ H-C-C- \\ & | \\ \end{matrix}$$

                                                          醛或酮

二、氧化反应

$$R-C \equiv C-H \ \xrightarrow[或 \ K_2Cr_2O_7/H^+]{KMnO_4/H^+} \ \begin{matrix} & O \\ & \parallel \\ R-C \\ & | \\ & OH \end{matrix} \ + \ CO_2$$

三、聚合反应

$$2CH\equiv CH \xrightarrow[\text{H}^+,70^\circ\text{C}]{\text{Cu}_2\text{Cl}_2,\text{NH}_4\text{Cl}} CH_2=CH-C\equiv CH$$

乙烯基乙炔（或 1-丁烯-3-炔）

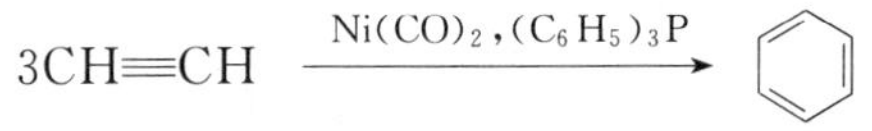

$$3CH\equiv CH \xrightarrow{\text{Ni(CO)}_2,(\text{C}_6\text{H}_5)_3\text{P}}$$ ⬡

四、端基炔生成金属炔化合物（$C\equiv C-H$ 中 $C-H$ 键的断裂）

$$-C\equiv C-H + M^+ \longrightarrow -C\equiv C-M + H^+$$

端基炔　$M^+=Ag^+,Cu^+$　金属炔化物

二烯烃的主要反应

一、加成反应

1. 催化加氢

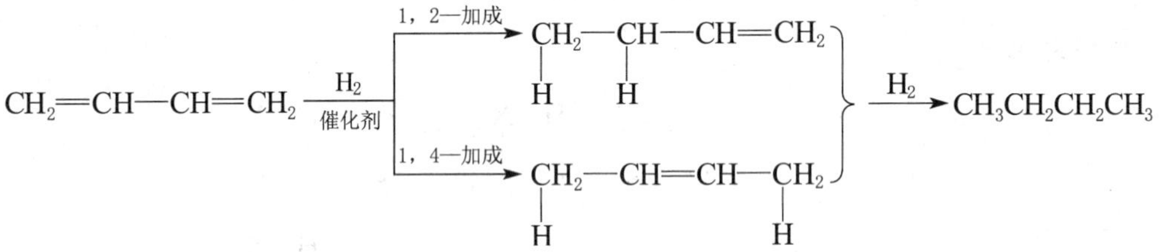

2. 加卤素

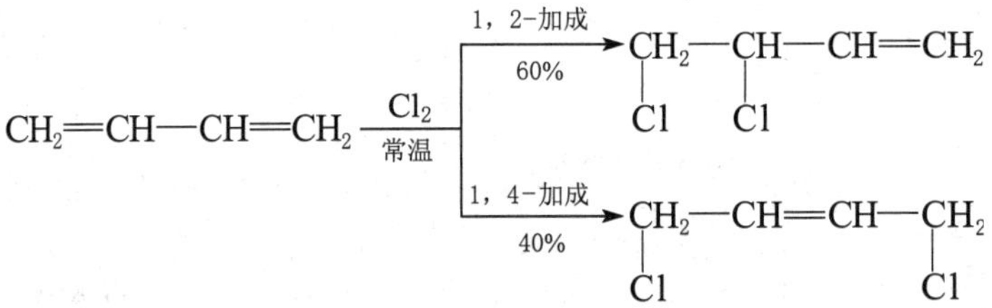

3. 加卤化氢

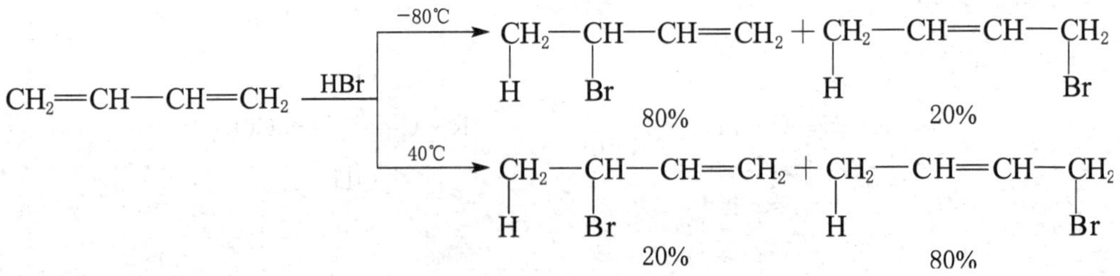

1,2-加成　　　　　1,4-加成

二、双烯合成反应（狄尔斯－阿尔德反应）

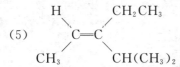

三、聚合反应

$$nCH_2=CHCH=CH_2 \xrightarrow[\text{齐格勒－纳塔}]{TiCl_4-Al(C_2H_5)_3} \left[\begin{array}{c} CH_2 \quad\quad CH_2 \\ \quad C=C \quad \\ \quad H \quad\quad H \end{array}\right]_n$$

习　题

1. 用系统命名法将下列物质命名或根据名称写出构造式。

(1) $CH_3CH_2CH(CH_3)CH=CH_2$　　(2) $(CH_3)_3CCH_2CH=CHCH_2C(CH_3)_3$

(3) $(CH_3)_2CHC≡CC(CH_3)_3$　　(4) $CH_3—CH=C=CH_2$

(5) $\begin{array}{cc} H & CH_2CH_3 \\ & C=C \\ CH_3 & CH(CH_3)_2 \end{array}$　　(6) $\begin{array}{cc} H & CH_2CH_3 \\ & C=C \\ CH_3CH_2 & CH_3 \end{array}$

(7) $CH≡C—CH=CH—CH_3$　　(8) 3-甲基-1-戊烯

(9) 2-甲基-3-乙基-2-己烯　　(10) 2,5-二甲基-3,4-二乙基-3-己烯

(11) 3-甲基-1-戊炔　　(12) 2,5-二甲基-3-庚炔

(13) 1,4-戊二烯

2. 完成下列转变：

(1) $CH_3—CH_2—C≡CH \longrightarrow \begin{array}{c} Br \\ CH_3—CH_2—\overset{|}{\underset{Br}{C}}—CH_2 \\ \quad\quad\quad\quad Br \end{array}$

(2) $CH_3—CH_2—C≡CH \longrightarrow \begin{array}{c} CH_3—CH_2—CH—CH_3 \\ \quad\quad\quad\quad OH \end{array}$

(3) $CH≡CH \longrightarrow CH_3—CH_2—C≡CH$

3. 写出下列反应的化学方程式：

(1) $\begin{array}{c} CH_3 \\ CH_3CH_2—\overset{|}{C}=CH_2 + HCl \longrightarrow \end{array}$

(2) $CH_3—CH=CH_2 + HOCl \longrightarrow$

(3) $CH_3—CH=CH—CH_3 + Br_2 \longrightarrow$

(4) $(CH_3)_3C\!=\!CH\!-\!CH_3 + H_2O \xrightarrow{H_3PO_4/硅藻土}$

(5) $CH_3\!-\!CH\!=\!CH_2 + HBr \xrightarrow{过氧化物}$

(6) $(CH_3)_2C\!=\!CH\!-\!CH_3 \xrightarrow{KMnO_4 + H_2SO_4}$

(7) $CH_3CH\!=\!CHCH\!=\!CH_2 + \overset{\displaystyle CH-C\!\!\diagdown^{\textstyle O}}{\underset{\displaystyle CH-C\!\!\diagdown_{\textstyle O}}{\|\qquad\;\; O}} \xrightarrow{\triangle}$

(8) $CH_3CH\!=\!CHCH_2CH_2C\!\equiv\!CH + Br_2(1mol) \longrightarrow$

(9) $CH_3C\!\equiv\!CCH_2C\!\equiv\!CCH_3 + H_2 \xrightarrow{林德拉催化剂}$

(10) $CH_3\!-\!CH\!=\!CH\!-\!CH_3 + Cl_2 \xrightarrow{500\sim600℃}$

(11) $CH_3CH_2Br + NaC\!\equiv\!CH \longrightarrow$

(12) $CH_3CH\!=\!CHCH_2C\!\equiv\!CH + Ag(NH_3)_2NO_3 \longrightarrow$

4. 写出异丁烯与下列试剂反应时生成的产物：

(1) H_2/Pt (2) Br_2/CCl_4 (3) HI (4) 浓 H_2SO_4 (5) H_2O/H^+

(6) $HOCl$ (7) $KMnO_4$ 水溶液(适量,稀冷)   (8) $KMnO_4$ 水溶液(过量,加热)

5. 以丙烯为主要原料制备下列有机物。

(1) 2-溴丙烷   (2) 1-氯丙烷

(3) 异丙醇   (4) 1,2,3-三氯丙烷

6. 用乙炔和其他必要的原料合成下列化合物。

(1) $CH_2\!=\!CH\!-\!OC_2H_5$ (2) $\underset{\underset{\displaystyle O}{\overset{\displaystyle |}{O\!-\!C\!-\!CH_3}}}{\left[CH_2\!-\!\overset{|}{C}H\right]_n}$ (3) $CH_3\!-\!CHO$

(4) 聚丙烯腈   (5) 氯丁橡胶   (6) 苯   (7) $CH_3CH_2CCCH_2CH_3$

7. 丁烷、丁烯和丁炔都是无色气体,用简便的方法鉴别。

(1) 1-丁炔和 2-丁炔   (2) 丁烷、1-丁烯和 1-丁炔

8. 化合物 A、B、C 分子式都是 C_5H_8。它们都能使溴的四氯化碳溶液褪色。A 能与硝酸银的氨溶液生成沉淀,B、C 则不能。用热的高锰酸钾氧化时,A 得正丁酸($CH_3CH_2CH_2COOH$)和 CO_2;B 得乙酸和丙二酸;C 得戊二酸。试写出 A、B、C 的构造式。

9. 某化合物分子式为 $C_{12}H_{22}$,催化加氢可吸收两分子的氢,经高锰酸钾的酸性溶液氧化,得到三个化合物 $CH_3CH_2COCH_3$,CH_3CH_2COOH,$HOOC\!-\!\underset{\underset{\displaystyle CH_3}{\displaystyle |}}{CH}\!-\!COOH$。试写出该化合物所有可能的结构式。

10. 分子式为 C_6H_{12} 的一个化合物,能使溴水褪色,催化加氢生成正己烷,用过量的高锰酸钾氧化则生成两种羧酸。写出这个化合物的构造式及各步反应的反应式。

第四章 芳香烃

芳香烃简称芳烃(aromatic hydrocarbon)，因最初发现的这类化合物具有芳香气味而得名。后来发现许多这类化合物不但没有香味，而且有很难闻的气味，但芳香烃的名称一直被沿用下来。芳香烃一般是指分子中含苯环结构的碳氢化合物。而不含苯环的芳烃称为非苯芳烃。所以根据是否含有苯环以及含苯环的数目可把芳烃分为：

芳烃 {
　含苯芳烃 {
　　单环芳烃：含一个苯环的芳烃
　　多环芳烃 {
　　　联苯：多个苯环以单键相连
　　　多苯代脂肪烃：苯环之间相隔一个或一个以上碳原子
　　　稠环芳烃：多个苯环共用两个或两个以上碳原子
　　}
　}
　非苯芳烃：含有结构及性质与苯环相似的芳烃
}

例如：

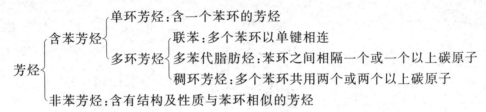

单环芳烃：

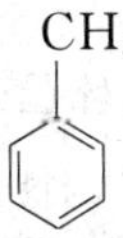

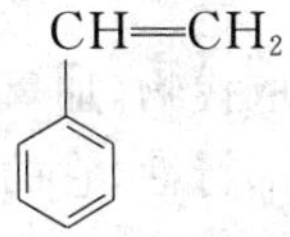

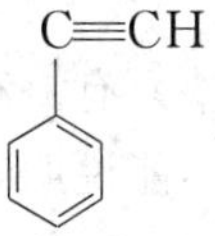

联苯：

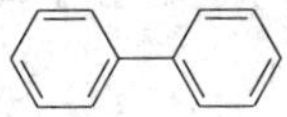

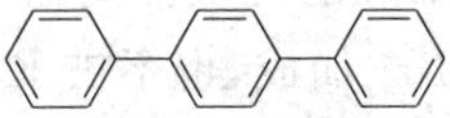

多苯代脂肪烃：

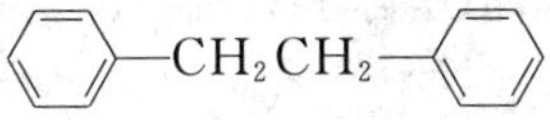

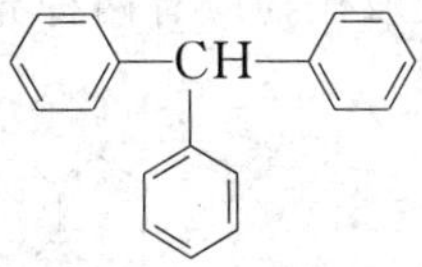

稠环芳烃：

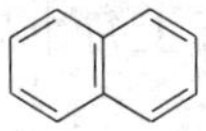

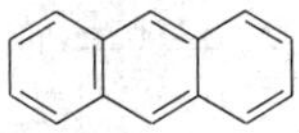

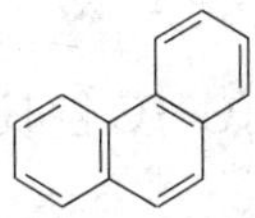

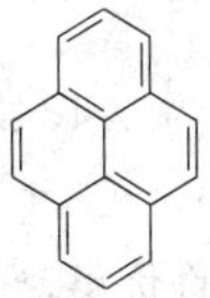

第一节　单环芳烃

单环芳烃指的是苯和它的脂肪烃基取代物。苯是最简单的单环芳烃。

一、苯的结构

1. 苯的凯库勒结构

1825 年英国物理学家法拉第(M Faraday)首次从照明气中分馏出苯。1833 年米切利斯(E. Mitscherlich)确定了苯的分子式为 C_6H_6。1865 年德国化学家凯库勒(Kekülé)提出苯的结构式：

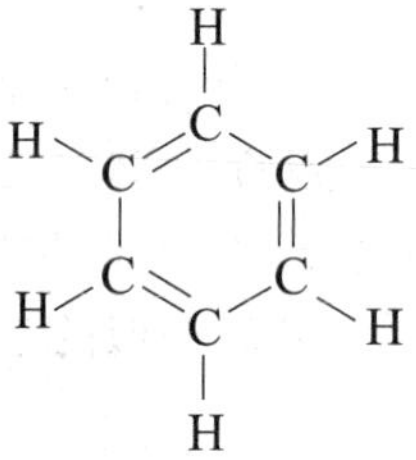

此结构可以说明苯只有一种一元取代物,加氢产物是环己烷。

但凯库勒结构式不能说明苯的全部特性,它的主要缺点有:

(1)分子中有三个双键,应该具有烯烃的性质。例如,容易起加成反应与氧化反应,但实验证明在一般情况下苯不易与 Cl_2 或 Br_2 加成,也不被 $KMnO_4$ 氧化。

(2)苯的邻位二元取代物应有两种异构体,但实际上只有一种。

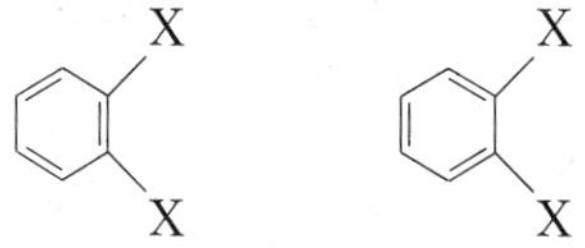

(3) $C\!=\!C$ 键长为 0.134 nm,$C\!-\!C$ 键长为 0.154 nm,而实际上每个碳与碳之间的键长都相等,为 0.140 nm。

2. 苯分子结构的价键理论观点

现代物理方法(射线法、光谱法)证明,苯分子是一个平面正六边形构型,所有原子都在一个平面上,所有键角都是 120°,碳碳键长都是 0.140 nm,碳氢键长都是 0.110 nm。

杂化轨道理论认为:苯分子中的碳原子都是以 sp^2 杂化轨道成键的,故所有键角均为120°,所有原子均在同一平面上。未参与杂化的 p 轨道都垂直于碳环平面,彼此侧面重叠,形成一个闭合的大 π 键共轭体系,由于共轭效应使 π 电子高度离域,电子云完全平均化,故无单双键之分,碳碳键长完全相同(见图 4-1)。

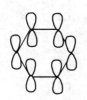 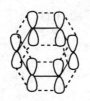 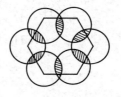

图 4-1　苯分子中的 p 轨道及共轭 π 键

因此,苯的结构可以表示为 ⬡(○),这种结构能比较形象地显示出苯的闭合大 π 键及 π 电子云的平均分布,但不能显示出 π 电子的数目;凯库勒式 ⬡ 的优点是能显示出 π 电子的数目。本书采用凯库勒式来表示苯的分子结构。

3.从氢化热看苯的稳定性

$$\bigcirc + H_2 \longrightarrow \bigcirc \qquad \triangle H = -120 \ \text{kJ} \cdot \text{mol}^{-1}$$

$$\bigcirc + 2H_2 \longrightarrow \bigcirc \qquad \triangle H = -232 \ \text{kJ} \cdot \text{mol}^{-1}$$

$$\bigcirc + 3H_2 \longrightarrow \bigcirc \qquad \triangle H = -208 \ \text{kJ} \cdot \text{mol}^{-1}$$

苯的氢化热为 208 kJ·mol^{-1},环己烯的氢化热为 120 kJ·mol^{-1},假想 1,3,5-环己三烯的氢化热为环己烯的三倍,则应为 360 kJ·mol^{-1};苯的氢化热比假想的 1,3,5 环己三烯的氢化热低 152 kJ·mol^{-1}。也就是说由于环状共轭大 π 键的形成,使苯分子的能量降低了 152 kJ·mol^{-1},能量的降低导致了苯分子的稳定性,这个能量叫苯的共轭能,又叫离域能或共振能。

苯的共轭能(离域能或共振能)= 360－208＝152 kJ·mol^{-1}

苯分子的这种稳定性表现在化学性质上就是易发生取代反应,而难发生加成反应和氧化反应,这种特性称苯的芳香性。

二、单环芳烃的命名

单环芳烃按苯环上取代基的数目又分为一元、二元和三元取代基苯。

一烃基苯无异构体,烃基如果是简单的烷基,则苯作母体,烷基作取代基,称"某苯"。

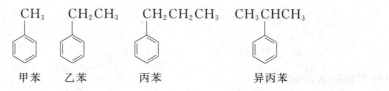

二烃基苯有三种同分异构体,常以邻(ortho)、间(mata)、对(para)作为字头来表明两个取代基的相对位次,或者分别用 o-、m-、p-来表示邻、间、对的位次。例如:

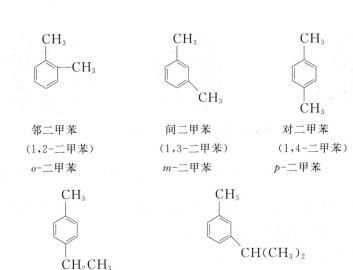

邻二甲苯　　　　　　　间二甲苯　　　　　　　对二甲苯

(1,2-二甲苯)　　　　　(1,3-二甲苯)　　　　　(1,4-二甲苯)

o-二甲苯　　　　　　　m-二甲苯　　　　　　　p-二甲苯

对甲乙苯　　　　　　　　　间甲基异丙基苯

(1-甲基-4-乙基苯)　　　　(1-甲基-3-异丙基苯)

三烃基苯有三种同分异构体,命名为:

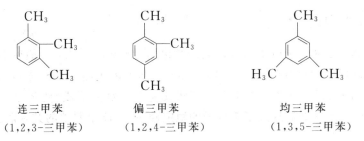

连三甲苯　　　　　　偏三甲苯　　　　　　均三甲苯

(1,2,3-三甲苯)　　　(1,2,4-三甲苯)　　　(1,3,5-三甲苯)

C_6H_5—叫苯基,可简写为 Ph—。芳烃分子中,去掉一个氢剩余部分称芳基(aryl),简写为 Ar—。重要的芳基有:

苯基,简写符号 Ph　　　　　　　苯甲基或苄基

结构较复杂的烷基苯和不饱和的烃基苯的命名是以烃作主体,苯作取代基。例如:

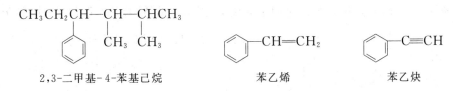

2,3-二甲基-4-苯基己烷　　　　　苯乙烯　　　　　　苯乙炔

单环芳烃衍生物的命名:

氯苯　　　　硝基苯　　　　苯胺　　　　苯甲醛　　　　苯甲酸　　　　苯磺酸

当苯环上连有两个或两个以上官能团的衍生物,应首先选好母体官能团,其他的官能团作取代基,从母体官能团开始编号,并使其他基团位置最小。

选择母体官能团的顺序为 $-SO_3H$、$-COOH$、$-COOR$、$-COX$、$-CONH_2$、$-CN$、$-CHO$、$-OH$、$-NH_2$、$-CH=CH_2$、$-OR$、$-R$、$-X$、$-NO_2$ 等。排在前面的作母体,排在后面的作取代基。例:

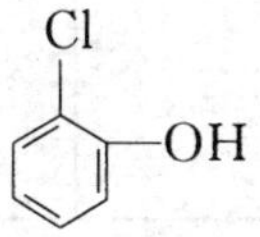

邻氯苯酚	对氨基苯磺酸	间硝基苯甲酸
(2-氯苯酚)	(4-氨基苯磺酸)	(3-硝基苯甲酸)

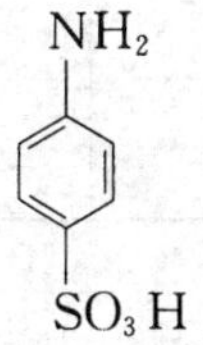

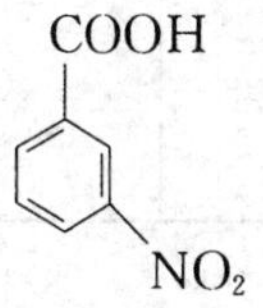

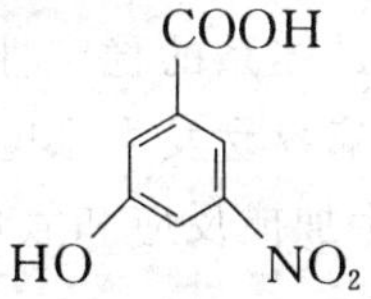

3-硝基-5-羟基苯甲酸 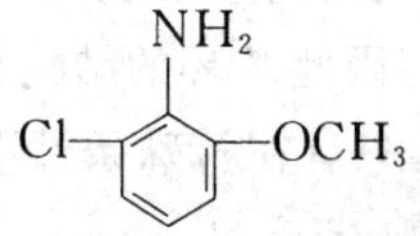   2-甲氧基-6-氯苯胺

三、单环芳烃的物理性质

单环芳烃一般为有特殊气味的无色液体。高浓度的苯蒸气作用于中枢神经,能引起急性中毒,长期接触低浓度的苯蒸气能损害造血器官。因都是非极性或极性很小的化合物,所以不溶于水,易溶于石油醚、四氯化碳、乙醚和丙酮等有机溶剂,同时也是良好的有机溶剂和有机合成的重要原料。它们易燃,火焰带有较浓的黑烟。其密度比相应的开链烃、环烷烃、环烯烃大。

苯由于高度对称性而具有相对较高的熔点。含相同碳原子数的苯的同系物异构体中,对称性高的异构体的熔点相对较高。例如对位异构体的熔点比邻位和间位的异构体高。一些单环芳烃的物理常数见表 4-1。

表 4-1　单环芳烃的物理常数

名称	熔点(℃)	沸点(℃)	密度(g/cm³)
苯	5.5	80.1	0.8765
甲苯	−9.5	110.6	0.8669
邻二甲苯	−15	144.4	0.8670
间二甲苯	−47.9	139.1	0.8642
对二甲苯	13.5	38.4	0.8611
苯乙烯	−36.6	145.2	0.9060

名称	熔点(℃)	沸点(℃)	密度(g/cm³)
正丙苯	−99.5	159.2	0.8620
异丙苯	−96	152.4	0.8618
连三甲苯	−25.4	176	0.8944
偏三甲苯	−43.8	169	0.8758
均三甲苯	−44.7	165	0.8652

四、单环芳烃的化学性质

苯环相当稳定,不易发生氧化和加成反应,而易发生取代反应,这是芳香族化合物共有的特点,称为芳香性。从结构上来说,芳香性实际上是体系的稳定性,而这种稳定因素来源于 π 电子的高度离域。因此苯环的结构特点决定了苯容易发生亲电取代反应(electrophilic substitution reaction),只有在特殊条件下才可以发生加成反应和氧化反应。

1.芳环上的亲电取代反应

在一定条件下,苯环上的氢原子可被卤原子、硝基、磺酸基、烃基等取代,生成相应的取代产物。

(1)卤代反应

一般情况下苯和氯或溴不发生反应,但在铁粉或三卤化铁的催化下,可与卤素发生取代反应。

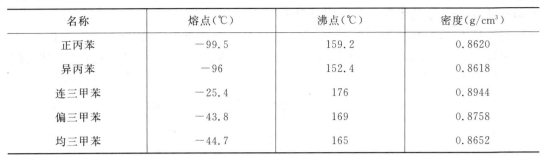

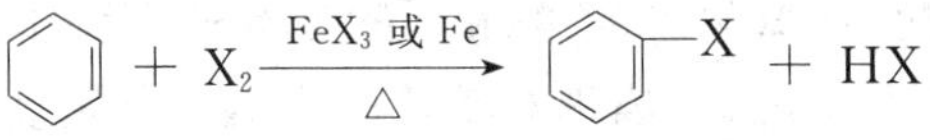

卤代反应的活性为 $F_2 > Br_2 > Cl_2 > I_2$,其中最常见的为氯和溴。卤苯进一步卤化比苯困难,产物主要是邻二卤苯和对二卤苯。甲苯的卤化比苯容易,产物主要是邻卤甲苯和对卤甲苯。

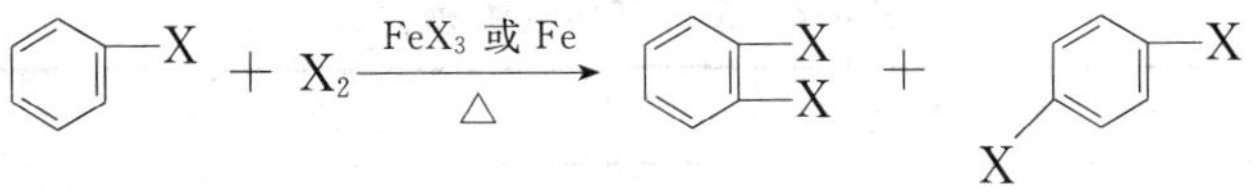

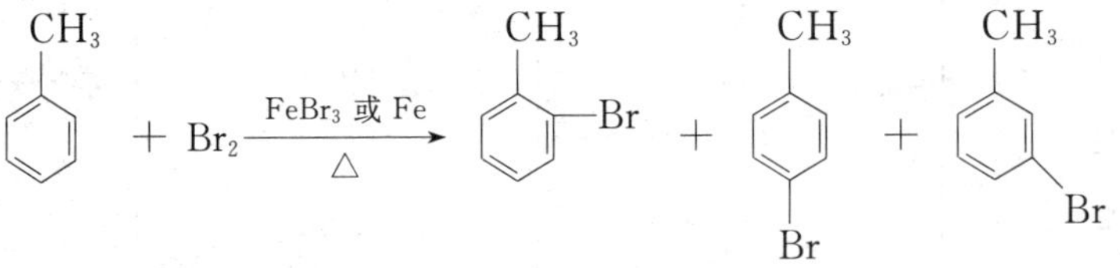

(2)硝化反应

浓硝酸和浓硫酸(1∶2)的混合物称混酸。苯与混酸反应生成硝基苯:

70

硝基苯为淡黄色液体,比水重,具有苦杏仁味,其蒸气有毒。硝基苯继续硝化比苯困难,产物主要是间二硝基苯。

甲苯可以不需要催化剂,在混酸作用下比苯容易发生取代,主要发生在邻位和对位。如果加热,则主要产物是 2,4,6-三硝基甲苯。

2,4,6-三硝基甲苯为黄色固体,是一种烈性炸药,商品名为 TNT。

(3)磺化反应

苯与浓硫酸共热,苯环上的氢可被磺酸基($-SO_3H$)取代生成苯磺酸,称为磺化反应(sulfonation)。

苯磺酸可以继续磺化但比苯困难,产物主要为间苯二磺酸,含量约占整个混合物的 72%。

甲苯磺化比苯容易,主要得到邻、对位产物:

$$\text{甲苯} \xrightarrow[\text{室温}]{H_2SO_4} \text{间位} + \text{对位}$$

苯磺酸具有强酸性,遇水共热可脱去磺酸基,在有机合成中利用此反应进行定位。

$$\text{苯磺酸} \rightleftharpoons \text{苯} + H_2SO_4$$

利用此特点可把磺酸基作为临时占位基,以得到所需的产物。例如:由甲苯制取邻氯甲苯时,若用甲苯直接氯化,得到分离困难的邻、对位产物。如果先磺化、再氯化、再水解,就可得到高产率的邻氯甲苯。

$$\text{甲苯} \xrightarrow{H_2SO_4} \xrightarrow[\text{Fe}]{Cl_2} \xrightarrow[\sim150℃]{H^+/H_2O} \text{邻氯甲苯}$$

(4)傅瑞德尔—克拉夫茨反应

傅瑞德尔(Friedel,法国)—克拉夫茨(Crafts,美国)反应,简称傅—克反应,一般分为傅—克烷基化反应和傅—克酰基化反应两类。

①傅—克烷基化反应(Alkylation Reaction)

在路易斯酸(无水 $AlCl_3$ 等)催化下,芳烃与卤代烷、烯烃、醇等反应生成烷基苯的反应。

$$\text{苯} + R-X \xrightarrow{AlX_3} \text{苯}-R + HX$$

常用的催化剂为:无水 $AlCl_3$、$FeCl_3$、$ZnCl_2$、BF_3、HF、H_2SO_4 等。反应中提供烷基的试剂,称烷基化试剂。常用的烷基化试剂为:卤代烷、烯烃、醇。例如工业上就是利用乙烯和丙烯作为烷基化试剂来制取乙苯和异丙苯。

$$\text{苯} + CH_2=CH_2 \xrightarrow{HF} \text{苯}-CH_2CH_3$$

$$\text{苯} + CH_3CH_2=CH_2 \xrightarrow{H_2SO_4} \text{苯}-CH(CH_3)_2 + HCl$$

烷基化反应为亲电取代反应,反应首先产生烷基碳正离子,然后烷基碳正离子进攻苯环形成产物烷基苯。如果引入的烷基含有三个或三个以上的碳原子时,直链烃基碳正离子易发生重排,所以往往得到异构化产物。例如:

$$\text{苯} + CH_3CH_2CH_2Cl \xrightarrow{AlCl_3} \text{苯}-CH(CH_3)_2 + \text{苯}-CH_2CH_2CH_3$$
$$\qquad\qquad\qquad\qquad (65\%) \qquad\qquad (35\%)$$

由于烷基能活化苯环,所以反应需过量的苯才能得到一烃基取代产物,否则,将产生多烃基苯的混合物。当苯环上有硝基、磺酸基、羧基等强的吸电子基团时,使苯环钝化,一般不发生傅—克烷基化反应。

②傅—克酰基化反应(acylation reaction)

在无水 $AlCl_3$ 等催化下,芳烃与酰卤或酸酐反应在苯环上引入酰基(acyl)生成酰基苯(芳酮)的反应。酰卤、酸酐称作酰基化试剂,酰基化反应是制备芳香酮的重要方法。

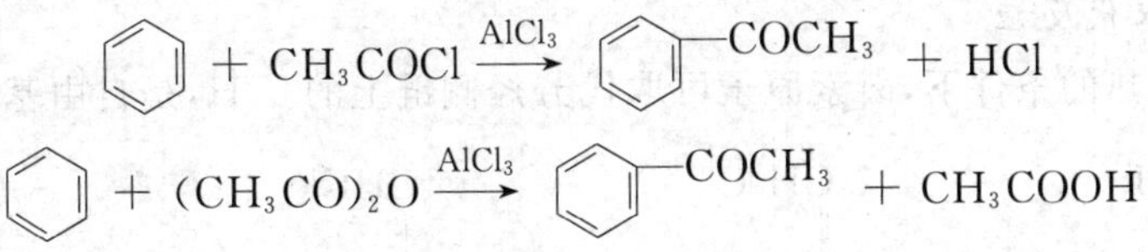

$$\text{苯} + CH_3COCl \xrightarrow{AlCl_3} \text{苯-COCH}_3 + HCl$$

$$\text{苯} + (CH_3CO)_2O \xrightarrow{AlCl_3} \text{苯-COCH}_3 + CH_3COOH$$

酰基化反应和烷基化反应不同,酰基化反应不会生成多取代产物,也不会发生酰基异构化现象。合成芳基烷基酮,再还原羰基,可制取长链(直链)烷基苯。如:

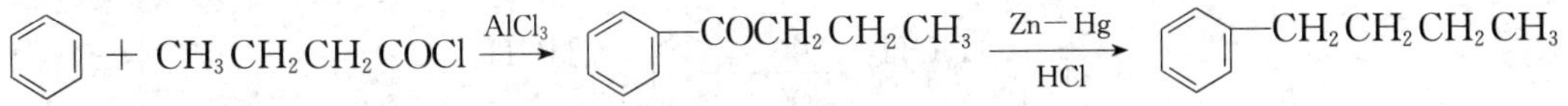

$$\text{苯} + CH_3CH_2CH_2COCl \xrightarrow{AlCl_3} \text{苯-COCH}_2CH_2CH_3 \xrightarrow[HCl]{Zn-Hg} \text{苯-CH}_2CH_2CH_2CH_3$$

当芳环上有硝基、磺酸基等强吸电子基时,也不能发生傅—克酰基化反应。

2.加成反应

苯环不易发生加成反应,只有在高温、高压及催化剂条件下才能加氢,在光照下可与卤素加成。

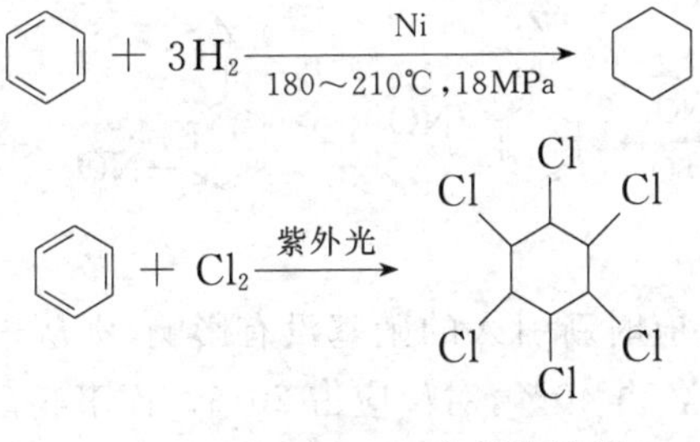

$$\text{苯} + 3H_2 \xrightarrow[180\sim210℃,18MPa]{Ni} \text{环己烷}$$

$$\text{苯} + Cl_2 \xrightarrow{紫外光} \text{六氯环己烷}$$

六氯环己烷

六氯环己烷为过去使用的农药"六六六",它有八个异构体,但只有 γ 异构体具有杀虫活性,占混合物的 18% 左右,由于化学性质稳定,残存毒性大,目前已被禁用。

3.氧化反应

苯环一般不被强氧化剂氧化,但在高温并有催化剂存在时,可开环生成顺丁烯二酸酐。

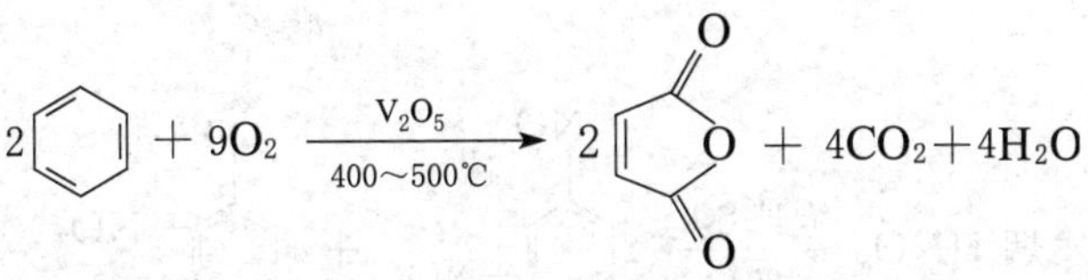

$$2\text{苯} + 9O_2 \xrightarrow[400\sim500℃]{V_2O_5} 2\text{(顺丁烯二酸酐)} + 4CO_2 + 4H_2O$$

苯的同系物的侧链容易被强氧化剂氧化,不论侧链长短,都能被氧化成羧基,但侧链无 α-H时不被氧化。

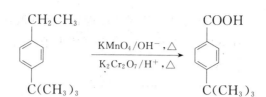

当用酸性高锰酸钾做氧化剂时,随着苯环的侧链氧化反应的发生,高锰酸钾溶液的紫色逐渐褪去,这可作为苯环上有无 α-H 的侧链的鉴别反应。

4. α-H 的取代反应

在光照或加热的条件下,卤素原子可取代芳烃侧链上的 α-H,是自由基反应。

控制卤素的用量可以使反应停止在某一阶段。

五、苯环上亲电取代反应的定位规律

1. 两类定位基——邻对位定位基和间位定位基

当一取代苯(C_6H_5Z)进行亲电取代反应(例如硝化反应)时,二取代产物应有邻、间、对三种。

假如取代基 Z 对硝化反应时新引入的硝基没有影响,则从进攻的几率来测算,邻、间位(各有两个 H)二取代产物应各占 40%,对位应占 20%。而事实证明:甲苯硝化比苯容易,主要产物邻硝基苯和对硝基苯;而硝基苯再进行硝化比苯难,主要生成间二硝基苯。

3%   63%   34%

93%   6%   1%

大量实验得出结论,当一取代苯通过亲电取代反应引入第二个取代基时,第二个取代基团所进入苯环的位置,主要决定于第一个取代基(即定位基)的性质,而与其他性质无关,这一规律叫**定位规律**(或定位效应)。根据定位效应,可把常见的基团分为两类:

第一类定位基(邻、对位定位基):这类定位基可使苯环活化(卤素除外,卤原子电负性大,吸电子性强,从而降低了苯环上电子云密度,卤代苯的亲电取代反应比苯难以发生,即钝化效应),比苯更容易发生亲电取代反应,第二个基团主要进入其邻、对位。常见的有(定位效应由强到弱的顺序): $-O^-$ 、 $-N(CH_3)_2$ 、 $-NH_2$ 、 $-OH$ 、 $-OCH_3$ 、 $-NHCOCH_3$ 、 $-OCOCH_3$ 、 $-CH_3$ 、 $-C_2H_5$ 、 $-CH(CH_3)_2$ 、 $-C_6H_5$ 、 $-Cl$ 、 $-Br$ 、 $-I$ 等。其结构特点为:

a. 带负电荷的离子,如:

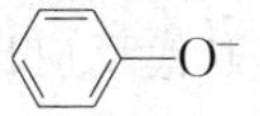

b. 与苯环直接相连的原子大多数都有未共用电子对,且以单键与其他原子相连。如:

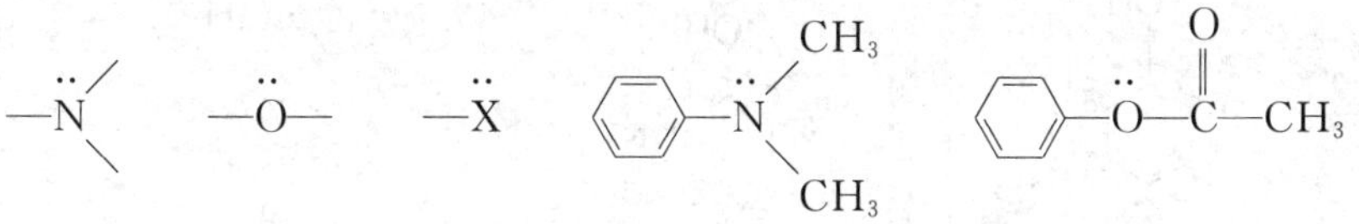

c. 与苯环直接相连的基团可与苯环的大 π 键发生 σ-π 超共轭效应或具有碳碳重键。如: $-CH_3$ 、 $-C_6H_5$ 、 $-CH=CH_2$ 。

第二类定位基(间位定位基):这类定位基使苯环钝化,比苯更难发生亲电取代反应,引入第二个取代基团主要进入其间位。常见的有(定位效应由强到弱的顺序): $-N^+H_3$ 、 $-N^+(CH_3)_3$ 、 $-NO_2$ 、 $-CN$ 、 $-SO_3H$ 、 $-CHO$ 、 $-COCH_3$ 、 $-COOH$ 、 $-COOR$ 、 $-CONH_2$ 等。其结构特点为:

a. 带正电荷的离子。如: $-N^+(CH_3)_3$ 、 $-N^+H_3$ 。

b. 与苯环直接相连的原子以重键与其他原子相连,且重键末端通常为电负性较强的原子。如:

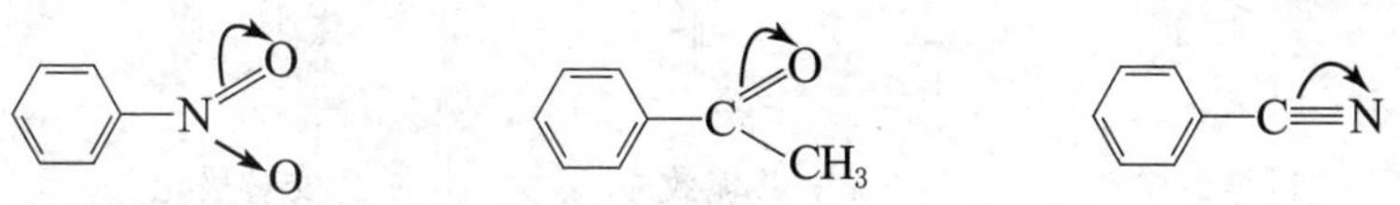

2. 苯环上亲电取代反应定位规律的理论解释

苯是一个对称分子,由于环上 π 电子云高度离域,使苯环上电子云密度分布均匀,但是当苯环上有了一个取代基后,由于取代基的影响,环上电子云密度的分布就发生了变化,并沿着苯环共轭链传递,在共轭链上就出现了电子云密度较大或较小的交替现象,即苯环上电子云密度的改变情况与取代基的性质有关,亲电试剂易进攻电子云密度较大的部位。所以,苯环上各个位置进行亲电取代反应时的难易程度就有所不同。

第一类定位基(即邻对位定位基)

以甲苯为例:甲基的电子效应是 $+I$ 效应和 $+C$ 效应(σ-π 超共轭效应)均使苯环电子云密度增大,活化苯环,使亲电取代反应比苯容易。

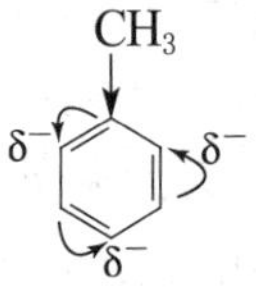

诱导效应 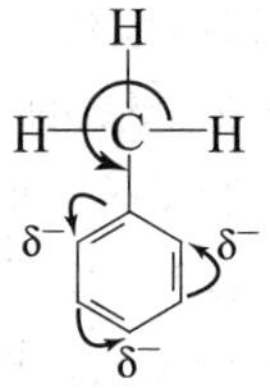　　　　　σ-π 超共轭效应 　　　　　交替极化

又如苯酚:羟基具有－I 和＋C 效应。－I 使苯环上的电子云向羟基移动,钝化苯环;＋C 的 p-π 共轭效应使羟基氧上的电子云向苯环移动,活化苯环。由于共轭效应大于诱导效应,综合结果使苯环上的电子云密度增大,使亲电取代反应比苯容易,且发生在邻、对位上。

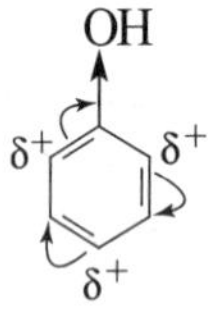

诱导效应 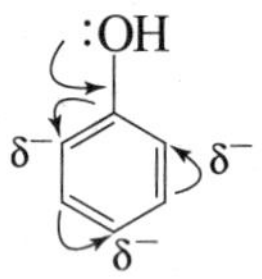　　　　　p-π 共轭效应 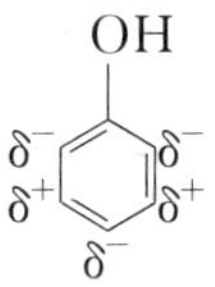　　　　　交替极化

第二类定位基(间位定位基)

以硝基苯为例:硝基是较强的吸电子基,诱导效应(－I)使苯环电子云密度降低。同时硝基双键上的 π 键与苯环的大 π 键形成 π-π 共轭体系,使苯环上的电子云向硝基转移(－C)。－I 和－C 一致,都使苯环电子云密度降低,钝化苯环,结果使间位电子云密度下降小一点。所以,在硝基苯的亲电取代反应中,主要发生在间位上。

诱导效应　　　　　π-π 共轭效应　　　　　交替极化

另外,除了两类定位基的影响,空间效应对引入基团也有影响。原有基团(邻对位定位基)和新引入基团的体积越大,则对位产物含量较高,而邻位产物含量较低。

3. 二取代苯的定位效应

(1)苯环上原有两个取代基对引入第三个取代基的定位作用一致时,仍按上述定位规律进行。如:

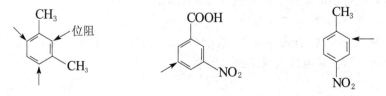

(2)环上原有两个取代基对引入第三个取代基定位作用不一致时,有两种情况:

a.原有两个取代基为同一类定位基,则引入第三个取代基的亲电试剂进入苯环的位置主要由定位效应较强的基团来决定。如果两个取代基的定位作用接近,则得到两个取代基定位作用的混合物。如:

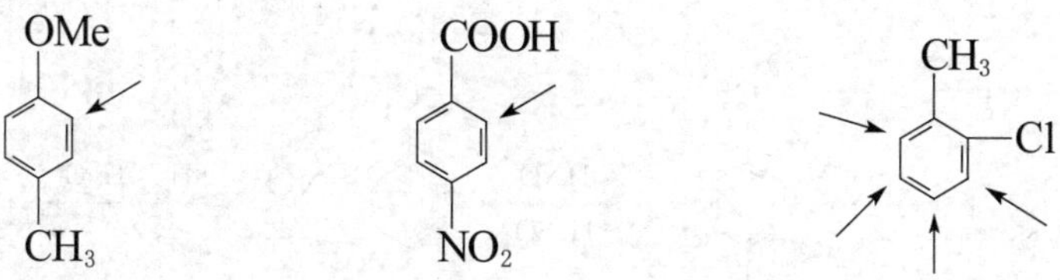

（Me 表示－CH_3）

b. 如果两个取代基一个是邻对位定位基,一个是间位定位基,则第三个基团进入的位置主要由邻对位定位基决定。如:

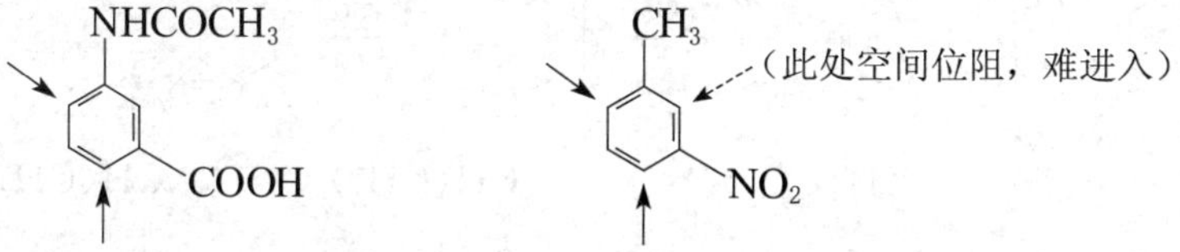

（此处空间位阻,难进入）

4．定位规律的应用

（1）预测主要产物

二元取代苯发生亲电取代反应时,综合考虑取代基的影响因素（电子效应、空间效应）,就可以解释和预测所得的主要产物。例如,间甲苯酚进行硝化时,主要得到羟基的邻位和对位取代产物:

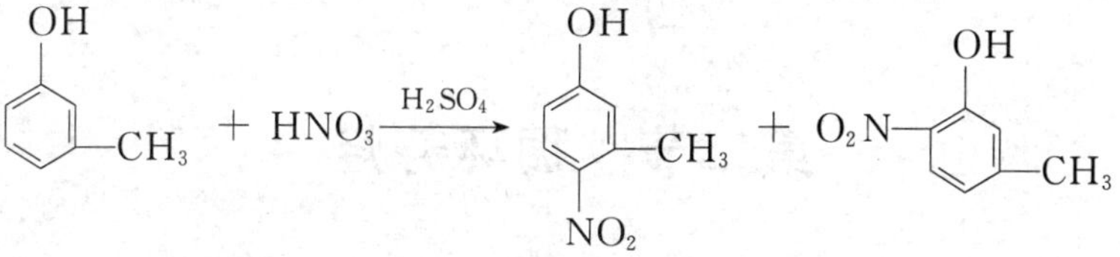

（2）选择合理的合成路线

［例1］ 以苯为原料合成对乙基苯磺酸

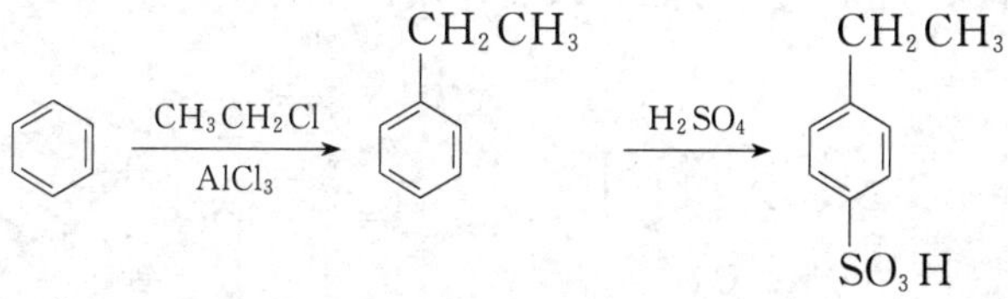

［例2］ 以苯为原料合成邻、间、对三种氯代硝基苯

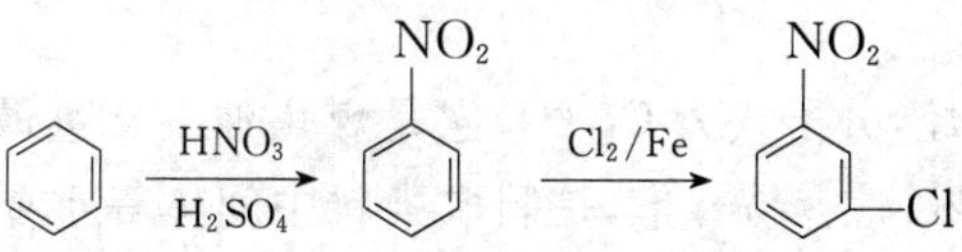

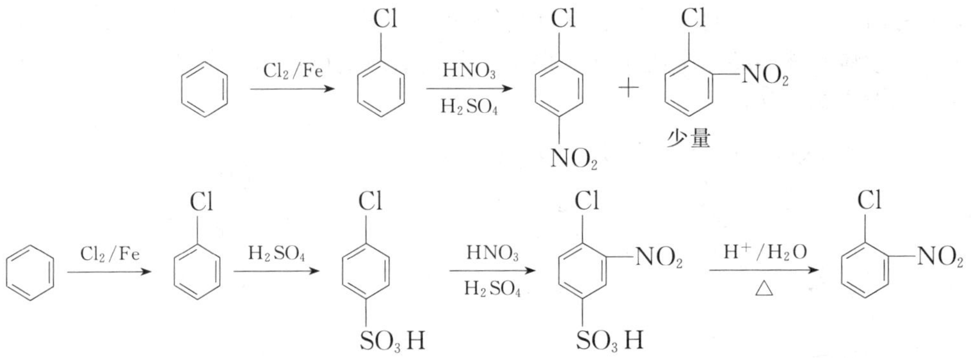

Cl₂/Fe → HNO₃/H₂SO₄ → + 少量

Cl₂/Fe → H₂SO₄ → HNO₃/H₂SO₄ → H⁺/H₂O △

[例3] 以苯为原料合成间氯苯甲酸和对氯苯甲酸

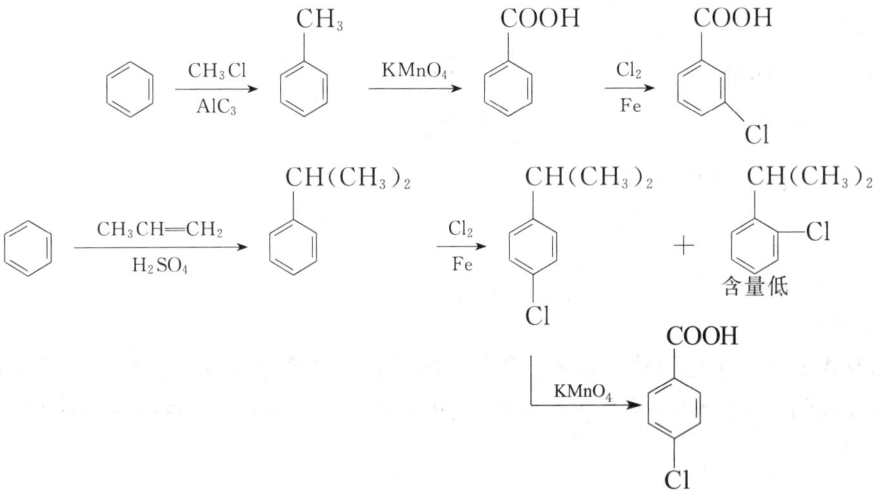

CH₃Cl/AlC₃ → KMnO₄ → Cl₂/Fe

CH₃CH=CH₂/H₂SO₄ → Cl₂/Fe → + 含量低

KMnO₄ →

第二节　稠环芳烃

稠环芳烃(polycyclic benzenoid hydrocarbons)是指多个苯环共用两个或两个以上碳原子的芳烃。稠环芳烃大量存在于煤焦油中,其中以萘(naphthalene)、蒽(anthracene)、菲(phenanthrene)最为重要,许多稠环芳烃有致癌作用。

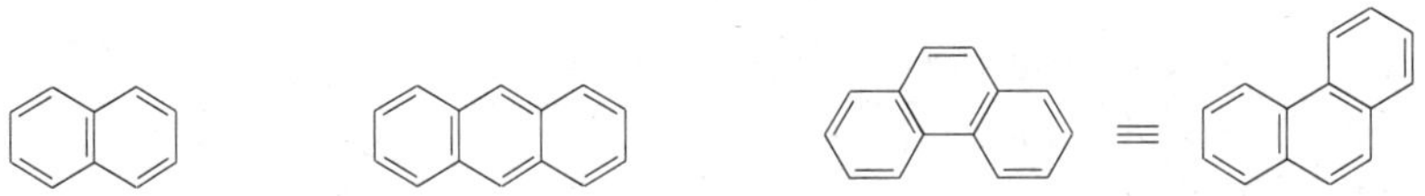

萘　　　　　蒽　　　　　　菲

一、萘(C₁₀H₈)

萘是最简单的稠环芳烃,分子式为 $C_{10}H_8$,它是煤焦油中含量最多的一种稠环芳烃。高温煤焦油中含萘 6%～10%,萘容易升华,是制取染料中间体等重要的化工原料。萘蒸气有致癌性,应注意使用。

1.萘的结构

萘是由两个苯环共用两个碳原子并联而成的。萘的构造与苯相似,具有平面构造,分子中的碳碳键长也发生了平均化,但没有苯那样彻底。经测定,萘的离域能为 254 kJ·mol^{-1},大于苯的离域能(152 kJ·mol^{-1}),小于苯的离域能的二倍,芳香性比苯差。

与苯相似,萘的每个碳原子都是以 sp^2 杂化轨道与相邻的原子形成三个 σ 键。每个碳原子都有一个未杂化的 p 轨道,它们的对称轴相互平行,都垂直于 σ 键所在的平面,它们在侧面"肩并肩"地重叠形成两个闭合离域的大 π 键,其构造如图 4-2 所示。

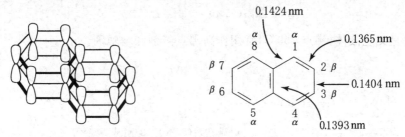

图 4-2 萘的 p 轨道构成的大 π 键

由于萘分子中的各碳原子的位置不等同,键长平均化不彻底,所以键长也不完全相等,其中,1、4、5、8 四个位置在结构上是一样的,称 α 位;2、3、6、7 四个位置在结构上是一样的,称 β 位。

2.萘的命名

萘的一元取代物只有两种位置异构体,可用 α、β 命名。

α-硝基萘	β-硝基萘	α-萘酚	β-萘酚

萘的二元或多元取代物异构体很多,必须用阿拉伯数字标明取代基的位置。

1-甲基-5-硝基萘

7-溴-2-萘磺酸

3.萘的性质:

萘是无色片状晶体,熔点 80℃,沸点 218℃,易升华,有特殊的气味,不溶于水,易溶于乙醇、乙醚等有机溶剂中。

萘的共轭能为 254 kJ·mol^{-1},比两个单独苯环的共轭能的总和(2×152 kJ·mol^{-1})低,所以萘的稳定性比苯小,萘环的活泼性比苯大。

（1）亲电取代反应

与苯相似，萘环上的氢原子可以被卤素、硝基、磺酸基等原子或基团取代，但由于萘环上π键电子云的离域并不象苯环那样平均化，其中α位的电子云比β位电子云密度大，所以，亲电取代反应首先发生在α位。但1位与8位或4位与5位相距很近，当有大的基团时就比较拥挤，不稳定，所以大的基团在β位上是比较稳定的。

卤代：

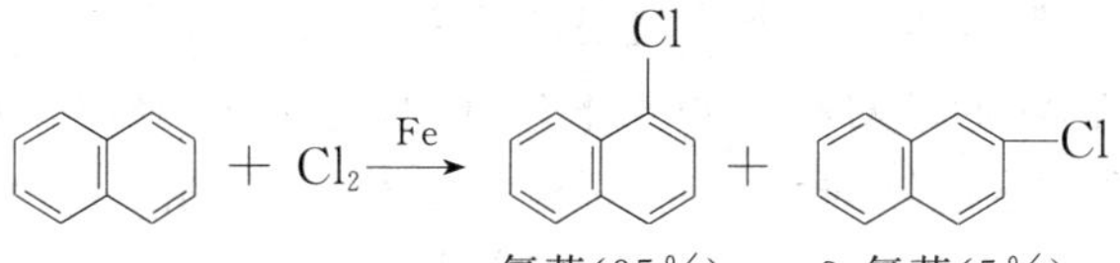

α-氯萘（95%）　　β-氯萘（5%）

α-氯萘是无色液体，沸点259℃，常用作高沸点溶剂和增塑剂。

硝化：

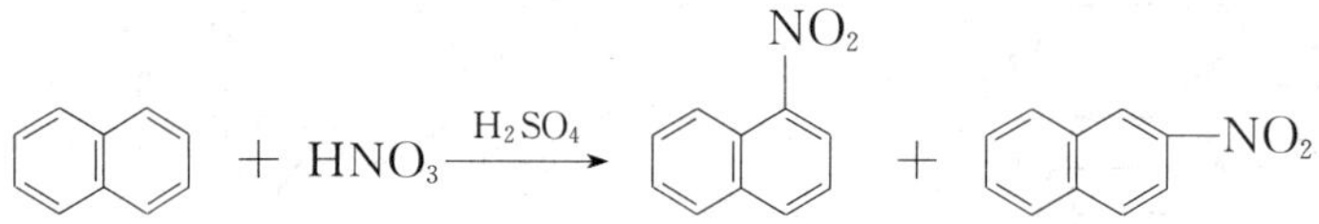

α-硝基萘（95%）　　β-硝基萘（5%）

α-硝基萘为黄色针状晶体，熔点61℃。

磺化：

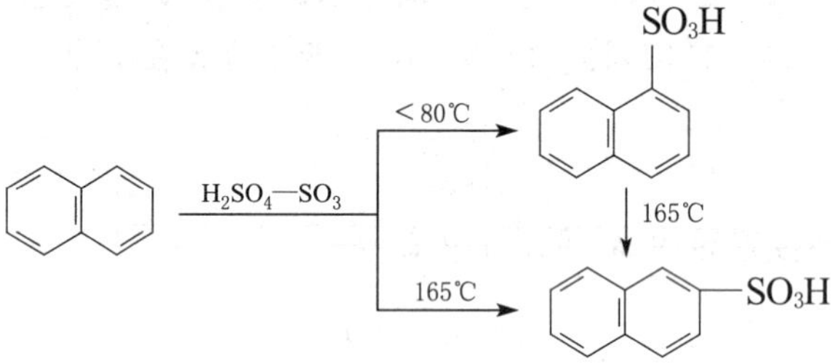

在磺化反应中，低温时，亲电取代反应发生在电子云密度较大的α位反应速度较快，所以生成α-萘磺酸。但因磺酸基体积较大，它与相邻的α位（8位）上的氢原子之间的距离小于范德华半径之和，所以，α-萘磺酸稳定性较小。磺化反应是可逆反应，在高温下，稳定性较小的α-萘磺酸就容易发生逆反应，生成稳定性较大的β-萘磺酸。

萘环亲电取代反应的定位规律：

一元取代萘的亲电取代反应同苯相似。邻对位定位基使萘环活化，间位定位基使萘环钝化。第二个取代基进入萘环时，有三种情况：若原有取代基是邻对位定位基，并且处于α位时，则发生同环取代，主要进入原有取代基的对位，即同环的另一个α位；当原有邻对位定位基处于β位时，则第二个取代基主要进入同环相邻的α位；如果原有取代基是间位定位基，不论它处在α位还是β位，均发生异环取代，第二个取代基进入另一个苯环两个α位中任一个，得到两种产物。

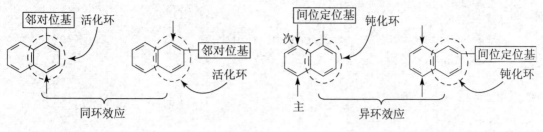

例如：

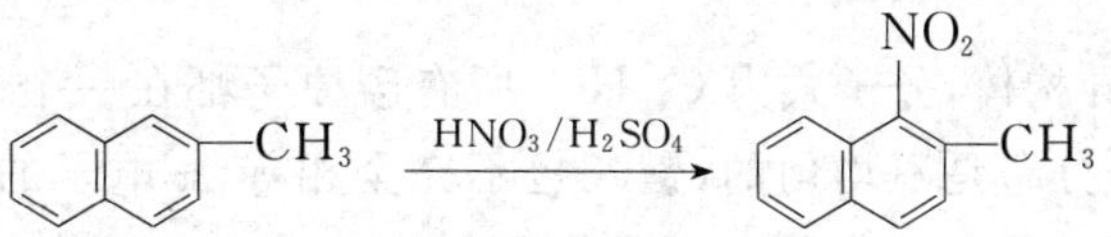

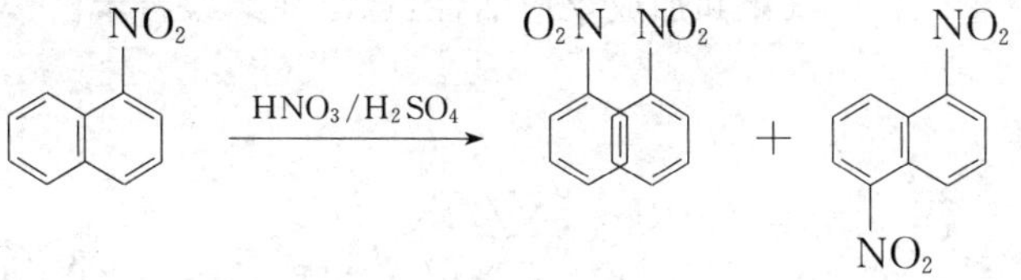

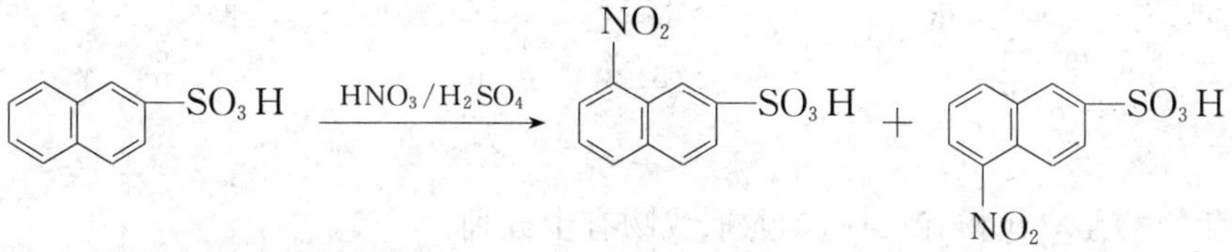

$$\text{2-甲基萘} \xrightarrow{HNO_3/H_2SO_4} \text{1-硝基-2-甲基萘}$$

$$\text{1-硝基萘} \xrightarrow{HNO_3/H_2SO_4} \text{1,8-二硝基萘} + \text{1,5-二硝基萘}$$

$$\text{2-萘磺酸} \xrightarrow{HNO_3/H_2SO_4} \text{8-硝基-2-萘磺酸} + \text{5-硝基-2-萘磺酸}$$

（2）加成反应

萘与氯不需要光照,就可以发生加成反应,说明萘比苯容易发生加成反应。在催化剂作用下,可与氢气反应。

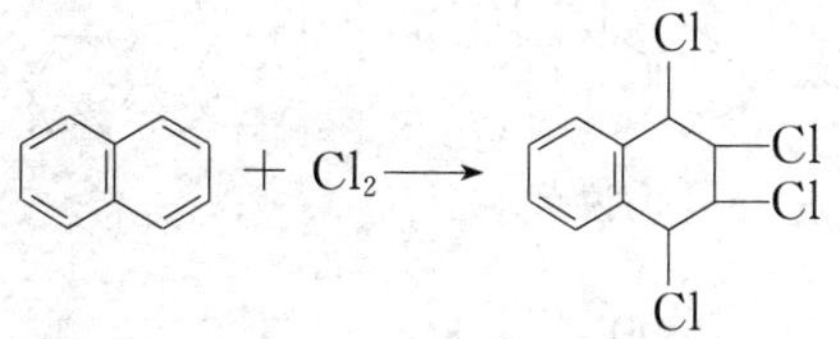

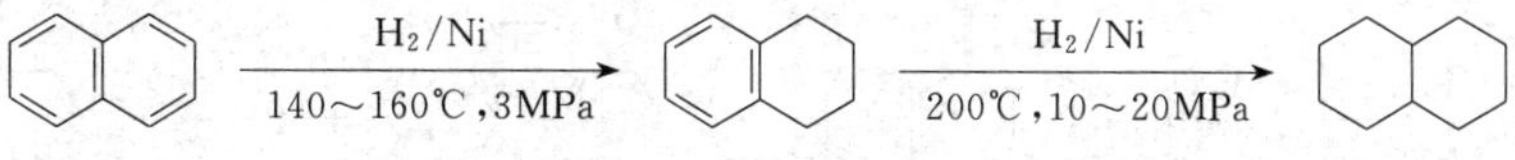

$$\text{萘} + Cl_2 \longrightarrow \text{四氯化物}$$

$$\text{萘} \xrightarrow[140\sim160℃,3MPa]{H_2/Ni} \text{四氢萘} \xrightarrow[200℃,10\sim20MPa]{H_2/Ni} \text{十氢萘}$$

（3）氧化反应

萘比苯更易被氧化,反应条件不同,氧化产物也不同。

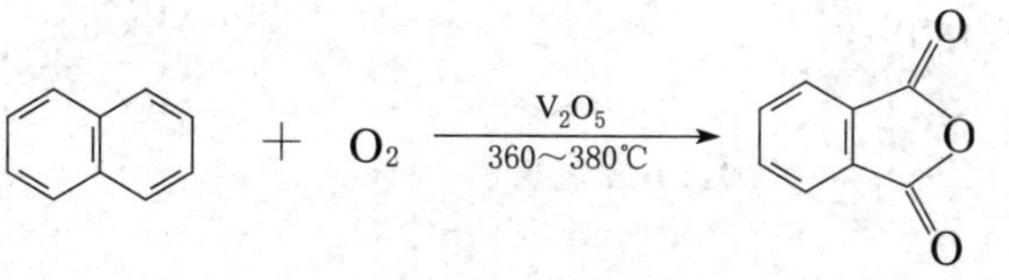

$$\text{萘} + O_2 \xrightarrow[360\sim380℃]{V_2O_5} \text{邻苯二甲酸酐}$$

邻苯二甲酸酐是重要的化工原料,用于制造油漆、增塑剂、染料等。

81

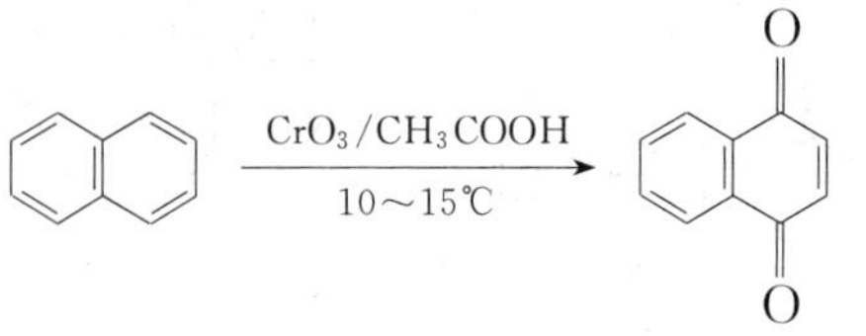

$$\text{1,4-萘醌}$$

二、蒽和菲

蒽和菲互为同分异构体,分子式为 $C_{14}H_{10}$,所有碳原子都在一个平面上,它们都是闭和的共轭体系,但电子云分布是不均匀的,键长也不完全相等,π 电子的离域能:萘>菲>蒽,即芳香性:苯>萘>菲>蒽。氧化和加成反应活性:蒽>菲>萘>苯。

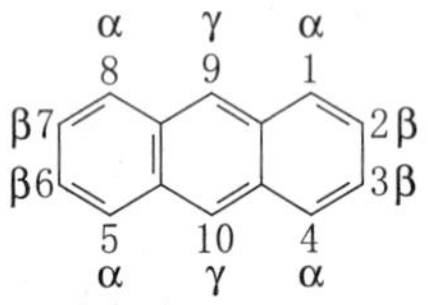

蒽和菲的一元取代物有三种,二元取代物有十五种。

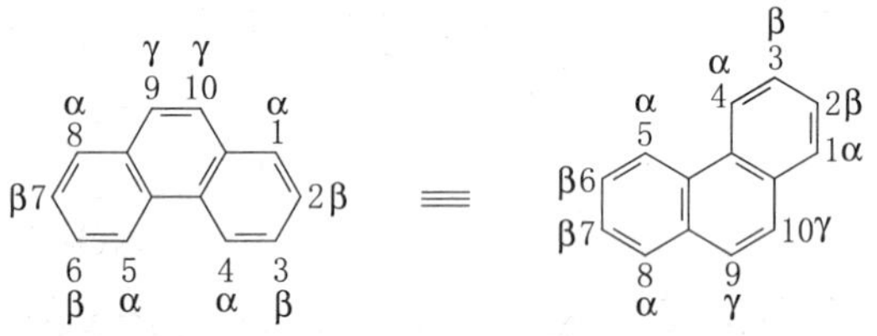

蒽和菲虽然也有一定的芳性,但不饱和性比萘更为显著,蒽、菲的 9,10 位特别活泼,大部分反应都发生在这两个位置上。

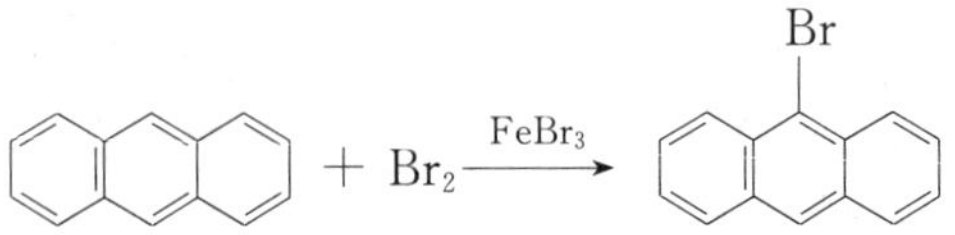

9-溴蒽

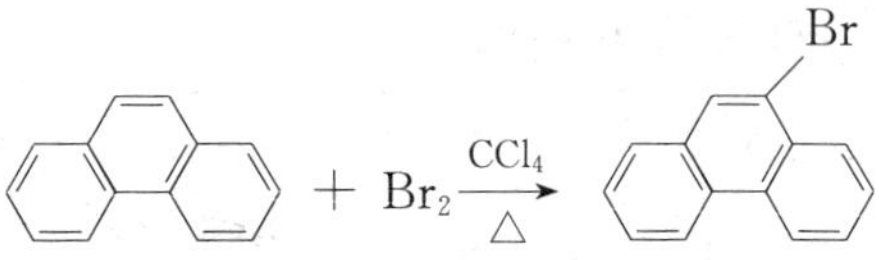

9-溴菲

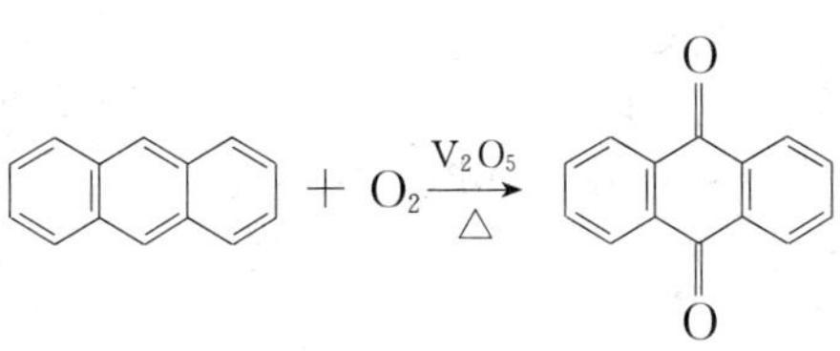

9,10-蒽醌

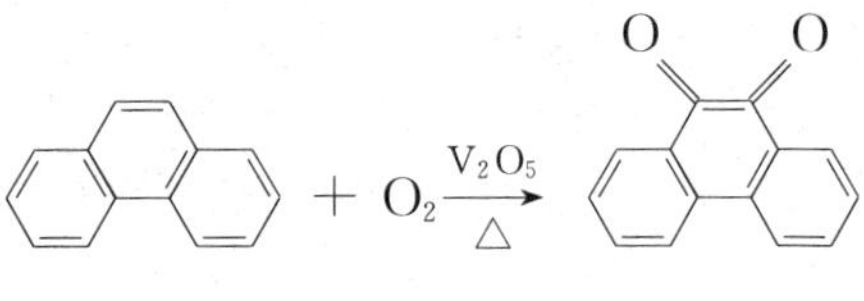

9,10-菲醌

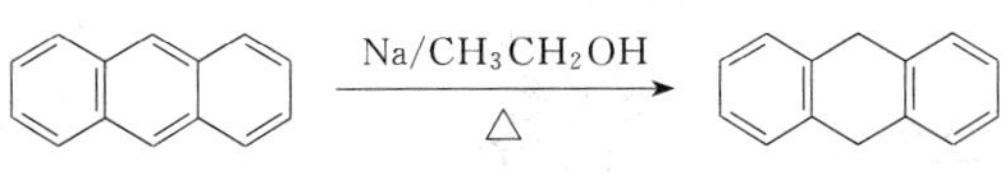

9,10-二氢蒽

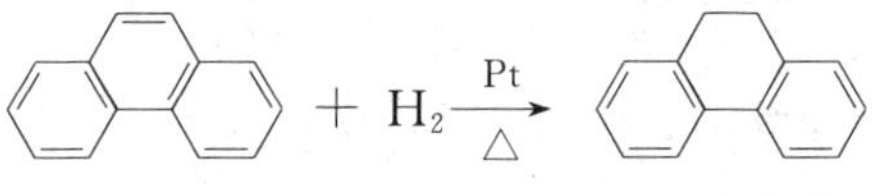

9,10-二氢菲

第三节　非苯芳烃

前面讨论的含有苯环的化合物,由于 π 电子的高度离域,致使体系能量降低,具有一定的稳定性,称为芳香性。在化学性质上表现为容易发生取代反应,不易发生加成和氧化反应。但有一些不含苯环的化合物,也具有这些性质,即也具有芳香性,那么具有芳香性的化合物需要满足什么样的条件呢?

一、休克尔规则

1931 年,德国化学家休克尔(E. Hückel,1896~1980 年)从分子轨道理论角度提出了判断环状化合物芳香性的规则:一个单环化合物,只要它具有平面闭合共轭体系,且 π 电子数为 $4n+2(n=0,1,2,3,\cdots$ 整数),就具有芳香性,这个规则称为**休克尔规则**,也叫 **$4n+2$ 规则**。

苯是一个平面的闭合共轭体系,π 电子数为 $6(6=4\times1+2)$,符合休克尔规则,具有芳香性。含苯环的化合物萘、蒽、菲等稠环芳香化合物都符合休克尔规则,都具有芳香性。

有一些不含苯环,但符合休克尔规则的烃类化合物,称为非苯芳烃。例如:环丁二烯分子中的 4 个碳原子是 sp^2 杂化,4 个碳原子共平面,但 π 电子数为 4,不符合休克尔规则,无芳香性。环戊二烯分子中有 4 个碳原子是 sp^2 杂化,1 个碳原子是 sp^3 杂化,π 电子数为 4,不符合休克尔规则,无芳香性;但当它失去一个质子成为环戊二烯负离子时,5 个碳原子都是 sp^2 杂化了,就构成了平面闭合共轭体系,且 π 电子数为 $6(6=4\times1+2)$,符合休克尔规则,所以,环戊二烯负离子具有芳香性。

| 环丁二烯 | 环戊二烯 | 环戊二烯负离子 |
| 无芳香性 | 无芳香性 | 有芳香性 |

二、轮烯

通常把 $n\geqslant10$ 的单环共轭多烯(C_nH_n)称为轮烯(annulenes)。例如:环癸五烯又称 10-轮烯。有些轮烯的 π 电子数不符合休克尔 $4n+2$ 规则,例如 12-轮烯,它们不具有芳香性。有些轮烯的 π 电子数符合休克尔 $4n+2$ 规则,例如 10-轮烯、14-轮烯等,它们应该具有芳香性,但是它们并不稳定,因为它们环内的氢原子相距较近,相互干扰,使环偏离平面,所以它们也没有芳香性。18-轮烯,由于环加大了,环内氢原子距离较大,互不干扰,是个平面分子,它的 π 电子数为 18,符合休克尔 $4n+2$ 规则,具有芳香性。

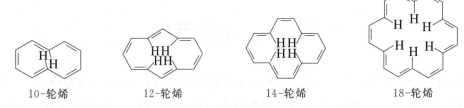

| 10-轮烯 | 12-轮烯 | 14-轮烯 | 18-轮烯 |

因此可以得出这样结论：凡平面单环多烯分子，其 π 电子数符合休克尔规则（$4n+2$ 规则）的就具有芳香性，称为非苯芳香化合物（non-benzenoid aromatic compound）；否则，非平面的环多烯分子则为非芳香性化合物。

芳烃的主要反应

一、单环芳烃的反应

1. 亲电取代反应

（1）卤代反应

 + X₂ —Fe→ 苯-X + HX + HX

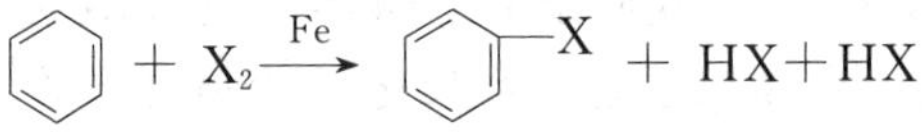

$X_2 = Cl_2$，Br_2 卤代苯

（2）硝化反应

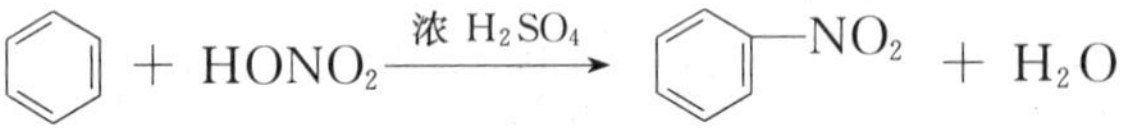

苯 + HONO₂ —浓 H₂SO₄→ 苯-NO₂ + H₂O

硝基苯

（3）磺化反应

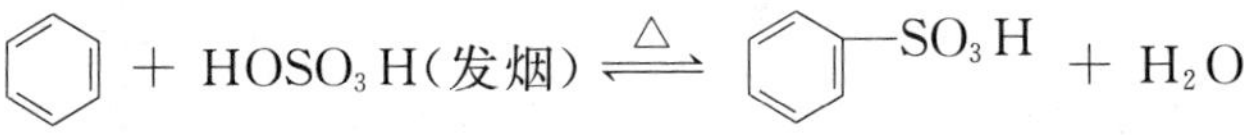

苯 + HOSO₃H（发烟）⇌ 苯-SO₃H + H₂O

苯磺酸

（4）烷基化反应

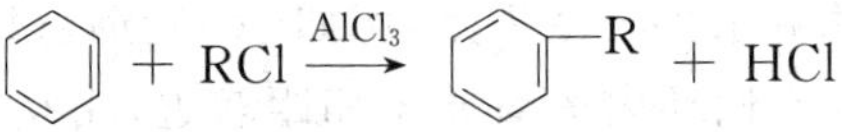

苯 + RCl —AlCl₃→ 苯-R + HCl

烷基苯

（5）酰基化反应

苯 + RCOCl —AlCl₃→ 苯-C(O)-R + HCl

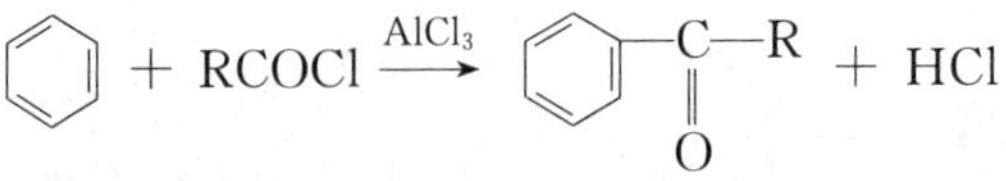

芳香酮

2.加成反应

(1)催化氢化

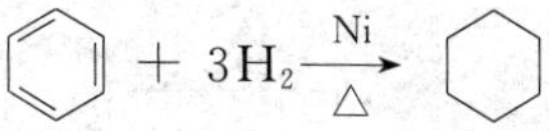

(2)加卤素

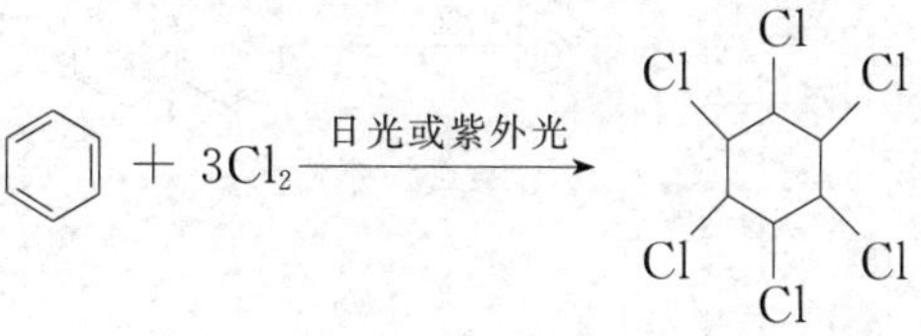

六氯环己烷

3.氧化反应

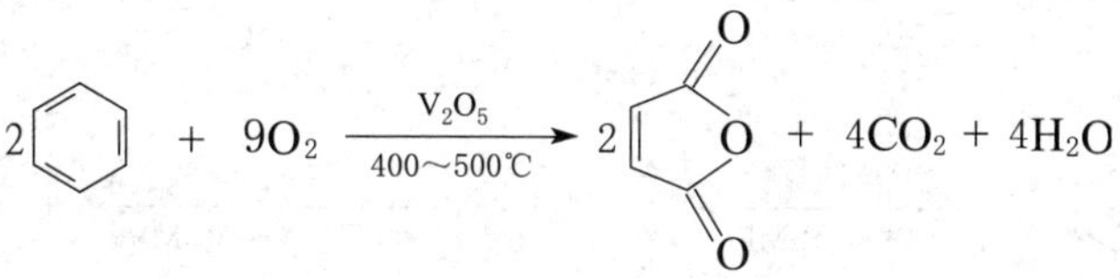

4.侧链的反应

(1)卤代反应

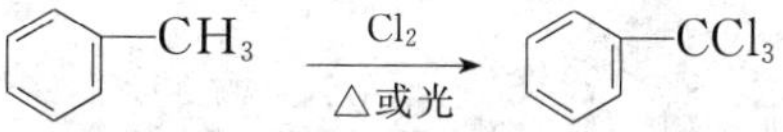

苯三氯甲烷

(2)氧化反应

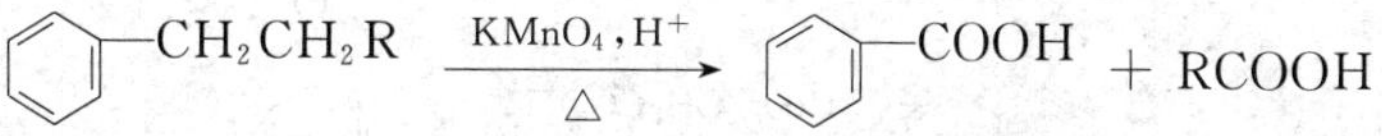

苯甲酸　　　　　羧酸

二、稠环芳烃的主要反应

1.卤代反应

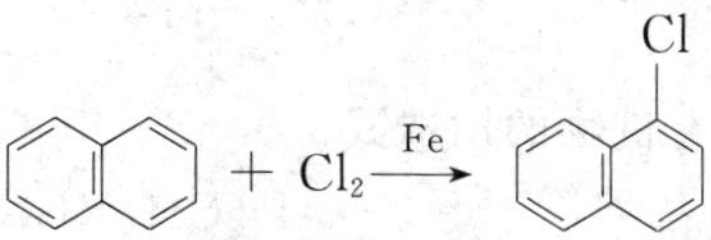

2.硝化反应

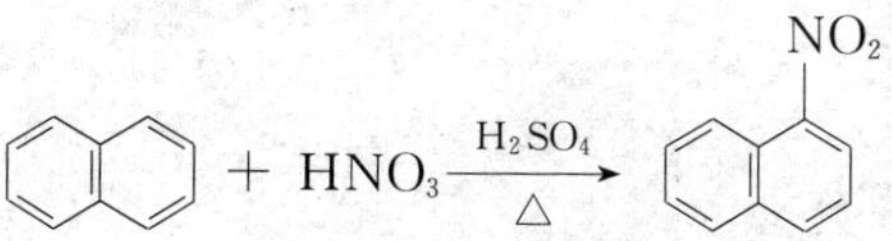

3.磺化反应

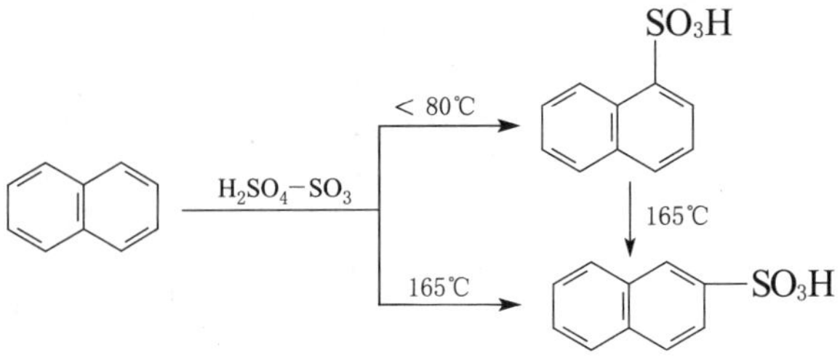

二、加成反应

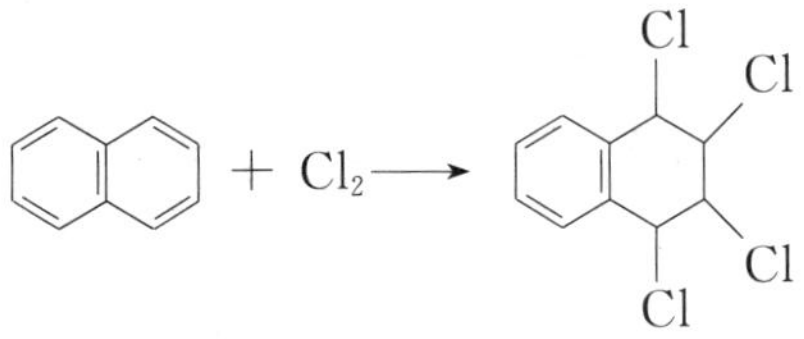

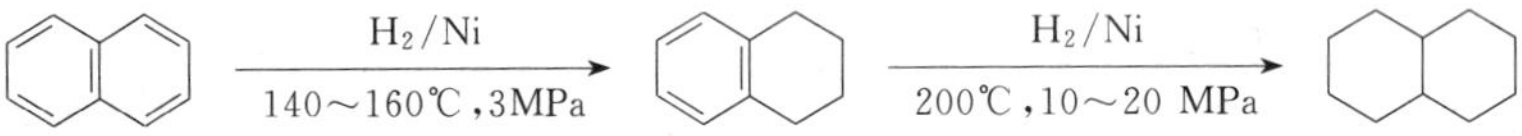

三、氧化反应

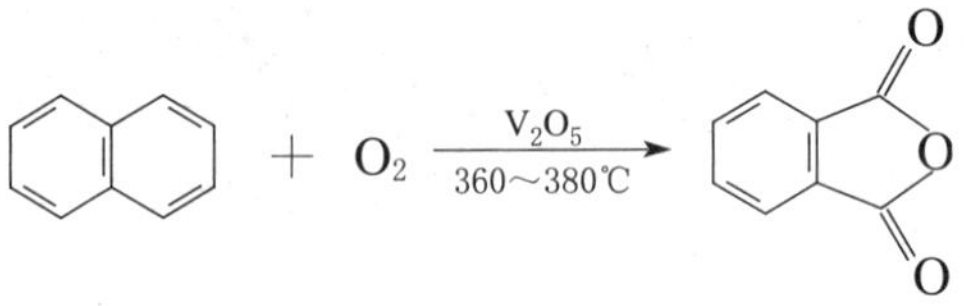

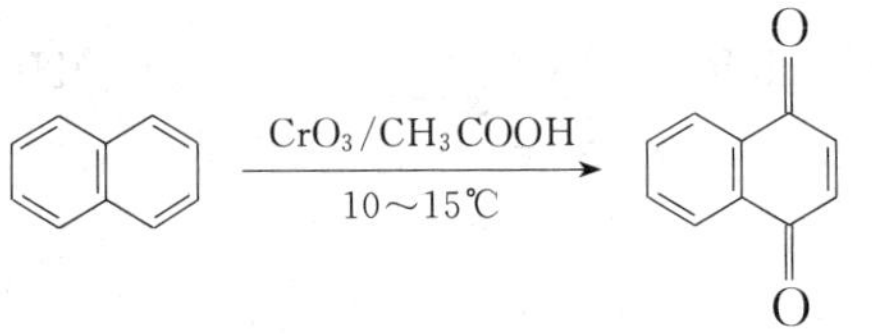

习　题

1. 命名下列有机物或写出有机物的构造式。

(1)

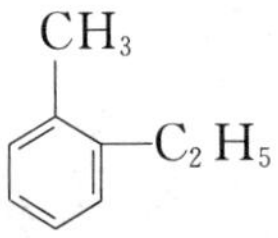

(2) 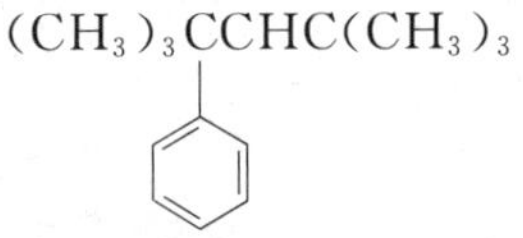 $(CH_3)_3CCHC(CH_3)_3$

(3)

(4)

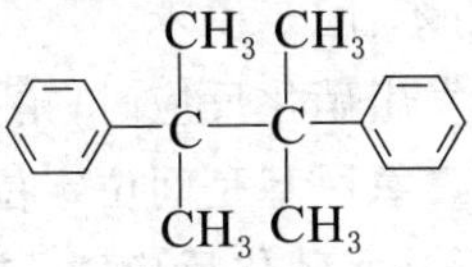

(5)

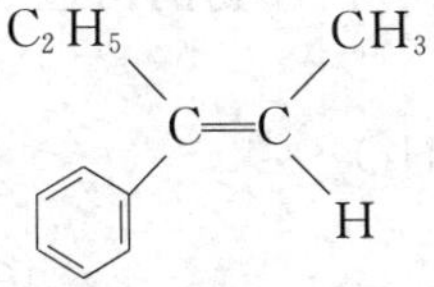

(6)间甲叔丁苯

(7)3-苯丙基

(8)4-甲基-1,3-苯二磺酸

2. 完成下列反应式：

(1) $+$ $(CH_3)_2C=CH_2$ $\xrightarrow{AlCl_3}$

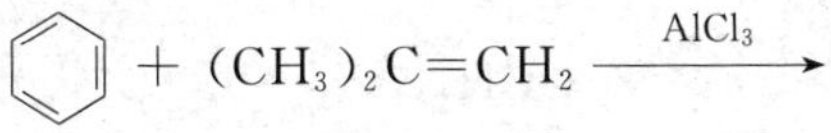

(2) $-CH_3$ $+$ Cl_2 $\xrightarrow[\text{自由基 反应}]{\text{光}}$

(3) $H_3C-$$-C(CH_3)_3$ $\xrightarrow{KMnO_4/H^+}$

(4) $\xrightarrow{HNO_3 、H_2SO_4}$

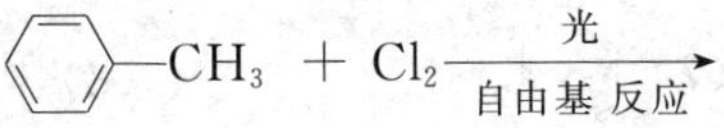

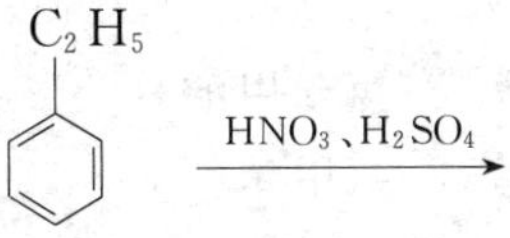

(5)

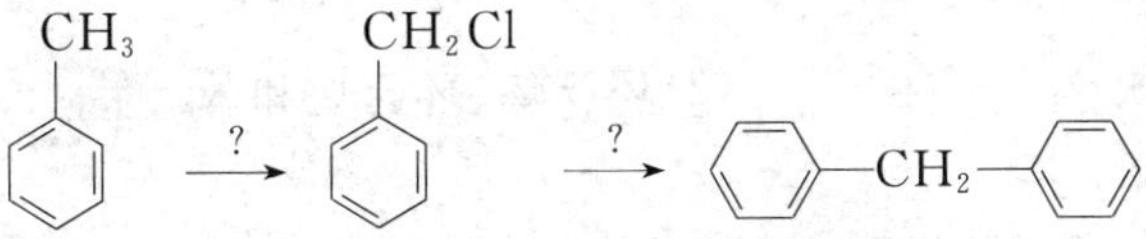

(6)

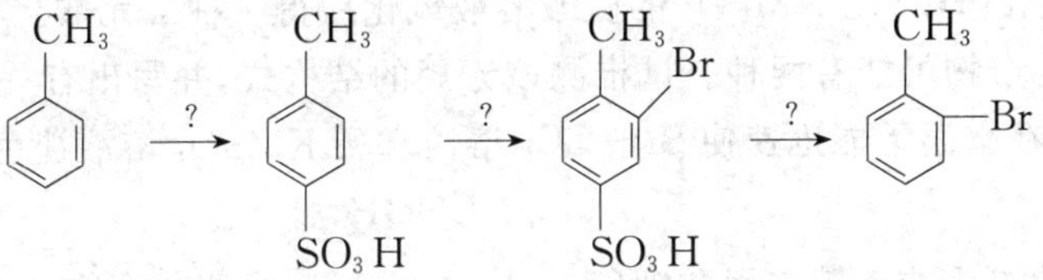

(7) $+$ $Cl-CH_2CHCH_2CH_3$ $\xrightarrow{AlCl_3}$? $\xrightarrow{H_2SO_4}$

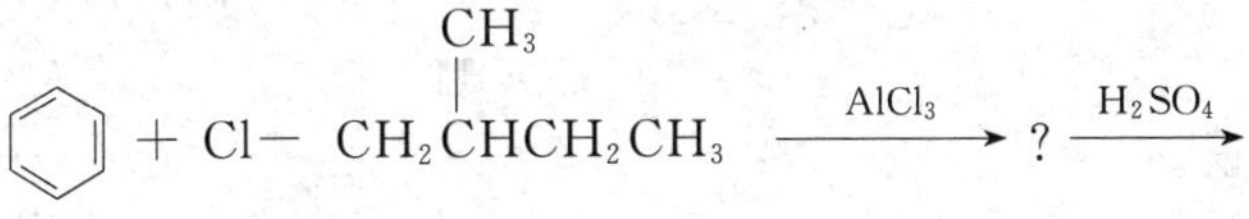

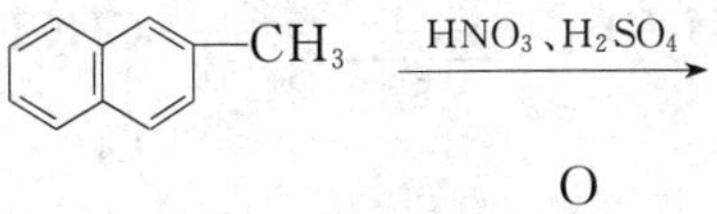

(8)

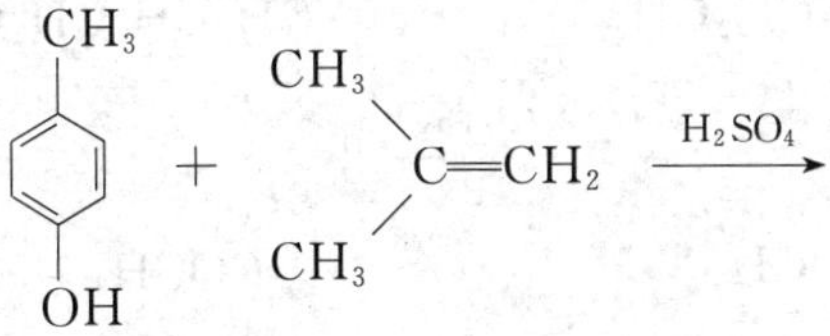

(9) $-CH_3$ $\xrightarrow{HNO_3 、H_2SO_4}$

(10) $+$ $ClCH_2-\overset{O}{\overset{\|}{C}}-OH$ $\xrightarrow{AlCl_3}$

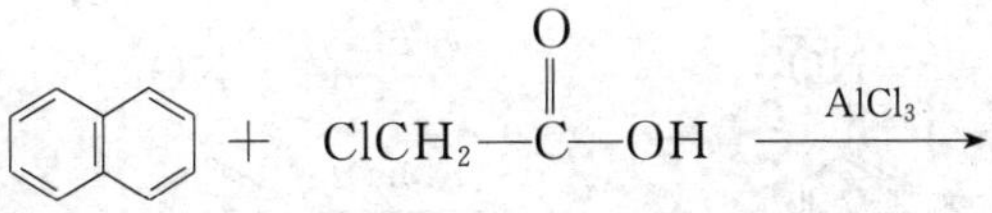

3. 比较下列各组化合物发生硝化反应的活性。

(1)苯,甲苯,氯苯,苯酚,硝基苯

(2)甲苯,对二甲苯,间二甲苯

4.(1)推测联苯在发生硝化反应时,硝基进入的位置并加以解释。

(2)说明为什么三氯甲基是间位定位基?

5.下列化合物进行一元硝化反应时,主要生成哪些产物(写出产物的构造式,不必写反应式)?

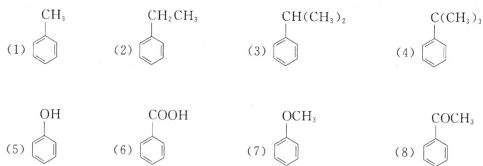

(1) CH₃

(2) CH₂CH₃

(3) CH(CH₃)₂

(4) C(CH₃)₃

(5) OH

(6) COOH

(7) OCH₃

(8) COCH₃

6.以甲苯为原料,合成下列化合物:

(1)3-硝基-4-氯苯甲酸   (2)3-硝基-5-氯苯甲酸

(3)3,5-二硝基苯甲酸   (4)4-硝基-2-氯甲苯

7.用化学方法鉴别下列化合物:

(1)乙苯、苯乙烯和苯乙炔   (2)环己烯、环己烷和苯

(3)甲苯、叔丁苯和苯乙烯

8.某芳烃的分子式为 C_9H_{12},用 $KMnO_4$ 的硫酸溶液氧化后得一种二元酸。将原芳烃进行硝化时所得的一元硝化产物可能有两种。试推测该芳烃的结构式,并写出有关反应式。

9.化合物 A(C_9H_{10})在室温下能迅速使 Br_2-CCl_4 溶液和稀 $KMnO_4$ 溶液褪色,催化氢化可吸收 $4molH_2$,强烈氧化可生成邻苯二甲酸钾(COOH COOH),推测化合物 A 的构造式。

10.指出下列反应的错误。

(1) 苯 $\xrightarrow[\text{(A)}]{CH_3CH_2CH_2Cl, AlCl_3}$ CH₂CH₂CH₃ $\xrightarrow[\text{(B)}]{Cl_2, hv}$ CH₂CH₂CH₂Cl

(2) COCH₃ $\xrightarrow[\text{(A)}]{CH_3CH_2Cl, AlCl_3}$ COCH₃—CH₂CH₃ $\xrightarrow[\text{(B)}]{Cl_2, Fe}$ COCH₃—CHCH₃—Cl

(3) NO₂ $\xrightarrow[\text{(A)}]{CH_2=CH_2, H_2SO_4}$ NO₂—CH₂CH₃ $\xrightarrow[\text{(B)}]{KMnO_4}$ NO₂—CH₂COOH

11. 完成下列转变。

(1)

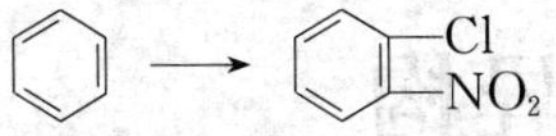

(2)

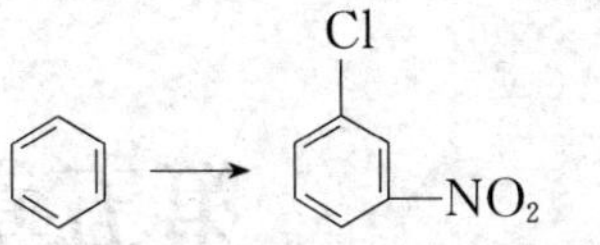

(3)

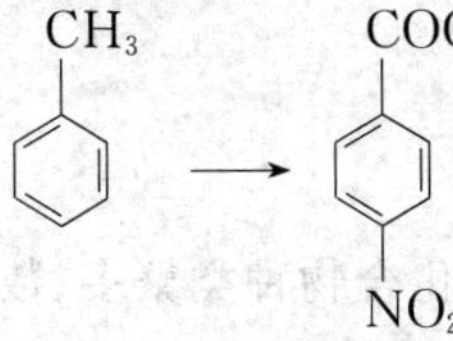

(4)

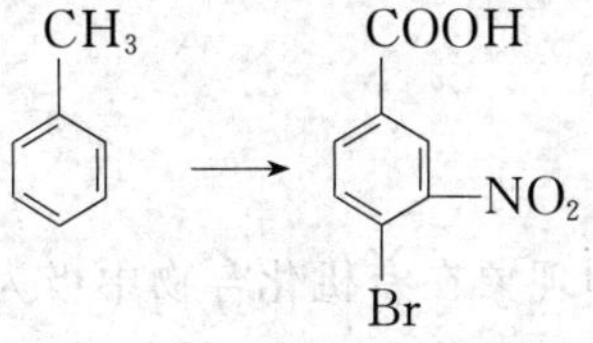

(5)

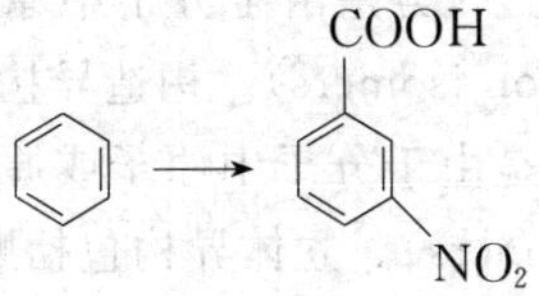

(6)

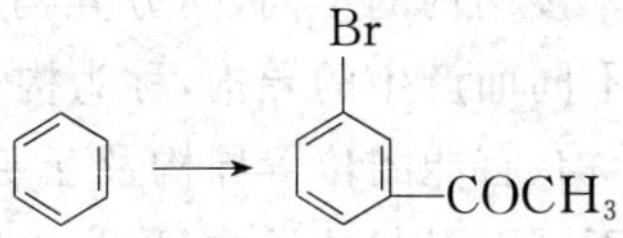

12. 下列化合物是否有芳香性。

(1)  　　　(2)  　　　(3) 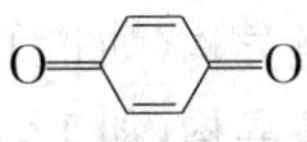 　　　(4)

(5)  　　　(6)  　　　(7)  　　　(8)

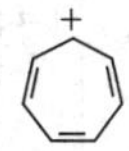

89

第五章 对映异构

同分异构现象在有机化合物中极为普遍,它是造成有机化合物种类繁多、数目庞大的一个重要原因。按结构的不同,同分异构现象分为两大类。一类是由于分子中原子或原子团的连接次序不同而产生的异构,称为**构造异构**(constitution isomers)。构造异构包括碳链异构、官能团异构、官能团位置异构及互变异构等。另一类是由于分子中原子或原子团在空间的排列位置不同而引起的异构,称为**立体异构**(stereo isomers)。立体异构包括顺反异构、对映异构和构象异构。

$$
\text{同分异构}
\begin{cases}
\text{构造异构}
\begin{cases}
\text{碳链异构(如正丁烷和异丁烷)} \\
\text{位置异构(如 1-丁烯和 2-丁烯)} \\
\text{官能团异构(如乙醇和甲醚)} \\
\text{互变异构(如乙酰乙酸乙酯的酮式和烯醇式)}
\end{cases} \\
\text{立体异构}
\begin{cases}
\text{构型异构}
\begin{cases}
\text{顺反异构(又称几何异构,如顺-2-丁烯和反-2-丁烯)} \\
\text{对映异构(又称旋光异构或光学异构)}
\end{cases} \\
\text{构象异构(如重叠式乙烷和交叉式乙烷)}
\end{cases}
\end{cases}
$$

在烯烃中,我们已讨论了一种立体异构现象——顺反异构。本章将讨论另一种重要的立体异构现象——对映异构(enantiomers),也称为旋光异构或光学异构。

一、物质的旋光性

1. 偏振光和旋光性

（1）偏振光

光是一种电磁波,其振动方向垂直于前进的方向。普通光的光波可在垂直于它前进方向的任何可能的平面上振动,若使普通光通过用方解石晶体制成的尼柯尔(Nicol)棱镜,只有与棱镜晶轴平行振动的光线才能通过,通过棱镜后的光线只在一个平面上振动,这种光就称为平面偏振光,简称**偏振光**(polarized light)。如图 5-1 所示。

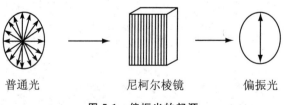

普通光　　　　　尼柯尔棱镜　　　　偏振光

图 5-1 偏振光的起源

（2）旋光性

当偏振光通过某些物质时,有的物质对偏振光没有作用,偏振光透过该物质后仍然在原来的平面上振动;而有的物质却能使偏振光的振动平面旋转一定的角度,这种能使偏振光的振动平面旋转一定角度的性能称为**旋光性**。偏振光旋转的角度称**旋光度**（observed rotation）,用 α 表示。如图 5-2 所示。具有旋光性的物质称**旋光性物质**或**光学活性**（optical activity）**物质**。

图 5-2　偏振光的旋转

2. 旋光仪

旋光仪是检测物质旋光性的仪器,由单色光源、两个尼科尔棱镜和一个盛液管组成,其中一个棱镜为起偏镜,另一个为检偏镜,检偏镜上连有刻度盘,如图 5-3。

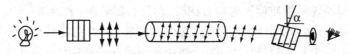

图 5-3　旋光仪的示意图

起偏镜是将普通光变成偏振光的装置;**检偏镜**是能旋转并连有一个带刻度的圆盘,它是检验偏振光旋转的角度和方向的装置。使用旋光仪时需将检偏镜转动一定角度后,才能观察到光透过。转动的角度的数值就是试样的旋光度。

能使检偏镜顺时针旋转的物质,称**右旋物质**,用"＋"表示;而使检偏镜逆时针旋转的物质,称**左旋物质**,用"－"表示。

3. 比旋光度

旋光度的大小和方向不仅取决于旋光性物质的结构和性质,而且还与测定时溶液的浓度（或纯液体的密度）、盛液管的长度、溶剂的性质、温度和光波的波长等因素有关。一定温度、一定波长的入射光,通过一个 1 dm 长盛满浓度为 $1\ \mathrm{g \cdot mL^{-1}}$ 旋光性物质的盛液管时所测得的旋光度,称比旋光度（specific rotation）,通常用[α]表示。它与实测的旋光度 α 之间用下式换算:

$$[\alpha]_{\lambda}^{t}=\frac{\alpha}{l \times \rho}$$

式中:λ 为光源波长（一般采用钠光波长 589.3 nm,用符号 D 表示）;t 为测定时的温度（℃）;l 为盛液管的长度（dm）;α 为从旋光仪上直接测得的旋光度;ρ 为旋光物质的质量浓度（$\mathrm{g \cdot mL^{-1}}$）,如果被测物质为纯液体,ρ 代表液体的密度（$\mathrm{g \cdot mL^{-1}}$）。

比旋光度是光学活性物质的一项重要物理常数,在化学手册中可查得。

例如:有一物质的水溶液,浓度为 $0.05\ \mathrm{g \cdot mL^{-1}}$,在 10 cm 长的管内,它的旋光度是 $-4.64°$,求 $[\alpha]_{D}^{20}$。

$$[\alpha]_D^{20} = \frac{-4.64°}{1 \times 0.05} = -92.8°$$

查手册得出,果糖的$[\alpha]_D^{20} = -93°$,故该物质可能是果糖水溶液。相反,若知道某物质的$[\alpha]_D^{20}$后,也可测定该物质溶液的浓度。制糖工业就经常利用旋光度来控制糖液浓度。

二、对映异构和分子结构的关系

1. 手性的概念

如果把左手放到镜面前面,其镜像恰与右手相同,左右手的关系是实物与镜像的关系,相互对映但不重合。物质的这种相互对映但不能重合的特征称为物质的手性(chirality)或手征性。有些物质是能与其镜像重合的,这类物质不具有手性,称为非**手性物质**。

2. 分子的手性与旋光性

手性不仅是一些宏观物质的特征,有些微观分子也具有手性。任何分子只要不能与其镜像重合,则称为**手性分子**(chiral molecule)。凡是手性分子都有旋光性,具有旋光性的分子都是手性分子。

从肌肉中得到的乳酸能使偏振光向右旋转,称为右旋乳酸,表示为(+)-乳酸;葡萄糖在特种细菌作用下,发酵得到的乳酸能使偏振光向左旋转,称为左旋乳酸,表示为(-)-乳酸。它们的比旋光度分别为$+3.82°$和$-3.82°$。两种乳酸的分子结构如图5-4所示。

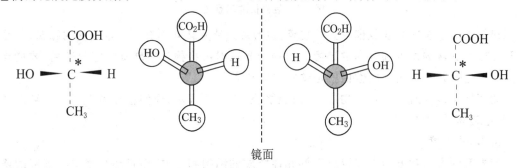

图 5-4　乳酸分子模型示意图

乳酸分子的中心碳原子上连有四个不同原子或基团,具有不对称性,称为不对称碳原子或手性碳原子(chiral carbon),常用C^*表示,它是分子的不对称中心或手性中心。

3. 对映体和外消旋体

像乳酸分子这样,构造相同而构型不同,彼此互为实物和镜像关系,相互对映而不能完全重合的现象,称为**对映异构现象**。(+)-乳酸和(-)-乳酸是一对对映异构体,简称对映体(enantiomers)。对映体是成对存在的,它们旋光能力相同,但旋光方向相反。如果把等量的左旋乳酸和右旋乳酸混合,则混合的乳酸无旋光性,这种由等量的对映体所组成的混合物称为外消旋体(racemic forms),一般用(±)表示。例如从酸牛奶中得到的乳酸就是外消旋乳酸,用(±)-乳酸表示。

表 5-1　乳酸的物理常数

名　称	熔点(℃)	pK$_a$(25℃)	$[\alpha]_D^{20}$(H$_2$O)
右旋乳酸	52	3.79	+3.82°
右旋乳酸	52	3.79	−3.82°
外消旋乳酸	18	3.86	0°

4.对称性——对称面和对称中心

实物和镜像不能完全重合是因为物质中缺少对称因素,因此可借助判断分子是否有对称因素来确定分子是否有手性或旋光性。分子的对称因素可以是一个点、一个轴或一个面。对称面(plane of symmetry)是把分子分成互为实物和镜像关系的两部分的假想平面,如图5-5 所示。

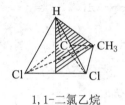

1,1-二氯乙烷　　　　　二氯甲烷

图 5-5　有对称面的分子

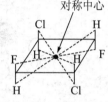

图 5-6　有对称中心的分子

如果分子中有一点,当任意直线通过此点时,在距此点等距离处的两端都是相同的原子或原子团,则此点为分子的对称中心(center of symmetry)。如反-1,3-二氟-反-2,4-二氯环丁烷分子即具有对称中心(如图 5-6 所示)。

凡具有对称面或对称中心任何一种对称因素的分子,称为对称分子,它们都是非手性分子,均无旋光性。凡不具有任何对称因素的分子,称为不对称分子,它们都是手性分子,均有旋光性。

三、含有一个手性碳原子化合物的对映异构

1.手性分子的表示方法

只含有一个手性碳原子的化合物的旋光异构体必然是一对对映体。通常用分子模型、透视式和费歇尔(Fishcher)投影式表示对映异构体。

(1)分子模型

如图 5-7 用球棍模型来描述乳酸分子结构,这种表示方法书写很不方便。

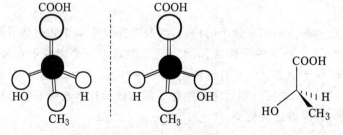

图 5-7　乳酸一对对映体的分子模型　　　　图 5-8　乳酸分子的透视式

93

（2）透视式

乳酸分子的一对对映体还可以用透视式来表示，如图5-8所示。

在这种表示法中，手性碳原子在纸面上，用实线相连的原子或原子团表示处在纸面上，用楔形线相连的原子或原子团表示处在纸面的前面，用虚线相连的原子或原子团表示处在纸面的后面。这种表示法清晰、直观，但书写仍较麻烦。

（3）费歇尔（Fishcher）投影式

为了便于书写和进行比较，对映体的构型可以用费歇尔投影式表示，也就是把上述四面体构型按图5-9规定的投影方向投影在纸面上。

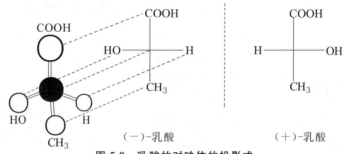

图5-9　乳酸的对映体的投影式

在 Fishcher 投影式中，将碳链竖直，命名位号最小的碳原子在上端，其余的基团在两侧。手性碳原子位于横、竖键的交点，竖键表示向后，横键表示向前方。看上去是平面书写，实际横键、竖键的空间取向是相反的。一般默认为"横前竖后"。

书写 Fishcher 投影式必须遵守下述规律，才能保持构型不变：

① 投影式不能离开纸面翻转，这违反投影原则；

② 投影式不能在纸上转动90°；

③ 投影式在纸面上转动180°，构型不变；

④ 在投影式中，固定某一基团，另三个基团顺时或逆时针地调换位置，构型不变；但不可任意两两对换。因这种操作需断键，会造成构型的变化。

2. 对映异构体构型的标记方法

两种不同构型的对映异构体，可用分子模型、立体透视式或费歇尔投影式来表示。但这些表示法只能一个代表左旋体，一个代表右旋体，不能确定两个构型中哪个是左旋体？哪个是右旋体？而旋光仪只能测定旋光度和旋光方向，不能确定手性碳原子上所连接基团在空间的真实排列情况。下面介绍两种构型的标记方法。

（1）D/L 标记法

在 1951 年以前无法通过实验方法测定分子的构型，因而选择一个简单的对映异构体人为规定它的构型。人们选择了（＋）-甘油醛作为标准。其投影式为三个碳原子在竖线上，—CHO位于上方，—CH_2OH 位于下方，（＋）-甘油醛的羟基在右边，定为 D 构型，其对映体（一）-甘油醛的羟基在左边，定为 L 构型。然后将其他分子的对映异构体与标准甘油醛通过各种直接或间接的方式相联系，来确定其构型。

$$\begin{array}{ccc} & \text{CHO} & \\ \text{H} & \!\!-\!\!\text{C}\!\!-\!\! & \text{OH} \\ & \text{CH}_2\text{OH} & \end{array} \qquad \begin{array}{ccc} & \text{CHO} & \\ \text{HO} & \!\!-\!\!\text{C}\!\!-\!\! & \text{H} \\ & \text{CH}_2\text{OH} & \end{array}$$

D-(＋)-甘油醛   L-(－)-甘油醛

D/L 构型标记法有一定的局限性,它一般只能表示含一个手性碳原子的构型。由于长期的使用习惯,糖类和氨基酸类化合物目前仍沿用 D/L 构型的标记方法。而其他具有旋光性化合物一般多采用 R/S 构型标记法。

(2)R/S 标记法

R/S 构型标记法是 1970 年由国际纯粹和应用化学联合会建议采用的常用的标记方法。它是基于手性碳原子的实际构型进行标记的,因此是绝对构型。

R/S 标记法的规则为:对具有一个手性碳原子的化合物,首先将手性碳原子所连的四个基团按次序规则排列为 $a>b>c>d$,然后将最小的 d 摆在离观察者最远的位置,最后绕 $a \to b \to c$ 划圆,如果为顺时针方向,则该手性碳原子为 R 构型;如果为逆时针方向,则该手性碳原子为 S 构型。该标记法类似于汽车方向盘,d 在方向盘连杆上(如图 5-10)。

$a \to b \to c$ 顺时针方向 $a \to b \to c$ 逆时针方向

R型   S型

图 5-10 R/S 标记法

例如,D-(＋)-甘油醛,其手性碳原子上的四个原子或基团的优先次序为 $-OH>-CHO>-CH_2OH>-H$,其 R 构型和 S 构型书写方法如下:

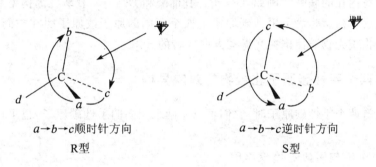

(R) -甘油醛   (S) -甘油醛

对于一个给定的 Fishcher 投影式,其构型标记方法:按次序规则排列在最后的原子或基团 d 如果位于投影式的竖线上,当其余三个原子或基团由 $a \to b \to c$ 为顺时针方向,则此投影式构型为 R 型;反之则为 S 型。如果 d 在横线上,其余三个原子或基团由 $a \to b \to c$ 为顺时针方向,则此投影式构型为 S 型;反之则为 R 型。

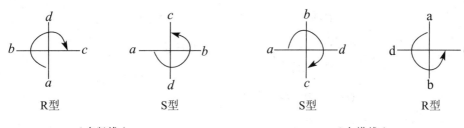

R型   S型   S型   R型

d 在竖线上   *d* 在横线上

例如,D-(＋)-甘油醛和 D-(－)-乳酸:

$$
\begin{array}{ccc}
& CHO & \\
HO & C & CH_2OH \\
& | & \\
& H &
\end{array}
\qquad
\begin{array}{ccc}
& COOH & \\
HO & C & CH_3 \\
& | & \\
& H &
\end{array}
$$

(R)-甘油醛   (R)-乳酸

还需注意的是 D/L 构型和 R/S 构型之间并没有必然的对应关系。例如 D-甘油醛和 D-2-溴甘油醛,如用 R/S 标示法,前者为 R 构型,后者却为 S 构型。此外,化合物的构型和旋光方向也没有内在的联系。例如,D-(＋)-甘油醛和 D-(－)-乳酸。因构型和旋光方向是两个不同的概念。构型是表示手性碳原子上四个不同的原子或原子团在空间的排列方式;而旋光方向是指旋光物质使偏振光振动方向旋转的方向。

四、含有两个手性碳原子化合物的对映异构

分子中含有两个手性碳原子时,它们可以是两个相同的手性碳原子,也可以是两个不同的手性碳原子。

1.含有两个不相同的手性碳原子

2-羟基-3-氯丁二酸分子中具有两个不相同的手性碳原子,其结构式

$$
\begin{array}{cc}
HOOCCH & CHCOOH \\
| & | \\
OH & Cl
\end{array}
$$
,分子中手性碳原子上所连的四个基团分别不完全相同。C_2 上连

着—H、—OH、—COOH 及 $\begin{array}{c} CHCOOH \\ | \\ Cl \end{array}$,而 C_3 上则连接着—H、—Cl、—COOH 及

$\begin{array}{c} CHCOOH \\ | \\ OH \end{array}$ 四个基团,这四个基团不完全相同,因而 C_2 和 C_3 为两个不相同的手性碳原子。由于每一个手性碳原子有两种构型,因此该化合物应有 4 种构型。它们的 4 个光学异构体的费歇尔投影式表示如下:

96

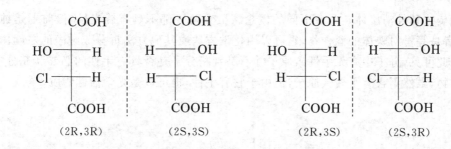

$$
\begin{array}{cccc}
(2R,3R) & (2S,3S) & (2R,3S) & (2S,3R)
\end{array}
$$

其中 C_2 上—OH>—CHClCOOH>—COOH；C_3 上—Cl>—COOH>—CH(OH)COOH。

由上可知,含一个手性碳原子的化合物有两个光学异构体;含两个不相同手性碳原子的化合物有 4 个光学异构体。依此类推,含有 n 个不相同手性碳原子化合物的光学异构体的数目应为 2^n 个。

2. 含有两个相同的手性碳原子

含有两个相同手性碳原子的旋光异构体,如 2,3-二羟基丁二酸(酒石酸),其结构式

$$
\text{HOOC}\overset{*}{\text{CH}}\!-\!\overset{*}{\text{CH}}\text{COOH}
$$

（OH OH）。因 C_2 和 C_3 两个手性碳原子上连接的 4 个原子或基团都是

—OH、—COOH、—CH(OH)COOH、—H,所以酒石酸是含两个相同手性碳原子的化合物。它和含两个不相同手性碳原子不同,只有三种构型:

$$
\begin{array}{cccc}
(2S,3S) & (2R,3R) & (2S,3R) & (2R,3S)
\end{array}
$$

前两者分别称左旋体和右旋体,其等量混合物为外消旋体;而后两者的分子中有对称面(虚线),它将分子分成两半,并互为实物与镜像的关系,且这两个手性碳原子所连接基团相同,但构型正好相反,因而它们引起的旋光度大小相等,方向相反,恰好在分子内部抵消,所以不显旋光性。

像这种分子中虽有手性碳原子,但因有对称因素而使旋光性在内部抵消成为不旋光的物质,称为**内消旋体**(mesomer),通常以 meso 表示。内消旋体和对映体的左旋体或右旋体互为非对映体(diastereoisomer)。

表 5-2　酒石酸的物理常数

名　称	熔点(℃)	溶解度/g·(100g 水)$^{-1}$	$[\alpha]_D^{20}$(H$_2$O)	pK$_{a1}$	pK$_{a2}$
右旋	170	139	$+12°$	2.96	4.16
右旋	170	139	$-12°$	2.96	4.16
内消旋	140	125	$0°$	3.11	4.80
外消旋	204	20.6	$0°$	2.96	4.16

内消旋体和外消旋体是两个不同的概念。虽然两者都不具有旋光性,但前者是纯净化合物;后者是等量对映体的混合物,它可以用化学方法或其他方法拆分成纯净的左旋体和右旋体。由此可见,分子中有无手性碳原子并不是判断分子是否具有手性的必要和充分条件。有些化合物,虽然不含有手性碳原子,但由于它有手性,也可以是光学活性物质。

习 题

1. 填空题

(1)普通光通过尼科尔棱镜时,只允许与镜轴(　　　)的平面上振动的光线通过,这种光称为(　　　)。

(2)含有一个手性碳原子的化合物有(　　　)个旋光异构体,含有两个不相同手性碳原子的化合物有(　　　)个旋光异构体,含有 n 个不相同手性碳原子的化合物理论上有(　　　)个旋光异构体。

2. 判断题

(1)偏振光是在偏于水平面上振动的光。

(2)某物质的比旋光度是测定的旋光度与其浓度之比。

(3)含手性碳原子的化合物不一定是手性分子。

(4)1,2-二甲基环丙烷只有顺反异构,没有旋光异构。

3. 命名下列化合物或写出结构式

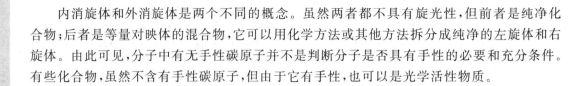

(1)

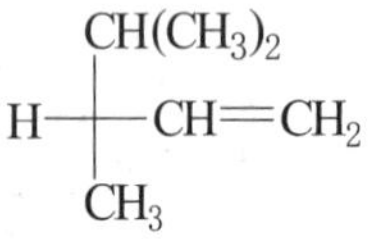

(2)

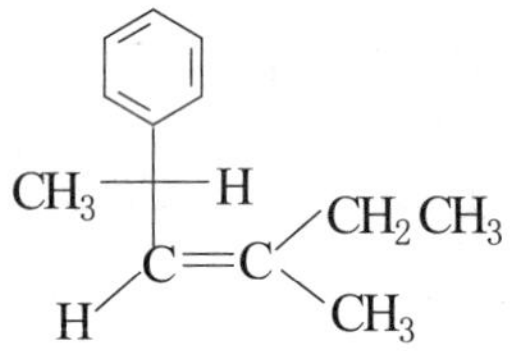

(3)

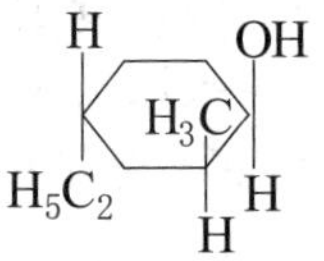

(4)(S)-2-甲基-1-苯基丁烷

(5)(R)-2-羟基丙酸

(6)(4S,2E)-4-甲基-2-己烯

4. 下列每种化合物可能存在几种立体异构体? 写出它们的费歇尔投影式,指出对映体,标明手性碳原子为 R 还是 S 构型?

(1) $CH_3—CH—CH—CH_3$ 　　(2) $CH_3—CH—CH—CH_3$
　　　　　　|　　|　　　　　　　　　　　　　|　　|
　　　　　　OH　OH　　　　　　　　　　　Cl　OH

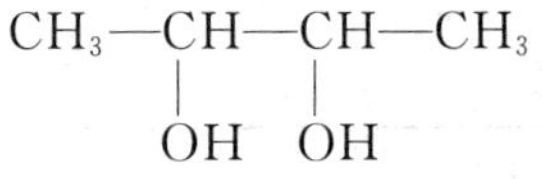

(3) $CH_3—CH—CH—CH—C_2H_5$ 　(4) $HOOC—CH—CH—COOH$
　　　　　|　　|　　|　　　　　　　　　　　　|　　|
　　　　 Cl　Cl　Cl　　　　　　　　　　　OH　OH

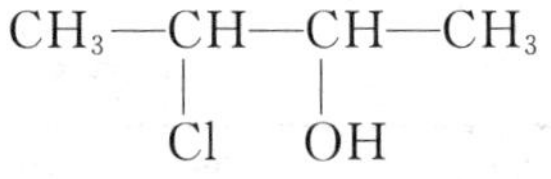

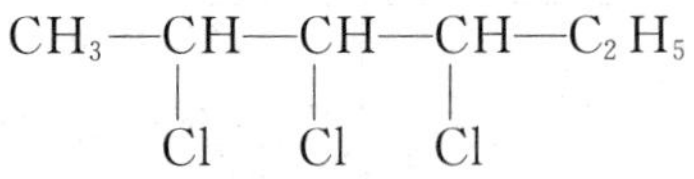

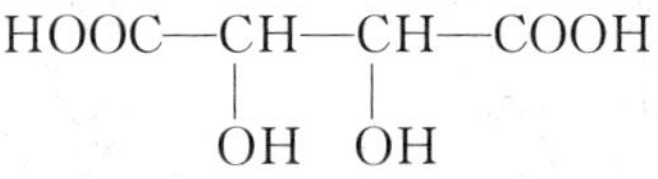

5. 下列化合物中,哪些有旋光性? 哪些没有旋光性?

(1) HOOCCH₂CH(OH)COOH

(2)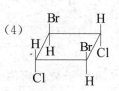

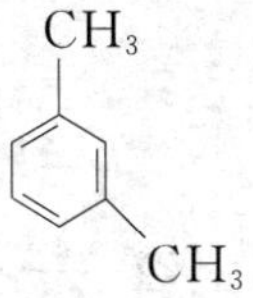

(3) 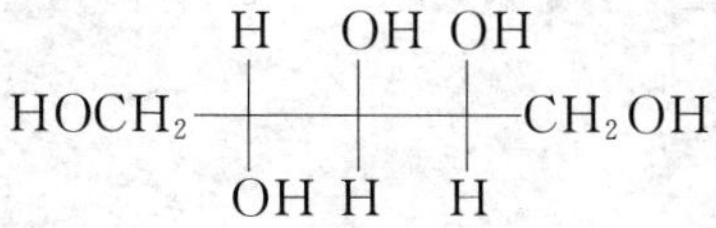 HOCH₂ ─ H OH OH ─ CH₂OH
　　　　 OH H H

(4) (结构图)

6. 用 R/S 标记下列化合物分子中每个碳原子的构型。

(1) 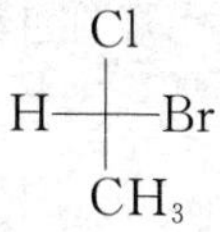 H ─ Br，上Cl 下CH₃

(2) 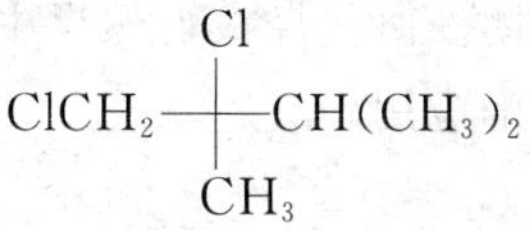 ClCH₂ ─ CH(CH₃)₂，上Cl 下CH₃

(3) 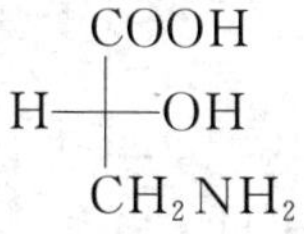 H ─ OH，上COOH 下CH₂NH₂

(4) 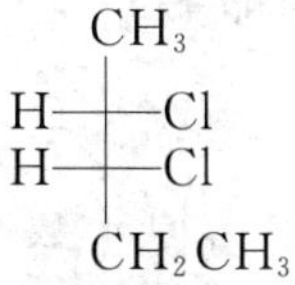 H ─ Cl; H ─ Cl，上CH₃ 下CH₂CH₃

7. 下列每一组化合物中,哪些是相同的? 哪些是对映体?

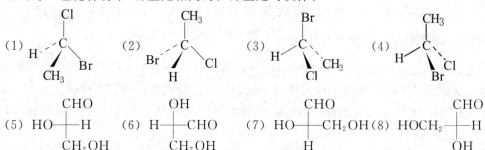

(1)　(2)　(3)　(4)

(5) HO ─ H，上CHO 下CH₂OH

(6) H ─ CHO，上OH 下CH₂OH

(7) HO ─ CH₂OH，上CHO 下H

(8) HOCH₂ ─ H，上CHO 下OH

8. 两个有机物 A 与 B,分子式都是 C₇H₁₄,均有旋光性,但 A 与 B 是非对映体,它们氢化后得到同一种有旋光性的化合物 C,C 的分子式为 C₇H₁₆,C 中有两个叔碳原子,试推测 A、B、C 三个化合物的可能结构式。

9. 旋光化合物 A(C₆H₁₀),能与硝酸银氨溶液生成白色沉淀 B(C₆H₉Ag)。将 A 催化加氢生成 C(C₆H₁₄),C 没有旋光性。写出 A、B 和 C 的构造式。

10. 丙烯无旋光活性,它与氯气加成时生成一对对映异构体,写出它们的费歇尔投影式,并用 R/S 标记。

第六章　卤代烃

烃分子中一个或几个氢原子被卤素原子取代后生成的化合物称为卤代烃（alkyl halides）。一般用 RX 表示（X＝F、Cl、Br、I），常见卤代烃是指氯代烃、溴代烃和碘代烃，卤原子为卤代烃的官能团。卤代烃在自然界中存在很少，多数是人工合成，卤代烃在工农业及日常生活中都有广泛的应用。

一、卤代烃的分类和命名

1. 分类

（1）根据卤代烃分子中卤原子数目不同，分为一卤代烃（如 CH_3Cl）和多卤代烃（如 $CHCl_3$、CCl_4）。

（2）根据烃基的不同，将卤代烃分为卤代烷烃（如 CH_3CH_2Cl）、卤代烯烃（如 $CH_2{=}CHCH_2Cl$）和卤代芳烃（如 ⬡—Br 、⬡—CH_2Cl）。

（3）按卤素直接连接的碳原子不同，可以将卤代烃分为伯卤代烃（一级卤代烃或 1°卤代烃），表示为：$RCH_2{-}X$，如 CH_3CH_2Br；仲卤代烃（二级卤代烃或 2°卤代烃），表示为 $R_2CH{-}X$，如 $(CH_3)_2CHCl$；叔卤代烃（三级卤代烃或 3°卤代烃），表示为 $R_3C{-}X$，如 $(CH_3)_3CCl$。

2. 命名

简单卤代烃，可根据卤素所连烃基名称来命名，称卤某烃。有时也可以在烃基之后加上卤原子的名称来命名，称某烃基卤。如：

CH_3Br	$CH_2{=}CHCl$	CH_3CHICH_3	$CHCl_3$	⬡—CH_2Cl
溴甲烷	氯乙烯	碘异丙烷	三氯甲烷	氯化苄
甲基溴	乙烯基氯	异丙基碘	氯仿	苄基氯

复杂的卤代烃采用系统命名法。选择含有卤原子的最长碳链作主链，根据主链碳原子数称"某烷"，卤原子和其他侧链为取代基，按"次序规则"较优基团排后。当卤原子和烃基处于相同位置时，主链编号应给次序较低的烃基以较小的编位，命名基本原则与烃类相同。例如：

$$\underset{2\text{-甲基-3-氯丁烷}}{CH_3\overset{\overset{Cl}{|}}{C}H\overset{\overset{CH_3}{|}}{C}HCH_3}$$

$$\underset{6\text{-乙基-2,5-二溴辛烷}}{CH_3\overset{\overset{Br}{|}}{C}HCH_2CH_2\overset{\overset{Br}{|}}{C}H\overset{\underset{CH_2CH_3}{|}}{C}HCH_2CH_3}$$

$$\underset{2\text{-乙基-4-氯-1-溴戊烷}}{CH_3CH_2\overset{\overset{Cl}{|}}{C}HCH_2\overset{\underset{CH_2Br}{|}}{C}HCH}$$

不饱和卤代烃的主链编号,要使双键或叁键位次最小。例如:

$$CH_2{=}CHCH_2CH_2Cl$$
4-氯-1-丁烯

$$CH_3CBr{=}CHCH{=}CH_2$$
4-溴-1,3-戊二烯

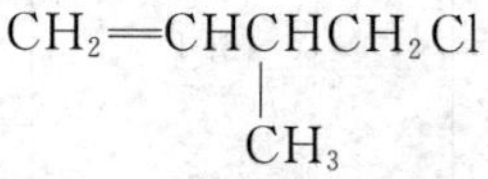

$$CH_2{=}CHCHCH_2Cl$$
$$\overset{|}{CH_3}$$
3-甲基-4-氯-1-丁烯

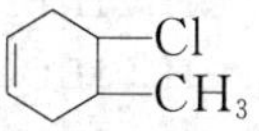

4-甲基-5-氯环己烯

卤代芳烃一般以芳烃为母体来命名,如:

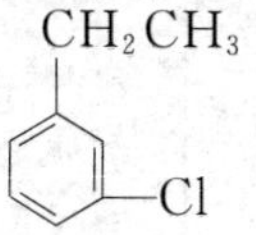

3-氯乙苯
或间氯乙苯

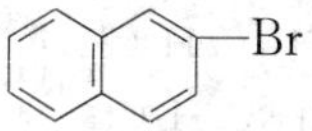

2-溴萘
或β-溴萘

卤原子连在芳烃侧链上的卤代芳烃,常以脂肪烃为母体,芳基和卤原子均作为取代基来命名。

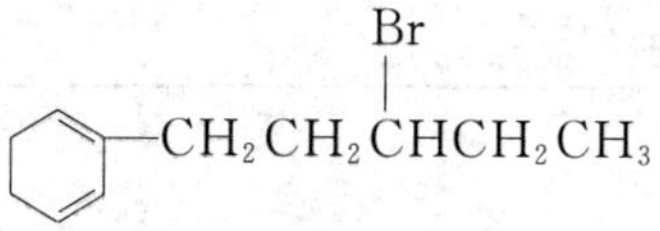

1-苯基-3-溴戊烷

二、卤代烃的物理性质

在常温下,低级卤代烃如含 $1\sim3$ 个碳原子的一氟代烷、含 $1\sim2$ 个碳原子的一氯代烷、氯乙烯和一溴甲烷为气体,其余的一卤代烷为液体,C_{15} 以上的高级卤代烷为固体。

纯净的卤代烷多是无色的,一卤代烷具有难闻气味,其蒸气有毒,尤其是含氯和含碘的化合物可通过皮肤吸收,使用时应注意安全。

卤代烃的沸点比同碳原子数的烃高。在烃基相同的卤代烃中,氯代烃沸点最低,碘代烃沸点最高。在卤素相同的卤代烃中,随烃基碳原子数的增加,沸点升高。在同一卤代烃的异构体中,支链越多沸点越低。

相同烃基的卤代烃,氯代烃相对密度最小,碘代烃相对密度最大,相对密度除一氟代烷和一氯代烷外均大于 1。在卤素相同的卤代烃中,随烃基分子量增加,相对密度降低。所有卤代烃均不溶于水,而溶于有机溶剂。一些卤代烃的物理常数见表 6-1。

表 6-1　一些卤代烃的物理常数

名　称	结构式	熔点(℃)	沸点(℃)	相对密度(d_4^{20})
氯甲烷	CH_3Cl	−97	−23.7	0.920
溴甲烷	CH_3Br	−93	4.6	1.732
碘甲烷	CH_3I	−64	42.3	2.279
氯乙烷	CH_3CH_2Cl	−139	13.1	0.910

101

名　　称	结构式	熔点(℃)	沸点(℃)	相对密度(d_4^{20})
溴乙烷	CH_3CH_2Br	−119	38.4	1.430
碘乙烷	CH_3CH_2I	−111	72.3	1.933
正氯丙烷	$CH_3CH_2CH_2Cl$	−123	46.4	0.890
正溴丙烷	$CH_3CH_2CH_2Br$	−110	71	1.353
正碘丙烷	$CH_3CH_2CH_2I$	−101	102	1.747
氯苯	C_6H_5Cl	−45	132	1.107
溴苯	C_6H_5Br	−30.6	155.5	1.495
碘苯	C_6H_5I	−29	188.5	1.832
邻氯甲苯	$o-CH_3C_6H_4Cl$	−36	159	1.082
间氯甲苯	$m-CH_3C_6H_4Cl$	−48	162	1.072
对氯甲苯	$p-CH_3C_6H_4Cl$	7	162	1.070
邻溴甲苯	$o-CH_3C_6H_4Br$	−26	182	1.422
间溴甲苯	$m-CH_3C_6H_4Br$	−40	184	1.410
对溴甲苯	$p-CH_3C_6H_4Br$	28	184	1.390
邻碘甲苯	$o-CH_3C_6H_4I$	—	211	1.697
间碘甲苯	$m-CH_3C_6H_4I$	—	204	1.698
对碘甲苯	$p-CH_3C_6H_4I$	35	211.5	

三、卤代烃的化学性质

卤代烃中卤素原子电负性较强,具有吸电子诱导作用,C—X 键的共用电子对偏向卤原子,使卤原子带有部分负电荷(δ^-),碳原子带部分正电荷(δ^+),因此 C—X 键是极性共价键 $-\overset{|}{\underset{|}{C}}{}^{\delta+}-X^{\delta-}$,这就使带有负电荷或带有电子对的原子和原子团(如 —OH、—OR、—CN、—NH$_2$、:NH$_3$ 等)容易进攻该碳原子,从而导致 C—X 键断裂,X 带着电子对被取代。这种进攻试剂具有亲核性质,因此称为**亲核试剂**(nucleophilic reagent),常用 Nu$^-$(或 Nu:)表示。由亲核试剂进攻而发生的取代反应称**亲核取代反应**(nucleophilic substitution reaction),用英文缩写 S$_N$ 表示。

另外,由于诱导效应的作用,使得卤代烃分子中 β 碳上的 C—H 键亦变得松弛,容易与卤原子一起脱去,发生**消除反应**(elimination reaction)。

卤代烃还能与某些金属发生反应。

1. 取代反应

在一定条件下(通常为碱性条件),卤代烃的卤原子可被一些亲核试剂取代,反应的一般式为:

$$Nu^- \ + \ -\overset{|}{\underset{|}{C}}{}^{\delta+}-X^{\delta-} \longrightarrow -\overset{|}{\underset{|}{C}}-Nu \ +X^-$$

亲核试剂

（1）水解反应

卤代烷水解可得到醇。例如：

$$RX + H_2O \rightleftharpoons ROH + HX$$

卤代烷水解是可逆反应，而且反应速度很慢。为了提高产率和增加反应速度，常常将卤代烷与氢氧化钠或氢氧化钾的水溶液共热，使水解能顺利进行。

$$RX + H_2O \xrightarrow[\triangle]{NaOH} ROH + NaX$$

相同烷基的卤代烷水解反应活性顺序是：$RI > RBr > RCl > RF$。

（2）醇解反应

卤代烃与醇钠作用，卤原子被烷氧基（RO—）取代，生成醚。

$$\underset{\text{卤烃}}{R-X} + \underset{\text{醇钠}}{R'ONa} \longrightarrow \underset{\text{醚}}{R-O-R'} + NaX$$

该反应是制备混醚的重要方法（也可以制备简单醚），称威廉姆森合成法（Williamson Synthesis）。如：$CH_3CH_2CH_2ONa + CH_3CH_2I \longrightarrow CH_3CH_2CH_2OCH_2CH_3 + NaI$

（3）氰解反应

卤代烃和氰化钠或氰化钾在醇溶液中反应生成腈。

$$RX + NaCN \xrightarrow{\text{乙醇}} RCN \xrightarrow{\text{水解}} RCOOH$$

生成的腈比原来的卤代烷多了一个碳原子，氰基经水解生成羧基（—COOH），所以利用氰解反应可以制备羧酸及其衍生物，也是增长碳链的一种方法。例如由乙烯来制备丙酸：

$$CH_2=CH_2 \xrightarrow{HCl} CH_3CH_2Cl \xrightarrow{\text{氰解}} CH_3CH_2CN \xrightarrow{\text{水解}} CH_3CH_2COOH$$

（4）氨解反应

卤代烷与过量的 NH_3 反应生成胺。

$$RX + NH_3 \longrightarrow RNH_2 + HX$$

如：$(CH_3)_2CHCH_2Cl + 2NH_3 \xrightarrow[\triangle]{C_2H_5OH} \underset{\text{伯胺}}{(CH_3)_2CHCH_2NH_2} + NH_4Cl$

（5）与硝酸银的醇溶液反应

卤代烷与硝酸银在醇溶液中反应，生成卤化银的沉淀，常用于各类卤代烃的鉴别。

$$RX + AgNO_3 \xrightarrow{\text{醇}} \underset{\text{硝酸酯}}{RONO_2} + AgX\downarrow$$

不同卤代烃与硝酸银的醇溶液的反应活性不同，其活性顺序为：

叔卤代烷 > 仲卤代烷 > 伯卤代烷（即 $R_3C-X > R_2CH-X > RCH_2-X$）

$$\left.\begin{array}{l} RCH_2X \\ R_2CHX \\ R_3CX \end{array}\right\} \xrightarrow[\text{醇}]{AgNO_3} AgX\downarrow \left\{\begin{array}{l} \text{过 1 小时或加热下才有沉淀} \\ \text{过 3~5 分钟产生沉淀} \\ \text{立即产生沉淀} \end{array}\right.$$

＊亲核取代反应历程：

在亲核试剂作用下,饱和碳原子上的卤原子被取代的反应过程,称为亲核取代反应历程（或称机理）。根据化学动力学的研究及许多实验,发现亲核取代反应可以按两种历程进行。

（一）单分子亲核取代反应（S_N1）

以叔丁基溴在碱性溶液中水解生成叔丁醇的反应为例,该反应历程分两步完成：

第一步
$$CH_3-\overset{\overset{\displaystyle CH_3}{|}}{\underset{\underset{\displaystyle CH_3}{|}}{C}}-Br \xrightarrow{\text{慢}} CH_3-\overset{\overset{\displaystyle CH_3}{|}}{\underset{\underset{\displaystyle CH_3}{|}}{C^+}} + Br^-$$

溴代叔丁烷　　　　叔丁基碳正离子（中间体）

第二步　　$(CH_3)_3C^+ + OH^- \xrightarrow{\text{快}} (CH_3)_3COH$

亲核试剂　　　　叔丁醇

第一步反应是叔丁基溴的 C—Br 键异裂为碳正离子 $(CH_3)_3C^+$ 和 Br^-,由于这一步反应中需要克服较高的活化能,反应速率较慢,但 $(CH_3)_3C^+$ 很活泼,立即与 OH^- 结合成醇,即第二步反应是快反应。H_2O 也可作为亲核试剂与碳正离子结合,然后消去质子得到醇。

以动力学理论来解释,该反应是由两步基元反应组成的复杂反应,第一步慢反应属定速步骤,决定了整个反应的速率,即：

$$\upsilon = kc[(CH_3)_3CBr] \qquad \text{（一级反应）}$$

式中：υ 为反应速率,k 为反应速率常数；$c[(CH_3)_3CBr]$ 为 $(CH_3)_3CBr$ 的浓度。

由此可见,决定整个反应的速率也只与叔丁基溴的浓度成正比,而与亲核试剂（OH^-）的浓度无关,发生共价键断裂的只有一种分子,所以称为**单分子亲核取代反应**,简化以 S_N1 表示（S_N 代表亲核取代,1 代表单分子）。

由于超共轭效应的缘故,中间体碳正离子越稳定,生成碳正离子的活化能就越小,进行 S_N1 反应的速率就越快,因而各种类型卤代烷的 S_N1 反应速率：

叔卤代烷＞仲卤代烷＞伯卤代烷＞卤代甲烷

（二）双分子亲核取代反应（S_N2）

通过实验可知,伯卤代烷的水解主要按双分子反应历程进行,现以溴甲烷在稀氢氧化钠溶液中水解生成甲醇的反应为例：

$$CH_3-Br + NaOH \xrightarrow{H_2O} CH_3OH + NaBr$$

实验表明,当溴甲烷或氢氧化钠的浓度增加 1 倍时,反应速率也增加 1 倍,其反应速率与溴甲烷及氢氧化钠的浓度积成正比,即：

$$\upsilon = kc(CH_3Br)c(OH^-)$$

反应中 C—O 键形成与 C—Br 键断裂是同步进行的,所以反应速率与两种分子浓度有关,称为**双分子亲核取代反应**,用 S_N2 表示(2 表示双分子)。其反应历程如图 6-1 所示:

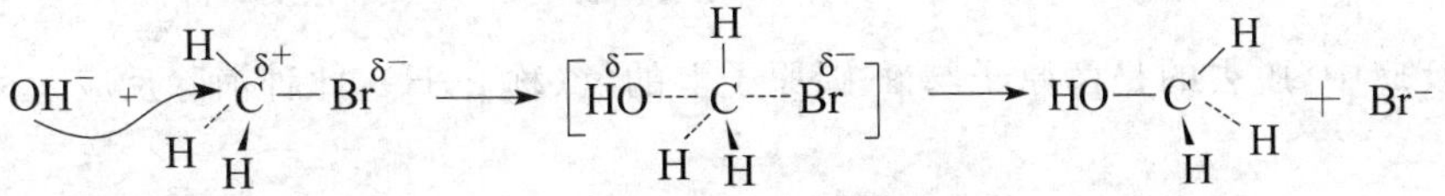

图 6-1 双分子亲核取代反应历程

反应时亲核试剂(OH^-)带负电荷,只能避开电子云密度大的溴,从背后进攻 α-碳,并与溴甲烷形成一个能量较高的过渡态,此时中心碳原子从原来的 sp^3 杂化转变为 sp^2 杂化,3 个 C—H 键共面且键角都为 120°,羟基和溴原子都在平面两边,并且氧、碳、溴三个原子在同一直线上,碳原子用一个 p 轨道与 OH^- 和 Br^- 部分结合。当 OH^- 与 α-碳进一步接近,C—O 键进一步形成,C—Br 键逐渐被削弱,最后形成 C—O 键,同时溴原子带着一对电子离去,α-碳又恢复 sp^3 杂化,由过渡态转变为产物。

在过渡态的形成到转化为生成物的过程中,随着 C—O 键的形成和 C—Br 键的断裂及 Br^- 的离去,中心碳原子上的三个基团由原来的碳原子左侧翻转到碳原子的右侧(溴原子的一侧),就好像雨伞被大风吹得向外翻转。随后—OH 又取代了原来溴原子作为伞柄的位置,所得到的甲醇立体构型与原来溴甲烷的构型完全相反,这个过程称为**构型翻转**,或叫**瓦尔登转化**(Walden inversion)。

(三)影响亲核取代反应历程的因素

卤代烷亲核取代反应的两种历程在反应中是同时存在和相互竞争的,只是在某一特定条件下哪个占优势的问题。在卤代烷亲核取代反应历程中,反应中心是 α-碳原子。α-碳原子上电子云密度的高低和空间位阻的大小,对反应历程产生较大影响。α-碳原子上烃基越少,位阻越小,电子云密度低,则有利于亲核试剂的进攻,也就有利于按 S_N2 反应历程进行;反之,α-碳原子上烃基越多,位阻越大,电子云密度越高,则有利于卤原子夺取电子形成 X^-,反应偏重于 S_N1 反应历程进行。在伯、仲、叔三类卤代烷的亲核取代反应中,叔卤代烷主要按 S_N1 历程进行;伯卤代烷和卤甲烷主要按 S_N2 反应历程进行;仲卤代烷既可以按 S_N1 反应历程,又可以按 S_N2 反应历程进行。

此外,卤原子的性质、亲核试剂的性质及溶剂的极性等对反应历程都有影响。

2. 消除反应

卤代烷与氢氧化钾(或氢氧化钠)的醇溶液共热,分子中脱去一分子卤化氢生成不饱和烃。这种从有机分子中脱去一个小分子(如 H_2O、HX、NH_3 等)而形成不饱和键的反应称为**消除反应**(elimination reaction),以 E 表示。

$$RCH_2CH_2Br + KOH \xrightarrow[\triangle]{乙醇} RCH=CH_2 + KOH + H_2O$$

不同结构的卤代烷的消除反应速度:3°卤代烷 > 2°卤代烷 > 1°卤代烷

不对称卤代烷在发生消除反应时,可得到两种产物。如:

$$RCH_2CHXCH_3 + KOH \xrightarrow[\triangle]{\text{乙醇}} RCH=CHCH_3 + RCH_2CH=CH_2$$

主要产物　　　　　　次要产物

上述反应中,脱去的是卤原子与 β-碳原子上的氢(称 β-H),此种消除反应又称为 β-消除反应。

仲、叔卤代烷发生 β-消除反应时,被消除的 β-H 主要来自含氢较少的 β-碳原子上,这个经验规律称为**扎依采夫规则**(saytzeff rule)。

$$\text{如：} CH_3CH_2CHCH_3 \xrightarrow[C_2H_5OH]{C_2H_5ONa} CH_3CH=CHCH_3 + CH_3CH_2CH=CH_2$$

|
Br　　　　　　　　　　81%　　　　　　　19%

＊消除反应历程：

在饱和碳原子上进行亲核取代反应时,常伴随着发生消除反应,如：

$$CH_3-CH-CH_2- \begin{cases} \text{取代} \rightarrow CH_3-CH-CH_3 \\ \qquad\qquad\quad | \\ \qquad\qquad\quad OH \\ \text{消除} \rightarrow CH_3-CH=CH_2 \end{cases}$$

消除反应和取代反应常常是同时进行、相互竞争的,是因为这两种反应有相似之处。消除反应也存在着单分子消除反应和双分子消除反应两种反应历程。

(一)单分子消除反应(E1)

和单分子亲核取代反应历程相似,单分子消除反应也是分两步进行。第一步为慢反应,在极性溶剂中卤代烃异裂为碳正离子(活性中间体);第二步是在亲核试剂作用下,β-碳原子上脱去一个氢原子,同时在 α-碳原子和 β-碳原子之间形成一个双键而生成烯烃。例如溴代叔丁烷与氢氧化钠的乙醇溶液作用发生消除反应的历程：

$$\text{第一步} \quad CH_3-\overset{\overset{CH_3}{|}}{\underset{\underset{CH_3}{|}}{C}}-Br \xrightarrow{\text{慢}} CH_3-\overset{\overset{CH_3}{|}}{\underset{\underset{CH_3}{|}}{C^+}} + Br^-$$

$$\text{第二步} \quad \boxed{OH^- + H}\text{-}CH_2-\overset{\overset{CH_3}{|}}{C^+} \xrightarrow{\text{快}} CH_3-\overset{\overset{CH_3}{|}}{C}=CH_2 + H_2O$$

第一步卤代烷异裂为碳正离子形成一个体系能量较高的过渡态(需提供较高的活化能),反应速率慢,决定了整个反应的速率,而在这一步反应中只有一种反应物的分子发生共价键断裂,因此其反应速率仅与溴代叔丁烷的浓度有关,所以此种历程的消除反应称为**单分子消除反应**,用 E1 表示。

E1 反应的活性次序也是:叔卤代烷＞仲卤代烷＞伯卤代烷。

(二)双分子消除反应(E2)

和 S_N2 反应历程相似,在双分子消除反应过程中,亲核试剂进攻卤代烷中的 β-碳原子并与卤代烷形成一个能量较高的过渡态,然后卤原子在极性溶剂的作用下,带走一对电子以形成负离子,同时 β-氢原子与亲核试剂结合成小分子脱去,形成碳碳双键。

$$OH^- + H-\overset{\overset{R}{|}}{C}H-CH_2-X \longrightarrow [HO\cdots H\cdots \overset{\overset{R}{|}}{C}H\cdots CH_2\cdots X]^- \quad (过渡态)$$

$$\longrightarrow R-CH=CH_2 + H_2O + X^-$$

整个反应的速率取决于卤代烷和亲核试剂两者的浓度,因而称为**双分子消除反应**,以 E2 表示。

对消除反应来说,卤代烷向着生成多支链的烯烃方向进行,是因为支链越多对形成过渡态越有利,所以对于不同卤代烷,E2 反应的速率也是:叔卤代烷>仲卤代烷>伯卤代烷。

(三)亲核取代反应与消除反应的竞争

卤代烷的取代反应和消除反应是同时存在的两种相互竞争的反应,哪种反应占优势,要由卤代烷的结构、试剂性质、反应条件等因素决定。

①卤代烷的结构因素

一般来说,叔卤代烷较易发生消除反应,伯卤代烷较易发生取代反应,仲卤代烷介于两者之间。

②试剂的性质因素

试剂亲核性强有利于取代反应,亲核性弱有利于消除反应;试剂碱性强有利于消除反应,碱性弱有利于取代反应。例如,当伯卤代烷和仲卤代烷在 NaOH 水溶液中反应,往往得到的是取代和消除反应产物的混合物,因 OH^- 既是强碱又是强亲核试剂。而当卤代烷与 NaOH 的乙醇溶液反应时,由于 $CH_3CH_2O^-$ 碱性更强,则主要得到消除产物。

从动力学角度,试剂的浓度对 S_N1、E1 的反应速率都无影响,但对 S_N2、E2 都有影响,对于叔卤代烷,如果增加试剂的浓度,则更有利于发生 E2 反应。

③反应条件因素

极性强的溶剂,有利于取代反应,极性弱有利于消除反应;由于消除反应中 C—X 键断裂所需的活化能比取代反应高,所以升高温度更有利于消除反应。

3. 与金属反应

卤代烃与 Li、Na、K、Mg、Zn 和 Ag 等多种金属作用,形成一类由金属原子直接与碳原子相连的化合物,称为**有机金属化合物**。

卤代烃与金属钠反应,生成较高级的烃,该反应叫伍慈(A Wurtz)反应。

$$2CH_3CH_2Br + 2Na \longrightarrow CH_3CH_2CH_2CH_3 + 2NaBr$$

卤代烃在无水乙醚中与金属镁作用,生成有机镁化合物,称为**格林那试剂**(Grignard reagent),简称**格氏试剂**。格林那(V. Grignard,1871~1936 年)是法国科学家,首先发现这种制备有机镁化合物的方法并成功地应用于有机合成,1912 年格林那因此而获得诺贝尔化学奖。

$$R-X + Mg \xrightarrow{(CH_3CH_2)_2O} RMgX(烃基卤化镁)$$

如：$CH_3CH_2Br + Mg \xrightarrow[(97\%)]{\text{纯醚,回流}} CH_3CH_2MgBr$

乙基溴化镁

制备有机镁化合物时,RX 的反应活性:RI>RBr>RCl>RF。

格氏试剂很活泼,能发生多种反应,如果遇到含有活泼氢的化合物(水、醇、氨等),则分解为烃:

$$RMgX + H_2O \longrightarrow RH + Mg(OH)X$$

$$RMgX + HOR' \longrightarrow RH + Mg(OR')X$$

$$RMgX + NH_3 \longrightarrow RH + Mg(NH_2)X$$

$$RMgX + HX \longrightarrow RH + MgX_2$$

格氏试剂还易被空气中的氧所氧化:$RMgX \xrightarrow{O_2} ROMgX \xrightarrow{H_2O} ROH + Mg(OH)X$

因此,制备格氏试剂时,必须用无水乙醚,仪器要绝对干燥,同时也必须隔绝空气,最好在 N_2 保护下进行。

格氏试剂还可以与醛、酮、二氧化碳等反应生成醇、羧酸等化合物。例如:

$$RMgX + R'CHO \longrightarrow R-\overset{OMgX}{\underset{R'}{\overset{|}{\underset{|}{C}}}}-H \xrightarrow{H_2O} \underset{OH}{RCHR'}$$

$$RMgX + CO_2 \longrightarrow RCOOMg \xrightarrow{H_2O^+} RCOOH$$

四、卤代烯烃和卤代芳烃

1. 卤代烯烃和卤代芳烃的分类

按照卤原子和碳碳双键或芳环的相对位置,可把常见的卤代烯烃和卤代芳烃分为三种类型。

(1)乙烯型卤代烃

卤原子与双键碳原子或芳环直接相连的卤代烃,即卤原子连在 sp^2 杂化的碳原子上。例如：

$$CH_2=CHCl \qquad\qquad CH_3CH_2CH=CHCl$$

氯乙烯 　　　　　　　　　1-氯-1-丁烯 　　　　　　　氯苯

(2)烯丙型卤代烃

卤原子与双键碳原子或芳环相隔一个碳原子。例如：

$$CH_2=CHCH_2Cl$$

3-氯丙烯 　　　　3-溴环己烷 　　　　苄基氯 　　　　α-氯代乙苯

108

（3）隔离型卤代烃

卤原子与双键碳原子或芳环相隔两个或多个碳原子。例如：

$$CH_2=CHCH_2CH_2Cl \qquad \text{（环己烯）}-Cl \qquad \text{（苯）}-CH_2CH_2Br$$

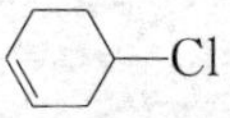

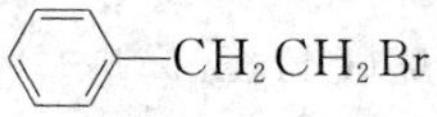

4-氯-1-丁烯　　　　　　　4-氯环己烯　　　　　　β-溴代乙苯

2. 卤代烯烃和卤代芳烃的结构与化学活性的关系

卤代烃的结构不同，对卤原子的活性影响很大。烯丙型卤代烃中卤原子很活泼，常温下能与硝酸银乙醇溶液迅速作用，产生卤化银沉淀；隔离型卤代烃中卤原子的活性与卤代烷中的相近，需要加热才能与硝酸银乙醇溶液作用，产生卤化银沉淀；而乙烯型卤代烃中的卤原子很不活泼，即使在加热条件下也不与硝酸银乙醇溶液反应。因此可以用硝酸银的醇溶液来鉴别这三类卤代烃。

这三种类型的卤代烃不仅对硝酸银醇溶液反应体现明显差异，对所有的亲核取代反应都是如此，其原因在于卤原子的活性与分子结构紧密相关：

在乙烯型卤代烃中，卤原子直接连在双键碳原子上，卤原子的一对 p 电子和双键的 π 电子产生 p-π 共轭效应。

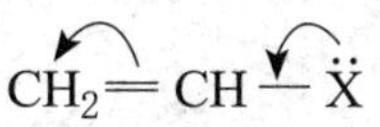

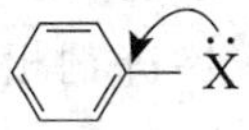

$$CH_2=CH-\ddot{X} \qquad \text{（苯）}-\ddot{X}$$

p-π 共轭效应使电子云分布趋向平均化，C—X 键的电子云密度比卤代烷中的有所增加，键长缩短，C—X 键结合比较牢固，卤原子的活性就比卤代烷中的卤原子的活性弱，不易发生一般的取代反应。如氯乙烯不易与亲核试剂 NaOH、RONa、NaCN、NH_3 等发生反应；不易与金属镁或 $AgNO_3$ 的醇溶液反应。

在烯丙型卤代烃中，卤原子和双键相隔一个饱和碳原子，因此卤原子和双键已不存在共轭效应，而卤原子的诱导效应使 α-碳原子（饱和碳原子）带有较强的正电性，有利于亲核试剂的进攻。烯丙型卤代烃对于 S_N1 反应和 S_N2 反应都是很活泼的，其中间体或过渡态（如图6-2）可形成共轭体系而降低势能，从而反应活化能也显著降低，因此发生亲核取代反应比相应的卤代烷容易，如烯丙基氯容易与 NaOH、RONa、NaCN、NH_3 等亲核试剂作用，且主要按 S_N1 历程进行，其亲核取代反应速率大约是正丙基氯的 80 倍。

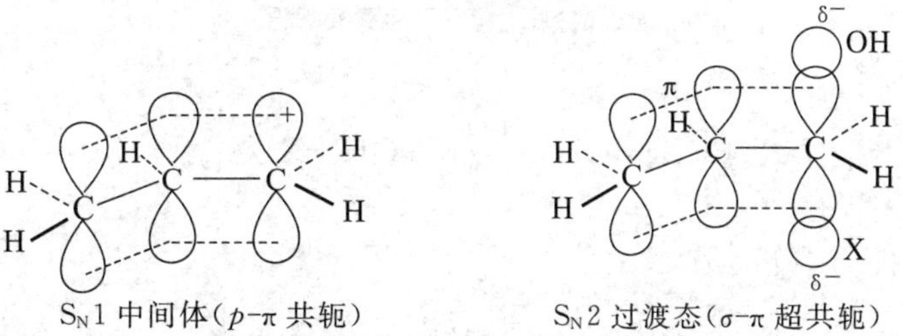

S_N1 中间体（p-π 共轭）　　　　S_N2 过渡态（σ-π 超共轭）

图 6-2　S_N1 中间体和 S_N2 过渡态的共轭体系

综上所述，得出卤代烃亲核取代反应活性为：

烯丙型卤代烃＞相应卤代烷＞乙烯型卤代烃

（或 $CH_2=CHCH_2-X > R_2CH-X > CH_2=CH-X$）

五、重要的卤代烃

1. 溴甲烷(CH_3Br)

常温下为无色气体,有强烈的神经毒性,是一种熏蒸杀虫剂,能消灭棉铃虫、蚕虫象、谷蛀虫、米象等。可用于熏杀仓库、种子、温室害虫,对人畜有剧毒,使用时要谨慎。

2. 四氯化碳(CCl_4)

是一种无色液体,不溶于水,其蒸汽密度比空气大,而且不燃烧,是常用的灭火剂,用于油类和电器设备灭火。四氯化碳也是良好的有机溶剂,但其毒性较强能损害肝脏,被列为危险品。农业上可作熏蒸杀虫剂。

3. 氟里昂

氟里昂是一类含氟和含氯的多卤代甲烷和乙烷的通称,例如:CCl_3F、$CHClF_2$、CCl_2F_2、$CFCl_2-CFCl_2$。CCl_2F_2的商品名为F_{12},是无色无臭的气体,沸点$-26.8℃$,易压缩成液体。压缩成液体的氟里昂降低压力后立即气化,并吸收大量的热,因此是一种优良的致冷剂。氟里昂一般毒性极小,且化学性质稳定,因而用作灭火剂、发胶和卫生用品的喷雾剂。近年来发现它们对大气臭氧层有破坏作用,国际上专门组成臭氧层保护委员会制订国际协定,禁止使用氟里昂,随之一些无氟冷冻剂相继问世。

4. 四氟乙烯($CF_2=CF_2$)

为无色气体,不溶于水,溶于有机溶剂。四氟乙烯在过硫酸铵引发下,经加压可制备聚四氟乙烯($\{CF_2-CF_2\}_n$)。聚四氟乙烯具有很好的耐热耐寒性,化学性质非常稳定,与强碱、强酸均不发生反应,也不溶于王水,抗腐蚀性非常突出,有"塑料王"之称,工业上叫特氟隆,是化工设备理想的耐腐蚀材料。

卤代烃的主要反应

一、亲核取代反应

$$R-X+Nu^- \longrightarrow RNu+X^-$$

亲核试剂　　　　卤素负离子

1. 被羟基取代

$$R-X+OH^- \xrightarrow{H_2O} R-OH+X^-$$

醇

2. 被烷氧基取代

$$R-X+R'ONa \xrightarrow{醇} R-O-R'+NaX$$

醇钠　　　　　醚

3. 被氰基取代

$$R-X+NaCN \xrightarrow{醇} R-CN+NaX$$

腈

4. 被氨基取代

$$R{-}X + NH_3 \longrightarrow R{-}NH_2 + HX$$
胺

5. 与硝酸银反应

$$R{-}X + AgONO_2 \xrightarrow{\text{醇}} RONO_2 + AgX\downarrow$$
硝酸酯

二、与金属反应

$$R{-}X + Mg \xrightarrow{\text{无水乙醚}} R{-}MgX$$
格氏试剂

三、消除反应

$$\underset{\underset{H\ \ \ \ X}{|\ \ \ \ \ |}}{R{-}C{-}C{-}} \xrightarrow{\text{KOH—乙醇}} R{-}C{=}C{-} + HX$$
烯烃

习 题

1. 用系统命名法命名或根据名称写出结构式。

(1) $CH_3CCl_2CH_2CH_2CH_3$

(2) $CH_3{-}\!\!\!\bigcirc\!\!\!-CH_2Cl$

(3)

(4) $ClCH_2CH_2\underset{\underset{CH_2Cl}{|}}{CH}CH_2CH_2CH_3$

(5) 苄基溴

(6) 烯丙基溴

(7) 1-间乙苯基-3-溴戊烷

(8) 1-苯基-4-溴-1-丁烯

2. 完成下列反应:

(1) $CH_3CH{=}CH_2 \xrightarrow[\text{过氧化物}]{\text{HBr}} \qquad \xrightarrow[\text{干醚}]{\text{Mg}}$

(2) $CH_3\underset{\underset{Br}{|}}{CH}\underset{\underset{CH_3}{|}}{CH}CHCH_3 \xrightarrow[\triangle]{\text{KOH/乙醇}}$

(3) $CH_3\underset{\underset{OH}{|}}{CH}CH_3 \xrightarrow{\text{HBr}} \qquad \xrightarrow[\triangle]{\text{AgNO}_3}$

(4) $Cl{-}\!\!\!\bigcirc\!\!\!-Br + Mg \xrightarrow{\text{无水乙醚}}$

111

(5) $CH_3CH_2CH_2CH_2Br + CH_3ONa \longrightarrow$

(6) $\underset{\underset{Cl}{|}}{CH_3CH_2CHCH_3} + H_2N-CH_3 \longrightarrow$

(7) $CH_3CH=CH_2 \xrightarrow{HBr} \qquad \xrightarrow{NaCN}$

(8) $CH_3CH_2CH_2Br \xrightarrow{?} CH_3CH_2CH_2MgBr \xrightarrow[\text{②}H_3O^+]{\text{①}CO_2}$

(9)

$$\text{（邻位苯环）}\begin{matrix}CH=CHBr \\ CH_2Cl\end{matrix} + KCN \xrightarrow[\triangle]{乙醇}$$

3. 用化学方法鉴别下列各组化合物：

(1) $CH_3CH_2CH_2Br$、$CH_2=CHCH_2Br$、$CH_3CH=CHBr$

(2) $\underset{\underset{Br}{|}}{CH_3CHCH_3}$ $\quad \underset{\underset{Br}{|}}{\underset{\underset{CH_3}{|}}{CH_3CCH_3}}$ 、$CH_3CH_2CH_2Br$

4. 完成下列转化。

(1) $\underset{\underset{CH_3}{|}}{CH_3CH_2CHCH_2Cl} \longrightarrow \underset{\underset{O}{\|}}{CH_3CCH_3} + CH_3COOH$

(2) $CH_3CH=CH_2 \longrightarrow \underset{\underset{OH}{|}}{CH_2}-\underset{\underset{OH}{|}}{CH}-\underset{\underset{OH}{|}}{CH_2}$

5. 写出下列卤代烷与浓 $KOH-CH_3CH_2OH$ 加热时生成的主要产物。

(1) $(CH_3)_2CHCH_2CH_2Br \longrightarrow$

(2) $CH_3CH_2CHBrCH(CH_3)_2 \longrightarrow$

(3) $CH_3CHBrCH_2CH_2CHBrCH_3 \longrightarrow$

6. 用指定原料合成下列化合物：

(1) 以苯和不大于三个碳的有机物为原料合成 $\text{（苯环）}-CH=CHCH_3$

(2) 以 $CH_3CH_2CH_2Cl$ 为原料合成 $\underset{\underset{OH}{|}}{CH_2}-\underset{\underset{Cl}{|}}{CH}-\underset{\underset{Cl}{|}}{CH_2}$

(3) 以乙烯为原料合成 1,1,2-三溴乙烷

(4) 以丙稀为原料合成 2,2-二溴丙烷

(5) 以乙炔为原料合成 1,1-二氯乙烯

(6) 以苯和乙烯为原料合成 $\text{（苯环）}\underset{\underset{Cl}{|}}{CHCH_3}$

(7) 以甲苯为原料合成 $Br-\text{（苯环）}-CH_2Br$

(8) 以 2-氯丙烷为原料合成 1-氯丙烷

7. 卤代烃 A(C_3H_7Br)与热浓 KOH 的乙醇溶液作用生成烯烃 B(C_3H_6),氧化 B 得两个碳的酸 C 和 CO_2。B 与 HBr 作用生成 A 的异构体 D,写出 A、B、C 和 D 的结构式。

8. 某烃 A(C_4H_8),在常温下与 Cl_2 作用生成 B($C_4H_8Cl_2$),在高温下则生成 C(C_4H_7Cl)。C 与稀 NaOH 水溶液作用生成 D(C_4H_7OH),C 与热浓 KOH 乙醇溶液作用生成 E(C_4H_6)。E 能与 ⌈CO⌉O 反应生成 F,($C_8H_8O_3$)。推导 A~F 的构造式。

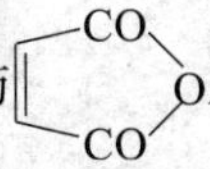

9. 分子式为 $C_5H_{11}Cl$ 的化合物(A),与氢氧化钠的醇溶液共热时生成 C_5H_{10}(B),B 氧化得一分子乙酸和一分子酮,B 与 HCl 作用得 A 的异构体 C,推测 A、B、C 的结构。

10. 卤代烃 A 的分子式为 $C_6H_{13}I$。用热浓 NaOH 乙醇溶液处理后得产物 B,B 经高锰酸钾氧化成 $(CH_3)_2CHCOOH$ 和 CH_3COOH,写出 A、B 的结构简式。

113

第七章 醇、酚、醚

醇(alcohols)和酚(phenols)都含有相同的官能团羟基(—OH)。醇羟基是与脂肪烃、脂环烃或芳香烃侧链的碳原子相连的羟基,醇的通式为 ROH。而酚羟基是直接连在芳环的碳原子上的羟基,酚的通式为 ArOH。

醚(ethers)则可看作是醇和酚中羟基上的氢原子被烃基(—R 或—Ar)取代的产物,醚的通式为 R—O—R′。

第一节 醇

醇(alcohols)的官能团是—OH,醇也可以看作是烃分子中的氢原子被羟基取代后的生成物。

一、醇的分类和命名

1. 醇的分类

(1)醇分子可以根据羟基所连的烃基不同分为:脂肪醇(饱和脂肪醇和不饱和脂肪醇)、脂环醇(饱和脂环醇和不饱和脂环醇)和芳香醇(芳环侧链上有羟基的化合物,羟基直接连在芳环上的不是醇而是酚)。如:

CH₃CH₂OH　　CH₂=CH—CH₂—OH

| 饱和脂肪醇 | 不饱和脂肪醇 | 饱和脂环醇 | 不饱和脂环醇 | 芳香醇 |

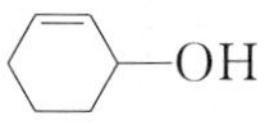

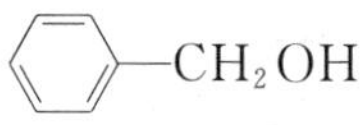

CH_3CH_2OH 饱和脂肪醇　　$CH_2{=}CH{-}CH_2{-}OH$ 不饱和脂肪醇　　⬡—OH 饱和脂环醇　　⬡—OH 不饱和脂环醇　　⬡—CH₂OH 芳香醇

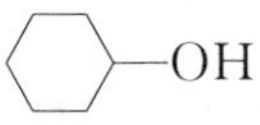

(2)根据羟基所连碳原子的类型分为:一级醇(伯醇)、二级醇(仲醇)、三级醇(叔醇)。如:

$$RCH_2{-}OH \qquad R{-}\underset{OH}{\underset{|}{CH}}{-}R' \qquad R{-}\underset{OH}{\overset{R'}{\underset{|}{\overset{|}{C}}}}{-}R''$$

伯醇(1°)　　　　　　仲醇(2°)　　　　　　叔醇(3°)

(3)根据分子中所含羟基的数目分为:一元醇、二元醇和多元醇。如:

$$CH_3OH \qquad \underset{OH\ \ OH}{CH_2{-}CH_2} \qquad \underset{OH\ \ OH\ \ OH}{CH_2{-}CH{-}CH_2}$$

一元醇　　　　　　二元醇 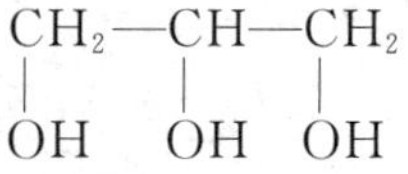　　　　　　　　三元醇

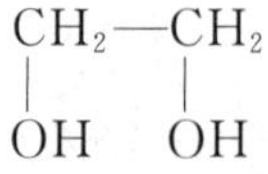

两个羟基连在同一碳上的化合物不稳定,它会自发失水而转化为羰基化合物,故同碳二醇不能稳定存在。另外,烯醇(−OH 与 C＝C 直接相连形成的)是不稳定的,容易互变成为比较稳定的醛或酮。

2. 醇的命名

结构简单的醇采用普通命名法,即在烃基名称后加一"醇"字。如:

$$CH_3CH_2OH \qquad CH_2-CH-CH_2-OH \qquad CH_3-C-CH_3 \qquad \text{(环己基)}-OH \qquad \text{(苯基)}-CH_2OH$$

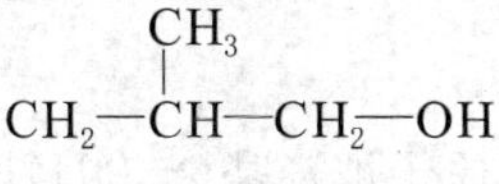

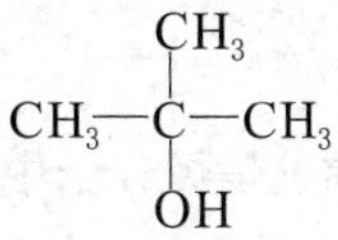

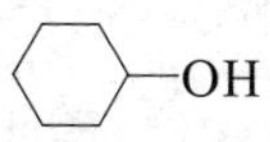

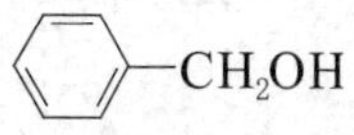

乙醇　　　　　　异丁醇　　　　　　　叔丁醇　　　环己醇　　　苯甲醇(苄醇)

对于结构复杂的醇则采用系统命名法,其原则如下:

(1)选择连有羟基的碳原子在内的最长的碳链为主链,按主链的碳原子数称为"某醇"。

(2)从靠近羟基的一端将主链的碳原子依次用阿拉伯数字编号,使羟基所连的碳原子的位次尽可能小。

(3)命名时把取代基的位次、名称及羟基的位次写在母体名称"某醇"的前面。如:

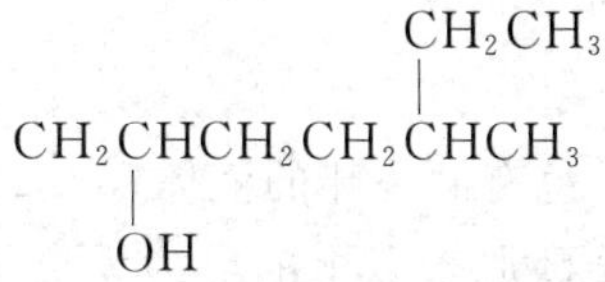

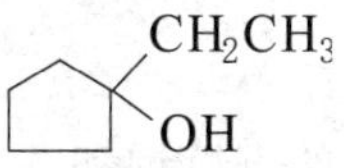

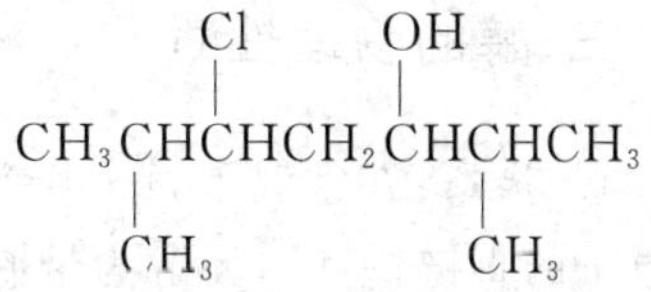

5-甲基-2-庚醇　　　　　1-乙基环戊醇　　　　　2,6-二甲基-5-氯-3-庚醇

(4)不饱和醇命名时应选择包括连有羟基和含不饱和键在内的最长的碳链做主链,从靠近羟基的一端开始编号。例如:

$$CH_2＝CHCH_2CH_2OH$$

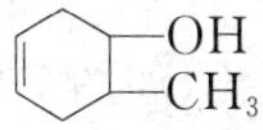

3-丁烯-1-醇　　　　　　　　　6-甲基-3-环己烯醇

(5)命名芳香醇时,可将芳基作为取代基加以命名。例如:

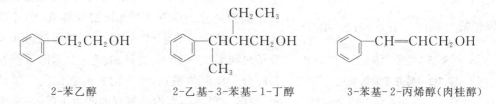

2-苯乙醇　　　　　2-乙基-3-苯基-1-丁醇　　　　3-苯基-2-丙烯醇(肉桂醇)

(6)多元醇的命名应选择包括连有尽可能多的羟基的碳链做主链,依羟基的数目称某二醇、某三醇等,并在名称前面标上羟基的位次。因羟基是连在不同的碳原子上,所以当羟基数目与主链的碳原子数目相同时,可不标明羟基的位次。例如:

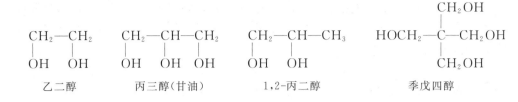

乙二醇　　　　丙三醇（甘油）　　　1,2-丙二醇　　　　　季戊四醇

二、醇的结构

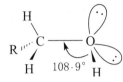

图 7-1　醇的分子结构

醇可以看成是烃分子中的氢原子被羟基（—OH）取代后生成的衍生物，如图 7-1 所示：

在醇分子中，氧原子为 sp^3 杂化，其中两个 sp^3 杂化轨道分别与氢原子的 1s 轨道和碳原子的一个 sp^3 杂化轨道重叠形成两个 σ 键，另外两个 sp^3 杂化轨道则被两对孤对电子所占据，两对孤对电子分别对 C—O 键和 O—H 键产生斥力，使 C—O 键和 O—H 键的键角小于 109.5°。由于氧原子的电负性较大，C—O 键和 O—H 键都是极性键，是醇进行化学反应的主要部位。

三、醇的物理性质

1. 状态：在常温下，1～4 个碳原子的直链饱和一元醇是无色有酒香味的液体；5～11 个碳原子的直链饱和一元醇为带有不愉快气味的油状液体；12 个碳原子以上的醇为无臭无味的蜡状固体。

2. 沸点：直链饱和一元醇的沸点随相对分子质量的增加而上升；醇的同分异构体中，支链越多，沸点越低，如正丁醇（117.3℃）、异丁醇（108.4℃）、叔丁醇（88.2℃）；相对分子质量较低的醇，其沸点比相对分子质量相近的烷烃高得多，这是由于醇分子中的 O—H 键高度极化，使醇分子间形成氢键（如图 7-2 所示）。当液态醇气化时，不仅要破坏醇分子间的范德华力，而且还需额外的能量破坏氢键。多元醇由于羟基数目的增多，分子间的氢键作用更强，其沸点更高，如乙二醇的沸点（197℃）与正辛醇的沸点（195℃）相当。

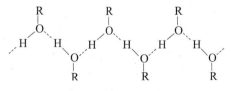

图 7-2　醇分子间的氢键

3. 水溶性：1～3 个碳的醇能与水混溶，从丁醇开始随相对分子质量的增加溶解度降低，10 个碳原子以上的醇则难溶于水。这是由于低级醇分子与水分子之间形成氢键，使得低级醇与水无限混溶。随着醇分子碳链的增长，一方面长的碳链起了屏蔽作用，使醇中羟基与水形成氢键的能力下降；另一方面羟基所占的比重下降，烷基比重增加而起主导作用，故醇随着分子量的增加，其溶解度下降。

多元醇分子中含多个羟基，与水分子形成氢键的能力增强，因此可与水混溶，甚至具有吸湿性，如丙三醇不仅与水混溶，而且有很强的吸湿性，能滋润皮肤，在化妆品工业和烟草工业中用作润湿剂。

4. 结晶醇的形成：低级醇可与氯化钙、氯化镁等形成结晶水的化合物，如 $MgCl_2 \cdot$

$6CH_3OH$、$CaCl_2 \cdot 4C_2H_5OH$、$CaCl_2 \cdot 4CH_3OH$ 等,这种配合物叫结晶醇。因此醇类不能用氯化钙等作干燥剂以除去水分,但可以用于除去有机物中的少量的醇。例如工业用的乙醚中常含有少量乙醇,利用乙醇与 $CaCl_2$ 生成结晶醇的性质,加入 $CaCl_2$ 便可除去乙醚中的少量乙醇。

一些常见醇的物理常数见表 7-1。

表 7-1 某些醇的物理常数

名　称	结构简式	熔点(℃)	沸点(℃)	相对密度 (d_4^{20})	溶解度 (g/100gH₂O)
甲醇	CH_3OH	−97	64.7	0.792	∞
乙醇	CH_3CH_2OH	−115	78.3	0.789	∞
正丙醇	$CH_3CH_2CH_2OH$	−126	97.2	0.804	∞
异丙醇	$CH_3CH(OH)CH_3$	−88	82.5	0.789	∞
正丁醇	$CH_3(CH_2)_2CH_2OH$	−90	117.8	0.810	7.9
异丁醇	$(CH_3)_2CHCH_2OH$	−108	108	0.802	10.0
仲丁醇	$CH_3CH_2CH(OH)CH_3$	−114	99.5	0.807	12.5
叔丁醇	$(CH_3)_3COH$	25.5	82.5	0.789	∞
正戊醇	$CH_3(CH_2)_3CH_2OH$	−78.5	138	0.817	2.3
正己醇	$CH_3(CH_2)_4CH_2OH$	−52	156.5	0.819	0.6
烯丙醇	$CH_2=CHCH_2OH$	−129	97	0.855	∞
苯甲醇	$C_6H_5CH_2OH$	−15	205	1.046	4
乙二醇	$HOCH_2CH_2OH$	−13.2	197.5	1.113	∞
丙三醇	$HOCH_2CH(OH)CH_2OH$	18.2	290(分解)	1.261	∞

四、醇的化学性质

醇的化学性质主要由羟基官能团所决定,同时也受到烃基的一定影响。从化学键来看,反应的部位都发生在 C—OH 键、O—H 键和 C—H 键上,如图 7-3 所示。

1. 与活泼金属反应

由于氢氧键是极性键,它具有一定的解离出氢质子的能力,因此醇与水类似,可与活泼的金属钠、钾等作用,生成醇钠或醇钾,同时放出氢气。

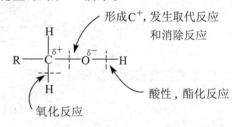

图 7-3 醇发生化学反应时化学键断裂位置

$$2HOH + 2Na \xrightarrow{剧烈} 2NaOH + H_2$$

$$2ROH + 2Na \xrightarrow{缓慢} 2RONa + H_2$$

醇羟基中的氢原子不如水分子中的氢原子活泼,当醇与金属钠作用时,比水与金属钠作用缓慢得多,而且所产生的热量不足以使放出的氢气燃烧,所以工厂和实验室常利用乙醇处理残留的金属钠。

醇与钠的反应随醇分子中烃基 α-碳上的烷基的增多而速度变慢,这是因为烃基的 α-碳上烷基越多,其斥电子的诱导效应越强,使 O—H 键的极性变弱,故不同类型的醇与金属钠反应的速率为:

$$CH_3OH > RCH_2OH > R_2CHOH > R_3COH$$

醇的酸性比水小，因此反应所得到的醇钠可水解得到原来的醇。醇钠的化学性质活泼，它是比 NaOH 更强的碱，在有机合成中可用作缩合剂，并可作引入烷氧基的烷氧化试剂。

其他活泼的金属，例如镁、铝等也可与醇作用生成醇镁和醇铝。异丙醇铝和叔丁醇铝是还原剂，在有机合成上有重要的应用。

$$6CH_3\text{—}\underset{\underset{CH_3}{|}}{CH}\text{—}OH \ + 2Al \longrightarrow 2(CH_3\text{—}\underset{\underset{CH_3}{|}}{CH}\text{—}O)_3Al \ + 3H_2 \uparrow$$

异丙醇铝

2. 与氢卤酸反应

醇与氢卤酸作用生成卤代烃和水，这是制备卤代烃的一种重要方法。

$$ROH \ + \ HX \rightleftharpoons RX \ + \ H_2O$$

该反应可以看作是卤代烃水解反应的逆反应，因此也是亲核取代反应。醇与氢卤酸反应的快慢与氢卤酸的种类及醇的结构有关，不同种类的氢卤酸活性顺序为：$HI > HBr > HCl$。不同结构的醇活性顺序为：苄醇和烯丙醇 > 叔醇 > 仲醇 > 伯醇 > CH_3OH。

叔醇一般按 S_N1 反应历程，以 $(CH_3)_3C\text{—}OH$ 为例：

$$CH_3\text{—}\underset{\underset{CH_3}{|}}{\overset{\overset{CH_3}{|}}{C}}\text{—}OH \xrightarrow{H^+} CH_3\text{—}\underset{\underset{CH_3}{|}}{\overset{\overset{CH_3}{|}}{C}}\text{—}\overset{+}{OH}_2 \xrightarrow{-H_2O} CH_3\text{—}\underset{\underset{CH_3}{|}}{\overset{\overset{CH_3}{|}}{\overset{+}{C}}} \xrightarrow{X^-} CH_3\text{—}\underset{\underset{CH_3}{|}}{\overset{\overset{CH_3}{|}}{C}}\text{—}X$$

由于反应过程有碳正离子中间体产生，常常会发生重排而得到一些副产物。尤其是在 β-碳上有支链的仲醇按 S_N1 历程进行反应时，重排倾向较大，例如：

$$CH_3CH\text{—}CHCH_3 \xrightarrow{HBr} (CH_3)_2\overset{\overset{Br}{|}}{C}CH_2CH_3 \ + \ CH_3CH\text{—}CHCH_3$$
$$\underset{CH_3 \quad OH}{} \qquad \text{重排产物}(64\%) \qquad \underset{CH_3 \quad Br}{}$$

伯醇主要按 S_N2 反应历程进行：

$$R\text{—}CH_2\text{—}OH \xrightarrow{HX} R\text{—}CH_2\text{—}\overset{+}{OH}_2 \ + X^-$$

$$R\text{—}CH_2\text{—}\overset{+}{OH}_2 \ + X^- \longrightarrow [\overset{\delta-}{X}\cdots\underset{\underset{R}{|}}{CH_2}\cdots\overset{\delta+}{OH}_2] \longrightarrow X\text{—}CH_2R + H_2O$$

过渡态

不同结构的醇与氢卤酸反应速率不同，可用于区别伯、仲、叔醇。所用的试剂为无水氯化锌和浓盐酸配成的溶液，称为**卢卡斯（Lucas）试剂**。卢卡斯试剂与叔醇反应速度最快，立即生成卤代烷，由于卤代烷不溶于卢卡氏试剂，使溶液混浊；仲醇反应较慢，需要 10 min 左右才能混浊分层；伯醇在常温下不反应，需在加热下才能反应。

用 Lucas 试剂区别伯、仲、叔醇，一般仅适用于 3～6 个碳原子的醇。原因是：1～2 个碳的产物（卤代烷）的沸点低，易挥发；大于 6 个碳的醇（苄醇除外）不溶于卢卡斯试剂，易混淆实验现象。

3. 脱水反应

醇与脱水剂（浓硫酸、氧化铝等）共热可发生脱水反应，根据反应温度的不同，有两种脱水方式。

(1) 分子内脱水

醇在较高温度（400～800℃）下可脱水生成烯烃，也可以使用催化剂（浓硫酸或氧化铝等）在较低温度下进行。例如：

$$CH_3CH_2OH \xrightarrow[170℃]{浓\ H_2SO_4} CH_2{=\!\!=}CH_2 + H_2O$$

醇的分子内脱水反应也是 β-消除反应，其反应历程按 E1 进行：

$$CH_3CH_2OH \xrightarrow{H^+} CH_3CH_2\overset{+}{O}H_2 \xrightarrow{慢} CH_3{-\!\!}\overset{+}{C}H_2 + H_2O$$

$$CH_3{-\!\!}\overset{+}{C}H_2 \xrightarrow{快} CH_2{=\!\!=}CH_2 + H^+$$

由于反应中生成碳正离子中间体，因此常常发生重排反应，例如：

$$CH_3CH_2CH_2CH_2OH \xrightarrow[-H_2O]{浓\ H_2SO_4} CH_3CH_2CH_2\overset{+}{C}H_2 \xrightleftharpoons{重排} CH_3CH_2\overset{+}{C}HCH_3$$

$$\downarrow -H^+ \qquad\qquad\qquad\qquad \downarrow -H^+$$

$$CH_3CH_2CH{=\!\!=}CH_2 \qquad\qquad CH_3CH{=\!\!=}CHCH_3$$

不同类型的醇发生分子内脱水反应难易程度也不一样，其脱水反应的活性次序为：

$$叔醇 > 仲醇 > 伯醇$$

仲醇和叔醇脱水反应有方向性，遵从扎依采夫规则。如：

$$\overset{\displaystyle OH}{\underset{\displaystyle |}{CH_3CH_2CHCH_3}} \xrightarrow[-H_2O]{H^+} \underset{主产物}{CH_3CH{=\!\!=}CHCH_3} + \underset{副产物}{CH_3CH_2CH{=\!\!=}CH_2}$$

(2) 分子间脱水

醇一般在较低温度时主要发生分子间脱水生成醚，例如：

$$CH_3CH_2OH + HOCH_2CH_3 \xrightarrow[140℃]{浓\ H_2SO_4} CH_3CH_2OCH_2CH_3 + H_2O$$

醇的分子间脱水属于亲核取代反应，其反应历程按 S_N2 进行：

$$CH_3CH_2OH \xrightarrow{H^+} CH_3CH_2\overset{+}{O}H_2$$

$$CH_3CH_2\overset{+}{O}H_2 + HO{-\!\!}CH_2CH_3 \xrightarrow{-H_2O} CH_3CH_2{-\!\!}\underset{\underset{\displaystyle H}{\displaystyle |}}{\overset{+}{O}}{-\!\!}CH_2CH_3$$

$$CH_3CH_2 \overset{+}{\underset{\underset{H}{|}}{O}}CH_2CH_3 \xrightarrow{-H^+} CH_3CH_2OCH_2CH_3$$

醇的结构对脱水产物也有很大影响,伯醇既可发生分子内脱水生成烯,也可发生分子间脱水生成醚;仲醇和叔醇一般只发生分子内脱水生成烯。

4. 氧化反应

由于羟基的影响,伯醇和仲醇分子中的 α-氢较活泼容易被氧化,而叔醇没有 α-氢则很难被氧化。有机反应中的氧化可以通过加氧或脱氢的方式进行。常用的氧化剂为高锰酸钾、重铬酸钾加硫酸、浓硝酸等。不同类型的醇得到不同的氧化产物;相同类型的醇在不同条件下也可以得到不同的产物。

(1)高锰酸钾氧化:醇不易被稀的、冷的中性高锰酸钾氧化,在加热或酸性条件下高锰酸钾可将伯醇氧化生成羧酸,将仲醇氧化生成酮。

$$RCH_2OH \xrightarrow{KMnO_4/H^+} RCOOH$$

$$\underset{R'}{\overset{R}{\diagdown}}CH-OH \xrightarrow{KMnO_4/H^+} \underset{R'}{\overset{R}{\diagdown}}C=O$$

叔醇在碱性溶液中很难被氧化;在酸性溶液中,可被强氧化剂(高锰酸钾等)氧化,发生碳链断裂,一般生成碳原子数少于原来的醇的酮或酸。

(2)重铬酸钾氧化:在酸性重铬酸钾条件下,伯醇首先被氧化成醛,醛很容易继续被氧化生成羧酸(若及时将醛蒸馏出来,可以停留在醛的阶段);仲醇通常被氧化成含相同碳原子数的酮,由于酮较稳定,不易被氧化,可用于酮的合成;叔醇则不被氧化。

$$RCH_2OH \xrightarrow[脱氢]{K_2Cr_2O_7/H^+} RCHO \xrightarrow[加氧]{K_2Cr_2O_7/H^+} RCOOH$$

$$\bigcirc\!\!-OH \xrightarrow[脱氢]{K_2Cr_2O_7/H^+} \bigcirc\!\!=O$$

其中,$Cr_2O_7^{2-}$(橙红色)→Cr^{3+}(绿色),可用于检测醇的含量,例如,检查司机是否酒后驾车的分析仪就可以根据此反应原理设计。

(3)选择性氧化:新制的二氧化锰或沙瑞特(Sarrett)试剂[$CrO_3 \cdot (C_5H_5N)_2$]可把伯醇氧化成醛,仲醇氧化成酮,且当分子中有双键或叁键时,双键、叁键不被氧化。

$$CH_2=CHCH_2OH \xrightarrow{CrO_3 \cdot (C_5H_5N)_2} CH_2=CHCHO$$

$$CH\equiv CCH_2\underset{\underset{OH}{|}}{C}HCH_3 \xrightarrow{新制 MnO_2} CH\equiv CCH_2\overset{\overset{O}{||}}{C}CH_3$$

5. 酯化反应

醇与酸(有机酸或无机含氧酸)作用生成酯和水的反应称酯化反应(Esterification Reaction)。醇与无机含氧酸生成的酯叫无机酸酯;醇与有机酸生成的酯叫有机酸酯。有机酸酯将在第九章讨论,这里主要介绍几种无机酸酯。

常见的无机含氧酸如硝酸、硫酸、磷酸等都可以与醇反应生成酯。例如醇与硫酸作用相当快,产物为硫酸氢酯,在减压下对硫酸氢酯进行蒸馏即得中性的硫酸二酯。

$$CH_3CH_2OH + HOSO_2OH \rightleftharpoons CH_3CH_2OSO_2OH + H_2O$$
硫酸氢乙酯(酸性酯)

$$2CH_3CH_2OSO_2OH \xrightarrow{减压蒸馏} (CH_3CH_2O)_2SO_2 + H_2SO_4$$
硫酸二乙酯(中性酯)

硫酸氢酯用碱中和后,得到烷基硫酸钠 $R-OSO_2ONa$,当 R 为 $C_{12} \sim C_{18}$ 时,是一类性能优良的阴离子表面活性剂,常作为乳化剂、洗涤剂等。硫酸二甲酯和硫酸二乙酯在有机合成中是很好的烷基化试剂,可向有机分子中引入甲基或乙基,但硫酸二甲酯有剧毒,对呼吸器官和皮肤有强烈的刺激作用,使用时应在通风橱中进行。

醇与硝酸作用可以生成硝酸酯,例如甘油与硝酸作用可生成三硝酸甘油酯:

$$\begin{array}{l} CH_2-OH \\ | \\ CH-OH \\ | \\ CH_2-OH \end{array} + 3HONO_2 \longrightarrow \begin{array}{l} CH_2-ONO_2 \\ | \\ CH-ONO_2 \\ | \\ CH_2-ONO_2 \end{array} + 3H_2O$$
三硝酸甘油酯

三硝酸甘油酯俗称硝化甘油(nitroglycerin),是一种烈性液体炸药,在临床上它有舒张血管的作用,用于治疗心绞痛和胆绞痛。所有的硝酸酯受热后,都发生极强烈的爆炸。

磷酸酯是一类很重要的化合物,由于磷酸的酸性比硫酸、硝酸弱,所以它不易与醇直接成酯,一般是由醇和三氯氧磷($POCl_3$)作用制得磷酸三酯。

$$3CH_3CH_2CH_2CH_2OH + POCl_3 \xrightarrow{吡啶} (CH_3CH_2CH_2CH_2O)_3PO + 3HCl$$
磷酸三丁酯

磷酸三酯常用作萃取剂、增塑剂、杀虫剂及织物的阻燃剂等,$C_{16}H_{33}-O-\overset{\displaystyle O}{\overset{\|}{P}}(OCH_2CH_2OH)_2$ 是腈纶纤维的抗静电剂和柔软剂。

6.与卤化磷和氯化亚砜反应

(1)与卤化磷反应

醇和三卤化磷反应,生成卤代烷和亚磷酸,是制备溴代烷和碘代烷的好方法,产率较高。

$$3ROH + PX_3 \longrightarrow 3RX + P(OH)_3$$
$$(X = Br、I)$$

由于红磷与溴或碘能很快作用产生三溴(碘)化磷,所以实际操作时往往用红磷和溴(碘)直接和醇作用。

$$6ROH + 2P + 3X_2 \longrightarrow 6R-X + 2H_3PO_3$$

伯醇、仲醇与 PCl_3 反应时,主要产物不是氯代物,而是亚磷酸酯 $(RCH_2O)_3P$,故该法不适于制备氯代烷;叔醇与 PCl_3 反应能得到主要产物 R_3CCl。醇与 PCl_5 反应能制备氯代烷,但有较多磷酸酯副产物生成,不易除去,故实用性不强。

$$ROH + PCl_5 \longrightarrow R-Cl + POCl_3 + HCl$$
$$\text{产率低}$$

$$ROH + POCl_3 \longrightarrow (RO)_3PO + 3HCl$$
$$\text{副产物}$$

(2)与氯化亚砜反应

制备氯代烷常用醇与氯化亚砜 $(SOCl_2$,也叫亚硫酰氯$)$反应。

$$ROH + SOCl_2 \xrightarrow[\triangle]{\text{醇}} RCl + HCl\uparrow + SO_2\uparrow$$

产生的气体逸出(吸收废气)有利于氯代烃生成,反应速率快,且分离提纯方便。

五、重要的醇

1. 甲醇

甲醇最初由木材干馏(隔绝空气加热)而制得,故又名木醇、木精。现在甲醇基本上由工业合成制得:

$$CO + 2H_2 \xrightarrow[350^\circ,\text{高压}]{ZnO-Cr_2O_3} CH_3OH$$

甲醇为无色透明液体,沸点 $65^\circ C$,能与水及许多有机溶剂混溶。甲醇有毒,内服或吸入少量$(10\ mL)$即可中毒,以致失明,多量$(30\ mL)$可致死,这是因为它的氧化产物甲醛和甲酸在体内不能同化利用所致。甲醇用途广泛,是重要的化工原料,如生产甲醛、有机玻璃、合成维纶等。甲醇加入汽油中,可增加汽油的辛烷值,也可以单独作汽车、飞机的燃料。

2. 乙醇

乙醇俗称酒精,是无色、透明、易挥发液体,易燃,溶于水,沸点 $78.3^\circ C$。我国古代就已发明从淀粉(主要是大麦、小麦、玉米及马铃薯等)发酵制酒的方法,直到现在仍然是生产乙醇的重要方法:

$$(C_6H_{10}O_5)_n \xrightarrow{\text{淀粉酶}} C_{12}H_{22}O_{12} \xrightarrow{\text{麦牙糖酶}} C_6H_{12}O_6 \xrightarrow{\text{酒化酶}} C_2H_5OH$$
$$\quad\text{淀粉}\qquad\qquad\text{麦芽糖}\qquad\qquad\text{葡萄糖}\qquad\quad\text{乙醇}$$

发酵液中含乙醇 $10\%\sim15\%$,经蒸馏可得到 95.5% 的乙醇和 4.5% 的水组成的恒沸混合物,称为工业酒精,其沸点 $78.15^\circ C$。要除掉剩余部分水,在实验室里常加入生石灰,然后再蒸出乙醇,即可得到 99.5% 的乙醇,俗称无水乙醇。无水乙醇中少量的水可用金属镁处理,能得到 99.95% 的高纯度乙醇。工业上大量生产乙醇,是用石油裂解气中的乙烯在催化剂作用下水合而成。

乙醇用途广泛,可作为溶剂和燃料使用。少量乙醇可使人麻醉,大量饮用对人体有害。

70％～75％的乙醇水溶液在临床上可作外用消毒剂,可使细菌蛋白质变性死亡,用乙醇溶解药品所制成的制剂称酊剂,如碘酊(俗称碘酒)。

3. 乙二醇

乙二醇俗称甘醇,是具有甜味但有毒性的粘稠液体,沸点198℃,能与水、低级醇、甘油、丙酮、乙酸等混溶,微溶于乙醚,几乎不溶于石油醚、苯、卤代烃。由于分子中有羟基,分子间以氢键缔合,因此其熔点、沸点比一般相对分子质量相近的化合物要高,如40％乙二醇水溶液冰点为－25℃,60％乙二醇水溶液冰点为－49℃,因此乙二醇是液体防冻剂的原料,常用于汽车发动机的防冻剂。

乙二醇是重要的有机化工原料,可用于制造树脂、增塑剂、合成纤维(涤纶)等。

4. 丙三醇

丙三醇俗称甘油(glycerol),为无色粘稠状具有甜味液体,沸点290℃,与水能以任意比例混溶。甘油以酯的形式存在于油脂中,可由油脂的皂化反应得到,也可以丙烯为原料合成。甘油能与一些碱性氢氧化物如$Cu(OH)_2$作用,形成降蓝色甘油铜溶液,可作为鉴定多元醇的一种方法。

甘油具有很强的吸湿性,对皮肤有刺激性,作皮肤润滑剂时,应用水稀释,当含有20％的水时即不再吸水。在化妆品、皮革、烟草、食品以及纺织品中用作吸湿剂。

甘油三硝酸酯俗称硝酸甘油,常用作炸药,它具有扩张冠状动脉的作用,可用来治疗心绞痛。50％的甘油溶液常用于治疗便秘。

5. 苯甲醇

又称苄醇,稍有芳香气味无色液体,沸点205.4℃,稍溶于水,能与乙醇、乙醚、苯等有机溶剂混溶。苯甲醇具有微弱的麻醉作用和防腐性能,用于配制注射剂可减轻疼痛。

苯甲醇为有机合成原料,还可以用作溶剂、定香剂以及色层分析用试剂。

6. 三十烷醇

三十烷醇[$CH_3(CH_2)_{28}CH_2OH$]是白色鳞片状晶体,熔点86.5℃,不溶于水,在乙醚中溶解度较大,在氯仿、四氯化碳、苯、丙酮中有一定的溶解度,在甲醇、乙醇、石油醚中溶解度较小。三十烷醇在自然界中大多以酯的形式存在于多种植物及昆虫的蜡质中。

三十烷醇是一种植物生长调节剂,能促进植物生长,提高多种植物的产量。它具有使用剂量低,对人畜无毒,适用性广泛等优点。

第二节　酚

酚(phenols)是羟基与芳环直接相连形成的化合物,官能团也是－OH。

一、酚的分类和命名

根据羟基所连的芳环不同,分为苯酚、萘酚和蒽酚等;根据分子中所含羟基数目不同可分为一元酚、二元酚和多元酚。

酚的命名是在"酚"字前面加上芳环名称,以此作为母体再冠以取代基的位次、数目和名称,例如：

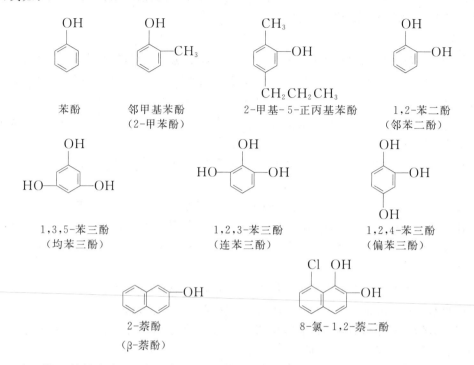

苯酚　　　邻甲基苯酚　　　2-甲基-5-正丙基苯酚　　　1,2-苯二酚
　　　　　（2-甲苯酚）　　　　　　　　　　　　　　　（邻苯二酚）

1,3,5-苯三酚　　　　1,2,3-苯三酚　　　　1,2,4-苯三酚
（均苯三酚）　　　　（连苯三酚）　　　　（偏苯三酚）

2-萘酚　　　　　　8-氯-1,2-萘二酚
（β-萘酚）

对于某些结构复杂的酚,可把酚羟基作为取代基加以命名。例如：

5-(4-羟基)苯基-1-戊烯-3-醇　　　　　邻羟基苯甲酸
　　　　　　　　　　　　　　　　　　　　　（水杨酸）

二、酚的结构

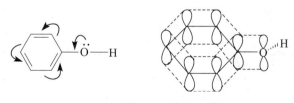

图 7-4　苯酚 p-π 共轭示意图

与醇不同,酚羟基中氧原子以 sp^2 杂化,一个 sp^2 杂化轨道与芳环的碳原子形成 C—O 键,一个 sp^2 杂化轨道形成 O—H 键,另外一个 sp^2 杂化轨道和未参与杂化的 p 轨道各填充一对电子,其中未杂化的 p 轨道上的一对电子与芳环中大 π 键形成 p-π 共轭体系(图 7-4)。由于 p-π 共轭效应,使氧原子上的电子云向芳环偏移,增强了 O—H 键的极性,从而增强了羟基上氢的解离能力,故酚具有弱酸性,同时羟基与苯环的结合更加牢固,因此酚与醇相比,不易发生取代反应和消除反应。

三、酚的物理性质

大多数酚为结晶性固体,仅少数烷基酚为液体。纯净的酚无色,但由于酚容易被空气中的氧所氧化而产生有色杂质,所以酚一般带有不同程度的红色或褐色。酚分子之间能形成氢键,因此酚的沸点和熔点都高于相对分子质量相近的烃。苯酚及其同系物在水中有一定的溶解度,羟基越多,其酚在水中的溶解度也越大。某些酚的物理性质如表 7-2 所示。

表 7-2　酚的物理常数

名　称	熔点(℃)	沸点(℃)	溶解度(g/100gH₂O)(25℃)	pKₐ(25℃)
苯酚	43	181.8	9.3	9.98
邻甲苯酚	30.9	191	2.5	10.28
间甲苯酚	11.5	201	2.6	10.08
对甲苯酚	34.8	202.2	2.3	10.20
邻氯苯酚	8	176	2.8	8.48
间氯苯酚	33	214	2.6	9.02
对氯苯酚	43.2	219.8	2.7	9.38
邻硝基苯酚	45	217	0.2	7.22
间硝基苯酚	96	分解(194)	1.4	8.39
对硝基苯酚	114	分解(279)	1.7	7.15
2,4-二硝基苯酚	113	—	0.6	4.09
2,4,6-三硝基苯酚	122	爆炸(300)	1.4	0.25
邻苯二酚	105	245	45.1	9.48
间苯二酚	110	281	123	9.44
对苯二酚	170	286	8	9.96

四、酚的化学性质

酚和醇都含有羟基,因此在酚的 C—O 键和 O—H 键上可以发生类似于醇的反应,但酚羟基与苯环直接相连,受苯环的影响,使酚羟基在性质上与醇羟基有显著的差异。同时因酚羟基对苯环的影响,使酚比相应的芳烃更容易发生亲电取代反应。

1. 酚羟基的反应

(1)酸性

酚具有酸性,酚和氢氧化钠的水溶液作用,生成可溶于水的酚钠。

$$\text{C}_6\text{H}_5\text{—OH} + \text{NaOH} \longrightarrow \text{C}_6\text{H}_5\text{—ONa} + \text{H}_2\text{O}$$

若向酚钠溶液中通入二氧化碳,则苯酚又游离出来:

$$\text{C}_6\text{H}_5\text{—ONa} + \text{CO}_2 + \text{H}_2\text{O} \longrightarrow \text{C}_6\text{H}_5\text{—OH} + \text{NaHCO}_3$$

苯酚的 pKₐ 为 9.98,碳酸的 pKₐ₁ 为 6.38,乙醇的 pKₐ 为 17,显然酚的酸性比醇强,比碳酸弱,酚能溶于 NaOH 而不溶于 NaHCO₃,这一性质可用于分离或鉴别酚。

与醇相比，酚显示弱酸性，是由于酚羟基氧原子的孤对电子与苯环的 π 电子发生 p-π 共轭，致使氧原子周围的电子云密度下降，氢氧键减弱，从而有利于氢原子以质子的形式离去。

酚的酸性也受与芳环相连的其他基团的影响，当芳环上连有吸电子基团时，由于共轭效应和诱导效应的影响，氢氧之间电子云向芳环上移动而密度减小，更易于解离出氢离子显示出比苯酚更强的酸性；当芳环上连有给电子基团时，则使酸性降低。例如：

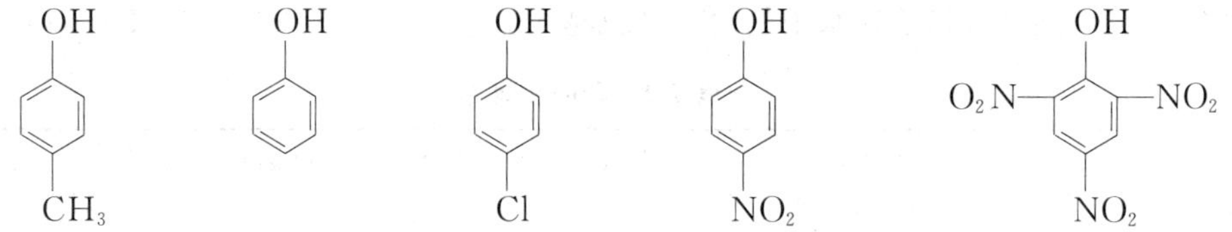

pK_a　10.20　　9.98　　9.38　　7.15　　0.25

(2)成醚和成酯反应

利用酚的弱酸性可以合成芳基醚，例如：

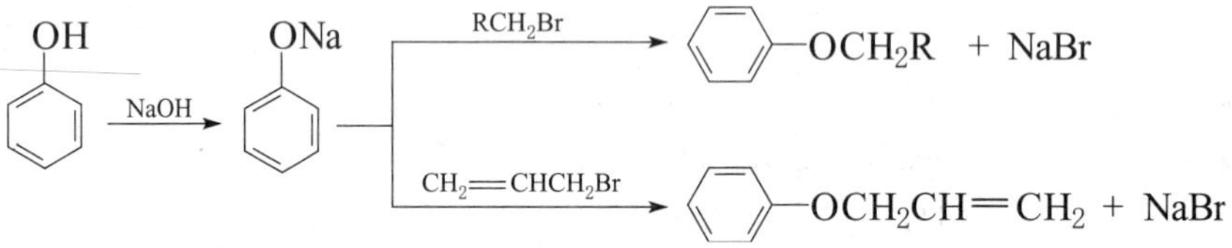

在有机合成上常用生成酚醚的方法来保护酚羟基。

酚也可以生成酯，但比醇困难。例如乙酰水杨酸(阿司匹林)就是水杨酸通过乙酰基化反应制备的：

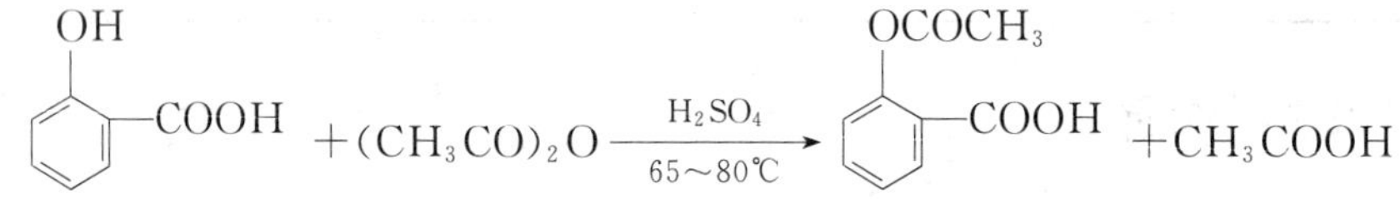

水杨酸　　乙酰水杨酸(阿司匹林)

(3)与三氯化铁反应

具有烯醇式结构($-\overset{|}{C}=\overset{|}{C}-OH$)的化合物大多能与 $FeCl_3$ 发生显色反应。酚能与 $FeCl_3$ 溶液发生反应生成红、绿、蓝、紫等不同颜色的化合物，此性质可用来鉴别分子中烯醇式结构的存在。不同结构的酚与 $FeCl_3$ 反应产物的颜色不同，苯酚显蓝紫色，甲苯酚显蓝色，邻苯二酚为绿色，间苯二酚为紫色。

$$6ArOH + FeCl_3 \longrightarrow [Fe(OAr)_6]^{3-} + 6H^+ + 3Cl^-$$

蓝紫色～棕红色

2. 芳环上的亲电取代反应

羟基是很强的邻对位定位基，由于羟基与苯环的 p-π 共轭效应，使苯环上(邻对位)的电子云密度增加，易受亲电试剂进攻而发生亲电取代反应。

(1)卤代反应

酚极易发生卤代反应。常温下苯酚只要用溴水处理,就立即生成不溶于水的 2,4,6-三溴苯酚白色沉淀,反应非常灵敏。

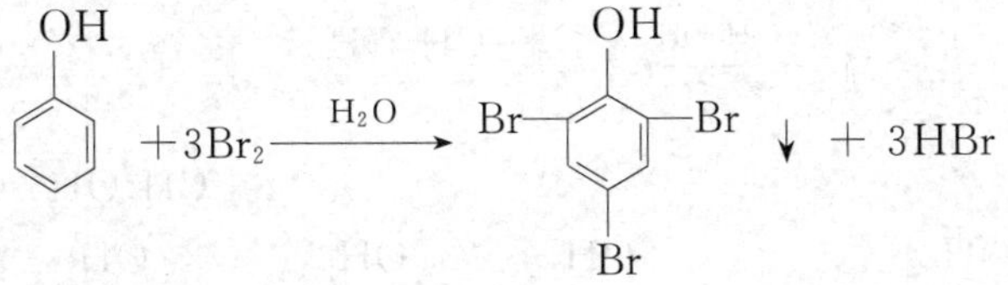

除苯酚外,凡是酚羟基的邻、对位上还有氢的酚类化合物与溴水作用,均能生成沉淀,故该反应常用于酚类化合物的定性鉴别和定量测定。

(2)硝化反应

苯酚比苯易硝化,苯酚在常温下用稀硝酸处理就可得到邻硝基苯酚和对硝基苯酚。

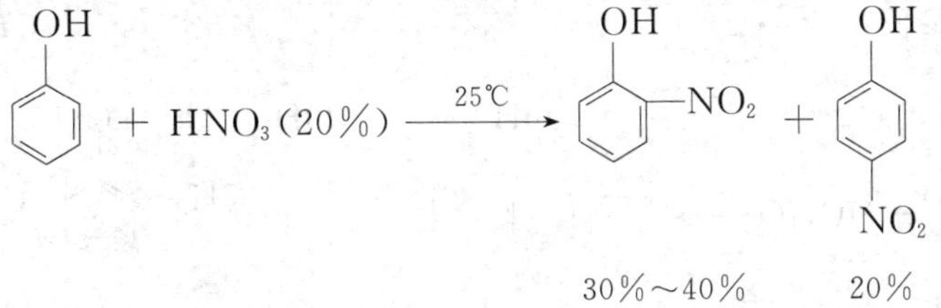

$30\%\sim40\%$ 20%

邻硝基苯酚和对硝基苯酚可用水蒸气蒸馏法分开。因为邻硝基苯酚通过分子内氢键形成环状化合物,不再与水缔合,故水溶性小、挥发性大,可随水蒸气蒸出。而对硝基苯酚可生成分子间氢键而相互缔合,挥发性小,不随水蒸气蒸出。

苯酚与浓硝酸作用,可得到 2,4,6-三硝基苯酚,俗名苦味酸,是烈性炸药。

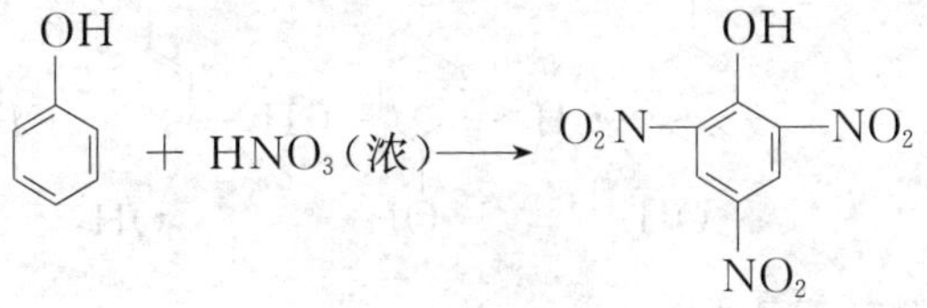

(3)磺化反应

苯酚容易与浓硫酸发生磺化反应,在室温下以邻位取代产物为主,在较高温度下(100℃)以对位取代产物为主,若以发烟硫酸磺化,则得到二取代产物。

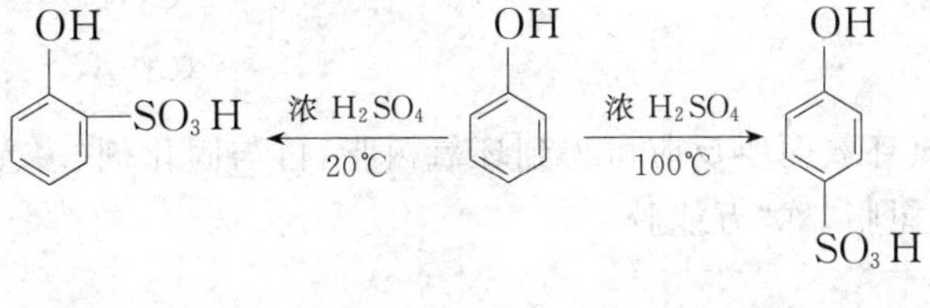

(4)与羰基化合物的缩合反应

酚的邻对位上的氢特别活泼,可与羰基化合物(醛或酮)发生缩合反应。例如,苯酚和甲醛在酸或碱的作用下,生成邻或对羟基苯甲醇,进一步生成酚醛树脂。

$$HCHO + H^+ \rightleftharpoons \overset{+}{C}H_2OH$$

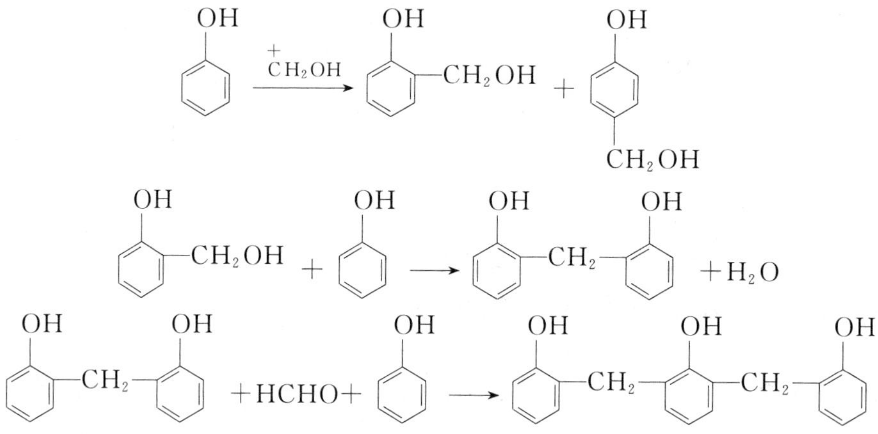

苯酚 + $\overset{+}{C}H_2OH$ → 邻羟甲基苯酚 + 对羟甲基苯酚

邻羟甲基苯酚 + 苯酚 → 二羟二苯甲烷 + H_2O

二羟二苯甲烷 + HCHO + 苯酚 → 三环产物

线型酚醛树脂：

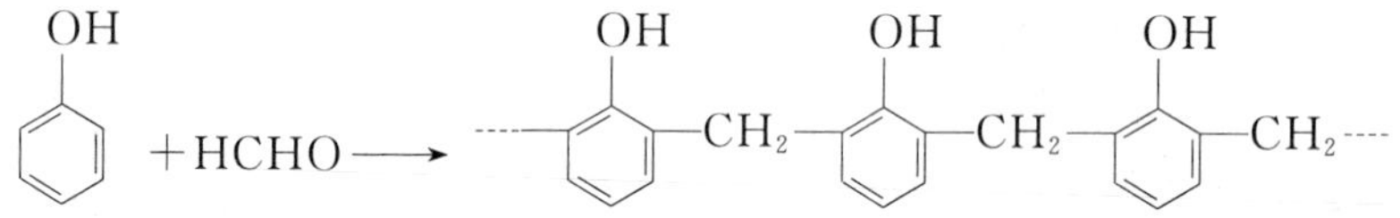

苯酚 + HCHO → 线型酚醛树脂

体型酚醛树脂：

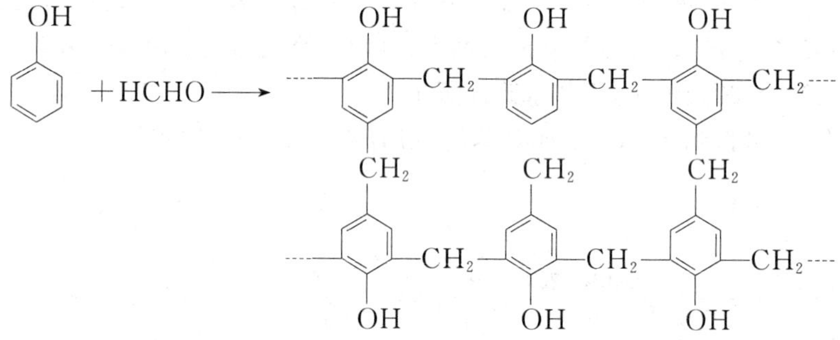

苯酚 + HCHO → 体型酚醛树脂

双酚 A(学名 2,2-对羟苯基丙烷)：

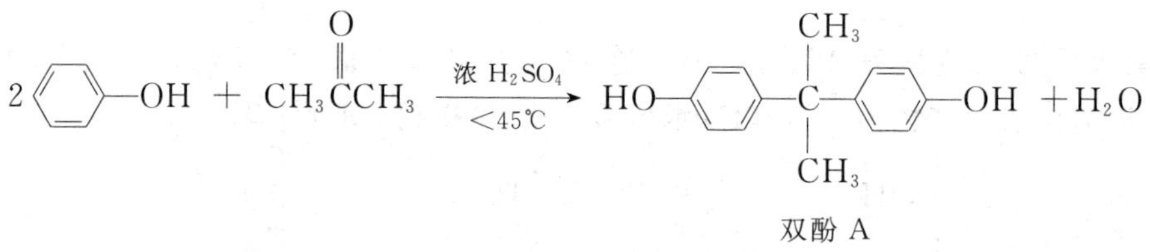

$$2\,C_6H_5OH + CH_3\overset{O}{\overset{\|}{C}}CH_3 \xrightarrow[<45℃]{浓\ H_2SO_4} HO-C_6H_4-\overset{CH_3}{\underset{CH_3}{C}}-C_6H_4-OH + H_2O$$

双酚 A

双酚 A 再与 3-氯环氧丙醚反应可得到环氧树脂,再与固化剂(多元胺或多元酐)作用形成交联结构的高分子树脂,称"万能胶"。

3. 氧化反应

酚类化合物很容易被氧化,不仅可用氧化剂如高锰酸钾等氧化,甚至较长时间与空气接触,也可被空气中的氧气氧化,使颜色由无色转变为粉红、红色以至于深褐色。苯酚被氧化时,不仅羟基被氧化,羟基对位的碳氢键也被氧化,结果生成对苯醌。

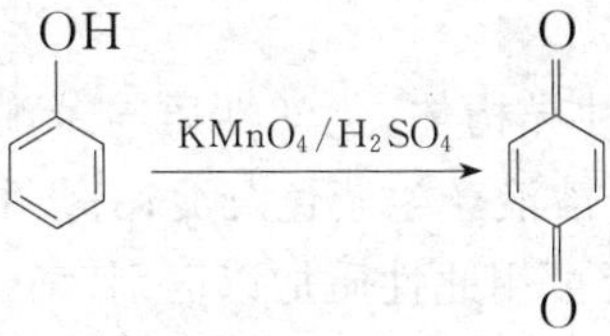

多元酚更易被氧化,例如邻苯二酚和对苯二酚可被弱的氧化剂(如氧化银、溴化银)氧化成红色邻苯醌和黄色对苯醌。

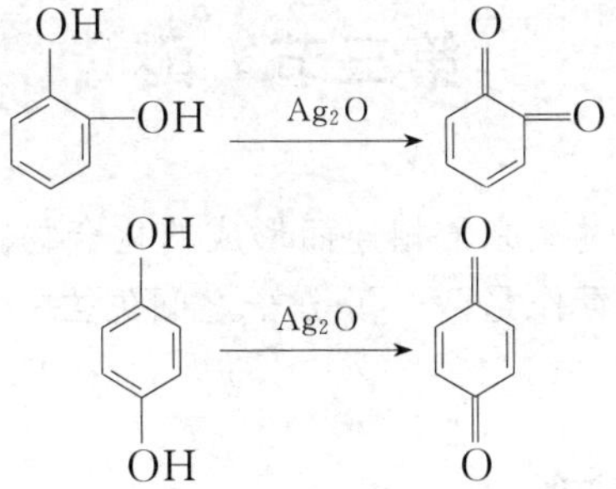

对苯二酚是常用的显影剂。

五、重要的酚

1. 苯酚

俗名石炭酸,为无色结晶,有特殊的刺激性气味,熔点 43℃,沸点 181℃,见光及空气逐渐氧化呈粉红色。在 20℃每 100 克水约溶解 8.3 克苯酚,65℃以上可与水混溶。苯酚易溶于乙醚、乙醇和苯等有机溶剂中。

苯酚能使蛋白质变性,具有很强的杀菌效力,但因有毒,可通过皮肤吸收进入人体引起中毒,现已不用作消毒剂。苯酚主要用作化工原料,如合成酚醛树脂、染料、炸药、农药等。

2. 甲酚

是甲基苯酚的简称,有邻、间、对三种异构体,都存在于煤焦油中,它们的沸点很接近,不易分离,三者混合物称为煤酚。煤酚的杀菌力比苯酚强,因难溶于水,常配成 47%~53%的肥皂水溶液,称为煤酚皂溶液,俗称来苏儿(Lysol),是常用的消毒剂。

3. 苯二酚

苯二酚有邻、间、对三种异构体,都是无色晶体,能溶于水、乙醇和乙醚中。

邻苯二酚熔点 105℃,容易被氧化成醌,可用作显影剂。邻苯二酚常以结合态存在于自然界中,许多植物中都含有邻苯二酚的一些重要衍生物,如邻甲氧基苯酚,俗名愈创木酚;2-甲氧基-4-烯丙基苯酚,俗名丁香酚等。

间苯二酚熔点 110℃,具有杀菌作用,但杀菌力仅为苯酚的 1/3,刺激性也小,其 2%~10%的油膏及洗剂可用于治疗皮肤病。间苯二酚也是制造红药水的重要原料。

对苯二酚熔点 170℃,在植物中以配糖物存在,也易被氧化成醌,常用作显影剂、阻聚剂和抗氧剂。

4. 萘酚

萘酚有 α-萘酚和 β-萘酚两种异构体,化学性质与苯酚相似,也呈弱酸性。α-萘酚是黄色针状结晶,熔点96℃,遇 $FeCl_3$ 溶液产生紫色沉淀;β-萘酚是无色片状结晶,熔点122℃,遇 $FeCl_3$ 溶液生成绿色沉淀,故二者可用此性质加以区别。

萘酚广泛用于制备偶氮染料,是重要的染料中间体。实验室里常用 α-萘酚来鉴别糖类化合物,β-萘酚具有抗细菌、梅毒和寄生虫的作用,可用作杀菌剂及抗氧剂。

第三节　醚

醚(ethers)是两个烃基通过氧原子相连而形成的化合物。醚可以看作是水分子中的两个氢原子被烃基取代,也可以看作是两个醇分子之间失去一分子水后的生成物,其官能团"—O—"为醚键。

一、醚的结构、分类和命名

1. 醚的结构

图 7-5　醚的结构

醚分子中的氧原子为 sp^3 杂化,其中两个 sp^3 杂化轨道分别与两个碳原子形成两个 C—Oσ 键,余下两个 sp^3 杂化轨道各被一对孤对电子占据,因此醚可以接受质子形成盐,也可以与水、醇等形成氢键。如图7-5,醚分子结构为 V 字形,分子中 C—O 键是极性键,两条 C—O 键的键角大约109.5°,故分子有极性。

2. 醚的分类

根据醚分子中两个烃基的结构可分为:饱和醚、不饱和醚和芳香醚;根据醚分子中两个烃基是否相同可分为简单醚(单醚)和混合醚(混醚)。若烃基和氧原子连接成环则称为环醚。

$CH_3—O—CH_3$
简单醚(饱和醚)

$CH_3—O—CH_2CH_3$
混合醚(饱和醚)

$CH_2\!\!=\!\!CH—O—CH_2CH_3$
不饱和醚(混醚)

芳香醚(混醚)

芳香醚(单醚)

环醚

3. 醚的命名

结构简单的醚用普通命名法命名。简单醚在烃基名称后面加"醚"字;混合醚命名时,两个烃基的名称都要写出,较小的烃基名称放于较大烃基名称前面,芳香烃基放在脂肪烃基前面;不饱和醚则先写饱和烃基再写不饱和烃基。例如:

$CH_3—O—CH_3$
二甲(基)醚(甲醚)

$CH_3—O—CH_2CH_3$
甲基乙基醚(甲乙醚)

$CH_2\!\!=\!\!CH—O—CH_2CH_3$
乙基乙烯基醚

苯基甲基醚(苯甲醚)

二苯醚(苯醚)

苯基苄基醚

结构复杂的醚用系统命名法。命名时以烃为母体,选择最长碳链为主链,将碳原子数较少的烃基与氧原子连在一起的基团称为烷氧基(R—O—),如为不饱和醚,则选择不饱和程度较大的烃基为母体,环醚称为环氧化合物。例如:

$$CH_3-O-CH_2CH_2CHCH=CH_2 \qquad CH_3CH_2O- \!\!\!\bigcirc\!\!\! -COOH \qquad CH_3- \!\!\!\bigcirc\!\!\! -OCH_3$$
$$\qquad\qquad\qquad\quad |$$
$$\qquad\qquad\qquad\ OH$$

5-甲氧基-1-戊烯-3-醇   4-乙氧基苯甲酸    4-甲氧基甲苯
(对甲氧基甲苯)

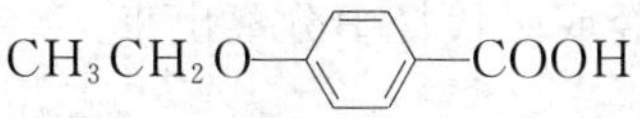

具环状结构的醚称为环醚。例如:

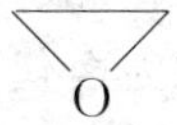

环氧乙烷 $CH_3CH_2CH-CH_2$ 四氢呋喃
              1,2-环氧丁烷

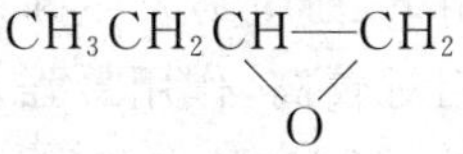

二、醚的物理性质

在常温下,除甲醚和甲乙醚是气体外,其余的醚大多为无色、有特殊气味的液体,相对密度小于1。醚分子间不能以氢键相互缔合,沸点与相应的烷烃接近,比含碳原子数相同的醇低得多,如乙醇的沸点是78.3℃,而甲醚的沸点是−25℃。

醚分子中含有电负性较强的氧,可以与水分子形成氢键,因此在水中的溶解度与相应的醇接近。

醚能溶解许多有机物,并且活性非常低,是良好的有机溶剂。一些常见醚的物理常数见表7-3。

表 7-3   醚的物理常数

名 称	熔点(℃)	沸点(℃)	相对密度(d_4^{20})
甲 醚	−138.5	−25	0.661
乙 醚	−116	34.6	0.714
正丁醚	−97.9	142	0.769
二苯醚	28	258	1.072
苯甲醚	−37.3	155.5	0.994
环氧乙烷	−111	14	0.887
四氢呋喃	−108	65.4	0.888
1,4-二氧六环	11.8	101	1.034

三、醚的化学性质

由于醚分子中的氧原子与两个烃基结合,分子的极性很小。醚是一类很不活泼的化合物(环氧乙烷除外)。它对氧化剂、还原剂和碱都极稳定。如常温下与金属钠不反应,因此常用金属钠干燥醚。但是在一定条件下,醚可发生特有的反应。

1. 锌盐的生成

因醚键上的氧原子有未共用电子对,能接受强酸中的质子,以配位键的形式结合生成锌盐(oxonium salt)。锌盐是一种弱碱强酸盐,仅在浓酸中才稳定,遇水很快分解为原来的醚。利用此性质可以将醚从烷烃或卤代烃中分离出来。

$$R\!-\!\overset{..}{O}\!-\!R + H^+X^- \longrightarrow [R\!-\!O\!-\!R']^+ \ X^- \xrightarrow{H_2O} R\!-\!O\!-\!R + H_3^+O + X^-$$
$$\underset{\text{锌盐}}{\overset{|}{H}}$$

2. 醚键的断裂

醚键很稳定,但在浓氢卤酸作用下,醚键易发生断裂。盐酸、氢溴酸与醚的反应需要较高的浓度和温度;氢碘酸反应活性相对较高,作用最强。反应产物为卤代烷和醇(或酚),如果 HX 过量,则生成的醇继续反应生成相应的卤代烷。醚键断裂的反应机理主要取决于醚的烃基结构,当 R 为一级烷基时,按 S_N2 反应历程进行;当 R 为三级烷基时,则容易按 S_N1 反应历程进行。

$$CH_3OCH_2 \xrightarrow{HI} \underset{H}{\overset{+}{CH_3OCH_3}}I \xrightarrow{S_N2} CH_3I + CH_3OH$$
$$\xrightarrow{HI} CH_3I$$

$$(CH_3)_3C\!-\!OCH_3 \xrightarrow{HI} \underset{H}{\overset{+}{(CH_3)_3COCH_3}} \xrightarrow{S_N1} (CH_3)_3C^+ + CH_3OH$$
$$\downarrow I^- \qquad \downarrow HI$$
$$(CH_3)_3C\!-\!I \qquad CH_3I$$

混醚(只连甲基和 1°R,或醚键两端都是 1°R)与氢卤酸反应发生醚键断裂时,空间位阻较小的烃基与卤原子结合成卤代烃,若氢卤酸过量,则生成的醇继续反应生成相应的卤代烃。

$$CH_3OCH_2CH_3 + HI \longrightarrow CH_3I + CH_3CH_2OH$$
$$\xrightarrow{HI} CH_3CH_2I + H_2O$$

一般情况下,混醚 C—O 键断裂的顺序为:三级烷基>二级烷基>一级烷基>芳香烃基。芳香烃基中由于 $p-\pi$ 共轭效应,Ar—O 键不易断裂,醚键总是优先在脂肪烃基的一边断裂。

$$\langle\!\!\!\bigcirc\!\!\!\rangle\!-\!OCH_3 \xrightarrow{HI} \langle\!\!\!\bigcirc\!\!\!\rangle\!-\!OH + CH_3I$$

苯甲醚与氢碘酸的反应是定量完成的,生成的碘代烷可用硝酸银的乙醇溶液吸收,根据生成碘化银的量,可计算出原来分子中甲氧基的含量,这一方法叫蔡塞尔(Zeisel)甲氧基测定法。

3. 过氧化物的生成

醚对氧化剂虽然较稳定,但与氧相连的碳原子上有氢的低级醚,如乙醚、异丙醚等和空气长时间接触,会逐渐生成有机过氧化物,与过氧化氢相似,具有过氧键$-O-O-$,一般认为氧化反应发生在 α-碳氢键上。如:

$$CH_3CH_2OCH_2CH_3 + O_2 \longrightarrow \underset{\underset{OOH}{|}}{CH_3CHOCH_2CH_3}$$

过氧化物不稳定,又不易蒸发,受热时容易分解发生强烈爆炸,因此醚类化合物应尽量避免暴露在空气中,应放在深色玻璃瓶内密封保存于阴凉处。在蒸馏醚之前,一定要检验是否含有过氧化物。有两种常用检验方法:

① 用淀粉-碘化钾试纸检验,如有过氧化物存在,KI 会被氧化成 I_2 而使试纸变蓝。

② 加入 $FeSO_4$ 和 KCNS 溶液与醚振荡,如有过氧化物存在,Fe^{2+} 就会被氧化成 Fe^{3+},而与 CNS^- 作用生成血红色配离子。

除去醚中过氧化物的方法是加入适量的 Na_2SO_3 或 $FeSO_4$ 溶液,使过氧化物分解。长期储存醚的时候,可在醚中加入少许金属钠或铁屑,以防止过氧化物的形成。

四、环醚

1. 环氧乙烷

环氧乙烷是最简单的一种环醚,常温下是无色气体,可溶于水、乙醇和乙醚中。与其他醚不同的是环氧乙烷性质活泼,易与水、醇、氨和酸等含活泼氢的化合物发生开环反应。例如:

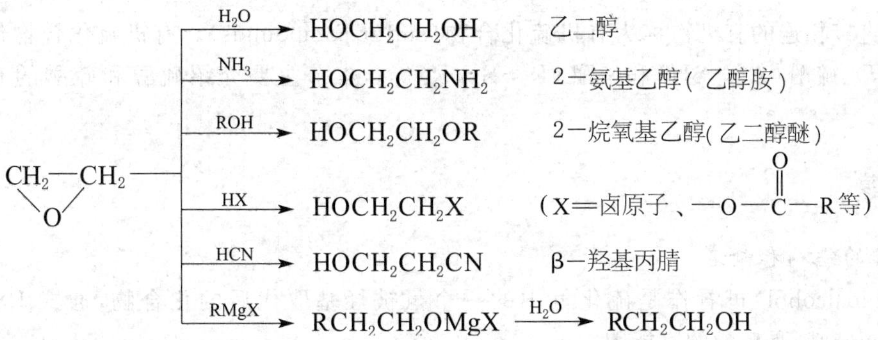

乙二醇和乙二醇醚可用作溶剂和抗冻剂,常用的有乙二醇乙醚、乙二醇甲醚和乙二醇丁醚,多用作硝酸纤维、树脂和喷漆等的溶剂。乙二醇是制涤纶的原料,聚乙二醇可用作聚氨酯的原料。乙醇胺可用作溶剂和乳化剂。环氧乙烷与格氏试剂作用发生开环反应,可得到增加两个碳的伯醇,是一种重要的有机合成方法。

2. 冠醚

冠醚(crown ether)是 20 世纪 70 年代合成的含多个氧原子的大环醚,由于结构形似皇冠,故称冠醚。其命名根据环中的总原子数 m 和环中含的氧原子数 n,称之为 m-冠-n。例如:

12-冠-4 15-冠-5 18-冠-6

冠醚具有特殊的结构,其分子中间有一个空隙,不同的冠醚有不同大小的空隙,可容纳不同大小的金属离子,环中的氧原子可与金属离子形成络合物。例如,12-冠-4 可与锂离子络合,15-冠-5 可与钠离子络合,18-冠-6 可与钾离子络合,因此冠醚可用于分离金属离子。但冠醚更重要的用途是在有机合成中可以加快反应速率或使难以进行的反应迅速进行。例如,固体氰化钾和卤代烷在有机溶剂中不容易进行,但加入 18-冠-6 反应立即进行。其原因是冠醚可溶于有机溶剂,K^+ 通过与冠醚络合进入反应体系中,CN^- 通过与 K^+ 之间的作用,也进入反应体系中,从而顺利地与卤代烷反应,在这里冠醚实际上是相转移催化剂(phase transfer catalyst)。

冠醚作为相转移催化剂,可使许多反应在通常条件下容易进行,反应选择性强,产品纯度高,比传统的方法反应温度低、时间短,在有机合成中非常有用。但由于冠醚比较昂贵,并且毒性大,因此还未得到广泛应用。

第四节　硫醇和硫醚

碳和硫直接相连的有机物称为有机硫化合物(sulfur compounds)。有机硫化合物包括硫醇(R—SH)、硫酚(Ar—SH)和硫醚(R—S—R)等。本节主要介绍硫醇和硫醚的有关性质。

一、硫醇

1. 硫醇的结构和命名

硫醇(thioalcohol)可看作是硫化氢中的一个氢被烃基取代后的化合物,通式 RSH。—SH 叫巯(qiú)基,是硫醇的官能团。

硫醇的命名与醇相似,在相应的醇字前面加一个"硫"字。例如:

$$CH_3SH \qquad HSCH_2CH_2SH \qquad (CH_3)_2CHSH \qquad C_6H_5CH_2SH$$

甲硫醇   1,2-乙二硫醇   异丙硫醇   苯甲硫醇

2. 硫醇的物理性质

由于硫的电负性比氧的电负性小,所以硫醇很难形成氢键,分子间不能缔合,因此硫醇难溶于水,沸点也比相应的醇低(乙硫醇 37℃,乙醇 78.3℃)。低级硫醇有毒,且具有恶臭气味,空气中含有微量的硫醇即可被人嗅到,因此硫醇是一种臭味剂,可以把它加入煤气中,以检查管道是否漏气。

3．硫醇的化学性质

（1）酸性

硫醇显示弱酸性，其酸性比相应的醇或酚酸性强。例如：

$$C_6H_5-SH \qquad CH_3CH_2-SH \qquad C_6H_5-OH \qquad CH_3CH_2-OH$$

pKa　　　7.8　　　　　9.5　　　　　9.98　　　　　17

所以硫醇可与氢氧化钠作用生成硫醇盐。

$$CH_3CH_2SH + NaOH \longrightarrow CH_3CH_2Sna + H_2O$$

硫醇能与砷及汞、铅、铜等重金属离子形成难溶于水的硫醇盐沉淀。如：

$$2CH_3CH_2SH + HgO \longrightarrow (CH_3CH_2S)_2Hg \downarrow （白色） + H_2O$$
$$2CH_3CH_2SH + (CH_3COO)_2Pb \longrightarrow (CH_3CH_2S)_2Pb \downarrow （黄色） + 2CH_3COOH$$

　　重金属盐能与机体内某些酶中的巯基结合，而使酶丧失了生理活性，导致中毒。利用硫醇与重金属离子能形成稳定的不溶性盐的性质，可以向体内注入含有巯基的化合物作为重金属盐中毒的解毒剂。常用的药物是二巯基丙醇。

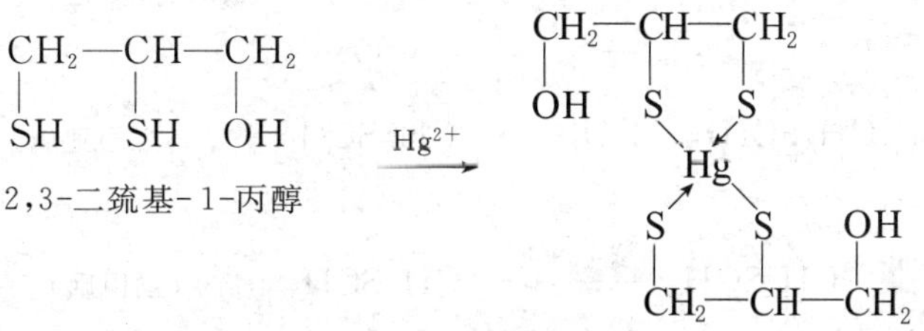

2,3-二巯基-1-丙醇

　　2,3-二巯基-1-丙醇也叫巴尔（BAL 为 British Anti-Lewisite 的缩写），它可以夺取已在肌体内结合的重金属离子而形成稳定的配盐从尿液排出体外。

（2）氧化

　　硫醇比醇易氧化，弱氧化剂如三氧化二铁、二氧化锰、氧气、碘等都能把硫醇氧化成二硫化物：

$$2RSH \underset{[H]}{\overset{[O]}{\rightleftharpoons}} R-S-S-R$$

　　—S—S—为二硫键，二硫化物在亚硫酸氢钠、锌和乙酸、金属锂和液氨等还原剂的作用下，可重新转变为硫醇。硫醇与二硫化物间的这种相互转化在温和的条件下也能发生，这也是生物体内常见的很重要的生化反应之一。

　　在强氧化剂（$KMnO_4$、HNO_3 等）作用下，硫醇能被氧化为磺酸。这是实验室中制备脂肪族磺酸的一种方法。

$$RSH \overset{KMnO_4}{\longrightarrow} R-SO_3H$$

　　二硫化物也可以进一步被氧化成较高价的化合物。例如，自然界中存在的大蒜素和合成抗菌剂 401、402 都是二硫化合物的氧化物。

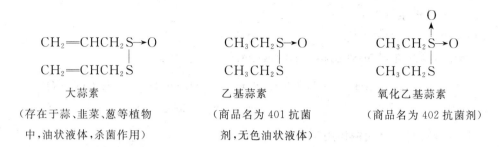

大蒜素　　　　　　乙基蒜素　　　　　　氧化乙基蒜素

（存在于蒜、韭菜、葱等植物　（商品名为 401 抗菌　（商品名为 402 抗菌剂）

中,油状液体,杀菌作用）　　剂,无色油状液体）

二、硫醚

硫醚可以看作是硫化氢中的两个氢都被烃基取代的产物。如:

CH_3SCH_3　　　$CH_3SCH_2CH_3$　　　$C_6H_5SCH_3$　　　$ClCH_2CH_2SCH_2CH_2Cl$

二甲硫醚　　　　甲乙硫醚　　　　苯甲硫醚　　　β,β'-二氯乙硫醚(芥子气)

低级硫醚是油状液体,不溶于水,易溶于醇和醚等有机溶剂,具有极不愉快的气味。其性质与醚相似,比较稳定。当遇到过氧化氢,二甲硫醚被氧化成亚砜,若遇到强氧化剂(如浓 HNO_3、$KMnO_4$ 等)则被氧化成砜。

$$CH_3SCH_3 + H_2O_2 \longrightarrow CH_3\overset{\textstyle O}{\overset{\textstyle \uparrow}{S}}CH_3 \quad \text{(二甲亚砜)}$$

$$CH_3SCH_3 \xrightarrow{\text{浓 } HNO_3} CH_3\overset{\textstyle O}{\underset{\textstyle O}{\overset{\textstyle \uparrow}{\underset{\textstyle \downarrow}{S}}}}CH_3 \quad \text{(二甲砜)}$$

二甲亚砜简称 DMSO,为无色液体,是一种既能溶解有机物又能溶解无机物的很有用的溶剂,常用作某些药物的透入载体以加强组织的吸收。

芥子气($ClCH_2CH_2SCH_2CH_2Cl$)是硫醚的衍生物,无色油状液体,有芥末气味,不溶于水,一种极毒化合物,对人体黏膜组织及呼吸器官具有强烈腐蚀作用。利用漂白粉的氧化作用,可将其氧化为毒性较小的砜类。

醇、酚、醚的主要反应

醇的主要反应

1. 与活泼金属反应

$$ROH + M \longrightarrow ROM + \frac{1}{2}H_2\uparrow$$

$M = Na,K$ 等,醇的反应活性:$CH_3OH > 1° > 2° > 3°$

2. 与氢卤酸的反应

$$ROH + HX \longrightarrow RX + H_2O$$

醇　　　　　　　卤代烃

HX 的反应活性：$HI > HBr > HCl$

醇的反应活性：苄醇和烯丙醇＞叔醇＞仲醇＞伯醇＞CH_3OH

3. 氧化反应

伯醇：$RCH_2OH \xrightarrow[脱氢]{[O]} RCHO \xrightarrow[加氧]{[O]} RCOOH$

醇　　　　　　　　醛　　　　　　　　酸

仲醇：$\underset{\substack{\\|\\OH}}{RCH}OH \xrightarrow[脱氢]{[O]} \underset{\substack{O\\||}}{R-C-R}$

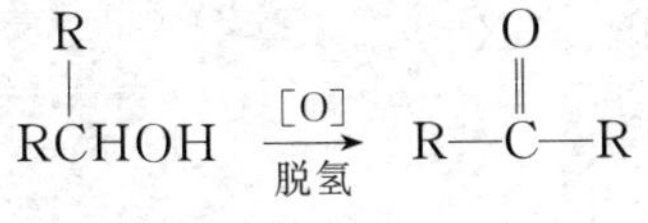

醇　　　　　　　　酮

叔醇一般不被氧化

4. 脱水反应

分子内脱水：$\underset{\substack{|\ \ |\\H\ OH}}{-C-C-} \xrightarrow[\triangle]{浓\ H_2SO_4} \underset{\substack{|\ \ |}}{-C=C-} + H_2O$

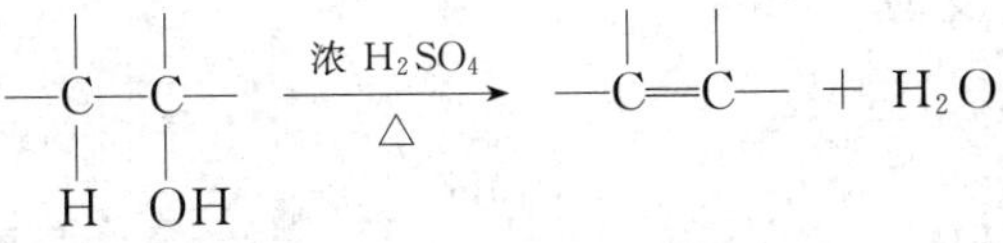

醇　　　　　　　　　　　烯

分子间脱水：$R-OH + HO-R' \xrightarrow[\triangle]{浓\ H_2SO_4} R-O-R' + H_2O$

醚

5. 与 PX_3 的反应

$$3R-OH + PX_3 \longrightarrow 3R-X + H_3PO_3$$

醇　　　　　　　卤代烃

$$PX_3 = PBr_3, PI_3$$

6. 酯化反应

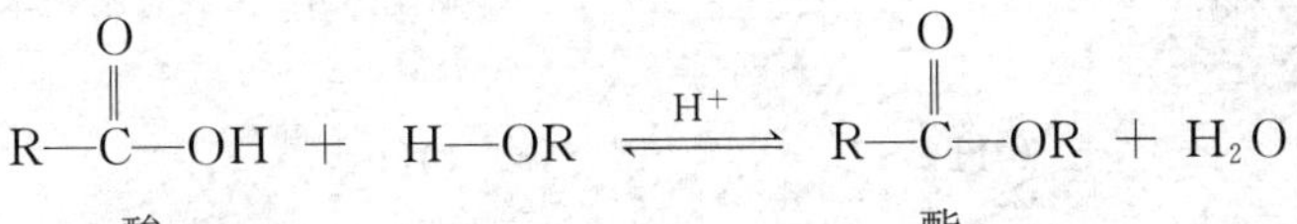

$$\underset{酸}{\underset{\substack{O\\||}}{R-C-OH}} + H-OR \underset{}{\overset{H^+}{\rightleftharpoons}} \underset{酯}{\underset{\substack{O\\||}}{R-C-OR}} + H_2O$$

ROH 的反应活性：$1° > 2° > 3°$

酚的主要反应

一、酚羟基的反应

1. 酸性

$$ArO\!\!-\!\!H + H_2O \rightleftharpoons ArO^- + H_3O^+$$

酚

2. 酯化反应

$$ArO\!\!-\!\!H + RCOCl \longrightarrow RCOOAr + HCl$$

酚　　　　酰氯　　　　羧酸酚酯

3. 成醚反应

$$ArO^- + RX \longrightarrow ArOR + X^-$$

醚

4. 与 $FeCl_3$ 的颜色反应

$$6ArO\!\!-\!\!H + FeCl_3 \rightleftharpoons [Fe(OAr)_6]^{3-} + 6H^+ + 3Cl^-$$

酚　　　　　　　　　酚铁络离子

二、芳香烃基上的取代反应

1. 卤代反应

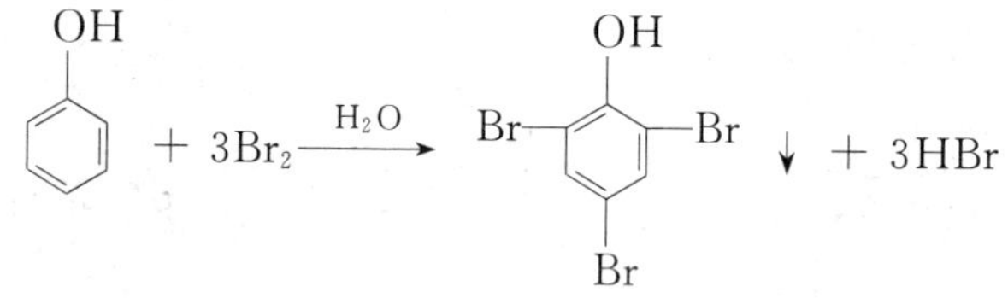

苯酚　　　　　　　　　2,4,6-三溴苯酚

2. 硝化反应

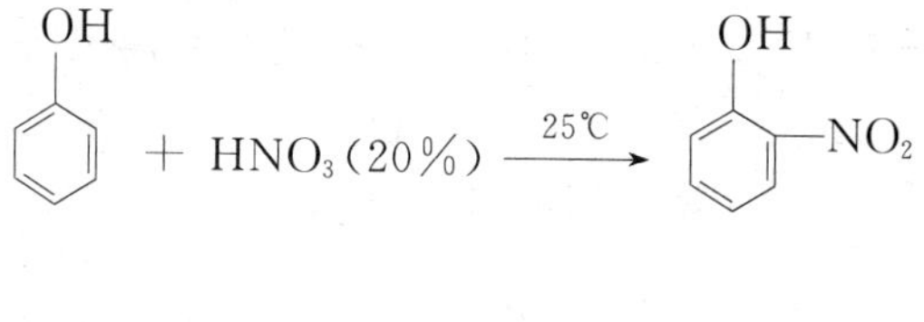

邻硝基苯酚　　对硝基苯酚

3. 磺化反应

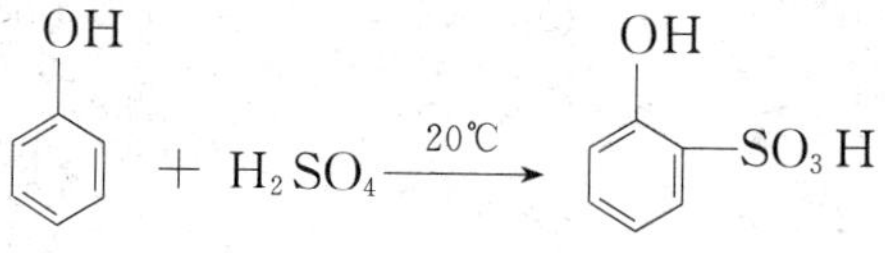

邻羟基苯磺酸

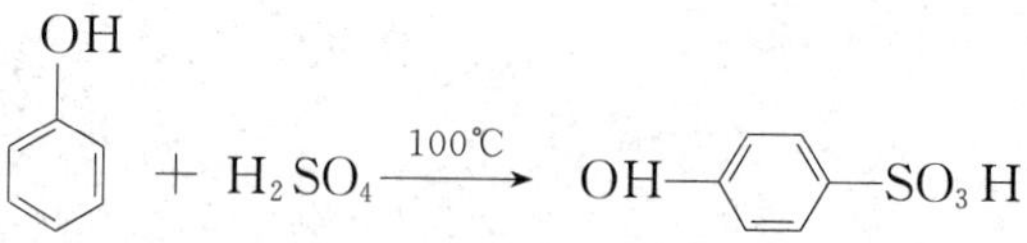

对羟基苯磺酸

三、氧化反应

O—H 和 C—H 键同时断裂

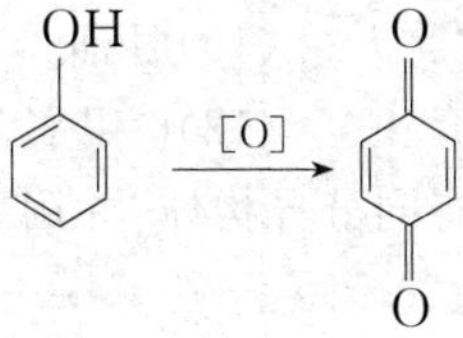

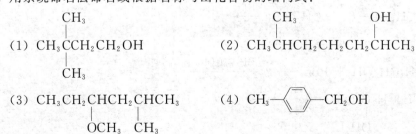

对苯醌

醚的主要反应

一、官能团的反应

1. 生成锌盐

$$R\overset{..}{-}O\overset{..}{-}R + H^+X^- \longrightarrow \left[\, R-O-R \,\right]^+ X^-$$
$$\underset{H}{}$$

锌盐

2. 与氢卤酸反应

$$R-O-R'(Ar) + HX \longrightarrow R-X + (Ar)R'-OH$$

醚 　　　　　 卤代烃 　　　 醇或酚

氢卤酸的活性：HI＞HBr＞HCl

二、烃基的过氧化反应

$$RCH_2-O-\underset{H}{CHR'} + O_2 \longrightarrow RCH_2-O-\underset{OOH}{CHR'}$$

醚 　　　　　　　　 醚的过氧化物

习 题

1. 用系统命名法命名或根据名称写出化合物的结构式：

(1) $CH_3\underset{\underset{CH_3}{\overset{\overset{CH_3}{|}}{|}}}{C}HCH_2CH_2OH$

(2) $CH_3\underset{}{CHCH_2CH_2CH_2}\overset{\overset{OH}{|}}{C}HCH_3$ （上方 CH_3 与 OH）

(3) $CH_3CH_2\underset{\underset{OCH_3}{|}}{C}HCH_2\underset{\underset{CH_3}{|}}{C}HCH_3$

(4) $CH_3-\bigcirc-CH_2OH$

(5) $CH_3-\overset{\displaystyle O}{\overset{\displaystyle \diagup \diagdown}{CH-CH}}-CH_3$ 　　　(6) $C_2H_5-\!\!\!\bigcirc\!\!\!-SH$（带$CH_3$取代基）

(7) 叔丁醇 　　　　　　　　　　(8) 对甲氧基苯酚

(9) 5-甲基-2-异丙基苯酚 　　　(10) 甘油

(11) 2-甲基-1,4-丁二醇 　　　　(12) 6-甲氧基-α-萘酚

2. 写出分子式为 $C_4H_{10}O$ 的所有同分异构体,并用系统命名法命名。

3. 按要求排列次序

(1) 下列化合物的沸点从高到低的次序:

①1-丁醇　　　②1,2-丁二醇　　　③1,2,3-丁三醇　　　④乙醚

(2) 下列化合物在水中的溶解度从大到小的次序:

①甘油　　　②正丙醇　　　③甲乙醚　　　④正丁烷

(3) 下列各种醇与卢卡斯试剂反应由快到慢的次序:

①甲醇　　　②叔丁醇　　　③乙醇　　　④异丙醇

(4) 下列醇与金属钠反应由快到慢的次序:

①叔丁醇　　　②异丙醇　　　③正丙醇　　　④甲醇

4. 用化学方法鉴别下列各组化合物:

(1) 叔丁醇、仲丁醇、正丁醇

(2) 苯甲醚、苯酚和 1-苯基乙醇

(3) 1-丙醇、对甲基苯酚、叔丁醇

5. 完成下列反应方程式:

(1) $CH_3\overset{\displaystyle }{\underset{\displaystyle OH}{CH}}-\overset{\displaystyle }{\underset{\displaystyle CH_3}{CH}}CH_3 \xrightarrow[-H_2O]{\text{浓 } H_2SO_4}$

(2) 环己烯（带CH_3、CH_3取代） $+ H_2O \xrightarrow{H^+} ? \xrightarrow[-H_2O]{\text{浓 } H_2SO_4}$

(3) 环己基$-CH_2OH + \xrightarrow[-H_2O]{H_2SO_4} ? \xrightarrow{KMnO_4/H^+}$

(4) 邻甲基苯酚 $\xrightarrow[H_2O]{NaOH} ? \xrightarrow{?}$ 邻甲基苯甲醚（OCH_3、CH_3）

(5) $CH_2\!=\!CH_2 \xrightarrow{?} CH_3CH_2OH \xrightarrow{?} CH_3CHO$

(6) $(CH_3)_3C-\overset{\displaystyle }{\underset{\displaystyle OH}{CH}}-CH_2CH_3 \xrightarrow{HBr}$

(7) $CH_3CH_2OH + PBr_3 \longrightarrow ? \xrightarrow{CH_3CH_2ONa}$

(8) $CH_3CH_2\overset{\displaystyle }{\underset{\displaystyle OH}{CH}}CH_3 \xrightarrow{KMnO_4/H^+}$

140

$$(9)\ CH_3CH_2\underset{\underset{ONa}{|}}{CHCH_3}\ +\ CH_3CH_2Cl \longrightarrow$$

(10)

苯酚 $\xrightarrow[\text{室温}]{\text{浓 }H_2SO_4}$

$\xrightarrow[100℃]{\text{浓 }H_2SO_4}$

$$(11)\ \langle\ \rangle-OCH_3\ +\ HI \longrightarrow$$

$$(12)\ \underset{\underset{\text{O}}{\smile}}{CH_2-CH_2}\ \xrightarrow{CH_3MgX}\ ?\ \xrightarrow{H_2O}$$

6. 邻甲苯酚和下列试剂有无反应？若有,写出其主要产物。

(1)NH_3 水溶液　　　　(2)Br_2,H_2O_2　　　(3) HBr,△　　　(4)$Na_2Cr_2O_7$,H_2SO_4

(5)98％H_2SO_4,25℃　(6)冷稀 HNO_3　(7)$(CH_3CO)_2O$

7. 下列化合物按酸性由强至弱排列成序：

①苯酚　　②对硝基苯酚　　③2,4-二硝基苯酚　　④2,4,6-三硝基苯酚

⑤对甲基苯酚

8. 合成题（无机试剂任选）：

(1)由正丁醇合成 2-丁酮

(2)由苯和二个碳以下的化合物合成 $\langle\ \rangle$—CH_2CH_2OH

9. 某醇 A 的分子式为 $C_5H_{12}O$,氧化后可得到一种酮。A 脱水可生成一种烯烃,将该烯烃用酸性高锰酸钾氧化可得到酮和羧酸。试推断 A 的结构,并写出有关反应式。

10. 某芳香族化合物 A 分子式为 C_7H_8O,与金属钠不发生反应,但 A 可与氢碘酸反应得到 B 和 C。B 能溶于 $NaOH$ 溶液,并与 $FeCl_3$ 溶液作用显紫色；C 可与硝酸银的醇溶液反应得到碘化银沉淀。试写出 A、B、C 的结构式及相关反应方程式。

11. 有机物 A 的分子式为 $C_7H_{14}O$,A 与金属钠反应放出 H_2,A 与热的铬酸作用只能得到一个化合物 B,B 的分子式为 $C_7H_{12}O$,当 A 与浓硫酸共热,也只得到一个化合物（无异构体）C,C 的分子式为 C_7H_{12},C 用碱性高锰酸钾溶液加热处理得化合物 D,D 的构造式为

$$HOOCCH_2CH_2\underset{\underset{CH_3}{|}}{CH}CH_2COOH$$,试推测 A、B、C 的构造式。

第八章　醛、酮、醌

醛、酮、醌是烃的含氧衍生物,分子中都含有羰基($\diagdown$C$=$O)(carbonyl group),统称为羰基化合物。羰基与一个烃基和一个氢原子相连的是醛(aldehydes)(甲醛例外),醛的官能团称醛基 $\overset{\text{O}}{\underset{}{-\overset{|}{C}-H}}$,简写为$-$CHO。羰基与两个烃基相连的化合物是酮(ketones),酮的官能团羰基又称酮基,可简写为$-$CO$-$。醌(quinone)是一类具有共轭体系的环状多烯二酮类化合物。

$$\underset{\text{醛}}{(H)R-\overset{\overset{\text{O}}{\|}}{C}-H} \qquad \underset{\text{酮}}{R-\overset{\overset{\text{O}}{\|}}{C}-R'} \qquad \underset{\text{醌}}{O==O}$$

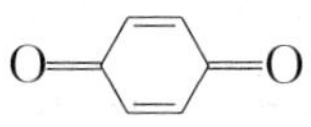

第一节　醛和酮

一、醛、酮的分类和命名

1. 分类

根据羰基所连的烃基的不同可以分为脂肪族醛、酮,芳香族醛、酮和脂环酮;根据羰基所连的烃基中是否饱和可分为饱和醛、酮和不饱和醛、酮;根据分子中羰基的数目可以分为一元醛、酮,二元醛、酮和多元醛、酮等。

2. 命名

简单的醛、酮用普通命名法,醛的命名与醇相似,称某醛。如:

$$\underset{\text{乙醛}}{CH_3CHO} \qquad \underset{\text{正丁醛}}{CH_3CH_2CH_2CHO} \qquad \underset{\text{异丁醛}}{CH_3CH(CH_3)CHO} \qquad \underset{\text{苯甲醛}}{-CHO}$$

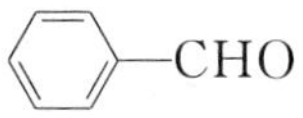

酮的命名则按酮基所连接的两个烃基,一般简单的在前,复杂的在后,而称为某(基)某(基)甲酮,"甲"字可以省略。例如:

$$CH_3COCH_3 \qquad CH_3\overset{\overset{O}{\|}}{C}CH_2CH_3 \qquad C_6H_5-\overset{\overset{O}{\|}}{C}CH_2CH_3$$

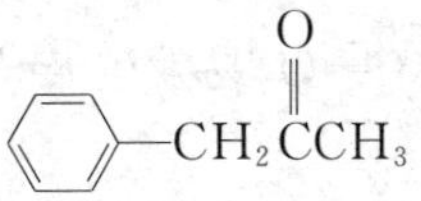

二甲酮   甲乙酮   甲苄酮

（二甲基甲酮）   （甲基乙基甲酮）   （甲基苄基甲酮）

许多醛习惯用俗名，多数的俗名都是按其氧化后所得的相应的羧酸的俗名命名的，例如：

$$CH_3(CH_2)_{10}CHO \qquad CH_3CH=CHCHO$$

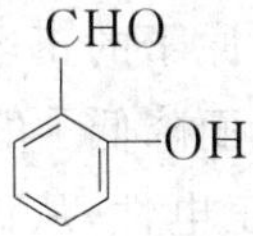

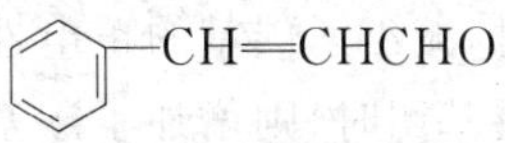

月桂醛   巴豆醛   水杨醛   肉桂醛

结构复杂的醛、酮则采用系统命名法：

选择含有羰基的最长碳链作为主链，称为某醛或某酮。由于醛基必在链端，所以醛从醛基的碳原子开始编号，命名时不必用数字标明其位置。酮从靠近酮基的一端开始给主链编号，酮基的位置需用数字标明，写在"某酮"之前，如主链上有取代基，则按次序规则表明取代基的位次，写在母体名称之前。主链碳原子的位次也可以采用希腊字母 α、β、γ 等来编号，α 碳指与醛基或酮基直接相连的碳原子。例如：

$$CH_3CH(CH_3)CHO \qquad CH_3CH=CHCHO \qquad CH_3CH_2\overset{\overset{O}{\|}}{C}CH_2\overset{\overset{CH_3}{|}}{C}HCH_3$$

2-甲基丙醛   2-丁烯醛   5-甲基-3-己酮

α-甲基丙醛   α-丁烯醛   β-甲基-3-己酮

$$CH_3\overset{\overset{CH_3}{|}}{C}HCH=CH\overset{\overset{O}{\|}}{C}CH_3$$

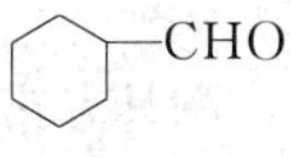

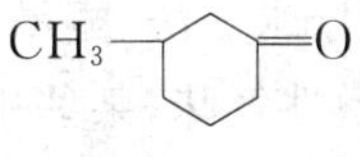

5-甲基-3-己烯-2-酮   环己基甲醛   3-甲基环己酮   丁酮

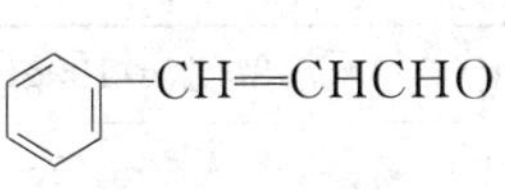

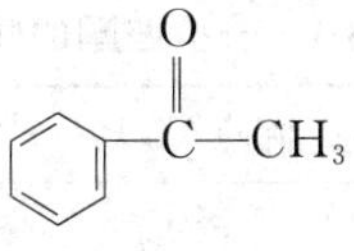

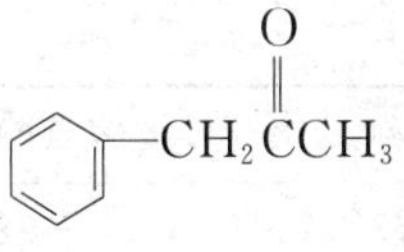

3-苯丙烯醛（肉桂醛）   苯乙酮   1-苯基-2-丙酮

二、醛、酮的结构

羰基是醛、酮共同的官能团，决定着醛、酮主要化学性质。醛、酮羰基中的碳原子为 sp^2 杂化状态，而氧原子则是未经杂化的。碳原子的三个 sp^2 杂化轨道相互对称地分布在一个平面上，其中之一与氧原子的 $2p$ 轨道在键轴方向重叠构成碳氧 σ 键。碳原子未参加杂化的 $2p$ 轨道垂直于碳原子三个 sp^2 杂化轨道所在的平面，与氧原子的另一个 $2p$ 轨道平行侧面重叠，形成 π 键，即碳氧双键也是由一个 σ 键和一个 π 键组成。由于氧原子的电负性比碳原子大，羰基中的 π 电子云就偏向于氧原子，羰基碳原子带上部分正电荷，而氧原子带上部分负电荷,致使 $\diagdown$C=O 易发生亲核加成反应。见图 8-1。

图 8-1　羰基的结构

羰基的活性大小与羰基碳原子的正电性强弱有关,羰基碳原子上连有斥电子原子或基团时,减小了羰基的正电性,从而降低了醛、酮亲核加成活性;如羰基碳原子上连有吸电子原子或基团时,则增加了羰基的正电性,从而增加了醛、酮亲核加成的活性。烷基的空间阻碍也影响亲核试剂对羰基的进攻,所以脂肪族醛、酮的活性次序为:

$$\underset{\displaystyle}{HCHO} > R-CHO > \underset{\displaystyle}{CH_3\overset{O}{\overset{\|}{C}}CH_3} > R-\overset{O}{\overset{\|}{C}}CH_3 > R-\overset{O}{\overset{\|}{C}}-R'$$

芳香族醛、酮,由于芳基和羰基发生 $\pi-\pi$ 共轭,芳环上电子云向羰基移动,降低了羰基碳原子的正电性,因此芳香族醛、酮的活性一般都比脂肪族醛、酮弱。

三、醛、酮的物理性质

常温下,甲醛是气体,C_{12} 以下的醛、酮是液体,高级的脂肪醛、酮和芳香酮多为固体。它们的分子一般都有较大的极性,因此沸点比相对分子质量相近的烷烃高。由于分子间没有缔合作用,故其沸点比相应的醇低。醛、酮分子中羰基的氧原子能与水形成氢键,所以含 1~4 个碳原子的醛、酮易溶于水,当分子中烃基的部分增大时,水溶性迅速下降,含 6 个碳原子以上的醛、酮几乎不溶于水。醛、酮易溶于有机溶剂。

低级的醛酮具有刺激性气味,某些中级的醛、酮具有花果香味,常用作香料工业的配方成分。一些常见的醛酮物理常数如表 8-1 所示。

表 8-1　一些醛酮的物理常数

名　称	熔点(℃)	沸点(℃)	相对密度(d_4^{20})	溶解度(g/100gH$_2$O)(25℃)
甲醛	−92	−21	0.815	55
乙醛	−121	20	0.783	∞
丙醛	−81	49	0.807	20
正丁醛	−99	76	0.817	4
丙烯醛	−87	53	0.841	易溶
苯甲醛	−26	179	1.046	0.33
丙酮	−95	56	0.792	∞
丁酮	−86	79.6	0.805	35.3

名 称	熔点（℃）	沸点（℃）	相对密度（d_4^{20}）	溶解度（g/100gH_2O）（25℃）
2-戊酮	−77.8	102.4	0.812	几乎不溶
3-戊酮	−41	102	0.814	4.7
环己酮	−45	155.7	0.942	溶
苯乙酮	19.7	202	1.026	微溶

四、醛、酮的化学性质

由于羰基是一个极性的不饱和基团，羰基碳带部分正电荷，容易受到亲核试剂的进攻而发生加成反应，称亲核加成反应；又由于羰基的吸电子作用所产生的诱导效应（$-I$）使 α-C 上的 α-H 比较活泼。此外，醛、酮还可以发生氧化、还原等反应。如图 8-2 所示。

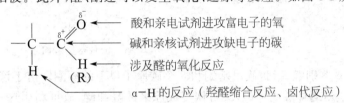

酸和亲电试剂进攻富电子的氧
碱和亲核试剂进攻缺电子的碳
涉及醛的氧化反应
α-H 的反应（羟醛缩合反应、卤代反应）

图 8-2 醛、酮结构中发生化学反应的位置

1. 羰基的亲核加成反应

（1）与氢氰酸加成

醛、脂肪族甲基酮及 8 个碳以下的环酮能与氢氰酸发生加成反应生成 α-羟基腈（又称氰醇），进一步水解得 α-羟基酸。反应通式为：

$$R-\overset{O}{\overset{\|}{C}}-H(CH_3) + HCN \rightleftharpoons R-\overset{OH}{\underset{CN}{\overset{|}{\underset{|}{C}}}}-H(CH_3) \xrightarrow[\text{水解}]{H^+} R-\overset{OH}{\underset{COOH}{\overset{|}{\underset{|}{C}}}}-H(CH_3)$$

α-羟基腈   α-羟基酸

可逆反应在微量碱的催化下，反应速率大大加快。水解反应常用于合成增长碳链的方法之一。例如有机玻璃的主要成分是聚甲基丙烯酸甲酯，以丙酮为原料制取合成有机玻璃的单体——甲基丙烯酸甲酯的反应步骤：

$$CH_3\overset{O}{\overset{\|}{C}}CH_3 \xrightarrow[OH^-]{HCN} CH_3-\overset{OH}{\underset{CN}{\overset{|}{\underset{|}{C}}}}-CH_3 \xrightarrow[\text{水解}]{H^+} CH_3-\overset{OH}{\underset{COOH}{\overset{|}{\underset{|}{C}}}}-CH_3 \xrightarrow[H_2SO_4,\triangle]{CH_3OH} CH_2=\overset{CH_3}{\underset{COOCH_3}{\overset{|}{\underset{|}{C}}}}$$

甲基丙烯酸

丙酮与氢氰酸若在中性条件下反应 3~4 个小时也只有一半原料起作用，如果滴加几滴

KOH 溶液,反应可在几分钟内完成。因为 HCN 是弱酸,在溶液中存在解离平衡,CN⁻ 的浓度很低。加入碱后,HCN 的解离度增加而提高了 CN⁻ 的浓度,使反应速率加快。这说明此反应是亲核试剂 CN⁻ 进攻羰基碳原子而进行的亲核加成反应。其反应历程如下:

$$
\overset{\delta^+}{-C}\!\!=\!\!\overset{\delta^-}{O} + CN^- \underset{慢}{\rightleftharpoons} -\overset{|}{\underset{|}{C}}-O^- \underset{H^+}{\overset{快}{\rightleftharpoons}} -\overset{|}{\underset{|}{C}}-OH
$$

芳香族甲基酮(ArCOCH₃)及其他酮难以发生此反应。

(2)与亚硫酸氢钠加成

醛、脂肪族甲基酮以及少于 8 个碳的环酮可与亚硫酸氢钠的饱和溶液发生加成反应,生成 α-羟基磺酸钠,它不溶于饱和的亚硫酸氢钠溶液而呈白色结晶体析出。

$$
\overset{O}{\underset{}{R-C-H(CH_3)}} + NaHSO_3 \rightleftharpoons R-\overset{OH}{\underset{SO_3Na}{C}}-H(CH_3)\downarrow
$$

α-羟基磺酸钠

此反应可用来鉴别醛、脂肪族甲基酮和 8 个碳原子以下的环酮。由于该反应可逆,加成产物 α-羟基磺酸钠遇稀酸或稀碱,又可恢复成原来的醛和酮,故可利用这一性质分离提纯醛和甲基酮。

$$
R-\overset{OH}{\underset{SO_3Na}{C}}-H(CH_3) \xrightarrow{HCl} \overset{O}{\underset{}{R-C}}-H(CH_3) + NaCl + SO_2\uparrow + H_2O
$$

$$
\xrightarrow{Na_2CO_3} \overset{O}{\underset{}{R-C}}-H(CH_3) + Na_2SO_3 + CO_2\uparrow + H_2O
$$

(3)与醇加成

在干燥氯化氢或浓硫酸作用下,醇作为亲核试剂可与醛发生加成,生成半缩醛(semiketal)。半缩醛一般不稳定,它可继续与一分子醇反应,两者之间脱去一分子水,而生成稳定的缩醛(ketal)。

$$
\overset{O}{\underset{}{R-C}}-H + H-OR' \xrightleftharpoons{干燥\ HCl} R-\overset{OH}{\underset{OR'}{C}}-H \xrightleftharpoons[干燥\ HCl]{HOR'} R-\overset{OR'}{\underset{OR'}{C}}-H + H_2O
$$

半缩醛

半缩醛中的羟基称半缩醛羟基,它和烃氧基连在同一个碳原子上,这样的结构很不稳定,易分解为原来的醛。但环状的半缩醛却比较稳定,如:

$$
\underset{\underset{OH}{|}}{CH_2}-CH_2-CH_2-\overset{O}{\underset{O}{C}} \xrightarrow{干燥\ HCl} \text{(环状结构)}-OH
$$

用甲醛与聚乙烯醇进行部分缩合可得到聚乙烯醇缩甲醛纤维（维纶）：

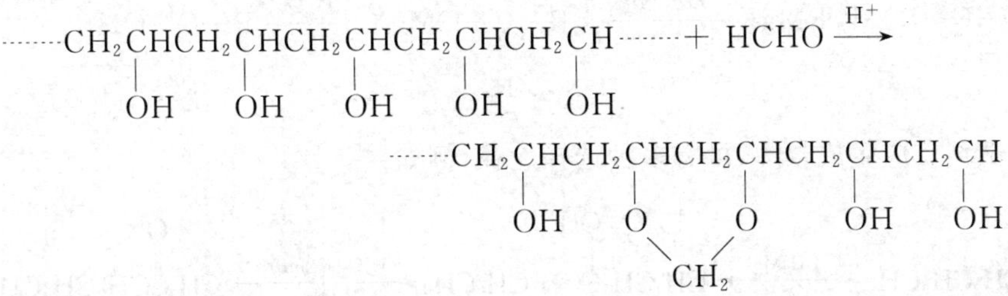

$$\cdots\cdots CH_2CHCH_2CHCH_2CHCH_2CHCH_2CH\cdots\cdots + HCHO \xrightarrow{H^+}$$
$$\qquad\quad | \qquad | \qquad | \qquad | \qquad |$$
$$\qquad\quad OH \quad OH \quad OH \quad OH \quad OH$$

$$\cdots\cdots CH_2CHCH_2CHCH_2CHCH_2CHCH_2CH\cdots\cdots$$
$$\qquad\qquad | \qquad | \qquad | \qquad | \qquad |$$
$$\qquad\qquad OH \quad O \quad\; O \quad OH \quad OH$$
$$\qquad\qquad\qquad\quad \diagdown \;\diagup$$
$$\qquad\qquad\qquad\quad CH_2$$

自然界中各类糖主要是以环状半缩醛的形式存在的，将在第十二章中讨论。

在结构上，缩醛跟醚相似，对碱和氧化剂是稳定的，对稀酸敏感可水解成原来的醛和醇。

$$RCH(OR')_2 + H_2O \xrightarrow{H^+} RCHO + 2R'OH$$

在有机合成中可利用这一性质保护活泼的醛基。例如由对羟基环己基甲醛合成对醛基环己酮时，若不将醛基保护起来，当用高锰酸钾氧化时，醛基也会被氧化成羧酸。

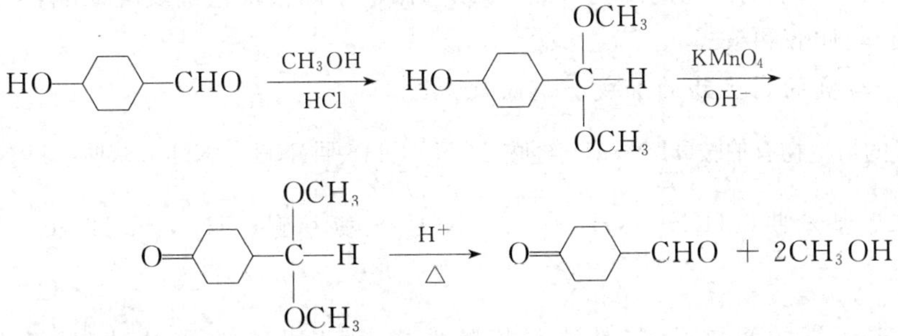

在同样条件下，酮与醇加成形成缩酮较困难。

（4）与格氏试剂加成

醛、酮都能与格氏试剂发生亲核加成反应，加成产物不必分离，而直接水解制得相应的醇。

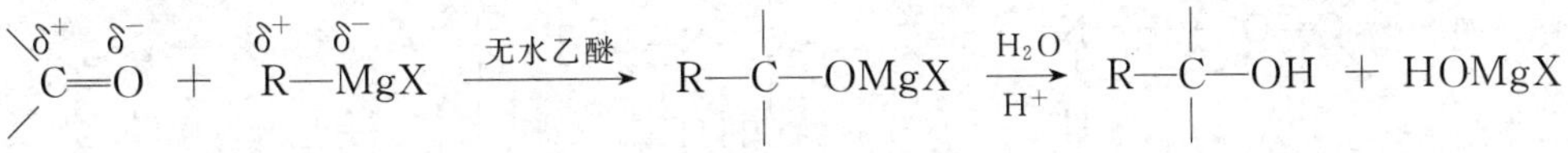

不同的羰基化合物与格氏试剂反应，生成的醇也不相同，甲醛与格氏试剂加成再水解可得到伯醇，其他的醛与格氏试剂加成再经水解可得仲醇，酮则得叔醇。

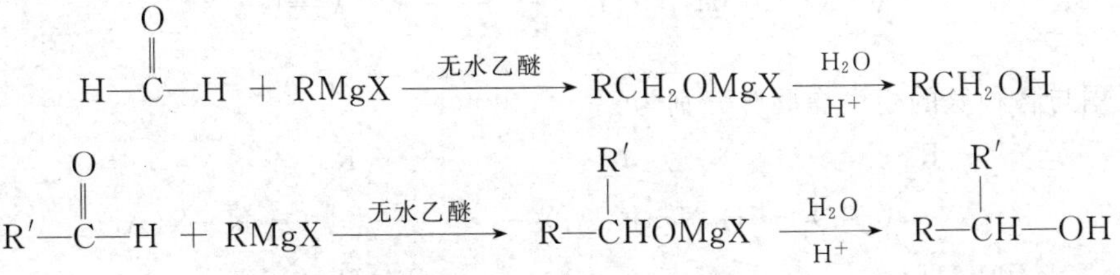

$$R'-\overset{\overset{\displaystyle O}{\|}}{C}-R'' + RMgX \xrightarrow{\text{无水乙醚}} R-\overset{\overset{\displaystyle R'}{|}}{\underset{\underset{\displaystyle R''}{|}}{C}}-OMgX \xrightarrow[H^+]{H_2O} R-\overset{\overset{\displaystyle R'}{|}}{\underset{\underset{\displaystyle R''}{|}}{C}}-OH$$

酮与格氏试剂反应生成叔醇,可有多种选择途径,例如:

$$CH_3CH_2-\overset{\overset{\displaystyle O}{\|}}{C}-CH_2CH_3 \xrightarrow[\text{②}H_2O]{\text{①}CH_3MgI} CH_3CH_2-\overset{\overset{\displaystyle OH}{|}}{\underset{\underset{\displaystyle CH_3}{|}}{C}}-CH_2CH_3 \xleftarrow[\text{②}H_2O]{\text{①}C_2H_5MgBr} CH_3-\overset{\overset{\displaystyle O}{\|}}{C}-CH_2CH_2CH_3$$

$$\xleftarrow[\text{②}H_2O]{\text{①}CH_3CH_2CH_2MgCl}$$

$$CH_3-\overset{\overset{\displaystyle O}{\|}}{C}-CH_2CH_3$$

当一个化合物有多种合成路线时,需要综合考虑成本、反应条件、环境污染等因素,选择最佳的路线。根据产物的结构特点,可以选用适当的格氏试剂及醛或酮,可以合成出不同结构的伯醇、仲醇和叔醇。

2. 与氨的衍生物的加成—消除反应

氨的衍生物有伯胺(H_2N-R)、羟胺(H_2N-OH)、肼(NH_2-NH_2)、苯肼($H_2N-NH-\bigcirc$)、2,4-二硝基苯肼($H_2N-NH-\bigcirc-NO_2$,O_2N)、氨基脲($H_2N-NH-\overset{\overset{\displaystyle O}{\|}}{C}-NH_2$)等。这些试剂都是含氮的亲核试剂,都能与羰基加成,因此也称为羰基试剂,常用通式 H_2N-Y 表示。

醛、酮与羰基试剂作用,首先形成不稳定的加成产物,随即从分子内消去一分子水,生成含碳氮双键的化合物,所以这个反应被称为**加成—消除反应**。反应通式可用下式表示:

$$\overset{\diagdown}{\underset{\diagup}{C}}=O + H-\overset{\overset{\displaystyle \cdot\cdot}{}}{\underset{\underset{\displaystyle H}{|}}{N}}-Y \xrightarrow{\text{加成}} \left[-\overset{\overset{\displaystyle |}{}}{\underset{\underset{\displaystyle OH}{|}}{C}}-\overset{\overset{\displaystyle |}{}}{\underset{\underset{\displaystyle H}{|}}{N}}-Y \right] \xrightarrow[-H_2O]{\text{消除}} \overset{\diagdown}{\underset{\diagup}{C}}=N-Y$$

该通式可简写成:

$$\overset{\diagdown}{\underset{\diagup}{C}}=O + H_2N-Y \xrightarrow{\text{加成—消除}} \overset{\diagdown}{\underset{\diagup}{C}}=N-Y$$

醛、酮与各种氨的衍生物反应分别为:

$$\overset{\overset{\displaystyle R}{|}}{\underset{\underset{\displaystyle (R')H}{|}}{C}}=O + H_2N-R(Ar) \xrightarrow{\triangle} \overset{\overset{\displaystyle R}{|}}{\underset{\underset{\displaystyle (R')H}{|}}{C}}=N-R(Ar)$$

伯胺   西佛碱

$$\underset{(R')H}{\overset{R}{\diagdown}}C{=}O + H_2N{-}OH \xrightarrow{\triangle} \underset{(R')H}{\overset{R}{\diagdown}}C{=}N{-}OH$$

羟胺　　　　　　　　　　肟

$$\underset{(R')H}{\overset{R}{\diagdown}}C{=}O + H_2N{-}NH_2 \xrightarrow{\triangle} \underset{(R')H}{\overset{R}{\diagdown}}C{=}N{-}NH_2$$

肼　　　　　　　　　　腙

$$\underset{(R')H}{\overset{R}{\diagdown}}C{=}O + H_2N{-}NH{-}C_6H_5 \xrightarrow{\triangle} \underset{(R')H}{\overset{R}{\diagdown}}C{=}N{-}NH{-}C_6H_5$$

苯肼　　　　　　　　　　苯腙

$$\underset{(R')H}{\overset{R}{\diagdown}}C{=}O + H_2N{-}NH{-}C_6H_3(NO_2)_2 \xrightarrow{\triangle} \underset{(R')H}{\overset{R}{\diagdown}}C{=}N{-}NH{-}C_6H_3(NO_2)_2$$

2,4-二硝基苯肼　　　　　　　2,4-二硝基苯腙

$$\underset{(R')H}{\overset{R}{\diagdown}}C{=}O + H_2N{-}NH{-}\overset{O}{\overset{\|}{C}}{-}NH_2 \xrightarrow{\triangle} \underset{(R')H}{\overset{R}{\diagdown}}C{=}N{-}NH{-}\overset{O}{\overset{\|}{C}}{-}NH_2$$

氨基脲　　　　　　　　缩氨脲

上述加成—消除反应产物一般为固体结晶,特别是2,4-二硝基苯肼几乎能与所有的醛、酮迅速反应,生成难溶于水的2,4-二硝基苯腙橙黄色结晶,反应很灵敏,常用来鉴别醛、酮。

肟、苯腙、缩氨脲和2,4-二硝基苯腙晶体经分离提纯后,用稀酸处理可以分解为原来的醛和酮,因此利用这些反应来分离提纯醛、酮。

3. α-H 的反应

醛、酮分子中 α-碳原子上的氢原子通常称为 α-H,由于羰基吸电子诱导效应(或者说 α-碳原子上的碳氢 σ 键与羰基中的 π 键形成 σ-π 超共轭效应)的影响,α-H 变得活泼,在酸或碱的作用下,α-H 有解离成质子的倾向而显示出弱酸性,所以含有 α-H 的醛、酮具有如下性质:

(1)卤代反应

醛、酮在酸或碱的催化下,α-H 可以逐个被卤素原子取代生成 α-卤代醛、酮。在酸性条件下,卤代反应可控制在一卤代产物。例如:

$$C_6H_5{-}\overset{O}{\overset{\|}{C}}{-}CH_3 + Br_2 \xrightarrow{H^+} C_6H_5{-}\overset{O}{\overset{\|}{C}}{-}CH_2Br$$

α-溴代苯乙酮

$$CH_3CHO + Cl_2 \xrightarrow{H^+} \underset{\underset{Cl}{|}}{CH_2}CHO$$

氯乙醛

$$\underset{\underset{\text{O}}{\parallel}}{CH_3C}CH_3 + Br_2 \xrightarrow{H^+} \underset{\underset{\text{O}}{\parallel}}{CH_3C}CH_2Br \quad （催泪剂）$$

溴丙酮

如果在碱性条件下,则生成多卤代产物,反应一般进行到 α-H 完全被取代为止,且反应迅速。例如:

$$CH_3—CH_2—CHO \xrightarrow[OH^-]{X_2} CH_3—\underset{\underset{X}{\overset{X}{|}}}{C}—CHO$$

α,α-二卤代丙醛

α-碳原子上连有三个氢原子的醛、酮,例如乙醛和甲基酮,能与卤素的碱性溶液作用,生成三卤代物。三卤代物在碱性溶液中不稳定,立即分解成三卤甲烷和羧酸盐,这就是**卤仿反应**(Haloforn Reaction)。

$$(R)H—\underset{\underset{\text{O}}{\parallel}}{C}—CH_3 \xrightarrow{X_2+NaOH} (R)H—\underset{\underset{\text{O}}{\parallel}}{C}—CX_3 \xrightarrow{NaOH} CHX_3 + (R)H—\underset{\underset{\text{O}}{\parallel}}{C}—ONa$$

卤仿

X_2 如果是 Cl_2,则得到 $CHCl_3$(氯仿)液体;X_2 如果是 Br_2,则得到 $CHBr_3$(溴仿)液体;X_2 如果是 I_2,则得到 CHI_3(碘仿)黄色固体。碘仿具有特殊气味,且容易识别,所以卤仿反应中常用的卤素为碘,则上述反应就称为碘仿反应。

碘仿反应非常灵敏,常用来鉴别乙醛和甲基酮。此外,由于碘和氢氧化钠作用生成次碘酸钠(NaIO)具有较强氧化性,可以将具有 $CH_3—\underset{\underset{OH}{|}}{CH}—H(R)$ 结构的醇氧化成相应的羰基化合物 $CH_3—\underset{\underset{\text{O}}{\parallel}}{C}—H(R)$,因此碘仿反应还可以鉴别乙醇和具有 $CH_3—\underset{\underset{OH}{|}}{CH}—R$ 结构的仲醇。

(2)羟醛缩合反应

在稀碱的催化下,含有 α-H 的醛可以发生自身的分子间加成作用,生成 β-羟基醛,这一反应就是**羟醛缩合反应**(aldol condensation)。例如:

$$CH_3—\underset{\underset{\text{O}}{\parallel}}{C}—O + CH_3—\underset{\underset{\text{O}}{\parallel}}{C}—H \underset{}{\overset{OH^-}{\rightleftharpoons}} CH_3—\underset{\underset{OH}{|}}{CH}—CH_2—\underset{\underset{\text{O}}{\parallel}}{C}—H$$

β-羟基丁醛

其反应历程如下：

I：
$$\overset{\text{H}}{\underset{}{\text{CH}_2}}{-}\overset{\text{O}}{\underset{}{\text{C}}}{-}\text{H} \xrightarrow{\text{OH}^-} {}^-\text{CH}_2{-}\overset{\text{O}}{\underset{}{\text{C}}}{-}\text{H} + \text{H}_2\text{O}$$

II：
$$\text{CH}_3{-}\overset{\text{O}}{\underset{}{\text{C}}}{-}\text{H} + {}^-\text{CH}_2{-}\overset{\text{O}}{\underset{}{\text{C}}}{-}\text{H} \xrightarrow{\text{慢}} \text{CH}_3{-}\overset{\text{O}^-}{\underset{}{\text{CH}}}{-}\text{CH}_2{-}\overset{\text{O}}{\underset{}{\text{C}}}{-}\text{H}$$

III：
$$\text{CH}_3{-}\overset{\text{O}^-}{\underset{}{\text{CH}}}{-}\text{CH}_2{-}\overset{\text{O}}{\underset{}{\text{C}}}{-}\text{H} \xrightleftharpoons{\text{H}_2\text{O}} \text{CH}_3{-}\overset{\text{OH}}{\underset{}{\text{CH}}}{-}\text{CH}_2{-}\overset{\text{O}}{\underset{}{\text{C}}}{-}\text{H} + \text{OH}^-$$

乙醛分子在稀碱作用下消除一个 α-H，生成碳负离子（I），碳负离子作为亲核试剂进攻另一分子乙醛的羰基进行亲核加成生成氧负离子（II），氧负离子再从水中夺取质子（H^+）生成 β-羟基乙醛（III）。

若生成的 β-羟基醛仍有 α-H 时，由于受到醛基和 β-羟基的吸电子诱导效应的双重影响，活性增强，稍微受热或在酸作用下易发生分子内脱水生成 α,β-不饱和醛。例如：

$$\text{CH}_3{-}\overset{\text{OH}}{\underset{}{\text{CH}}}{-}\overset{\text{H}}{\underset{}{\text{CH}}}{-}\text{CHO} \xrightarrow{\triangle} \text{CH}_3{-}\overset{\beta}{\text{CH}}{=}\overset{\alpha}{\text{CH}}{-}\text{CHO}$$
2-丁烯醛

酮也能发生羟酮缩合反应，但反应比较困难，只有简单的酮可以反应，产率较低。例如丙酮的羟酮缩合需在氢氧化钡的催化下，并采用特殊设备将生成的产物及时分离出来，才能使平衡向生成物的方向移动。

$$\text{CH}_3\overset{\text{O}}{\underset{}{\text{C}}}\text{CH}_3 + \text{CH}_3\overset{\text{O}}{\underset{}{\text{C}}}\text{CH}_3 \xrightleftharpoons{\text{Ba(OH)}_2} \text{CH}_3\underset{\underset{\text{CH}_3}{|}}{\overset{\text{OH}}{\underset{}{\text{C}}}}\text{CH}_2\overset{\text{O}}{\underset{}{\text{C}}}\text{CH}_3$$

当两种不同的含 α-H 的醛（或酮）在稀碱作用下发生羟醛（或酮）缩合反应时，由于交叉缩合的结果会得到 4 种不同的产物，分离困难，实用意义不大。若选用一种不含 α-H 的醛和一种含 α-H 的醛进行缩合，控制反应条件可得到产率较高单一产物。例如：

$$C_6H_5\overset{\text{O}}{\underset{}{\text{C}}}{-}\text{H} + \text{CH}_3\overset{\text{O}}{\underset{}{\text{C}}}{-}\text{H} \xrightleftharpoons{\text{稀 NaOH}} C_6H_5\overset{\text{OH}}{\underset{}{\text{CH}}}\text{CH}_2\text{CHO} \xrightarrow{\triangle} C_6H_5{-}\text{CH}{=}\text{CHCHO}$$
肉桂醛

羟醛缩合反应是非常重要的一类反应，是有机合成中增长碳链的重要方法之一。在生物体内的糖代谢中常见有羟醛缩合反应，如磷酸二羟基丙酮和 3-磷酸甘油醛经羟醛缩合生成 1,6-二磷酸果糖等。所以，羟醛缩合反应在糖的合成及分解过程中也具有重要的意义。

4. 氧化反应

醛由于其羰基上连有氢原子，很容易被强氧化剂如高锰酸钾、重铬酸钾、硝酸等氧化成羧酸，例如：

$$n-C_6H_{13}CHO \xrightarrow[H_2SO_4]{KMnO_4} n-C_6H_{13}COOH$$

醛不但可被强氧化剂氧化,也可被弱的氧化剂如托伦试剂和斐林试剂所氧化,生成含相同数碳原子的羧酸,而酮则不能被弱氧化剂氧化。

托伦试剂(Tollens reagent)是硝酸银的氨溶液。托伦试剂与醛共热,醛被氧化成羧酸而银离子被还原成金属银析出。反应产生的银是黑色粉末,若反应试管洁净,金属银可以附着在试管壁上形成明亮的银镜,故又称**银镜反应**(silver mirror reaction)。

$$RCHO + 2[Ag(NH_3)_2]^+ + 2OH^- \xrightarrow{\triangle} RCOONH_4 + 2Ag\downarrow + 3NH_3 + H_2O$$

所有的醛都能发生银镜反应,酮则不能,所以此反应可用于鉴别醛和酮。

斐林试剂(Fehling reagent)是由硫酸铜和酒石酸钾钠的氢氧化钠溶液配制而成的深蓝色二价铜离子配合物,与醛共热则被还原成砖红色的氧化亚铜沉淀。

$$RCHO + Cu^{2+} + 5OH^- \xrightarrow{\triangle} RCOO^- + Cu_2O\downarrow + 3H_2O$$
$$\text{砖红色}$$

脂肪醛能与菲林试剂作用且反应速率较快,但芳香醛则很难与斐林试剂作用,因此,利用斐林试剂可把脂肪醛和芳香醛区别开来。

弱氧化剂对醛分子中的羟基和碳碳双键没有影响。例如:

$$CH_3CH=CHCHO \xrightarrow[OH^-]{Ag^+ \text{或} Cu^{2+}} CH_3CH=CHCOOH$$

酮在强烈的条件下(如与酸性 $KMnO_4$ 或浓 HNO_3 长时间共热),也能被氧化,碳链在羰基两侧断裂,生成小分子羧酸的混合物,没有制备意义。例如:

$$\overset{\overset{\displaystyle O}{\|}}{CH_3CCH_2CH_3} \xrightarrow[\triangle]{KMnO_4/H^+} CH_3CH_2COOH + CH_3COOH + CO_2 + H_2O$$

但某些对称的环酮类化合物在适当的氧化剂作用下可以得到一种产物,例如工业上用于生产尼龙-66 的原料己二酸就是氧化环己酮得到的。

$$\text{环己酮} \xrightarrow[Cu-V, 100℃]{60\% HNO_3} \begin{matrix} CH_2CH_2COOH \\ | \\ CH_2CH_2COOH \end{matrix}$$
$$\text{己二酸}$$

5. 还原反应

醛、酮在一定条件下可以被还原,根据还原剂的不同,分别有不同的还原产物。

(1)催化氢化

醛、酮在金属催化剂 Ni、Pt、Pd 等存在下加氢,分别生成伯醇和仲醇:

$$RCHO + H_2 \xrightarrow{\text{Ni}} R\text{—}CH_2OH$$
伯醇

$$\underset{\displaystyle \text{仲醇}}{R\overset{\displaystyle O}{\overset{\|}{-}}C\text{—}R' + H_2 \xrightarrow{\text{Ni}} R\overset{\displaystyle OH}{\overset{|}{-}}CH\text{—}R'}$$

碳碳不饱和键在同样条件下也被还原,例如:

$$CH_3CH\text{=\!=}CHCHO \xrightarrow[\text{Pt}]{H_2} CH_3CH_2CH_2CH_2OH$$

(2)选择性还原

一些选择性很高的还原剂,如硼氢化钠($NaBH_4$)、氢化铝锂($LiAlH_4$)等可将醛、酮分子中的羰基还原为醇羟基,而分子中的不饱和双键或叁键不受影响。例如:

$$CH_3CH\text{=\!=}CHCHO \xrightarrow{NaBH_4} CH_3CH\text{=\!=}CHCH_2OH$$
巴豆醛　　　　　　　　　　　　　　巴豆醇

2-环己烯-1-酮　　　　　　　　　2-环己烯-1-醇

使用氢化铝锂时,反应一般在醚中进行;而硼氢化钠的使用一般是在醇或水中进行。

(3)克莱门森还原

醛、酮与锌汞齐和浓盐酸一起加热回流,羰基可被还原成亚甲基,此法称为**克莱门森还原**(Clemmenson Reduction)。

$$R\overset{\displaystyle O}{\overset{\|}{-}}C\text{—}R'(H) \xrightarrow[\triangle]{Zn-Hg,浓\ HCl} R\text{—}CH_2\text{—}R'(H)$$

利用芳烃的傅-克酰基化反应及克莱门森还原,制备连有直链烷基的芳烃,可以避免用傅—克烷基化反应导致的重排及多烃基化的问题。

此法只适用于对酸稳定的化合物,那些对酸敏感的醛、酮(如含有羟基、碳碳双键等)可以改用沃尔夫-吉日聂尔-黄鸣龙还原法。

(4)沃尔夫-吉日聂尔-黄鸣龙还原

在碱性条件下,将醛、酮与85%的水合肼、氢氧化钾或氢氧化钠在高沸点溶剂(如乙二醇、二缩乙二醇等)中加热回流,可使羰基还原成亚甲基,此法称为沃尔夫-吉日聂尔(Wolff-Kishner)-黄鸣龙还原。

153

$$R-\underset{(H)}{\overset{\overset{\displaystyle O}{\parallel}}{C}}-R' \xrightarrow[-H_2O]{H_2NNH_2} R-\underset{(H)}{\underset{\underset{\displaystyle R'}{|}}{C}}=NNH_2 \xrightarrow[200℃]{NaOH/乙二醇} R-CH_2-R' + N_2\uparrow$$

腙   烃

此反应是我国化学家黄鸣龙(1898~1979 年)在 1946 年对沃尔夫－吉日聂尔还原进行的改进法,适合于还原对酸敏感的醛、酮,而克莱门森还原适合于还原对碱敏感的醛、酮,两种方法在有机合成上可互补。

6. 歧化反应

没有 α-H 的醛,如甲醛、苯甲醛、乙二醛等在浓碱作用下发生醛分子之间的氧化还原反应,即一分子醛被还原成醇,另一分子醛被氧化成羧酸,这一反应称为**康尼查罗反应**(Cannizzaro Reaction)。康尼查罗反应是一种歧化反应,而酮不发生歧化反应。例如:

$$2HCHO \xrightarrow[\triangle]{浓\ NaOH} CH_3OH + HCOONa$$

$$2\langle \rangle\!-\!CHO \xrightarrow[\triangle]{浓\ NaOH} \langle \rangle\!-\!COONa + \langle \rangle\!-\!CH_2OH$$

如果是两种不含 α-H 的醛在浓碱条件下作用,则发生交叉康查尼罗反应。若两种醛其中一种是甲醛,由于甲醛是还原性最强的醛,所以总是甲醛被氧化成酸而另一醛被还原成醇。这一特性使得该反应成为一种有用的合成方法。

$$\langle \rangle\!-\!CHO + HCHO \xrightarrow{浓\ NaOH} \langle \rangle\!-\!CH_2OH + HCOONa$$

工业上利用羟醛缩合和交叉康查尼罗反应生产季戊四醇:

$$3HCHO + CH_3CHO \xrightarrow[羟醛缩合]{Ca(OH)_2} HOCH_2-\underset{\underset{\displaystyle CH_2OH}{|}}{\overset{\overset{\displaystyle CH_2OH}{|}}{C}}-CHO$$

$$HOCH_2-\underset{\underset{\displaystyle CH_2OH}{|}}{\overset{\overset{\displaystyle CH_2OH}{|}}{C}}-CHO + HCHO \xrightarrow[康查尼罗反应]{Ca(OH_2)} HOCH_2-\underset{\underset{\displaystyle CH_2OH}{|}}{\overset{\overset{\displaystyle CH_2OH}{|}}{C}}-CH_2OH + Ca(HCOO)_2$$

季戊四醇是塑料工业的重要原料,也是生产非离子表面活性剂的原料,它还常被用来制备扩张冠状动脉和防治心绞痛的药物季戊四醇四硝酸酯。季戊四醇四硝酸酯还是一种威力比 TNT 大得多的烈性炸药(PETN)。

7. 与希夫试剂反应

把二氧化硫通入红色的品红水溶液中,至红色刚好消失,所得的溶液称为品红亚硫酸试剂,也叫希夫试剂(Schiff reagent)。醛与希夫试剂作用显紫红色,酮则一般不反应而无此现象,因此,希夫试剂是实验室里区别醛和酮常用的简单方法。

甲醛与品红亚硫酸试剂作用生成的紫红色产物加入硫酸后紫红色不消失,而其他醛生成的紫红色产物加入硫酸后褪色,因此用希夫试剂和硫酸可以区别甲醛和其他醛。

五、重要的醛、酮

1. 甲醛

又名蚁醛,在常温下是无色有刺激性气味气体,易溶于水。它有凝固蛋白质的作用,因而具有杀菌和防腐能力。福尔马林是40%甲醛水溶液,用作消毒剂和防腐剂,常用来保护动物标本。

甲醛很容易发生聚合,可以形成三聚甲醛,三聚甲醛比较稳定,是保存甲醛的一种重要形式,在酸性催化剂存在下受热即可释放出甲醛单体。

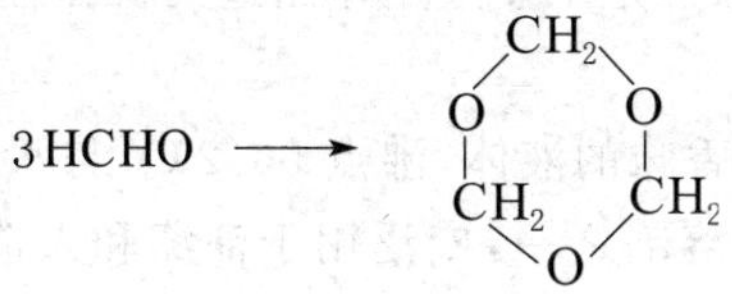

三聚甲醛

将甲醛的水溶液长时间放置或蒸发浓缩,可得到多聚甲醛:

$$n\text{HCHO} \longrightarrow \left[\!\!\left[\ \text{CH}_2\text{—O}\ \right]\!\!\right]_n$$

多聚甲醛

相对分子质量在6万左右的高聚甲醛是性能优良的工程塑料,可以抽丝制成性能与尼龙相似的纤维。甲醛还是制造热固性塑料——酚醛树脂的原料。

甲醛溶液与氨共同蒸发,生成环六亚甲基四胺,俗称乌洛托品(urotropine)。

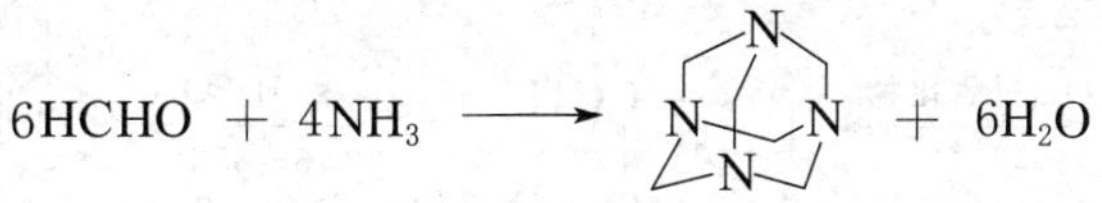

$$6\text{HCHO} + 4\text{NH}_3 \longrightarrow$$ $$+ 6\text{H}_2\text{O}$$

六亚甲基四胺

乌洛托品为白色结晶粉末,易溶于水,在医药上用作利尿剂。

2. 乙醛

又名醋醛,是无色、有刺激性气味、易挥发的液体,可溶于水、乙醇、乙醚中。与甲醛一样,乙醛在浓硫酸或干燥的氯化氢作用下可聚合成三聚乙醛。

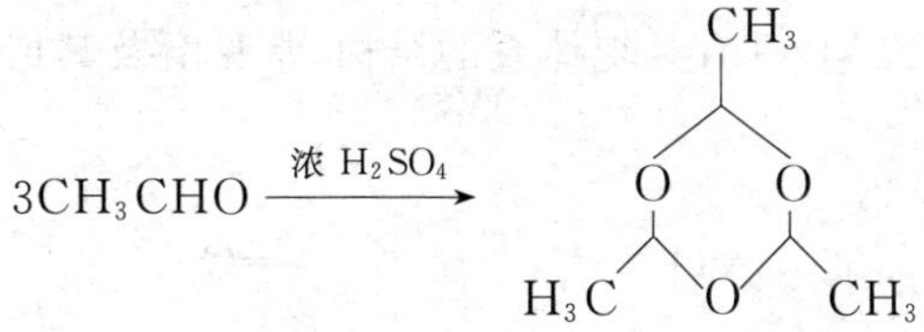

$$3\text{CH}_3\text{CHO} \xrightarrow{\text{浓 }H_2SO_4}$$

三聚乙醛

三聚乙醛是有香味的液体,沸点124℃,性质稳定,加稀酸蒸馏可解聚释放出乙醛,所以它是乙醛的一种保存形式,工业上常把乙醛制成三聚乙醛以便贮存。乙醛是重要的有机合成原料,可用于合成乙酸、乙酐、乙酸乙酯、丁醇和季戊四醇等化工产品。

三氯乙醛(Cl_3C-CHO)是乙醛的一个重要衍生物，是由乙醇与氯气作用而得，为无色油状液体，沸点98℃。由于三个氯原子的吸电子效应，使羰基活性大为提高，三氯乙醛可与水形成稳定的水合物，称为水合三氯乙醛[$Cl_3C-CH(OH)_2$]，商品名为水合氯醛，无色透明晶体，有刺激性气味。其10%水溶液可作为长时间作用的催眠药，用于失眠、烦躁不安等。

3. 苯甲醛

为无色液体，沸点178℃，有浓厚的苦杏仁气味，俗称苦杏仁油。它微溶于水，易溶于乙醇和乙醚中。自然界中的苯甲醛常与葡萄糖、氢氰酸等结合而存在于杏仁、核桃中，尤其以苦杏仁中含有最高。

苯甲醛易被空气中的氧氧化成白色的苯甲酸固体，所以保存时常加入少量对苯二酚作为抗氧剂，以防止被氧化。苯甲醛是工业上用作制造染料和香料的重要原料。

4. 丙酮

为无色易挥发易燃烧具有香味的液体，沸点56.2℃，与水、乙醇、乙醚等溶剂均能混溶。它是工业上和实验室最常用的溶剂之一，广泛用于油漆和人造纤维工业。丙酮也是重要的有机合成原料，如制造有机玻璃、合成树脂、合成橡胶、氯仿和碘仿等，工业上制备丙酮的主要方法有两种。

(1)丙烯催化氧化：

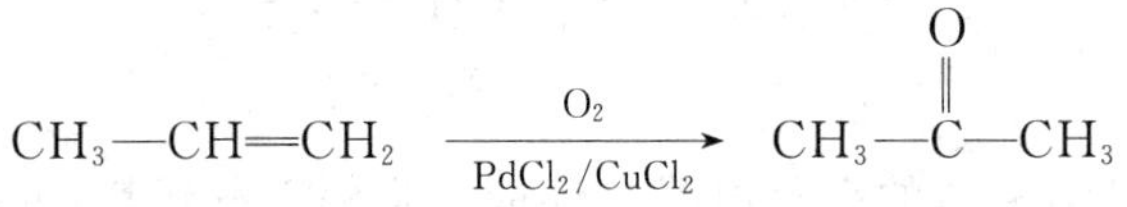

$CH_3-CH=CH_2$
O_2
$PdCl_2/CuCl_2$
$CH_3-C(=O)-CH_3$

(2)异丙苯氧化：

CH_3
CHCH$_3$
O_2/过氧化物
120℃
CH_3
CCH$_3$
O—O—H
稀 H_2SO_4
75～85℃
OH
+
O
CH_3CCH_3

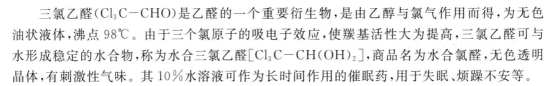

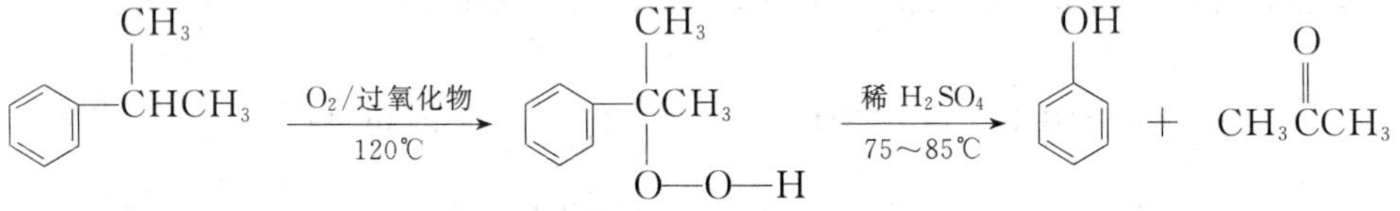

第二节 醌

一、醌的结构和命名

醌是一类环状不饱和二酮，具有共轭体系的结构，常见醌及其衍生物如下：

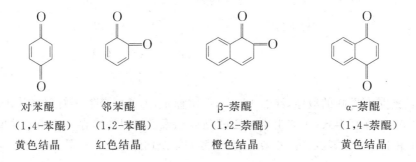

对苯醌	邻苯醌	β-萘醌	α-萘醌
(1,4-苯醌)	(1,2-苯醌)	(1,2-萘醌)	(1,4-萘醌)
黄色结晶	红色结晶	橙色结晶	黄色结晶

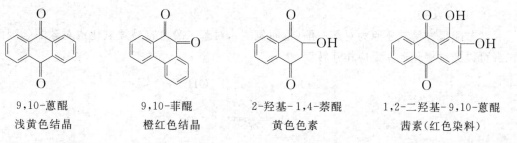

9,10-蒽醌　　　　　　　9,10-菲醌　　　　　2-羟基-1,4-萘醌　　　1,2-二羟基-9,10-蒽醌
浅黄色结晶　　　　　　橙红色结晶　　　　　　黄色色素　　　　　　　茜素(红色染料)

醌可由相应的酚氧化而来,间位的醌不存在。醌类化合物都是结晶固体,一般都有颜色,这是因为醌结构中具有 π-π 共轭体系,这种特征结构能产生颜色。通常对位醌多呈黄色,邻位醌多呈红色或橙色,它们的颜色色泽鲜艳,可以用作染料,如茜红就是一种古老的红色染料。

二、醌的化学性质

醌分子中含有碳碳双键和碳氧双键,因此具有烯烃和羰基化合物的典型反应。

1. 加成反应

(1)碳碳双键的加成

醌分子中碳碳双键可以和卤素、卤化氢等亲电试剂加成,例如对苯醌与氯加成可得二氯或四氯化合物:

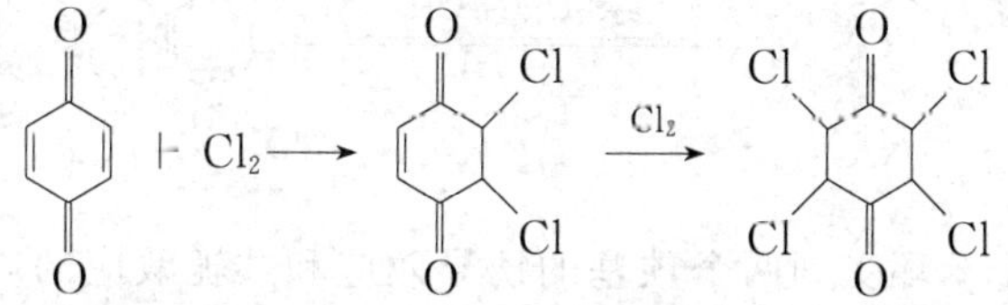

(2)1,4-加成反应

对苯醌可以与卤化氢、氰化氢等发生 1,4-加成反应,如:

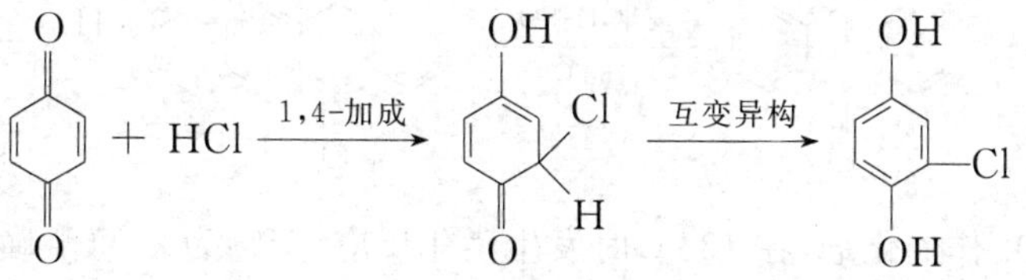

2-氯-1,4-苯二酚

(3)羰基的加成

醌分子中的羰基能与羰基试剂、格氏试剂等发生加成反应。如在酸性条件下,对苯醌可与羟胺作用:

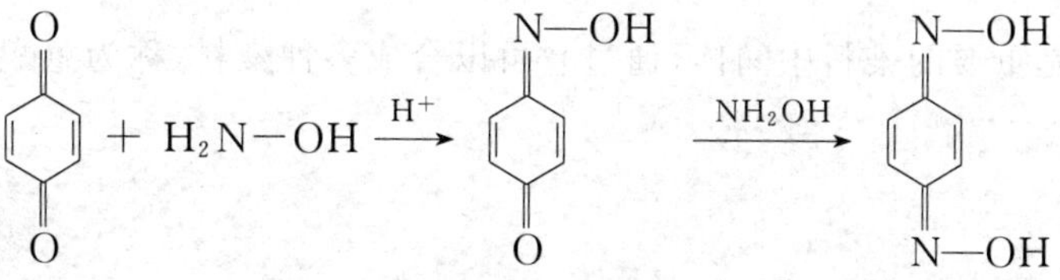

对苯醌单肟　　　　　　对苯醌双肟

157

2．还原反应

对苯醌很容易被还原为对苯二酚(也叫氢醌)，对苯二酚也容易被氧化成对苯醌。因此，二者可以通过氧化还原反应相互转变。

$$\text{O}=\!\!\!\bigcirc\!\!\!=\!\text{O} \underset{[\text{O}]}{\overset{[\text{H}]}{\rightleftharpoons}} \text{HO}-\!\!\bigcirc\!\!-\text{OH}$$

醌和对应的氢醌，能制成醌氢醌电极，常用来测定溶液的 pH 值。

三、蒽醌及蒽醌染料

蒽醌中最重要的是 9,10-蒽醌，通常称为蒽醌。蒽醌是浅黄色针状晶体，熔点 285℃，沸点 379～381℃，在大约 450℃分解。它不溶于水，微溶于乙醇、乙醚、氯仿，易溶于浓硫酸。蒽醌的化学性质较稳定，不易氧化，可被连二亚硫酸钠($Na_2S_2O_4$，俗称保险粉)和氢氧化钠还原，酸化后生成 9,10-二羟基蒽。

$$\text{蒽醌} \underset{②H^+/H_2O}{\overset{①Na_2S_2O_4/NaOH/空气}{\rightleftharpoons}} \text{9,10-二羟基蒽}$$

蒽醌分子中的两个苯环受到两个羰基的诱导效应和共轭效应的影响而钝化，不易发生亲电取代反应。但使用发烟硫酸，在 160℃的条件下，能发生磺化反应生成 β-蒽醌磺酸：

$$\text{蒽醌} \xrightarrow[160℃]{发烟\ H_2SO_4} \text{β-蒽醌磺酸(}SO_3H\text{)}$$

如果用 $HgSO_4$ 作催化剂，在 135℃时发生磺化反应，产物为 α-蒽醌磺酸：

$$\text{蒽醌} \xrightarrow[HgSO_4,135℃]{发烟\ H_2SO_4} \text{α-蒽醌磺酸(}SO_3H\text{)}$$

β-蒽醌磺酸是重要的染料中间体，通过它可以合成多种染料，称为蒽醌染料，例如：

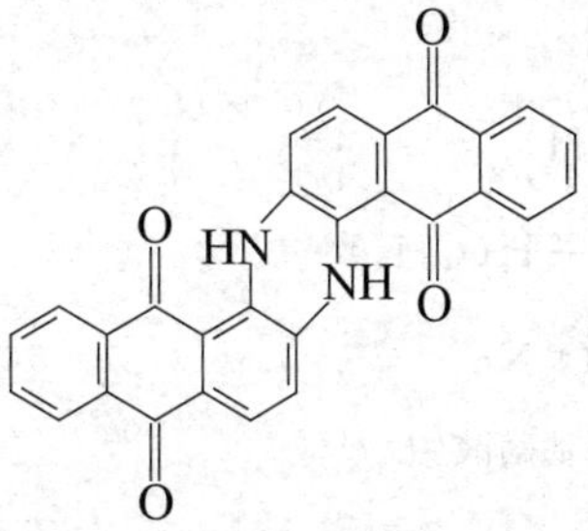

阴丹士林(还原蓝 RSN)

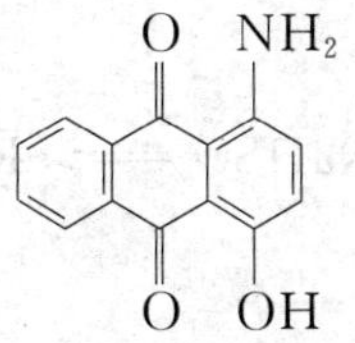

分散耐晒桃红

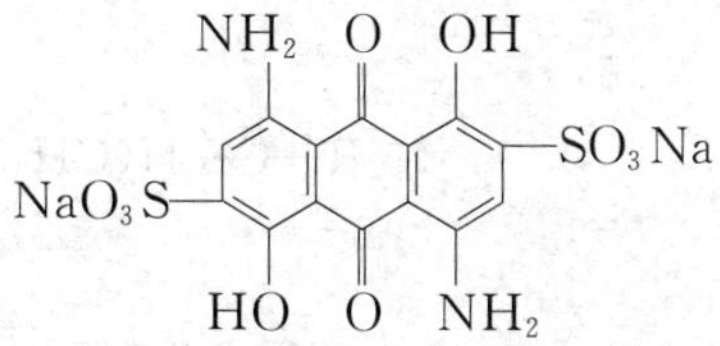

酸性蓝 SE

蒽醌是合成染料的原料。含有蒽醌结构的衍生物的染料是一类很重要的染料,包括还原、分散、酸性、阳离子等染料,已形成一大类色谱具全、性能良好的染料,据统计蒽醌染料已有 400 多个品种。

蒽醌工业制法主要是以邻苯二甲酸酐和苯为原料,通过傅一克酰基化反应,然后脱水:

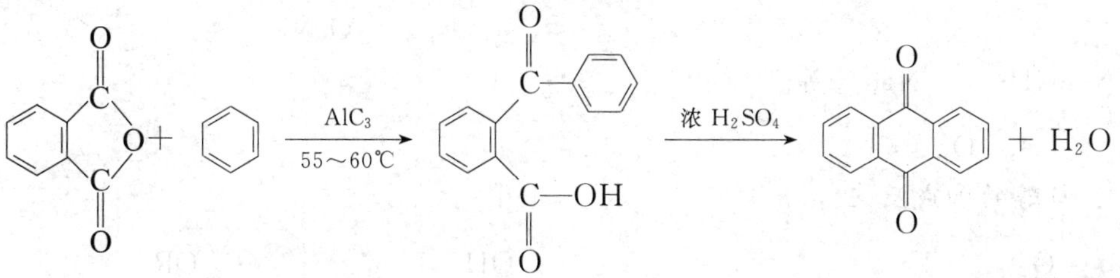

近年来发展了萘醌法,用萘醌与丁二烯进行狄尔斯一阿尔德反应,然后脱氢:

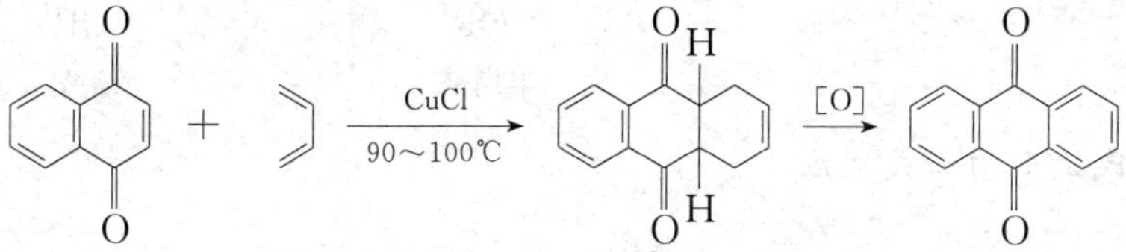

醛和酮的主要反应

一、加成反应

1. 与 HCN 的加成反应

$$\underset{\text{醛或甲基酮}}{R-\overset{\overset{\displaystyle O}{\|}}{C}-H(CH_3)} + HCN \xrightleftharpoons{OH^-} \underset{\alpha\text{-羟基腈}}{R-\underset{\underset{\displaystyle CN}{|}}{\overset{\overset{\displaystyle OH}{|}}{C}}-H(CH_3)}$$

2. 与 NaHSO$_3$ 的加成反应

$$R-\underset{\underset{O}{\|}}{C}-H(CH_3) \ + \ NaHSO_3 \ \rightleftharpoons \ R-\underset{\underset{SO_3Na}{|}}{\overset{\overset{OH}{|}}{C}}-H(CH_3)$$

醛或甲基酮   α-羟基磺酸钠

3. 与氨的衍生物的加成－消除反应

$$\diagdown\!\!C\!\!=\!\!O \ + \ H_2N-Y \ \xrightarrow{\text{加成－消除}} \ \diagdown\!\!C\!\!=\!\!N-Y \ + \ H_2O$$

H_2N-Y 为伯胺（H_2N-R）、羟胺（H_2N-OH）、肼（NH_2-NH_2）、苯肼

（ $H_2N-NH-\bigcirc$ ）、2，4-二硝基苯肼（ $H_2N-NH-\underset{O_2N}{\bigcirc}-NO_2$ ）、氨基脲

（ $H_2N-NH-\underset{\underset{O}{\|}}{C}-NH_2$ ）等。

4. 与醇的加成反应

$$R-\underset{\underset{O}{\|}}{C}-H \ + \ H-OR' \ \xrightarrow[]{\text{干燥 HCl}} \ R-\underset{\underset{OR'}{|}}{\overset{\overset{OH}{|}}{C}}-H \ \underset{\text{干燥 HCl}}{\overset{HOR'}{\rightleftharpoons}} \ R-\underset{\underset{OR'}{|}}{\overset{\overset{OR'}{|}}{C}}-H \ + \ H_2O$$

半缩醛   缩醛

5. 与格氏试剂的加成反应

$$\diagdown\!\!C\!\!=\!\!O \ + \ RMgX \ \longrightarrow \ R-\overset{|}{\underset{|}{C}}-OMgX \ \xrightarrow{H_2O} \ R-\overset{|}{\underset{|}{C}}-OH$$

二、α-H 的反应

1. 卤代反应

$$(R)H-\underset{\underset{O}{\|}}{C}-CH_3 \ \xrightarrow{X_2+NaOH} \ (R)H-\underset{\underset{O}{\|}}{C}-CX_3 \ \xrightarrow{NaOH} \ CHX_3 + \ (R)H-\underset{\underset{O}{\|}}{C}-ONa$$

卤仿

（X＝Cl、Br、I）

2. 羟醛缩合反应

$$\diagdown\!\!C\!\!=\!\!O \ + \ H-\overset{|}{\underset{|}{C}}-\underset{\underset{O}{\|}}{C} \ \xrightarrow{\text{稀碱}} \ -\underset{\underset{OH}{|}}{\overset{|}{C}}-\overset{|}{\underset{|}{C}}-\underset{\underset{O}{\|}}{C}-$$

β-羟基羰基化合物

三、氧化反应

1. 醛：(C—H 键断裂)

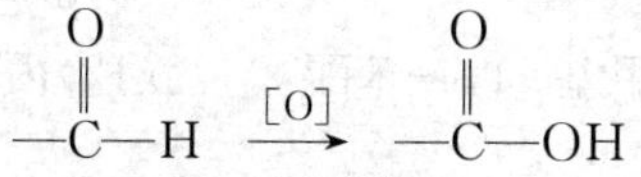

弱氧化剂：$Ag(NH_3)_2OH$、$Cu(OH)_2+NaOH$、Ag_2O 等

2. 酮：遇强氧化剂，C—C 键和 C—H 键断裂。

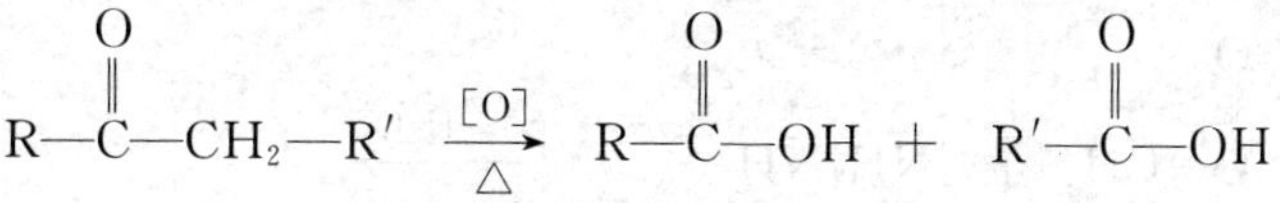

四、还原反应

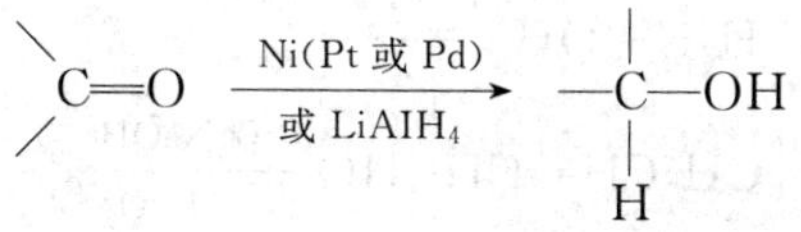

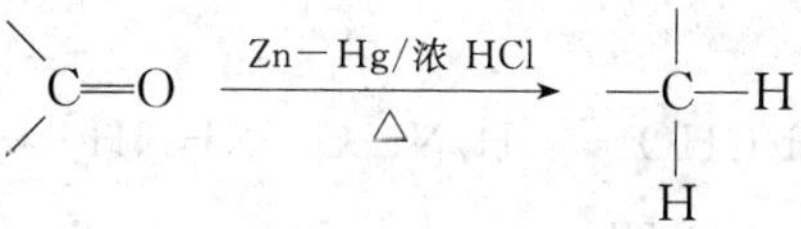

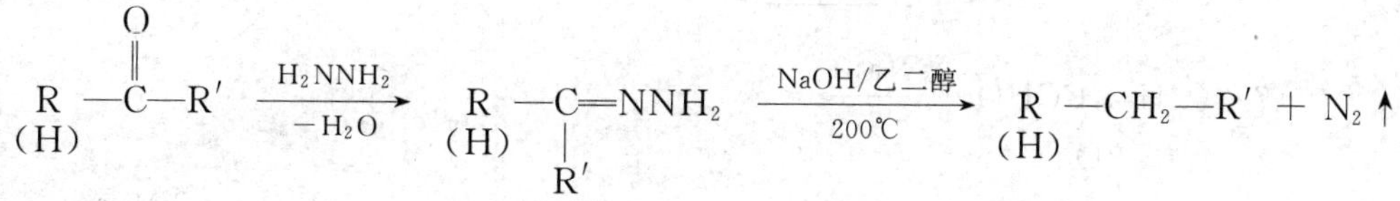

五、歧化反应

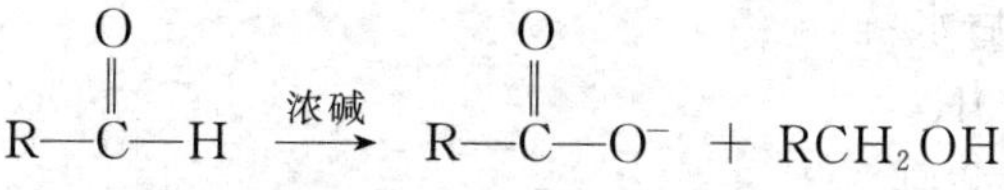

无 α-H 的醛　　羧酸盐

习　题

1. 命名或根据名称写出结构式。

(1) 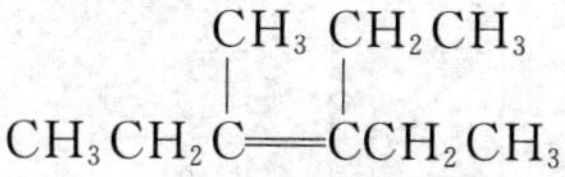 $CH_3CH_2\overset{\displaystyle CH_3\ CH_2CH_3}{\underset{\displaystyle }{C=C}}CH_2CH_3$　　(2) ⬠—CHO　　(3) $CH_3CH_2COCH_2CH(CH_3)_2$

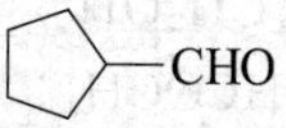

纺织有机化学

(4) CCH_2CH_3 (5) $CH_3COCH_2COCH_3$ (6)

(7) 间甲基苯甲醛   (8) 三氯乙醛   (9) β-羟基丁醛

(10) 1,3-环己二酮   (11) 2,5-二甲基-1,4-苯醌   (12) 丙酮缩氨脲

2. 用化学方法鉴别下列各组物质。

(1) 丙醇、丙醛、丙酮、乙醛   (2) 2-己酮、3-己酮、环己酮

(3) 甲醛、苯甲醛、苯乙酮   (4) 甲醛、乙醛、丙醛

3. 完成下列反应：

(1) CH_3—$\overset{\overset{\textstyle O}{\|}}{C}$—$CH_3$ + NH_2NH— $\xrightarrow{-H_2O}$

(2) $\xrightarrow[H_3O^+]{HCN}$? $\xrightarrow{-H_2O}$

(3) —CHO + H_2N—OH $\longrightarrow$

(4) —CHO + CH_3CH=$CHCHO$ $\xrightarrow[-H_2O]{稀\ NaOH}$

(5) $CH_3CH_2CH_2CH_2CHO$ + H_2N—$\overset{\overset{\textstyle O}{\|}}{C}$—$NHNH_2$ $\longrightarrow$

(6) O=—CHO $\xrightarrow{NaBH_4}$

(7) $(CH_3)_3CCHO$ $\xrightarrow{浓\ NaOH}$

(8) CH_3—$\overset{\overset{\textstyle O}{\|}}{C}$—$CH_2CH_3$ + CH_3MgCl $\longrightarrow$? $\xrightarrow{H_3O^+}$? $\xrightarrow{-H_2O}$? $\xrightarrow[H^+]{KMnO_4}$

4. 写出丙醛与下列试剂反应的产物：

(1) $NaBH_4$（在 NaOH 水溶液中）

(2) $LiAlH_4$，然后水解

(3) $Ag(NH_3)_2OH$

(4) 2,4-二硝基苯肼

(5) 冷、稀 $KMnO_4$ 溶液

5. 完成下列转化。

(1) CH_3CH_2CHO $\longrightarrow$ CH_3—$\overset{\overset{\textstyle OH}{|}}{CH}$—$CH_2CH_3$

(2) CH_3CH_2OH $\longrightarrow$ CH_3—$\overset{\overset{\textstyle O}{\|}}{C}$—$CH_3$

(3) 由丙烯合成 $CH_3CH_2CH_2CH_2OH$

(4) 由丙酮合成 $(CH_3)_2C$=$CHCOCH_3$

162

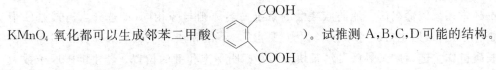

$$\begin{array}{c} OHCH_3 \\ | \quad | \\ (5)由丙酮合成 \quad CH_3-C-CHCH_3 \\ | \\ CH_3 \end{array}$$

$$\begin{array}{c} O \\ \| \\ (6)由正丙醇合成 \quad CH_3CH_2CCH_2CH_2H_3 \end{array}$$

6. 以苯或甲苯和四个碳或四个碳以下的醇为原料合成下列物质。

(1) 正丁基苯　　　　　　　　　(2) 对硝基-2-羟基苯乙酸

(3) 1,2-二苯基-2-丙醇

(4) 苯—CH=CH—CH(OH)—苯—NO_2

7. 用格氏试剂和醛、酮合成下列醇。

(1) 3-甲基-2-丁醇　　　　　　　(2) 2-甲基-2-己醇

(3) 新戊醇　　　　　　　　　　　(4) 4-戊烯-2-醇

8. 按要求对下列各组化合物排列顺序,并说明为什么。

(1)与 $NaHSO_3$ 加成的活性:

A. $CH_3\overset{O}{\overset{\|}{C}}CH_3$　　B. $CH_3\overset{O}{\overset{\|}{C}}C_2H_5$　　C. $CH_3\overset{O}{\overset{\|}{C}}C_6H_5$　　D. CH_3CHO　　E. $CH_3CH_2CH_2CHO$

(2)与 HCN 加成的活性:

A. CH_3CHO　　B. $CH_3\overset{O}{\overset{\|}{C}}CH_3$　　C. $ClCH_2CHO$　　D. $C_2H_5\overset{O}{\overset{\|}{C}}C_2H_5$

9. 下列化合物哪些能发生碘仿反应? 写出反应式。

(1) $(CH_3)_3CCOCH_3$　　(2) 环己基—CH_2CHO　　(3) 苯—$CH_2\underset{OH}{\overset{}{C}HCH_3}$

(4) 苯—CH_2CH_2OH　　(5) $CH_3CH_2\underset{OH}{\overset{}{C}HCH_2CH_2CH_3}$　　(6) 苯—$COCH_3$

10. 有一化合物,经元素定量分析确定其分子式为 C_3H_8O。它能被氧化,氧化产物与苯肼试剂作用生成苯腙,但与托伦试剂无反应,试写出其结构式及有关反应式。

11. 有一化合物 $C_8H_{14}O$(A),能很快使溴的四氯化碳褪色,并能与苯肼反应生成黄色沉淀。A 经高锰酸钾氧化生成一分子丙酮和另一酸性化合物 B。B 与碘的氢氧化钠作用后生成碘仿和丁二酸($HOOCCH_2CH_2COOH$)盐。试推测 A、B 的结构。

12. 化合物 A 的分子式为 $C_{10}H_{12}O$,它与 $Br_2/NaOH$ 反应后,酸化得 B($C_9H_{10}O_2$)。A 经克莱门森还原生成 C($C_{10}H_{14}$);A 与苯甲醛在稀碱中反应生成 D($C_{17}H_{16}O$)。A,B,C,D 经酸性 $KMnO_4$ 氧化都可以生成邻苯二甲酸(苯—$\underset{COOH}{\overset{COOH}{}}$)。试推测 A,B,C,D 可能的结构。

第九章　羧酸及其衍生物

分子中含有羧基（ $-\overset{\overset{\displaystyle O}{\|}}{C}-OH$ ）的化合物称为羧酸（carboxylic acids）。除甲酸外，所有一元羧酸都可看作是烃分子中氢原子被羧基取代后的产物，所以可用通式 R（Ar）—COOH 来表示。

羧酸分子中羧基上的羟基被其他原子或原子团取代后的产物称为羧酸衍生物（carboxylic acid-derivatives），其结构通式：

$$R-\overset{\overset{\displaystyle O}{\|}}{C}-Y \qquad (Y=-X，\ -O\overset{\overset{\displaystyle O}{\|}}{C}R'，\ -OR'，-NH_2 \ 等)$$

羧酸及其衍生物广泛地存在于自然界。羧酸是许多有机化合物氧化的最终产物，因而是生物体内新陈代谢的重要物质。羧酸及其衍生物是重要有机合成原料，用于合成医药、染料、农药，也可以合成涤纶、锦纶等合成纤维。

第一节　羧　酸

一、羧酸的分类和命名

1. 分类

根据羧酸分子中烃基的种类将羧酸分为脂肪族羧酸、脂环族羧酸和芳香族羧酸；也可以根据烃基的饱和程度分为饱和羧酸和不饱和羧酸。按羧酸分子中所含的羧基数目不同可将羧酸分为一元羧酸、二元羧酸和多元羧酸。

2. 命名

羧酸常用的命名方法有两种，一些常见的羧酸根据它们的来源多用俗名。例如甲酸最初由蒸馏蚂蚁而得到的，也叫蚁酸。乙酸是由酿造食醋得到的，所以也叫醋酸。苹果酸、柠檬酸分别来自苹果和柠檬等。硬脂酸、软脂酸和油酸则都是由油脂水解得到的，并根据它们的性状分别加以命名的。

羧酸还常用系统命名法。脂肪族羧酸的系统命名原则与醛相同，即选择含有羧基的最长的碳链作主链，根据主链碳原子数目称为"某酸"。不饱和羧酸主链应选择含不饱和键在内的最长碳链作主链，称"某烯酸"或"某炔酸"，并标明不饱和键的位置。若主链碳原子数大于10,则在主链名称前加一个"碳"字。主链上碳原子编号从羧基中的碳原子开始(所以命名时羧基位次不用写出),取代基的位次用阿拉伯数字标明。有时也用希腊字母来表示取代基的位次,从与羧基相邻的碳原子开始,依次为 α、β、γ ……等。例如:

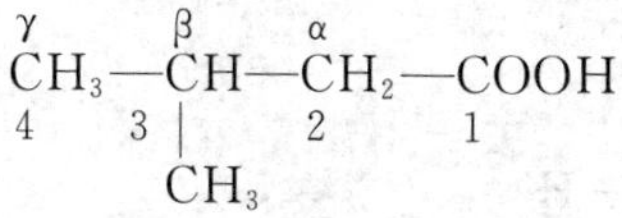

$$\overset{\gamma}{\underset{4}{CH_3}}-\overset{\beta}{\underset{3}{CH}}-\overset{\alpha}{\underset{2}{CH_2}}-\underset{1}{COOH} \qquad CH_3CH=CHCOOH \qquad CH_3(CH_2)_7CH=CH(CH_2)_7COOH$$
$$\underset{CH_3}{\big|}$$

3-甲基丁酸   2-丁烯酸   9-十八碳烯酸(油酸)

β-甲基丁酸   α-丁烯酸(巴豆酸)

$$CH_3CH=CHCH=CHCOOH \qquad\qquad \overset{CH_3}{CH_3C}=CH\overset{C_2H_5}{CH}CHCOOH$$

      2,4-己二烯酸   4-甲基-2-乙基-3-戊烯酸

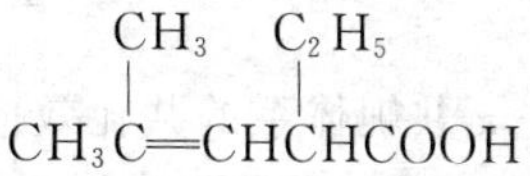

芳香族羧酸和脂环族羧酸,可把芳环和脂环作为取代基来命名。例如:

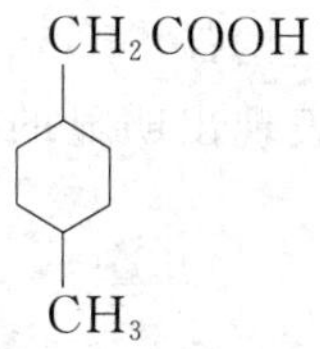

4-甲基环己基乙酸   3-苯丙烯酸(肉桂酸) 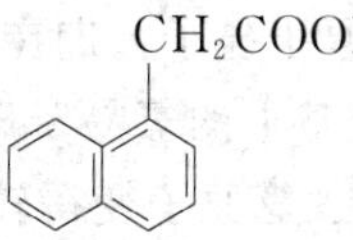   α-萘乙酸

(对甲基环己基乙酸)   (2-萘乙酸)

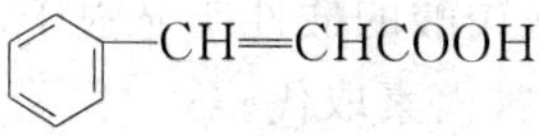

命名脂肪族二元羧酸时,则应选择包含两个羧基的最长碳链作主链,称"某二酸"。如:

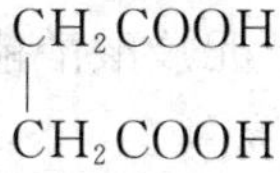

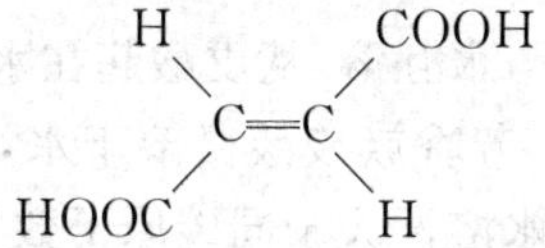

乙二酸   丁二酸   反丁烯二酸   顺丁烯二酸

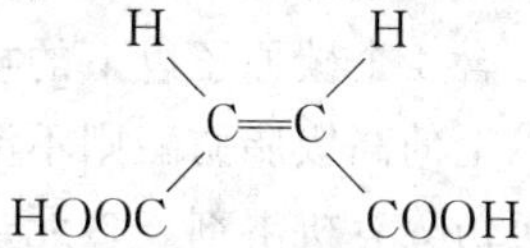

(草酸)   (琥珀酸)   (富马酸)   (马来酸)

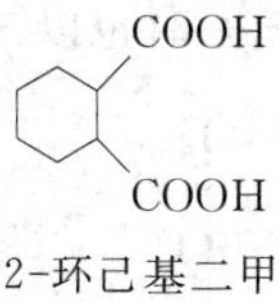

   1,2-环己基二甲酸 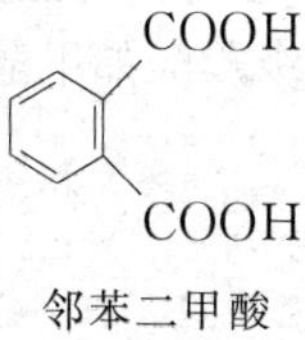   邻苯二甲酸 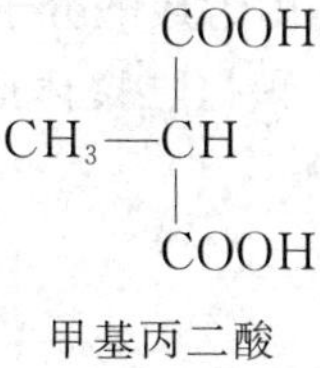   甲基丙二酸

二、羧基的结构

羧基是羧酸的官能团,决定着羧酸的性质。羧基是由羰基和羟基构成的,但羧基作为一个整体,其性质不是羰基和羟基性质的简单加合。羰基中的碳原子为 sp^2 杂化,3 个 sp^2 杂化轨道分别与两个氧原子和烃基中 α-碳原子形成 3 个 σ 键,3 个 σ 键在同一平面上。羰基碳原子上未参与杂化的 p 轨道与羰基氧原子的 p 轨道形成 1 个 π 键,同时羟基氧原子上的未

共用电子对与羰基的 π 键形成 p-π 共轭体系(如图 9-1 所示)。

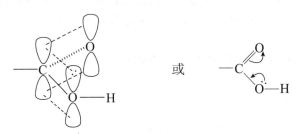

图 9-1　羰基中的 p-π 共轭体系

由于 p-π 共轭体系的共轭效应:①使 C=O 中碳原子上电子云密度增大,难以发生类似醛、酮那样的亲核加成反应。但在强烈的条件下,π 键也能断裂,如在 LiAlH$_4$ 作用下,羧酸可被还原成醇。②使羧基中 C—O 键极性降低,因此羧基中的羟基不如醇分子中的羟基容易脱去,但在某些试剂作用下,羟基也可被取代,得到酰卤、酰胺、酯和酸酐等羧酸衍生物。③使羟基氧原子电子云向羰基偏移,O—H 间的电子云同时向氧靠近,增强了 O—H 键的极性,从而使羟基上的氢易于解离,因此羧酸的酸性明显强于水和醇,表现出明显的酸性。④使烃基中的 α-氢原子变得较活泼,能被卤素取代。

三、羧酸的物理性质

在室温下,甲酸、乙酸和丙酸是具有刺激性气味的液体,分子中含 4~9 碳原子的羧酸是具有腐败恶臭气味的油状液体,含 10 个碳原子以上的羧酸为无味石蜡状固体。脂肪族二元酸和芳香酸都是结晶状固体。

含 4 个碳原子以下的羧酸可与水互溶,从戊酸起在水中溶解度随碳链的增长而减小,癸酸以上的高级脂肪酸则不溶于水,芳香族羧酸微溶于水,高级一元羧酸能溶于乙醇、乙醚和氯仿等有机溶剂。多元羧酸的水溶性大于同碳原子数的一元羧酸。

直链饱和一元羧酸的沸点随相对分子质量的增加而升高,比具有相近的相对分子质量的醇的沸点高。如甲酸(相对分子质量 46)沸点 100.5℃,乙醇(相对分子质量 46)沸点 78.3℃。这是因为羧酸分子之间通过氢键缔合的能力比相应的醇强。实验测得,羧酸在固态和液态时,一般以二聚体形式存在,低级羧酸如甲酸、乙酸等在气态时也以二聚体存在。

双分子缔合体(二聚体)　　　　　　　羧酸与水的氢键缔合

直链饱和一元酸的熔点随相对分子质量的增加而呈锯齿状的上升趋势,含偶数碳原子羧酸的熔点比相邻的两个奇数碳原子的羧酸的熔点都高。这是由于偶数碳原子羧酸分子比奇数碳原子羧酸分子有更好的对称性,可使羧酸晶格中分子排列得更紧密的缘故。

$$\text{COOH}$$
(己酸熔点-3.4℃)

$$\text{COOH}$$
(庚酸熔点-11℃)

一些羧酸的物理常数见表 9-1。

表 9-1　常见羧酸的物理常数

名称(俗名)	熔点(℃)	沸点(℃)	溶解度(25℃)(g/100gH$_2$O)	pK$_a$(或 pK$_a$1)(25℃)
甲酸(蚁酸)	8.4	100.5	∞	3.77
乙酸(醋酸)	16.6	118	∞	4.76
丙酸(初油酸)	-21	141.4	∞	4.88
丁酸(酪酸)	-5	164	∞	4.82
戊酸(缬草酸)	-34.5	186.4	4.97	4.84
己酸(羊油酸)	-3.4	205	1.1	4.88
庚酸(毒水芹酸)	-7.5	223	0.3	4.89
辛酸(羊脂酸)	16	239	0.07	4.89
十六碳酸(软脂酸)	62.9	269/13.33 KP$_a$	不溶	—
十八碳酸(硬脂酸)	70	287/13.33 KP$_a$	不溶	—
苯甲酸(安息香酸)	122	249	0.34	4.20
苯乙酸(苯醋酸)	76.5	265.5	加热可溶	4.31
乙二酸(草酸)	189		10	1.27
丙二酸(缩苹果酸)	136		73.5	2.86
丁二酸(琥珀酸)	185		5.8	4.21
戊二酸(胶酸)	98		63.9	4.34
己二酸(肥酸)	151		1.5	4.43
顺丁烯二酸(马来酸)	131		79	1.94
反丁烯二酸(富马酸)	302		0.7	3.02

四、羧酸的化学性质

1. 酸性

羧酸是弱酸,在水溶液中存在如下解离平衡:

$$RCOOH + H_2O \rightleftharpoons RCOO^- + H_3O^+$$

大多数羧酸的 pK$_a$ 值在 2.5~5.0 之间,其酸性比碳酸(pK$_a$=6.38)和苯酚(pK$_a$=10)的酸性都强,因此羧酸能与碳酸盐(或碳酸氢盐)作用生成羧酸盐,并有二氧化碳产生。

$$RCOOH + NaHCO_3 \longrightarrow RCOONa + H_2O + CO_2\uparrow$$

羧酸的碱金属盐,如钠盐、钾盐及铵盐在水中溶解度很大,当与强无机酸作用时,能游离出原来的羧酸,因此常利用羧酸的酸性和成盐反应来鉴别、分离提纯羧酸。例如,苯甲酸和苯酚混合物中加入碳酸钠的饱和溶液,振荡后分离,得到的固体物质是苯酚,水层酸化可得到苯甲酸。

羧酸酸性强弱的影响因素:

羧酸酸性强弱与其结构有关,主要是与羧基相连基团通过诱导效应、共轭效应所产生的影响。烷基一般表现出斥电子诱导效应,(斥电子基团)能使羧基的电子云密度升高,使羧酸酸性减弱。例如:

	HCOOH	CH_3COOH	CH_3CH_2COOH	$(CH_3)_3CCOOH$
pK_a	3.77	4.76	4.88	5.05

能使羧基的电子云密度降低的基团(吸电子基团),可使羧基的酸性增强,例如,卤原子吸电子诱导效应能力为 $F>Cl>Br>I$,则如下取代酸酸性由强到弱比较:

	FCH_2COOH	$ClCH_2COOH$	$BrCH_2COOH$	ICH_2COOH	CH_3COOH
pK_a	2.59	2.86	2.90	3.16	4.76

诱导效应随取代基与羧基之间距离的增大,对羧酸酸性的影响迅速减弱。例如:

	$CH_3CH_2\overset{Cl}{\underset{\|}{C}}HCOOH$	$CH_3\overset{Cl}{\underset{\|}{C}}HCH_2COOH$	$\overset{Cl}{\underset{\|}{C}}H_2CH_2CH_2COOH$	$CH_3CH_2CH_2COOH$
pK_a	2.84	4.06	4.52	4.82

此外,诱导效应还具有加和性,相同性质的取代基越多,对酸性影响越大。如:

	Cl_3CCOOH	$Cl_2CHCOOH$	$ClCH_2COOH$	CH_3COOH
pK_a	0.64	1.26	2.86	4.76

苯甲酸的 $pK_a=4.20$,酸性弱于甲酸,但强于其他一元脂肪酸,这是由于苯甲酸离解后产生的羧酸根负离子与苯环发生共轭效应,羧基上的负电荷分散到苯环上,从而增加其稳定性的缘故。

芳香酸酸性也受苯环上取代基影响,当苯环上连有吸电子基团时酸性增强,连有斥电子基团时酸性减弱。如:

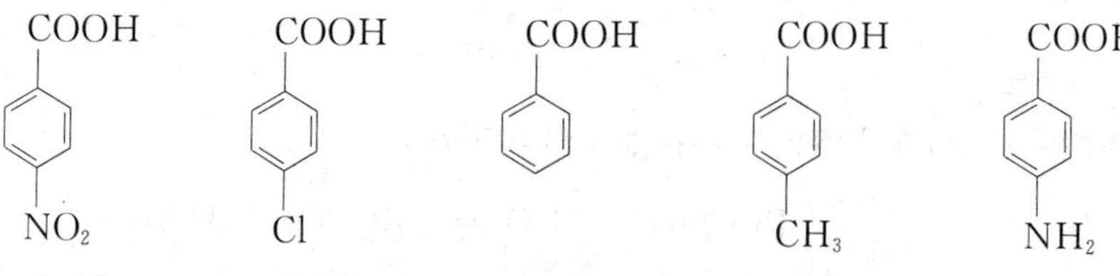

pK_a	3.42	3.97	4.20	4.39	4.92

多元羧酸的酸性比一元羧酸强(除了甲酸>丁二酸外),但随着多元羧酸分子中碳原子

数的增加及羧基间距离的增大，多元酸的酸性逐渐减弱。例如：

酸性：乙二酸($pK_a=1.27$)＞丙二酸($pK_a=2.86$)＞丁二酸($pK_a=4.21$)

2．羧酸衍生物的生成

羧酸分子中羧基上的羟基可以被卤素(－X)、酰氧基(－OCR)、烷氧基(－OR)和氨基($-NH_2$)取代，分别生成羧酸衍生物：酰卤、酸酐、酯和酰胺。

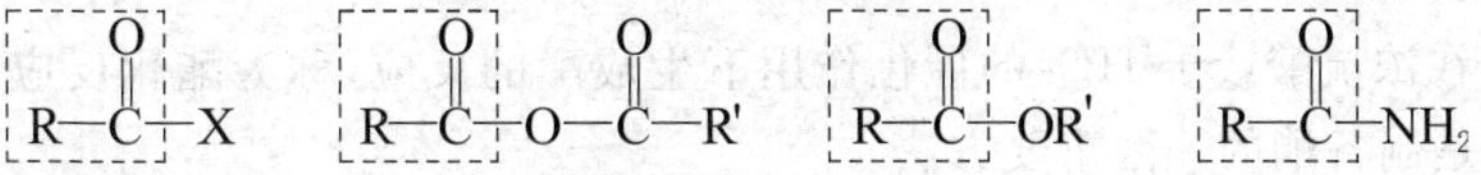

酰卤　　酸酐　　酯　　酰胺

(1)酰卤的生成

酰卤中最常使用的最重要的就是酰氯。羧酸与三氯化磷、五氯化磷、氯化亚砜(亚硫酰氯)等作用，生成酰氯。

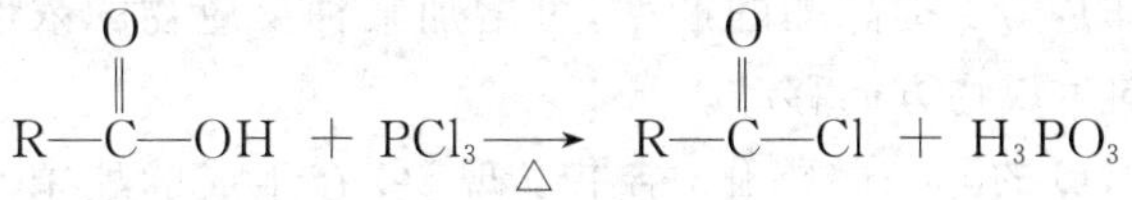

酰氯　　亚磷酸

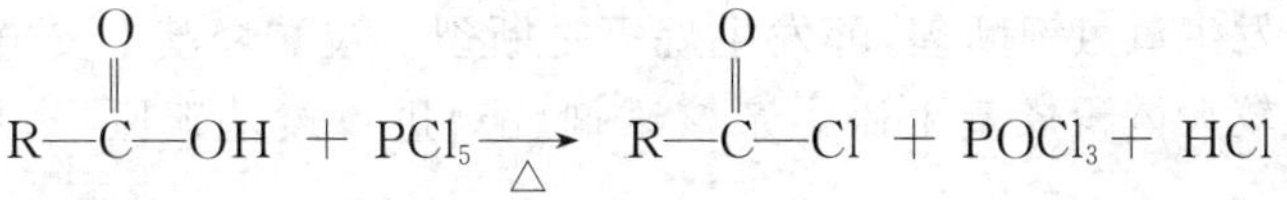

三氯氧磷

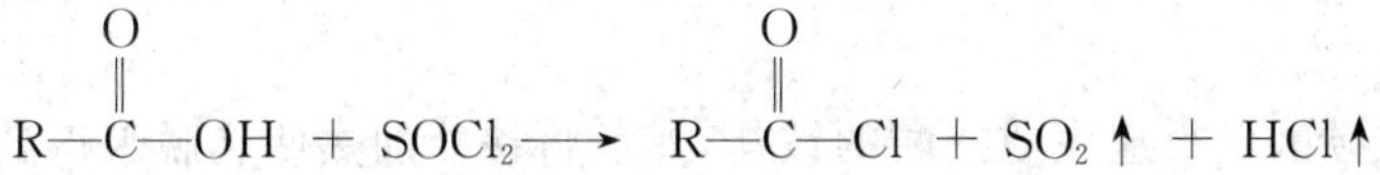

亚硫酰氯

制备低沸点的酰氯可以用第一种方法；制备高沸点的酰氯可以用第二种方法；氯化亚砜是较理想的卤化剂，因为反应的副产物都是气体，生成的酰氯易提纯，所以第三种方法用氯化亚砜制备酰氯是常用的较理想方法。

(2)酸酐的生成

在脱水剂的作用下，羧酸加热脱水，生成酸酐。常用的脱水剂是P_2O_5。

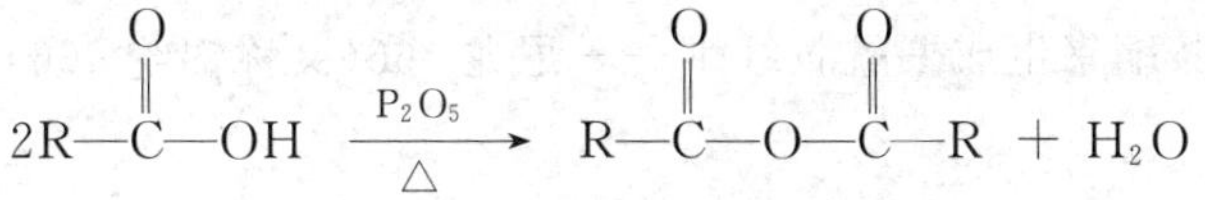

酸酐

五元或六元环的内酸酐，可由二元羧酸加热脱水生成：

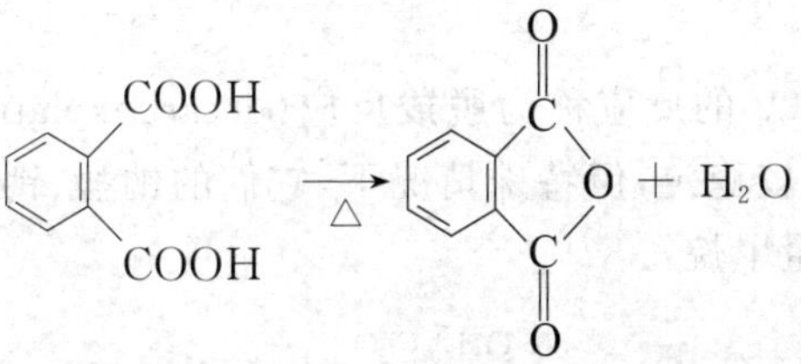

领苯二甲酸酐

$$\begin{array}{c} CH_2COOH \\ | \\ CH_2COOH \end{array} \xrightarrow{\triangle} \begin{array}{c} CH_2C \\ | \\ CH_2C \end{array} \begin{array}{c} O \\ \diagdown \\ O \\ \diagup \\ O \end{array} + H_2O$$

丁二酸酐

（3）酯的生成

羧酸与醇在浓硫酸或干 HCl 的催化作用下生成酯的反应，称为**酯化反应**（esterification reaction）。这是制备酯的一个重要方法。

$$R-\overset{O}{\overset{\|}{C}}-OH + HO-R' \underset{\triangle}{\overset{\text{浓} H_2SO_4}{\rightleftharpoons}} R-\overset{O}{\overset{\|}{C}}-OR' + H_2O$$

酯化反应是可逆的，为了提高酯的产率，可增加某种反应物的浓度，或及时蒸出反应生成的酯或水，使平衡向生成物方向移动。

用含有示踪原子^{18}O 的醇与酸酯化，结果发现^{18}O 在生成的酯中。所以，酯化反应中羧酸发生酰氧键断裂，而醇（伯醇和大多数仲醇）发生氧氢键断裂。但少数情况下，如叔醇发生酯化反应，则羧酸发生氧氢键断裂，醇发生烷氧键断裂。羧酸烃基上支链越多，酯化反应速度越慢，这是因为较大体积烃基阻碍了亲核试剂（醇）进攻羧基碳原子，从而降低酯化反应速率。

目前，工业上已逐渐用阳离子交换树脂替代上述催化剂进行酯化反应。

（4）酰胺的生成

羧酸与氨或碳酸铵反应生成羧酸的铵盐，然后将铵盐加热使其脱水得到酰胺。

$$R-\overset{O}{\overset{\|}{C}}-OH + NH_3 \longrightarrow R-\overset{O}{\overset{\|}{C}}-ONH_4 \xrightarrow[-H_2O]{\triangle} R-\overset{O}{\overset{\|}{C}}-NH_2$$

$$\bigcirc\!\!\!\!-COOH + H_2N-\!\!\!\!\bigcirc \xrightarrow[-H_2O]{\triangle} \bigcirc\!\!\!\!-CO-NH-\!\!\!\!\bigcirc$$

N－苯基苯甲酰胺

己二酸与己二胺缩聚生成聚酰胺纤维——尼龙-66（又称锦纶-66）：

$$n H_2N(CH_2)_6NH_2 + n HOOC(CH_2)_4COOH \xrightarrow[-H_2O]{250℃} \left[NH(CH_2)_6NH-\overset{O}{\overset{\|}{C}}-(CH_2)_4-\overset{O}{\overset{\|}{C}} \right]_n$$

3. 脱羧反应

羧酸失去羧基放出 CO_2 的反应称为**脱羧反应**（decarboxylation）。除甲酸外，一元饱和脂肪酸一般情况下对热比较稳定，但特殊情况下，它们的钠盐、钙盐等加热时能发生脱羧反应。例如，实验室制取少量甲烷：

$$CH_3COONa \xrightarrow[\text{熔融}]{NaOH+CaO} CH_4\uparrow + Na_2CO_3$$

170

当羧酸 α-碳原子上连有吸电子基团(如硝基、卤素、羰基等)时,由于诱导效应使羧基很不稳定,容易脱羧。例如:

$$Cl_3CCOOH \xrightarrow{\triangle} Cl_3CH + CO_2$$

$$\underset{\displaystyle RC-CH_2COOH}{\overset{\displaystyle O}{\parallel}} \xrightarrow{\triangle} \underset{\displaystyle RC-CH_3}{\overset{\displaystyle O}{\parallel}} + CO_2$$

芳香酸脱羧比脂肪酸容易,尤其是邻、对位上连有吸电子基时更容易脱羧。例如:

$$\text{C}_6\text{H}_5\text{COOH} + NaOH \xrightarrow{\triangle} \text{C}_6\text{H}_6 + Na_2CO_3$$

$$\text{(2,4,6-三硝基苯甲酸)} \xrightarrow[\triangle]{H_2O} \text{(1,3,5-三硝基苯)} + CO_2$$

二元羧酸对热敏感,如乙二酸和丙二酸受热易脱羧生成一元酸和 CO_2 气体:

$$\begin{matrix} COOH \\ | \\ COOH \end{matrix} \xrightarrow{\triangle} HCOOH + CO_2$$

$$H_2C\begin{matrix} COOH \\ \\ COOH \end{matrix} \xrightarrow{\triangle} CH_3COOH + CO_2$$

$$R_2C\begin{matrix} COOH \\ \\ COOH \end{matrix} \xrightarrow{\triangle} R_2CHCOOH + CO_2$$

丁二酸和戊二酸受热不脱羧,而是发生分子内脱水生成环状酸酐:

$$\begin{matrix} CH_2COOH \\ | \\ CH_2COOH \end{matrix} \xrightarrow{\triangle} \text{(丁二酸酐)} + H_2O$$

丁二酸酐(琥珀酸酐)

$$CH_2\begin{matrix} CH_2COOH \\ \\ CH_2COOH \end{matrix} \xrightarrow{\triangle} \text{(戊二酸酐)} + H_2O$$

戊二酸酐

己二酸和庚二酸在 $Ba(OH)_2$ 存在下受热既脱羧又脱水,生成环酮:

$$\begin{array}{c} CH_2CH_2COOH \\ | \\ CH_2CH_2COOH \end{array} \xrightarrow[\triangle]{Ba(OH)_2} \bigpentagon\!\!=\!\!O + CO_2 + H_2O$$

$$\begin{array}{c} CH_2CH_2COOH \\ | \\ CH_2 \\ | \\ CH_2CH_2COOH \end{array} \xrightarrow[\triangle]{Ba(OH)_2} \bighexagon\!\!=\!\!O + CO_2 + H_2O$$

在动植物体内,羧酸受酶的作用,很容易发生脱羧反应。如:

$$\begin{array}{c} O \\ \| \\ CH_3-C-COOH \end{array} \xrightarrow{\text{丙酮酸脱羧酶}} CH_3CHO + CO_2$$

丙酮酸

大于 7 个碳原子的直链二元羧酸加热时生成高分子聚合物。利用上述反应的差异可鉴别不同的二元羧酸。

4. α-H 被取代

羧基和羰基一样,能使 α-H 活化。但羧基的致活作用比羰基小,所以羧酸的 α-H 卤代反应需用在红磷、碘或硫等催化剂存在下才能顺利进行。

$$CH_3COOH \xrightarrow[P]{Cl_2} CH_2ClCOOH \xrightarrow[P]{Cl_2} CHCl_2COOH \xrightarrow[P]{Cl_2} CCl_3COOH$$

一氯乙酸　　　　　二氯乙酸　　　　　三氯乙酸

这一反应分步进行,可控制条件使其停留在不同阶段。

氯代酸是重要的有机合成中间体。如一氯乙酸是合成植物生长调节剂 2,4-二氯苯氧乙酸和 α-萘乙酸的原料。二氯丙酸钠(商品名为茅草枯)是有效的除草剂,可杀死多年生深根杂草。三氯乙酸可用作合成原料或直接用于印染工业。

5. 还原反应

羧基一般很难被还原,但用强烈的还原剂氢化铝锂(LiAlH$_4$)可将其还原为伯醇:

$$RCOOH \xrightarrow[\text{②}H_2O]{\text{①}LiAlH_4,\text{乙醚}} RCH_2OH$$

氢化铝锂是一种选择性还原剂,能还原具有羰基结构的化合物,并且产率高,而不饱和羧酸分子中的双键、叁键不被还原:

$$CH_2\!\!=\!\!CHCH_2COOH \xrightarrow[\text{②}H_2O]{\text{①}LiAlH_4,\text{乙醚}} CH_2\!\!=\!\!CHCH_2CH_2OH$$

五、重要的羧酸

1. 甲酸

俗称蚁酸,是具有刺激性气味的无色液体,可溶于水、乙醇和甘油。甲酸有很强的腐蚀性,使用时应避免与皮肤接触,植物中的荨麻、动物中的蚂蚁、蜂、蜈蚣等毒汁中都含有甲酸,被它们刺伤或咬伤后皮肤会产生痒、肿痛等症状。

甲酸的结构比较特殊,分子中羧基和氢原子直接相连,它既有羧基结构,又具有醛基结构,因此,它既有羧酸的性质,又具有醛的性质。如能与托伦试剂发生银境反应,与斐林试剂生成砖红色的沉淀,也能被高锰酸钾氧化,使高锰酸钾溶液紫色褪去。

甲酸和浓硫酸共热,生成一氧化碳和水,是实验室制备纯一氧化碳的方法。

$$HCOOH \xrightarrow[60\sim80℃]{浓\ H_2SO_4} CO\uparrow + H_2O$$

工业上甲酸用来合成甲酸酯和某些染料,可作橡胶的凝聚剂和印染时的酸性还原剂、媒染剂。甲酸具有杀菌能力,医药上可用作消毒剂和防腐剂。

2. 乙酸

俗称醋酸,是食醋的主要成分,一般食醋中含乙酸6%～8%。乙酸为无色具有刺激性气味的液体,沸点118℃,熔点16.6℃,能与水按任何比例混溶,也可溶于乙醇、乙醚和其他有机溶剂。当室温低于16.6℃时,无水乙酸很容易凝结成冰状固体,故常把无水乙酸称为冰醋酸。

乙酸最古老的制法是粮食发酵法,它是人类使用最早的酸,现在工业上生产乙酸主要用甲醇羰基化法和乙醛氧化法。乙酸用途极为广泛,是香料、医药、纺织和印染等工业不可缺少的原料,用于制取乙酸乙烯酯、乙酐、氯乙酸及各种乙酸酯。

3. 苯甲酸

俗名安息香酸,是无色晶体,熔点122℃,易升华,微溶于冷水,易溶于热水、乙醇、乙醚和氯仿等溶剂中。它有抑制霉菌生长作用,故苯甲酸和苯甲酸钠广泛用于制造香料、染料、药物等,也常用作食品的防腐剂。

4. 乙二酸

俗称草酸,常以盐的形式存在于许多植物中。草酸是无色晶体,熔点189℃,通常含有两分子的结晶水,加热至100℃即失去结晶水得无水草酸。草酸可溶于水和乙醇,不溶于乙醚等溶剂。草酸具有还原性,容易被高锰酸钾氧化:

$$5HOOC—COOH + 2KMnO_4 + 3H_2SO_4 \longrightarrow K_2SO_4 + 2MnSO_4 + 10CO_2\uparrow + 8H_2O$$

该反应是定量进行的,在分析化学中常用来标定高锰酸钾溶液的浓度。草酸钙溶解度很小,所以可用草酸做钙的定量测定,也可以用钙离子检验草酸的存在。

草酸具有很强的配合能力,能同许多金属离子形成可溶性的配离子,例如:

$$3HOOC—COOH + Fe^{3+} \rightleftharpoons [Fe(C_2O_4)_3]^{3-} + 6H^+$$

利用此反应原理,可用来除去铁锈和蓝墨水的痕迹,也常用于稀有元素的提取。草酸在纺织、印染、服装工业中广泛用作漂白剂、除铁锈迹用剂,草酸及其铝盐、锑盐可作媒染剂。

5. 邻羟基苯甲酸

俗称水杨酸,是无色有刺激性气味的晶体,熔点159℃,迅速加热可升华,能随水蒸气挥发,微溶于水,能溶于乙醇、乙醚等有机溶剂。它具有羧酸和酚的性质,与醇反应生成羧酸酯,与酸酐反应生成酚酯。如:

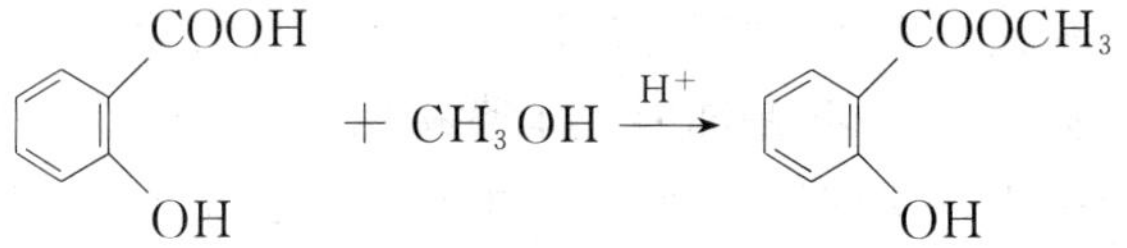

水杨酸甲酯(冬青油)

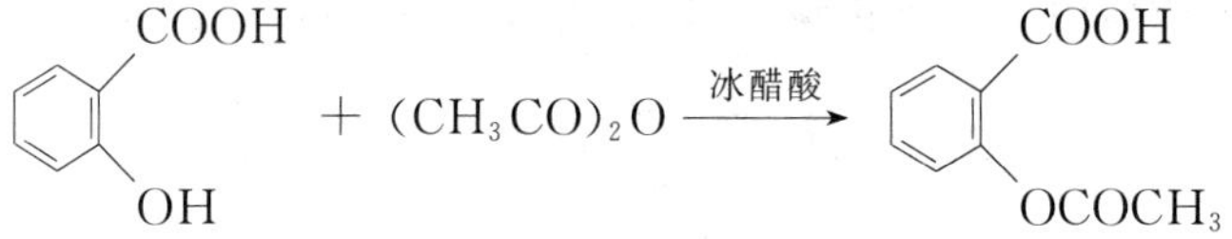

乙酰水杨酸(阿司匹林)

冬青油是无色液体,用于外伤止痛剂,还可治疗风湿病,并广泛用于香料中。阿司匹林是解热镇痛药,也可用于治疗心血管病,预防血栓等。水杨酸是合成染料和医药的原料,还可用于防腐剂,配制杀菌、消毒膏。

6. 邻苯二甲酸

为白色晶体,加热至230℃左右,便发生分子内失水生成邻苯二甲酸酐,俗名苯酐。

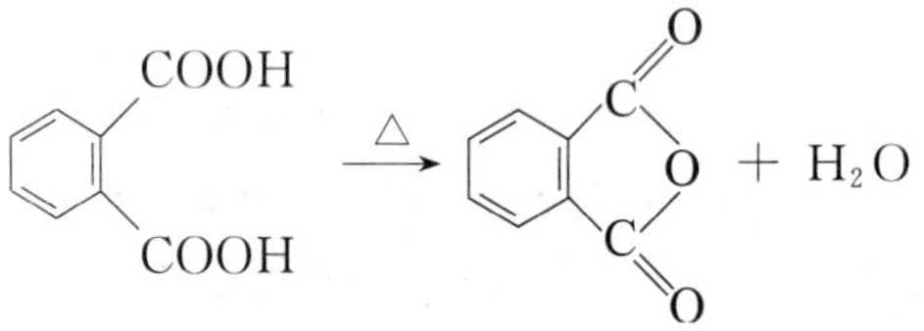

邻苯二甲酸易溶于乙醇,稍溶于水和乙醚,用于制造染料、树脂、合成纤维、药物和增塑剂等。邻苯二甲酸二甲酯及邻苯二甲酸二丁酯可用作避蚊油,邻苯二甲酸二丁酯及邻苯二甲酸二辛酯是常用的人造革及聚氯乙烯等的增塑剂。

7. 对苯二甲酸

为无色晶体,热至300℃升华,微溶于热水,稍溶于热乙醇。纯度高于99.9%(质量分数)的对苯二甲酸可直接与环氧乙烷或乙二醇作用得对苯二甲酸二-β-羟乙酯,然后经缩聚释放出小分子化合物乙二醇而得到聚对苯二甲酸乙二醇酯,该缩聚物经抽丝制成聚酯纤维,商品名称涤纶。

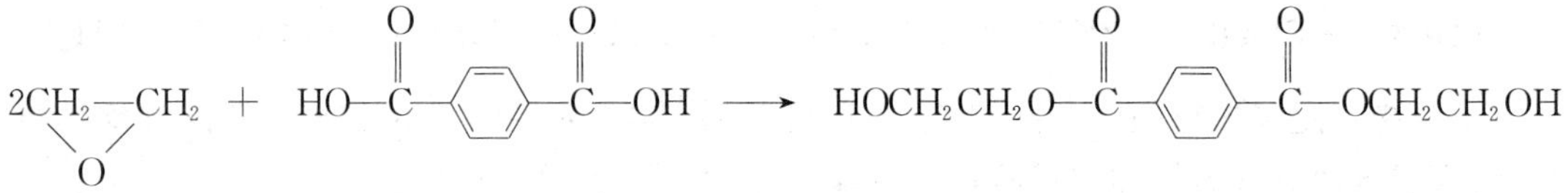

对苯二甲酸二-β-羟乙酯

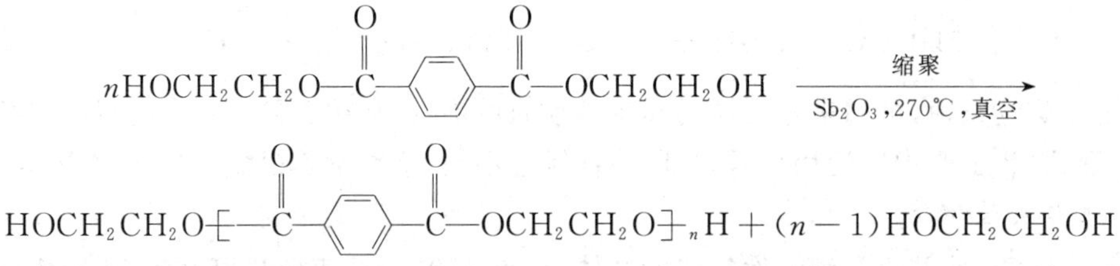

涤纶

第二节 羧酸衍生物

羧酸衍生物是指羧酸分子中羧基上的羟基被其他原子或原子团取代后的产物,包括酰卤(acyl halide)、酸酐(anhydride)、酯(ester)和酰胺(amide)等,由于它们分子结构中都含有酰基(R—C—
O
‖
),在化学性质上有很多相似之处,因此统称为酰基化合物。

一、羧酸衍生物的命名

酰卤和酰胺的命名由酰基名称加卤素原子或胺。例如:

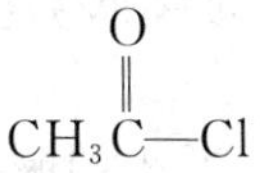

乙酰氯 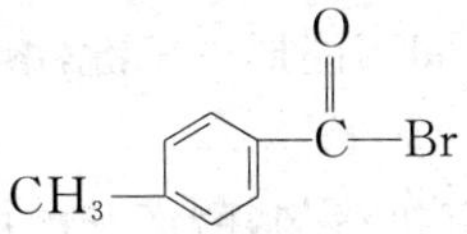　　　　对甲基苯甲酰溴 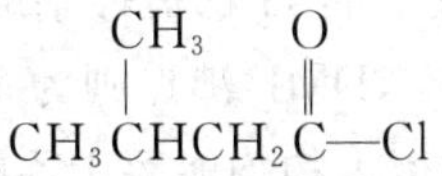　　　　3-甲基丁酰氯

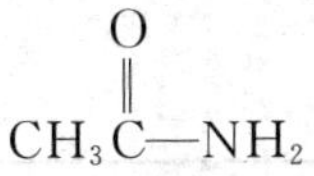

乙酰胺 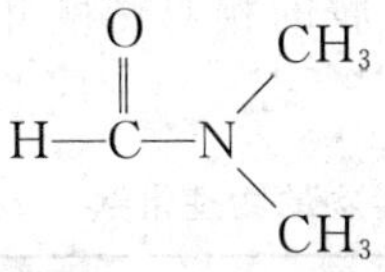　　N,N-二甲基甲酰胺　　乙酰苯胺 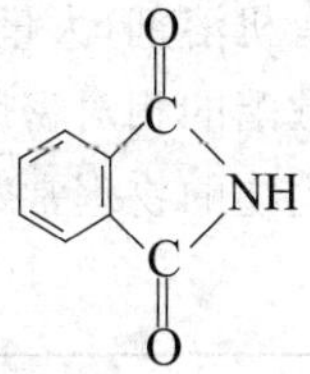　　邻苯二甲酰亚胺
　　　　　　(DMF)

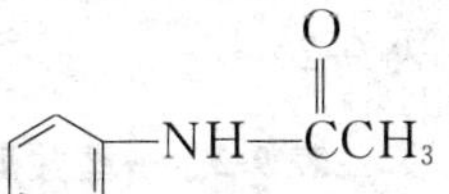

酸酐根据相应的酸命名"某酸酐"。如:

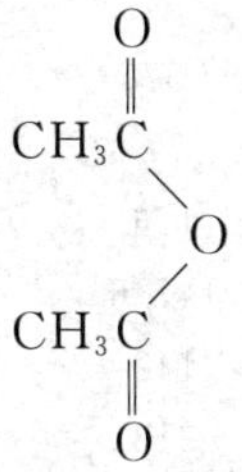

乙酸酐(醋酐) 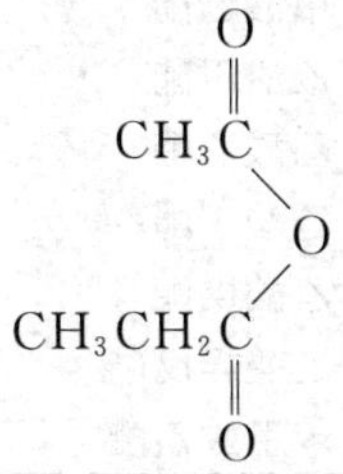　　乙丙酐 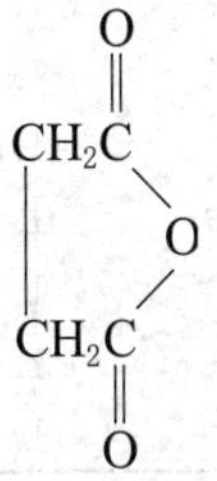　　丁二酸酐 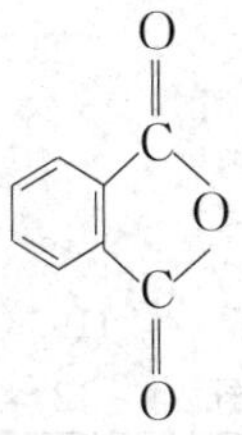　　邻苯二甲酸酐

酯的命名根据成酯的相应的酸和醇称为"某酸某酯"。如:

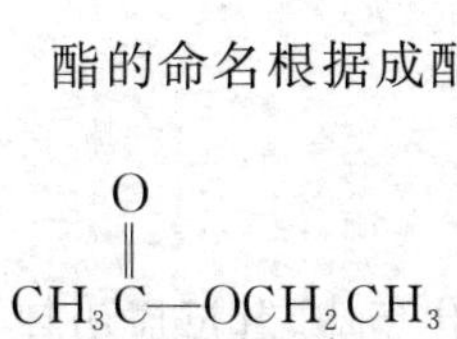

CH_3C—OCH_2CH_3　　乙酸乙酯

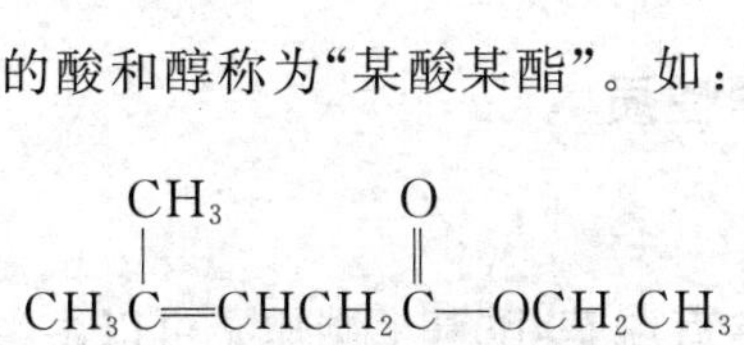

4-甲基-3-戊烯酸乙酯

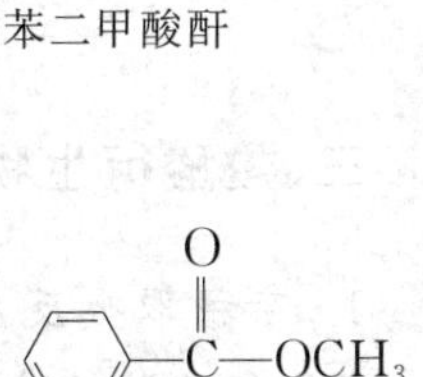

苯甲酸甲酯

175

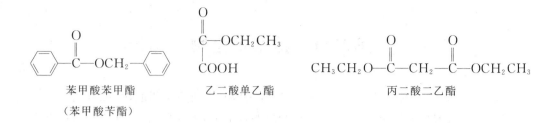

苯甲酸苯甲酯　　　　　乙二酸单乙酯　　　　　　丙二酸二乙酯
（苯甲酸苄酯）

二、羧酸衍生物的物理性质

低级酰氯和酸酐是具有刺激性气味的液体,高级酸酐是白色固体。低级酯是具有水果香味的无色液体,许多水果的香味都是由酯引起的,例如,乙酸异戊酯具有香蕉香味,戊酸异戊酯具有苹果香味。酰氯、酯和酸酐的分子间不能形成氢键,所以它们的沸点比相对分子质量相近的羧酸低。但酰胺分子间可形成氢键缔合,因而沸点较高,室温下除甲酰胺外都是固体。当 N 上的 H 都被烃基取代后,分子间不能形成氢键,熔点和沸点就都降低了,如乙酰胺沸点 221℃,DMF 沸点则为 169℃。

羧酸衍生物均能溶于乙醚、氯仿等有机溶剂,酰卤和酸酐难溶于水,低级的酰氯和酸酐遇水则分解为酸。低级的酰胺能溶于水,低级的酯在水中有一定的溶解度,其中乙酸乙酯是良好的有机溶剂,大量用于油漆工业。

多数酯的相对密度小于 1,而酰氯、酸酐和酰胺的相对密度几乎都大于 1。一些常见的羧酸衍生物的物理常数见表 9-2。

表 9-2　一些羧酸衍生物的物理常数

名称	熔点（℃）	沸点（℃）	相对密度(d_4^{20})	名称	熔点（℃）	沸点（℃）	相对密度(d_4^{20})
乙酰氯	−112	51	1.104	乙酰胺	221.2	82	0.999
乙酰溴	−96	76.7	1.520	丙酰胺	213	79	
丙酰氯	−94	80	1.065	甲酸甲酯	−99	32	0.974
丁酰氯	−89	102	1.028	甲酸乙酯	−81	54	0.917
苯甲酰氯	−1	197	1.212	乙酸甲酯	−98	57	0.933
乙酸酐	−73	140	1.082	乙酸乙酯	−83	77	0.900
丙酸酐	−45	169	1.011	乙酸丁酯	−77	126	0.882
苯甲酸酐	42	360	1.199	乙酸戊酯	−70.8	147.6	0.876
丁二酸酐	119.6	261	1.104	乙酸异戊酯	−78	142	0.876
邻苯二甲酸酐	131	284	1.527	苯甲酸乙酯	−34	213	1.050

三、羧酸衍生物的化学性质

1. 亲核取代反应

羧酸衍生物的分子中都含有酰基,酰基上碳原子可以发生亲核取代反应,其反应历程:

176

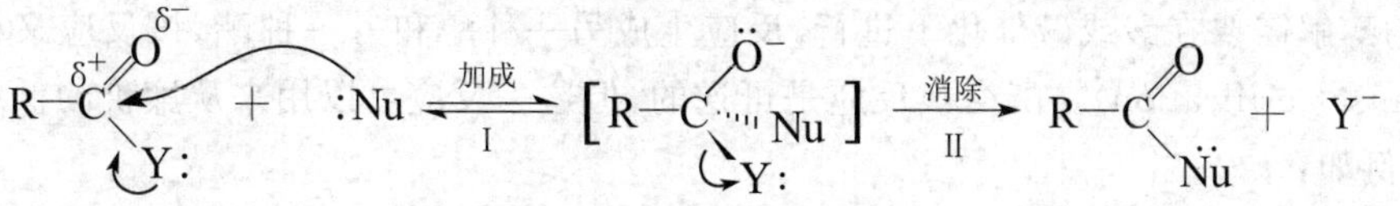

羧酸衍生物　　亲核试剂　　中间体（四面体）　　取代产物

（Y 代表 —X，—OCOR，—OR，—NH_2）

总的反应速率与加成、消除两步反应速率都有关，但第一步更重要。酰基碳的正电性越强、立体障碍越小，越有利于加成；离去基团碱性越弱，越易离去，有利于消除。羧酸衍生物的亲核取代反应的相对活性为：酰卤＞酸酐＞酯＞酰胺，它们与亲核试剂水、醇和氨可以分别发生水解、醇解和氨解的反应。

（1）水解

酰氯、酸酐、酯和酰胺都能水解，生成相应的羧酸：

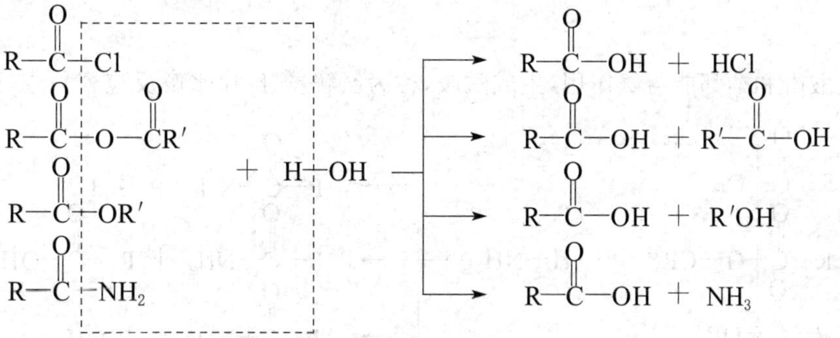

酰卤极易水解，且反应激烈；酸酐一般需要加热才能水解；酯在没有催化剂存在时水解反应进行得很慢；而酰胺需要在酸或碱的催化下，经长时间的回流才能水解。所以，它们水解的活性次序为：酰氯＞酸酐＞酯＞酰胺

（2）醇解

酰氯、酸酐和酯都能与醇作用生成酯：

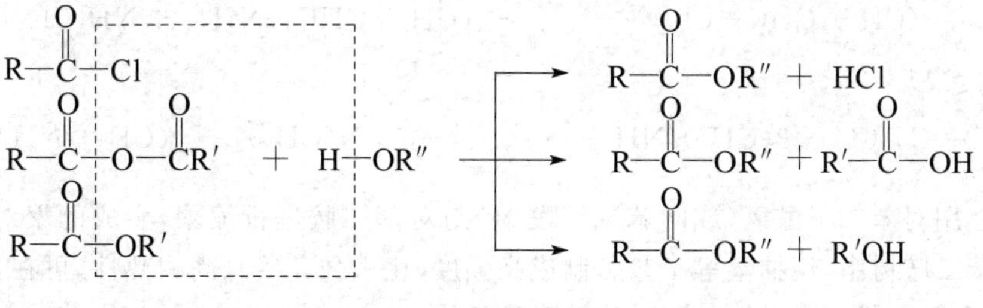

酰氯与醇反应很快生成酯，这是合成酯常用的方法。此法常用来合成一些难以通过酸直接酯化合成的酯，如酚酯（不能直接由羧酸和酚反应制得）的制备：

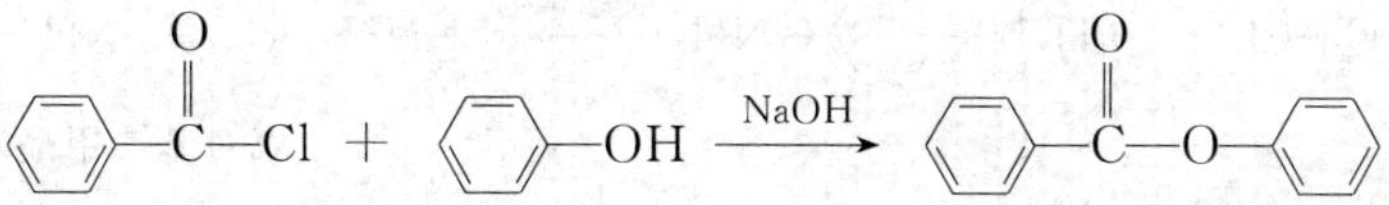

苯甲酸苯酚酯

酯的醇解需要在酸或碱催化下进行，反应生成另一种醇和另一种酯，该反应又称**酯交换反应**(transesterification)。酯交换反应是可逆的，但这一反应可以用来从廉价的低级醇制取高级醇，例如：

$$\underset{\text{白蜡}}{C_{25}H_{51}COOC_{26}H_{53}} + C_2H_5OH \xrightleftharpoons{HCl} C_{25}H_{51}COOC_2H_5 + \underset{\text{二十六醇}}{C_{26}H_{53}OH}$$

工业上通过酯交换反应来生产涤纶的原料对苯二甲酸二乙二醇酯：

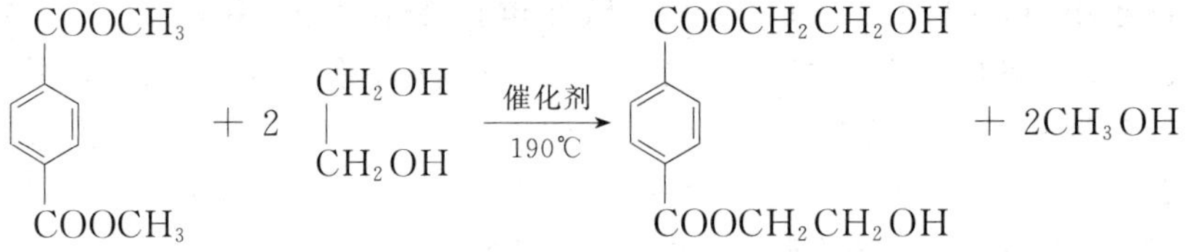

对苯二甲酸二甲酯　　　　　　对苯二甲酸二乙二醇酯

(3)氨解

酰氯、酸酐和酯都能与氨作用，生成酰胺，称为氨解，氨解比水解反应容易进行。

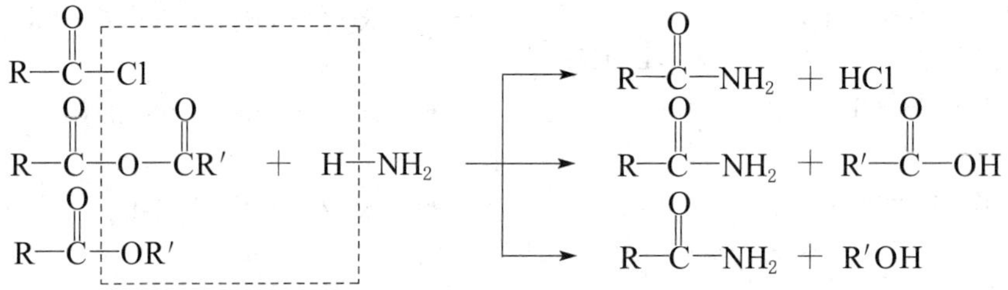

酰氯与浓氨水或胺(RNH_2,R_2NH)在室温或低于室温下反应是实验室制备酰胺或N—取代酰胺的方法，反应迅速且产率高。乙酰氯与浓氨水反应太激烈，故常用乙酸酐代替乙酰氯，以便控制。酯与氨或胺(RNH_2,R_2NH)的反应较慢，但也常用于合成中。例如：

$$(CH_3)_2CH\overset{O}{\overset{\|}{C}}—Cl \xrightarrow{NH_3 \cdot H_2O} (CH_3)_2CH\overset{O}{\overset{\|}{C}}—NH_2 + NH_4Cl$$

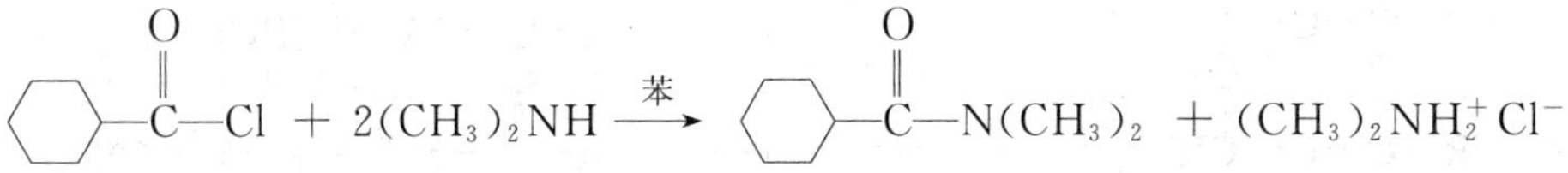

工业上用对苯二甲酰氯(或间苯二甲酰氯)与对苯二胺进行缩聚，生成的聚对(或间)苯二甲酰对苯二胺树脂，经抽丝等工艺可制成高强度(比铁强5倍)、高耐热性(可在220℃下长期使用)以及具有优良阻燃性的芳香族聚酰胺纤维。

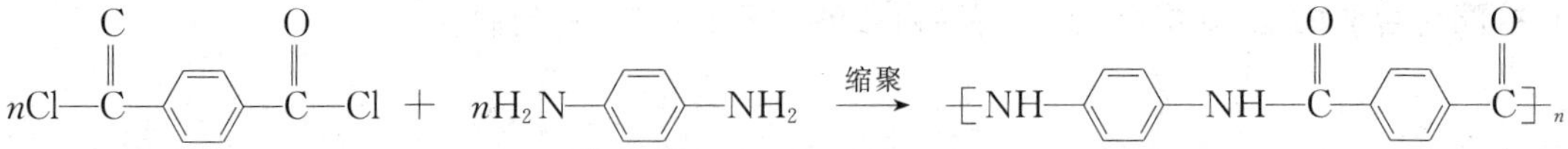

聚对苯二甲酰对苯二胺

羧酸衍生物的水解、醇解和氨解，是在水、醇和氨的分子中引入酰基，所以这些反应又称酰基化反应,羧酸衍生物则为酰基化试剂。由于酰卤和酸酐的反应活性较强,是常用的酰基化试剂(如傅－克酰基化反应中所使用的试剂),在有机反应中常作为含活泼氢基团的保护。酯的反应活性较低,一般不能用作酰基化试剂。

2. 还原反应

羧酸衍生物比羧酸容易还原。催化加氢或用 $LiAlH_4$ 可以将酰卤、酸酐和酯还原成醇,而酰胺被还原成胺。

$$RCOX \xrightarrow[\text{乙醚}]{LiAlH_4} \xrightarrow{H_2O} RCH_2OH + HCl$$

$$RCOOCOR \xrightarrow[\text{乙醚}]{LiAlH_4} \xrightarrow{H_2O} 2RCH_2OH$$

$$RCOOCH_2R' \xrightarrow[\text{乙醇}]{Na} RCH_2OH + R'CH_2OH$$

$$RCONH_2 \xrightarrow[\text{乙醚}]{LiAlH_4} \xrightarrow{H_2O} RCH_2NH_2$$

上述反应中,酯比较容易被还原,常用金属钠和乙醇作还原剂,这已成为从自然界丰富的高级脂肪酸来制备高级醇的重要方法(先将羧酸转化成酯,羰基活性增强,再还原)。Li-AlH$_4$ 和 Na /乙醇都属选择性还原剂,羧酸衍生物分子中存在的碳碳双键不受影响。

$$如:C_{15}H_{31}\overset{O}{\overset{\|}{C}}Cl \xrightarrow[\text{②}H_2O]{\text{①}LiAlH_4,Et_2O} C_{15}H_{31}CH_2OH$$
$$98\%$$

$$CH_3CH=CHCH_2COOCH_3 \xrightarrow[\text{②}H_2O]{\text{①}LiAlH_4,Et_2O} CH_3CH=CHCH_2CH_2OH + CH_3OH$$

酰氯用降低了活性的 $Pd-BaSO_4$ 作催化剂,可被选择性地还原成醛,此法称罗森蒙德还原(Rosenmund Reduction)。分子中存在的分子中存在的其他基团如硝基、卤素和酯基等基团不受影响。

$$C_2H_5O\overset{O}{\overset{\|}{C}}CH_2CH_2\overset{O}{\overset{\|}{C}}Cl \xrightarrow[Pd-BaSO_4]{H_2} C_2H_5O\overset{O}{\overset{\|}{C}}CH_2CH_2CHO$$

3. 与 Grignard 试剂(格氏试剂)反应

四种羧酸衍生物均可与格氏试剂作用,生成相应的叔醇。然而,在有机合成中用途比较大的是酯和酰卤(尤其是酯)与 Grignard 试剂的作用,首先生成酮,生成的酮和格氏试剂进一步反应生成叔醇,此反应常用于制备醇。

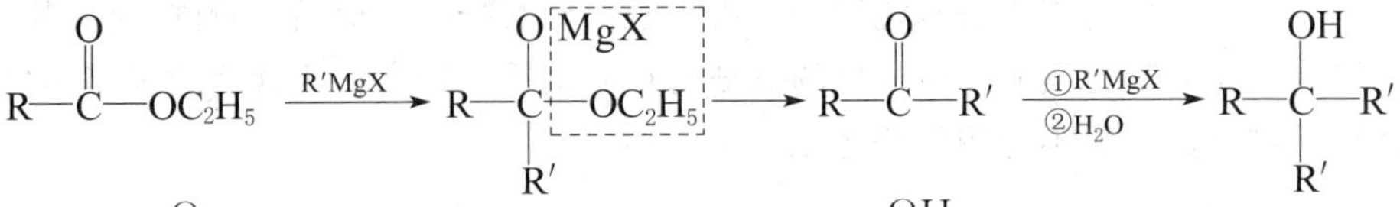

$$R-\overset{O}{\overset{\|}{C}}-OC_2H_5 \xrightarrow{R'MgX} R-\overset{O[MgX]}{\underset{R'}{\overset{|}{C}}}-OC_2H_5 \longrightarrow R-\overset{O}{\overset{\|}{C}}-R' \xrightarrow[\textcircled{2}H_2O]{\textcircled{1}R'MgX} R-\overset{OH}{\underset{R'}{\overset{|}{C}}}-R'$$

例如：$\quad HCOC_2H_5 \xrightarrow[\textcircled{2}H_2O]{\textcircled{1}(CH_3)_2CHMgBr} (CH_3)_2CHCHCH(CH_3)_2$

4. 酰胺的特殊化学性质

(1)酸碱性

酰胺分子中的氨基受酰基的诱导效应影响,N 上的电子云密度降低,使氨基的碱性减弱,酰胺水溶液呈中性。

$$RCONH_2 + HCl(g) \xrightarrow{\text{乙醚}} RCONH_2 \cdot HCl \downarrow$$

酰亚胺分子中的 N 上连有两个酰基,从而 N 原子上的电子云大大降低,不但不显碱性,N 上的 H 还显示出弱酸性,能与 NaOH 或 KOH 反应生成酰亚胺的盐。例如:

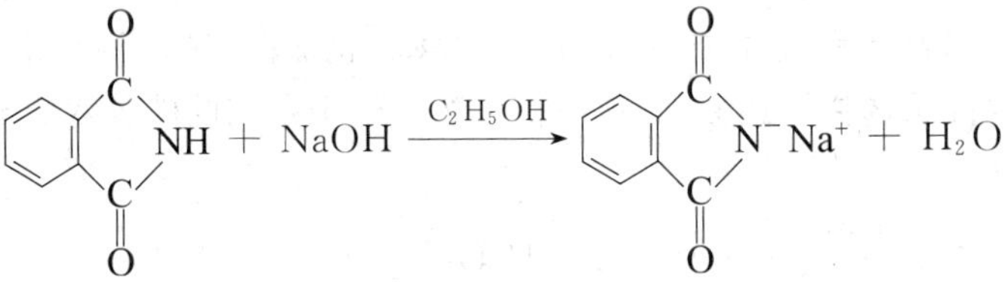

(2)脱水反应

酰胺在脱水剂如 P_2O_5 或 $SOCl_2$ 存在下加热,可脱水生成腈:

$$CH_3(CH_2)_4CONH_2 \xrightarrow[\triangle]{SOCl_2} CH_3(CH_2)_4C\equiv N$$

(3)霍夫曼降解反应

酰胺与 Cl_2 或 Br_2 在碱溶液中作用,则脱去羰基生成伯胺,该反应称为霍夫曼(Hofmann)降解反应。

$$RCONH_2 + X_2 + 4NaOH \longrightarrow RNH_2 + 2NaX + Na_2CO_3 + 2H_2O$$

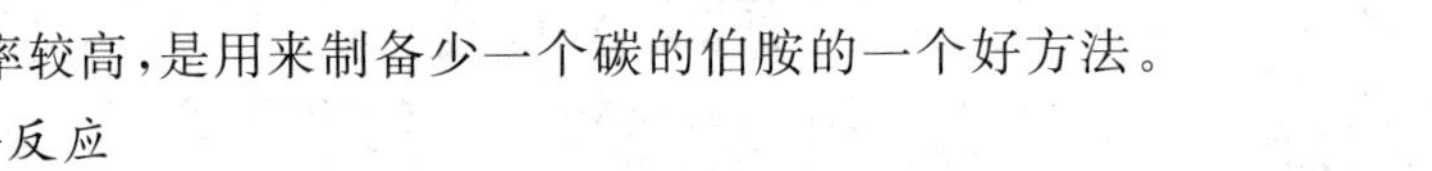

该反应产率较高,是用来制备少一个碳的伯胺的一个好方法。

5. 酯缩合反应

酯分子中羰基的 α-H 比较活泼,在强碱(如醇钠)条件下,生成 α-碳负离子(烯醇负离子),与另一分子酯的羰基进行亲核加成—消除反应而生成 β-酮酸酯,此反应称为**酯缩合反应**(ester condensation),或叫**克莱森酯缩合**(Claisen condensation)。

$$CH_3\overset{O}{\overset{\|}{C}}-OC_2H_5 + CH_3-\overset{O}{\overset{\|}{C}}-OC_2H_5 \xrightarrow[\textcircled{2}CH_3COOH]{\textcircled{1}C_2H_5ONa} CH_3\overset{O}{\overset{\|}{C}}CH_2\overset{O}{\overset{\|}{C}}OC_2H_5 + C_2H_5OH$$

乙酰乙酸乙酯

此法用于合成乙酰乙酸乙酯,产率 75%～76%,乙酰乙酸乙酯是具有水果香味无色液体,沸点 180℃,微溶于乙醇、乙醚等有机溶剂,在有机合成中用途广泛。

两个具有 α-H 的不同的酯进行缩合,产物复杂,实用价值低。若将一个具有 α-H 的酯和另一不具有 α-H 的酯进行缩合反应,则可以得到较单一的产物,此反应也称交叉酯缩合(crossed ester condensation)。常见的无 α-H 的酯有甲酸酯、苯甲酸酯、碳酸酯和草酸酯等,例如:

$$HCOC_2H_5 \ + \ CH_3COC_2H_5 \ \xrightarrow[\text{②}H^+]{\text{①}C_2H_5ONa} \ HC-CH_2COC_2H_5$$

甲酰乙酸乙酯

四、乙酰乙酸乙酯在合成中的应用

乙酰乙酸乙酯(又称 β-丁酮酸乙酯)具有一些特殊的性质,是有机合成的重要中间体。

1. 酮式－烯醇式互变异构

在对乙酰乙酸乙酯进行性质实验时,发现其具有羰基的性质:①可与 HCN、$NaHSO_3$ 作用;②可与 NH_2OH、$C_6H_5NHNH_2$ 作用;③还原可生成 β-羟基酸酯。这些性质说明乙酰乙酸乙酯具有如下酮式结构:

$$CH_3-C-CH_2-C-OCH_2CH_3$$

还发现乙酰乙酸乙酯具有另一些性质:能与金属钠作用,放出 $H_2\uparrow$;可使溴水褪色;与 $FeCl_3$ 水溶液作用呈现出紫红色,这些性质说明乙酰乙酸乙酯具有如下烯醇式结构:

$$CH_3-C=CH-C-OCH_2CH_3$$

实验事实表明:在乙酰乙酸乙酯中存在着酮式和烯醇式的互变异构,并形成一个动态平衡体系。这种能互相转变的异构体称为互变异构体,它们之间存在的动态平衡现象称为**酮式－烯醇式互变异构**。

$$CH_3C-CH_2-C-OC_2H_5 \ \rightleftharpoons \ CH_3C=CH-C-OC_2H_5$$

酮式(92.5%)   烯醇式(7.5%)

当加入能与酮式结构反应的试剂时,破坏了体系的平衡,使平衡向酮式一方移动;反之,当加入与烯醇式结构反应的试剂时,使平衡向烯醇式方向移动。因此,乙酰乙酸乙酯既表现酮、酯的性质,又表现出烯、醇和烯醇的性质。

乙酰乙酸乙酯分子中烯醇式结构(占 7.5%)较稳定,其原因是:①烯醇式的羟基氧原子上的未共用电子对与碳碳双键、碳氧双键处于共轭体系,发生了电子的离域,使体系能量降低而趋于稳定;②该烯醇式结构能通过分子内氢键的缔合形成一个稳定的六元环。

2. 酮式分解和酸式分解

乙酰乙酸乙酯在稀碱水溶液中,首先水解生成乙酰乙酸盐,酸化后在加热条件下,生成的 β-酮酸脱羧生成酮,称为酮式分解。

$$CH_3CCH_2C-OC_2H_5 \xrightarrow[\textcircled{2}H^+]{\textcircled{1}5\%NaOH} CH_3CCH_2C-OH \xrightarrow{\triangle} CH_3CCH_3 + CO_2$$

乙酰乙酸乙酯与浓的强碱共热,则在 α-碳和 β-碳原子间断键,生成两分子乙酸盐,再酸化即可得到两分子乙酸,称为酸式分解。

$$CH_3C \underset{\beta}{|} CH_2C-OC_2H_5 \xrightarrow[\triangle]{\text{浓 NaOH}} 2CH_3C-ONa \xrightarrow{H^+} 2CH_3C-OH$$

3. 在合成中的应用

(1)合成甲基酮

乙酰乙酸乙酯亚甲基上的氢(α-H)比较活泼(具有一定的酸性,$pK_a=11$),在强碱作用下生成碳负离子,可与卤代烃发生亲核取代反应,在 α-碳上引入一个或两个烷基:

$$CH_3C-CH_2-COC_2H_5 \xrightarrow{C_2H_5ONa} CH_3C-CH-COC_2H_5 \xrightarrow{RX} CH_3CCHCOC_2H_5$$

乙酰乙酸乙酯的钠盐

$$CH_3CCHCOC_2H_5 \xrightarrow[\textcircled{2}RX]{\textcircled{1}C_2H_5ONa} CH_3C-C-COC_2H_5$$

凡是 β 位有羰基的酯(β-酮酸酯)都可以进行上述反应,再经酮式分解,即可制得甲基酮:

$$CH_3C-CH-CHOC_2H_5 \xrightarrow[\textcircled{2}H^+,\triangle]{\textcircled{1}稀 NaOH} CH_3CCH_2R$$

酮式分解   甲基酮

如果 α-碳上引入的是两个不同的基团,通常是先引入活性较高和体积较大的基团。例如:

由 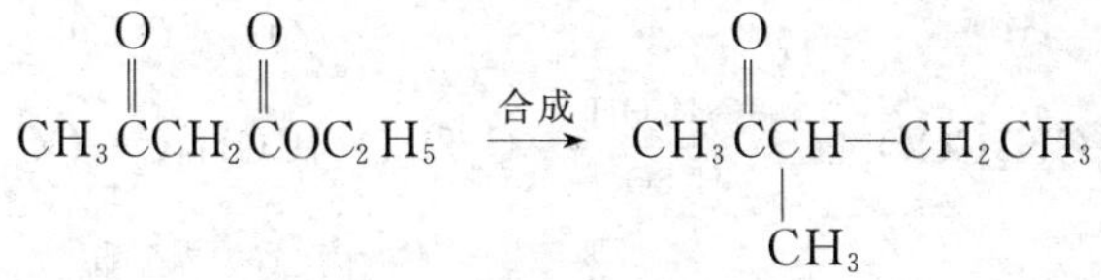 的合成路线：

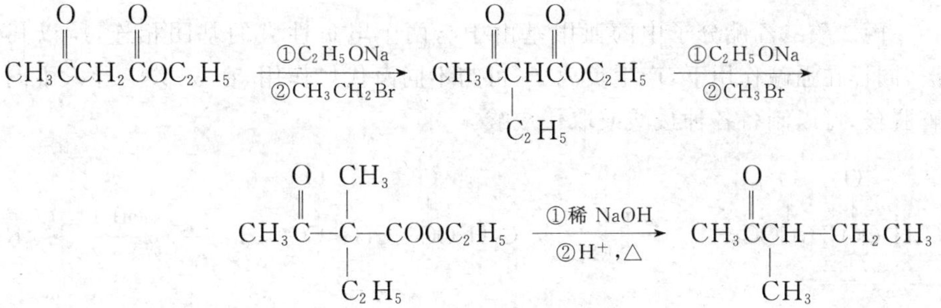

由乙酰乙酸乙酯经过一系列反应制取的一取代物或二取代物的方法，常称为乙酰乙酸乙酯合成法。此法两个关键步骤：①乙酰乙酸乙酯的烷基化；②水解和脱羧。烷基化试剂常用卤代烃，用卤代甲烷、伯卤代烃、烯丙基型和苄基型卤代烃可获得高产率，大多数仲卤代烃只能得到较低的产率，而叔卤代烃则主要得到消除产物。烷基化反应需在无水乙醇中进行。

(2)合成二羰基化合物

乙酰乙酸乙酯在强碱作用下生成的碳负离子，如果与酰卤发生亲核取代反应，在 α-碳上可引入一个含羰基的基团，再经酮式分解，可得到二羰基化合物。例如：

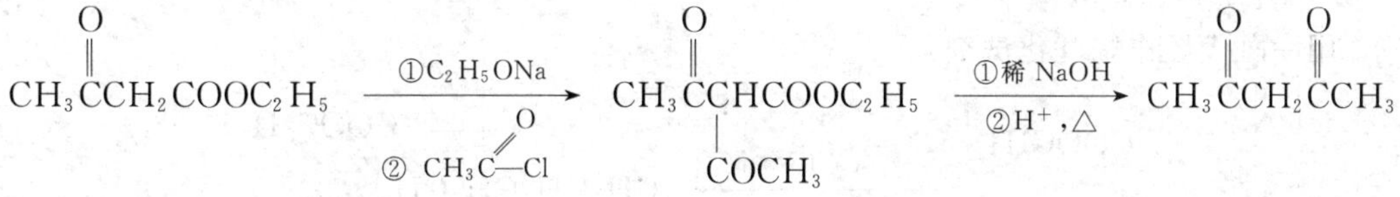

2,4-戊二酮

(3)合成 α-烷基取代乙酸

乙酰乙酸乙酯中的亚甲基(α-碳)在强碱作用下生成碳负离子，再与卤代烃发生亲核取代反应，在 α-碳上引入一个或两个烷基后，再经酸式分解，即可得到各种一元羧酸。

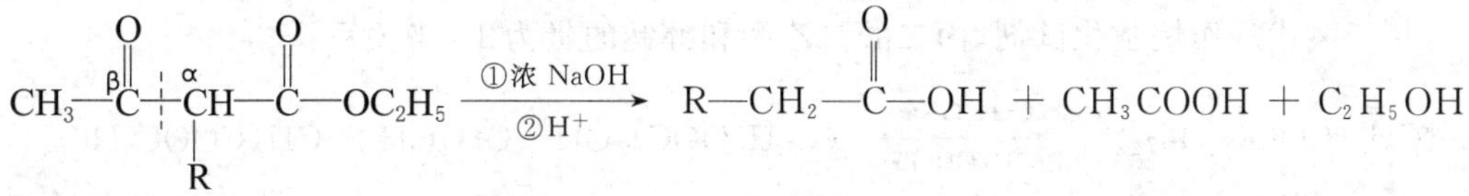

酸式分解　　一取代乙酸

五、丙二酸二乙酯在合成中的应用

丙二酸二乙酯是无色有香味的液体，沸点 199℃，微溶于水，溶于乙醇、乙醚、氯仿和苯等有机溶剂。它在合成羧酸中有重要作用，又是合成染料、香料、药物的中间体。它可由氯乙酸钠在碱性条件下与氰化钠作用，再经乙醇和硫酸作用制得。

$$ClCH_2COONa \xrightarrow[OH^-]{NaCN} N{\equiv}C-CH_2COONa \xrightarrow[H_2SO_4]{C_2H_5OH} C_2H_5O-\overset{\overset{O}{\|}}{C}CH_2\overset{\overset{O}{\|}}{C}-OC_2H_5$$

丙二酸二乙酯

丙二酸二乙酯分子中的亚甲基由于与两个电负性大的基团相连,所以其 α-H 也很活泼,同样在强碱作用下,产生负离子,可与不同卤代烃作用,在 α-碳上导入不同基团,再经水解脱羧,可以制备各种羧酸或取代羧酸。

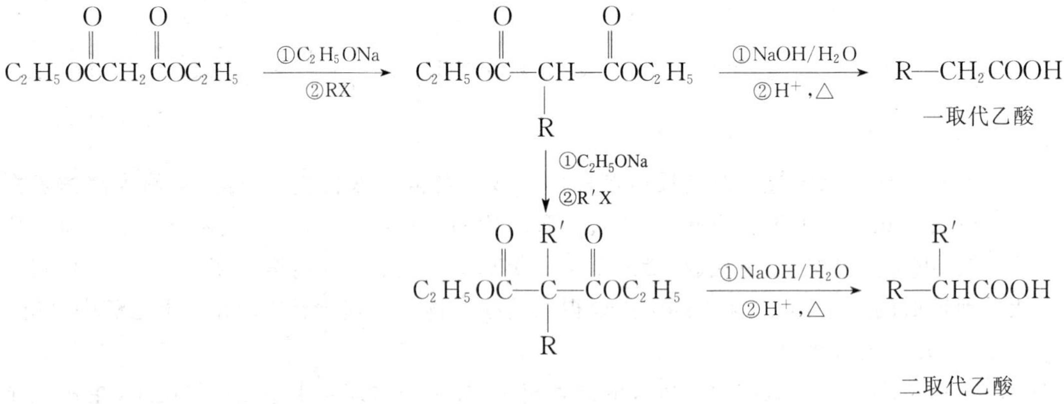

$$C_2H_5O\overset{\overset{O}{\|}}{C}CH_2\overset{\overset{O}{\|}}{C}OC_2H_5 \xrightarrow[②RX]{①C_2H_5ONa} C_2H_5\overset{\overset{O}{\|}}{C}-\underset{\underset{R}{|}}{CH}-\overset{\overset{O}{\|}}{C}OC_2H_5 \xrightarrow[②H^+,\triangle]{①NaOH/H_2O} R-CH_2COOH$$

一取代乙酸

$$\downarrow \begin{matrix}①C_2H_5ONa\\②R'X\end{matrix}$$

$$C_2H_5O\overset{\overset{O}{\|}}{C}-\underset{\underset{R}{|}}{\overset{\overset{R'}{|}}{C}}-\overset{\overset{O}{\|}}{C}OC_2H_5 \xrightarrow[②H^+,\triangle]{①NaOH/H_2O} R-\underset{\underset{}{}}{\overset{\overset{R'}{|}}{C}H}COOH$$

二取代乙酸

该反应是合成各种羧酸的很有价值的方法之一。例如:

1. 制备取代乙酸

用一卤代烃作烷基化试剂:

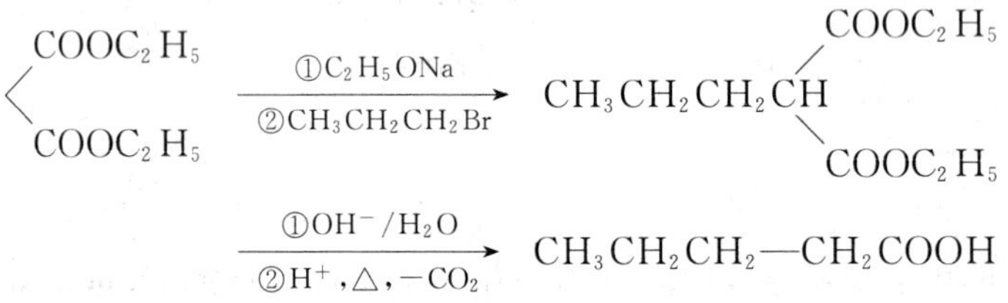

$$\begin{matrix}COOC_2H_5\\COOC_2H_5\end{matrix} \xrightarrow[②CH_3CH_2CH_2Br]{①C_2H_5ONa} CH_3CH_2CH_2CH\begin{matrix}COOC_2H_5\\COOC_2H_5\end{matrix}$$

$$\xrightarrow[②H^+,\triangle,-CO_2]{①OH^-/H_2O} CH_3CH_2CH_2-CH_2COOH$$

2. 制备二元羧酸

用二卤代烃作烷基化试剂,丙二酸二乙酯和醇钠的量为 1:1 关系:

$$2CH_2(COOC_2H_5)_2 \xrightarrow[②BrCH_2CH_2Br]{①2C_2H_5ONa} (C_2H_5OOC)_2CH-CH_2CH_2-CH(COOC_2H_5)_2$$

$$\xrightarrow[②H^+,\triangle,-CO_2]{①OH^-/H_2O} HOOCCH_2-CH_2CH_2-CH_2COOH$$

3. 制备环烷酸

用二卤代烃作烷基化试剂,丙二酸二乙酯和醇钠的量为 1:2 关系:

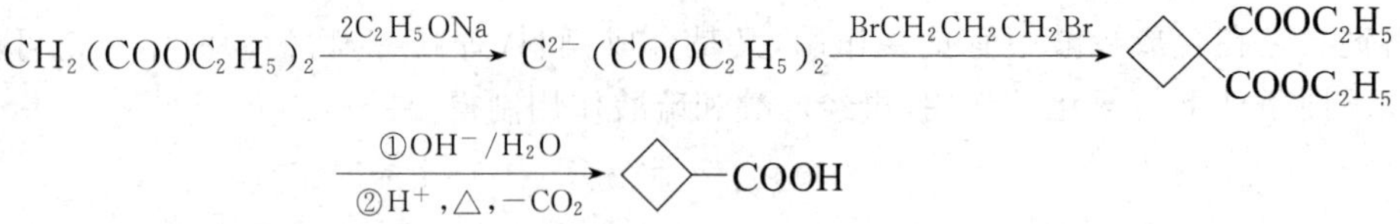

$$CH_2(COOC_2H_5)_2 \xrightarrow{2C_2H_5ONa} C^{2-}(COOC_2H_5)_2 \xrightarrow{BrCH_2CH_2CH_2Br} \diamondsuit\begin{matrix}COOC_2H_5\\COOC_2H_5\end{matrix}$$

$$\xrightarrow[②H^+,\triangle,-CO_2]{①OH^-/H_2O} \diamondsuit-COOH$$

由丙二酸二乙酯经过一系列反应制取一取代乙酸或二取代乙酸的方法常称为丙二酸二乙酯合成法。此法中两个关键步骤是：①丙二酸二乙酯的烷基化；②水解和脱羧。烷基化试剂常用卤代烃，用卤代甲烷、伯卤代烃、烯丙基型和苄基型卤代烃可获得较好的产率，大多数仲卤代烃只能得到较低的产率，而叔卤代烃则主要得到消除产物，故仲卤代烃和叔卤代烃一般不能作为丙二酸二乙酯合成法的原料。

六、重要的羧酸衍生物

1. 乙酰氯

是一种在空气中发烟的无色液体，有窒息性的刺鼻气味，沸点 51℃，能与乙醚、氯仿、冰醋酸、苯和汽油混溶。乙酰氯遇水立即发生剧烈的水解反应，并放出大量热。乙酰氯是常用的酰化试剂。

2. 乙酸酐

简称乙酐，又名醋酐，是一种无色有刺激性气味的液体，沸点 140℃，溶于乙醚、苯和氯仿。乙酐的酰化反应比乙酰氯慢，也是常用的酰化试剂。在工业上，乙酐用于合成染料、醋酸纤维、药物和香料等。

3. 邻苯二甲酸酐

是无色针状结晶，熔点 128℃。邻苯二甲酸酐也是一种常用的酰化剂，能与一些酚类物质反应，生成一些显色的化合物，如与两分子苯酚共熔，生成酚酞：

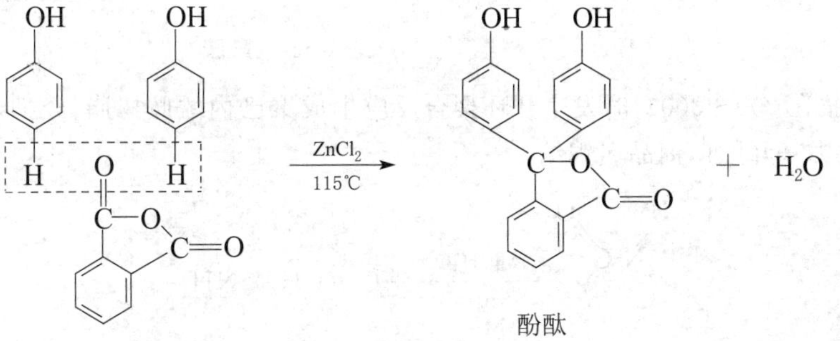

酚酞

酚酞为无色固体，可溶于乙醇中，在碱性溶液中呈紫红色，在酸性溶液中则无色，因此常用于分析化学的酸碱滴定指示剂。

邻苯二甲酸酐在工业上是合成染料、药物、聚酯和增塑剂的重要原料。例如，由邻苯二甲酸酐合成的邻苯二甲酸二丁酯、二辛酯等，都是良好的增塑剂。

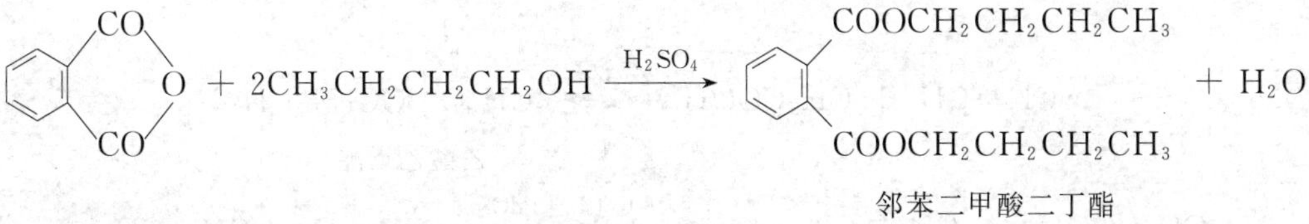

邻苯二甲酸二丁酯

4. 乙酸乙酯

化学式 $CH_3COOC_2H_5$，又称醋酸乙酯，无色、有水果香味的液体，沸点 77℃，溶于乙醇、氯仿、乙醚和苯等。易水解和皂化反应。可燃,其蒸气和空气能形成爆炸混合物。乙酸乙酯大量用做清漆、硝化纤维、涂料和有机合成的溶剂等,此外,还可用于人造香精、香料、人造皮革等的制造。

5. N,N-二甲基甲酰胺

N,N-二甲基甲酰胺(DMF)为无色透明液体,略带氨味,沸点153℃,是一种化学性质稳定、毒性小、优良的非质子极性溶剂,也是一些在一般有机溶剂中难溶的高聚物(如聚丙烯腈)的溶剂,可用作聚丙烯腈抽丝溶剂。

工业上以甲醇、一氧化碳和氨为原料,在高压下反应制取 N,N-二甲基甲酰胺:

$$2CH_3OH + CO + NH_3 \xrightarrow[15\,MPa]{100℃} \overset{O}{\overset{\|}{HC}}-N(CH_3)_2 + 2H_2O$$

6. ω-己内酰胺

简称己内酰胺,为白色固体,熔点69℃,带薄荷味,有毒,溶于水和许多有机溶剂中。工业上生产方法很多,主要是由环己酮肟在发烟硫酸作用下,进行贝克曼(E Beckmann)重排制得。

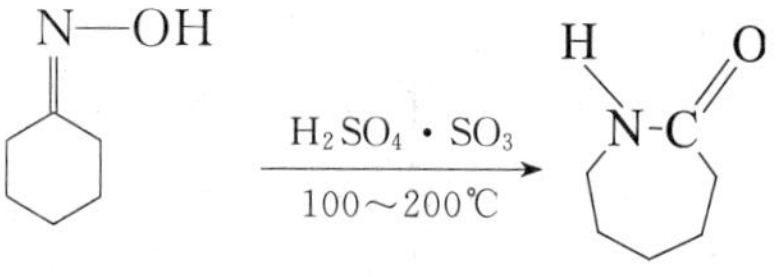

环己酮肟　　　　　ε-己内酰胺

己内酰胺在200～300℃时发生开环聚合反应生成聚己内酰胺树脂,经抽丝等工艺制成聚酰胺-6(尼龙-6)纤维,商品名锦纶。

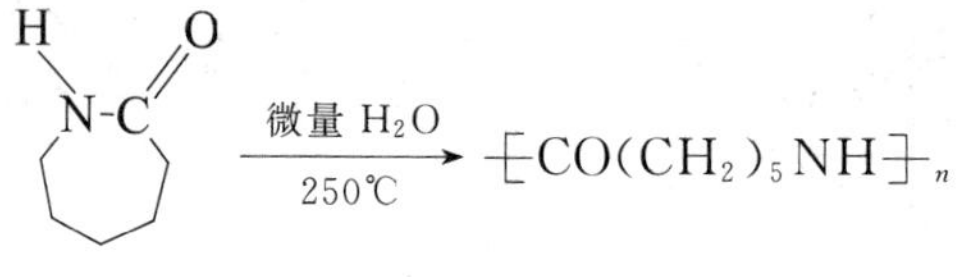

聚己内酰胺

7. 乙酸乙烯酯及其聚合物

乙酸乙烯酯为无色可燃性液体,有强烈刺激性气味,沸点72.5℃,微溶于水,能溶于多种有机溶剂。工业上可由乙炔、乙酸制得,也可由乙烯、乙酸经 PdCl$_2$ 催化氧化制得:

$$CH\equiv CH + CH_3COOH \xrightarrow{ZnAc_2} \overset{O}{\overset{\|}{CH_3C}}-OCH=CH_2$$

乙酸乙烯酯

$$CH_3COOH + CH_2=CH_2 + \tfrac{1}{2}O_2 \xrightarrow[\substack{CH_3COONa\\100℃,2MPa}]{CuCl_2-PdCl_2} CH_3CO-OCH=CH_2$$

聚乙酸乙烯酯在引发剂作用下,可聚合成聚乙酸乙烯酯:

$$nCH_3COOCH{=}CH_2 \xrightarrow[\text{引发剂},65℃]{CH_3OH} \begin{array}{c} \ \\ {+}CH{-}CH_2{+}_n \\ | \\ OCOCH_3 \end{array}$$

聚乙酸乙烯酯在碱催化下与甲醇进行酯交换反应生成聚乙烯醇：

$$\begin{array}{c} {+}CH{-}CH_2{+}_n \\ | \\ OCOCH_3 \end{array} + nCH_3OH \rightleftharpoons \begin{array}{c} {+}CH{-}CH_2{+}_n \\ | \\ OH \end{array} + nCH_3COOCH_3$$

聚乙烯醇

乙烯醇不稳定，不能游离存在，因此只能间接由聚乙酸乙烯酯醇解制备。聚乙烯醇为白色固体，溶于水而不溶于有机溶剂，广泛用作涂料和粘合剂。

将平均聚合度为 1700~1800 的聚乙烯醇制成聚乙烯醇纤维，再用含有硫酸、硫酸钠的甲醛水溶液在 60~70℃ 处理，发生部分缩醛化，生成聚乙烯醇缩甲醛纤维，商品名维纶。

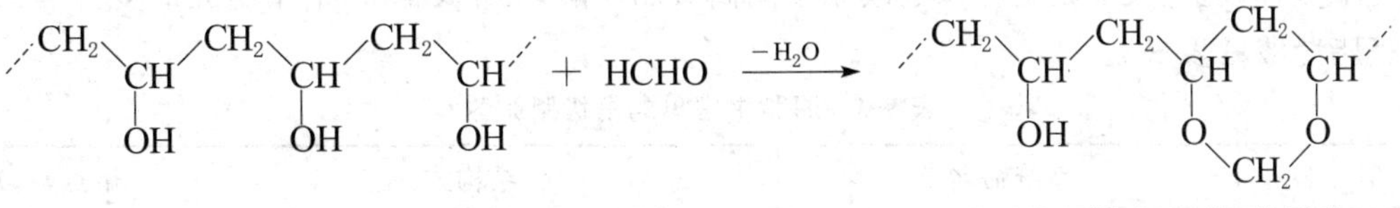

聚乙烯醇（部分）缩甲醛

第三节　油脂和蜡

油脂和蜡广泛存在于动植物体内，既是动植物体的组成物质，又是动植物体维持生命活动不可缺少的物质，它们都是直链高级羧酸与醇形成的酯。

一、油脂

油脂是油和脂肪的总称。油和脂肪并没有严格的界限，习惯上，在常温下呈液态的油脂称为油，如豆油、花生油等；在室温下呈固态或半固态的油脂称为脂肪，如猪油、牛油、奶油等。动物体的内脏、皮下组织、骨髓等处及植物体的果实和种子中含有较多的油脂。

1. 油脂的组成与结构

油脂是多种物质的混合物，其主要成分是三分子高级脂肪酸与甘油形成的酯。1854 年法国化学家贝特洛（Berthelot）证明了油脂的结构，可以用如下通式来表示：

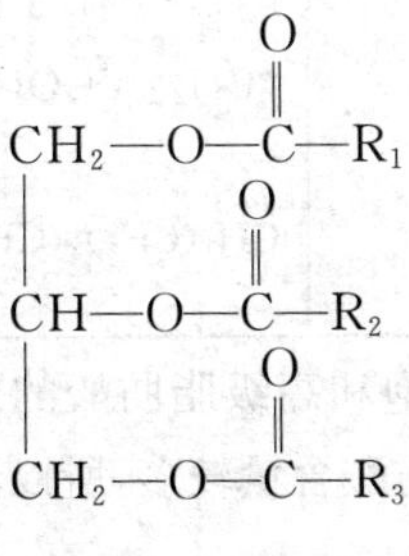

187

如果 R_1、R_2、R_3 相同,则称为单甘油酯;如果如果 R_1、R_2、R_3 不相同,则称为混合甘油酯,例如:

$$CH_2-O-\overset{\overset{\textstyle O}{\|}}{C}-(CH_2)_{16}CH_3$$
$$CH-O-\overset{\overset{\textstyle O}{\|}}{C}-(CH_2)_{16}CH_3$$
$$CH_2-O-\overset{\overset{\textstyle O}{\|}}{C}-(CH_2)_{16}CH_3$$

三硬脂酸甘油酯

(单甘油酯)

$$\alpha\, CH_2-O-\overset{\overset{\textstyle O}{\|}}{C}-(CH_2)_{16}CH_3$$
$$\beta\, CH-O-\overset{\overset{\textstyle O}{\|}}{C}-(CH_2)_{14}CH_3$$
$$\gamma\, CH_2-O-\overset{\overset{\textstyle O}{\|}}{C}-(CH_2)_7CH=CH(CH_2)_7CH_3$$

α-硬脂酸-β-软脂酸-α'-油酸甘油酯

(混合甘油酯)

天然油脂绝大多数是多种混甘油酯的混合物。油脂是由甘油和高级脂肪酸组成的,其中甘油是固定组成成分,而高级脂肪酸种类繁杂。现在已经知道组成油脂的高级脂肪酸约有五十多种,但绝大多数是含偶数碳原子的高级脂肪酸,其中 C_{16} 和 C_{18} 脂肪酸最多。常见的高级脂肪酸见表 9-3。

表 9-3　油脂中常见的高级脂肪酸

俗　名	系统命名	结构式	熔点(℃)
月桂酸	十二碳酸	$CH_3(CH_2)_{10}COOH$	44
肉豆蔻酸	十四碳酸	$CH_3(CH_2)_{12}COOH$	58
软脂酸	十六碳酸	$CH_3(CH_2)_{14}COOH$	63
硬脂酸	十八碳酸	$CH_3(CH_2)_{16}COOH$	69
花生酸	二十碳酸	$CH_3(CH_2)_{18}COOH$	75.5
棕榈油酸	9-十六碳烯酸	$CH_3(CH_2)_5CH=CH(CH_2)_7COOH$	0.5
油酸	9-十八碳烯酸	$CH_3(CH_2)_7CH=CH(CH_2)_7COOH$	16
亚油酸	9,12-十八碳二烯酸	$CH_3(CH_2)_4CH=CHCH_2CH=CH(CH_2)_7COOH$	−5
亚麻油酸	9,12,15-十八碳三烯酸	$CH_3CH_2CH=CHCH_2CH=CHCH_2CH=CH(CH_2)_7COOH$	−11
桐油酸	9,11,13-十八碳三烯酸	$CH_3(CH_2)_3(CH=CH)_3(CH_2)_7COOH$	49
蓖麻油酸	12-羟基-9-十八碳烯酸	$CH_3(CH_2)_5CH(OH)CH_2CH=CH(CH_2)_7COOH$	5.5
花生四烯酸	5,8,11,14-二十碳四烯酸	$CH_3(CH_2)_3(CH_2CH=CH)_4(CH_2)_3COOH$	−49.5

不饱和高级脂肪酸的熔点一般比饱和高级脂肪酸的熔点低,含双键多的比含双键少的高级脂肪酸的熔点低。油中不饱和高级脂肪酸含量较多,所以油的熔点比脂肪低。一些重要的油脂见

表9-4,其中不饱和脂肪酸中的双键一般都是顺式构型(Z型),含有反式构型(E型)的双键极少,桐油分子中的桐油酸 [(Z,E,E)- 9,11,13-十八碳三烯酸] 结构中含有反式构型的双键。

表 9-4 一些重要的油脂

油或脂肪	熔点(℃)	脂肪酸组分含量 / 质量分数(%)							
		月桂酸	肉豆蔻酸	软脂酸	硬脂酸	油酸	亚油酸	亚麻油酸	桐油酸
牛油	40～46		3～6	24～32	20～25	7～43	2～3		
猪油	36～42			25～30	12～16	41～51	3～8		
椰子油	25	44～51	13～18	7～10	1～4	5～8	0～1	1～3	
棉籽油	-1	0～3	17～23	1～3	23～44	34～55			
橄榄油	-6			9.4	2.0	83.5	4		
花生油	-5			8.3	3.1	56	26		
大豆油	-16		0.3	7～11	2～5	22～34	50～60		
亚麻籽油	-24		0.2	5～9	4～7	9～29	8～29	45～67	
桐油	-3					4～13		8～15	74～91

2.油脂的物理性质

纯净的油脂是无色无味的液体或固体,相对密度一般在 0.9～0.95,不溶于水而易溶于乙醚、氯仿、苯、汽油和四氯化碳等有机溶剂。由于天然油脂是混合物,往往带有杂质和色素,因此具有不同的颜色和气味,没有固定的沸点和熔点,但各种油脂都有一定的熔点范围。

3.油脂的化学性质

油脂属于酯类,除具有酯的性质外,有些还具有双键的性质。

(1) 加成反应

油脂中的不饱和脂肪酸可发生加成反应,如加氢和加卤素。

$$
\begin{array}{l}
CH_2OCO(CH_2)_7CH = CH(CH_2)_7CH_3 \\
| \\
CHOCO(CH_2)_7CH = CH(CH_2)_7CH_3 \quad +3H_2 \xrightarrow{Ni} \\
| \\
CH_2OCO(CH_2)_7CH = CH(CH_2)_7CH_3
\end{array}
\qquad
\begin{array}{l}
CH_2OCO(CH_2)_{16}CH_3 \\
| \\
CHOCO(CH_2)_{16}CH_3 \\
| \\
CH_2OCO(CH_2)_{16}CH_3
\end{array}
$$

三油酸甘油酯　　　　　　　　三硬脂酸甘油酯

不饱和程度高的液体油经氢化后,可以得到饱和程度高的半固态或固态脂肪,所以此反应也称为油脂的硬化反应。油脂硬化后便于储存和运输,不能食用的动植物油氢化后可用于制造肥皂和高级脂肪酸的原料。利用植物油氢化可以制得人造奶油。

油脂的不饱和程度常以碘值来表示。每 100g 油脂所吸收碘的质量(单位:g)叫碘值。碘值越大,油的不饱和程度越高。由于碘的加成速度慢,实际测定时常用氯化碘(ICl)或溴化碘(IBr)代替碘,其中氯原子或溴原子能使碘活化,以提高加成反应速度。反应完成后,将吸收的卤化碘的量换算成碘即得碘值。

(2) 氧化反应

油脂久置于空气中,在空气和霉菌的作用下,逐渐被氧化成具有难闻气味的相对分子质量较低的羧酸、醛酸、β—酮酸以及低级的酮等化合物,这种变化过程叫**油脂的酸败**。

光、热、湿度大等条件会促进油脂的酸败过程,因此油脂应避光冷藏在干燥处或加入维生素 C(或维生素 E)等抗氧化剂抑止其酸败过程。植物油中虽然含有较多不饱和脂肪酸结构成分,但比脂肪稳定,其主要原因是在植物油中存在较多天然抗氧剂——维生素 E。

在新鲜的油脂中游离的脂肪酸很少,长期贮存或酸败的油脂中游离的脂肪酸含量增加,油脂中游离脂肪酸含量一般用酸值来表示。中和 1 g 油脂中含有的游离脂肪酸所需要的 KOH 的质量(单位:mg)称为酸值。酸值是衡量油脂品质好坏的重要参数,酸值大于 6 的油脂不宜食用。

(3) 油脂的干化

某些高度不饱和的油脂(如桐油、亚麻油)放置在空气中,逐渐形成一层干燥而具有弹性、韧性、不溶于水的薄膜,这种变化叫做油脂的干化。具有这种性质的油叫干性油。油脂干化过程比较复杂,主要是发生一系列氧化聚合反应,形成网状高分子聚合物。实验证明,油脂分子中双键数目越多,并具有共轭体系,则越易干化。在干性油中加入颜料可制成油漆,如桐油含有 79% 的具有共轭三烯结构的桐油酸,是最易干化的干性油,常用作油漆。我国桐油产量居世界第一位,占世界产量的 90%。

油脂的干化性能与不饱和度有关,所以根据衡量油脂不饱和度的碘值可大致衡量油脂的干化性能。根据碘值大小可把常见的油脂分为三种:

①干性油:碘值在 130 以上,如桐油、亚麻油。

②半干性油:碘值在 100~130 之间,如棉籽油。

③非干性油:碘值在 100 以下,如花生油。

(4)水解反应与皂化值

油脂在酸、碱或酶的作用下可以发生水解反应。油脂在酸性条件下与水共沸,则水解生成高级脂肪酸和甘油,这是工业上制取高级脂肪酸和甘油的重要方法。

$$
\begin{array}{l}
CH_2OCOR_1 \\
| \\
CHOCOR_2 \\
| \\
CH_2OCOR_3
\end{array}
\quad \underset{}{\overset{H^+/H_2O}{\rightleftharpoons}} \quad
\begin{array}{l}
R_1COOH \\
R_2COOH + \\
R_3COOH
\end{array}
\quad
\begin{array}{l}
CH_2OH \\
| \\
CHOH \\
| \\
CH_2OH
\end{array}
$$

油脂在碱性条件下也可以发生水解,生成甘油和高级脂肪酸盐,高级脂肪酸钠(或钾)俗称肥皂,因此油脂在碱性条件下的水解反应也叫**皂化反应**(saponification reaction)。

$$
\begin{array}{l}
CH_2OCOR_1 \\
| \\
CHOCOR_2 \\
| \\
CH_2OCOR_3
\end{array}
\quad +3NaOH \overset{\triangle}{\longrightarrow}
\begin{array}{l}
R_1COONa \\
R_2COONa + \\
R_3COONa
\end{array}
\quad
\begin{array}{l}
CH_2OH \\
| \\
CHOH \\
| \\
CH_2OH
\end{array}
$$

皂化反应是一个不可逆过程。将油脂在氢氧化钠溶液中煮沸直至完全水解,然后在反应混合物中加入食盐,搅拌冷却,高级脂肪酸钠就会析出来,浮在液面上,此过程叫**盐析**。然后压缩、干燥、成型,即制成肥皂。高级脂肪酸钠为硬皂,高级脂肪酸钾是一种半胶状的物质称为软皂,医学上常用软皂洗涤皮肤。

使 1 g 油脂完全皂化所需的氢氧化钾的质量(单位:mg)称为皂化值。根据油脂的皂化值可以计算油脂的平均相对分子质量。

$$油脂的平均相对分子质量 = \frac{3 \times 56 \times 100}{皂化值}$$

式中:$3 \times 56 \times 100 = 16800$ 是皂化 1 mol 油脂所需的氢氧化钾的毫克数。

一些油脂的皂化值和碘值见表 9-5。

表 9-5　一些油脂的皂化值和碘值

脂肪或油	皂化值	碘值	脂肪或油	皂化值	碘值
猪油	195～203	46～58	豆油	189～195	127～138
奶油	210～233	26～50	棉籽油	190～198	105～114
牛油	193～200	30～48	红花油	188～194	140～156
橄榄油	187～196	79～90	亚麻籽油	187～195	170～185

二、蜡

蜡是存在于动植物体内的蜡状物质,在化学结构上也是一种酯的混合物,但与油脂不同,它是含有偶数碳原子的高级脂肪酸与高级一元醇所形成的酯的混合物(同时含有一些游离的高级羧酸、醇、烃类等)。其中,高级脂肪酸最常见的是软脂酸、二十六酸;高级醇主要是含 16～36 个偶数碳原子的醇,最常见的是十六醇、二十六醇、三十醇等(见表 9-6)。

表 9-6　几种重要的蜡

名　称	熔　距(℃)	主要组分	来　源
虫蜡	81.3～84	$C_{25}H_{51}COOC_{26}H_{53}$	白蜡虫
蜂蜡	62～65	$C_{15}H_{31}COOC_{30}H_{61}$	蜜蜂腹部
鲸蜡	42～45	$C_{15}H_{31}COOC_{16}H_{33}$	鲸鱼头部
巴西棕榈蜡	83～86	$C_{25}H_{51}COOC_{30}H_{61}$	巴西棕榈叶

根据来源,蜡可分为植物蜡和动物蜡。植物蜡常以薄层存在于植物的茎、叶、果实及种子表面,如棕榈蜡覆盖在棕榈科植物叶面,主要作用是保护植物,防止水渗入、微生物的侵害和减少植物体内水分的蒸发,还可以用作汽车和地板蜡。

动物蜡存在于动物的分泌腺和体表,如蜂蜡是工蜂的分泌物;虫蜡(白蜡)是寄生在女贞树上的白蜡虫的分泌物,虫蜡是我国特产,生产于四川;介壳虫蜡存在于昆虫体表,对昆虫起保护作用。

蜡在常温下为固体,不溶于水,而易溶于乙醚、苯等非极性有机溶剂。蜡的化学性质稳定,不易变质,不酸败,难于皂化、干化等。蜡在工业上用作纺织品的上光剂、防水剂,是制蜡纸和药丸壳的原料等。

羧酸及其衍生物的主要反应

一、羧酸的主要反应

1. 酸性和成盐反应

$$RCOOH \rightleftharpoons RCOO^- + H^+$$

$$RCOOH + NaOH \longrightarrow RCOONa + H_2O$$

$$\text{羧酸钠}$$

2. 生成羧酸衍生物的反应

$$\underset{O}{\overset{O}{\parallel}}$$

$$RC-OH + Z \longrightarrow RC-Y$$

$$\text{羧酸衍生物}$$

$$Z = SOCl_2, PCl_3, PBr_3, NH_3, R'OH, RCOOH \text{ 等}$$

$$Y = -Cl, -Br, -NH_2, -OR', -O-\overset{O}{\overset{\parallel}{C}}R \text{ 等}$$

3. 脱羧反应

$$RC\overset{O}{\overset{\parallel}{}}-OH \xrightarrow{\triangle} RH + CO_2$$

4. α-卤代反应

$$RCH_2COOH + X_2 \xrightarrow{P} \underset{\underset{X}{|}}{RCHCOOH} + HX \qquad X = Cl, Br$$

$$\text{α-卤代酸}$$

5. 还原反应

$$RCOOH \xrightarrow[\text{②}H_2O]{\text{①}LiAlH_4, \text{乙醚}} RCH_2OH$$

二、羧酸衍生物的主要反应

1. 水解

$$R-\overset{O}{\overset{\parallel}{C}}-Y + H-OH \longrightarrow R-\overset{O}{\overset{\parallel}{C}}-OH + HY$$

（Y 代表—X，—OCOR，—OR，—NH₂）

2. 醇解

$$R-\overset{O}{\overset{\parallel}{C}}-Y + HOR' \longrightarrow R-\overset{O}{\overset{\parallel}{C}}-OR' + HY$$

（Y 代表—X，—OCOR，—OR）

3. 氨解

$$R-\overset{\overset{\displaystyle O}{\|}}{C}-Y + NH_3 \longrightarrow R-\overset{\overset{\displaystyle O}{\|}}{C}-NH_2 + HY$$

（Y 代表－X，－OCOR，－OR）

4. 还原反应

$$R-\overset{\overset{\displaystyle O}{\|}}{C}-Y \xrightarrow[\text{或 LiAlH}_4]{\text{催化加氢}} RCH_2OH$$

（Y 代表－X，－OCOR，－OR）

$$RCONH_2 \xrightarrow[\text{乙醚}]{\text{LiAlH}_4} RCH_2NH_2$$

5. 与 Grignard 试剂反应

$$R-\overset{\overset{\displaystyle O}{\|}}{C}-OC_2H_5 \xrightarrow{R'MgX} R-\overset{\overset{\displaystyle O}{\underset{\displaystyle R'}{|}}}{\underset{\displaystyle}{C}}\overset{\displaystyle MgX}{(OC_2H_5)} \longrightarrow R-\overset{\overset{\displaystyle O}{\|}}{C}-R' \xrightarrow[\text{②H}_2\text{O}]{\text{①R'MgX}} R-\overset{\overset{\displaystyle OH}{|}}{\underset{\displaystyle R'}{C}}-R'$$

6. 酰胺的霍夫曼降解

$$RCONH_2 + X_2 + 4NaOH \longrightarrow RNH_2 + 2NaX + Na_2CO_3 + 2H_2O$$

7. 酯缩合反应

乙酰乙酸乙酯

习　题

1. 用系统命名法命名下列化合物：

(1) $BrCH_2CH_2COOH$

(2) $\underset{\displaystyle}{CH_3CH_2\overset{\overset{\displaystyle CH_2}{\|}}{C}CH_2COOH}$

(3)

(4)

(5) $\underset{\displaystyle}{HOOC\overset{\overset{\displaystyle CH_3}{|}}{C}H-\overset{\overset{\displaystyle CH_2CH_3}{|}}{C}HCOOH}$

(6)

纺织有机化学

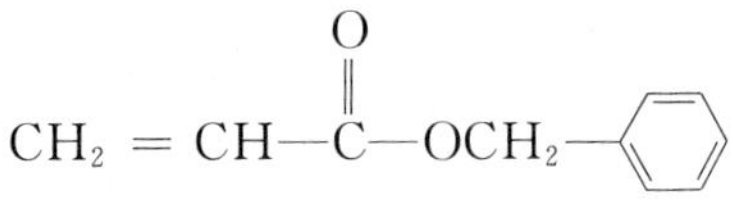

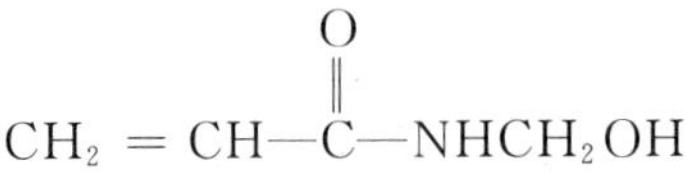

$(7)\ \mathrm{CH_3-\overset{\overset{\textstyle O}{\|}}{C}-OCH_2CH_2O-\overset{\overset{\textstyle O}{\|}}{C}-CH_3}$

$(8)\ \mathrm{CH_2=CH-\overset{\overset{\textstyle O}{\|}}{C}-OCH_2-}$⬡

$(9)\ \mathrm{CH_2=CH-\overset{\overset{\textstyle O}{\|}}{C}-NHCH_2OH}$

(10) ⬡$-\overset{\overset{\textstyle O}{\|}}{C}-O-\overset{\overset{\textstyle O}{\|}}{C}-$⬡

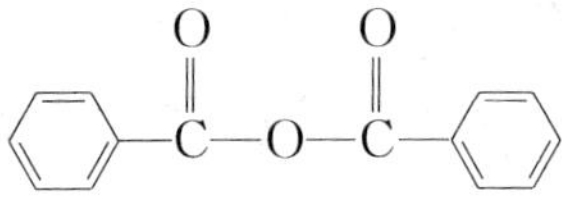

2. 写出下列化合物的结构：

(1) β-环戊基丙酸　　　(2) 3-甲基丁酰氯　　　(3) 丙酸酐

(4) 邻羟基苯甲酸甲酯　(5) 甲基丙烯酸甲酯　　(6) N-苯基乙酰胺

(7) 丁二酰亚胺　　　　(8) 顺丁烯二酸(马来酸)　(9) N-甲基-N-乙基苯甲酰胺

(10) 对乙酰氧基苯甲酰氯　(11) 乙酸异戊酯　　(12) α-萘乙酸

3. 用化学方法区别下列各组化合物：

(1) 乙酸、乙醇、乙醛、乙醚

(2) 甲酸、乙酸、乙醛、丙酮

(3) 乙酰乙酸乙酯、2-丁酮酸、乙酸乙酯

(4) 苯酚、苯甲醛、苯乙酮、苯甲酸

4. 用化学方法分离下列各化合物的混合物：

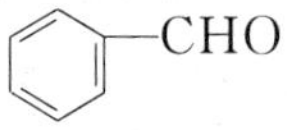

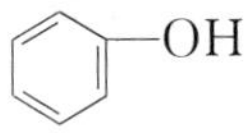

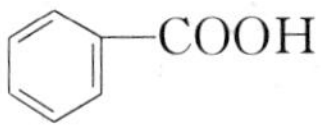

5. 完成下列反应：

$(1)\ \mathrm{CH_3\overset{\overset{\textstyle O}{\|}}{C}CH_3}\ \xrightarrow{HCN}\ ?\ \xrightarrow{H_3O^+}\ ?\ \xrightarrow{-H_2O}$

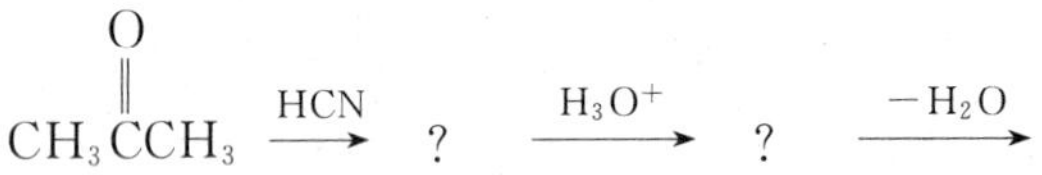

$(2)\ \mathrm{CH_3CH_2COOCH_2CH_3}\ \xrightarrow[\textcircled{2}\,H_3O^+]{\textcircled{1}\,CH_3MgI(2\,mol)}$

(3) 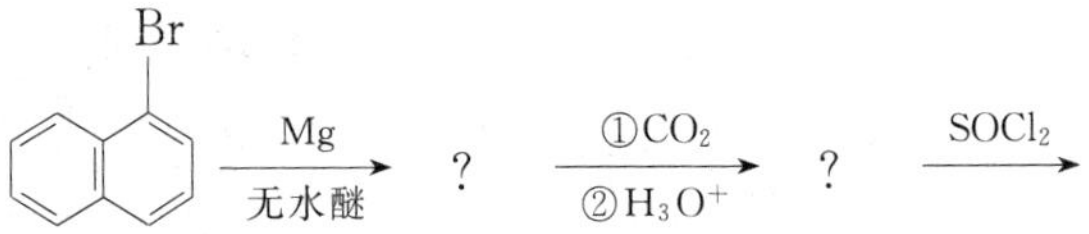 （1-溴萘）$\ \xrightarrow[无水醚]{Mg}\ ?\ \xrightarrow[\textcircled{2}\,H_3O^+]{\textcircled{1}\,CO_2}\ ?\ \xrightarrow{SOCl_2}$

$(4)\ \mathrm{CH_3CH_2COOH}\ \xrightarrow[P]{Br_2}\ ?\ \xrightarrow[醇溶液]{NaCN}\ ?\ \xrightarrow{?}\ \mathrm{CH_3CH_2\underset{\underset{\textstyle COOH}{|}}{C}HCOOH}$

(5) （环己烷-1,1,2-三甲酸）$\ \xrightarrow[\triangle]{-CO_2}\ ?\ \xrightarrow[\triangle]{-H_2O}$

(6) （丁二酸酐）$\ \xrightarrow[(1mol)]{CH_3CH_2OH}\ ?\ \xrightarrow{PCl_3}\ ?\ \xrightarrow{⬡-OH}$

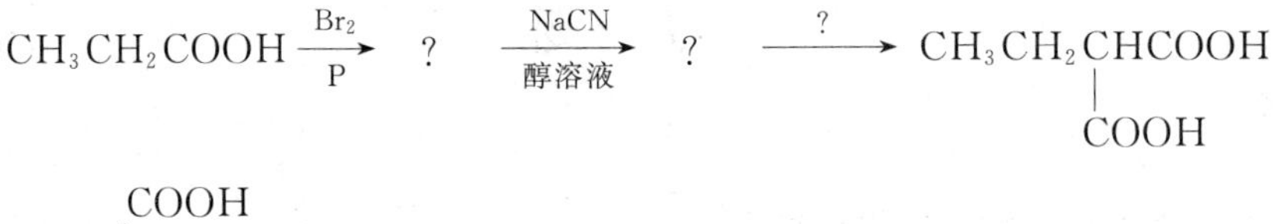

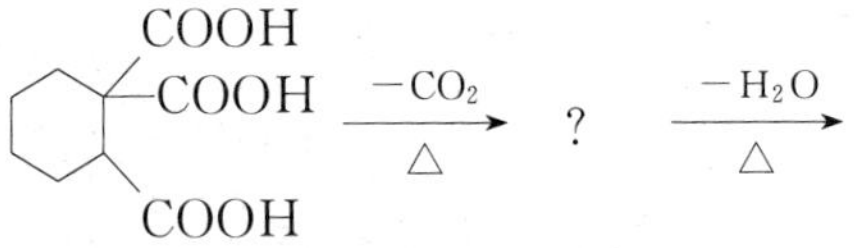

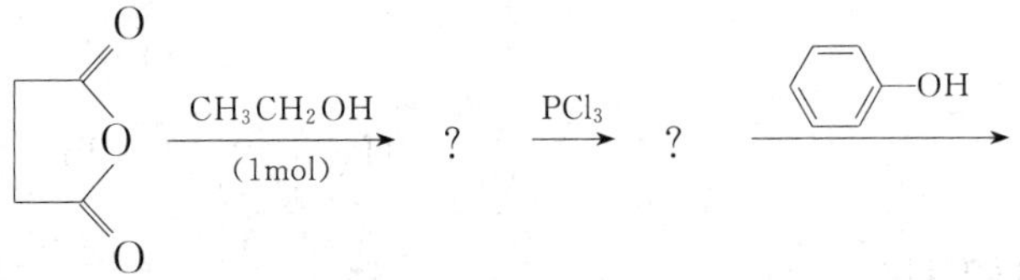

$(7)\ \mathrm{CH_2=CHCH_2CH_2COOH}\ \xrightarrow[\textcircled{2}\,H_2O]{\textcircled{1}\,LiAlH_4\ 无水醚}$

194

(8) $\xrightarrow[\text{②H}_3\text{O}^+]{\text{①I}_2/\text{NaOH}}$? $\xrightarrow{\text{SOCl}_2}$? $\xrightarrow{\text{NH}_3}$? $\xrightarrow[\text{NaOH,H}_2\text{O}]{\text{Br}_2}$

(9) $CH_3CH_2COOC_2H_5$ $\xrightarrow[\text{C}_2\text{H}_5\text{OH}]{\text{C}_2\text{H}_5\text{ONa}}$? $\xrightarrow{\text{HCl}}$? $\xrightarrow[\text{②H}_3\text{O}^+]{\text{①NaOH,}\triangle}$? $\xrightarrow[\triangle]{-\text{CO}_2}$

(10) —MgBr $\xrightarrow{\text{CO}_2}$? $\xrightarrow{\text{H}_2\text{O}}$? $\xrightarrow{\text{SOCl}_2}$

6. 写出乙酰氯与下列每个试剂反应的产物：

(1)$C_6H_5NH_2$(过量)　　(2)$CH_3(CH_2)_2CH_2OH$,

(3) ,$AlCl_3$

7. 写出丙酸乙酯与下列每个试剂反应的产物：

(1)H_3O^+,H_2O　　　　　　　(2) OH^-,H_2O

(3)1-辛醇,HCl　　　　　　　(4)CH_3NH_2

(5)$LiAlH_4$,然后 H_2O　　　　(6) —MgBr ,然后 H_2O

8. 下列各组化合物按其酸性由强至弱排列：

(1)H_2O　C_2H_5OH　CH_3COOH　NH_3　H_2CO_3　HCOOH　

(2)

(3) $(CH_3)_3\overset{+}{N}$——COOH , F_3C——COOH , —COOH ,

　　　CH_3——COOH , HO——COOH

(4)三氯乙酸,氯乙酸,乙酸,丙酸

9. 以甲醇、乙醇、苯及其他无机试剂为原料,应用丙二酸二乙酯合成下列化合物：

(1) 2,3-二甲基丁酸　　　　　(2)β-甲基己二酸

(3) 2-苄基戊酸　　　　　　　(4)庚二酸

10. 比较下列羧酸衍生物水解的活性大小：

乙酰氯,乙酸乙酯,乙酸酐,乙酰胺

11. 利用乙酰乙酸乙酯合成法,合成下列化合物。

(1) $CH_3-\overset{\overset{O}{\|}}{C}-\overset{\overset{CH_2CH_3}{|}}{C}HCH_2CH_3$ 和 $CH_3CH_2\overset{\overset{CH_2CH_3}{|}}{C}HCOOH$

(2) $CH_3\overset{\overset{}{|}}{\underset{OH}{C}}HCH_2CH_2CH_2CH_3$

12. 水解 10kg 皂化值为 193 的油脂,需要多少千克的氢氧化钾?

13. 油脂酸败的原因是什么？如何防止油脂的酸败？

14. 化合物 A 的分子式为 $C_5H_6O_3$，它能与 1 molC_2H_5OH 作用得到两个互为异构体的化合物 B 和 C。将 B 和 C 分别与亚硫酰氯作用后再加入乙醇得到相同的化合物 D。写出 A、B、C 和 D 的结构式及有关反应式。

15. 化合物 A、B 的分子式都是 $C_4H_6O_2$，它们都不溶于 NaOH 溶液，也不与 Na_2CO_3 作用，但可使溴水褪色，有类似乙酸乙酯的香味。它们与 NaOH 共热后，A 生成 CH_3COONa 和 CH_3CHO，B 生成一个甲醇和一个羧酸钠盐。该钠盐用硫酸中和后蒸馏出的有机物可使溴水褪色。写出 A、B 的结构式及有关反应式。

16. A（$C_{10}H_{12}O_3$）不溶于水，稀酸和碳酸氢钠溶液，可溶于稀氢氧化钠溶液。A 与稀氢氧化钠溶液加热后可得到 B（C_3H_8O）和 C（$C_7H_6O_3$），B 可发生碘仿反应，C 能与碳酸氢钠溶液作用放出二氧化碳，与三氯化铁溶液显颜色，C 的一元硝化产物只有一种，试推测 A、B、C 的结构式。

17. 有两个酯类化合物（A）和（B），分子式均为 $C_4H_6O_2$。（A）在酸性条件下水解成甲醇和另一化合物 $C_3H_4O_2$（C），（C）可使 Br_2—CCl_4 溶液褪色。（B）在酸性条件下水解生成一分子羧酸和化合物（D），（D）可发生碘仿反应，也可与 Tollens 试剂作用。试推测（A）～（D）的构造式。

第十章 有机含氮化合物

分子中含有氮原子的有机化合物统称为有机含氮化合物。有机含氮化合物的种类很多,范围也很广,它们的结构特征是含有碳氮键(C—N、C=N、C≡N),有的还含有 N—N、N=N、N≡N、N—O、N=O 及 N—H 等价键。本章主要讨论硝基化合物(nitro compound)、胺(amine)、重氮盐(diazo salt)和偶氮化合物。

第一节 硝基化合物

分子中含有硝基($-NO_2$)官能团的化合物统称为硝基化合物。硝基化合物可按烃基的不同分为脂肪族、芳香族及脂环族的硝基化合物;又可根据硝基的数目的不同分为一硝基化合物和多硝基化合物。一硝基化合物通式为 $R-NO_2$、$Ar-NO_2$,不能写成 $R-ONO$($R-ONO$ 表示亚硝酸酯)。一硝基化合物与亚硝酸酯是同分异构体。

硝基化合物的命名是以烃为母体,硝基为取代基。硝基在官能团次序排列中排在最后,因而硝基总是被当作取代基命名。例如:

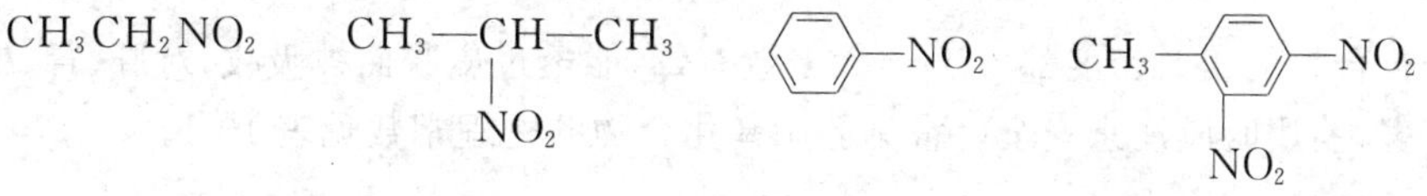

$$CH_3CH_2NO_2 \qquad CH_3-\underset{\underset{NO_2}{|}}{CH}-CH_3$$

硝基乙烷	2-硝基丙烷	硝基苯	2,4-二硝基甲苯

一、硝基化合物的结构

硝基一般表示为 $-N\overset{\displaystyle O}{\underset{\displaystyle O}{}}$ (由一个 N=O 和一个 N→O 配位键组成)。电子衍射法实验证明,硝基化合物中的硝基具有对称的结构;两个氮氧键的键长相等,都是 0.121 nm。这说明硝基结构中存在着三原子四电子的 p-π 共轭体系(N 原子是以 sp^2 杂化成键的),其结构表示如下:

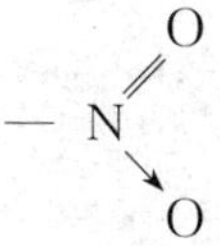

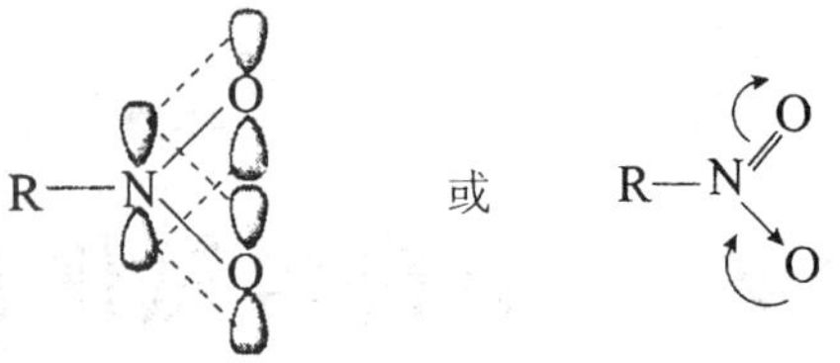

二、硝基化合物的物理性质

脂肪族硝基化合物一般为无色而有香味的液体,难溶于水,易溶于有机溶剂;芳香族的一元硝基化合物是无色或淡黄色液体或固体,有苦杏仁味。多硝基化合物是黄色固体,受热易分解而发生爆炸,如 2,4,6-三硝基甲苯(TNT)、2,4,6-三硝基苯酚(苦味酸)等。有的多硝基化合物有香味,可作香料,如麝香(二甲基麝香):

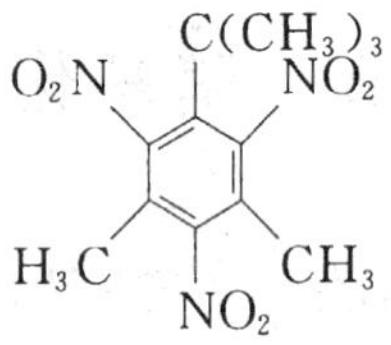

硝基是强极性基团,所以硝基化合物有较高的沸点。例如:

	CH_3-NO_2	$CH_3-\overset{O}{\overset{\|}{C}}-CH_3$	$CH_3CH_2CH_2OH$
分子量	61	58	60
沸点(℃)	101	56.1	97.2

硝基化合物的相对密度都大于 1,大多数有毒,能透过皮肤而被吸收,对肝、肾、中枢神经和血液有害,使用时应注意安全。常见的硝基化合物的物理常数见表 10-1。

表 10-1 常见的硝基化合物的物理常数

名 称	熔点(℃)	沸点(℃)	相对密度(d_4^{20})
硝基甲烷	−28.6	101.2	1.1354
硝基乙烷	−90	114	1.0448
硝基苯	5.7	210.8	1.203
间二硝基苯	89.8	303	1.571
邻硝基甲苯	−9.3	222	1.163
间硝基甲苯	16.1	222	1.163
对硝基甲苯	52	238.5	1.286
2,4,6-三硝基甲苯	80.6	分解	1.654
2,4,6-三硝基苯酚	121.8	——	1.763
α-硝基萘	61	304	1.332

三、硝基化合物的化学性质

1. 与碱的作用（具有 α-H 的脂肪族硝基化合物）

具有 α-H 的脂肪族硝基化合物，与强碱作用生成盐：

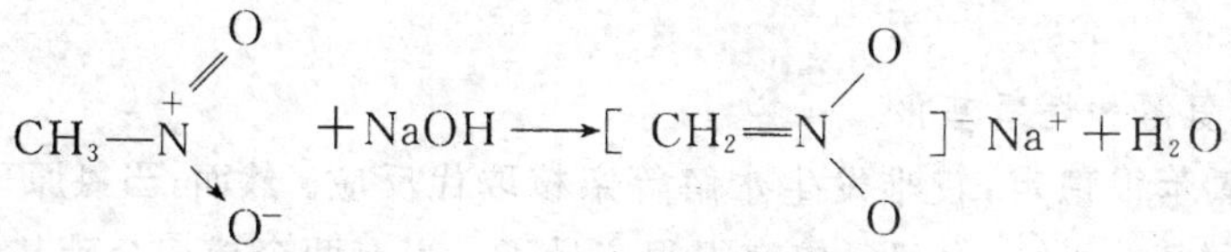

$$CH_3-\overset{+}{N}\overset{O}{\underset{O^-}{}} + NaOH \longrightarrow [CH_2=N\overset{O}{\underset{O}{}}]^- Na^+ + H_2O$$

这是由于发生了下列现象：

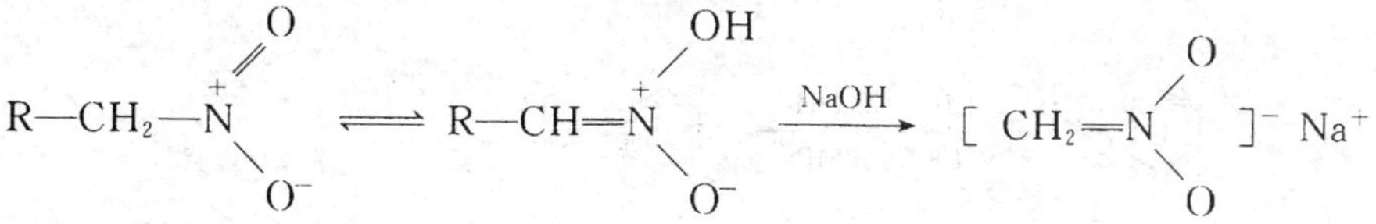

$$R-CH_2-\overset{+}{N}\overset{O}{\underset{O^-}{}} \rightleftharpoons R-CH=\overset{+}{N}\overset{OH}{\underset{O^-}{}} \xrightarrow{NaOH} [CH_2=N\overset{O}{\underset{O}{}}]^- Na^+$$

硝基式（主）　　　　假酸式（较少）

假酸式有烯醇式特征，如遇 $FeCl_3$ 溶液有显色反应，也能与 Br_2/CCl_4 溶液加成。

2. 还原反应

硝基容易被还原，但反应条件及介质对还原反应影响很大。以硝基苯的还原为例，硝基苯在酸性条件下用 Zn 或 Fe 为还原剂还原，其最终产物是伯胺。

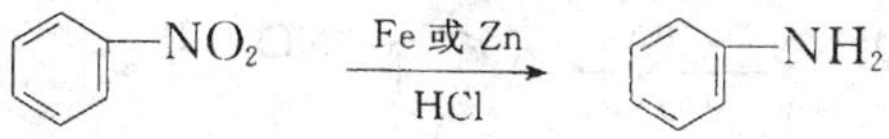

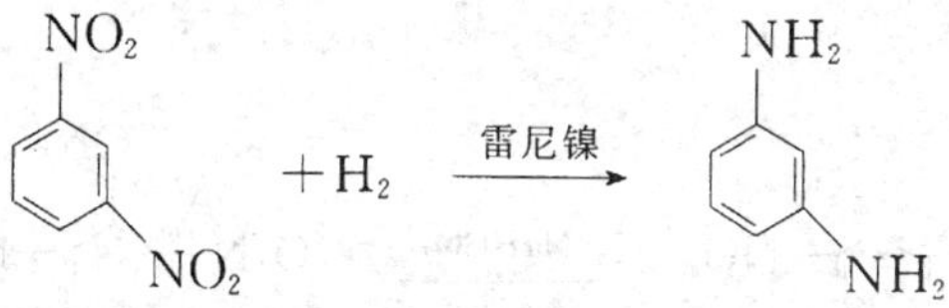

$$\text{C}_6\text{H}_5-NO_2 \xrightarrow[HCl]{Fe\text{ 或 }Zn} C_6H_5-NH_2$$

硝基苯在中性介质中则被还原为苯基羟胺。

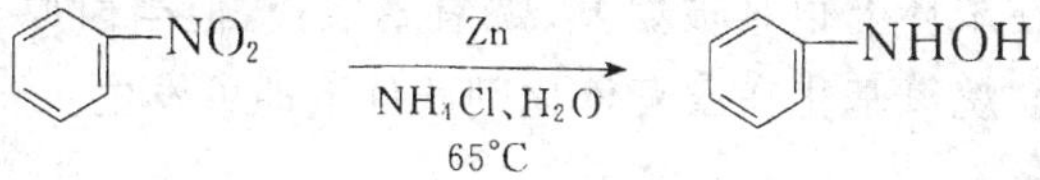

$$C_6H_5-NO_2 \xrightarrow[NH_4Cl、H_2O \atop 65℃]{Zn} C_6H_5-NHOH$$

多硝基芳烃在 Na_2S、NH_4HS 等硫化物还原剂作用下可以进行选择性地将多硝基化合物中的一个硝基还原为胺基而得到硝基苯胺：

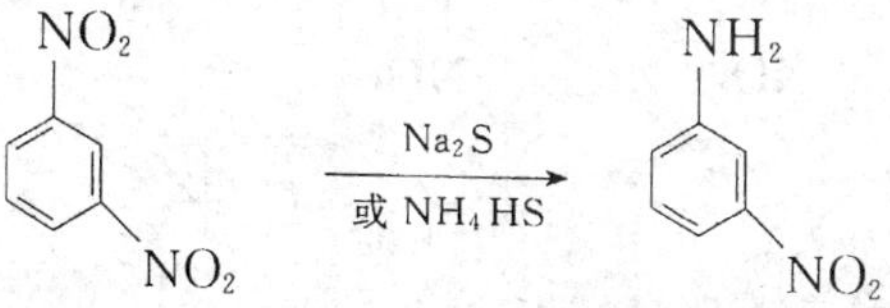

它们的反应机理尚不清楚,但这类还原反应在工业生产及有机合成上都有重要作用。

3.硝基对苯环上的其他基团的影响

硝基同苯环相连后,对苯环呈现出强的吸电子诱导效应($-I$)和吸电子共轭效应($-C$),使苯环上的电子云密度大为降低,亲电取代反应变得困难,但硝基可使邻位基团的亲核取代反应的活性增加。

(1)硝基卤苯易水解、氨解和烷氧基化

苯环上没有硝基时氯苯很稳定,较难发生水解等亲核取代反应。然而,当氯原子的邻、对位上有硝基存在时,受硝基的影响,水解反应变得很容易了。当有两个或三个硝基处于氯原子的邻、对位时,水解反应甚至在常压下便可完成。例如:

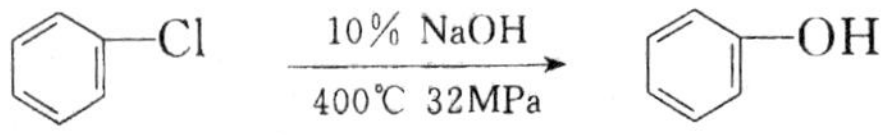

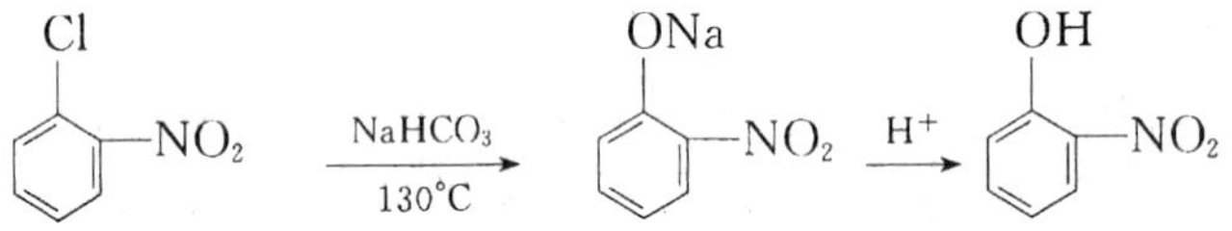

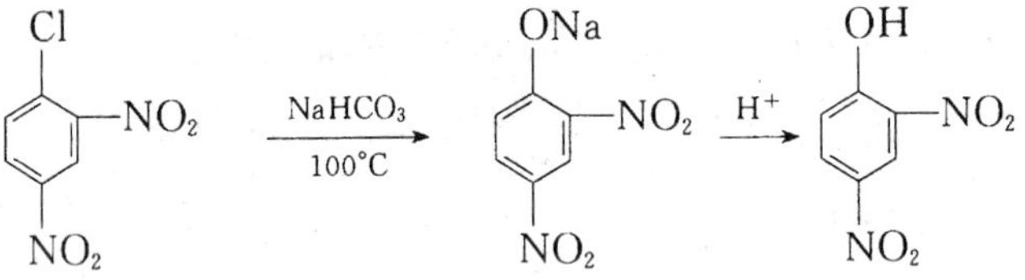

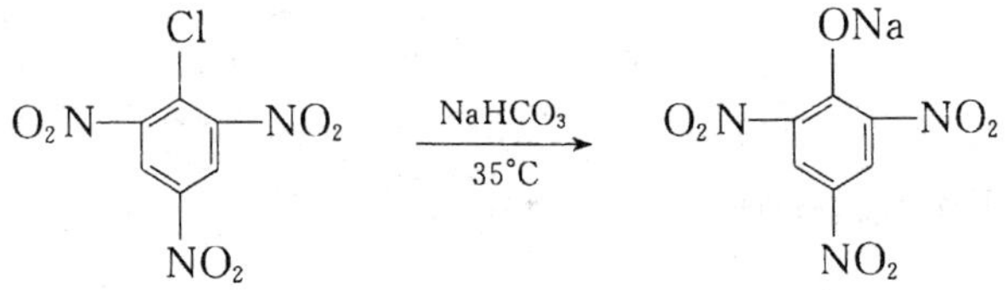

同样卤素若直接连在苯环上很难被氨基、烷氧基取代,但当卤原子的邻、对位上有硝基存在时,则卤苯的氨基化、烷氧基化在没有催化剂条件下即可发生。

(2)使酚的酸性增强

酚羟基的邻、对位上的硝基数目越多,其酸性越强。

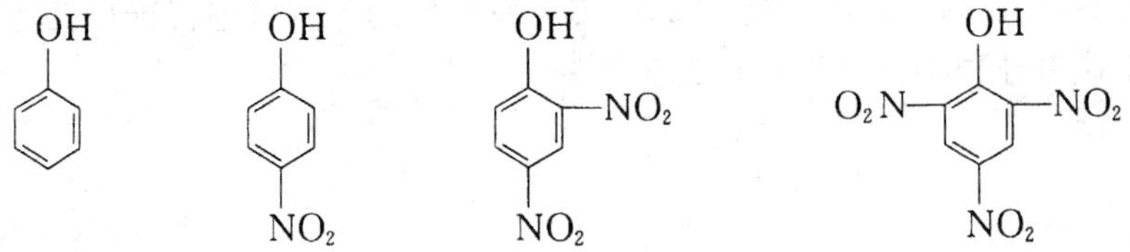

| pK$_a$ | 9.98 | 7.15 | 4.09 | 0.25 |

四、重要的芳香族硝基化合物

1. 硝基苯

硝基苯是淡黄色的油状液体,熔点 5.7℃,沸点 210.9℃,相对密度 1.205(25℃),有苦杏仁味,通常作为有机溶剂。硝基苯不溶于水,可以水蒸气蒸馏。其蒸气有毒,应该注意安全。

硝基苯由苯与混酸直接硝化制得。硝基苯还原可制苯胺,是合成染料的原料。

2. 2,4,6-三硝基甲苯

2,4,6-三硝基甲苯结构式为 ,简称 TNT,是黄色针状晶体,熔点

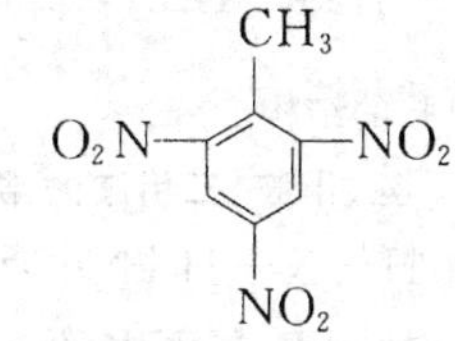

80.6℃,难溶于水,微溶于乙醇,溶于苯、甲苯和丙酮中。受震动相当稳定,须经起爆剂(雷汞)引发才发生猛烈爆炸,是一种优良的炸药。

3. 2,4,6-三硝基苯酚

2,4,6-三硝基苯酚结构式为 ,俗名苦味酸,是黄色片状结晶,熔点

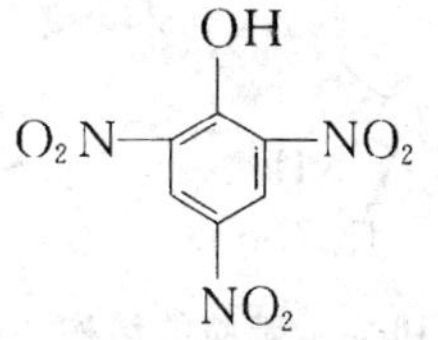

121.8℃,味苦,能溶于热水、乙醇、苯及乙醚,难溶于冷水,水溶液呈酸性,有毒。苦味酸是制造染料和炸药的原料。

第二节　胺

氨分子中的一个或几个氢原子被烃基取代的化合物称为胺(amine)。胺是一类重要的含氮有机化合物,例如苯胺是合成药物、染料等的重要原料。

一、胺的结构、分类和命名

1. 胺的结构

胺与氨分子的结构相似,N 原子在成键时,发生了轨道的杂化,形成了四个 sp^3 杂化轨道,其中三个轨道分别与氢或碳原子形成三个 σ 键,未共用电子对占据另一个 sp^3 杂化轨道,呈棱锥形结构,如图 10-1所示。

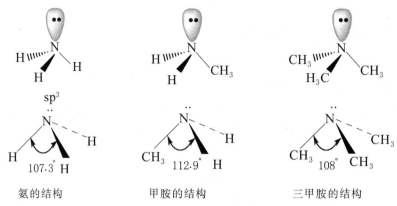

氨的结构　　　　　　　甲胺的结构　　　　　　　三甲胺的结构

图 10-1　氨、甲胺、三甲胺的结构

苯胺的分子也是棱锥形结构,它的 H—N—H 键角为 113.9°,比脂肪胺要大,这就表明苯胺氮原子上未共用电子对所处的杂化轨道具有更多的 p 轨道成分。该杂化轨道与苯环上的 π 电子轨道重叠形成共轭体系,电子云向苯环转移,使苯环上电子云密度增加,所以氨基对苯环的亲电取代反应起了活化作用。见图 10-2。

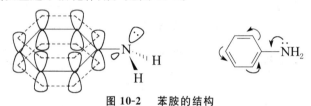

图 10-2　苯胺的结构

2. 分类和命名

(1)分类

根据胺分子中氮原子上所连烃基的数目不同,可分为伯胺(1°胺)、仲胺(2°胺)和叔胺(3°胺)。

NH_3	RNH_2	R_2NH	R_3N
氨	伯胺	仲胺	叔胺

根据分子中氮原子上所连烃基种类的不同,胺可分为脂肪胺和芳香胺(取代烃基中至少有一个是芳基)。例如:

$CH_3CH_2NH_2$　　　　　　　　　　　　　　　　　

乙胺　　　　　　　环戊胺　　　　　　　苯胺　　　　　　邻甲基苯胺

脂肪胺　　　　　　脂肪胺　　　　　　芳香胺　　　　　芳香胺

另外根据分子中所含氨基的数目又可分为一元胺、二元胺和多元胺。

除伯、仲、叔三类胺外,还有相当于氢氧化铵和铵盐的化合物,分别称为季铵碱(quaternary ammonium hydrate)和季铵盐(quaternary ammonium salt)。

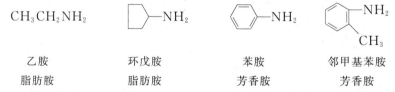

季铵碱　　　　　　　　　　　　　　　　季铵盐

应当注意的是伯、仲、叔胺与伯、仲、叔醇的分级依据不同。胺的分级着眼于氮原子上烃基的数目;而醇的分级立足于羟基所连的碳原子的级别。例如:叔丁醇是叔醇而叔丁胺属于伯胺。

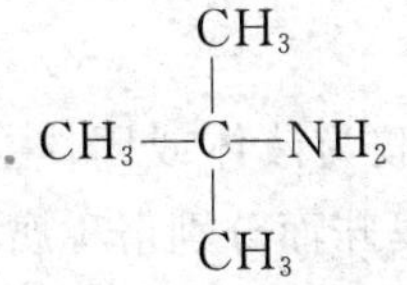

伯胺 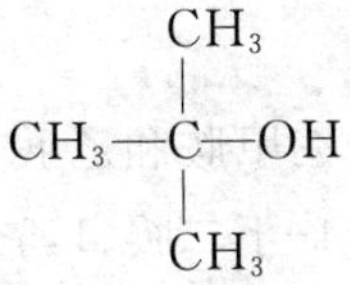　　　　　　　　　　叔醇

(2)命名

简单的胺以胺为母体,再加上烃基的名称和数目来命名。例 CH_3NH_2 为甲胺,CH_3NHCH_3 为二甲胺。当氮原子上同时连有芳环和脂肪烃基时,则以芳胺为母体,并在脂肪烃基前冠以"N"字,以表示这个基团是连在氮原子上的;同时还可将脂肪烃基连在芳环上的异构体区别开来。例如:

N-甲基苯胺 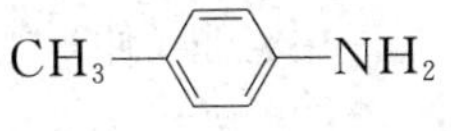　　　　　对甲基苯胺 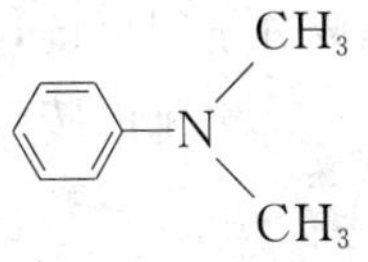　　　　　N,N-二甲基苯胺

对于二元胺和多元胺,当其氨基连在开链烃基或直接连接在苯环上时,可称为二胺或三胺。如:

乙二胺　　　　　　　对苯二胺 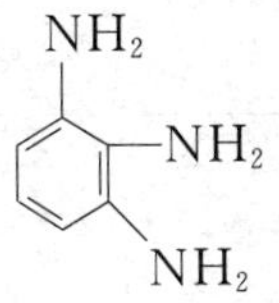　　　　　　1,2,3-苯三胺

对于构造比较复杂的胺则以烃基为母体,以氨基、烃氨基作为取代基来命名。例:

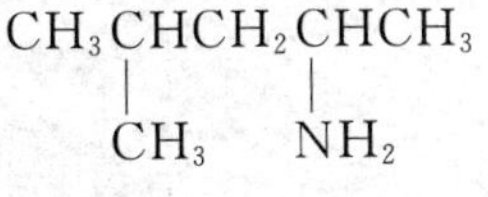

2-甲基-4-氨基戊烷 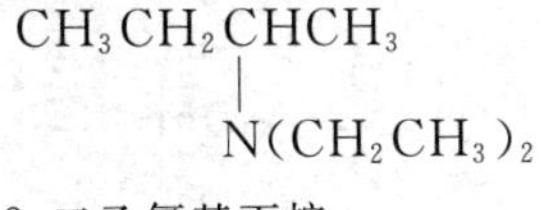　　　　　　　2-二乙氨基丁烷

季铵碱和季铵盐的命名类似于氢氧化铵和无机铵盐的命名。例:

$[(CH_3)_4N]^+OH^-$　　$[(CH_3)_2N-C_{12}H_{25}]^+Br^-$　　$[C_2H_5N(CH_3)_3]^+Br^-$
$\qquad\qquad\qquad CH_2C_6H_5$

氢氧化四甲铵　　　溴化二甲基苄基十二烷基铵　　　溴化三甲基乙基铵

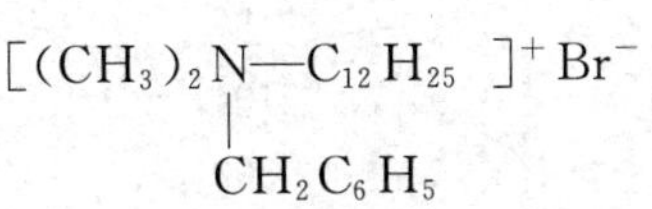

在命名含氮化合物时，要注意"氨"、"胺"和"铵"字的用法。在表示基(如氨基－NH_2、亚氨基－NH－等)时，用"氨"；表示 NH_3 的烃基衍生物时，用"胺"；而铵盐或季铵碱中则用"铵"。

二、胺的物理性质

常温常压下甲胺、二甲胺、三甲胺和乙胺为气体，其他胺为液体或固体。许多胺有难闻的气味，如三甲胺有鱼腥味，1,4-丁二胺、1,5-戊二胺有腐臭味而分别俗称腐肉胺和尸胺。

与氨相似，伯、仲胺可通过分子间氢键而缔合，所以其沸点较相对分子质量接近的烷烃要高，但比相应的醇、酸低，且伯胺的沸点大于仲胺的。例如：

	甲胺	乙烷	甲醇
相对分子质量	31	30	32
沸点(℃)	－7	－88	64

叔胺因不能形成分子间氢键，其沸点就与相对分子质量的烷烃接近了。例如：

	正丙胺(伯)	甲乙胺(仲)	三甲胺(叔)
沸点(℃)	49	36	3

低级伯、仲、叔胺能与水形成氢键，所以易溶于水。但随烃基的增大，溶解度降低。芳香胺一般难溶或微溶于水。

有机胺类大多都有毒性，芳胺的毒性更大。β-萘胺及联苯胺均有强烈的致癌作用。一些常见胺的物理常数见表 10-2。

表 10-2　常见胺的物理常数

名　称	熔点(℃)	沸点(℃)	溶解度(g/100gH_2O)
甲胺	－92	－7.5	易溶
二甲胺	－96	7.5	易溶
三甲胺	－117	3	91
乙胺	－80	17	∞
二乙胺	－39	55	易溶
三乙胺	－115	89	14
正丙胺	－83	49	∞
异丙胺	－101	34	∞
正丁胺	－50	78	易溶
己二胺	42	204	易溶
苯胺	－6	184	3.7
N-甲基苯胺	－57	196	难溶
N,N-二甲基苯胺	3	194	1.4
二苯胺	53	302	溶
α-萘胺	50	301	难溶
β-萘胺	110	306	不溶

三、胺的化学性质

1. 碱性

胺和氨相似,具有碱性,可使石蕊变蓝,能与大多数酸作用成盐。

$$R-\overset{..}{N}H_2+HCl \longrightarrow R-\overset{+}{N}H_3Cl^-$$

$$R-\overset{..}{N}H_2+HOSO_3H \longrightarrow R-\overset{+}{N}H_3\overset{-}{O}SO_3H$$

胺的碱性较弱,其盐与氢氧化钠溶液作用时,会释放出游离胺。

$$R-\overset{+}{N}H_3\overset{-}{C}l+NaOH \longrightarrow RNH_2+NaCl+H_2O$$

利用这个性质,可以把胺从其他非碱性物质中分离出来,也可定性地鉴别胺。

胺的碱性强弱可用离解常数 K_b 表示:

$$R-NH_2+H_2O \Longleftrightarrow RNH_3^+ +OH^-$$

$$K_b=\frac{[R-\overset{+}{N}H_3][OH^-]}{[RNH_2]}$$

一般脂肪胺的 $pK_b=3\sim5$,芳香胺的 $pK_b=7\sim10$(氨的 $pK_b=4.76$);多元胺的碱性大于一元胺。由于结构的不同,胺类的碱性呈现以下的规律:

(1)对于脂肪胺来说,在非水溶液或气相中,通常是叔胺>仲胺>伯胺>氨。但在水溶液中由于受溶剂的影响,叔胺的碱性减弱。例如:

$$(CH_3)_2NH > CH_3NH_2 > (CH_3)_3N > NH_3$$

pK_b	3.27	3.38	4.21	4.76

这是因为除了电子效应外,在水溶液中碱性强度还与水的溶剂化作用有关。伯胺的共轭酸 $R\overset{+}{N}H_3$ 较叔胺的共轭酸 $R_3\overset{+}{N}H$ 的水合作用强,所以其共轭酸较稳定,酸性小,即伯胺的碱性较叔胺强;而仲胺的共轭酸的酸性介于两者之间。综合烃基的给电子效应,仲胺的碱性最强。

(2)芳胺的碱性比脂肪胺弱得多,以至于不能使石蕊变蓝。这是因为氮原子上的未共用电子对与芳环上 π 电子形成 $p\text{-}\pi$ 共轭,使氮原子上的电子云密度降低,导致碱性减弱。

	NH_3	$PhNH_2$	$(Ph)_2NH$	$(Ph)_3N$
pK_b	4.76	9.30	13.80	中性

(3)对于取代芳胺(处于氨基邻、对位时),苯环上连有供电子基时,碱性略有增强;连有吸电子基时,碱性则降低。例如:

pK_b	8.50	8.90	9.30	10.20	13.0	13.80

205

2. 酰基化反应

(1) 脂肪族或芳香族 1°胺和 2°胺可与酰基化试剂,如酰卤、酸酐或羧酸作用,生成 N-取代酰胺或 N,N-二取代酰胺,这类反应称为胺的酰基化反应,简称酰化。胺的酰化产物为酰胺,其碱性极弱,近于中性,在酸或碱的催化下,酰胺可以水解生成原来的胺。

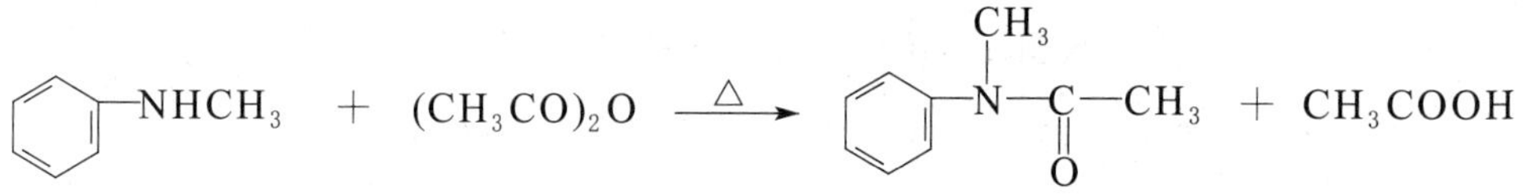

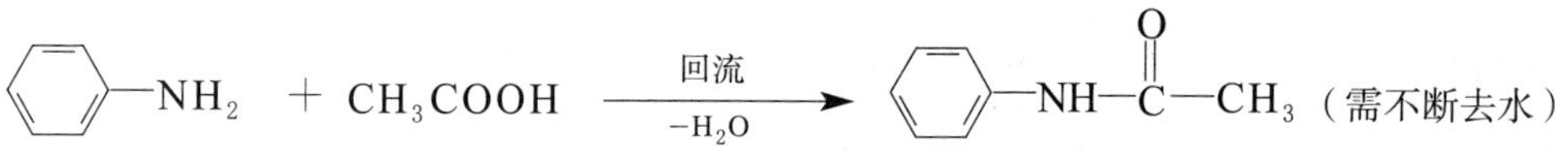

叔胺的 N 上没有 H 原子,故不发生酰基化反应。对于胺来说,1°胺的活性大于 2°胺,脂肪胺活性大于芳香胺。酰基化试剂的活性顺序是:酰卤＞酸酐＞羧酸。该反应的用途非常广泛,例如:

①用于胺类的鉴定

生成的 N-取代酰胺均为结晶固体,具有固定而敏锐的熔点。根据所测得的熔点,可推断出原来胺的结构。

②从胺的混合物中分离出叔胺。

③用于氨基的保护,防止氨基被氧化破坏。例如:

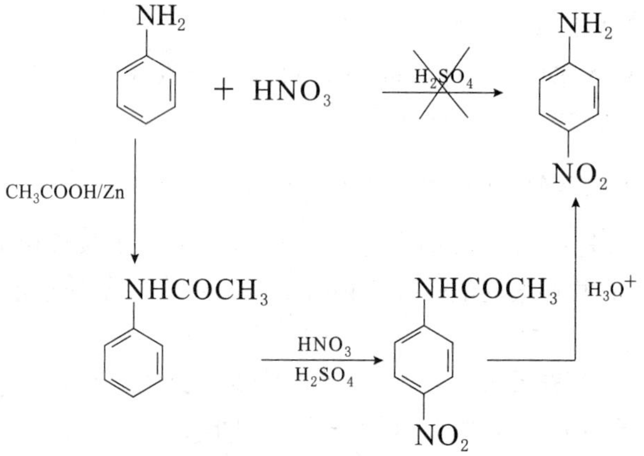

(2) 磺酰化反应(兴斯堡——Hinsberg 反应)

与酰基化反应相似,脂肪族或芳香族的 1°胺和 2°胺在碱性条件下,能与芳磺酰氯(如苯磺酰氯、对甲苯磺酰氯)作用,生成相应的磺酰胺;叔胺 N 上没有 H 原子,故不发生磺酰化反应。另外 1°胺生成的磺酰胺可溶于碱,而 2°胺生成的磺酰胺不溶于碱。

$$RNH_2 \quad R_2NH \quad R_3N \quad + \quad \text{C}_6\text{H}_5\text{—SO}_2Cl$$

上：—SO₂NHR（白色固体）→ [—SO₂NR]⁻Na⁺（溶于碱）

中：—SO₂NR₂（白色固体）→ 不溶于碱，仍为固体

下：不反应

1°胺、2°胺生成的磺酰胺都可经酸性水解而分别得到原来的伯、仲胺。因此此反应常用于鉴别、分离和纯化伯、仲、叔胺，称为兴斯堡反应。

3. 烷基化反应

胺是一种亲核试剂，可与卤代烷或活泼芳卤发生亲核取代（S_N2）反应，在胺的 N 原子上引入烃基，称为胺的烷基化反应。

$$RNH_2 + R\text{—}X \xrightarrow{S_N2} R_2NH_2^+X^- \xrightarrow{NaOH} R_2NH \xrightarrow{RX} \xrightarrow{NaOH} R_3N$$

（以1°RX为佳）

$$C_6H_5\text{—}NH_2 + C_6H_5\text{—}CH_2Cl \xrightarrow[90℃]{NaHCO_3} C_6H_5\text{—}NHCH_2C_6H_5$$

除卤代烃外，某些情况下醇或酚也可作为烷基化试剂。如：

$$C_6H_5\text{—}NH_2 + 2CH_3OH \xrightarrow[\text{或}Al_2O_3,\triangle]{H_2SO_4,220℃} C_6H_5\text{—}N(CH_3)_2 + 2H_2O$$

$$C_6H_5\text{—}NH_2 + C_6H_5\text{—}OH \xrightarrow{ZnCl_2,260℃} C_6H_5\text{—}NH\text{—}C_6H_5 + H_2O$$

4. 与亚硝酸反应

亚硝酸（HNO_2）不稳定，反应时应由亚硝酸钠与盐酸或硫酸作用而得。

脂肪族伯胺与亚硝酸反应，生成极不稳定的脂肪族重氮盐，它立即分解成氮气和一个碳正离子，然后碳正离子可发生各种反应生成醇、烯烃等混合物。所以这个反应没有合成价值。

$$RNH_2 + HNO_2 \longrightarrow [RN_2^+X^-] \longrightarrow N_2 + R^+ + X^-$$
$$\longrightarrow ROH, RX, 烯烃$$

由于此反应能定量地放出氮气，故可用来分析伯胺及氨基化合物。

芳香族伯胺与脂肪族伯胺不同，在低温（一般在 5℃ 以下）和过量强酸存在下，与亚硝酸反应得到相对稳定的芳香族重氮盐（diazo salt），这个反应称为重氮化反应（diazol reaction）。重氮化反应在有机合成上有重要应用，详见下节。

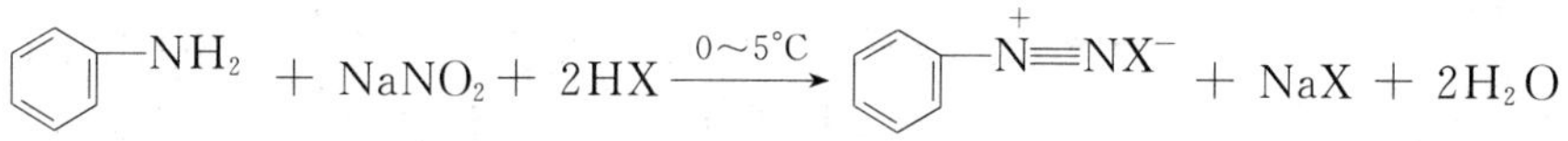

$$\text{C}_6\text{H}_5-\text{NH}_2 + \text{NaNO}_2 + 2\text{HX} \xrightarrow{0\sim5\,^\circ\text{C}} \text{C}_6\text{H}_5-\overset{+}{\text{N}}\equiv\text{N}\,\text{X}^- + \text{NaX} + 2\text{H}_2\text{O}$$

芳香仲胺与亚硝酸作用生成 N-亚硝胺类化合物,它是一种黄色中性油状液体,有强烈的致癌作用。

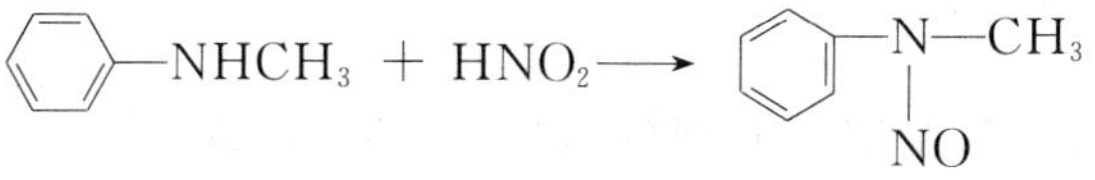

$$\text{C}_6\text{H}_5-\text{NHCH}_3 + \text{HNO}_2 \longrightarrow \text{C}_6\text{H}_5-\underset{\text{NO}}{\overset{\text{CH}_3}{\text{N}}}$$

黄色油状物

芳香叔胺与亚硝酸作用生成氨基对位取代的亚硝基化合物。

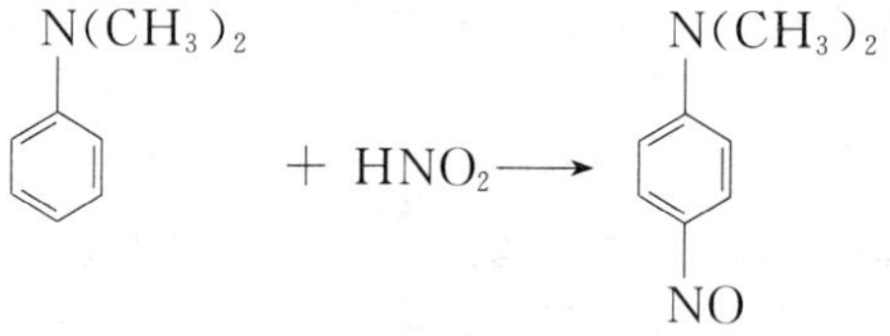

绿色固体,熔点 86℃

根据上述的不同反应,可以用来区别芳香族的伯、仲、叔胺。

5. 芳环上的亲电取代反应

由于氨基使苯环活化,所以芳胺的芳环上容易进行一系列亲电取代反应。

(1) 卤代反应

芳胺与卤素反应很快,例如苯胺和溴水作用,常温下即生成 2,4,6-三溴苯胺白色沉淀,该反应可用于苯胺的鉴定和定量分析。

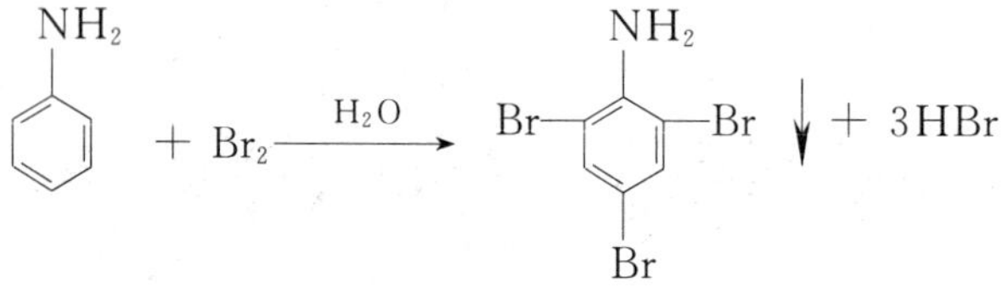

如要制取一溴苯胺,则应先降低苯胺的活性,再进行溴代,其方法有两种:

方法一:

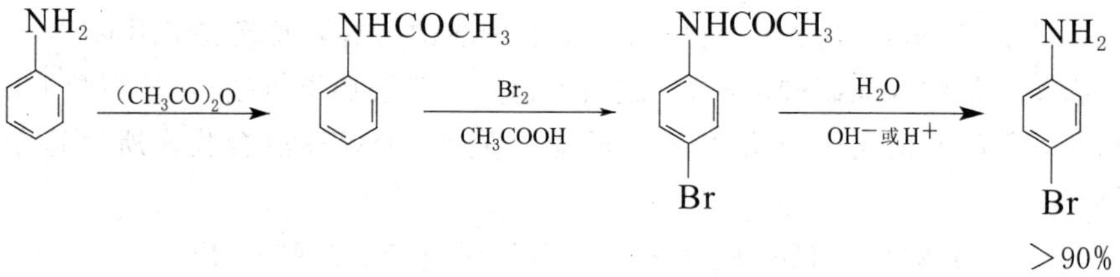

> 90%

若将氨基酰化,则主要得对位产物。

方法二:

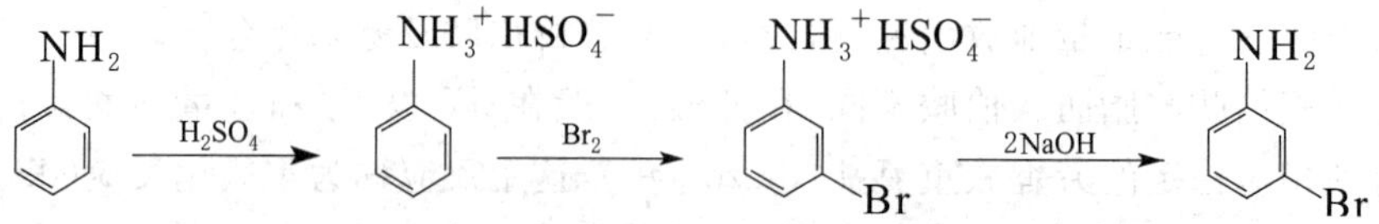

若将氨基先生成盐,形成的 $-\text{NH}_3^+$ 为间位定位基,则主要得间位产物。

208

（2）硝化反应

芳伯胺若直接硝化，氨基易被硝酸氧化，生成焦油状物。因此通常先把氨基保护起来（乙酰化或成盐），然后再进行硝化，再水解。

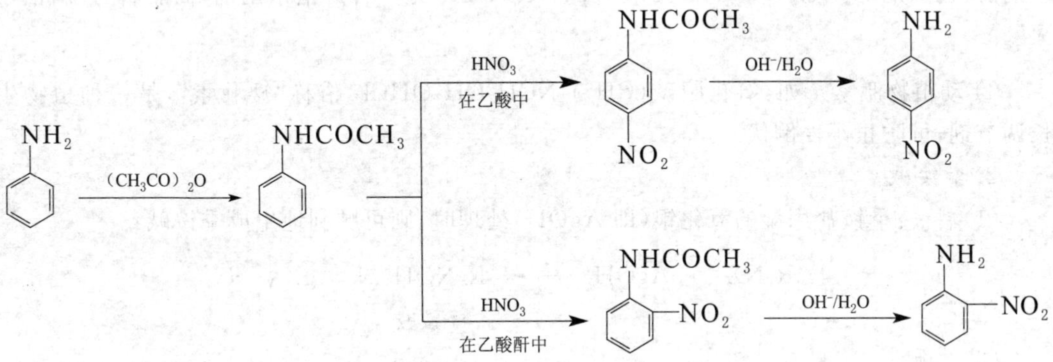

（3）磺化反应

芳胺与浓硫酸作用，首先生成硫酸盐，加热脱水生成磺基苯胺，在重排时生成对氨基苯磺酸，它也能以内盐的形式存在。

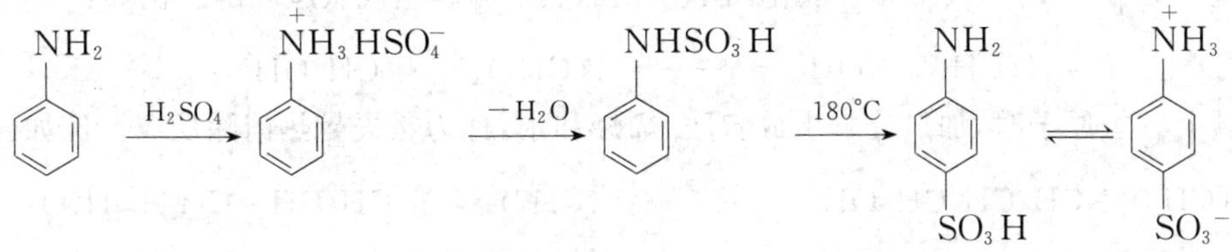

对氨基苯磺酸形成内盐

6. 胺的氧化

脂肪胺类在常温下比较稳定，芳胺则容易被氧化。例如，新的纯苯胺是无色的，但放置时就会被空气中氧气氧化，很快就变成黄色，然后变成红棕色。用氧化剂处理苯胺时，生成复杂的混合物。在一定的条件下，苯胺的氧化产物主要是对苯醌。

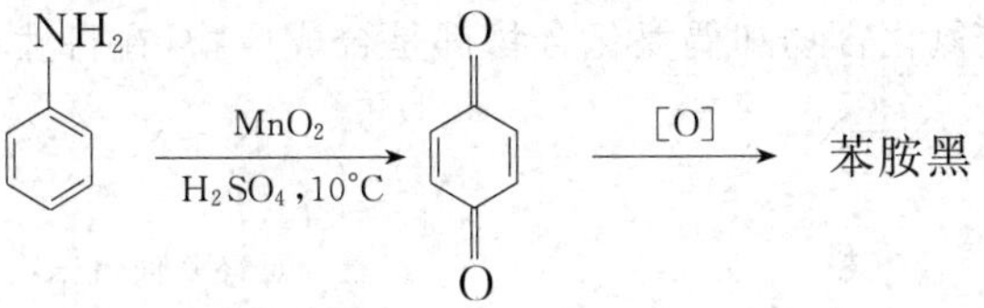

四、季铵盐和季铵碱

1. 季铵盐

季铵盐具有盐的特性，如高熔点，易溶于水而不溶于非极性的有机溶剂中。

（1）制法：叔胺与卤代烃作用可得季铵盐。

$$R_3N + R'X \longrightarrow R_3\overset{+}{N}R'X^-$$

（2）主要用途

① 属于阳离子型表面活性剂，用作抗静电剂、柔软剂、杀菌剂、防锈剂、乳化剂、织物整理剂、染色助剂等。如：$C_{12}H_{25}\overset{+}{N}(CH_3)_2CH_2C_6H_5Br^-$ 是一种广谱杀菌剂，商品名为"新洁尔灭"。

② 动植物激素。如：氯化胆碱$(CH_3)_3\overset{+}{N}CH_2CH_2OHCl^-$ 俗称"矮壮素"，是一种植物生长调节剂，可防止小麦倒伏。

2. 季铵碱

（1）制法：季铵盐用湿的氧化银（即 AgOH）处理时，则可顺利地生成季铵碱：

$$R_4\overset{+}{N}X^- + AgOH \longrightarrow R_4\overset{+}{N}OH^- + AgX\downarrow$$
$$\text{季铵碱}$$

（2）性质

① 季铵碱是强碱，其碱性与 NaOH 相近。易潮解，易溶于水，易吸收空气中的二氧化碳。

② 化学特性反应——加热分解反应

烃基上无 β-H 的季铵碱如氢氧化四甲铵在加热下分解生成叔胺和醇。例如：

$$(CH_3)_4\overset{+}{N}OH^- \overset{\triangle}{\longrightarrow} (CH_3)_3N + CH_3OH$$

β-碳上有氢原子时，加热分解生成叔胺、烯烃和水，称为霍夫曼热消除反应。例如：

$$(CH_3)_3\overset{+}{N}CH_2CH_2CH_3OH^- \overset{\triangle}{\longrightarrow} (CH_3)_3N + CH_3CH=CH_2 + H_2O$$

第三节　芳香族重氮化合物和偶氮化合物

重氮化合物和偶氮化合物分子中都含有 -N=N- 官能团，官能团两端都与烃基相连的称为偶氮化合物。只有一端与烃基相连，而另一端与其他基团相连的称为重氮化合物（这里重点介绍重氮盐）。重氮化合物和偶氮化合物都是合成产物，在自然界不存在。例如：

偶氮苯　　　　　　　　　　　　　对羟基偶氮苯

氯化重氮苯　　　　　　　　　　　硫酸氢重氮苯

脂肪族重氮化合物和偶氮化合物为数不多，没有芳香族的重要。芳香族重氮化合物是合成芳香族化合物的重要试剂；芳香族偶氮化合物广泛用作染料。

一、重氮盐的制备

重氮盐是通过重氮化反应来制备的。苯胺与亚硝酸在低温下发生重氮化反应，生成氯化重氮苯：

$$\text{C}_6\text{H}_5-\text{NH}_2 + \text{HNO}_2 + \text{HCl} \xrightarrow{<5\text{℃}} \text{C}_6\text{H}_5-\overset{+}{\text{N}}\equiv\text{N}\text{Cl}^- + 2\text{H}_2\text{O}$$
$$(\text{NaNO}_2 + \text{HCl})$$

这里值得注意的是：

(1)无机酸(硫酸或盐酸)要大大过量。若酸量不足,生成的重氮盐可与未反应的苯胺作用生成复杂的化合物。

(2)亚硝酸不能过量。因为亚硝酸过量会促使重氮盐本身分解。其检查方法是用KI-淀粉试纸,若 KI-淀粉试纸变蓝,则说明亚硝酸过量。

$$2\text{HNO}_2 + \text{KI} + 2\text{HCl} \longrightarrow \text{I}_2 + 2\text{NO} + 2\text{KCl} + 2\text{H}_2\text{O}$$

$$\downarrow \text{淀粉}$$

$$\text{呈蓝色}$$

若证明亚硝酸已过量,可用尿素使其分解。

$$2\text{HNO}_2 + \text{H}_2\text{N}-\overset{\overset{\text{O}}{\|}}{\text{C}}-\text{NH}_2 \longrightarrow \text{CO}_2\uparrow + 2\text{N}_2\uparrow + 3\text{H}_2\text{O}$$

重氮盐具有盐的典型性质,绝大多数重氮盐易溶于水而不溶于有机溶剂,其水溶液能导电。芳香族重氮盐较稳定,这是因为在芳香重氮正离子中的 $\text{C}-\overset{+}{\text{N}}\equiv\text{N}$ 键呈线型结构,氮氮之间 π 电子轨道与芳环的大 π 轨道构成共轭体系的结果,使重氮盐在低温下强酸介质中能稳定存在。

芳香族重氮、偶氮化合物很重要,在有机合成和分析上用途很广,可与格氏试剂相媲美。如芳香族重氮化合物在有机合成上有广泛用途,而芳香族偶氮化合物则大多从重氮化合物偶合而得,它们是重要的精细化工产品,如染料、药物、色素、指示剂、分析试剂等。目前,偶氮染料占合成染料的 60% 左右。

二、重氮盐的化学性质及其在合成上的应用

重氮盐是一个非常活泼的化合物,可发生多种反应,生成多种化合物,在有机合成上非常有用。归纳起来主要为两类反应:放氮反应和保留氮反应。

1.放氮反应及应用

重氮盐的放氮反应是指重氮盐在一定条件下分解,重氮基被 $-\text{H}$、$-\text{OH}$、$-\text{X}$、$-\text{CN}$ 等取代,分别生成芳烃、酚、卤代烃和苯腈,同时放出 N_2。

(1)被 H 原子取代

重氮盐能与次磷酸、乙醇等弱还原剂反应,反应式如下：

$$\text{Ar}\overset{+}{\text{N}}_2\text{X}^- + \text{C}_2\text{H}_5\text{OH} \xrightarrow{\triangle} \text{ArH} + \text{N}_2\uparrow + \text{CH}_3\text{CHO} + \text{HX}$$

$$\text{Ar}\overset{+}{\text{N}}_2\text{X}^- + \text{H}_3\text{PO}_2 \xrightarrow[\triangle]{\text{H}_2\text{O}} \text{ArH} + \text{N}_2\uparrow + \text{H}_3\text{PO}_3 + \text{HX}$$

通过此反应,可以从芳胺变成芳烃,所以常称脱氨基反应(deamination)。该反应在结构证明及有机合成中都很有用。在有机合成中,可以起到特定位置上的"占位、定位"作用。

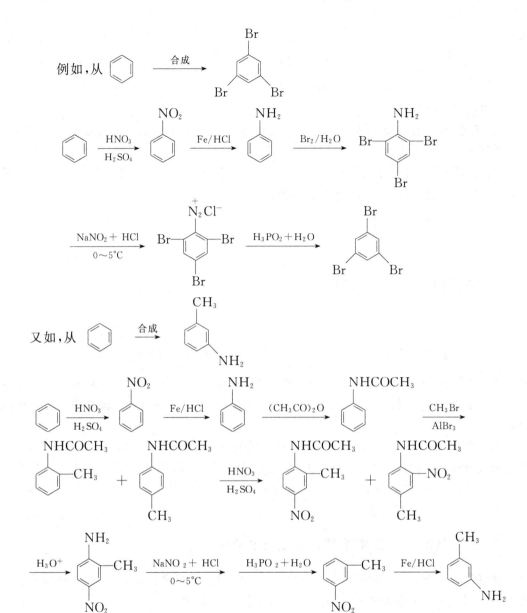

（2）被－OH 取代

将重氮盐的酸性水溶液加热，即发生水解，放出 N_2，生成酚：

应用该反应可制备那些不宜用磺化－碱熔法等制得的酚类。

例如,从 [苯] 合成→ [间溴苯酚 (OH, Br)]

[苯] $\xrightarrow[\text{H}_2\text{SO}_4]{\text{HNO}_3}$ [硝基苯 NO$_2$] $\xrightarrow[\text{FeBr}_3]{\text{Br}_2}$ [间溴硝基苯 NO$_2$, Br] $\xrightarrow[\text{0~5℃}]{\text{Fe + HCl} \quad \text{NaNO}_2 + \text{H}_2\text{SO}_4}$ $\xrightarrow{\overset{+}{\text{H}_3\text{O}}}$ [间溴苯酚 OH, Br]

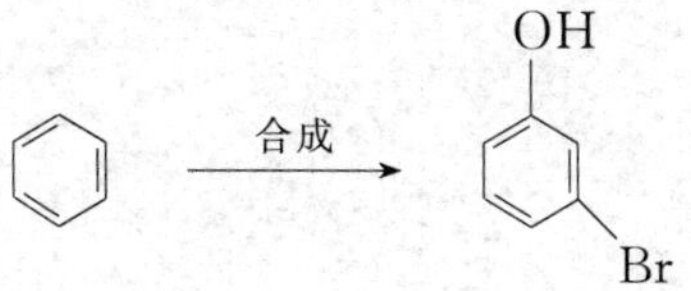

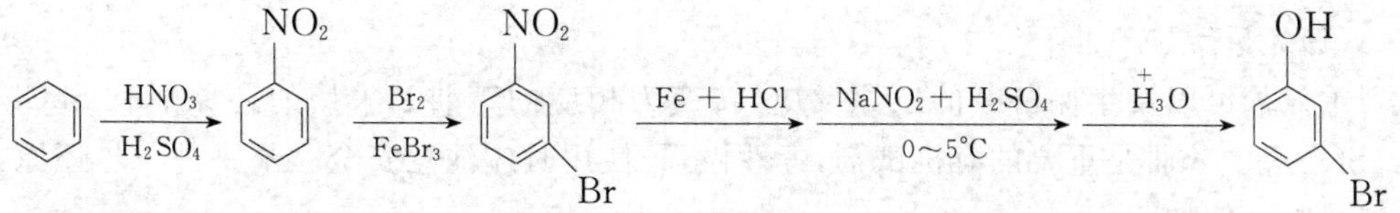

（3）被 $-$X 或 $-$CN 取代

重氮盐溶液与 CuCl、CuBr 或 CuCN 等酸性溶液作用,加热分解放出 N$_2$,重氮基同时被 $-$Cl、$-$Br、$-$CN 取代,此类反应称为桑德迈尔(Sandmeyer)反应。

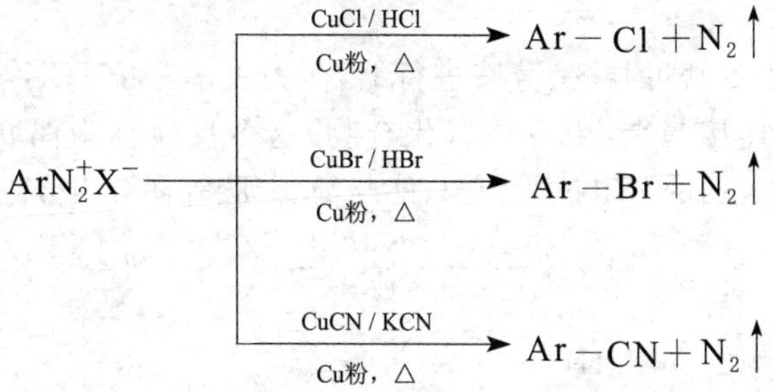

$$\text{ArN}_2^+\text{X}^- \begin{cases} \xrightarrow[\text{Cu粉, } \triangle]{\text{CuCl / HCl}} \text{Ar}-\text{Cl} + \text{N}_2\uparrow \\[2mm] \xrightarrow[\text{Cu粉, } \triangle]{\text{CuBr / HBr}} \text{Ar}-\text{Br} + \text{N}_2\uparrow \\[2mm] \xrightarrow[\text{Cu粉, } \triangle]{\text{CuCN / KCN}} \text{Ar}-\text{CN} + \text{N}_2\uparrow \end{cases}$$

这是在芳环上引入氰基等的方法。它们的反应收率都较高,产物纯度也较好。例如:

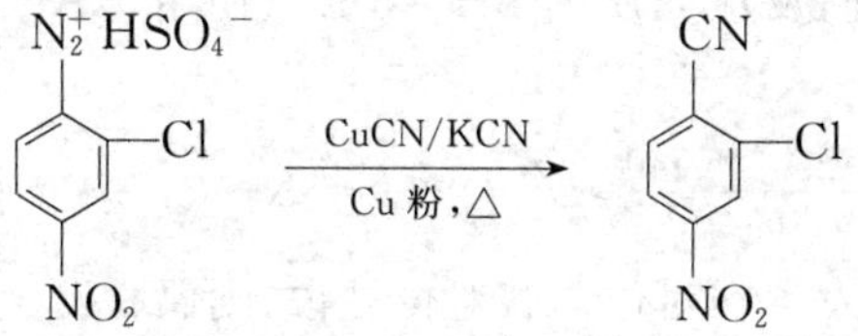

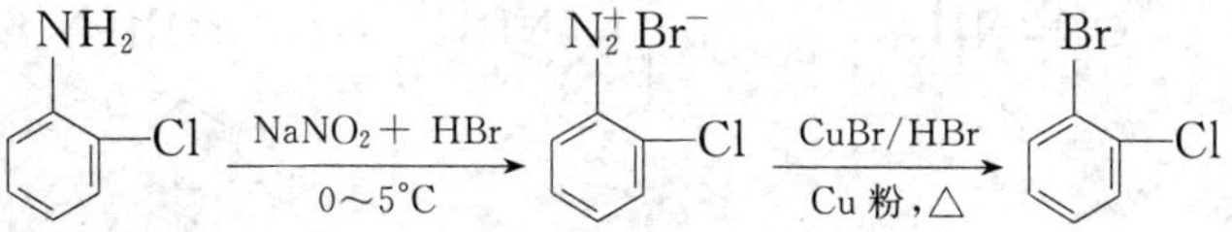

[N$_2^+$HSO$_4^-$, Cl, NO$_2$ 取代苯] $\xrightarrow[\text{Cu 粉, } \triangle]{\text{CuCN/KCN}}$ [CN, Cl, NO$_2$ 取代苯]

[NH$_2$, Cl 取代苯] $\xrightarrow[\text{0~5℃}]{\text{NaNO}_2 + \text{HBr}}$ [N$_2^+$Br$^-$, Cl 取代苯] $\xrightarrow[\text{Cu 粉, } \triangle]{\text{CuBr/HBr}}$ [Br, Cl 取代苯]

氟化物的制备是将氟硼酸(HBF$_4$)加到重氮盐溶液中,即生成氟硼酸重氮盐沉淀,干燥后,小心加热,即分解得到芳香氟化物。

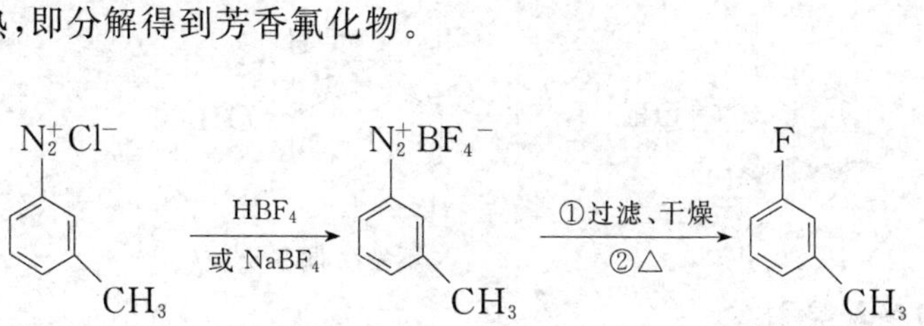

[N$_2^+$Cl$^-$, CH$_3$ 取代苯] $\xrightarrow[\text{或 NaBF}_4]{\text{HBF}_4}$ [N$_2^+$BF$_4^-$, CH$_3$ 取代苯] $\xrightarrow[\text{②}\triangle]{\text{①过滤、干燥}}$ [F, CH$_3$ 取代苯]

碘化物的生成最容易,不需要 CuI,只要 KI 和重氮盐共热,就直接得到良好收率的产物。

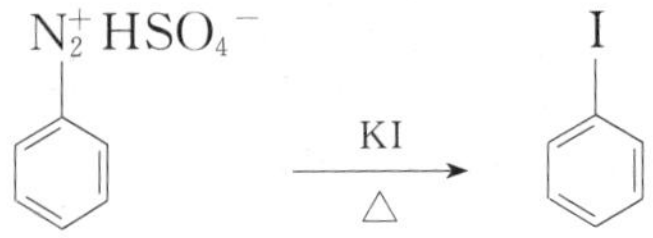

（图）KI △ → （苯碘）

2. 保留氮反应及应用

（1）还原反应

重氮盐可以发生保留氮的还原反应，转变为相应的芳肼。采用的还原剂有 $SnCl_2$、Zn、Na_2SO_3 等。苯肼是重要的有机试剂，毒性极强，使用时应注意安全。苯肼进一步还原，可以得到苯胺。例如：

（苯）$-N_2^+Cl^-$ $\xrightarrow{SnCl_2 + HCl}$ （苯）$-NHNH_2 \cdot HCl$ $\xrightarrow{OH^-}$ （苯）$-NHNH_2$

苯肼盐酸盐 　　　　　　　　苯肼

（2）偶联反应

在适当条件下，重氮盐可与酚、芳胺进行缩合，失去一分子 HX，与此同时，通过偶氮基 $-N=N-$ 将两分子连接起来，生成偶氮化合物，这个反应称为偶联反应（coupling reaction）。因为重氮盐是较弱的亲电试剂，它只能与酚、芳胺等偶合组分进行反应。例如：

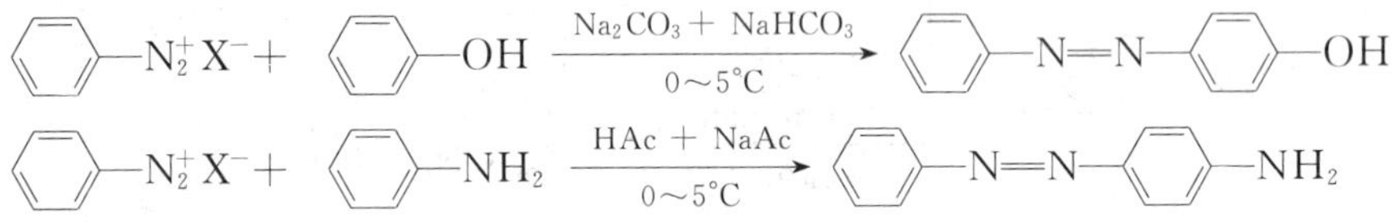

（苯）$-N_2^+X^-$ ＋ （苯）$-OH$ $\xrightarrow[0\sim5℃]{Na_2CO_3 + NaHCO_3}$ （苯）$-N=N-$（苯）$-OH$

（苯）$-N_2^+X^-$ ＋ （苯）$-NH_2$ $\xrightarrow[0\sim5℃]{HAc + NaAc}$ （苯）$-N=N-$（苯）$-NH_2$

重氮盐与酚偶合的最佳条件是反应介质的 $pH=8\sim10$（使用 $Na_2CO_3-NaHCO_3$ 缓冲液）；与芳胺的偶合在弱酸介质中进行有利，反应介质的 $pH=5\sim7$（使用 $HAc-NaAc$ 缓冲液）为宜。例如：

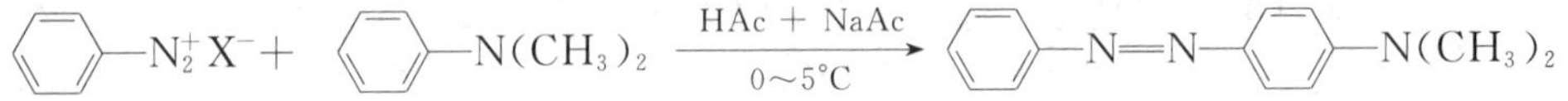

（苯）$-N_2^+X^-$ ＋ （苯）$-N(CH_3)_2$ $\xrightarrow[0\sim5℃]{HAc + NaAc}$ （苯）$-N=N-$（苯）$-N(CH_3)_2$

偶联反应的位置符合定位规律，优先发生在对位。若对位被占，则偶联发生在邻位。

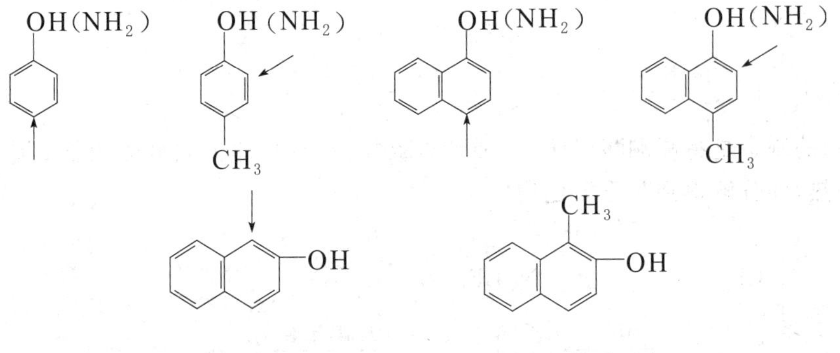

（结构图：OH(NH₂) 苯；OH(NH₂) 甲苯；OH(NH₂) 萘；OH(NH₂) 甲基萘）

（结构图：萘酚；甲基萘酚）

不发生偶联反应

3. 偶氮化合物和偶氮染料

芳香族偶氮化合物大多都具有颜色，它们性质稳定，广泛用于合成染料，称作偶氮染料（azoic dye）。在染料的合成过程中，重氮化反应和偶联反应是两个最基本的反应。

214

(1)甲基橙及其合成

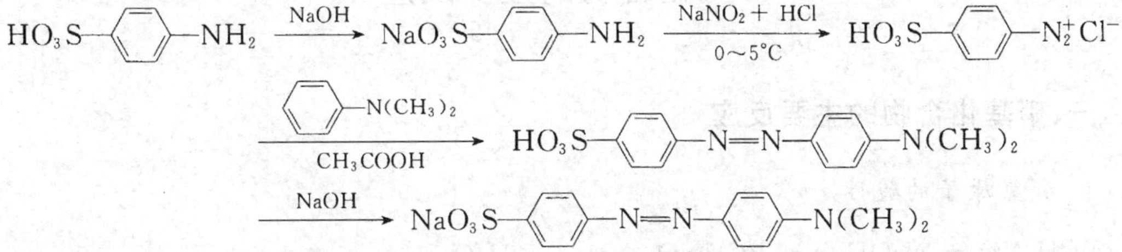

$$HO_3S-\bigcirc-NH_2 \xrightarrow{NaOH} NaO_3S-\bigcirc-NH_2 \xrightarrow[0\sim5℃]{NaNO_2+\ HCl} HO_3S-\bigcirc-N_2^+Cl^-$$

$$\xrightarrow[CH_3COOH]{\bigcirc-N(CH_3)_2} HO_3S-\bigcirc-N=N-\bigcirc-N(CH_3)_2$$

$$\xrightarrow{NaOH} NaO_3S-\bigcirc-N=N-\bigcirc-N(CH_3)_2$$

甲基橙是有机弱碱,为橙黄色固体。它是一种常用的酸碱指示剂,当溶液的 pH 值<3.1 时甲基橙为红色;pH 值>4.4 时则为黄色。

(2)刚果红

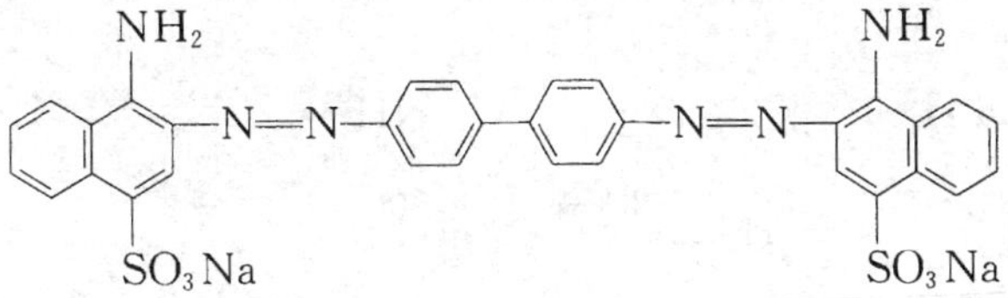

刚果红是红色的直接染料,可染棉织物,但日久褪色,遇酸变蓝色,不是好的染料,可做酸碱指示剂,pH 值<3 时显蓝色。

(3)对位红

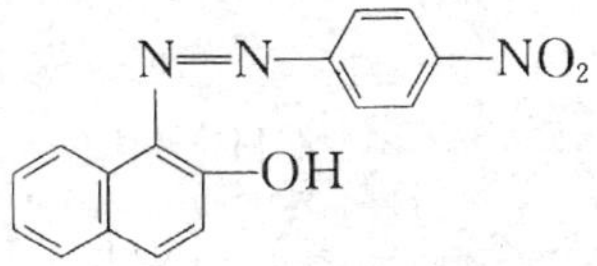

对位红是不溶性染料,染料是在染色过程中形成的,把纤维先浸在色酚的碱液中,然后再放入重氮盐(色盐)溶液中,对位红即在纤维上形成并附着在纤维上,这种染料称后生染料(冰染染料、不溶性染料、纳夫妥染料)。

偶氮染料颜色齐全,广泛应用于棉、麻等纤维素纤维的染色和印花,也可用于塑料、印刷、食品、皮革、橡胶、化妆品等产品的着色。常见的偶氮染料如下:

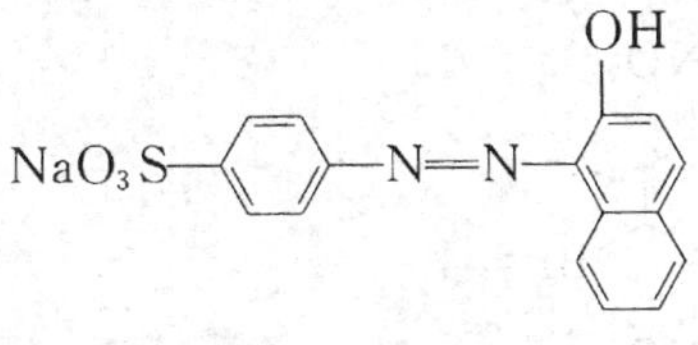

酸性橙Ⅱ

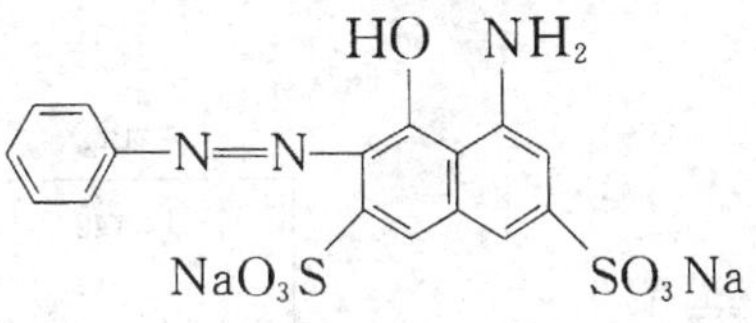

酸性大红 G

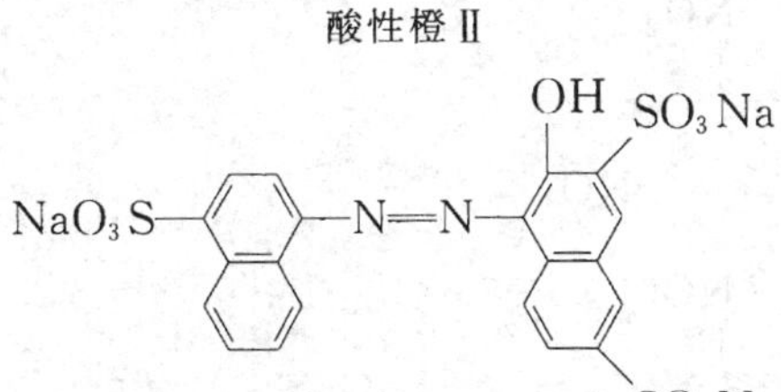

酸性梅红

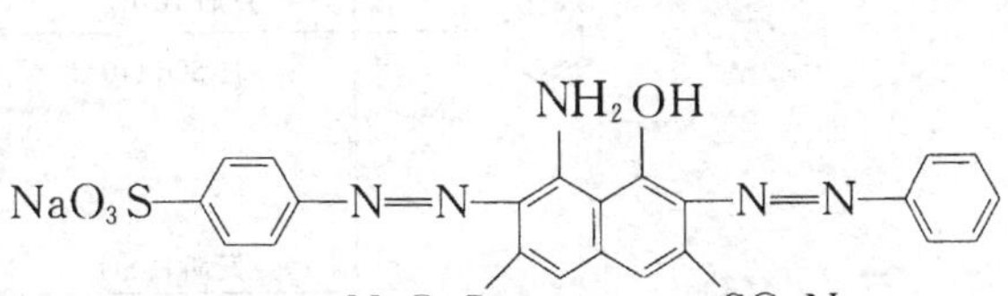

酸性蓝黑 B

含氮化合物的主要反应

一、硝基化合物的主要反应

1. α-氢原子的酸性

$$RCH_2NO_2 + NaOH \longrightarrow [RCHNO_2]^- Na^+ + H_2O$$

2. 还原反应

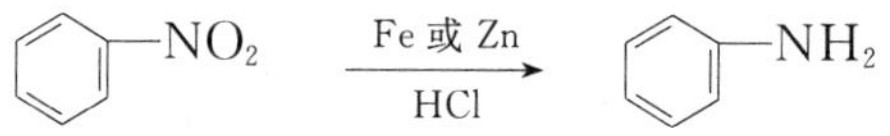

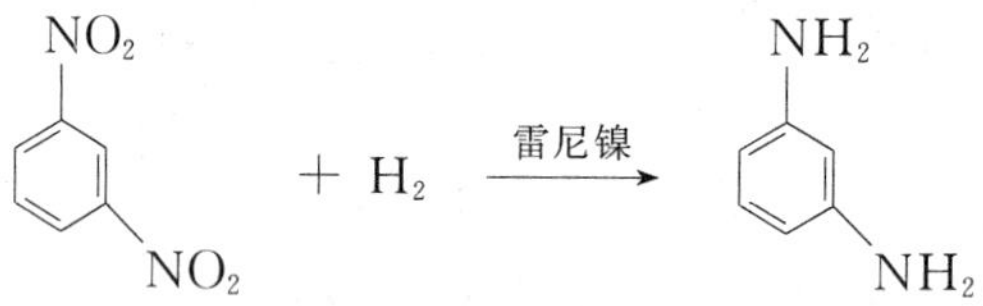

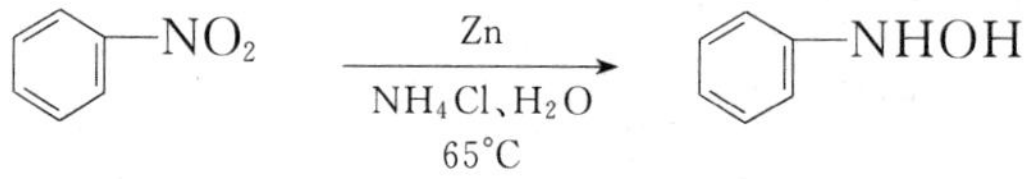

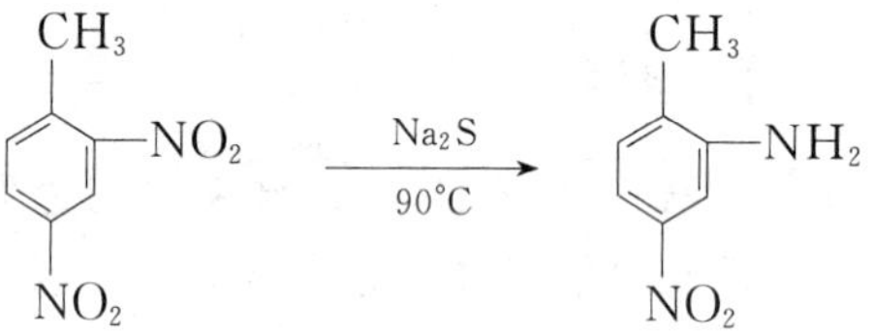

3. 苯环上的取代反应（比苯难）

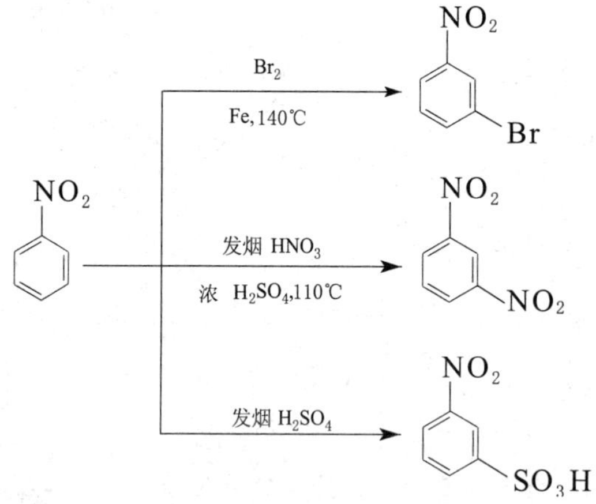

4.硝基对苯环上其他基团的影响（硝基的邻、对位发生亲核取代反应）

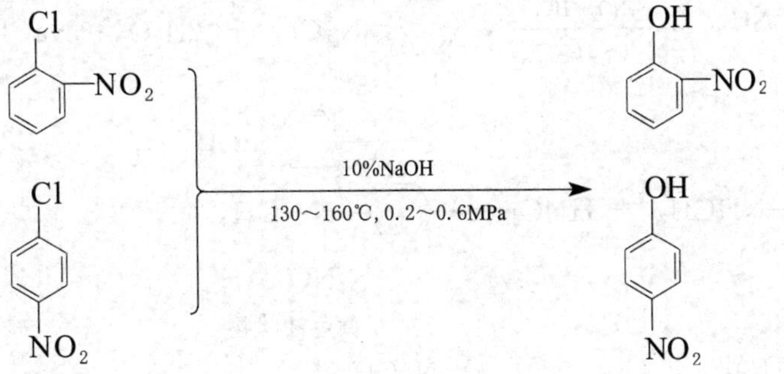

$$\xrightarrow[130\sim160℃,0.2\sim0.6MPa]{10\%NaOH}$$

二、胺类化合物的主要反应

1.碱性（成盐反应）

$$RNH_2 + H^+ \rightleftharpoons \overset{+}{R}NH_3$$

2.烷基化反应

$$R{-}\underset{\underset{H}{|}}{N}H + R'X \xrightarrow[-HX]{} RNHR' \xrightarrow[-HX]{R'X} R{-}NR'_2 \xrightarrow{R'X} (\ R{-}N^+R'_3\ )X^-$$

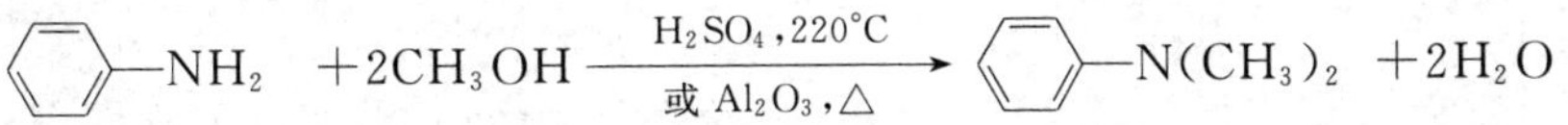

伯胺 　　　　　　　仲胺　　　　叔胺　　　　　季铵盐

$-NH_2 + 2CH_3OH \xrightarrow[\text{或}Al_2O_3,\triangle]{H_2SO_4,220℃}$ $-N(CH_3)_2 + 2H_2O$

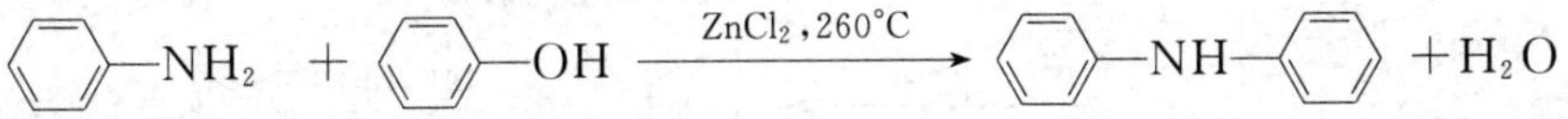

$-NH_2 +$ $-OH \xrightarrow{ZnCl_2,260℃}$ $-NH-$ $+ H_2O$

3.酰基化反应

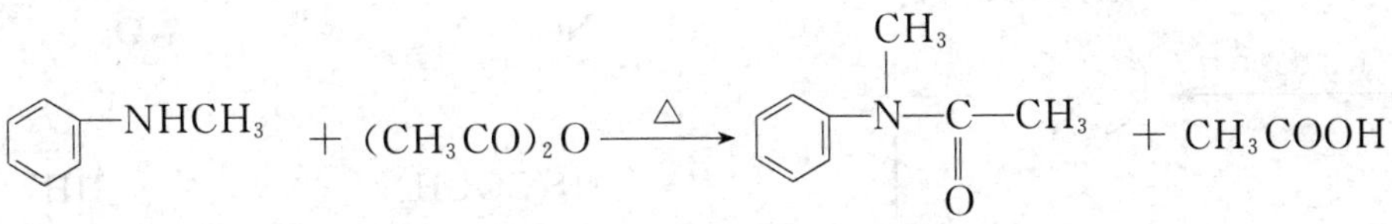

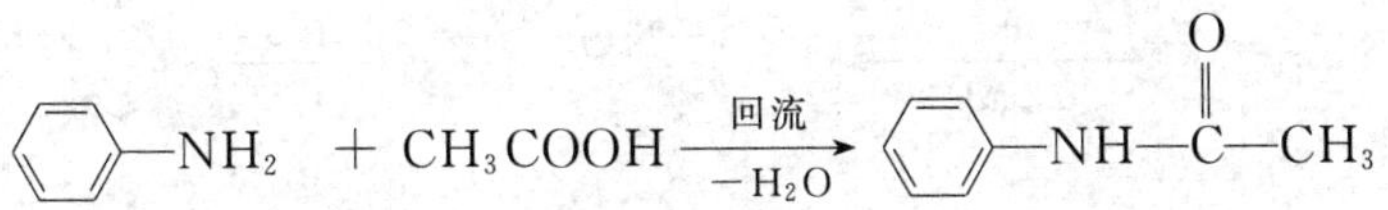

$-NHCH_3 + (CH_3CO)_2O \xrightarrow{\triangle}$ $+ CH_3COOH$

$-NH_2 + CH_3COOH \xrightarrow[-H_2O]{回流}$ $-NH-\overset{\overset{O}{\|}}{C}-CH_3$ （需不断去水）

（叔胺 N 上没有 H 原子，故不发生酰基化反应）

磺酰化反应（兴斯堡——Hinsberg 反应）

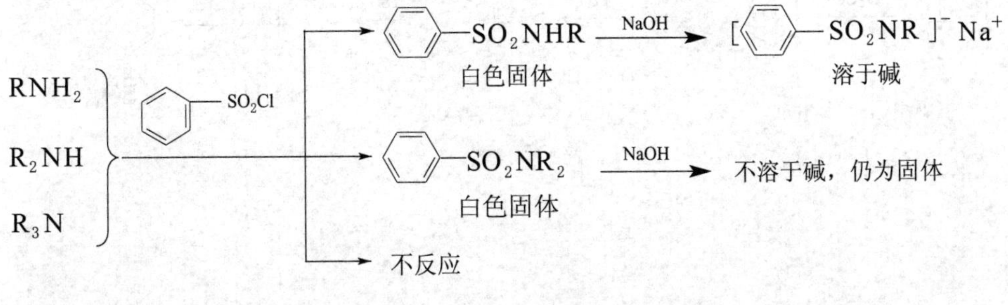

$$\left.\begin{array}{l} RNH_2 \\ R_2NH \\ R_3N \end{array}\right\}$$ $-SO_2Cl$

$-SO_2NHR$　白色固体 $\xrightarrow{NaOH}$ [$-SO_2NR]^- Na^+$　溶于碱

$-SO_2NR_2$　白色固体 $\xrightarrow{NaOH}$ 不溶于碱，仍为固体

不反应

4.与亚硝酸的反应

伯胺：

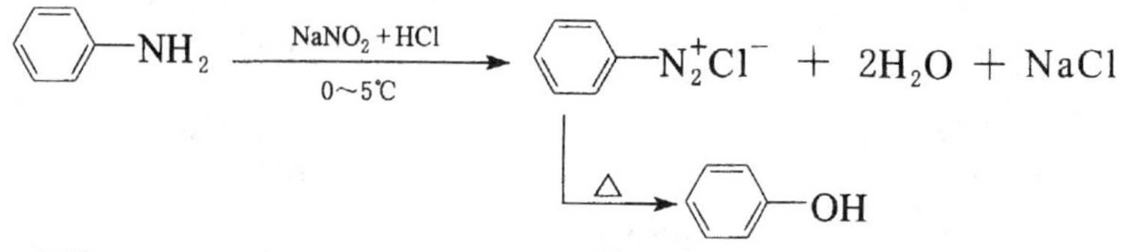

仲胺：

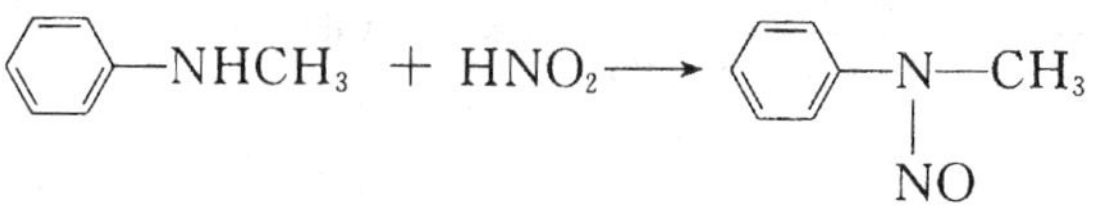

黄色油状物

叔胺：

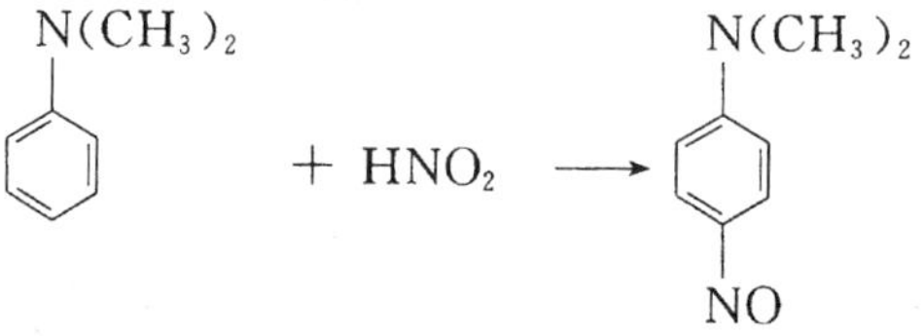

绿色固体

5.芳环上的亲电取代反应

(1)卤代反应

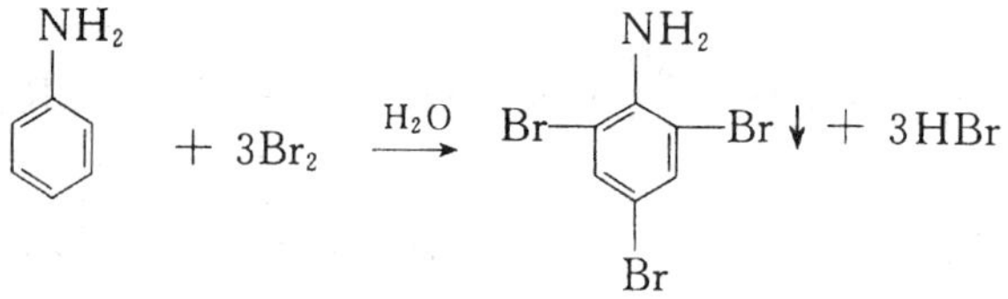

(2)硝化反应

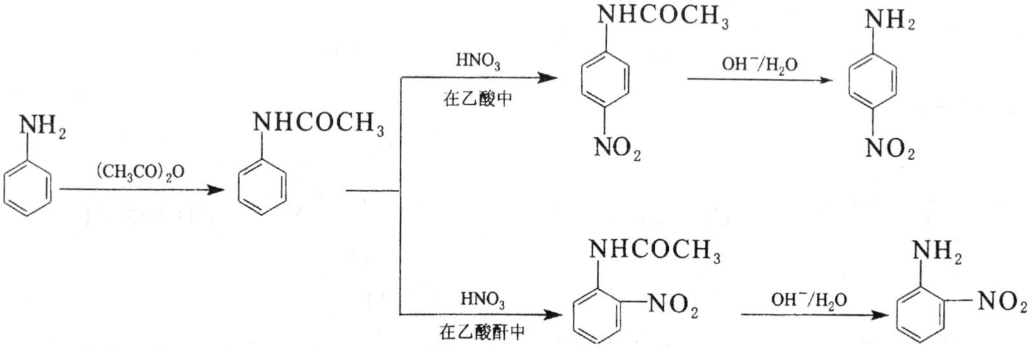

(3)磺化反应

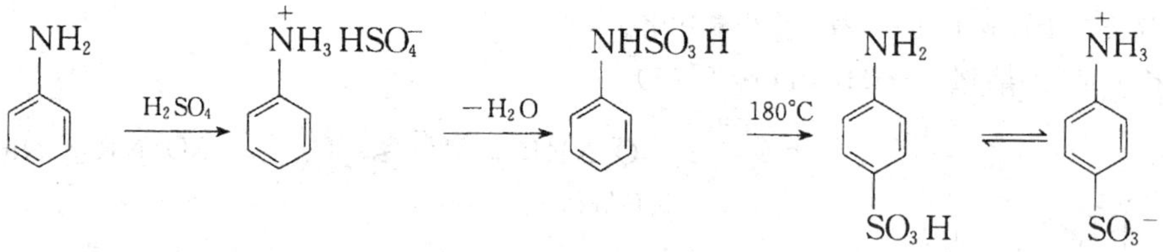

218

三、重氮化合物和偶氮化合物的主要反应

1.重氮盐的制备

$$\text{C}_6\text{H}_5-\text{NH}_2 + \text{HNO}_2 + \text{HCl} \xrightarrow{<5℃} \text{C}_6\text{H}_5-\overset{+}{\text{N}}\equiv\text{NCl}^- + 2\text{H}_2\text{O}$$

$$(\text{NaNO}_2 + \text{HCl})$$

2.重氮盐的反应

$$\overset{+}{\text{N}}_2\text{Cl}^-$$

试剂	产物	
H_2O	—OH	$+ \text{N}_2 \uparrow$
H_3PO_2	—H	$+ \text{N}_2 \uparrow + \text{H}_3\text{PO}_3$
CuBr / HBr	—Br	$+ \text{N}_2 \uparrow$
CuCN / KCN	—CN	$+ \text{N}_2 \uparrow$
KI	—I	$+ \text{N}_2 \uparrow$

3.偶氮化合物的生成——偶联反应

$$\text{C}_6\text{H}_5-\overset{+}{\text{N}}_2\text{X}^- + \text{C}_6\text{H}_5-\text{OH} \xrightarrow[0\sim5℃]{\text{Na}_2\text{CO}_3 + \text{NaHCO}_3} \text{C}_6\text{H}_5-\text{N}=\text{N}-\text{C}_6\text{H}_4-\text{OH}$$

$$\text{C}_6\text{H}_5-\overset{+}{\text{N}}_2\text{X}^- + \text{C}_6\text{H}_5-\text{NH}_2 \xrightarrow[0\sim5℃]{\text{HAc} + \text{NaAc}} \text{C}_6\text{H}_5-\text{N}=\text{N}-\text{C}_6\text{H}_4-\text{NH}_2$$

习　题

1.用系统命名法命名下列化合物：

(1) C$_6$H$_{11}$—NHCH$_3$

(2) $\text{CH}_3\text{CH}_2\overset{\overset{\displaystyle\text{CH}_3}{|}}{\text{CH}}-\overset{\overset{\displaystyle\text{NH}_2}{|}}{\text{CH}}\text{CH}_3$

(3) $\text{CH}_3-\text{C}_6\text{H}_4-\overset{\overset{\displaystyle\text{N(CH}_2\text{CH}_3)}{}}{\underset{\underset{\displaystyle\text{CH}_3}{}}{}}$

(4) $\text{CH}_3\overset{\overset{\displaystyle\text{CH}_3}{|}}{\text{CH}}-\overset{\overset{\displaystyle\text{O}}{\|}}{\text{C}}-\overset{\overset{\displaystyle\text{CH}_3}{|}}{\underset{\underset{\displaystyle\text{C}_2\text{H}_5}{|}}{\text{N}}}$

(5) $(\text{CH}_3)_2\text{N CH}_2\text{CH}_2\text{OH}$

(6) $\text{CH}_3\text{CH}_2\text{CHCH}_2\text{CH}_2\text{CHCH}_3$ 的 NHCH$_3$、CH$_3$

(7) $\text{H}_2\text{N}-\text{C}_6\text{H}_4-\text{OH}$

(8) $[\text{CH}_3-\text{C}_6\text{H}_4-\text{N(CH}_3)_3]^+\text{Br}^-$

(9) C_2H_5—⟨benzene⟩—$NHCH_3$ 　　　　(10)H_2N—⟨benzene⟩—$N(CH_3)_2$

2. 按碱性降低顺序排列下列化合物：

(1) CH_3CONH_2，$CH_3CH_2NH_2$，$(CH_3CH_2)_2NH$，$(CH_3)_3N$，$(CH_3)_4N^+OH^-$

(2) 氨，甲胺，苯胺，二苯胺，三苯胺

(3) $CH_3CH_2CH_2CH_2NH_2$，⟨structure: CH_2—C(=O)—NH—C(=O)—CH_2 环⟩，$CH_3CH_2CH_2CONH_2$

(4) NH_3，⟨$C_6H_5NH_2$⟩，⟨$C_6H_5CH_2NH_2$⟩，$(CH_3)_2NH$，⟨对硝基苯胺 NH_2/NO_2⟩

3. 用化学方法鉴别下列各组化合物：

(1) 乙胺、二乙胺、三乙胺

(2) 邻甲基苯胺、N-甲基苯胺、N,N-二甲基苯胺、苯酚

(3) ⟨$C_6H_5NH_2$⟩，⟨$C_6H_5NHC_2H_5$⟩，⟨$C_6H_5N(CH_3)_2$⟩

4. 试写出苯胺与下列试剂反应的主要产物：

(1) 稀 HCl 　　　　(2) $(CH_3CO)_2O$ 　　　　(3) $NaNO_2/HCl$ 　　　　(4) Br_2/H_2O

(5) CH_3Cl(过量) 　　(6) $HNO_3/\triangle$ 　　　　(7) $C_6H_5N_2^+Cl^-$ 　　　(8) $C_6H_5SO_2Cl$

5. 完成下列反应式：

(1) $ClCH_2CH_2CH_2Cl + NH_3$（过量）$\xrightarrow[\triangle]{NaOH}$

(2) ⟨C_6H_5⟩—$NHCH_3$ + HNO_2 ⟶

(3) CH_3—⟨benzene⟩—NO_2 $\xrightarrow[H^+]{KMnO_4}$? $\xrightarrow{PCl_5}$? $\xrightarrow{CH_3NHCH_3}$

(4) HO_3S—⟨benzene⟩—NH_2 $\xrightarrow[0\sim5℃]{NaNO_2 + H_2SO_4}$? $\xrightarrow[pH=9]{HO-⟨biphenyl⟩-NH_2}$

(5) ⟨NO_2-benzene⟩ + H_2 $\xrightarrow{Ni}$ 　　　　(6) ⟨间二硝基苯 NO_2/NO_2⟩ $\xrightarrow[90℃]{Na_2S}$

(7) ⟨C_6H_5⟩—NH_2 + C_2H_5OH（过量）$\xrightarrow[\triangle]{H_2SO_4}$

(8) $(CH_3)_3N + C_{12}H_{25}Br$ ⟶

(9) O_2N—⟨benzene⟩—NH_2 $\xrightarrow{?}$ O_2N—⟨benzene⟩—$N_2^+HSO_4^-$ $\xrightarrow[KCN,\triangle]{CuCN}$? $\xrightarrow[H_2O]{H^+}$

(10)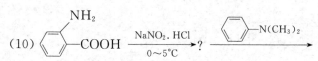

6. 以苯或甲苯为原料制备下列化合物（其他试剂任选）：

(1) 对溴苯胺

(2)

(3)

(4)

(5)

(6)

7. 指出下列偶氮化合物的重氮组分和偶合组分：

(1)

(2)

(3)

(4)

8. 根据下列反应，确定 A、B 和 C 的构造：

$$C_{13}H_{13}N_3 \xrightarrow{\text{HCl}} (\underset{A}{C_{13}H_{13}N_3})\ \text{HCl 溶解}$$

$$C_{13}H_{13}N_3 \xrightarrow{\text{SnCl}_2+\text{HCl}} B + C$$

$$\underset{B}{C_7H_9N} \xrightarrow[\text{H}_2\text{SO}_4]{\text{NaNO}_2} \xrightarrow[\triangle]{\text{H}^+、\text{H}_2\text{O}}$$

$$\underset{C}{C_6H_8N_2} \xrightarrow[\text{H}_2\text{SO}_4]{\text{NaNO}_2} \xrightarrow[\text{KCN}]{\text{CuCN}} \xrightarrow[\text{H}_2\text{O}]{\text{H}^+} \text{HOOC}—\!\!\!\bigcirc\!\!\!—\text{COOH}$$

9. 某芳香族化合物，分子式为 $C_6H_3ClBrNO_2$，请根据下列反应，确定其结构式：

$$C_6H_3ClBrNO_2 \xrightarrow{\text{Zn,HCl}} \xrightarrow{\text{NaNO}_2,\text{HCl}} \xrightarrow[\triangle]{\text{C}_2\text{H}_5\text{OH}}$$

$$C_6H_3ClBrNO_2 \xrightarrow{\text{NaOH,}\triangle} C_6H_3Br（OH）NO_2$$

10. 完成下列转变：

(1) 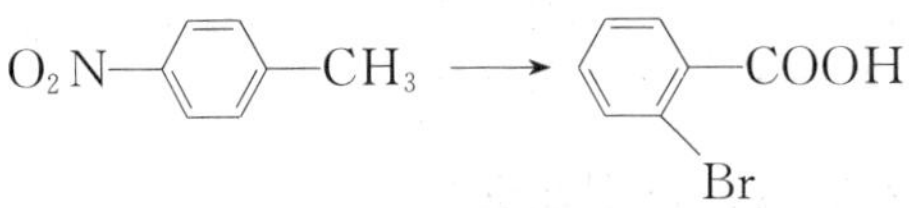 O_2N—〈苯环〉—CH_3 ⟶ 〈苯环〉—COOH，邻位—Br

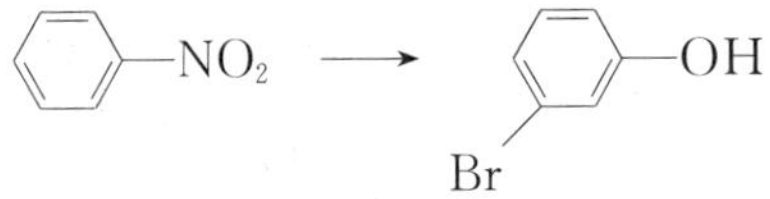

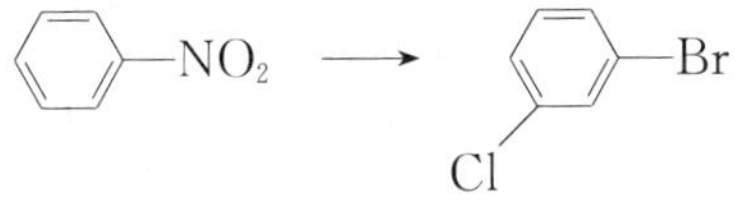

(2) 〈苯环〉—NO_2 ⟶ 〈苯环〉—OH，Br

(3) 〈苯环〉—NO_2 ⟶ 〈苯环〉—Br，Cl

(4) 〈苯环〉 ⟶ 〈苯环〉—NH_2，两个Br

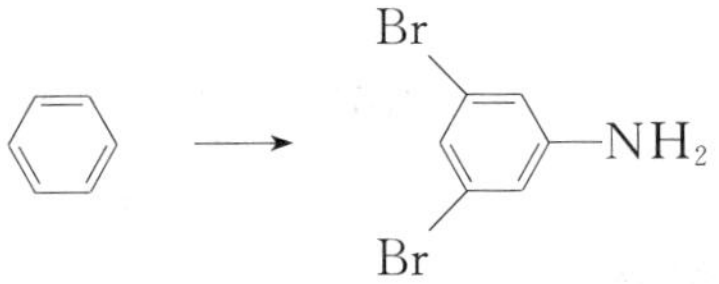

11. 化合物 A、B、C 和 D 的分子式都是 $C_7H_7NO_2$，它们都含有苯环。A 能溶于酸和碱，B 能溶于酸而不能溶于碱，C 能溶于碱而不溶于酸，D 既不溶于碱也不溶于酸。写出 A、B、C 和 D 的构造式。

12. 化合物 A 和 B，分子式均为 $C_6H_{13}N$，不与高锰酸钾反应，但可与亚硝酸反应放出氮气，分别生成 C 和 D（分子式均为 $C_6H_{12}O$），C 和 D 与浓硫酸共热，得 E 和 F（分子式均为 C_6H_{10}），E 和 F 被臭氧氧化后都生成分子式为 $C_6H_{10}O_2$ 的直链化合物 G 和 H，G 有碘仿反应和银镜反应，H 只有银镜反应，试推测 A、B、C、D、E、F、G 和 H 的结构式。

第十一章 杂环化合物

　　杂环化合物(heterocyclic compound)是指具有环状结构,且成环原子除碳原子以外,还有其他元素的原子的化合物。环中除碳原子以外的其他原子称杂原子(heteroatom)。常见的杂原子有 N、O、S 等。例如:

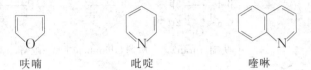

　　　　呋喃　　　　　　吡啶　　　　　　　喹啉

　　环氧化合物、内酯、内酰胺等极易开环成链状的含杂原子的环状化合物,它们的性质与脂肪族化合物极为相似,通常不把它们列为杂环化合物。本章所讨论的主要是那些共轭体系比较稳定,且都有不同程度的芳香性(π 电子数符合 $4n+2$)的杂环化合物。

　　杂环化合物种类繁多,广泛存在于自然界中,其中有许多具有生理活性。例如,叶绿素、血红素、核酸、生物碱以及一些维生素和抗菌素等。一些植物色素和植物染料都含有杂环化合物;不少合成药物及合成染料也含有杂环化合物。因此杂环化合物无论在理论研究或实际应用方面都具有非常重要的意义。

一、杂环化合物的分类和命名

　　杂环化合物结构很复杂,大体可分为单杂环和稠杂环两大类。最常见的单杂环为五元杂环和六元杂环;稠杂环中常见的有苯环并杂环和杂环并杂环。此外,还可按照杂原子的种类和数目而分为氧杂环、硫杂环、氮杂环以及含多个相同杂原子的杂环和含多个不同杂原子的杂环等。

　　杂环化合物命名通常采用音译法,即按杂环化合物的外文名称音译成带"口"字旁的同音汉字。例如:

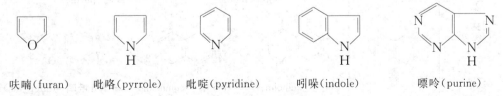

　　呋喃(furan)　　吡咯(pyrrole)　　吡啶(pyridine)　　吲哚(indole)　　嘌呤(purine)

　　如杂环上有取代基时,命名是以杂环为母体,从杂原子开始依次用 1,2,3,4……(或以杂原子相邻的原子为 α,依次用 α,β,γ……)将环上的原子编号。当环上连有两个或两个以上相同杂原子时,从有氢原子的杂原子开始编号,使另外的杂原子位置编号最小。当环上有不同杂原子时,按 O→S→N 的次序编号。若环上连有多个取代基时,其编号按次序规则和最低系列原则。例如：

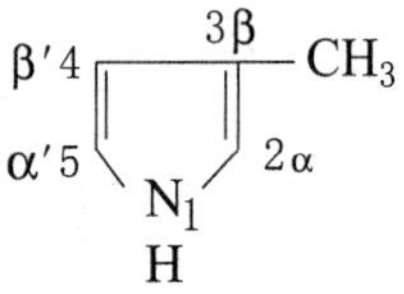

β'4 3β CH₃ ... 3-甲基吡咯(或 β-甲基吡咯)

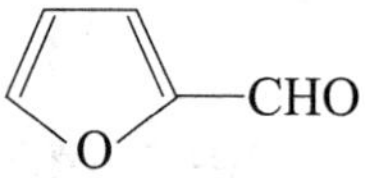

2-呋喃甲醛(或 α-呋喃甲醛)

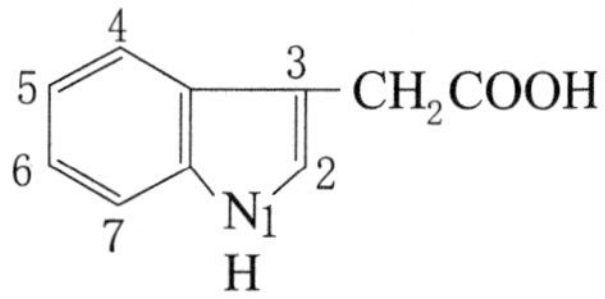

3-吲哚乙酸(或 β-吲哚乙酸)

常见的杂环化合物及命名见表 11-1。

表 11-1　常见杂环化合物

分类		碳环的母核	结构式及名称
单杂环	五元杂环	 茂	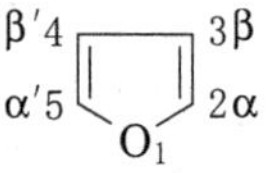 呋喃(furan) 　噻吩(thiophene) 　吡咯(pyrrole) 　噻唑(thiazole) 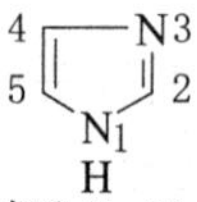 咪唑(imidazole) 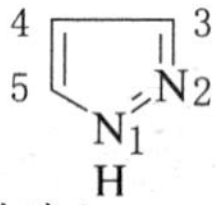　吡唑(pyrazole) 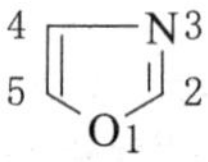　噁唑(pyrazole)
	六元杂环	芑	吡喃(pyran)　噻喃(thiapyran)　吡啶(pyridine)
		苯	哒嗪(pyridazine)　嘧啶(pyrimidine)　吡嗪(pyrazine)
稠杂环		茚	吲哚(indole)　嘌呤(purine)
		萘	喹啉(quinoline)　异喹啉(isoquinoline)　苯并吡喃(benzopyran)

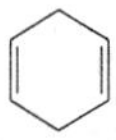

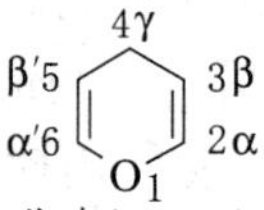

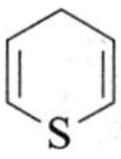

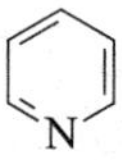

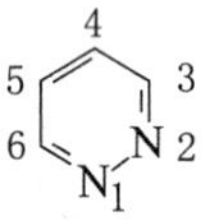

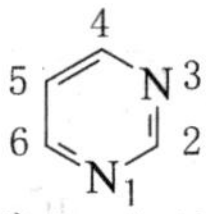

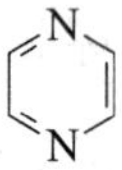

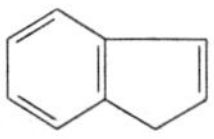

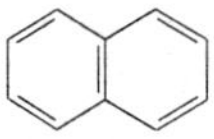

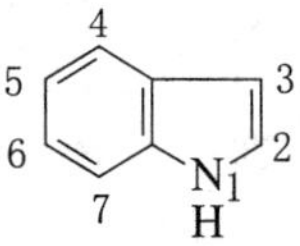

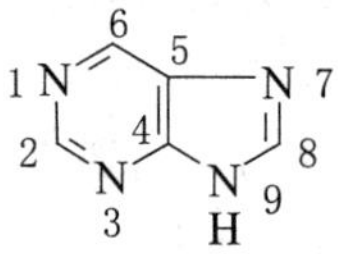

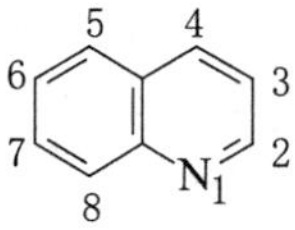

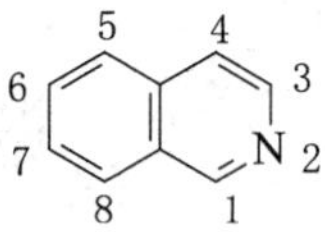

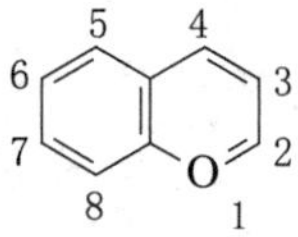

有少数稠杂环另有一套编号顺序,例如嘌呤的编号见表 11-1 中。

224

二、杂环化合物的结构

1. 呋喃、噻吩、吡咯杂环的结构

呋喃、噻吩、吡咯在结构上具有共同点,即构成环的五个原子都为 sp^2 杂化,原子间均以杂化轨道"头碰头"重叠形成 σ 键,故成环的五个原子处于同一平面上。四个碳原子每个碳原子还有一个未参加杂化的 p 轨道和杂原子中未参加杂化的 p 轨道(有一对孤对电子)都垂直这个平面,互相平行,侧面重叠形成 5 个原子、6 个电子的大 π 键(π_5^6),其 π 电子数符合休克尔规则(π 电子数 $= 4n+2$),所以,它们都具有芳香性(图 15-1)。

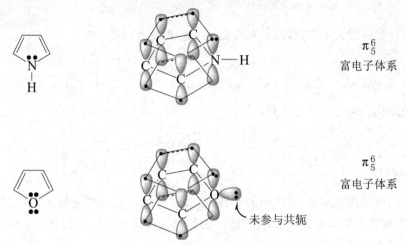

图 11-1 吡咯、呋喃的结构

硫与氧为同一主族的元素,因此噻吩的结构与呋喃相似。

2. 吡啶的结构

吡啶是六元杂环中最重要的化合物。吡啶分子中 6 个原子均为 sp^2 杂化,原子间均以杂化轨道"头碰头"重叠形成 σ 键,故成环的 6 个原子处于同一平面上。环上每个原子还有一个电子在未杂化的 p 轨道上,这 6 个 p 轨道都垂直这个平面,互相平行,侧面重叠形成 6 个原子、6 个电子的大 π 键(π_6^6),其 π 电子数符合休克尔规则(π 电子数 $=4n+2$),所以,吡啶有芳香性(图 11-2)。

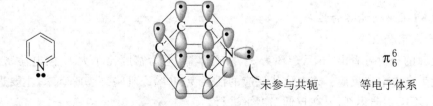

图 11-2 吡啶的结构

3. 芳香性的比较

五元杂环(呋喃、噻吩、吡咯)为 π_5^6 共轭体系,杂原子的未共用电子对参与了共轭,使环上碳原子电子云密度增大,电荷密度比苯环碳原子大。

吡啶为 π_6^6 共轭体系,氮原子的电负性大于碳原子,氮原子的吸电子诱导效应,使环上碳原子的电子云密度流向氮,环上碳原子的电子云密度比苯环小。

如果对电荷分布进行定量描述的话,以苯环的电荷密度为标准,正值表示电荷密度比苯小,负值表示电荷密度比苯大。下面列出一些杂环化合物的电荷密度分布:

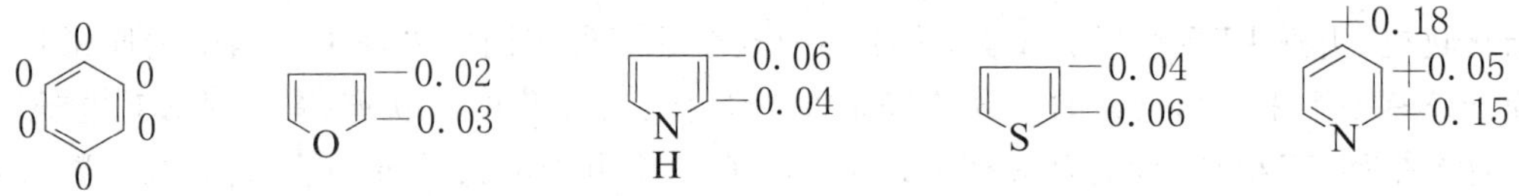

从电荷密度分布看,杂环化合物的电子云密度分布是不均匀的,因此它们的芳香性都比苯小。

杂环化合物的键长不等长,趋于平均化。一般共价键的键长为:

C—O 0.143 nm   C—N 0.147 nm   C—S 0.182 nm

C≡N 0.128 nm   C=C 0.134 nm   C—C 0.154 nm

常见杂环化合物的键长见下列数据:

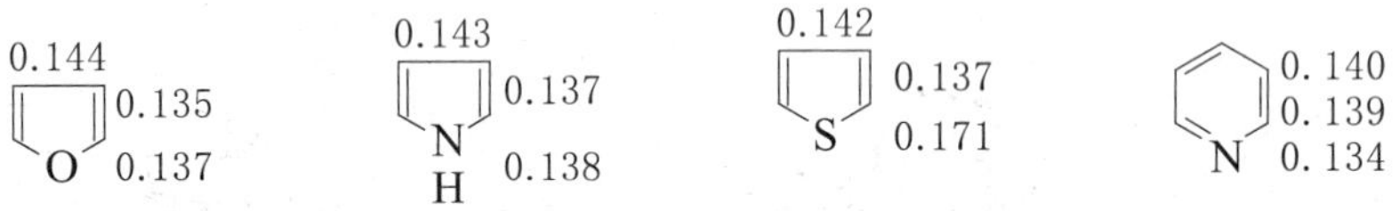

（见图，呋喃 0.144、0.135、0.137；吡咯 0.143、0.137、0.138；噻吩 0.142、0.137、0.171；吡啶 0.140、0.139、0.134）（单位:nm）

从键长的数据比较来看,呋喃的碳氧键、碳碳键比饱和烃的相应键短,而碳碳双键比烯烃的双键长,键长不象苯的键长那样完全平均化,而是一定程度的平均化。其他的杂环化合物的键长也表现出这种情况。

具有芳香性的化合物,离域能越大,芳香性越强,该化合物就越稳定。下面列出一些化合物的离域能。

离域能:(kJ/mol)   152   117   88   67

综上所述,芳香性大小顺序为:苯>噻吩>吡咯>呋喃>吡啶

三、五元杂环化合物的性质

1.呋喃、噻吩、吡咯的性质

（1）亲电取代反应

从上面的分析可看出,五元杂环为 π_5^6 共轭体系,电荷密度比苯大,α 位电荷密度较大。所以易发生亲电取代反应。亲电取代反应的活性为:呋喃>吡咯>噻吩>苯,主要进入 α 位卤代反应,不需要催化剂,要在较低温度下进行。

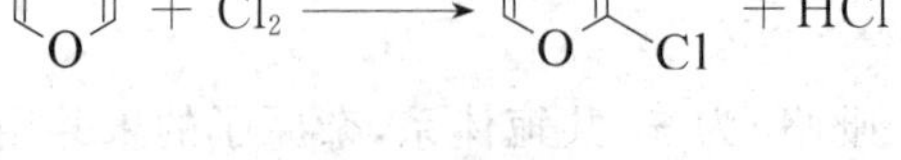

$$\underset{O}{\boxed{}} + Cl_2 \xrightarrow{-40℃} \underset{O}{\boxed{}}Cl + HCl$$

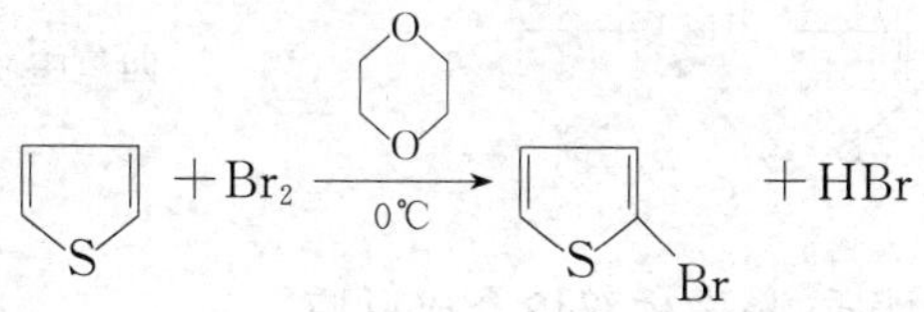

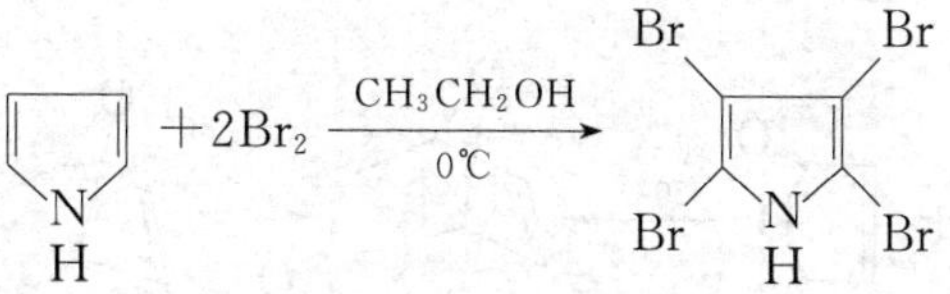

$$\text{(噻吩)} + Br_2 \xrightarrow[0℃]{O} \text{(2-溴噻吩)} Br + HBr$$

$$\text{(吡咯)} + 2Br_2 \xrightarrow[0℃]{CH_3CH_2OH} \text{(四溴吡咯)}$$

硝化反应不能用混酸硝化，一般是用较温和的硝化剂——乙酰基硝酸酯(CH_3COONO_2)，在低温下进行。

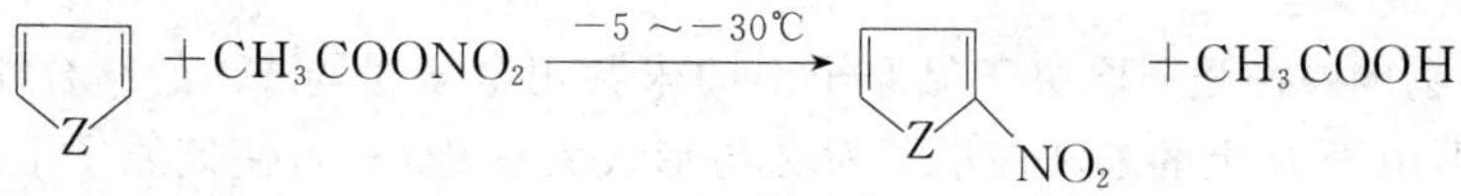

$$\text{(杂环)} + CH_3COONO_2 \xrightarrow{-5\sim-30℃} \text{(硝基杂环)} NO_2 + CH_3COOH$$

$$Z=O,S,N$$

磺化反应中，呋喃、吡咯不能用浓硫酸磺化，强酸能使它们开环聚合，要用温和的非质子的磺化试剂——吡啶三氧化硫的络合物；噻吩可直接用浓硫酸在室温下磺化。例如：

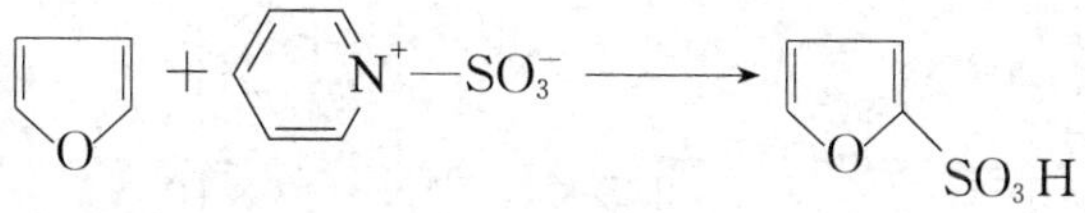

$$\text{(呋喃)} + \text{(吡啶)}N^+ - SO_3^- \longrightarrow \text{(呋喃)} SO_3H$$

傅—克反应比苯易进行，反应一般用比较缓和的路易斯催化剂。例如：

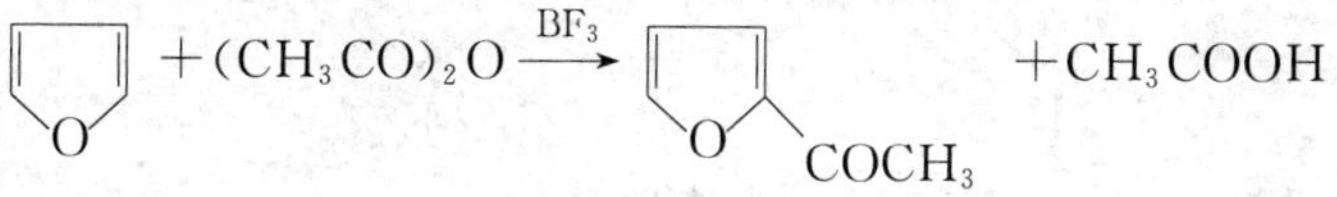

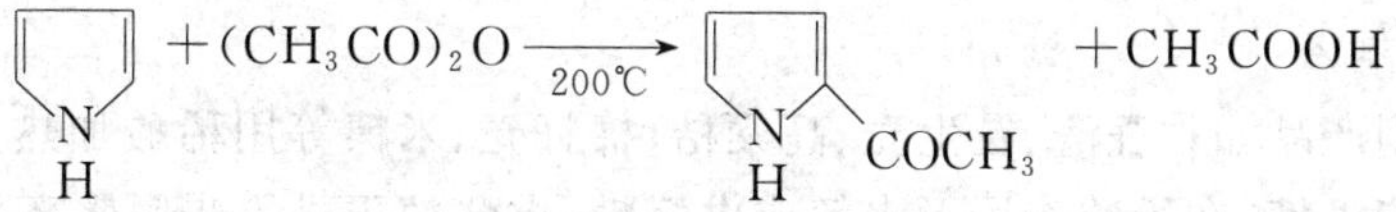

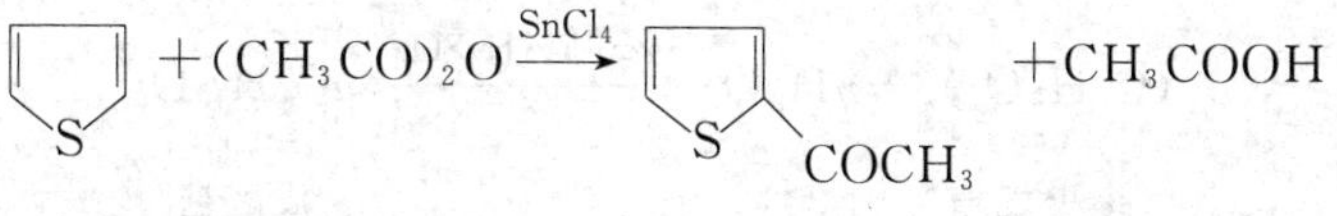

$$\text{(呋喃)} + (CH_3CO)_2O \xrightarrow{BF_3} \text{(呋喃)} COCH_3 + CH_3COOH$$

$$\text{(吡咯)} + (CH_3CO)_2O \xrightarrow{200℃} \text{(吡咯)} COCH_3 + CH_3COOH$$

$$\text{(噻吩)} + (CH_3CO)_2O \xrightarrow{SnCl_4} \text{(噻吩)} COCH_3 + CH_3COOH$$

(2)加氢反应

呋喃、吡咯、噻吩都能发生加氢还原反应。噻吩不能用 Pd 作催化剂，因为 S 元素能使 Pd 中毒，失去催化活性。

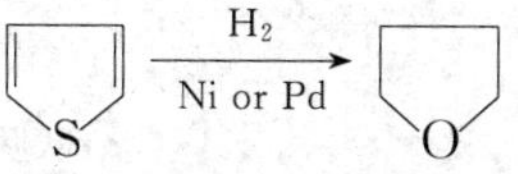

$$\text{(噻吩)} \xrightarrow[\text{Ni or Pd}]{H_2} \text{(四氢呋喃)} \quad \text{四氢呋喃(THF)}$$

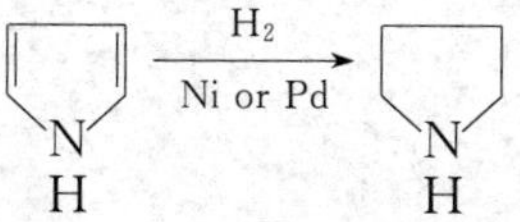

$$\text{(吡咯)} \xrightarrow[\text{Ni or Pd}]{H_2} \text{(四氢吡咯)} \quad \text{四氢吡咯}$$

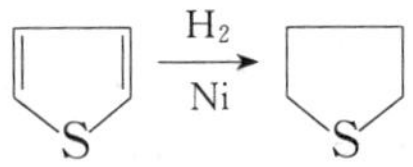

四氢噻吩

（3）呋喃的特性反应

呋喃具有共轭双键的性质，易发生双烯合成反应。

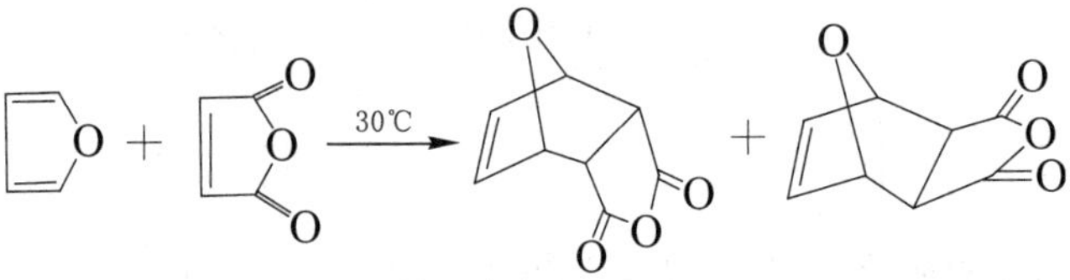

内式（90%）　　　外式

（4）吡咯的酸碱性

含氮化合物的碱性强弱取决于氮原子上的未共用电子对与 H$^+$ 的结合能力，吡咯虽然是一个仲胺，但由于 N 上的未共用电子对参与形成大 π 键（π_5^6），使氮原子上电子云密度降低，因而使之与 H$^+$ 的结合能力减弱；由于氮原子吸电子的影响，与氮原子相连的氢原子有离解成 H$^+$ 的能力，故吡咯不但不显碱性，反而显弱酸性，能与固体氢氧化钾加热成为钾盐。

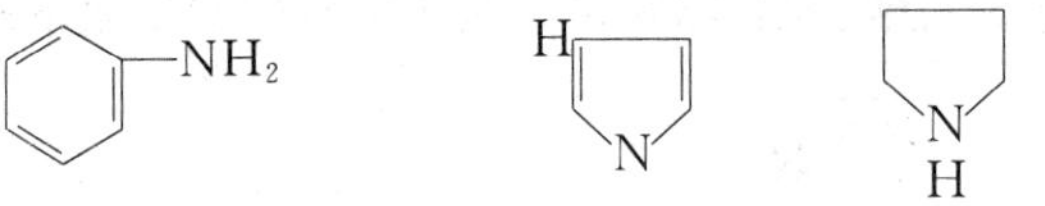

K_b　　　3.8×10^{-10}　　　2.5×10^{-14}　　　2×10^{-4}

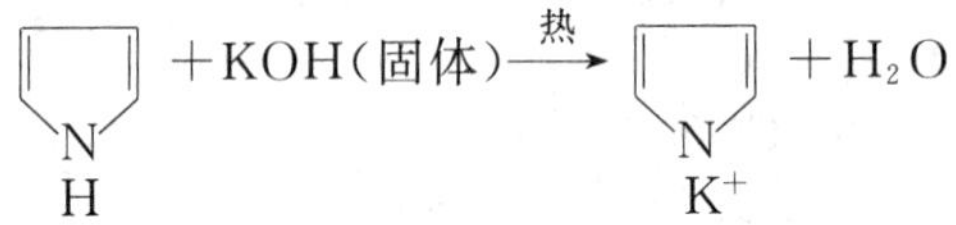

$$\text{吡咯} + \text{KOH（固体）} \xrightarrow{\text{热}} \text{吡咯钾盐} + H_2O$$

2.呋喃的重要衍生物——糠醛（α-呋喃甲醛）

（1）糠醛的制备

糠醛由农副产品如甘蔗渣、花生壳、高粱秸、棉籽壳、米糠等用稀酸加热蒸煮制取。这些物质中含有多聚戊糖，在稀酸作用下水解成戊醛糖，戊醛糖再进一步脱水环化得糠醛。

$$(C_5H_8O_4)_n + nH_2O \xrightarrow[\triangle]{3\% \sim 5\% H_2SO_4} nC_5H_{10}O_5$$

多聚戊糖　　　　　　　　　　　戊醛糖

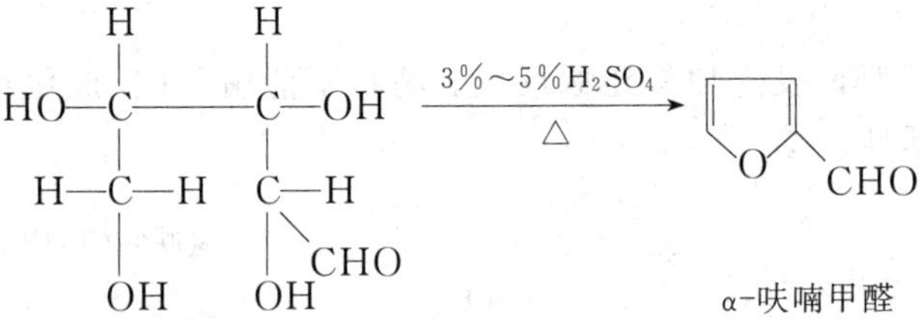

$$\xrightarrow[\triangle]{3\% \sim 5\% H_2SO_4}$$

α-呋喃甲醛

（2）糠醛的性质

①氧化还原反应

糠醛既能发生氧化反应也能发生还原反应,不同的反应条件,产物也不同。

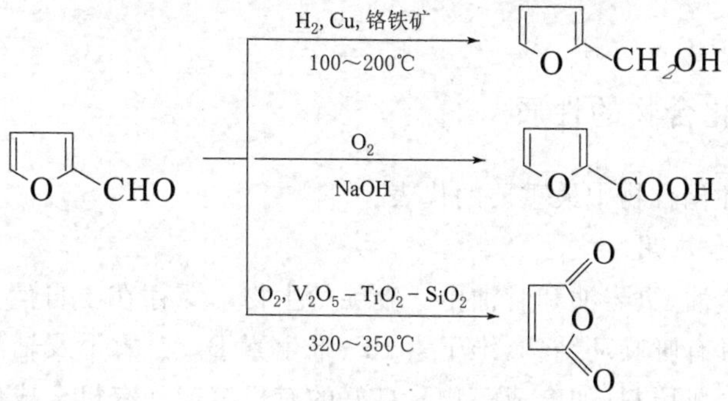

② 歧化反应

糠醛相当于无 α-H 原子的醛,所以,在浓碱的催化下,发生歧化反应。

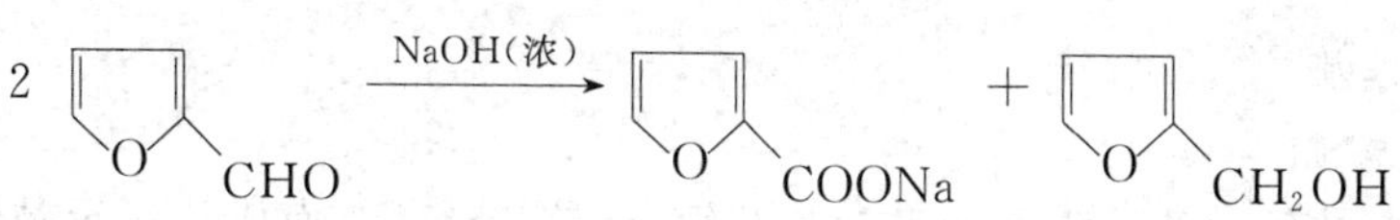

③ 羟醛缩合反应

遇有 α-H 原子的醛,在稀碱的催化下,发生羟醛缩合反应。

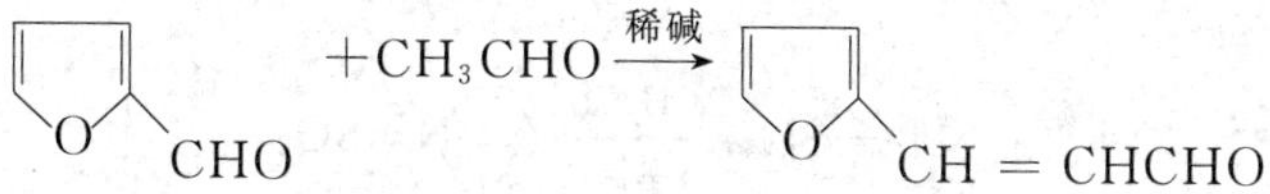

(3)糠醛的用途

糠醛是良好的溶剂,在精炼石油中作溶剂,以溶解含硫物质及环烷烃等,还可用于精制松香,脱出色素,溶解硝酸纤维素等。糠醛广泛用于油漆、树脂、塑料、农药的生产,是有机合成的重要原料。

3.吡咯的重要衍生物

最重要的吡咯衍生物是含有四个吡咯环和四个次甲基(—CH=)交替相连组成的共轭大环,称卟吩环。

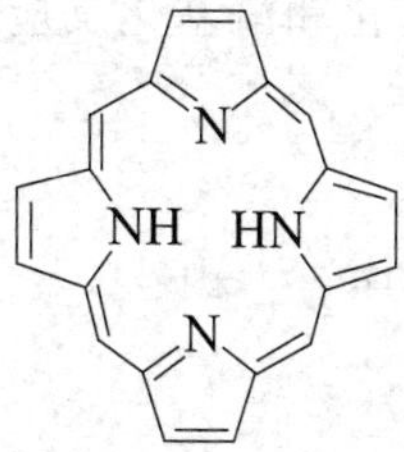

卟吩环 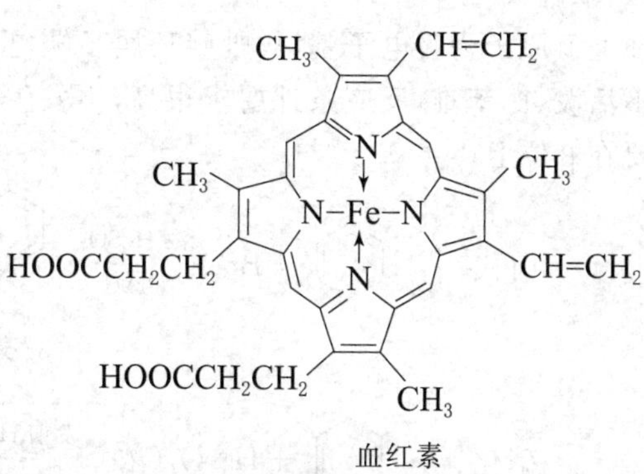   血红素

具有卟吩环的化合物称为卟啉族化合物。卟啉族化合物广泛分布于自然界,一般是和金属形成络合物,如血红素、叶绿素都是含有卟吩环的卟啉族化合物。在血红素中环络合的金属原子是 Fe,叶绿素中环络合的金属原子是 Mg。血红素能赋予血液以鲜红的颜色,是高

等动物体内输送氧的物质。叶绿素是为植物提供绿色,是绿色植物进行光合作用不可缺少的物质。

四、六元杂环化合物的性质

吡啶是六元杂环化合物中最重要的代表。

1. 吡啶的来源和应用

吡啶存在于煤焦油、页岩油和骨油中。吡啶衍生物广泛存在于自然界。例如,植物中所含的生物碱不少都具有吡啶环结构,维生素 PP、维生素 B_6、辅酶 Ⅰ 及辅酶 Ⅱ 都含有吡啶环。吡啶是重要的有机合成原料(如合成药物)、良好的有机溶剂和有机合成催化剂。

吡啶为有特殊臭味的无色液体,沸点 115.5℃,相对密度 0.982,可与水、乙醇、乙醚等任意混溶。

2. 吡啶的性质

(1)碱性与成盐

吡啶的氮原子有一对孤对电子未参与共轭,能够接受 H^+ 而成盐显示碱性。此性质常用于吸收反应中生成的气态酸。

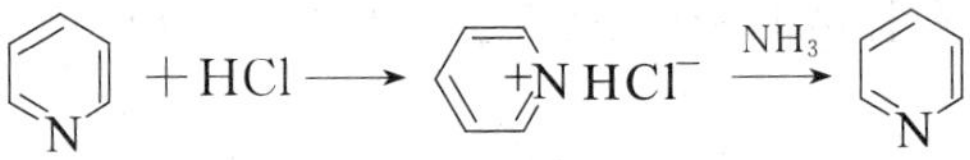

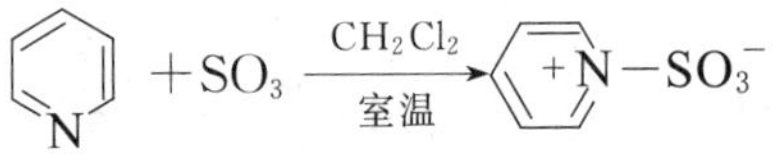

吡啶三氧化硫(常用的缓和磺化剂)

吡啶的碱性小于氨大于苯胺。见下面的数据。

	CH_3NH_2	NH_3	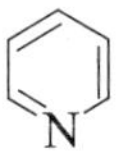	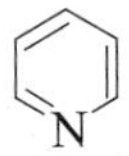
pK_b	3.38	4.76	8.80	9.30

(2)亲电取代反应

吡啶环上氮原子为吸电子基,故吡啶环属于缺电子的芳杂环,和硝基苯相似,其亲电取代反应很不活泼,比苯难,反应条件要求很高,不发生傅—克烷基化和酰基化反应。亲电取代反应主要在 β 位上。

卤代:

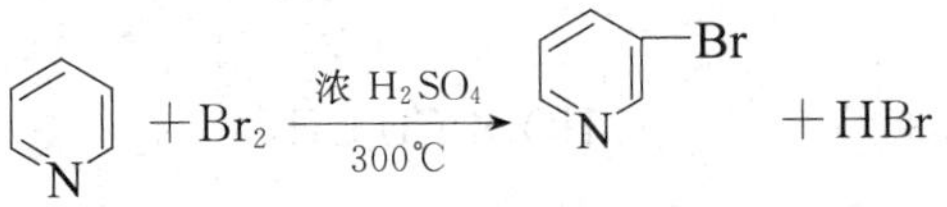

β-溴代吡啶

硝化:

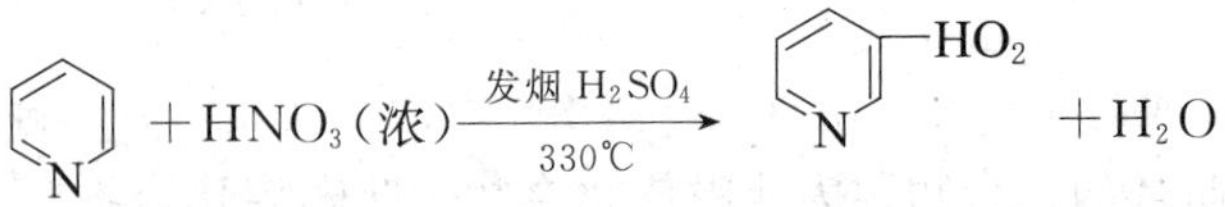

β-硝基吡啶

磺化： $+H_2SO_4$（发烟）$\xrightarrow[230℃]{HgSO_4}$ $+H_2O$

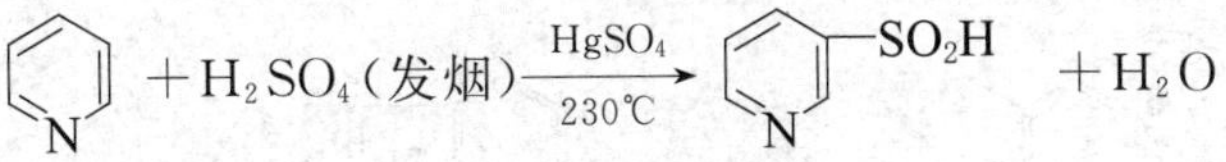

β-吡啶磺酸

（3）亲核取代

由于吡啶环上的电荷密度降低，且分布不均，故可发生亲核取代反应。例如：

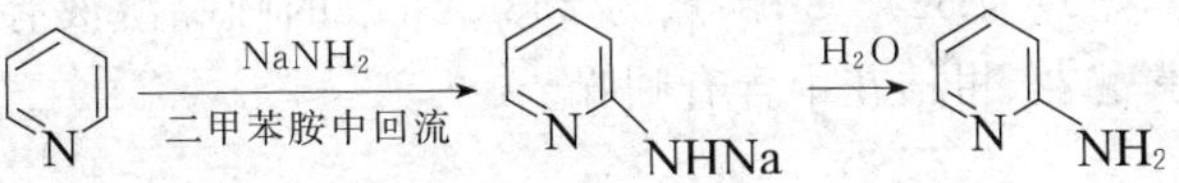

$\xrightarrow[\text{二甲苯胺中回流}]{NaNH_2}$ $\xrightarrow{H_2O}$

（4）氧化还原反应

吡啶环对氧化剂稳定，一般不被酸性高锰酸钾、酸性重铬酸钾氧化，通常是侧链烃基被氧化成羧酸。

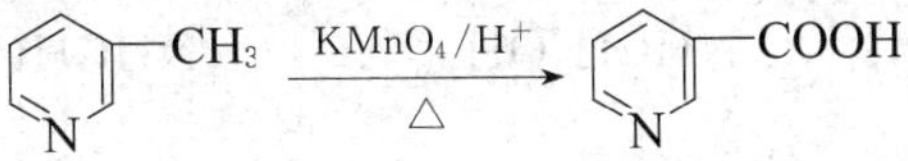

$\xrightarrow[\triangle]{KMnO_4/H^+}$

β-吡啶甲酸（烟酸）

$\xrightarrow[\triangle]{HNO_3}$

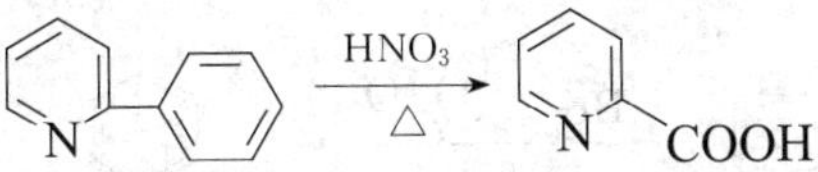

α-吡啶甲酸

吡啶比苯易还原，用钠加乙醇或催化加氢均使吡啶还原为六氢吡啶（即胡椒啶）

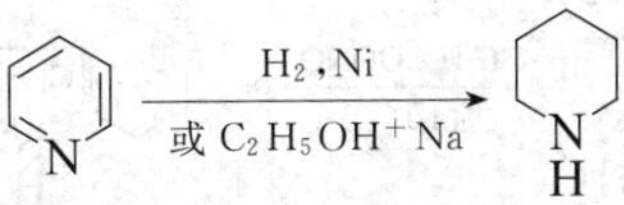

$\xrightarrow[\text{或}\ C_2H_5OH+Na]{H_2,Ni}$

许多药物分子含有吡啶环，下面是几个简单的例子：

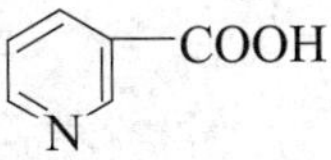

烟酸 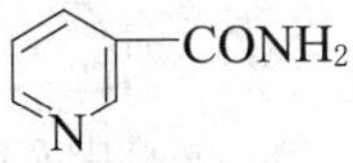　　　烟酸胺（维生素 PP） 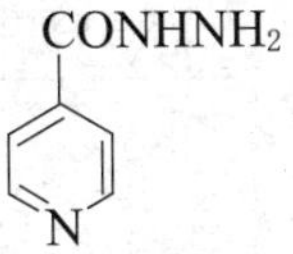　　　异烟酰肼（雷米封） 　　　维生素 B$_6$

五、稠杂环化合物

稠杂环化合物是指苯环与杂环稠合或杂环与杂环稠合在一起的化合物。常见的有喹啉、吲哚和嘌呤。

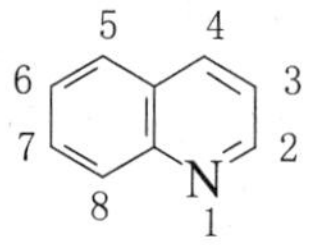

喹啉（quioline） 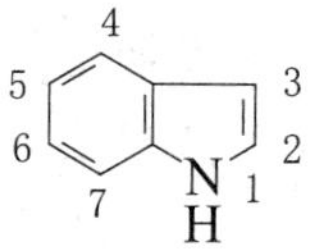　　　吲哚（indole） 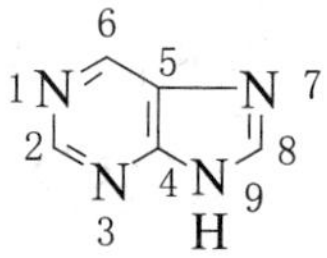　　　嘌呤（purine）

1. 吲哚

吲哚是白色结晶，熔点为 52.5℃，沸点为 253℃。浓的吲哚溶液有粪臭味，极稀溶液有香味，可用作香料。素馨花、柑桔花中含有吲哚。

（1）制法

在实验室中，常用邻甲苯胺制备吲哚。

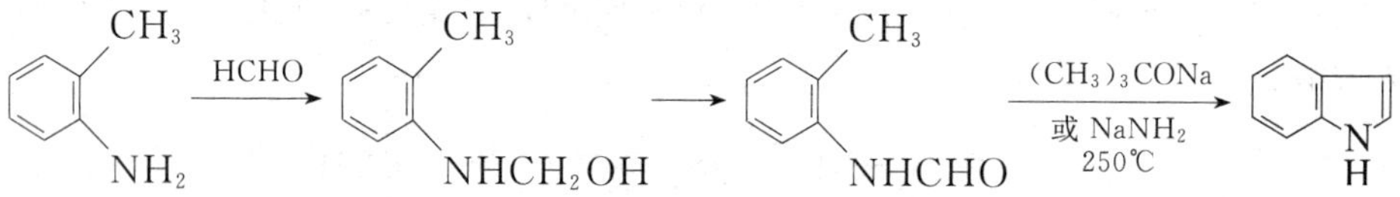

（2）性质

吲哚的性质与吡咯相似，可发生亲电取代反应，但取代基进入 β 位。

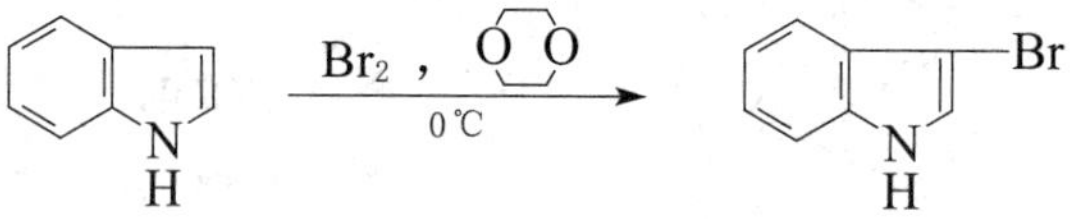

3-溴吲哚

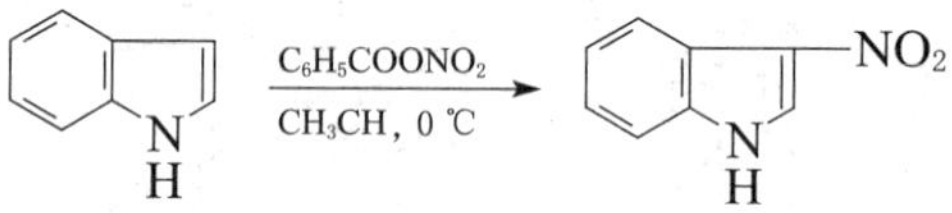

3-硝基吲哚

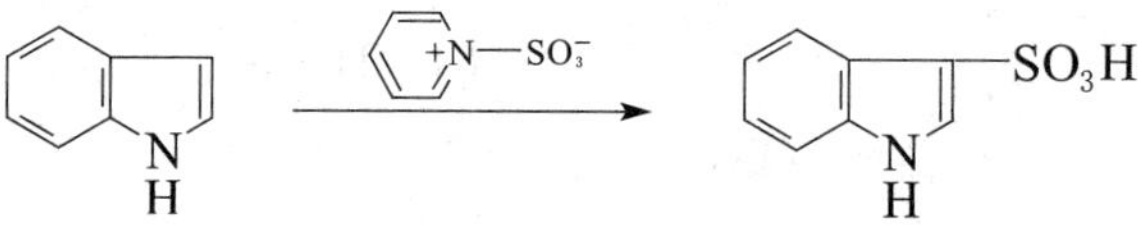

β-吲哚磺酸

（3）重要的衍生物

吲哚的衍生物广泛存在于动植物体内，与人类的生命、生活有密切的关系。例如色氨酸、5-羟基色氨、β-吲哚乙酸等，植物染料靛蓝也含有吲哚环。

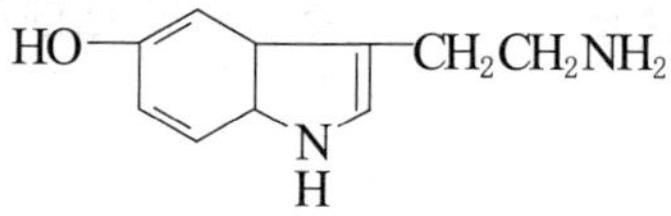

5-羟基色氨
动物激素，参与神经思维的物质

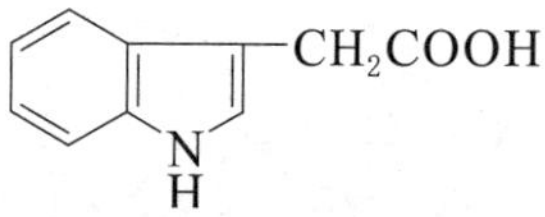

β-吲哚乙酸
植物激素，少量能调节植物生长，量大则杀伤植物。如在侧链多一个—CH₂—就失去生理效能。

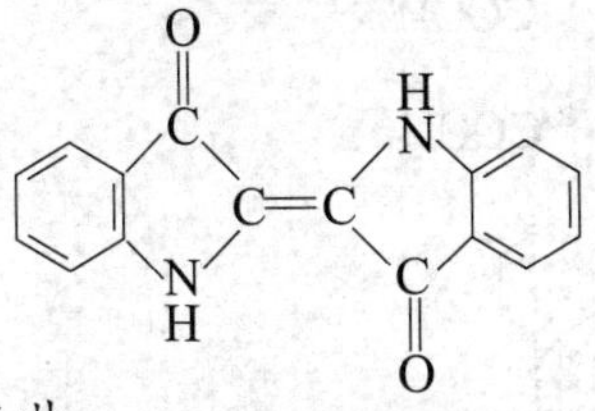

靛蓝
是一种还原染料的母体

2.喹啉

喹啉存在于煤焦油中,为无色油状液体,放置时逐渐变成黄色,沸点238.05℃,有恶臭味,难溶于水。能与大多数有机溶剂混溶,是一种高沸点溶剂。

(1)喹啉环的合成法——斯克劳普(Skraup)法

喹啉的合成方法有多种,常用的是斯克劳普法。此法是用苯胺与甘油、浓硫酸及一种氧化剂如硝基苯共热而生成。

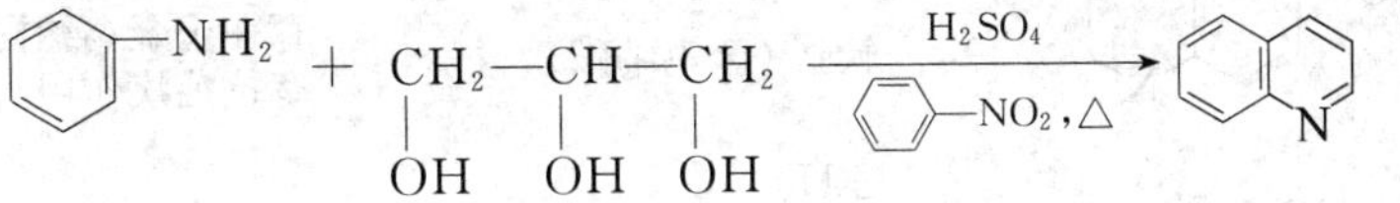

$$\text{——NH}_2 + \underset{\underset{\text{OH}}{|}}{\text{CH}_2}-\underset{\underset{\text{OH}}{|}}{\text{CH}}-\underset{\underset{\text{OH}}{|}}{\text{CH}_2} \xrightarrow[\text{——NO}_2,\triangle]{\text{H}_2\text{SO}_4} \text{喹啉}$$

84%～91%

(2)喹啉的性质

① 取代反应

喹啉是由苯与吡啶稠合而成的,由于吡啶环的电子云密度低于与之并联的苯环,所以喹啉的亲电取代反应发生在电子云密度较大的苯环上,取代基主要进入5或8位。而亲核取代则主要发生在吡啶环的2或4位。

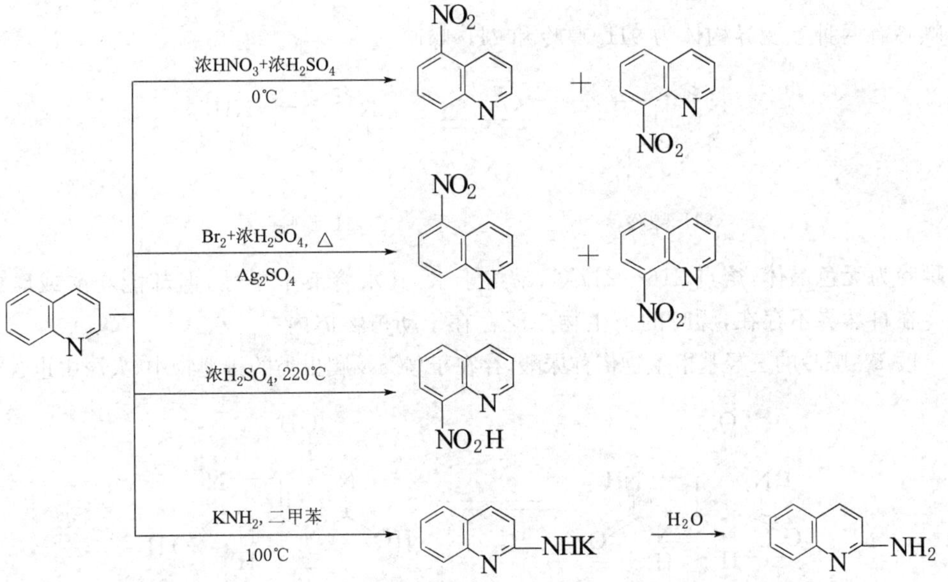

② 氧化还原反应

喹啉用高锰酸钾氧化时,苯环发生破裂;用钠和乙醇还原则吡啶环被还原。这说明在喹啉分子中吡啶环比苯环难氧化,易还原。

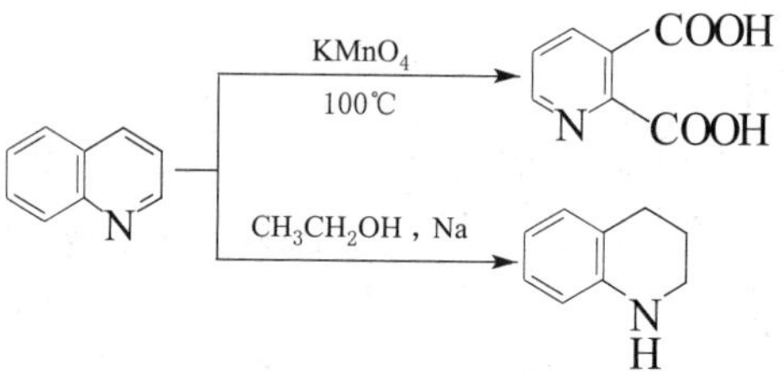

(3)喹啉的衍生物

喹啉的衍生物在自然界存在很多,如奎宁、氯喹、罂粟碱、吗啡等。

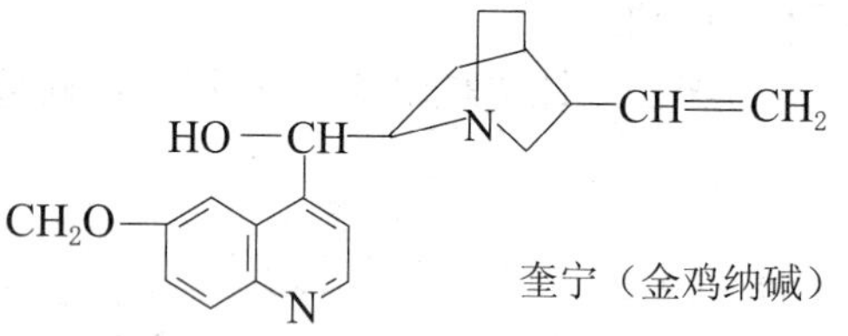

奎宁（金鸡纳碱）

存在于金鸡纳树皮中
有抗疟疾作用

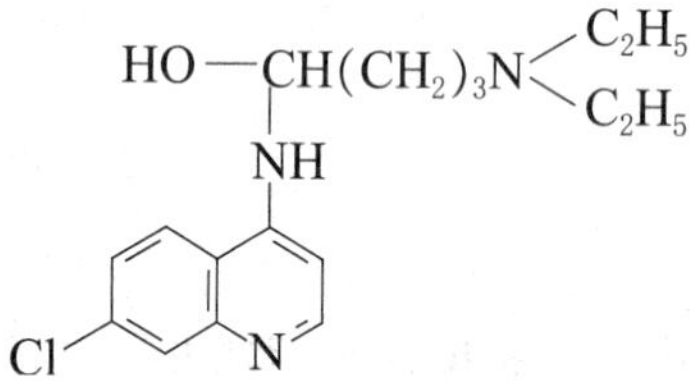

氯喹（合成抗疟疾药物）

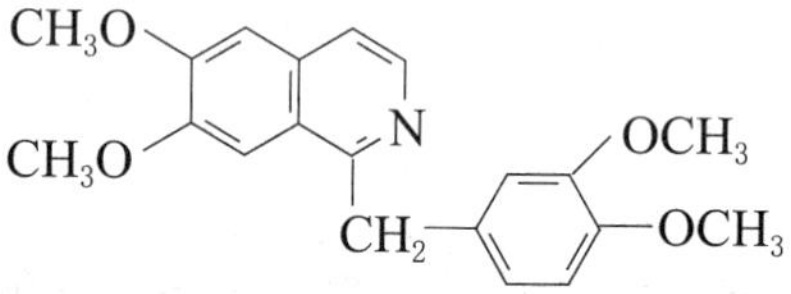

罂粟碱

3. 嘌呤

嘌呤有两种互变异构体为9H-嘌呤和7H-嘌呤。

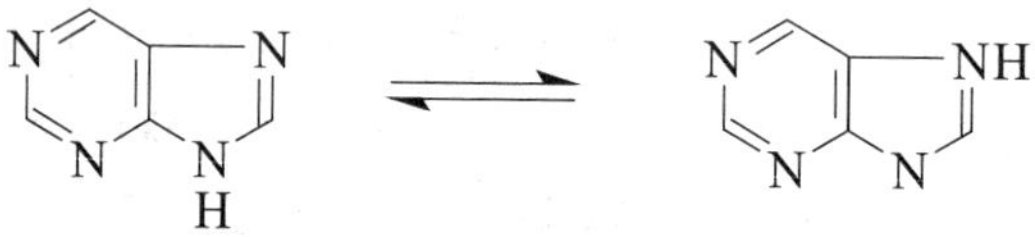

9H-嘌呤   7H-嘌呤

嘌呤为无色晶体,熔点216～217℃,易溶于水,其水溶液呈中性,但却能与酸或碱成盐。纯嘌呤在自然界不存在,嘌呤的衍生物广泛存在于动植物体内。

(1)尿酸:嘌呤的三羟基衍生物俗称尿酸,存在于鸟类及爬虫类的排泄物中,人尿中也含少量。

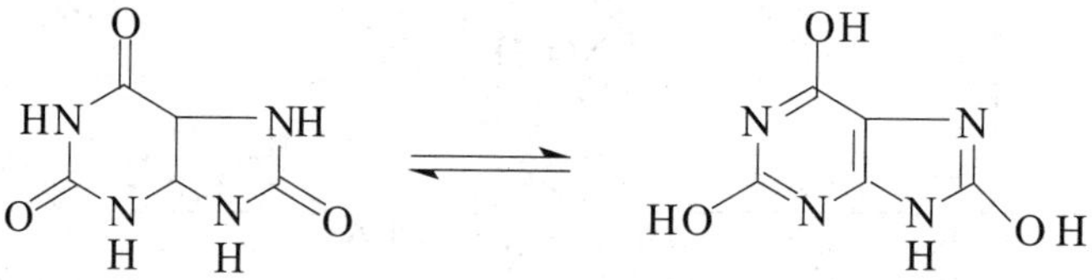

2,6,8-三羟基嘌呤

(2)咖啡碱、茶碱和可可碱

三者都是黄嘌呤的甲基衍生物,存在于茶叶、咖啡和可可中,它们有兴奋中枢作用,其中以咖啡碱的作用最强。

234

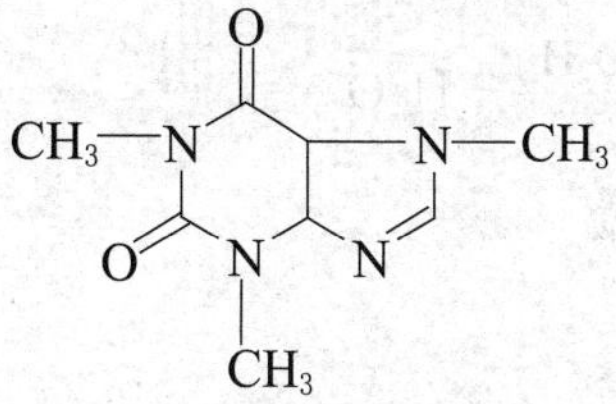

咖啡碱 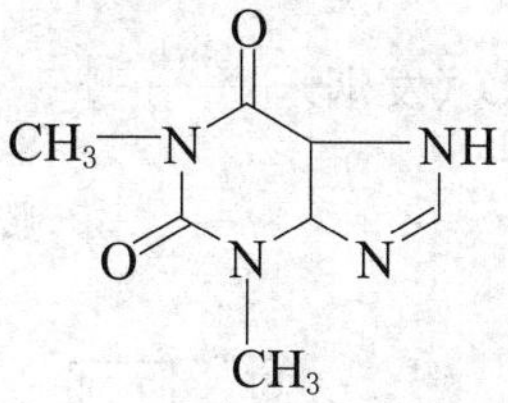   茶碱 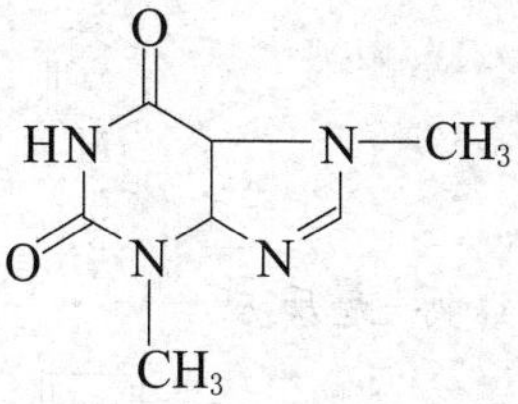   可可碱

单杂环主要反应

一、亲电取代反应

1. 卤代反应

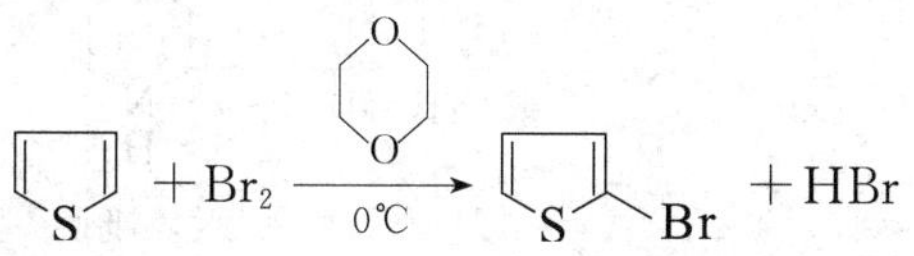

α-溴代噻吩

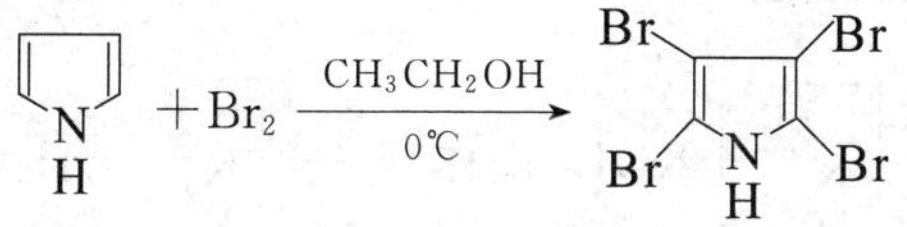

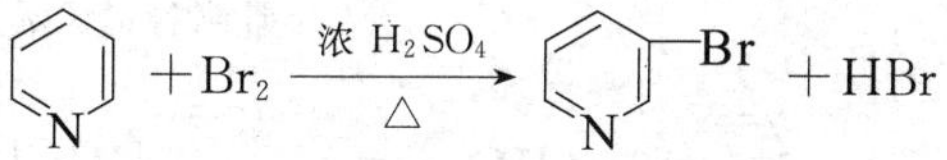

β-溴代吡啶

2. 硝化反应

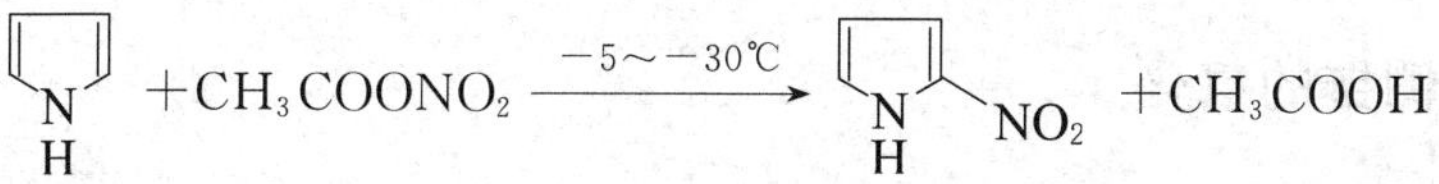

α-硝基吡咯

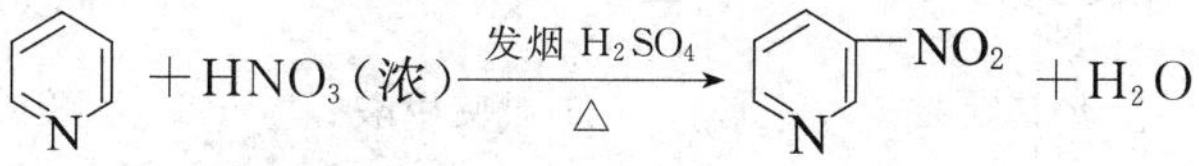

β-硝基吡啶

3. 磺化反应

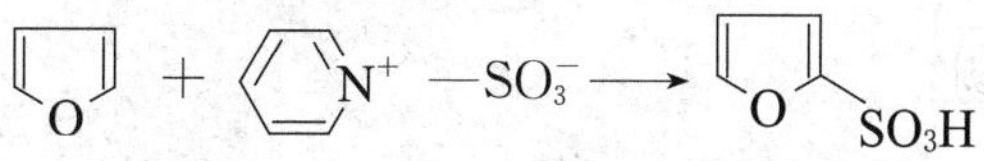

吡啶三氧化硫   α-吡啶磺酸

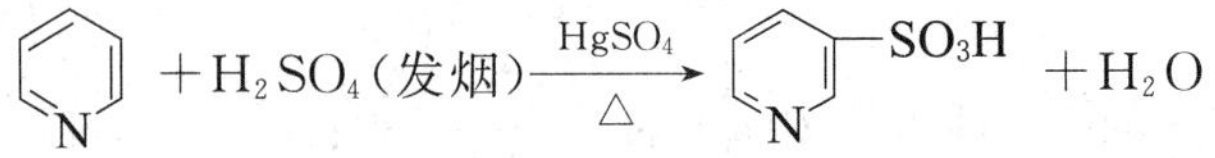

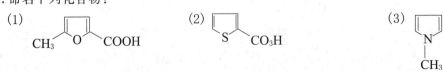

$$\text{吡啶} + H_2SO_4(\text{发烟}) \xrightarrow[\triangle]{HgSO_4} \text{β-吡啶磺酸 SO}_3H + H_2O$$

β-吡啶磺酸

4.傅-克反应

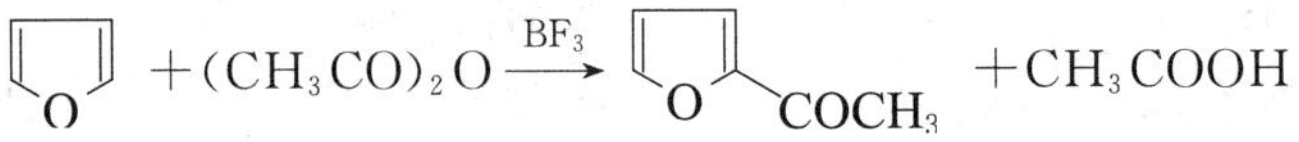

$$\text{呋喃} + (CH_3CO)_2O \xrightarrow{BF_3} \text{α-乙酰基呋喃 COCH}_3 + CH_3COOH$$

α-乙酰基呋喃

二、加成反应

$$\text{呋喃} + 2H_2 \xrightarrow[\text{加热,加压}]{Ni} \text{四氢呋喃}$$

四氢呋喃

$$\text{吡咯} \xrightarrow[\text{或 } C_2H_5OH^+ Na]{H_2,Ni} \text{六氢吡啶}$$

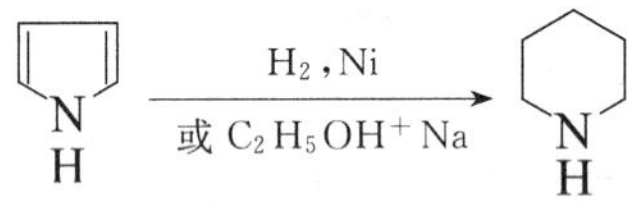

六氢吡啶

三、吡咯和吡啶的酸碱性

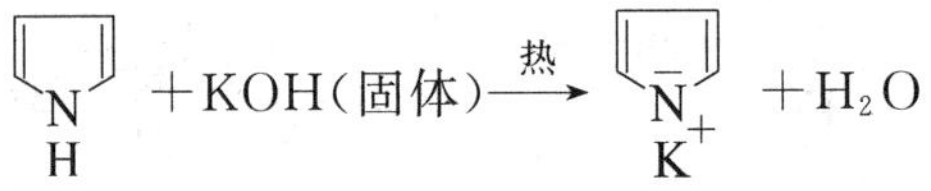

$$\text{吡咯} + KOH(\text{固体}) \xrightarrow{\text{热}} \text{吡咯钾盐} + H_2O$$

吡咯钾盐

$$\text{吡啶} + HCl \longrightarrow \text{吡啶} \cdot HCl$$

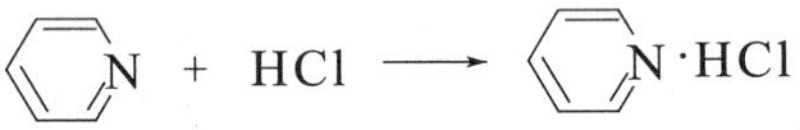

吡啶盐酸盐

四、吡啶侧链的氧化

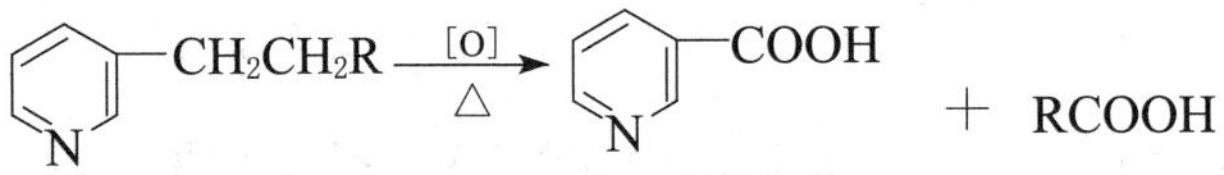

$$\text{β-烃基吡啶 } CH_2CH_2R \xrightarrow[\triangle]{[O]} \text{β-吡啶甲酸 } COOH + RCOOH$$

β-烃基吡啶   β-吡啶甲酸   羧酸

习　题

1. 命名下列化合物：

(1) CH_3—呋喃—$COOH$

(2) 噻吩—CO_3H

(3) 吡咯—CH_3

(4) 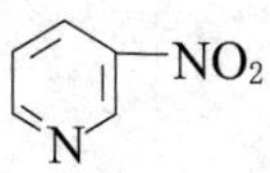 3-硝基吡啶

(5) 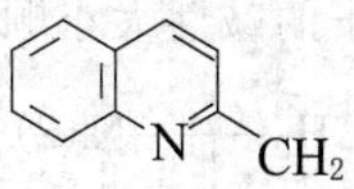 2-甲基喹啉

(6) 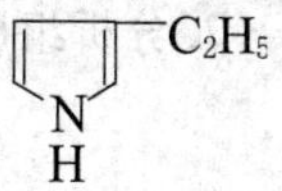 2-乙基吡咯

(7) 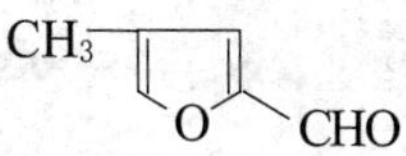 5-甲基糠醛 CH_3─○─CHO

(8) 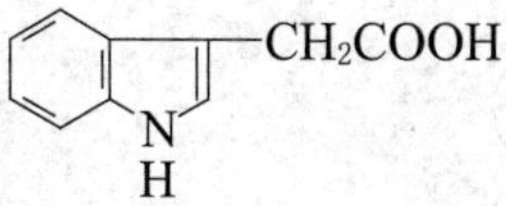 吲哚-3-乙酸 CH_2COOH

(9) 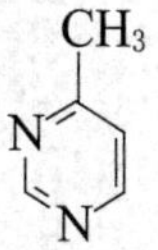 4-甲基嘧啶 CH_3

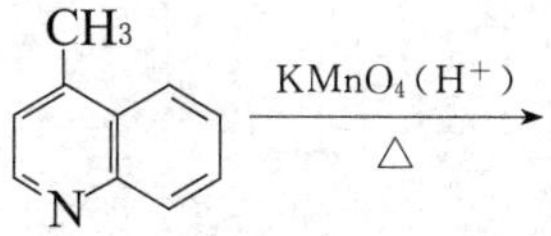

2. 完成下列反应式：

(1) 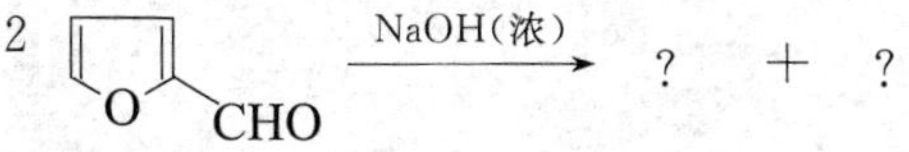 2 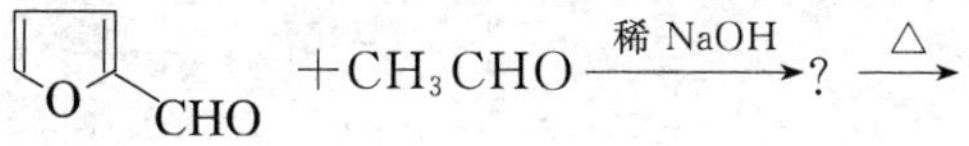 糠醛─CHO $\xrightarrow{\text{NaOH（浓）}}$? + ?

(2) 糠醛─CHO $+ CH_3CHO \xrightarrow{\text{稀 NaOH}}$? $\xrightarrow{\triangle}$

(3) 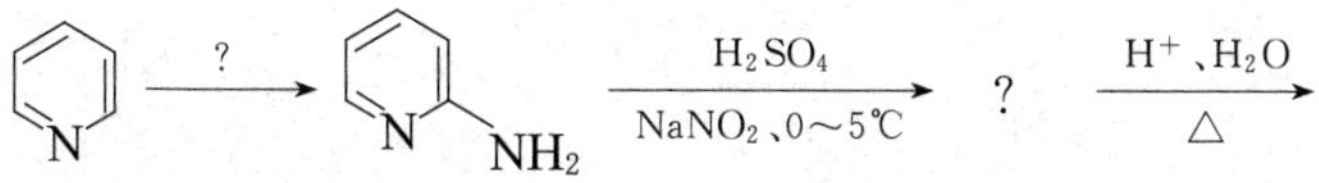 吡啶 $\xrightarrow{?}$ 2-氨基吡啶─NH_2 $\xrightarrow[NaNO_2、0\sim5℃]{H_2SO_4}$? $\xrightarrow[\triangle]{H^+、H_2O}$

(4) 4-甲基喹啉 CH_3 $\xrightarrow[\triangle]{KMnO_4（H^+）}$

(5) 2-苯基噻吩 $\xrightarrow[\text{常温}]{\text{浓 } H_2SO_4}$

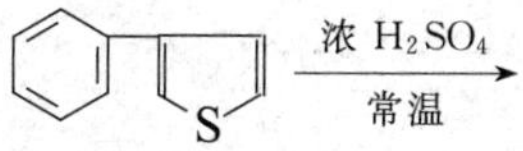

(6) 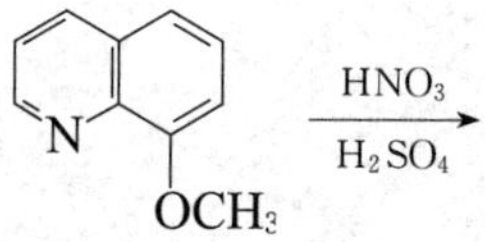 8-甲氧基喹啉 OCH_2 $\xrightarrow{HNO_3 \atop H_2SO_4}$

(7) 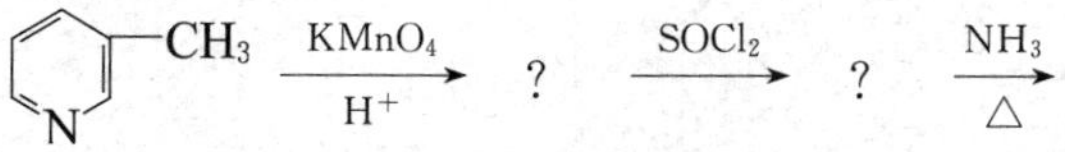 3-甲基吡啶─CH_3 $\xrightarrow[H^+]{KMnO_4}$? $\xrightarrow{SOCl_2}$? $\xrightarrow[\triangle]{NH_3}$

3. 用化学方法鉴别下列各组化合物：

(1) 吡咯、吡啶和苯　　　(2) 糠醛和呋喃　　　(3) 苯、噻吩和苯酚

4. (1) 用化学方法分离 吡啶 和 硝基苯（NO_2） 的混合物；

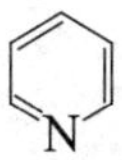

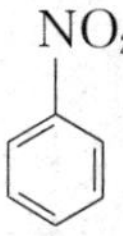

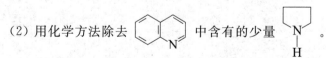

(2) 用化学方法除去 喹啉 中含有的少量 吡咯烷 。

5. 由吡啶制备 3-吡啶甲酸，其他必要的有机、无机试剂自选。

6. 下列化合物哪个可溶于酸？哪个可溶于碱？

(1) 　　　(2)

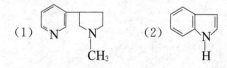

237

7. 分析组胺分子中三个氮原子的碱性大小顺序。

第十二章　糖类化合物

　　糖类化合物是一类重要的天然有机化合物,对于维持动植物的生命活动起着重要的作用。它的分布极广,存在于各种植物的种子、茎、杆、叶等,如棉花、木材、甘蔗和甜菜等。糖类化合物是纺织、造纸、发酵、食品等工业的重要原料。

　　糖类化合物都是由 C、H、O 三种元素组成,绝大多数都符合 $C_n(H_2O)_m$ 的通式,所以以前人们称之为碳水化合物(carbohydrate)。例如:葡萄糖的分子式为 $C_6H_{12}O_6$,可表示为 $C_6(H_2O)_6$,蔗糖的分子式为 $C_{12}H_{22}O_{11}$,可表示为 $C_{12}(H_2O)_{11}$ 等。随着科学的不断发展,人们发现有些化合物的组成虽符合碳水化合物的比例,但却不是糖,例如乙酸($C_2H_4O_2$)、乳酸($C_3H_6O_3$)等;而有些化合物虽不符合此通式,但性质却与糖相似,例如鼠李糖($C_5H_{12}O_5$)、脱氧核糖($C_5H_{10}O_4$)等。由此可见,碳水化合物这一名称并不确切,已失去原有的含义,只是习惯上人们至今仍然沿用这一名称。

　　从结构上看,**糖类化合物**是指多羟基醛或多羟基酮以及水解后能生成多羟基醛或多羟基酮的一类化合物。

　　根据糖类化合物的结构,可将其分成三大类:

　　1. 单糖

　　单糖(monosaccharides)是不能再水解为更小分子的多羟基醛和多羟基酮的有机化合物,如葡萄糖、果糖等。单糖一般为无色晶体,具有甜味,能溶于水。

　　2. 低聚糖

　　低聚糖(oligosaccharides)是指能水解为 2~10 个单糖结构的缩合物,也叫寡糖。水解后可生成两分子单糖的是二糖,如蔗糖、麦芽糖等。低聚糖一般也是晶体,具有甜味,易溶于水。

　　3. 多糖

　　多糖(polysaccharides)又称多聚糖,是指水解后能生成 10 个以上分子单糖的化合物,如淀粉、纤维素等。天然多糖一般由 100~300 个单糖单元构成。多糖大多是无定形固体,没有甜味,难溶于水。

第一节　单　糖

　　在自然界中,单糖以游离态或衍生物的形式广泛存在着。根据分子中所含官能团的不同,将单糖分为醛糖(aldoses)和酮糖(ketoses);也可根据分子中所含碳原子的数目分为丙糖、丁糖、戊糖、己糖等。在实际研究中,通常是两种分类结合使用。例如:

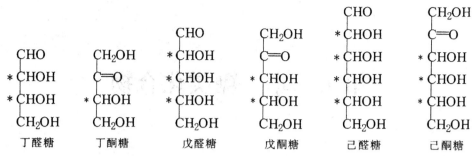

丁醛糖　丁酮糖　戊醛糖　戊酮糖　己醛糖　己酮糖

（标有 * 的碳为手性碳原子）

常见的单糖是己糖,其中最重要的己醛糖是葡萄糖,最重要的己酮糖是果糖。

单糖分子中都含有手性碳原子,因此都有立体异构体。己酮糖都有三个不相同的手性碳原子,因此它们各有 $2^3 = 8$ 个立体异构体（四对旋光异构体）,果糖是其中之一;己醛糖有四个不相同的手性碳原子,故有 $2^4 = 16$ 个立体异构体（八对旋光异构体）,葡萄糖是其中之一。

一、单糖的结构

1. 单糖的构型

单糖的构型常用费歇尔(Fischer)投影式表示,用 D/L 标记法。单糖构型的确定是以甘油醛为标准,其一对对映体标记如下:

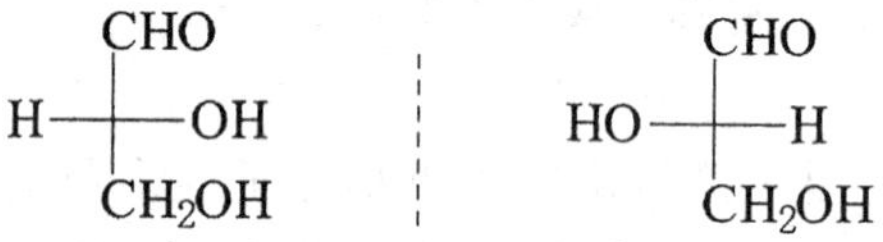

　　　　CHO　　　　　　　　　CHO
H———OH　　　　　　HO———H
　　CH₂OH　　　　　　　　CH₂OH

D-(＋)-甘油醛　　　　L-(－)-甘油醛

＋、－表示旋光方向,D、L 表示构型。

决定单糖构型的基团是离醛基或酮羰基最远的手性碳原子上的羟基,该羟基在费歇尔投影式的右侧为 D 构型;在费歇尔投影式左侧则为 L 构型。自然界中存在的单糖大多数是 D 型的。为了书写方便,单糖的费歇尔投影式也常用较简单的式子表示,例如 D-葡萄糖可以表示如下几种形式:

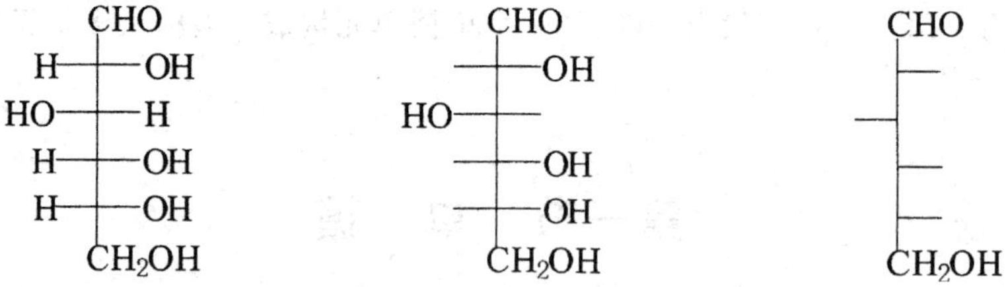

这种结构也称开链式结构。

下面的图 12-1 中列出含有三个到六个碳原子的所有 D 型醛糖的投影式和名称。

240

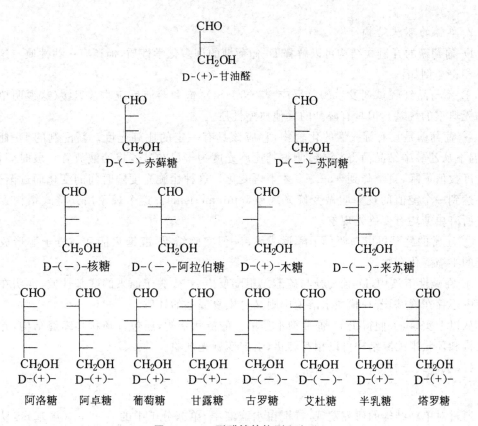

图 12-1　D-型醛糖的构型和名称

图 12-1 列出的每个 D 型结构都有一个 L 型的对映异构体。例如，D-（＋）-葡萄糖的对映体是 L-（－）-葡萄糖，它们的比旋光度相等，但旋光方向相反。

```
        CHO                    CHO
         |                      |
         |                      |
        CH₂OH                  CH₂OH
   D-（＋）-葡萄糖          L-（－）-葡萄糖
```

L-（－）-葡萄糖虽然不存在于自然界中，但已由人工合成出来。其他的 L 型醛糖不再列出。

对于 D 型酮糖的构型，以果糖为例：

```
        CH₂OH              CH₂OH
         |                  |
        C=O                C=O
         |                  |
   HO ——— H        或
    H ——— OH
    H ——— OH
        CH₂OH              CH₂OH
           D-（－）-果糖
```

241

2.单糖的环状结构

D-葡萄糖的开链式结构可以解释 D-葡萄糖的许多化学性质,但还有一些性质与这种结构不相符。例如:

① 不与品红醛试剂发生颜色反应、与 $NaHSO_3$ 饱和溶液反应非常迟缓(这说明单糖分子内无典型的醛基),但具有醛基的其他典型性质。

② 葡萄糖是具有旋光性的化合物,它应该具有一定的比旋光度。新配制的 D-葡萄糖(常温下从乙醇中结晶而得)溶液,测得其比旋光度为+112℃,若将溶液放置一段时间,其比旋光度数值下降,直至降到+52.7℃才不再变化。这种比旋光度随时间的变化而逐渐变化,最终达到一个定值的现象叫做变旋光现象(mutamerism)。这个现象用开链式结构无法解释。所有单糖均有变旋光现象。

③ 正常的醛基可以与两分子醇形成缩醛,但实验结果,醛糖只能和一分子醇形成一个稳定的半缩醛化合物。

④ 在碱性溶液中,D-葡萄糖与硫酸二甲酯反应后,失去了原来的醛基性质,证明在碱性溶液中不存在醛基,若在稀酸水溶液中则又可恢复醛基的性质。

从以上实事,人们得出 D-葡萄糖不是单一的链状结构,还包含环状半缩醛结构,并且链状结构和环状半缩醛结构可以相互转化,引起变旋光现象。

(1)氧环式结构

通过对单糖结构的研究发现,特别在水溶液中,单糖分子中的 $-\overset{\overset{\displaystyle O}{\displaystyle \|}}{C}-$(羰基)容易与分子内的-OH(羟基)形成五元环(呋喃糖)或六元环(吡喃糖)状半缩醛结构。

由变旋光现象说明,D-葡萄糖并不是仅以开链式存在,还有其他的存在形式。1925～1930 年,经 X 射线等现代物理方法证明,D-葡萄糖主要是以氧环式(环状半缩醛结构)形式存在的。糖分子中的醛基与羟基作用形成半缩醛时,由于 C=O 为平面结构,羟基可从平面的两边进攻 C=O,所以得到两种异构体。新生成的手性碳原子(C_1)称为苷原子,它所连的羟基叫苷羟基(也叫半缩醛羟基),它比其他的羟基活泼。当苷羟基与决定 D、L 构型的碳原子上的羟基,即 C_5 上的羟基在碳链同侧时称"α-构型",在异侧时称"β-构型",如图 12-2 所示。

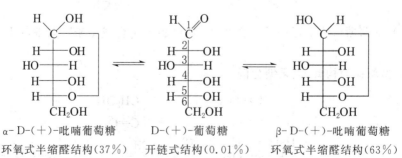

α-D-(+)-吡喃葡萄糖　　　D-(+)-葡萄糖　　　β-D-(+)-吡喃葡萄糖
环氧式半缩醛结构(37%)　　开链式结构(0.01%)　　环氧式半缩醛结构(63%)

图 12-2　D-葡萄糖链状结构与环氧式结构

α 构型和 β 构型显然没有镜像关系,属于非对映体。α 型与 β 型两者之间只是 C_1(新诞生的手性碳)构型不同,其他构型均相同,故称之为**端基异构体**,也称**异头物**(anomer)。两种构型可通过开链式相互转化而达到平衡。在平衡体系中 α 型和 β 型含量不同，α 型约占 37%，β 型约占 63%，开链式结构仅约占 0.01%。

（2）哈沃斯式结构

上面的氧环式（环状半缩醛结构）的费歇尔（Fishcher）投影式不能恰当地反映分子中各个基团在空间的相互关系。为了更接近、真实并形象地表达 D-葡萄糖的环状半缩醛结构，1926 年英国化学家哈沃斯（Haworth）提出利用一个六元环的平面来表示 D-葡萄糖的空间结构，称为哈沃斯透视式。现以 D-葡萄糖为例，将其链状结构书写成哈沃斯式的方法如图 12-3 所示。

首先将开链式（Ⅰ）碳链向右放成水平，使 C_5 羟基在碳链下方得到构型（Ⅱ），然后将碳链在水平位置向后弯成六边形状（Ⅲ），以 C_4-C_5 为轴逆时针旋转 120° 使 C_5 上的羟基与醛基接近，如（Ⅳ）式。若 C_5 上羟基的氧原子从羰基平面的上方与羰基连接成环，则 C_1 上新形成的羟基便在环平面的下方（Ⅴ）；若 C_5 上羟基的氧原子从羰基平面的下方与羰基连接成环，则 C_1 上新形成的羟基便在环平面的上方（Ⅵ）。

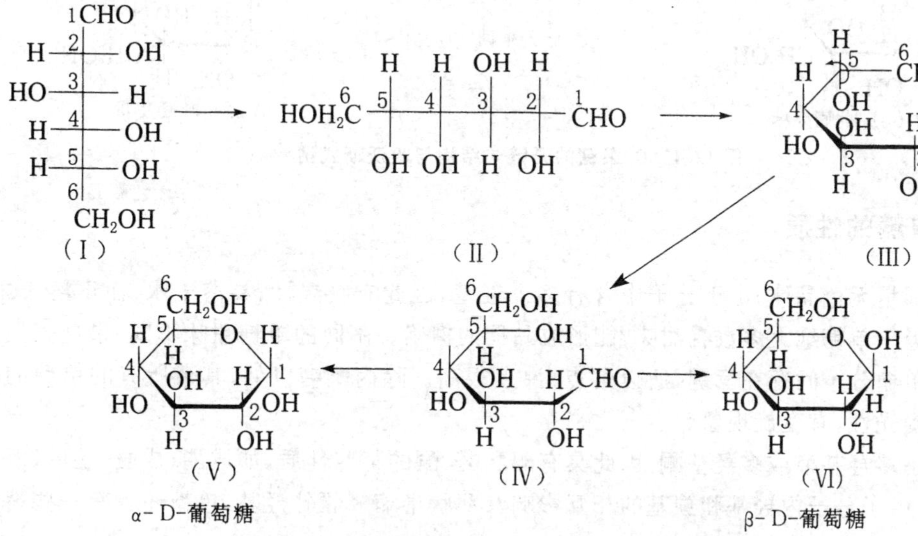

图 12-3　D-葡萄糖链状结构书写成哈沃斯式的过程

D-葡萄糖的哈沃斯式中六元环结构和杂环化合物吡喃（ ）相似，所以通常把六元环形单糖称做吡喃型单糖。因此根据哈沃斯透视式可以得出 D-葡萄糖的全名称如下：

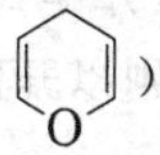

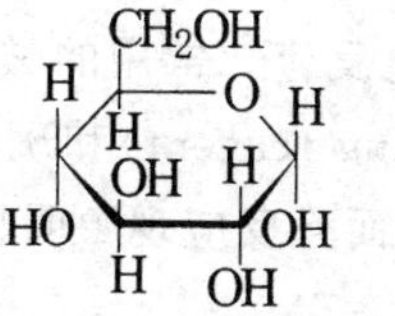

α-D-(+)-吡喃葡萄糖 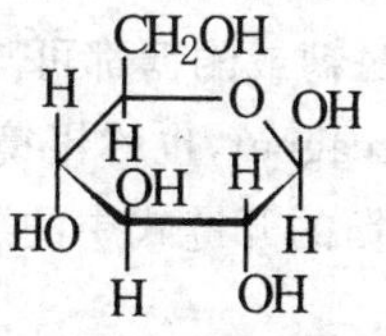　　　　β-D-(+)-吡喃葡萄糖

在哈沃斯透视式中，如果是五元环结构，则和杂环化合物呋喃（ ）相似，所以把含有五元环结构的单糖也称做呋喃型单糖。例如，天然 D-果糖在形成环状结构时，可由 C_5 上的

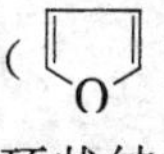

羟基与羰基形成呋喃式环,也可由 C_6 上的羟基与羰基形成吡喃式环。两种环式的结构都各有 α 型和 β 型两种构型,因此果糖可能有五种构型,如图 12-4 所示。

在水溶液中,D-果糖的开链式和氧环式结构是一动态平衡体系,也有变旋光现象。游离的 D-果糖分子的环状半缩醛结构是六元环的呋喃环状结构,而化合态的 D-果糖则呈五元环的吡喃环状结构。上述果糖的环状结构在溶液中都可以通过开链结构互变而成一平衡体系。

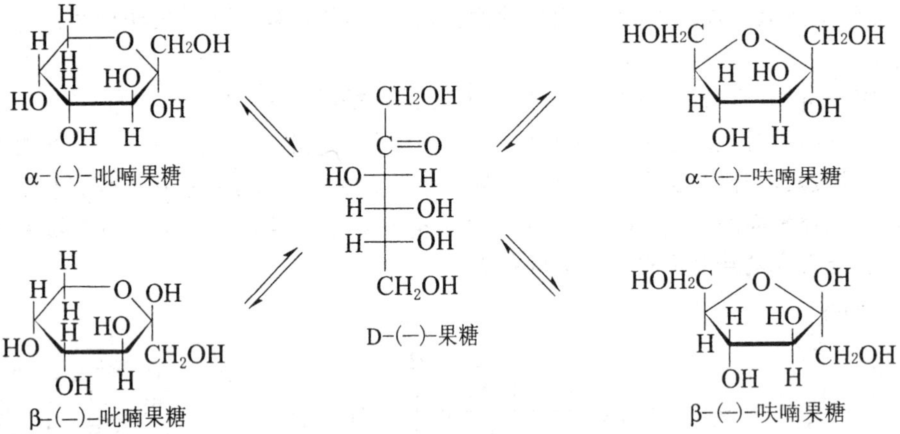

图 12-4　D-果糖的开链式结构与哈沃斯式结构

二、单糖的性质

单糖都是无色晶体,由于分子中含有多个羟基,因此有吸湿性,易溶于水,而不溶于醚、氯仿和苯等。单糖绝大多数有甜味,能形成黏稠的糖浆。不同的单糖甜味不同,果糖为最甜的单糖。单糖分子间存在氢键,所以熔点、沸点很高。除丙酮糖以外,其余所有的单糖的溶液都具有旋光性,有变旋现象。

单糖是多羟基醛或多羟基酮,因此具有醇和醛、酮的某些性质,如成酯、成醚、还原、氧化等。此外,由于分子内羟基和羰基的相互影响及环状半缩醛(酮)羟基,单糖还具有一些特殊的性质。

单糖在水溶液中是以开链式和氧环式结构的平衡体系存在的,因此单糖的化学反应有的以环状结构进行,有的则以开链结构进行的。

1.氧化反应

单糖用不同的氧化剂氧化,生成的氧化产物不同。

单糖无论是醛糖或酮糖都可与碱性弱氧化剂发生氧化反应。常用的碱性弱氧化剂有托伦试剂(Tollens reagent,也称银镜试剂)、斐林试剂(Fehling reagent)和班氏试剂(Benedict reagent),它们对糖的开链式中的羰基有选择性氧化作用,而且反应现象明显,常用于糖的鉴别。例如:

$$
\begin{array}{c}
\text{CHO} \\
\text{H}\!-\!\!-\!\text{OH} \\
\text{HO}\!-\!\!-\!\text{H} \\
\text{H}\!-\!\!-\!\text{OH} \\
\text{H}\!-\!\!-\!\text{OH} \\
\text{CH}_2\text{OH}
\end{array}
\ +\ 2\text{Ag}^+\ +\ 2\text{OH}^-\ \longrightarrow\
\begin{array}{c}
\text{COOH} \\
\text{H}\!-\!\!-\!\text{OH} \\
\text{HO}\!-\!\!-\!\text{H} \\
\text{H}\!-\!\!-\!\text{OH} \\
\text{H}\!-\!\!-\!\text{OH} \\
\text{CH}_2\text{OH}
\end{array}
\ +\ 2\text{Ag}\!\downarrow\ +\ \text{H}_2\text{O}
$$

D-葡萄糖或 D-果糖　　托伦试剂　　　　　　　D-葡萄糖酸　　明亮的银镜

$$
\begin{array}{c}
\text{CHO} \\
\text{H}\!-\!\!-\!\text{OH} \\
\text{HO}\!-\!\!-\!\text{H} \\
\text{H}\!-\!\!-\!\text{OH} \\
\text{H}\!-\!\!-\!\text{OH} \\
\text{CH}_2\text{OH}
\end{array}
\ \xrightarrow[\text{(Fehling 溶液)}]{\text{Cu(OH)}_2}\
\begin{array}{c}
\text{COOH} \\
\text{H}\!-\!\!-\!\text{OH} \\
\text{HO}\!-\!\!-\!\text{H} \\
\text{H}\!-\!\!-\!\text{OH} \\
\text{H}\!-\!\!-\!\text{OH} \\
\text{CH}_2\text{OH}
\end{array}
\ +\ \text{Cu}_2\text{O}\!\downarrow
$$

D-葡萄糖或 D-果糖　　斐林试剂　　　　　D-葡萄糖酸　　砖红色沉淀

　　凡是能被上述弱氧化剂氧化的糖,都称为还原糖(reducing sugars);否则成为非还原糖(nonreducing sugars)。单糖都是还原糖。与酮不同,酮糖能与 Tollens 试剂、Fehling 试剂等弱氧化剂反应,是因为醛糖和酮糖在稀碱的作用下,发生了酮式－烯醇式互变异构:

$$
\begin{array}{c}
\text{CH}_2\text{OH} \\
| \\
\text{C}\!=\!\text{O} \\
|
\end{array}
\ \rightleftharpoons\
\begin{array}{c}
\text{CH}\!-\!\text{OH} \\
\| \\
\text{C}\!-\!\text{OH} \\
|
\end{array}
\ \rightleftharpoons\
\begin{array}{c}
\text{CHO} \\
| \\
\text{CHOH} \\
|
\end{array}
$$

　　　　酮糖(部分结构)　　　　　　烯二醇　　　　　醛糖(部分结构)

　　烯二醇化合物是很不稳定的中间体,其结构中的双键碳上的羟基很活泼,可以不同形式再转化为单糖的链式结构,且伴随着差向异构化作用。例如用稀碱溶液处理 D-果糖,则得到下列平衡混合物:

$$
\begin{array}{c}
\text{CH}_2\text{OH} \\
\text{C}\!=\!\text{O} \\
\text{HO}\!-\!\!-\!\text{H} \\
\text{H}\!-\!\!-\!\text{OH} \\
\text{H}\!-\!\!-\!\text{OH} \\
\text{CH}_2\text{OH}
\end{array}
\ \rightleftharpoons\
\begin{array}{c}
\text{CH}\!-\!\text{OH} \\
\text{C}\!-\!\text{OH} \\
\text{HO}\!-\!\!-\!\text{H} \\
\text{H}\!-\!\!-\!\text{OH} \\
\text{H}\!-\!\!-\!\text{OH} \\
\text{CH}_2\text{OH}
\end{array}
$$

D-果糖　　　　　　　烯醇式中间体

$$
\begin{array}{c}
\text{CHO} \\
\text{H}\!-\!\!-\!\text{OH} \\
\text{HO}\!-\!\!-\!\text{H} \\
\text{H}\!-\!\!-\!\text{OH} \\
\text{H}\!-\!\!-\!\text{OH} \\
\text{CH}_2\text{OH}
\end{array}
\quad \text{D-葡萄糖}
$$

$$
\begin{array}{c}
\text{CHO} \\
\text{HO}\!-\!\!-\!\text{H} \\
\text{HO}\!-\!\!-\!\text{H} \\
\text{H}\!-\!\!-\!\text{OH} \\
\text{H}\!-\!\!-\!\text{OH} \\
\text{CH}_2\text{OH}
\end{array}
\quad \text{D-甘露糖}
$$

　　D-葡萄糖和 D-甘露糖是含多个手性碳原子的旋光异构体,二者结构中只有一个手性碳原子(C_2)的构型相反,其他手性碳原子的构型完全相同,此异构体称做差向异构体。在稀碱溶液的作用下,使含多个手性碳原子的分子发生构型转化形成差向异构体的作用叫**差向异构化作用**(epimerization)。

醛糖能被溴水氧化成糖酸;被稀硝酸氧化成糖二酸。例如:

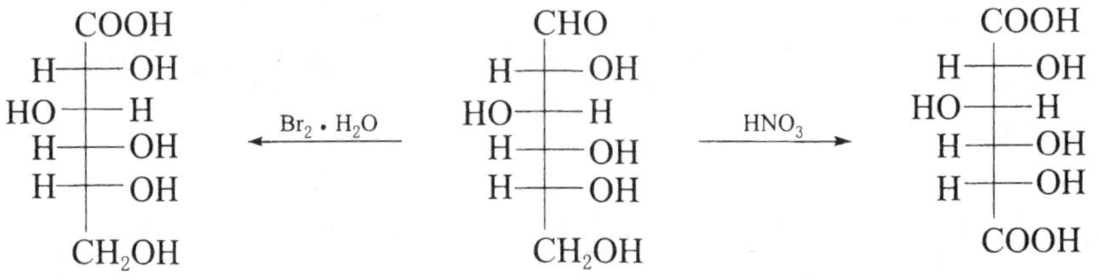

| D-葡萄糖酸 | D-葡萄糖 | D-葡萄糖二酸 |

溴水(pH 为 5~6)能氧化醛糖而使棕红色褪去,但不能氧化酮糖。因为在酸性条件下,不会引起糖分子的差向异构化作用,所以可用此反应来区别醛糖和酮糖。在浓硝酸的作用下,醛糖和酮糖都被氧化,发生碳链断裂,产物比较复杂。

2. 还原反应

醛糖和酮糖中的羰基都可以被还原为羟基,生成多元醇。常用的还原剂有 Na－Hg、H_2/Ni、$NaBH_4$ 等。

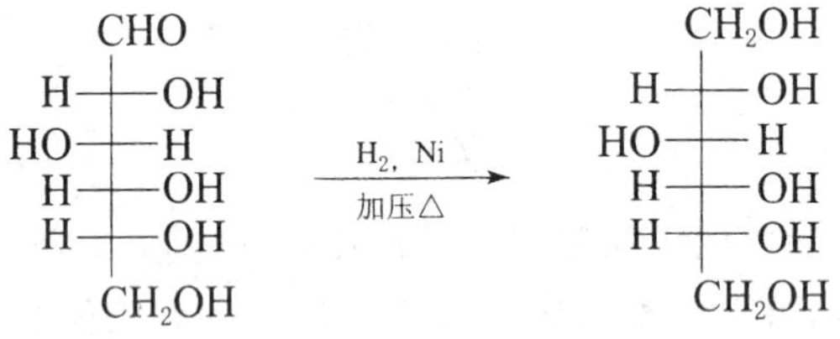

D-葡萄糖   D-山梨糖醇

3. 成脎反应

一般的醛、酮能与一分子苯肼作用生成苯腙,而在乙酸溶液中单糖的开链式中,羰基可与苯肼作用生成糖的苯腙;但在过量的苯肼试剂中,单糖却能逐步与 3 分子苯肼作用生成糖脎。例如:

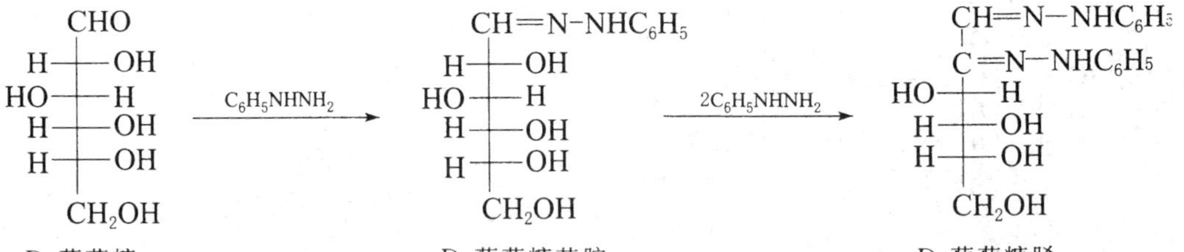

D-葡萄糖   D-葡萄糖苯腙   D-葡萄糖脎

成脎反应只在 C_1、C_2 上发生,不涉及其他的碳原子,依次只要 C_3 及 C_3 以下碳原子构型相同的糖,都可以生成相同的糖脎。例如 D-葡萄糖、D-甘露糖和 D-果糖都生成同一个糖脎。

糖脎为不溶于水的黄色结晶,不同的糖脎有不同的晶型,反应中生成的速率也不同。因此,可根据糖脎的晶型和生成的时间来鉴别和分离糖。

4.成苷反应(生成配糖物)

糖分子中的活泼的半缩醛羟基与其他含羟基的化合物(如醇、酚),失水而生成缩醛的反应称为成苷反应,其产物称为配糖物,也叫糖苷(glycoside)。其中糖的部分叫糖基,非糖部分叫配基,糖基与配基之间的缩醛型醚键称为苷键。例如在干燥氯化氢催化下,α-D-葡萄糖与甲醇作用,生成甲基-α-D-葡萄糖苷:

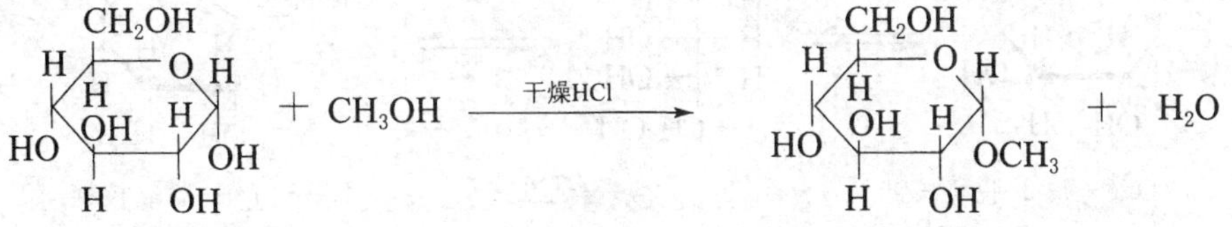

α-D-葡萄糖　　　　　　　　　甲基-α-D-葡萄糖苷

由于单糖有 α 型和 β 型,所以糖苷也分为 α-糖苷和 β-糖苷。如果苷键在环面上面,则就是 β 型糖苷。糖苷是无色、无臭的晶体,味苦,能溶于酒精,难溶于乙醚,具有旋光性。糖苷的化学性质与单糖不同,单糖是环状半缩醛结构,有半缩醛羟基,性质活泼,可开环成链状结构,有变旋光现象,有还原性,能生成糖脎等。而糖苷为缩醛结构,稳定性较好,无还原性,不易被氧化,不与托伦试剂和斐林试剂作用,不与苯肼发生成脎反应,在水溶液中也无变旋光现象。

三、重要的单糖

1. D-葡萄糖

D-葡萄糖(D-glucose)是自然界分布最广的己醛糖,广泛存在于葡萄(熟葡萄中含 20%~30%)、蜂蜜及甜水果中,动物和人类的血液、脑脊髓及淋巴液中均含有少量的葡萄糖。D-葡萄糖为无色结晶,熔点 146℃,易溶于水,微溶于乙醇,不溶于乙醚和芳香烃。有甜味,甜度为蔗糖的 70%。由于天然的 D-葡萄糖具有右旋光性,所以商品名又称右旋糖。

葡萄糖在印染及制革工业上用作还原剂和颜料的浓缩剂,还大量用于食品工业中,在医药上可用作营养剂,并具有强心利尿和解毒等作用。葡萄糖在工业上一般是由淀粉的水解得到,也可以由纤维素如木屑等水解得到。

2. D-果糖

D-果糖(D-fructose)是普通糖类中最甜的糖,以游离态存在于水果和蜂蜜中。它是蔗糖的组成成分之一,为无色结晶,易溶于水,可溶于乙醇和乙醚中,熔点约 103℃(分解)。自然界中存在的果糖具有左旋光性,所以又称左旋糖。果糖是酮糖,酮糖溶液与盐酸-间苯二酚试剂共热,立即呈现深红色(醛糖只出现很浅的红色),此变化可用于鉴别酮糖和醛糖。果糖与氢氧化钙生成络合物[$C_6H_{12}O_6 \cdot Ca(OH)_2 \cdot H_2O$],极难溶于水,可用于果糖的检验。

果糖广泛用于食物、营养剂和防腐剂。工业上用酸或酶水解菊粉来制取。

3. D-核糖与 D-2-脱氧核糖

核糖与 2-脱氧核糖这两种戊糖都是核酸的重要组成部分,它们是 D-型醛糖,具有左旋光性,半缩醛环状结构中含呋喃环,其环状及开链结构式如下:

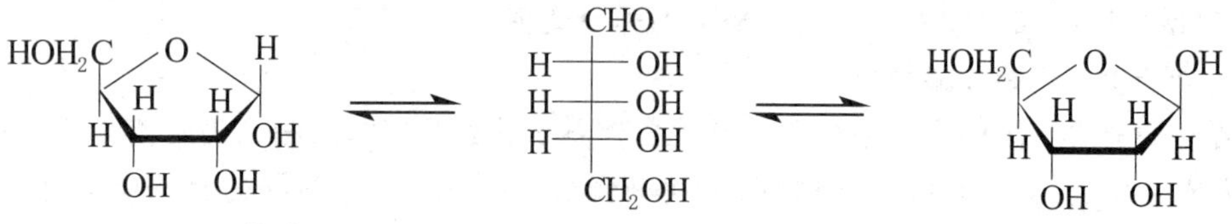

α-D-(一)-核糖 β-D-(一)-核糖

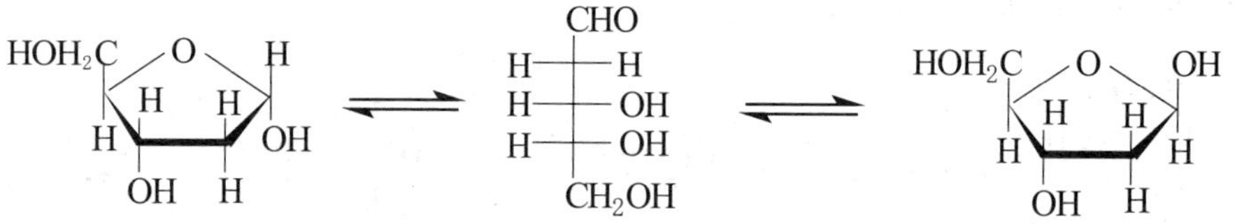

α-D-(一)-2-脱氧核糖 β-D-(一)-2-脱氧核糖

D-核糖为结晶体,核糖是核糖核酸(RNA)的组成部分。RNA 参与蛋白质及酶的生物合成过程。2-脱氧核糖是脱氧核糖核酸(DNA)的组成部分,DNA 存在于绝大多数活的细胞中,是遗传密码的主要物质。

4. D-半乳糖

半乳糖是许多低聚糖和多糖的重要组成成分,以多糖形式存在于许多植物的种子或树胶中,也是组成脑髓的重要物质之一。半乳糖是己醛糖,其结构如下:

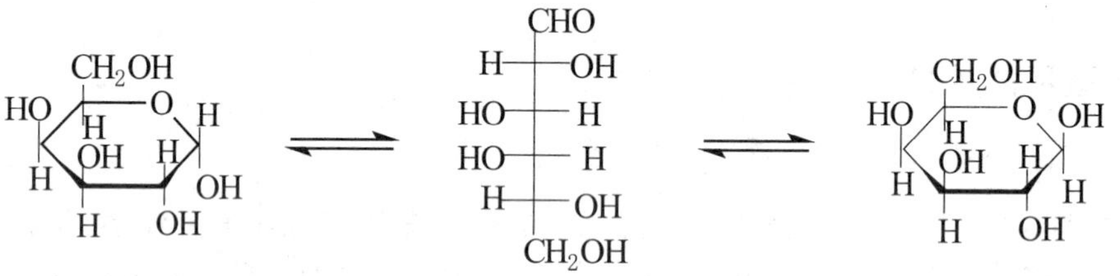

α-D-半乳糖 D-半乳糖 β-D-半乳糖

D-半乳糖为无色结晶,熔点 165～168℃,能溶于水和乙醇,具有右旋光性,常用于有机合成和医学临床上测定肝功能等。

第二节　二　糖

二糖是最重要的一类低聚糖,单糖分子中的半缩醛羟基(苷羟基)与另一分子单糖中的羟基(可以是苷羟基,也可以是其他羟基)作用,脱水而形成的糖苷称为二糖。两分子单糖脱水形成二糖有两种方式:一种是一分子单糖用半缩醛羟基与另一分子单糖中的醇羟基(非半缩醛羟基)脱水,生成二糖分子结构中还保留了一个半缩醛羟基,依然能够转换成开链式,有变旋现象,具有还原性,所以称为还原性二糖,例如麦芽糖、乳糖、纤维二糖等;另一种是两分子单糖均以半缩醛羟基进行脱水缩合形成二糖,此类二糖分子中无半缩醛羟基,所以不能再转变成开链式,没有变旋现象,也不具有还原性,不能被弱氧化剂氧化,称为非还原性二糖,例如蔗糖、海藻糖等。

一、麦芽糖

淀粉在淀粉酶催化下水解便得麦芽糖(maltose),所以麦芽糖是生物体内淀粉水解过程的中间产物。麦芽糖在酸性条件下水解时得两分子 D-葡萄糖,两分子 D-葡萄糖通过 α-1,4 苷键连接而成,即一个 α-D-葡萄糖的半缩醛羟基与另一 D-葡萄糖分子 4 位上的羟基脱水缩合形成的糖苷。麦芽糖有 α 和 β 两种异构体。其结构如下:

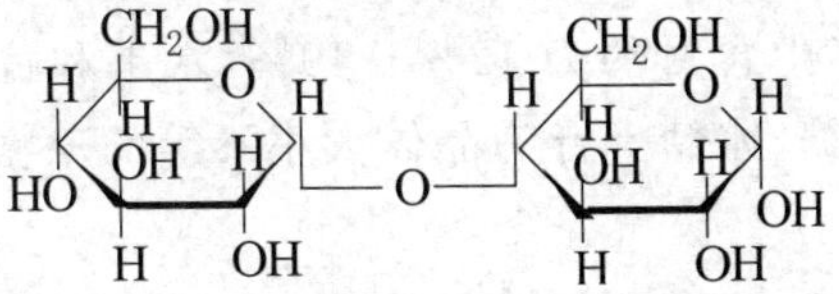

麦芽糖

麦芽糖的性质与 D-葡萄糖相似。麦芽糖可使托伦试剂、斐林试剂等弱氧化剂还原,并与苯肼发生成脎反应,用溴水氧化麦芽糖时生成麦芽糖酸。

麦芽糖是无色结晶,熔点 102℃,易溶于水。麦芽糖是饴糖的主要成分,甜度约为蔗糖的 40%,用作营养剂和培养基等。

二、蔗糖

蔗糖(sucrose)是由 α-D-吡喃葡萄糖的苷羟基和 β-D-呋喃果糖的苷羟基脱水而成,其结构如下:

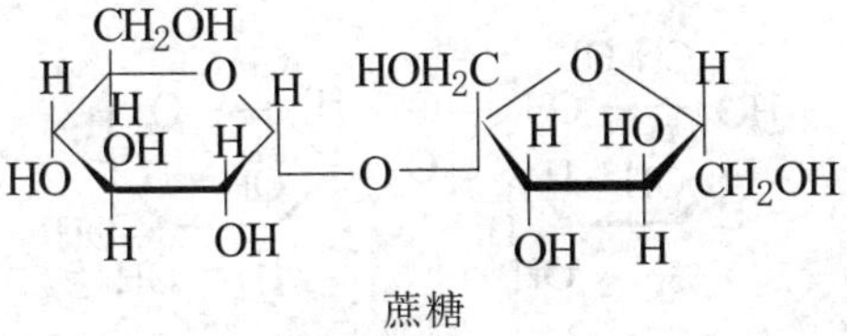

蔗糖

蔗糖是无色晶体,易溶于水,其相对甜度仅次于果糖,是葡萄糖的 1.5 倍,比旋光度 $[\alpha]_D^{20}$ 为 +66.5°。蔗糖在稀酸或蔗糖酶的作用下,水解为葡萄糖和果糖的等量混合物,此混合物的比旋光度 $[\alpha]_D^{20}$ 约为 -20°。

$$\text{蔗糖} \underset{}{\overset{H_3O^+}{\rightleftharpoons}} \text{葡萄糖} + \text{果糖}$$

$$[\alpha]_D^{20} = +66.5° \qquad +52° \qquad -92°$$

$$[\alpha]_D^{20} = -20°$$

由于水解前后旋光度发生改变(由右旋变为左旋),所以蔗糖的水解产物叫做转化糖,转化糖具有还原糖的一切性质。蜜蜂体内有蔗糖酶,转化糖是蜂蜜的主要成分,由于其中含有果糖,所以甜度比蔗糖大。

在蔗糖的分子中已无半缩醛羟基存在,不能转变为开链式,因此,蔗糖是一种非还原性二糖,不能与托伦试剂和斐林试剂等弱氧化剂反应(无游离的醛基),没有变旋光现象,也不能形成糖脎。

蔗糖是自然界分布最广、产量最大的二糖,主要来源于水果、甘蔗和甜菜等。甘蔗中蔗糖含量为 18%～20%,甜菜中含量约为 12%～19%,水果和蔬菜中含的糖也以蔗糖为主。日常生活用的食用糖,如砂糖、冰糖等皆为晶体大小不等的蔗糖,绵白糖是蔗糖水解产物的混合物,甜度较高。

三、纤维二糖

纤维二糖(cellobiose)是右旋还原糖,是纤维素部分水解的产物。

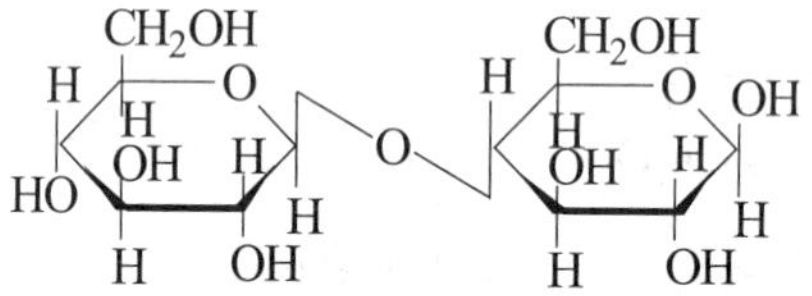

纤维二糖

纤维二糖不能被 α-葡萄糖苷酶所水解,但能被 β-葡萄糖苷酶水解成两分子 D-葡萄糖,所以纤维二糖是 β-葡萄糖苷。

四、乳糖

乳糖(lactose)存在于哺乳动物的乳汁中。人乳中含乳糖 5%～8%,牛乳中含乳糖 4%～6%。乳糖的甜度只有蔗糖的 70%。乳糖是还原二糖,并且有变旋光现象。

乳糖是由 β-D-吡喃半乳糖的苷羟基与 D-吡喃葡萄糖 C_4 上的羟基缩合而成的半乳糖苷。

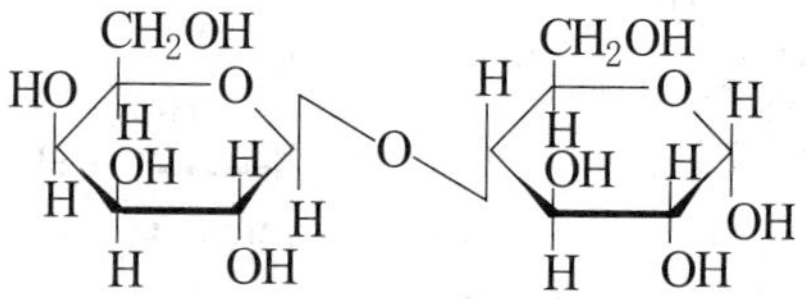

乳糖

第三节 多 糖

多糖是重要的天然高分子化合物,是由单糖通过苷键连接而成的高聚体。多糖与单糖的不同之处是多糖无还原性、无变旋光现象、无甜味,大多难溶于水,有的能和水形成胶体溶液。在自然界分布最广、最重要的多糖是淀粉和纤维素。

一、淀粉

淀粉(starch)是绿色植物光合作用的产物,大量存在于植物的种子和地下块茎中,是植物体内主要的能量储备,是人体所需糖类化合物的主要来源。淀粉是粮食的主要成分,是葡萄糖的天然储存形式。

1.淀粉的物理性质和结构

淀粉呈白色无定形粉末,由直链淀粉(amylose)和支链淀粉(amylopectin)两部分组成。

直链淀粉:可溶于热水,又叫可溶性淀粉,占 10%～20%。
支链淀粉:不溶性淀粉,占 80%～90%。

(1)直链淀粉(可溶性淀粉)

直链淀粉中主要是 α-1,4-糖苷键,这是直链淀粉的一级结构,相对分子质量在 2 万～200 万之间。直链淀粉的链不是直线形,而是盘旋成一个螺旋,每盘旋一周约含有六个 D-葡萄糖单位,此为直链淀粉的二级结构。另外,盘旋的直链淀粉也不是直筒形的,盘旋的长链还可以弯折形成一个表面上不规则的形状,此为直链淀粉的三级结构。

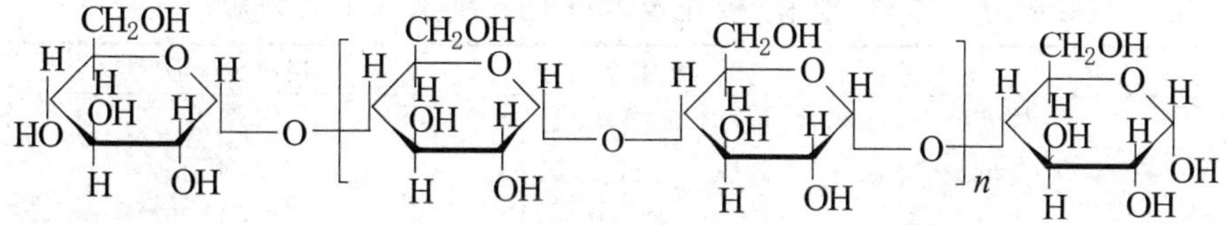

(2)支链淀粉(不溶性淀粉)

支链淀粉是由多条直链淀粉之间通过分子间力或氢键结合在一起,形成结构更复杂的复合型直链淀粉。支链淀粉在结构上除了由 D-葡萄糖分子以 α-1,4-苷键连接成主链外,还有以 α-1,6-苷键相连而形成的支链(每个支链大约 20 个 D-葡萄糖单位)。支链淀粉分子约由 600～6000 个 α-D-葡萄糖单位组成,其基本结构如下所示:

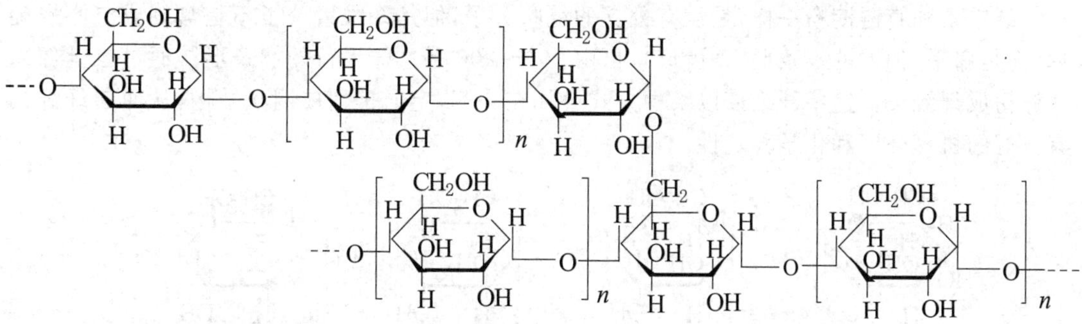

2.淀粉的化学性质

淀粉的结构链端虽含有苷羟基,但因其相对分子量很大,故没有还原性。淀粉中的羟基能发生成酯、成醚、氧化等反应。淀粉也能发生水解,最终生成 D-葡萄糖。由于它的特殊螺旋结构,淀粉还可以和碘等发生络合反应。

（1）与碘作用

直链淀粉遇碘显深蓝色，支链淀粉遇碘则显紫红色，这种特性可用于鉴定碘的存在。这是由于淀粉的二级结构中间的空穴恰好可以装入碘分子，从而形成一个深蓝色的淀粉——碘络合物。但加热能解除吸附，则深蓝色褪去。

每一螺圈约含
六个葡萄糖单位

（2）水解反应

直链淀粉在酸催化下可完全水解，生成 D-葡萄糖；用淀粉酶催化水解，则生成麦芽糖。支链淀粉在酸催化下可完全水解生成 D-葡萄糖；用淀粉酶催化水解，则生成麦芽糖、异麦芽糖等寡糖的混合物。水解过程如下：

支链淀粉→蓝糊精→红糊精→无色糊精→［麦芽糖＋异麦芽糖］→ D-葡萄糖

二、纤维素及其应用

纤维素（cellulose）是植物界分布最广且含量最丰富的一种多糖。纤维素是构成植物细胞壁及支柱的主要成分。木材、亚麻、棉花及禾杆是纤维素的主要来源。

	纤维素含量	相对分子质量
棉花	90％以上	57 万
亚麻	80％	184 万
木材	40～60％	9～15 万

1.纤维素的物理性质和结构

纤维素是无色、无味的纤维状物质，不溶于水及一般的有机溶剂，不能在人体内转化为葡萄糖。将纤维素用纤维素酶（β-糖苷酶）水解或在酸性溶液中完全水解，生成 D-（＋）-葡萄糖。由此推断，纤维素是由约 1.4 万个左右的 D-葡萄糖结构单位通过 β-1,4-糖苷键互相连接而成的高聚体。

纤维素和直链淀粉一样，是没有分支的链状分子，但是纤维素分子不是盘旋成空心螺旋形，而是扁平、伸展的螺条形（锯齿形），再由 100～200 条这样平行的螺条形链通过氢键像绳那样扭成纤维束。这些纤维束以某种方式叠加在一起，定向排列成网状结构，从而使纤维具有良好的机械强度和化学稳定性。

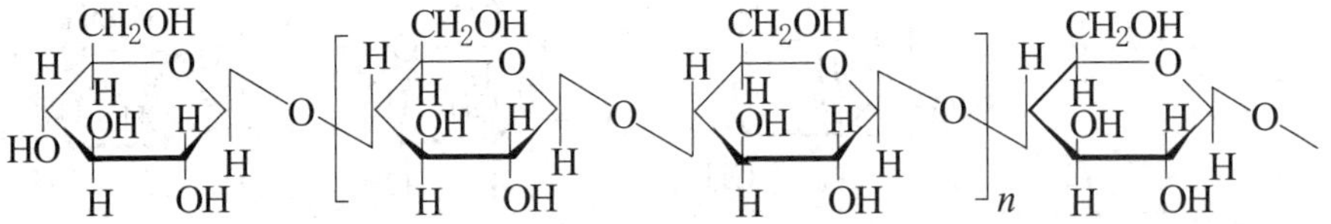

人的消化道中由于没有水解 β-1,4-葡萄糖苷键的纤维素酶，所以人不能消化纤维素，但人对纤维素又是必不可少的，因为纤维素可帮助肠胃蠕动，以提高消化和排泄能力。

2.纤维素的化学性质和用途

（1）溶解性

由于纤维素分子间存在静电引力和氢键，它不溶于水及一般的有机溶剂，如醇、醚及苯

252

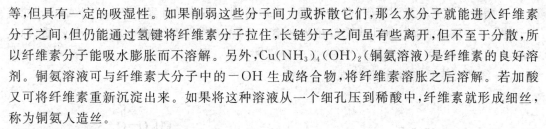

等,但具有一定的吸湿性。如果削弱这些分子间力或拆散它们,那么水分子就能进入纤维素分子之间,但仍能通过氢键将纤维素分子拉住,长链分子之间虽有些离开,但不至于分散,所以纤维素分子能吸水膨胀而不溶解。另外,$Cu(NH_3)_4(OH)_2$(铜氨溶液)是纤维素的良好溶剂。铜氨溶液可与纤维素大分子中的—OH 生成络合物,将纤维素溶胀之后溶解。若加酸又可将纤维素重新沉淀出来。如果将这种溶液从一个细孔压到稀酸中,纤维素就形成细丝,称为铜氨人造丝。

(2)与酸的作用

纤维素对碱稳定但对酸不稳定,遇酸易水解,β-1,4-苷键断裂,并在断键处与水结合,最后产物是 D-葡萄糖。

(3)与碱的作用

将棉纤维浸入 18%左右的氢氧化钠水溶液中,棉纤维就会膨胀、长度收缩而直径增大,表面呈现凝胶状态。若将这样的纤维用机械拉伸,其表面就显示半透明状而平滑发光,经洗涤干燥后,便得到独特外观、光泽很强,有点像丝的纤维或织物,这种处理方法称丝光。经丝光处理的纱线或织物易染色。

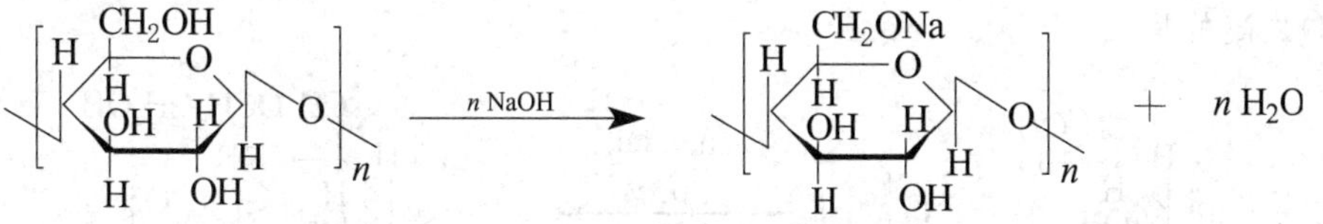

(4)与氧化剂的作用

伯羟基被氧化后成为醛基,继续氧化成羧基;仲羟基被氧化成酮。纤维素氧化时出现葡萄糖环被氧化、苷键断裂的现象,所以氧化后纤维强度下降,严重时会发脆甚至变成粉末。因此纤维素经漂白粉漂白能使纤维强度降低。

(5)成酯的反应

① 纤维素硝酸酯

纤维素与混酸作用可以生成纤维素硝酸酯。

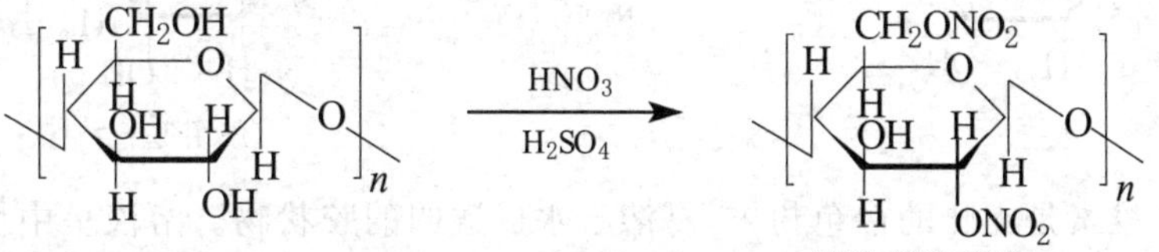

纤维素硝酸酯的含氮量为 12.5%～13.6%的称为火棉,能制备无烟火药。而含氮量为 10%～12.5%的称低氮硝化纤维,可用于制造塑料、喷漆等。

② 纤维素醋酸酯(又称醋酸纤维素):

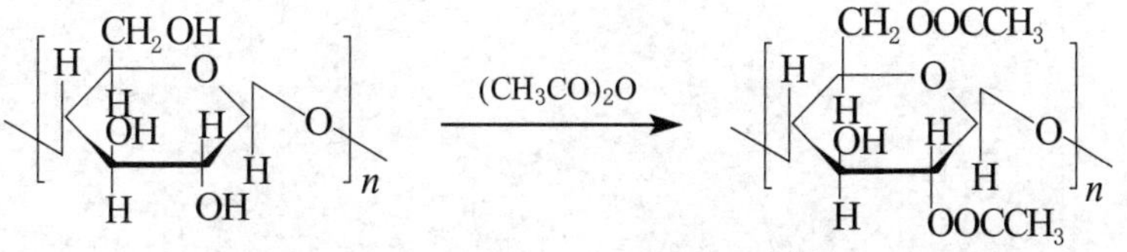

253

三醋酸纤维素不溶于丙酮,遇水可部分水解得到二醋酸纤维素。纤维素二醋酸酯能溶于丙酮,若将该溶液通过细孔或窄缝压入热空气中,溶剂蒸发后即成丝状或片状物质,称人造丝。它不易燃,可用来制造胶片、人造丝和塑料等。

③ 纤维素黄原酸酯(粘胶纤维)

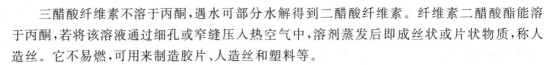

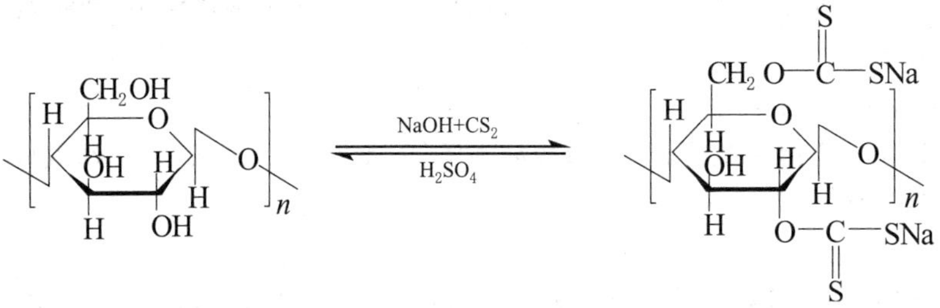

纤维素黄原酸酯的钠盐

纤维素黄原酸酯钠盐溶于稀 NaOH 中,成为一种粘稠状的溶液,将这种溶液经过细孔压入稀 H_2SO_4 中,纤维素黄原酸盐再生成细丝状,这就是制造粘胶纤维的原理。

(6)成醚的反应

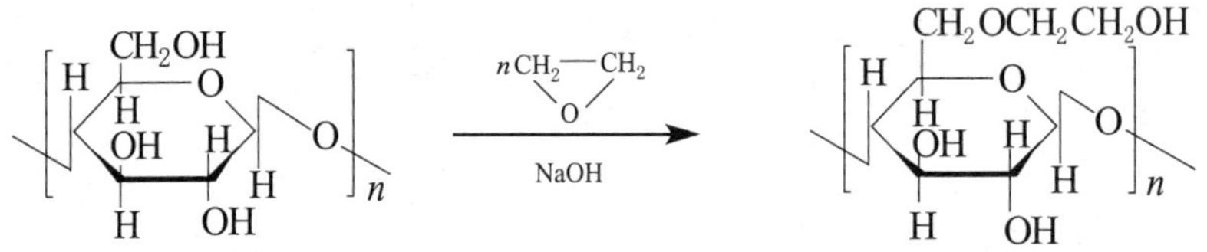

羟乙基纤维素

羟乙基纤维素是白色无定形粉末,具有高度的化学稳定性,耐热、耐寒,且机械性能好,常用来制喷漆。纺织工业中可以代替淀粉作经纱上浆用,作为染料的乳化剂。

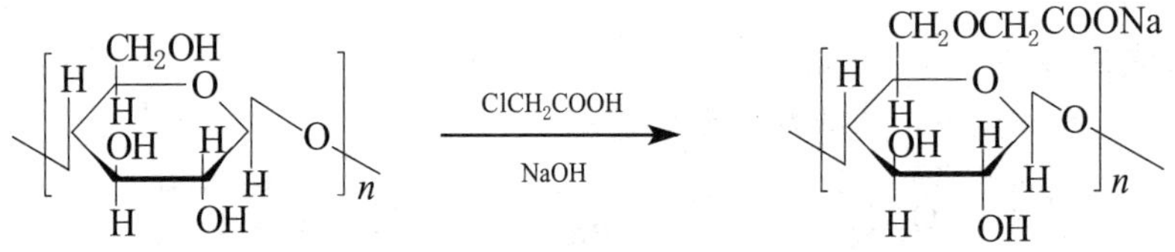

羧甲基纤维素

羧甲基纤维素是无味的白色粉末,易溶于水成透明的胶状物。溶液呈中性或弱碱性,其性质稳定,可长期保存,是一种用途广泛的高分子化合物。纺织工业中可用它做浆料,效率比淀粉高。还可以用做胶粘剂(化学浆糊)及造纸用的增强剂。

单糖的主要反应

一、氧化反应

1. 弱氧化剂（斐林试剂、班氏试剂、托伦试剂等）氧化反应

$$单糖+Cu^{2+}\xrightarrow{OH^-}Cu_2O\downarrow +糖酸或羧酸混合物 + H_2O$$

（斐林试剂、班氏试剂）

$$单糖 +Ag(NH_3)_2^+\longrightarrow Ag\downarrow +糖酸或羧酸混合物 + H_2O$$

（托伦试剂）

2. 溴水氧化反应

$$醛糖\xrightarrow{Br_2-H_2O}糖酸$$

酮糖不发生反应

3. 强氧化剂（硝酸等）氧化反应

$$醛糖\xrightarrow{HNO_3}糖二酸$$

$$酮糖\xrightarrow{HNO_3}小分子二元酸$$

二、成脎反应

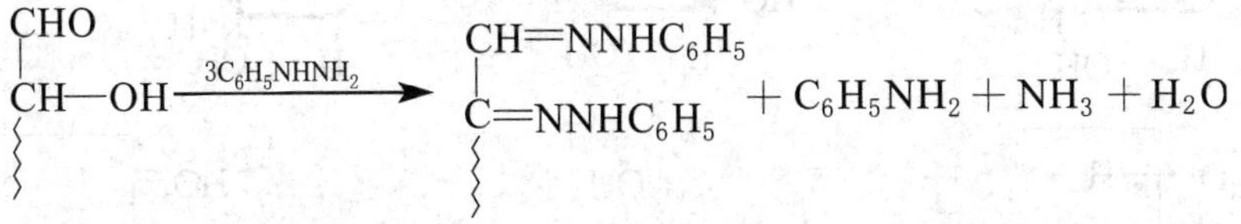

醛糖、酮糖　　　　　　　糖脎　　　苯胺

三、成苷反应

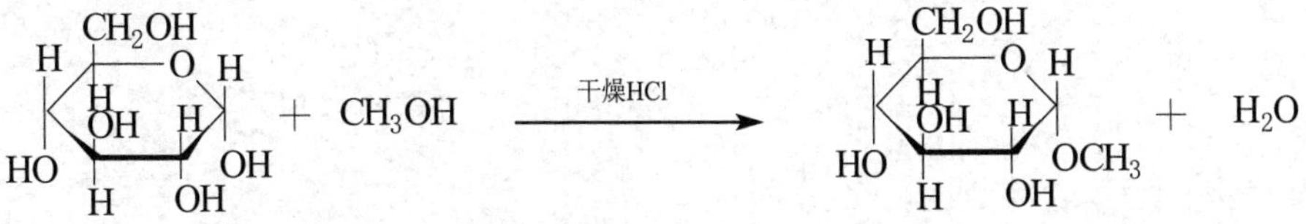

α- D-葡萄糖　　　　　　　　　　甲基-α- D-葡萄糖苷

习 题

1. 写出下列化合物的哈沃斯式：

(1) α- D-（＋)-吡喃葡萄糖　　　(2) α- D-（－)-吡喃果糖

(3) β- D-（－)-呋喃果糖　　　(4) 麦芽糖

(5) 蔗糖

2. 用化学方法鉴别下列各组化合物：

(1) 葡萄糖和果糖

(2) 麦芽糖、蔗糖和淀粉

(3)

和

3. 写出葡萄糖与下列试剂作用的反应式和产物的名称：

(1) 溴水　　　　　　　(2) 苯肼(过量)　　　　　　　(3) 稀硝酸

(4) 甲醇(干燥 HCl)　　(5) 托伦试剂

4. 已知 A、B 和 C 是三个 D-戊醛糖。当它们分别用硝酸氧化时，A 和 B 生成无光学活性的戊糖二酸，C 则生成有光学活性的戊糖二酸。当它们分别与过量苯肼反应时，B 和 C 能生成相同的脎。写出 A、B 和 C 的费歇尔投影式及有关反应式。

5. 写出纤维素与氯乙酸的反应式，并说明产物的用途。

6. 写出纤维素与醋酸的反应式，并说明醋酸纤维的用途。

7. 在下列化合物中，哪些没有变旋光现象？

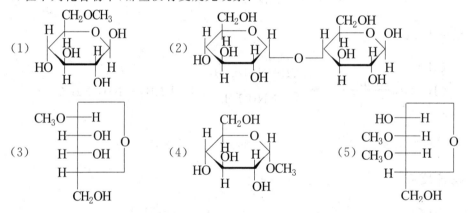

第十三章 氨基酸、蛋白质和蛋白质纤维

蛋白质是生命的物质基础,它是生物体的主要组成物质。动物的毛发、指甲、皮肤、血液,以及酶、抗体和许多激素都是由蛋白质构成的。

蛋白质和碳水化合物、脂肪是人类食物的三大营养要素。蛋白质纤维蚕丝和羊毛是重要的天然纤维。蛋白质在化学结构上属于含氮的高分子化合物,它在酸、碱或酶的作用下都能水解生成 α-氨基酸的混合物,由此可见,α-氨基酸是组成蛋白质的基本单元。

第一节 氨基酸

羧酸分子中烃基上的氢原子被氨基取代后的生成物称为氨基酸(amino acids)。迄今为止,发现天然氨基酸 200 余种,其中绝大多数是脂肪族 α-氨基酸,但组成生物体的 α-氨基酸只是 20 余种(见表 13-1),其余的都是新陈代谢的产物或中间体。只是这 20 余种氨基酸就可以形成无数种蛋白质。

一、氨基酸的分类和命名

氨基酸可分为脂肪族氨基酸、芳香族氨基酸和杂环族氨基酸。在脂肪族氨基酸中按照分子中氨基的相对位置,可分为 α-氨基酸,β-氨基酸,γ-氨基酸……ω-氨基酸等。

蛋白质水解得到的氨基酸,绝大多数都是 α-氨基酸。表 13-1 中列出了多数蛋白质水解得到的各种 α-氨基酸。

根据分子中所含的氨基和羧基的数目,可分为氨基与羧基数目相等的中性氨基酸,氨基的数目多于羧基的碱性氨基酸以及羧基数目多于氨基的酸性氨基酸。

氨基酸可以按系统命名法,把羧酸作为母体,氨基为取代基来命名。但 α-氨基酸通常按其来源或性质称以俗名。例如:

$$\underset{\underset{NH_2}{|}}{CH_2COOH}$$

$$\underset{\underset{NH_2}{|}}{HOCH_2CHCOOH}$$

$$\underset{\underset{NH_2}{|}}{HSCH_2CHCOOH}$$

氨基乙酸　　　　　　　2-氨基-3-羟基丙酸　　　　　2-氨基-3-巯基丙酸
（甘氨酸）　　　　　　　　（丝氨酸）　　　　　　　　（半胱氨酸）

$$\underset{\underset{NH_2}{|}}{NH_2CH_2CH_2CH_2CH_2CHCOOH}$$

$$\underset{\underset{NH_2}{|}}{HOOCCH_2CH_2CHCOOH}$$

2,6-二氨基己酸　　　　　　　　　　2-氨基戊二酸
（赖氨酸）　　　　　　　　　　　　　（谷氨酸）

2-氨基-3-(对羟基苯基)丙酸（酪氨酸）

表 13-1　常见的 α-氨基酸

分类	名　称	缩　写	结构式	等电点
中性氨基酸	甘氨酸（Glycine）	Gly	$CH_2(NH_2)COOH$	5.97
	丙氨酸（Alanine）	Ala	$CH_3CH(NH_2)COOH$	6.02
	丝氨酸（Serine）	Ser	$CH_2(OH)CH(NH_2)COOH$	5.68
	半胱氨酸（Cysteine）	Cys	$CH_2(SH)CH(NH_2)COOH$	5.02
	胱氨酸（Cystine）	Cys Cys	$S—CH_2CH(NH_2)COOH$ $S—CH_2CH(NH_2)COOH$	4.80
	＊苏氨酸（Threonine）	Thr	$CH_3CH(OH)CH(NH_2)COOH$	5.60
	＊缬氨酸（Valine）	Val	$(CH_3)_2CH\ CH(NH_2)COOH$	5.97
	＊蛋氨酸（Methionine）	Met	$CH_3SCH_2CH_2CH(NH_2)COOH$	5.74
	＊亮氨酸（Leucine）	Leu	$(CH_3)_2CH\ CH_2CH(NH_2)COOH$	5.98
	＊异亮氨酸（Isoleucine）	Ile	$CH_3CH_2CH(CH_3)\ CH(NH_2)COOH$	6.02
	＊苯丙氨酸（Phenylalanine）	Phe	$⟨苯基⟩—CH_2CH(NH_2)COOH$	5.48
	酪氨酸（Tyrosine）	Tyr	$HO—⟨苯基⟩—CH_2CH(NH_2)COOH$	5.66
	脯氨酸（Proline）	pro	吡咯烷—COOH（N—H）	6.30
	羟基脯氨酸（Hydroxyproline）	Hyp	HO-吡咯烷—COOH（N—H）	5.83
	＊色氨酸（Tryptophan）	Trp	吲哚—$CH_2CH(NH_2)COOH$（N—H）	5.89

分类	名 称	缩 写	结构式	等电点
酸性氨基酸	天门冬氨酸(Aspartic acid)	Asp	$HOOCCH_2CH(NH_2)COOH$	2.77
	谷氨酸(Glutamic acid)	Glu	$HOOCCH_2CH_2CH(NH_2)COOH$	3.22
碱性氨基酸	精氨酸(Arginine)	Arg	$\underset{\underset{NH}{\|\|}}{H_2N-C}-NHCH_2CH_2CH_2CH(NH_2)COOH$	10.76
	* 赖氨酸(Lyeine)	Lys	$H_2NCH_2CH_2CH_2CH_2CH(NH_2)COOH$	9.74
	组氨酸(Histidine)	His	$CH_2CH(NH_2)COOH$	7.60

表中带 * 号者为人体不能合成,必须由食物供给的氨基酸,通常称为必须氨基酸。

二、氨基酸的结构

由蛋白质水解获得的氨基酸,除氨基乙酸(甘氨酸)外,分子中的 α-碳原子都是手性碳原子,都具有旋光性,其构型均属于 L-型,它们与 L-甘油醛之间的关系如下:

```
    COOH              COOH                CHO
H₂N——H          H₂N——H           HO——H
  CH₂OH              R                 CH₂OH
```

　　　L-丝氨酸　　　　　　　L-α-氨基酸　　　　　　　L-甘油醛

上面的 L-α-氨基酸是一个通式,其中 R 是分子中的可变部分,是蛋白质中各种 α-氨基酸的差别所在,如表 13-1 中的构造式所示。根据 R 的不同,可将氨基酸分为上述几种不同类型。氨基酸构型的标记,通常用 D/L 标记法;分子中的手性碳原子则通常采用 R/S 标记法。例如:

```
    COOH                    COOH
H₂N——H              H₂N——H
  CH₃                  H——OH
                        CH₃
```

　　　　L-丙氨酸　　　　　　　　　L-苏氨酸
　　　　(S)-丙氨酸　　　　　　　　(2S,3R)-苏氨酸

三、氨基酸的性质

氨基酸为无色晶体,熔点很高,通常熔融时都发生分解。易溶于水,不溶于石油醚、乙醚、苯等非极性溶剂。

氨基酸分子中含有羧基和氨基,具有羧基和氨基的典型性质。此外,由于两种基团在分子中相互作用,氨基酸还有一些特殊的性质。

1. 两性和等电点

氨基酸既有碱性的氨基,又含有酸性的羧基,所以是两性的化合物,与强酸或强碱都能成盐。

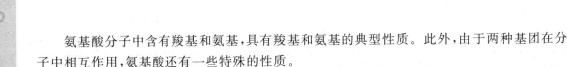

$$Cl^- \cdot H_3N^+ CHCOOH \xleftarrow{HCl} H_2NCHCOOH \xrightarrow{NaOH} H_2NCHCOO^- Na^+$$

$$| \qquad\qquad\qquad | \qquad\qquad\qquad |$$

$$R \qquad\qquad\qquad R \qquad\qquad\qquad R$$

实际上,氨基酸分子内氨基与羧基可作用成盐,这种盐称为内盐,又称偶极离子(dipolar ion)。一般认为氨基酸的晶体是以偶极离子形式存在的。

$$R—CHCOOH \rightleftharpoons R—CHCOO^-$$

$$\qquad | \qquad\qquad\qquad\qquad |$$

$$\quad NH_2 \qquad\qquad\qquad\quad NH_3^+$$

偶极离子或内盐

氨基酸与酸、碱的反应可用下式表示:

$$H_2N—CH—COO^- \underset{OH^-}{\overset{H^+}{\rightleftharpoons}} H_3N^+—CH—COO^- \underset{OH^-}{\overset{H^+}{\rightleftharpoons}} H_3N^+—CH—COOH$$

$$\qquad\quad | \qquad\qquad\qquad\qquad\quad | \qquad\qquad\qquad\qquad\quad |$$

$$\qquad\quad R \qquad\qquad\qquad\qquad\quad R \qquad\qquad\qquad\qquad\quad R$$

负离子 　　　　　　　偶极离子 　　　　　　　正离子

这三种离子在水中形成动态平衡。在强酸性溶液中,氨基酸主要以正离子的形式存在,在电场中将向阴极移动;在强碱性溶液中,氨基酸主要以负离子形式存在,在电场中将向阳极移动。但在一定的 pH 下,溶液中正、负离子数目相等且浓度很低,即主要以偶极离子形式存在时,在电场中这个氨基酸就不向任何一极移动,这时氨基酸分子呈电中性,此 pH 就称为氨基酸的等电点(isoelectric point),用 pI 表示。

不同的氨基酸,由于化学结构不同,它们的等电点也不相同。中性氨基酸的等电点约在 5~6.3 之间,酸性氨基酸约在 2.8~3.2 之间,碱性氨基酸约在 7.6~10.8 之间(见表 13-1)。对于分子中含有一羧基和一个氨基的中性氨基酸,由于羧基的酸性大于氨基的碱性,即羧基的 K_a 大于氨基的 K_b,溶液中正离子 $H_3N^+CHRCOOH$ 的浓度小于负离子 $H_2NCHRCOO^-$ 的浓度,因此必须加酸,减少负离子的浓度,最后使两者浓度相等,达到等电点,所以这一类氨基酸的等电点稍低于 7。

在等电点时,氨基酸的溶解度最小。根据各种氨基酸等电点的不同,用调节等电点的方法,可从氨基酸的混合物中分离出各种氨基酸。

2. 氨基酸的受热反应

氨基酸分子中氨基与羧基相对位置不同,受热后的反应也不同。

α-氨基酸受热后,两分子 α-氨基酸相互作用脱去两分子水,生成环状交酰胺。例如:

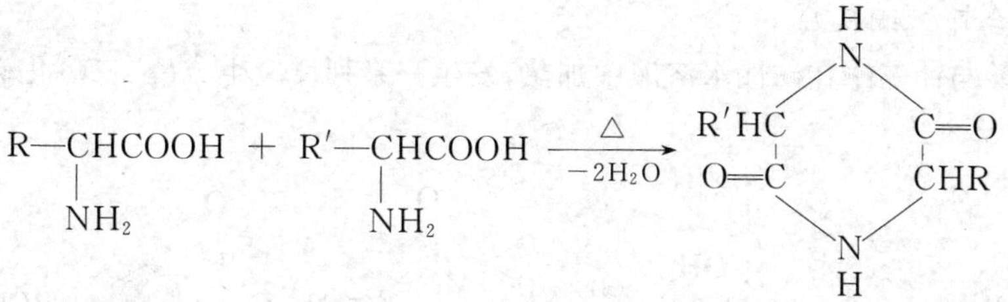

$$R-\underset{\underset{NH_2}{|}}{C}HCOOH + R'-\underset{\underset{NH_2}{|}}{C}HCOOH \xrightarrow[-2H_2O]{\triangle}$$

β-氨基酸受热后，分子内脱去一分子氨，生成 α,β-不饱和羧酸。例如：

$$CH_3-\underset{\underset{NH_2}{|}}{C}H-CH_2-COOH \xrightarrow[-H_2O]{\triangle} CH_3-CH=CH-COOH + NH_3$$

γ-或 δ-氨基酸受热熔融后，分子内脱去一分子水，生成五元或六元环的内酰胺。例如：

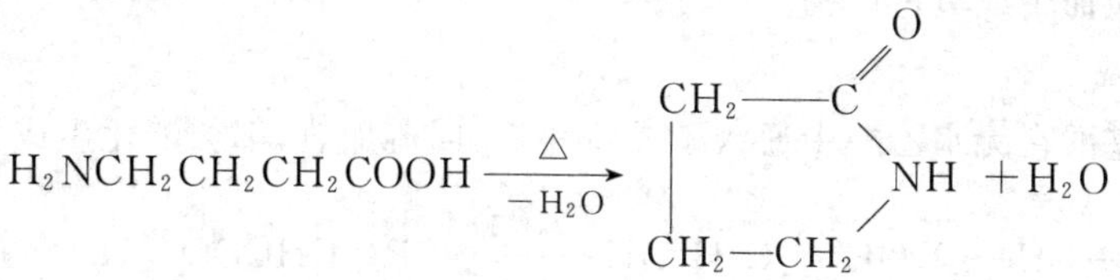

$$H_2NCH_2CH_2CH_2COOH \xrightarrow[-H_2O]{\triangle}$$

γ-丁内酰胺，以开环聚合可制得聚酰胺-4。

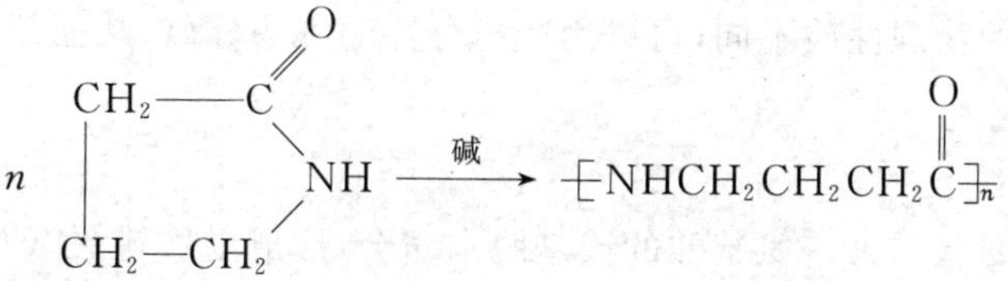

$$n \xrightarrow{\quad 碱 \quad} \left[NHCH_2CH_2CH_2C\right]_n$$

用聚酰胺-4纺制成的纤维，具有良好的吸湿性、耐磨性和染色性，是一种性能较好的纤维。氨基与羧基相距更远的氨基酸受热后，则发生分子间脱水，生成链状聚酰胺。

$$mH_2N(CH_2)_nCOOH \xrightarrow{\triangle} H\left[NH(CH_2)_nC\right]_mOH + (n-1)H_2O$$

聚酰胺-9，聚酰胺-11等都是由相应的 ω-氨基酸受热脱水缩聚制得，纺成的棕丝和纤维可用于制针织品、滤布、渔网等。

3. 与亚硝酸反应

α-氨基酸中的氨基可与亚硝酸反应，放出氮气。

$$\underset{\underset{NH_2}{|}}{R}CHCOOH + HNO_2 \longrightarrow \underset{\underset{OH}{|}}{R}CHCOOH + N_2\uparrow + H_2O$$

这个反应是定量的，测定放出的氮气体积，便可算出氨基酸中氨基的含量。工业上常用此法来测定蛋白质水解程度。

4.与水合茚三酮反应

α-氨基酸与茚三酮在碱性水溶液中加热,发生一系列反应生成醛、二氧化碳和蓝紫色的有色物质。

$$RCHCOOH + \text{(水合茚三酮)} \xrightarrow{OH^-} \text{(蓝紫色)} + RCHO + CO_2$$

水合茚三酮 蓝紫色

这是鉴别 α-氨基酸的常用方法之一,反应十分灵敏。但脯氨酸和羟脯氨酸与茚三酮不生成蓝紫色物质而生成黄色产物。

5.与醇反应

所有的氨基酸在无水乙醇中通入干燥氯化氢,回流加热,都会酯化生成氨基酸酯。

$$R\!-\!\underset{\underset{NH_2}{|}}{CH}\!-\!COOH + C_2H_5OH \xrightarrow{HCl} R\!-\!\underset{\underset{NH_2}{|}}{CH}COOC_2H_5 + H_2O$$

各种氨基酸酯的物理性质不同,可以用减压分馏的方法分离,从而研究蛋白质中的氨基酸组成。

6.成肽反应

一个氨基酸的氨基与另一氨基酸的羧基脱水缩合,形成酰胺键(—CO—NH—),这种连接氨基酸单元的酰胺键又叫**肽键**(peptide linkage)。由两个氨基酸通过肽键连接起来的产物称为二肽,在二肽分子的两端还存在着氨基和羧基,可以继续与其他氨基酸缩合,生成三肽、四肽以至多肽(polypeptide)。

$$\underset{肽键}{-\!\overset{O}{\overset{\|}{C}}\!-\!NH\!-}\qquad \underset{二肽}{NH_2\!-\!\overset{R_1}{\underset{}{CH}}\!-\!\overset{O}{\overset{\|}{C}}\!\vdots\!NH\!-\!\overset{R_2}{\underset{}{CH}}\!-\!COOH}$$

$$\underset{三肽}{NH_2\!-\!\overset{R_1}{\underset{}{CH}}\!-\!\overset{O}{\overset{\|}{C}}\!\vdots\!NH\!-\!\overset{R_2}{\underset{}{CH}}\!-\!\overset{O}{\overset{\|}{C}}\!\vdots\!NH\!-\!\overset{R_3}{\underset{}{CH}}\!-\!COOH}$$

蛋白质分子中氨基酸单元也是通过肽键相连的,肽键是蛋白质中基本的化学键。由许多氨基酸通过肽键相连而成的多肽象链一样,又称为肽链结构。多肽与蛋白质之间没有严格的区别,通常把相对分子质量低于 10 000 能透过半透膜,不被三氯乙酸或硫酸铵沉淀的称为多肽。

多肽链可表示如下:

$$\underset{\text{N 端}}{\underset{\uparrow}{\text{H}_2\text{NCHCO}}}\overset{R_1}{|}-\text{NHCHCO}\overset{R_2}{|}-\text{NHCHCO}\overset{R_3}{|}-\text{NHCHCO}\overset{R_4}{|}\cdots\cdots\underset{\text{C 端}}{\underset{\uparrow}{\text{NHCHCOOH}}}\overset{R}{|}$$

在肽链中,有氨基的一端称为 N 端;有羧基的一端称为 C 端。一般 N 端写在左边,C 端写右边。命名时由 N 端开始到 C 端,称为某氨酰某氨酸。例如:

$$\text{H}_2\text{NCH}_2\text{CONHCHCOOH}\atop{\underset{\text{CH}_3}{|}}$$

甘氨酰丙氨酸(二肽)

或甘·丙(Gly·Ala)

$$\text{H}_2\text{NCH}_2\text{CONHCHCONHCH}_2\text{COOH}\atop{\underset{\text{CH}_2\text{C}_6\text{H}_5}{|}}$$

甘氨酰苯丙酰甘氨酸(三肽)

甘·苯丙·甘(Gly·Phe·Gly)

肽链的 R_1、R_2、R_3、R_4……代表各氨基酸单元的侧链,侧链上有很多基团,如羟基、羧基、氨基等,它们对于保持蛋白质分子的立体结构和蛋白质的功能有重要作用。

第二节 蛋白质

蛋白质一词来自希腊文,是"最原始的"意思。通常将相对分子质量较大,结构较复杂的多肽称为蛋白质(proteins)。蛋白质是高分子化合物,相对分子质量通常在一万以上,有的达几万、几十万,个别的甚至上千万,如烟草斑纹病毒的核蛋白相对分子质量已超过二千万。蛋白质在酸性条件下彻底水解得到的产物便是各种 α-氨基酸,因此,氨基酸是组成蛋白质的基本单位。

一、蛋白质的组成与分类

从动物和植物中提取出来的各种蛋白质,经分析表明,它们都含有碳、氢、氧、氮及少量的硫,有的还含有微量的磷、铁、锌等元素,大多数蛋白质的含氮量为 15％～17％。

蛋白质的种类很多,分类的方法也多种多样,下面介绍几种分类方式:

1. 蛋白质按其化学组成可分为单纯蛋白质和结合蛋白质。**单纯蛋白质**是由多肽组成的,其水解最终产物是各种 α-氨基酸,如白蛋白、球蛋白、丝蛋白、谷蛋白等。

结合蛋白是由单纯蛋白质和非蛋白质部分结合而成的。非蛋白质部分称为辅基。结合蛋白质按辅基的不同又可分为:与核酸结合的核蛋白,与脂类结合的脂蛋白,与糖类结合的粘蛋白,与血红素结合的血红蛋白等。

由于分析方法的改进,许多过去认为是单纯蛋白质的也被发现含有微量非肽物质,所以这个分类方法只是相对的。

2. 蛋白质可被酸、碱或酶水解。按其溶解性可分为不溶于水的纤维状蛋白质和可溶于水或酸、碱、盐水溶液的球状蛋白质。

纤维状蛋白质的分子呈一条条长线,通过氢键相互联结,呈纤维束状并列在一起,分子链间作用力很大,因此不溶于水。纤维状蛋白质是动物组织的主要结构材料,如构成皮肤、毛发、指甲、羊毛和羽毛的角蛋白,构成骨的胶原蛋白质,构成蚕丝的丝蛋白等。

球状蛋白质的分子常折叠成一团团的球状,疏水基团聚集在球内部,亲水基分布在球的表面,氢键主要在分子内形成,分子链间作用较弱,因此水溶性较大。球状蛋白质对生命过程有维护和调节的作用,如所有的酶、调节糖代谢的胰岛素,抵御外来有机体的抗体,输送氧气的血红蛋白以及使血浆凝结的血纤蛋白等都是由球蛋白构成的。

3. 根据蛋白质的功能可分为活性蛋白质和非活性蛋白质。

活性蛋白质是指在生命运动过程中一切有活性的蛋白质。按生理作用不同又可分为:起催化作用的酶、起调节作用的激素、起免疫作用的抗体、主管生物体或机体运动的收缩蛋白和生物体内起运输作用的输运蛋白等。

非活性蛋白质主要包括一大类担任生物的保护或支持作用的蛋白质,它们是不具有生物活性的物质。如起贮存作用的贮存蛋白(清蛋白、酪蛋白、麦醇溶蛋白等);起构造作用的结构蛋白(角蛋白、丝蛋白、弹性蛋白、胶原等)。

这种分类方法也不尽合理,因为蛋白质的功能多种多样,一种蛋白质往往有交叉功能出现,如肌球蛋白是一种典型的纤维结构蛋白,但在肌肉运动时,它起酶的作用。

二、蛋白质的结构

了解蛋白质的分子结构是了解其生物学功能的基础。蛋白质不仅相对分子质量很大,而且结构非常复杂。它不仅存在着多肽链内不同种类氨基酸排列问题,还存在着一条多肽链本身或几条多肽链之间的构型和构象。蛋白质是具有三维结构的复杂分子,通常将蛋白质的结构层次分为四级。

1. 一级结构

各种氨基酸按一定的排列顺序构成蛋白质肽链,此结构称一级结构(primary structure)。一级结构是蛋白质肽链的基本结构,肽键是主要连接键,肽链中或肽键间的二硫键可使部分肽键环合或在肽链间形成交联。一级结构决定了蛋白质的空间结构。

2. 二级结构

蛋白质分子中的肽链通过一些氢键作用而排列成盘曲或折叠状空间构型,称为蛋白质的二级结构(secondary structure)。二级结构有两种形式,一种是 α-螺旋,另一种是 β-折叠。

α-螺旋(α-Helix)是肽链围绕中心轴以螺旋的方式上升(见图 13-1)。螺旋的方向为右手螺旋,大约18个氨基酸残基绕成5圈,长度为 2.7 nm,也就是说平均每 3.6 个氨基酸残旋转上升一周,两个相邻螺旋圈之间的距离(螺距)为 0.54 nm。多肽链上所有羰基的氧原子与下一层螺旋圈中对应的亚氨基上的氢原子以氢键相结合,其方向与螺旋中心轴线平行,氢键在 α-螺旋中起着重要的稳定作用。

β-折叠(β- pleated sheet)是两条或多条肽链或一条肽链的不同链段相互平行或反平行排列,肽链之间都以氢键结合(如图 13-2 所示)。每个肽链所在的平面有规则地折叠起来,相邻的肽链借助于氢键又连成一个大的折叠平面。组成蚕丝的丝朊蛋白就是这种结构。

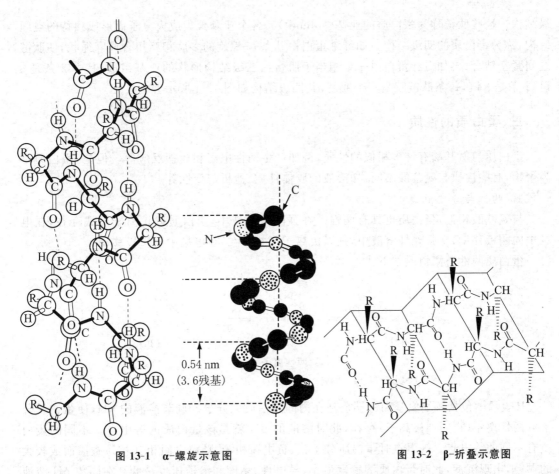

（右上竖排标题）第十三章 氨基酸、蛋白质和蛋白质纤维

图 13-1 α-螺旋示意图

0.54 nm
（3.6残基）

图 13-2 β-折叠示意图

3. 三级结构

蛋白质的三级结构（tertiary structure）是指在二级结构基础上整个肽链进一步卷曲盘旋折叠形成的复杂空间结构，除依靠氢键稳定外，还依靠二硫键等作用。如核糖核酸酶由124 个氨基酸组成，肽键中 26、40、58、65、72、84、95 及 110 号氨基酸都是半胱氨酸，它们通过二硫键相连而相互扭在一起（图 13-3 所示）。

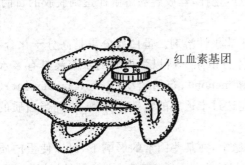

红血素基团

图 13-3 肌红蛋白三级结构

亚基

图 13-4 血红蛋白的四级结构

4. 四级结构

许多蛋白质分子是由两条或多条肽链组成的，每条肽链都有各自独立的一级、二级、三

级结构。这些肽链称为蛋白质的亚基(subunit)。各个亚基聚集成大分子而形成独特的空间结构,称为蛋白质的四级结构。如纤维蛋白由几条α-螺旋的多肽相互扭合成麻绳状,使肽链之间紧密结合;再如血红蛋白由4个相当于肌蛋白三级结构形状的亚基组成,其中2条是α链,2条是β链,每条肽链就是一个亚基,其四级结构如图13-4所示。

三、蛋白质的性质

蛋白质与氨基酸有许多相似的性质,例如产生两性电离和成盐反应等。但是,蛋白质是高聚物,有些性质与氨基酸不同,如溶液的胶体性质、盐析与变性等。

1. 两性与等电点

与氨基酸相似,蛋白质也具有两性。在强酸性溶液中,蛋白质以正离子形式存在,在电场中向阴极移动;在强碱性溶液中,则以负离子形式存在,在电场中向阳极移动。

蛋白质两性解离情况如下式:

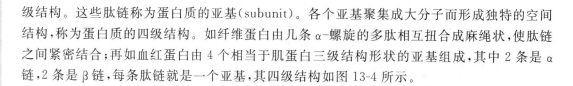

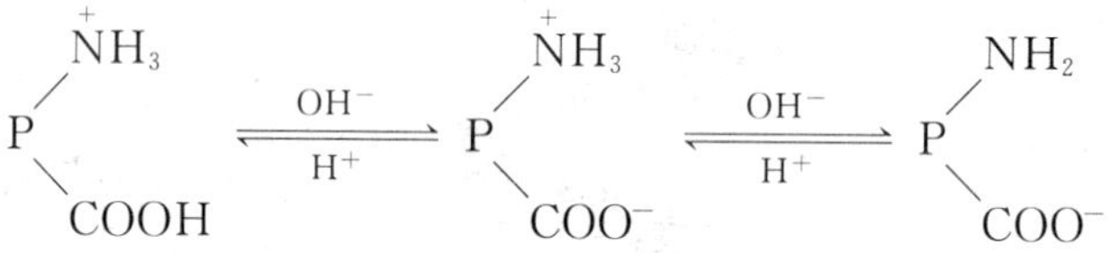

正离子　　　　　　　　两性离子　　　　　　　　负离子
pH＜pI　　　　　　　　pH＝pI　　　　　　　　pH＞pI

P 表示不包括链端氨基和链端羧基在内的蛋白质大分子。调节溶液的 pH,使蛋白质分子以两性离子(也叫偶极离子)存在,此时溶液的 pH 就是该蛋白质的等电点。不同的蛋白质有不同的等电点。等电点时蛋白质分子正、负电荷相等,颗粒之间相互容易碰撞而成较大的颗粒,出现沉淀,此时蛋白质溶解度最小,导电性、粘度和渗透压也最低。在同一 pH 溶液中,各种蛋白质所带电荷的性质、数量不同,分子大小不同,因此在电场中移动的速度也不同,利用这种性质可分离、净化蛋白质,此法称为**电泳分析法**(electrophoretic analysis),或称**蛋白电泳**。

蛋白质的两性性质和等电点在生产实践中有极其重要的意义。例如在蚕丝的脱胶过程中要调节溶液的 pH 使其远离丝蛋白的等电点,这样,丝胶容易溶解而达到脱胶的目的。

2. 溶解性和盐析

多数蛋白质可溶于水或极性溶剂,不溶于非极性溶剂。蛋白质分子是高分子化合物,分子颗粒直径一般在1~100 nm 之间,属于胶体分散系。所以蛋白质的水溶液具有亲水胶体溶液的性质,具有丁铎尔现象(Tyndall phenomenon)、布朗运动(Brown movement)、能电泳、不能透过半透膜等特点。利用蛋白质不能透过半透膜的特性来分离、提纯蛋白质的方法称为渗析法(dialysis)。

蛋白质与水形成的亲水胶体溶液并不很稳定,在某些因素的影响下,可以使蛋白质沉淀析出。最常用的方法是在蛋白质溶液中加入某些中性盐(如硫酸钠、硫酸铵、硫酸镁和氯化钠等),当它们达到一定浓度时,可使蛋白质从溶液中沉淀出来,这个过程称盐析。盐析是一个可逆过程。通过盐析沉淀的蛋白质可再溶于水而不影响蛋白质的性质。所有蛋白质都能在浓的盐溶液中进行盐析,但不同的蛋白质进行盐析所需盐的最低浓度各不相同,利用这种性质可分离蛋白质。

3. 蛋白质的变性

蛋白质受到某些物理因素(如加热、高压、紫外线或 X 射线照射、超声波等)或化学因素(如强酸、强碱、重金属盐、乙醇和丙酮等有机溶剂)的作用时,改变或破坏了蛋白质分子的空间结构,致使蛋白质生物活性和理化性质发生改变,导致其溶解度降低而凝结,这种现象称为蛋白质的变性。这种变性作用是不可逆的,不能再恢复原来的蛋白质。在日常生活中常用高温和酒精消毒杀菌都是利用蛋白质的变性使其失去原有的生理功能和生物活性。

一般认为蛋白质的变性主要是蛋白质的二级结构和三级结构有了改变或遭到破坏,并且有人进一步提出,若破坏了蛋白质三级结构可能只引起可逆的变性,而破坏了二级结构才会引起不可逆的变性。也就是说蛋白质在变性过程中,不涉及一级结构,即蛋白质分子中肽键并未断裂。

4. 显色反应

蛋白质中含有不同的氨基酸,可以与不同的试剂发生特殊的反应,利用这些反应可以鉴别蛋白质。

(1)缩二脲反应　与缩二脲($H_2NCONHCONH_2$)一样,在蛋白质溶液中加入碱和稀硫酸铜溶液,会显示从浅红到紫蓝等不同颜色,此反应称缩二脲反应。显色是由于生成酮的配合物,生成的颜色与蛋白质种类有关,显示蛋白质分子中肽键(—C—N—)的存在。二肽以上的多肽到一切蛋白质都有此反应。

(2)茚三酮反应　蛋白质在 pH＝5~7 之间与水合茚三酮溶液共热即呈现蓝紫色,此反应可用于蛋白质的定性和定量分析。具有自由氨基的伯胺、氨基酸与茚三酮有同样的反应。

(3)黄蛋白反应　蛋白质遇浓硝酸后会变成黄色,再加氨水,颜色又变为橙色。颜色的产生是因为蛋白质分子中含苯环的氨基酸发生了硝化反应的缘故。一般蛋白质多含有酪氨酸和苯丙氨酸,故普遍有黄蛋白反应,当皮肤、指甲遇浓硝酸时变为黄色就是这个原因。

5. 水解反应

蛋白质在酸、碱或酶的作用下都可以水解成各种 α-氨基酸的混合物。用酸、碱水解时,有一些氨基酸在水解过程中会被破坏或发生外消旋化;用各种蛋白酶(如胃蛋白酶、胰蛋白酶等)进行水解则比较缓和,可把蛋白质逐步水解并能得到各种中间产物。

$$蛋白质 \rightarrow 蛋白胨 \rightarrow 蛋白胨 \rightarrow 多肽 \rightarrow 二肽 \rightarrow α-氨基酸$$

胨、胨实际上是多肽混合物。不能凝结,但能与无机盐发生盐析作用;胨不能凝结,也不起盐析作用,常用作细菌的培养基成分。

第三节　蛋白质纤维简介

蛋白质纤维是指基本组成物质为蛋白质的一类纤维,包括天然蛋白质纤维和人造(再生)蛋白质纤维(regenerated protein fibre)。天然蛋白质纤维以羊毛、羊绒和蚕丝为主,羊毛具有光泽柔和、弹性好、保温性好、吸湿性好及耐磨等优点,适合做服装面料。羊绒比羊毛更细,柔软、轻滑和保暖性更好,特别适合做贴身穿着的内衣。蚕丝具有明亮的光泽、平滑和柔软的手感,较好的吸湿性能及轻盈的外观,是一种高级纺织原料。人造蛋白质纤维是以非纤维状态的大豆蛋白、蚕蛹蛋白、牛奶蛋白等为原料,经提纯后与聚乙烯醇(polyvinyl alcohol,缩写 PVA)等单体接枝共聚而成。人造蛋白纤维兼有天然蛋白质纤维、纤维素纤维和合成纤维的多重优点,是大有前途的纺织纤维。

一、天然蛋白质纤维——羊毛和蚕丝

羊毛和蚕丝是两种天然的纺织材料,属于天然蛋白质纤维。

1. 羊毛

羊毛是人类在纺织上最早利用的天然纤维之一。史前 4000 年前(新石器时代)就开始使用了,羊毛纤维柔软而富有弹性,可用于制造呢绒、绒线、毛毯、毡呢等生活用品和工业用品,其衣料具有手感丰满,保暖性好,穿着舒适等特点。但它耐霉菌,而不耐蛀虫。

羊毛的主要成分是角蛋白(各种 α-氨基酸的多缩氨酸),角蛋白不仅是兽毛,也是禽羽、爪、蹄、角等的主要成分。羊毛角蛋白是由 25 种 α-氨基酸组成的天然聚酰胺类高分子化合物,其中含量最多的氨基酸是胱氨酸和谷氨酸,肽链呈 α-螺旋状结构,肽链间由相当数量的二硫键使相邻大分子产生交联,呈网状结构。此外,还有一些盐式键和氢键,使肽键保持稳定的空间结构。

羊毛角蛋白不溶解于冷水,但可使纤维膨化,干燥后羊毛则会复原,但当处于 110℃以上的水中时,羊毛会遭到破坏,200℃时几乎全部溶解。对一般的有机溶剂不易溶解。

弱酸或低浓度的强酸短时间内对羊毛不会构成破坏,但长时间会遭到破坏;在煮沸的NaOH 溶液中(3％以上浓度)羊毛可以全部溶解,表现出不耐碱;氧化剂对羊毛有一定的损伤性,但如果控制氧化剂的浓度较低时,可以用来漂白羊毛。

羊毛中含量最多的胱氨酸:

$$\underset{NH_2}{HOOCCHCH_2}-S-S-CH_2\underset{NH_2}{CHCOOH}$$

胱氨酸(11.59％)

是含二硫键结构的氨基酸,对羊毛性质有很大影响,无论是酸、碱试剂、氧化剂、还原剂等与羊毛作用首先发生在二硫键上。例如:

$$-CH_2-S-|-S-CH_2 \xrightarrow{氧化剂} -CH_2SO_3H$$

$$-CH_2-S-|-S-CH_2 \xrightarrow{还原剂} -CH_2SH$$

二硫键的断裂常导致纤维强度降低。氧化剂能严重破坏羊毛,产物显酸性,是由于二硫键被氧化成磺酸的缘故。还原剂对二硫键破坏程度小,生成硫醇,常导致纤维强度降低。如果二硫键经还原剂作用断裂生成两个巯基,巯基与 α,ω-二卤代烷作用,可使肽链重新发生交联。

$$2\text{—CO—CHCH}_2\text{SH} + \text{Br(CH}_2)_n\text{Br} \longrightarrow \text{—CO—CHCH}_2\text{S(CH}_2)_n\text{SCH}_2\text{CH—CO—}$$

（在以上结构中 NH 位于各 CHCH₂ 基团下方）

这是羊毛化学改性的一个重要途径，可提高羊毛对氧化剂和还原剂的稳定性。

羊毛是两性的高分子化合物，但较耐酸，在碱性介质中易水解，因此羊毛染色一般在酸性介质或中性介质中进行。

2.蚕丝

蚕丝是天然蛋白质纤维，是自然界唯一可供纺织用的天然长丝。它的强伸度比毛、棉高，但比麻低；吸湿性比毛、麻低，比棉高。

蚕丝分为家蚕丝与野蚕丝两大类。家蚕丝（主要是桑蚕丝）是最早在我国利用的天然纤维，被织成绫罗绸缎等许多织物，久负盛名，是高级纺织原料，纤维细柔平滑，富有弹性，光泽、吸湿好；野蚕丝种类很多，常见有柞蚕丝、蓖麻蚕丝、樗蚕丝、樟蚕丝和天蚕丝等。其以柞蚕丝为主要产品，也是最早在我国利用的蚕丝。它的强伸度要比桑蚕丝好，耐腐蚀性、耐光性，吸湿性等方面也比桑蚕丝好，但它的细度差异大，丝上常有天然色，缫丝比较难，杂质也多，适合作中厚丝织物，质量好一些的丝可作薄型织物。

蚕丝是由蚕体内绢丝腺分泌出的丝依凝固而成的。其主要成分是丝素和丝胶，此外还含有少量蜡、碳水化合物、色素和无机物。主要蚕丝的组成成分见表 13-2。

表 13-2　蚕丝组成成分

组成物质	桑蚕丝（%）	柞蚕丝（%）
丝素	70～75	80～85
丝胶	25～30	12～16
蜡质、脂肪	0.75～1.50	0.50～1.30
灰分	0.50～0.80	2.50～3.20

丝胶是球状蛋白质，覆盖在丝素的外层。丝素与羊毛一样，都是纤维状蛋白质。丝素和丝胶统称为蚕丝蛋白。构成丝素的主要氨基酸有甘氨酸、丙氨酸和丝氨酸，肽链主要呈反平行的 β-折叠链结构。

丝胶易溶于水，为了充分显示蚕丝美丽的光泽和柔软性，必须将丝素外层的丝胶脱去。它在碱性溶液中的溶解度大于酸性介质中溶解度，为减少损伤丝素，因此脱胶的工艺选在弱碱性溶液中进行。通常把生丝放在热的肥皂水中煮练，使丝胶溶解，剩下丝素，这个过程称为丝的精练。

丝素与羊毛相似，对碱比对酸敏感，在水中长时间煮沸，发生水解，酰胺键断裂，酸或碱将加快丝素的水解速度，碱对丝素的损伤很严重。碱液中丝素易水解，稀酸对丝素虽无明显破坏，但丝的光泽、手感都会受到损伤，强力和弹性也会有所降低。

丝素能进行酰基化反应也能进行烷基化反应，真丝与甲醛作用在分子链间生成化学键，使纤维强度提高。此变化为丝的改性反应：

$$\cdots\text{—NH}_2 + \text{HCHO} \longrightarrow \cdots\text{—NH—CH}_2\text{—NH—}\cdots + \text{H}_2\text{O}$$

丝素对氧化剂的作用很敏感,含氯的漂白剂对丝素的破坏作用极大,即使是稀溶液也要避免使用。生产中常用缓和的氧化剂,如过氧化氢在适当的 pH 下进行丝绸的漂白。还原剂对丝素一般有保护作用,它能抑制丝素的氧化过程。

丝素对光的作用较敏感,光能使氢键遭到破坏,并能促使其氧化而引起丝的泛黄和变脆。

二、人造蛋白质纤维

人造蛋白质纤维是利用天然蛋白质经加工后,制成的性质类似羊毛的纤维。1866 年英国人 E.E. 休斯首先成功地从动物胶中制出人造蛋白质纤维。他将动物胶溶于乙酸,在硝酸酯的水溶液中凝固抽丝,然后以亚铁盐溶液脱硝,进一步加工得到蛋白质纤维,但未工业化。1935 年意大利弗雷蒂从牛乳内提取的奶酪素制成人造羊毛。

人造蛋白质纤维在化学组成和结构上都与羊毛一样,它们都是以酰胺键(肽键)结合在一起的缩氨酸高分子,只是含硫量略低于羊毛。从纤维的表观上很难与羊毛区分,在某些性质上甚至还优于羊毛。例如羊毛在洗涤时会剧烈皱缩,容易受虫蛀,但蛋白质纤维在水洗时却不皱缩,大多数品种不受虫蛀,容易保存;人造蛋白质纤维的缺点是不如羊毛柔软,保暖性略差。工业生产蛋白质纤维的主要原料是乳酪素、花生蛋白及大豆蛋白等。

1. 牛奶蛋白纤维(酪素纤维)

从 20 世纪 90 年代初研发出以牛奶为原料与丙烯腈接枝共混制成再生蛋白纤维 Chinon,1995 年研制开发出牛奶纤维长丝。牛奶丝具有蚕丝般光泽和柔软手感,有较好的吸湿和导湿性,较好的强度和延伸性,是一种制作内衣的优良材料。但因纤维耐热性差、色泽鲜艳度较差、价格较贵(100 kg 牛奶只能提取 4 kg 蛋白质),影响了牛奶纤维大量推广使用。

2. 大豆蛋白纤维

大豆蛋白纤维是采用生物化学的方法从去掉油脂的大豆渣中提取球状蛋白,通过添加功能型助剂,改变蛋白质空间结构,与聚乙烯醇(PVA)共混制成纺丝原液,经湿法纺丝而成,再经缩醛化处理使纤维性能稳定。该纤维单丝纤度细、比重轻、强伸度较高、耐酸耐碱性较好、抗紫外线好等优点,而且还具有羊绒般的柔软手感、蚕丝般的优雅光泽、棉纤维的吸湿和导湿性及穿着舒适性、羊毛的保暖性。大豆纤维可在棉纺、绢纺、毛纺(羊绒)等生产设备上纺纱,能与其他天然纤维和化学纤维混纺交织开发针织产品(内衣、外衣、袜子等)和机织产品(服装面料、床上用品等)。此纤维本身呈现米黄色,难以漂白,色泽鲜艳度较差,耐湿热性差,在染整加工中应注意温度控制等关键技术问题。

大豆蛋白纤维利用大豆或废豆粕制造纤维的过程无污染,同时又充分利用废弃的资源,大豆纤维是一种可以生物降解的再生纤维,纤维的物理、机械、化学性能都较好。

3. 蚕蛹蛋白纤维

蚕蛹蛋白丝是将蚕蛹蛋白提纯配制成溶液,按比例与粘胶共混,采用湿法纺丝形成具有皮芯结构的含蛋白纤维。纤维具有较好的吸湿性、透气性,手感柔软、悬垂性好,但强力较低,纤维本身呈现较深黄色,会影响纺织品色泽鲜艳度。可采用活性、酸性、中性等染料染色,在染整加工中要注意它对酸、碱的敏感性,合理制定加工工艺。

4．再生蛋白质纤维

再生蛋白质纤维的原料丰富，人们利用不可纺蛋白质纤维（猪毛、人发、鸡毛、山羊毛等）和废弃蛋白质纤维料，将其溶解，经提纯和改性与棉浆、木浆或竹浆溶液共混，在纺丝中加入纳米级二氧化铁，经湿法纺丝制成一种抗菌再生蛋白纤维。生产再生动物蛋白质纤维的工艺流程分为水解蛋白质和制作蛋白质纤维两步，制成的再生蛋白质纤维具有优良的生态型，降解性良好，原料来源广泛，蛋白复合纤维的性能集蛋白纤维和纤维素纤维的优点于一身，同时价格低廉。这种新纤维还处于研发阶段。

氨基酸和蛋白质的主要反应

1．氨基酸的两性

$$Cl^- \ H_3N^+ \ CHCOOH \xleftarrow{\ HCl\ } H_2NCHCOOH \xrightarrow{\ NaOH\ } H_2NCHCOO^- \ Na^+$$

（各结构式下方均标注 R）

2．氨基酸的受热反应

$$R{-}CHCOOH + R'{-}CHCOOH \xrightarrow[-2H_2O]{\triangle}$$

（NH$_2$ 连接于各碳上）

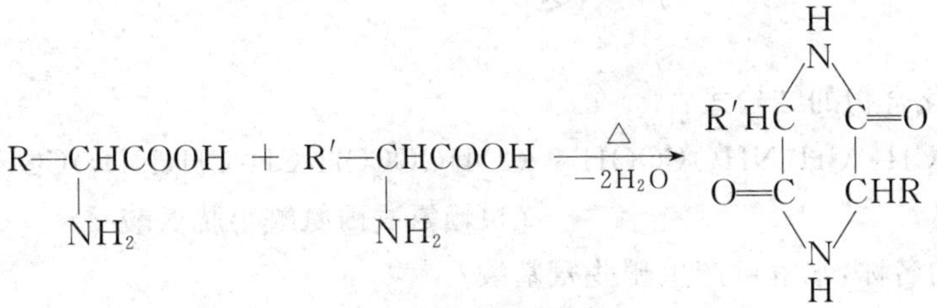

α-氨基酸 → 环状交酰胺

$$CH_3{-}CH{-}CH_2{-}COOH \xrightarrow[-H_2O]{\triangle} CH_3{-}CH{=}CH{-}COOH + NH_3$$

（NH$_2$ 连接于第二个碳上）

β-丙氨酸 → α-丁烯酸

3．与亚硝酸反应

$$RCHCOOH + HNO_2 \longrightarrow RCHCOOH + N_2\uparrow + H_2O$$

（左侧 NH$_2$，右侧 OH）

4．与水合茚三酮反应

$$RCHCOOH + \text{（水合茚三酮）} \xrightarrow{OH^-} \text{（蓝紫色产物）} + RCHO + CO_2$$

（左侧 NH$_2$）

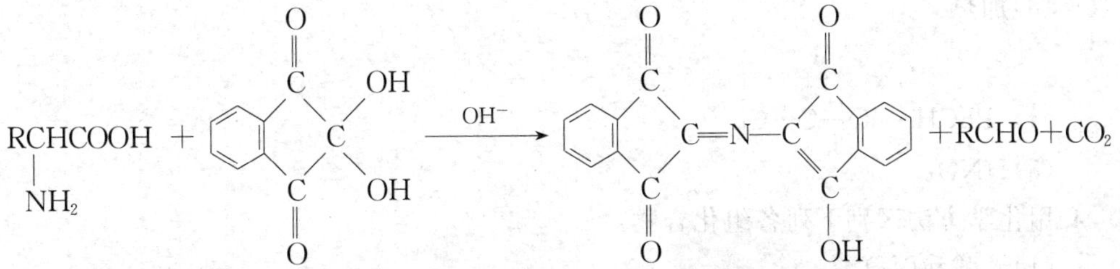

水合茚三酮 → 蓝紫色

5. 与醇反应

$$R—CH—COOH + C_2H_5OH \xrightarrow{HCl} R—CHCOOC_2H_5 + H_2O$$
$$||$$
$$NH_2NH_2$$

氨基酸酯

6. 蛋白质的两性

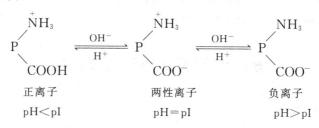

习　题

1. 命名或写出下列化合物的结构式：

(1)$CH_3CH_2CH(CH_3)CH(NH_2)COOH$ 　　(2)$HOOCCH_2CH_2CH(NH_2)COOH$

(3)甘氨酰丙氨酸 　　(4)赖氨酰丙氨酰半胱氨酸

2. 写出下列化合物的名称,水解可产生哪些氨基酸?

(1) $\underset{\underset{}{}}{H_2N}—\underset{\underset{CH_3}{|}}{CH}—\underset{\underset{}{\overset{O}{\|}}}{C}—NH—CH_2—\underset{\underset{}{\overset{O}{\|}}}{C}—NH—\underset{\underset{CH_2Ph}{|}}{CH}—COOH$

(2) $PhCH_2\underset{\underset{NH_2}{|}}{CH}\underset{}{\overset{O}{\overset{\|}{C}}}NH\underset{\underset{CH_2SH}{|}}{CH}\overset{O}{\overset{\|}{C}}NHCH_2COOH$

3. 写出丙氨酸与下列试剂反应的生成物：

(1)NaOH 水溶液

(2)HCl 水溶液

(3)加热

(4) $PhCH_2—O—\overset{O}{\overset{\|}{C}}—Cl$

(5)HNO_2

4. 用化学方法区别下列各组化合物：

(1)乳酸和丙氨酸

(2)苏氨酸和酪氨酸

(3)苯胺、甘氨酸和 3-氨基丙酸

272

5. 写出下列氨基酸在指定 pH 值溶液中的构造式：

(1)丙氨酸(等电点 6.00)在 pH＝12 时

(2)苯丙氨酸(等电点 5.48)在 pH＝2 时

6. 写出羊毛和丝的改性反应。

7. 某化合物的分子式为 $C_3H_7O_2N$，有旋光性，能分别与盐酸及氢氧化钠成盐，也能与醇作用形成酯，它与亚硝酸反应放出氢气，写出其结构式。

8. 化合物 A 的分子式为 $C_5H_{11}O_2N$，具有旋光性，在稀碱作用下水解生成 B 和 C。B 也有旋光性，既能溶于酸也能溶于碱，并能与亚硝酸作用放出氮气。C 无旋光性，但能发生碘仿反应，试写出 A、B、C 的结构式。

第十四章　表面活性剂简介

表面活性剂是指一些在很低的浓度下能显著降低液体表面张力的物质。表面活性剂具有亲水亲油的特性,易吸附、定向于物质表面(界面),表现出能降低液体表面张力、渗透、润湿、乳化、分散、增溶、发泡、洗涤、柔软、抗静电、防腐、防锈等一系列性能。表面活性剂是纺织印染过程中不可缺少的化学助剂。在纺纱、上浆、染色、印花及化学纤维的生产中都要使用各种纺织助剂,如乳化剂、匀染剂、抗静电剂、洗涤剂等。本章主要介绍在纺织印染中使用的表面活性剂。

一、表面活性剂的结构特征

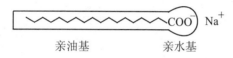

图 14-1　硬脂酸钠盐的分子模型

从表面活性剂的结构上看,它都是由水溶性的亲水基和油溶性的憎水基两部分组成的。亲水基是指与水有较大亲和力的原子团如羧基、磺酸基等;憎水基又称亲油基,是指与油有较大亲和力的原子团,如长链烷基或烷基苯等。例如肥皂就是最常见的表面活性剂,其构造式一般表示为$CH_3(CH_2)_{16}COO^-Na^+$,如图 14-1 所示。亲水基与水分子作用,使表面活性剂分子引入水中;而亲油基与水分子相排斥,与非极性或弱极性溶剂分子作用,使表面活性剂分子引入油(溶剂)中。

当一种液体和其他的物体接触时,液体的表层分子和内部分子的受力情况是不同的。例如液体和空气接触时,液体内部的分子间引力一致,而液体表层分子上部暴露在空气中,空气对这些分子的吸引力较小,导致液体内部分子对表层分子的吸引力大于空气的吸引力,所以液体表面就有向内收缩呈球形的趋势。如草叶上的露水珠、玻璃板上的水银滴等,保持这种现象的力称"表面张力"。液体表面张力的存在,使液体不易挥发、润湿、渗透、净洗、乳化,不利于印染加工的进行。通常在液体中加入"表面活性剂"来降低液体的表面张力,如肥皂、太古油、平平加 O 等。

在染整加工过程中,除应用必要的染料外,为了达到良好效果,往往还要加入助剂。助剂可以加快纤维浸透、润湿,促进染料在染液中均匀分散,增加染料的扩散力,使染料深入纤维内部,确保染色工艺可以顺利进行且染色品着色更加均匀。

当少量表面活性剂溶于水中时,由于极性的水分子对表面活性剂分子中的亲水基有吸引力,因而分子中亲水基一端溶入水中,憎水基一端向空气,活性剂分子形成定向排列。随着表面活性剂浓度的增加,活性剂分子在水面上形成单分子膜,将水和空气隔绝开来,使水的表面张力接近于油的表面张力,表面张力大大降低。这时,水中的表面活性剂会逐渐聚集在一起,形成以憎水基为内核,亲水基为外表的胶束(如图 14-2)。胶束表面带有相同电荷,有一定的排斥力,促使胶束保持稳定。

　　表面活性剂形成胶束的最低浓度称为临界浓度。以临界浓度为界限,溶液溶度明显高于或低于此浓度时,其水溶液的表面张力及其他许多物理性质如渗透压、去污作用等都有显著变化,只有在稍高于临界浓度时,才能充分表现出作用。

　　在水中肥皂的憎水基靠范德华力彼此聚集在一起,形成球状胶束,当胶束遇有油污时,油污可溶解于胶束中,亲水基伸在油污外面的水中,形成乳浊液。在机械振动下,胶束脱离织物随水漂洗而去,这就是肥皂的去污原理。

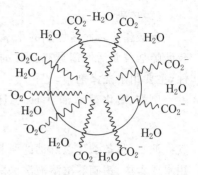

图 14-2　表面活性剂在溶液中形成胶束

二、表面活性剂的分类

　　表面活性剂可按应用和化学结构进行分类,为了将结构和性质联系起来,通常按化学结构分类。表面活性剂溶于水时能够电离成离子的称为离子型表面活性剂;而不能电离成离子,只能以分子状态存在的,称为非离子型表面活性剂。离子型表面活性剂,还可按所生成具有表面活性作用的离子种类,分为阴离子表面活性剂,阳离子表面活性剂和两性离子型表面活性剂。

1. 阴离子表面活性剂

　　在水中能电离,起表面活性剂作用的部分是阴离子。阴离子型表面活性剂一般具有良好的渗透、乳化、增溶、起泡等性能,用作洗涤剂有良好的去污能力。按亲水基的种类可分为以下几类:

$$
阴离子表面活性剂
\begin{cases}
R-COO^- Na^+ & 羧酸盐 \\
R-OSO_3^- Na^+ & 硫酸酯盐 \\
R-\phenyl-SO_3^- Na^+ & 磺酸盐 \\
R-OPO_3^{2-} Na_2^+ & 磷酸酯盐 \\
(RO)_2 PO_2^- Na^+ & 磷酸双酯盐
\end{cases}
$$

(1)高级脂肪酸盐

　　肥皂即属高级脂肪酸盐,化学式为 $R-COOM$,R 为烃基,可以是饱和的,也可以是不饱和的,其碳数在 $12\sim18$ 之间,M 为金属原子,一般为钠,也可以是钾或铵。

　　羧酸盐型阴离子表面活性剂,通常以油脂与碱的水溶液加热发生皂化反应制得的。所用的油脂,可以是动物油脂如牛油,也可以是植物油脂如椰子油、棕榈油、米糠油、大豆油、花生油等。皂化所使用的碱可以是氢氧化钠、氢氧化钾或氢氧化铵。

　　羧酸盐型表面活性剂水溶液呈弱碱性,因为具有良好的润湿、发泡、去污等作用,广泛用作洗涤剂。例如硬脂酸钠 $CH_3(CH_2)_{16}COONa$,为白色粉末,难溶于冷水,易溶于热水和热乙醇中,在低温下去污能力差,主要用作肥皂、化妆品乳化剂中。

（2）硫酸酯盐

硫酸酯盐表面活性剂的化学通式为 $ROSO_3M$（式中 M 为 Na、K，碳链中碳数为 8～18）。硫酸酯盐表面活性剂具有良好的发泡力和去污力，耐硬水性能好，其水溶液呈中性或微碱性，主要用于洗涤剂中。

例如，磺化蓖麻油　$CH_3(CH_2)_5CH—CH_2CH\!=\!CH(CH_2)_7COONa$　又称太古油（土耳
$\qquad\qquad\qquad\qquad\;\;\;\overset{|}{OSO_3Na}$

其红油）。制备磺化蓖麻油的原料是蓖麻油，将蓖麻油与浓硫酸在低温下进行反应，反应后用水或食盐、芒硝等浓溶液洗涤除去多余的硫酸，分离后用碱中和即得磺化蓖麻油。磺化蓖麻油在纺织印染中的主要用途有：①作炼棉助剂，通常炼棉时多用烧碱为主要助剂，但棉布上的油蜡杂质不能单靠皂化除尽，所以加乳化剂，太古油乳化能力强，煮炼的效果大大增加了。②作纳夫妥打底剂的染色助剂。纳夫妥打底剂溶于烧碱后，容易变成胶体，加水时很不稳定，分解而析出。因此，纳夫妥 As 类通常先与太古油调成糊状，然后加碱配成溶液，可以增加打底剂的扩散性和渗透性，防止胶体的生成，得到均匀吸收的效果。

红油的耐硬水程度比肥皂好，耐酸，耐碱，润湿能力、柔软性能均好于肥皂，但洗涤、去污能力较差。

（3）磺酸盐

磺酸盐型表面活性剂的化学式为 $R—SO_3Na$，R 中碳数在 8～20 之间。这类表面活性剂易溶于水，在酸性溶液中也不发生水解，有良好的发泡能力，去污能力好，主要用于生产洗涤剂。

例如：① 十二烷基苯磺酸钠（ $C_{12}H_{25}\!-\!\!\bigcirc\!\!-\!SO_3^-Na^+$ ），白色粉末，易溶于水，有良好的洗涤去污能力和发泡性能。大量用于洗衣粉和家用洗净剂中，也可适量配入香波和泡沫浴中，在纺织工业中可用作煮练剂、洗涤剂、染色助剂。在皮革工业中用作渗透脱脂剂等。

② 拉开粉（ 　　　　　　　　　或　　　　　　　　　），白色或淡黄色的粉末或屑状物，易溶于水，在硬水、盐水、酸类及弱碱溶液中不起变化，在浓碱中呈白色沉淀，加水稀释后又重新溶解。在印染中常作渗透剂及润湿剂。

③ 胰加漂 T （ $C_{17}H_{33}\!-\!\overset{O}{\overset{\|}{C}}\!-\!\overset{CH_3}{\overset{|}{N}}\!-\!CH_2CH_2SO_3Na$ ），有优良的去污、渗透、乳化和扩散性能，大量用作羊毛、棉的煮炼、洗绒、染色等助剂。用于洗涤毛织物、化纤织物可获得手感柔软、光泽鲜艳的效果。

（4）磷酸酯盐

磷酸酯有单酯、双酯和三酯三种类型。磷酸酯盐的化学通式如下：

$$\text{R}-\text{O}-\overset{\displaystyle \text{OM}}{\underset{\displaystyle \text{OM}}{\text{P}}}=\text{O} \qquad \overset{\displaystyle \text{R}-\text{O}}{\underset{\displaystyle \text{R}-\text{O}}{\text{P}}}\!\!\begin{array}{c}\text{O}\\ \text{OM}\end{array} \qquad \overset{\displaystyle \text{R}-\text{O}}{\underset{\displaystyle \text{R}-\text{O}}{\text{P}}}=\text{O}\ \ \text{R}-\text{O}$$

磷酸单酯盐　　　　　　　磷酸双酯盐　　　　　　　磷酸三酯

磷酸酯盐表面活性剂可用作乳化剂、增溶剂、抗静电剂、合成树脂、涂料等的颜料分散剂等。

2.阳离子表面活性剂

阳离子表面活性剂溶于水电离,起表面活性剂作用的是阳离子部分。按亲水基的种类可分为以下几类:

$$\text{阳离子表面活性剂}\begin{cases} \text{RNH}_3^+\text{X}^- & \text{伯胺盐} \\ \text{R}_2\text{NH}_2^+\text{X}^- & \text{仲胺盐} \\ \text{R}_3\text{NH}^+\text{X}^- & \text{叔胺盐} \\ \text{R}_4\text{N}^+\text{X}^- & \text{季胺盐} \end{cases}$$

阳离子表面活性剂具有许多优越性能,除可做纤维用柔软剂、抗静电剂、防水剂和染色助剂外,还可用作杀菌剂、防锈剂和特殊乳化剂等。

(1)胺盐型

伯胺盐、仲胺盐和叔胺盐总称为胺盐型。胺盐型表面活性剂一般是用盐酸与伯胺、仲胺或叔胺中和而得的,也可用甲酸、醋酸等酸性较弱的低级脂肪酸。这类表面活性剂的憎水基碳数在 12~18 之间。其主要用途是作纤维助剂、分散剂、乳化剂和防锈剂。

例如:索罗明 A ($\text{C}_{17}\text{H}_{35}\text{COOCH}_2\text{CH}_2\text{N}\begin{matrix}\text{CH}_2\text{CH}_2\text{OH}\\ \text{CH}_2\text{CH}_2\text{OH}\end{matrix}\cdot\text{HCOOH}$) 和萨帕明 CH

($\text{C}_{17}\text{H}_{33}\text{CONHCH}_2\text{CH}_2\text{N}\begin{matrix}\text{C}_2\text{H}_5\\ \text{C}_2\text{H}_5\end{matrix}\cdot\text{HCl}$) 是纺织工业中常用的纤维柔软剂。索罗明 A 分子中有酯键易水解而断键。萨帕明 CH 分子中的憎水基与酰胺键连接,不易水解。

(2)季铵盐型

季铵盐型阳离子表面活性剂通式为 $\left[\text{R}_1-\overset{\displaystyle \text{R}_2}{\underset{\displaystyle \text{R}}{\text{N}}}-\text{R}_3\right]^+\text{X}^-$,式中 R 为 $\text{C}_{10}\sim\text{C}_{18}$ 的长链烷基,R_1、R_2、R_3 一般是甲基或乙基,其中一个也可以是苄基。X 是氯、溴、碘或其他阴离子基团。多数是氯或溴。季铵盐型阳离子表面活性剂有许多优良性能,可用作纤维的抗静电剂、柔软剂、缓染剂、固色剂等,还可用作杀菌剂和毛用化妆品的护发剂等。

例如:十八烷基二甲基羟乙基铵硝酸盐 $\left[C_{18}H_{37}-\overset{\overset{\displaystyle CH_3}{|}}{\underset{\underset{\displaystyle CH_3}{|}}{N}}-CH_2CH_2OH \right]^+ NO_3^-$（抗静电剂

SN）、十八烷基三甲基氯化铵 $C_{18}H_{37}\overset{+}{N}(CH_3)_3 Cl^-$、$(C_{18}H_{37})_2\overset{+}{N}(CH_3)_2Cl^-$ 等对合成纤维具有良好的消除静电的作用,是常用的抗静电剂。另外,十八烷基三甲基氯化铵和十二烷基二甲基苄基氯化铵 $\left[C_{12}H_{25}-\overset{\overset{\displaystyle CH_3}{|}}{\underset{\underset{\displaystyle CH_3}{|}}{N}}-CH_2-\bigcirc \right]^+ Cl^-$ 均可作为腈纶染色的匀染剂。十六烷基

溴化吡啶 $\left[C_{16}H_{33}-N\bigcirc \right]^+ Br^-$ 可作为直接染料的固色剂,以提高水洗牢度。

3. 两性表面活性剂

两性表面活性剂是指亲水基由阳离子和阴离子结合在一起的表面活性剂。通常两性离子型表面活性剂中的阳离子部分是胺盐、季铵盐或咪唑类,阴离子部分是羧酸盐、硫酸盐、磺酸盐或磷酸盐。

两性表面活性剂易溶于水,难溶于有机溶剂,毒性较小,具有良好的杀菌作用,耐硬水性好,与各种表面活性剂的相容性也较好。此外它还有良好的洗涤力和分散力,因此,两性表面活性剂可用作安全性高的香波起泡剂、护发剂、纤维的柔软剂、抗静电剂、金属防锈剂等,也可用作杀菌剂。

两性表面活性剂可分为氨基酸型两性表面活性剂、甜菜碱型两性表面活性剂和咪唑啉型两性表面活性剂。其结构可表示为:

RNHCH₂CH₂COOH   氨基酸型两性表面活性剂

$R-\overset{\overset{\displaystyle CH_3}{|}}{\underset{\underset{\displaystyle CH_3}{|}}{N^+}}-CH_2COO^-$ 甜菜碱型两性表面活性剂

咪唑啉型两性表面活性剂 结构式   咪唑啉型两性表面活性剂

（1）氨基酸型两性表面活性剂

氨基酸型两性表面活性剂是在一个分子中具有胺盐型的阳离子部分和羧酸型的阴离子部分的两性表面活性剂。例如:N-十二烷基-β-氨基丙酸（C₁₂H₂₅NHCH₂CH₂COOH）是最普通的氨基酸型两性表面活性剂,它易溶于水,在酸性介质中生成胺盐以阳离子存在,在碱性介质中,生成羧酸盐而以阴离子存在。由于分子中含有仲胺基而呈弱碱性,其洗涤性良好,常用作特殊洗涤剂。

（2）甜菜碱型两性表面活性剂

甜菜碱型两性表面活性剂是分子内以季铵盐基作为阳离子部分,其中最有代表性的是

二甲基十二烷基甜菜碱两性表面活性剂。工业上它是由烷基二甲基叔胺与卤代乙酸盐进行反应制得：

$$RN(CH_3)_2 + ClCH_2COONa \xrightarrow[60\sim80℃]{H_2O} R-\overset{\overset{\displaystyle CH_3}{|}}{\underset{\underset{\displaystyle CH_3}{|}}{N^+}}-CH_2COO^- + NaCl$$

式中的烷基的碳数一般为 12～18。碳数为 12 的月桂基二甲基甜菜碱易溶于水，是透明状溶液，具有良好的起泡力和洗涤力，对皮肤刺激性小，耐硬水，可用作香波起泡剂，也可用作染色助剂。碳数为 18 的硬脂基二甲基甜菜碱有柔软、润滑、抗静电性能，可用作纤维的柔软剂和润滑剂，提高手感性能，也可用作护发剂和家庭用柔软剂的成分。

例如：以月桂基二羟乙基叔胺与卤代乙酸盐进行反应可制得月桂基二羟乙基甜菜碱

（ $C_{12}H_{25}-\overset{\overset{\displaystyle CH_2CH_2OH}{|}}{\underset{\underset{\displaystyle CH_2CH_2OH}{|}}{N^+}}-CH_2COO^-$ ）在纺织工业中用作洗涤剂、缩绒剂、匀染剂、纤维柔软剂和抗静电剂等。

（3）咪唑啉型两性表面活性剂

咪唑啉型两性表面活性剂温和，对皮肤和眼睛的刺激性小，并有良好的起泡力，广泛用于婴儿用香波、化妆品中，也用作纤维的柔软剂和抗静电剂。例如：

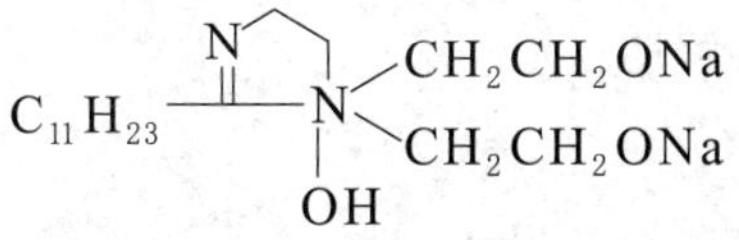

Miranol CM

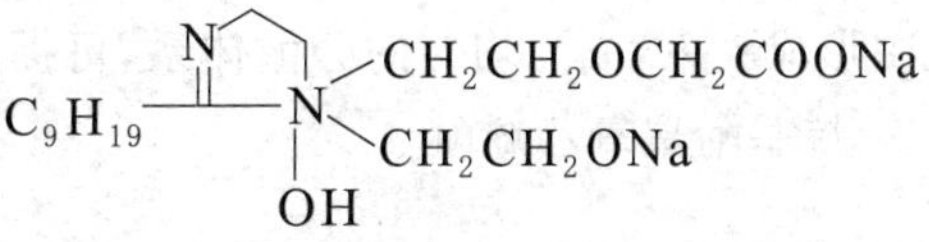

Miranol C₂M

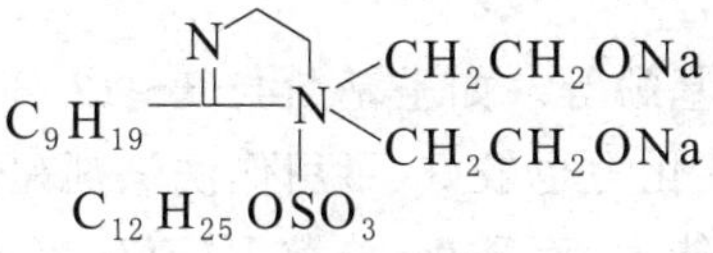

Miranol MSA

4. 非离子表面活性剂

非离子表面活性剂溶于水时不发生离解，它的分子结构和离子型表面活性剂一样也是由亲水基和憎水基两部分组成。亲水基团主要是由一定数量的含氧基团（如羟基、聚氧乙烯链）构成。

非离子表面活性剂按亲水基的种类可分为以下两类：

$$\text{非离子型表面活性剂}\begin{cases}\text{RO(CH}_2\text{CH}_2\text{O})_n\text{H} & \text{聚氧乙烯型}\\[2mm]\text{RCOOCH}_2-\overset{\displaystyle \text{CH}_2\text{OH}}{\underset{\displaystyle \text{CH}_2\text{OH}}{\text{C}}}-\text{CH}_2\text{OH} & \text{多元醇型}\end{cases}$$

非离子表面活性剂在水溶液中由于不是以离子状态存在,故其稳定性高,不易受酸、碱的影响,与其他表面活性剂相溶性好。非离子表面活性剂具有良好的洗涤、分散、乳化、增溶、润湿、发泡、抗静电、杀菌和保护胶体等多种性能,广泛地应用于纺织、造纸、食品、化妆品、洗涤、橡胶、塑料、涂料、医药等工业。

(1)聚氧乙烯型

聚氧乙烯型非离子表面活性剂根据疏水性基团种类可分为长链脂肪醇聚氧乙烯醚、烷基酚聚氧乙烯醚、脂肪酸聚氧乙烯酯、聚氧乙烯烷基胺、聚氧乙烯烷基酰胺等

① 长链脂肪醇聚氧乙烯醚

$$\text{ROH} + n\text{CH}_2\overset{\displaystyle}{\underset{\displaystyle O}{\triangle}}\text{CH}_2 \xrightarrow[\text{催化剂}]{\text{NaOH}} \text{RO}(\text{CH}_2\text{CH}_2\text{O})_{\overline{n}}\text{H}$$

常用的长链脂肪醇有月桂醇、油醇、棕榈醇、硬脂醇、环己醇等,n 为 $10\sim20$ 左右。十八醇与 20 个左右的环氧乙烷分子加成制得的产物俗称平平加 O,其水溶液呈中性,具有良好的分散、乳化作用,印染工业中用作分散剂和乳化剂。它能与分散染料(憎水染料)微粒在水溶液中形成胶束,成为均匀的分散体系,可提高染料的溶解性。

② 烷基酚聚氧乙烯醚

$$\text{R}\!-\!\!\langle\bigcirc\rangle\!-\!\text{OH} + n\text{CH}_2\overset{\displaystyle}{\underset{\displaystyle O}{\triangle}}\text{CH}_2 \xrightarrow[\text{催化剂}]{\text{NaOH}} \text{R}\!-\!\!\langle\bigcirc\rangle\!-\!\text{O}(\text{CH}_2\text{CH}_2\text{O})_{\overline{n}}\text{H}$$

常用的烷基酚有辛基酚、壬基酚等。如壬基酚与 $8\sim12$ 分子环氧乙烷加成的产物具有良好的润湿、渗透和洗涤能力,乳化力也较好,可用作洗涤剂和渗透剂;与 15 个以上环氧乙烷分子加成的产物无渗透、洗涤的能力,而乳化、分散力较好,可用作乳化分散剂、匀染剂和缓染剂。例如十二烷基酚与 7 个环氧乙烷分子加成制得的产物俗称匀染剂 OP-7,具有良好的润湿、匀染性能,是一种常用的匀染剂。

③ 脂肪酸聚氧乙烯酯

$$\text{R}\!-\!\text{COOH} + n\text{CH}_2\overset{\displaystyle}{\underset{\displaystyle O}{\triangle}}\text{CH}_2 \xrightarrow[\text{催化剂}]{\text{NaOH}} \text{R}\!-\!\text{COO}(\text{CH}_2\text{CH}_2\text{O})_{\overline{n}}\text{H}$$

碳原子数为 $12\sim18$ 的脂肪酸接上 $12\sim15$ 个分子的环氧乙烷有很好的洗涤力。而低于此数如接上 $5\sim6$ 个分子的环氧乙烷则具有油溶性乳化力,主要用作乳化剂、分散剂、纤维油剂和染色助剂等。例如硬脂酸与六个环氧乙烷加成制得的产物俗称为柔软剂 SG,具有良好的柔软和润滑作用,用作合成纤维、粘胶纤维的柔软剂。

（2）多元醇型

多元醇型非离子表面活性剂是指由含多个羟基的多元醇与脂肪酸进行酯化反应而生成的酯类。多元醇型非离子表面活性剂的亲水基来自多元醇的羟基，所以它的亲水性小，亲油性大，多数乳化性好。这类表面活性剂最大的特点是安全性高，对皮肤刺激性小，故广泛应用于药品、化妆品和食品等方面的乳化剂、分散剂，也用于纤维工业中的纤维油剂的成份。

多元醇型非离子表面活性剂按多元醇的种类可分为甘油脂肪酸酯、季戊四醇脂肪酸酯、山梨醇脂肪酸酯、蔗糖脂肪酸酯等非离子表面活性剂。例如：

①甘油脂肪酸酯

$$C_{11}H_{23}COOH + \begin{matrix} CH_2OH \\ | \\ CHOH \\ | \\ CH_2OH \end{matrix} \xrightarrow[200\ ℃]{NaOH（1\%）} \begin{matrix} C_{11}H_{23}COOCH_2 \\ | \\ HO-CH \\ | \\ HO-CH_2 \end{matrix} + H_2O$$

月桂酸　　　　　　　　　　　　　　　　　　　　　　　　　甘油单桂酸酯

②季戊四醇脂肪酸酯

$$\begin{matrix} C_{17}H_{35}COO-CH_2 \\ | \\ C_{17}H_{35}COO-CH \\ | \\ C_{17}H_{35}COO-CH_2 \end{matrix} + HOCH_2-\underset{\underset{CH_2OH}{|}}{\overset{\overset{CH_2OH}{|}}{C}}-CH_2OH \longrightarrow C_{17}H_{35}COOCH_2-\underset{\underset{CH_2OH}{|}}{\overset{\overset{CH_2OH}{|}}{C}}-CH_2OH$$

甘油三硬脂酸酯　　　　　　　　季戊四醇　　　　　　　　季戊四醇单硬脂酸酯

多元醇型非离子表面活性剂大多数不溶于水，在水中呈乳化分散状态，因此很少作为洗涤剂，主要用作纤维柔软剂，食品、化妆品的乳化剂。

除以上介绍的表面活性剂（阴离子、阳离子、两性和非离子表面活性剂）以外，还有一些类型的表面活性剂如：高分子表面活性剂、氨基酸型表面活性剂、特殊类型表面活性剂等也在纺织、医药、造纸等方面广泛应用。在这里就不做介绍了。

三、表面活性剂结构与性能的关系

表面活性剂的结构不同，则呈现的性能不同，其用途也不同，可见表面活性剂的性能与其化学结构有着密切的关系。表面活性剂都是由亲水基和憎水基两部分组成的。我们可以从亲水基和憎水基的种类、亲水亲油平衡值和分子形状等几方面进一步认识表面活性剂的化学结构与性能的关系。

1. 亲水亲油平衡值

表面活性剂的亲水性如何，即在水中是否易溶，通常用葛里芬（W C Griffin）提出的亲水亲油平衡值即 HLB 值（Hydrophile Lipophile Balance）来衡量表面活性剂的亲水性。

HLB 值是为选择乳化剂而提出的一个经验指标。根据 HLB 值可判断乳化剂的适用特性。HLB 值在 3～6 的表面活性剂适合作 W—O 型（油包水型）乳化剂，7～9 的适合作润湿剂，8～18 的适合作 O—W 型（水包油型）乳化剂，13～15 的可作洗净剂，15～18 的适合作增溶剂。这只是一种经验排列。HLB 值数值越大，亲水性越强，反之憎水性越强。HLB 值的计算方法为：

$$HLB = 20 \times \frac{M_H}{M}$$

式中：M_H 表示亲水基的分子量；M 表示表面活性剂总的分子量。

聚氧乙烯非离子表面活性剂的 HLB 值介于 0～20 之间，至于离子型表面活性剂的 HLB 值，不能用上式计算，因为亲水基的种类不同，单位重量的亲水性大小也各不相同。一些表面活性剂的 HLB 值列于表 14-1。

表 14-1　一些表面活性剂的 HLB 值

组成	HLB
甘油单硬脂酸酯	3.8
聚氧乙烯(分子量 400)单油酸酯	11.4
聚氧乙烯(分子量 400)单硬脂酸酯	11.6
烷基芳基磺酸盐	12
油酸钠	18
月桂醇硫酸钠	40

HLB 值与应用性能的关系如图 14-3 表示。

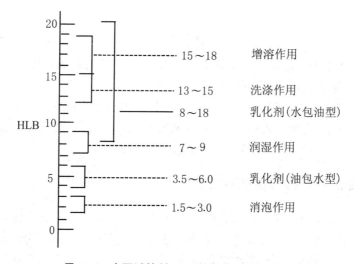

图 14-3　表面活性剂 HLB 值与应用性能关系

2. 亲水基和憎水基的种类与性能的关系

表面活性剂的亲水基有阴离子、阳离子、非离子和两性离子等不同类型，不同的亲水基在性质上也会有所不同。憎水基大多以烃基为主体，烃基也分为脂肪烃基、芳烃基、含有羟基或双键等弱亲水基的烃基等。憎水性强弱顺序如下：

脂肪烷基＞脂肪烯基＞带脂肪链的芳烃基＞芳香烃基＞含弱亲水基的烃基

选用表面活性剂时，要首先考虑 HLB 值，除此之外，还要考虑憎水基的种类。例如，选择乳化剂时，若憎水基部分与被乳化物质的结构越相似，亲和力越大，乳化效果越好。因此乳化矿物油时,以脂肪烃基或带有脂肪链的芳烃基为憎水基比较合适;而在选择染料的分散剂时,由于染料分子中往往含有芳环,以芳香烃基为憎水基效果为好。又如合成洗涤剂时,由于油污的成分大多属脂肪类,因此选用长链烃基为憎水基的原料要比芳香烃基的效果好。

<h2 style="text-align:center">习 题</h2>

1. 什么是表面活性剂?表面活性剂按化学结构可分为哪几类?举例说明。

2. 有一类非离子表面活性剂,其结构为 $RO(CH_2CH_2O)_{\overline{n}}H$:

(1)试分析其亲水基是什么,憎水基是什么。

(2)如何改变其化学结构,提高它的亲水性或憎水性。

3. 试计算 $C_{17}H_{35}COO(CH_2CH_2O)_{\overline{20}}H$ 的 HLB 值,并指出它的主要用途。

4. 指出下列表面活性剂的亲水基和憎水基,并说明它们属于哪一类表面活性剂。

$$(1)\ C_{17}H_{35}COOCH_2 - \underset{\underset{CH_2OH}{|}}{\overset{\overset{CH_2OH}{|}}{C}} - CH_2OH \qquad (2)\ C_{12}H_{25} - \underset{\underset{CH_3}{|}}{\overset{\overset{CH_3}{|}}{N^+}} - CH_2COO^-$$

$$(3)\ CH_3(CH_2)_5CH - CH_2CH=CH(CH_2)_7COONa$$
$$\qquad\qquad\quad |$$
$$\qquad\qquad OSO_3Na$$

$$(4)\ C_9H_{19}-\!\!\!\bigcirc\!\!\!-O(CH_2CH_2O)_{\overline{n}}H \qquad (5)\ \left[C_{16}H_{33}-N\bigcirc\right]^+ Br^-$$

$$(6)\ \left[C_{18}H_{37} - \underset{\underset{CH_3}{|}}{\overset{\overset{CH_3}{|}}{N}} - CH_2CH_2OH \right]^+ NO_3^- \qquad (7)\ [C_{16}H_{33}\overset{+}{N}(CH_3)_3]Br^-$$

$$(8)\ CH_3CH_2(CH_2)_8CH_2CH_2OSO_3Na$$

5. 简述太古油在纺织印染中的应用。

6. 简述阳离子表面活性剂的主要用途。

7. 简述平平加 O 在纺织印染中的应用。

第十五章 染 料

染料是指能在水溶液或其他介质中,使纤维染成各种坚牢颜色的有机化合物。染料主要用于纤维和织物的染色,如天然纤维的棉、毛、丝、麻、毛皮,人造纤维中的醋酸纤维,合成纤维中的涤纶、锦纶、维纶、腈纶、氨纶等。此外,亦广泛应用于橡胶制品、塑料、油墨、墨水、照相材料、印刷、纸张、食品、医药等方面。

染料通常可溶于水或溶剂,亦可以分散状态使用,有时还能通过某些介质(媒介物)而染着在纤维上,对纤维具有良好的亲和力和一定的染色牢度。

对纤维没有亲和力的有色物质称颜料,颜料不溶于水。它只是依靠粘着剂的作用,机械地附着在物体上而着色的。

19 世纪前,染料大多是从天然的植物和动物体中提取得到的。如:靛蓝、茜素、五倍子、胭脂红等。蓝靛是用蓼蓝叶泡水调和石灰沉淀所得到的蓝色染料,发紫光。我国是最早应用天然染料的国家,已有四、五千年的历史,从马王堆和楚墓中发掘出大量珍贵的染色物可得到充分的证实。自从 1857 年珀金(W. H. Perkin 英国)首先从苯胺合成得到第一个合成染料——苯胺紫以来,发展很快。19 世纪中期,随着有机化学的发展,合成染料相继出现。后来,纺织工业逐渐出现了人造丝和合成纤维,这就进一步推动了染料化学的发展。首先投入工业生产的染料是碱性染料(阳离子染料),以后酸性、媒介、硫化、靛族、不溶性染料和直接染料接踵而来。20 世纪初,又合成出蒽醌还原染料;醋酸纤维问世后,又发展了分散染料。1956 年合成出能与纤维起反应的反应性染料(活性染料),它为合成染料开辟了新的途径。由于这些染料具有色谱齐全、颜色鲜艳、牢度优良、价格便宜、染色简单等优点,逐渐取代了天然染料。

目前生产的染料已有二千多种,所有的染料都由少数染料中间体合成。

第一节 染料的结构与颜色

染料的颜色与染料分子本身结构有关,也与照射在染料上的光线的性质有关,光线照射在不同结构的染料分子上呈现不同的颜色。要了解染料颜色和分子结构之间的关系,必须了解光的有关性质。

一、光的性质

γ 射线、X 射线、紫外线、可见光、红外线、无线电波等都是电磁波。它们的波长和频率不同,按波长的大小排列大致如表 15-1 所示。

表 15-1　电磁波的波长分布　　　　　　　　　　　　　　　　　单位:cm

无线电波	红外线	可见光	紫外线	X 射线	γ 射线
10^{-1}	10^{-3}	10^{-5}	10^{-7}	10^{-9}	10^{-11}

　　太阳光穿过狭缝照射到一个玻璃棱镜上会发生折射,分解成各种不同的有色光,在另一侧面放置的屏上形成一条彩色光带,排列的次序是红、橙、黄、绿、青、蓝、紫,称为光谱,光谱中每一种有色光称为单色光。

　　由此可见,白光是由各种单色光组成的,太阳光和其他光源都是由单色光组成的复色光,复色光可以分解成单色光的现象称为光的色散作用。见图 15-1。

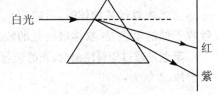

图 15-1　日光经棱镜后分成光谱

　　光的颜色是由光波的频率决定的,各种单色光的频率不同,红光的频率最小,紫光的频率最大,每种有色光中又包含一定波长范围内许多不同波长的有色光。光谱色的分配见图 15-2。

700	650	600	550	500	450	400	
红外	红	橙	黄	绿	青	蓝　紫	紫外

图 15-2　光谱色的分配(单位:nm)

　　自然光是由不同波长的光所组成的,人眼所能看到的光叫可见光,波长在 $380\sim780$ nm。波长小于 380 nm 的为紫外光区域,直到 X 射线;波长大于 780 nm 的为红外光区域。

二、光与色的关系

　　当物质受到光线照射时,一部分光线在物质表面上直接反射出来,同时有一部分透射进物质内部。光的能量部分被物质所吸收,转化为分子运动能量,剩余的光又返回到物质的表面。

　　不同的物质吸收不同波长的光,如果物质吸收光的波长在可见光区域之外,那么这些物质就是无色的;如果物质吸收的光波长在可见光区域,这些物质就是有色的。例如,如果物质表面能把白光中所有的不同波长的有色光几乎全部吸收,这就是黑色的不透明体;若能把各种有色光全部反射出来,这就是白色不透明体;一种物质能够把组成白色的各种不同波长的有色光同等程度地吸收,则呈灰色;一块红布由于吸收了日光光谱中由绿到紫的一段光波,剩余的光波呈红色;绿叶是由于它反射了绿色光,而吸收了其余的光。

　　实际上,人们视觉所感觉到的颜色是由物质吸收掉可见光中一部分有色光后将其余的光综合起来的颜色,即该物质吸收光谱的补色。在可见光范围内,凡是由两种不同颜色的光相互混合在一起成为白色的这两种颜色称为互补色(见表 15-2)。如:

黄色——蓝色　　　　　　　　　　紫红色——绿色

蓝绿色(青)——橙色　　　　　　　绿蓝色——红色

表 15-2 光谱色的范围及其补色

波长（nm）	780～647	647～585	585～565	565～492	492～455	455～424	424～380
光谱色	红	橙	黄	绿	青	蓝	紫
补色	绿蓝	青	蓝	紫红	橙	黄	黄绿

在光线照射下，不同的物体选择吸收和反射不同波长的光线，呈现不同的颜色，可见染料的颜色和染料本身的结构有关。

当光线通过某物体时，可以完全被吸收，也可以被减弱到一定的程度，物体吸收光线是吸收不同的单色光，物体吸收光的波长和吸收程度可用分光光度计测定。

单色光通过染料液层时，光的吸收多少与溶液浓度成正比。根据拉贝尔（Lambert－Beer）吸收定律，表示为：

$$A = \lg \frac{I_0}{I} = \varepsilon C L$$

式中：A——吸光度；I_0——入射光线的强度；I——光线透过溶液后的强度；ε——摩尔吸光系数（L·mol^{-1}·cm^{-1}）；L——液层厚度（cm）；C——溶液浓度（mol·L^{-1}）。

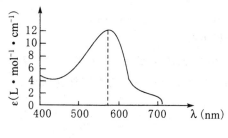

图 15-2 染料吸光曲线

用分光光度计可测得 I_0/I 的数值，所以可求得 ε（摩尔吸光系数）。

各种不同的单色光分别通过染料溶液即可得到染料的吸光曲线，如图 15-2 所示。横坐标表示波长（λ），纵坐标是摩尔吸光系数 ε，通过每一个波长，可绘成染料的吸收曲线。吸收曲线上摩尔吸光系数最大的数值的相应波长称为该染料的"最高吸收"，习惯上用 $\lambda_{最高}$ 表示，染料的最高吸收峰波长常表示染料的基本颜色。如 $\lambda_{最高}$ 为 570 nm 是蓝色。

物体对可见光的最大吸收波长不同，决定物体的色调（颜色）。最大吸收波长愈长，则色调愈深，最大吸收波长愈短，则颜色愈浅。黄色染料的 $\lambda_{最高}$ 最短，绿色染料的 $\lambda_{最高}$ 最长。各种物体颜色深浅次序如下：

黄绿、黄、橙、红、红紫、紫、蓝、绿蓝、蓝绿

浅 ← → 深

从黄到绿，$\lambda_{最高}$ 从短到长，称颜色加深。

三、染料分子结构与颜色的关系

染料的颜色和染料分子本身的结构有关。有机物对光波的吸收决定于其分子内电子的状态。电子在分子内结合得越牢，激发它所需的能量越大，吸收光波的波长在紫外区域，该物质为无色的。例如饱和烃都是由 σ 键结合而成的，σ 键结合牢固，这类化合物一般是无色的。

在不饱和有机物分子中，π 键中的 π 电子流动性大，激发 π 电子的能量较低。含有 π 键的化合物吸收的光波一般在紫外及可见光区域（200～780 nm），这些物质中含有 π 键的基团

称为发色团(或生色基)。有机物的颜色与分子中发色团有关,含发色团的分子称发色体。主要发色团有:

$$\diagdown C=C \diagup \quad,\quad \diagdown C=O \quad,\quad -CH=N- \quad,\quad \diagdown C=S \quad,\quad -N=O \quad,\quad -N\overset{O}{\underset{O}{\diagdown}} \quad -N=N- \quad,$$

$$-\overset{O}{\overset{\uparrow}{N}}=N- \quad,\quad -\overset{O}{\overset{\|}{C}}-H \quad 等。$$

若分子中只含有一个发色团,则其吸收波长在 $200\sim400$ nm 之间,物质仍为无色;如果增加发色团(即增加共轭双键),则颜色加深,羰基增加颜色也加深。

有些基团本身吸收的光波在紫外区域,但当它连接到共轭链或发色团时,由于 p-π 共轭,可使共轭链或发色团的吸收波长移向长波方向,这个现象叫**向红移**或**向红效应**,这些基团叫做助色团(或助色基)。主要助色团有:

$-NH_2$、$-OH$、$-OR$、$-NHR$、$-NR_2$、$-Cl$、$-Br$、$-COOH$、$-SO_3H$ 等。

物质的分子处于最稳定的状态称基态。当物质遇到光照射时,由于物质自身的结构和性质,可吸收一定波长的光能,使分子的能量增加受到激发,从而使分子内电子更加活跃,这种状态称激发态。

物质的颜色主要是由于物质中的电子在可见光作用下发生 $n\to\pi$ 跃迁的结果,因此研究物质的颜色和结构的关系可归结为研究共轭体系中 π 电子的性质,即染料对可见光的吸收主要是由其分子中的 π 电子运动状态所决定的。有机化学电子理论认为,原子间化学键的性质、电子流动性和激化能的关系、分子结构与颜色的关系存在某些规律:

1. 共轭双键系统

染料分子都具有共轭双键系统,共轭双键越多,染料的最大吸收波长 λ_{max} 向长波方向移动,即为深色效应:

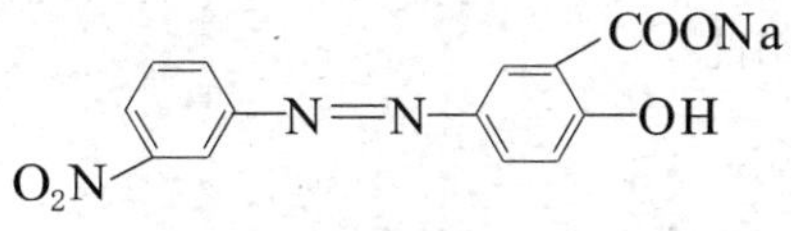

黄色 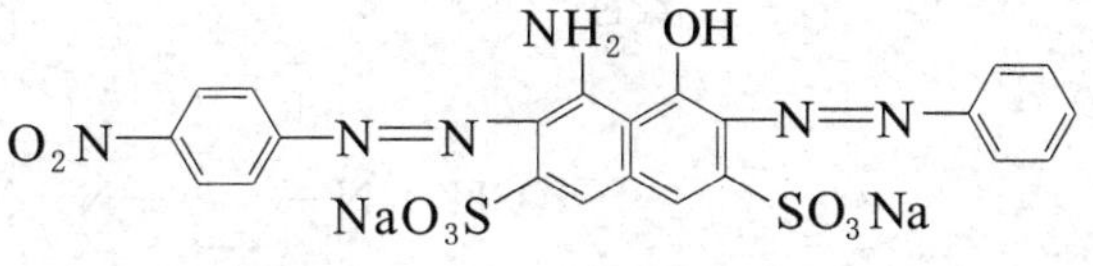   蓝色

共轭体系越长颜色越深,芳环越多,共轭体系也越大,电子叠合轨道越多,越容易激发,激发能降低,颜色越深。从表 15-3 可以看出几种芳烃结构与颜色的关系。

表 15-3 芳烃结构与颜色的关系

结　构	颜色	λ_{max}（nm）	$lg\varepsilon_{max}$
 （苯）	无色	200	3.65
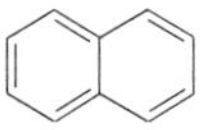 （萘）	无色	285	3.75
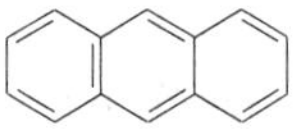 （蒽）	无色	384	3.8
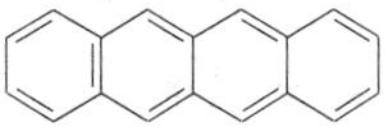 （并四苯）	橙色	480	4.05
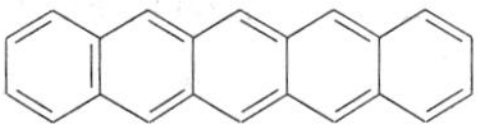 （并五苯）	紫色	580	4.1

2.取代基的影响

共轭体系中引入供电子取代基如 NH_2、OH 时,基团的孤对电子与共轭体系中的 π-电子相互作用降低了分子激化能,使颜色加深,吸电子取代基如 NO_2、C＝O 等在共轭系统中吸引电子,也加深了染料的颜色。例如:

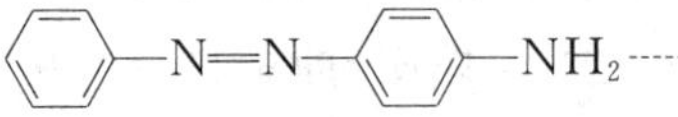

（结构：苯—N＝N—苯—NH_2）黄色 ------ （NaO_3S—苯—N＝N—苯—$N(CH_3)_2$）橙色

（结构：H—苯—N＝N—萘，OH OH，NaO_3S，SO_3Na）红色 ------ （O_2N—苯—N＝N—萘，OH OH，NaO_3S，SO_3Na）紫色

（结构：$(CH_3)_2N$—苯—N＝N—萘，OH OH，NaO_3S，SO_3Na）红紫色

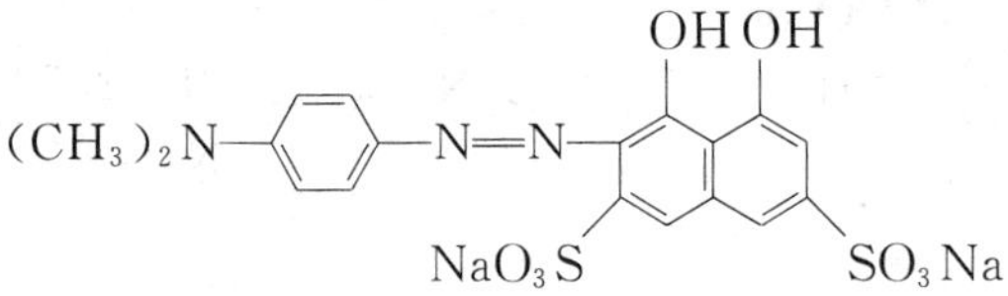

在染料分子中共轭系统两端同时存在供电子和吸电子取代基时,深色作用更明显。例如:

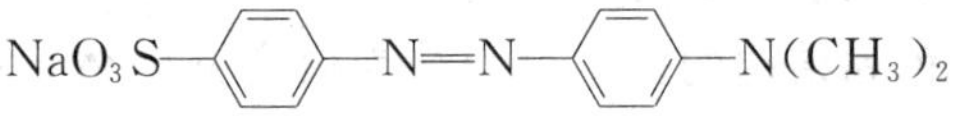

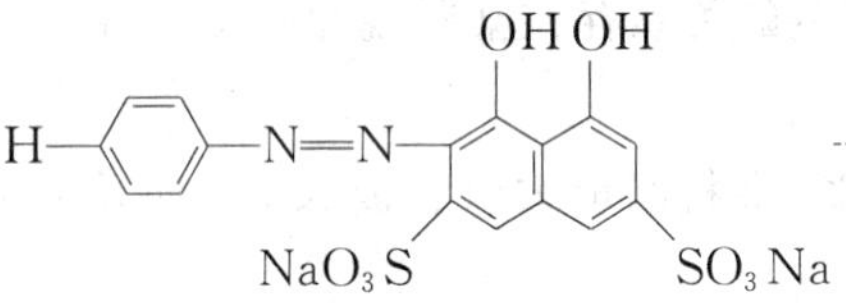

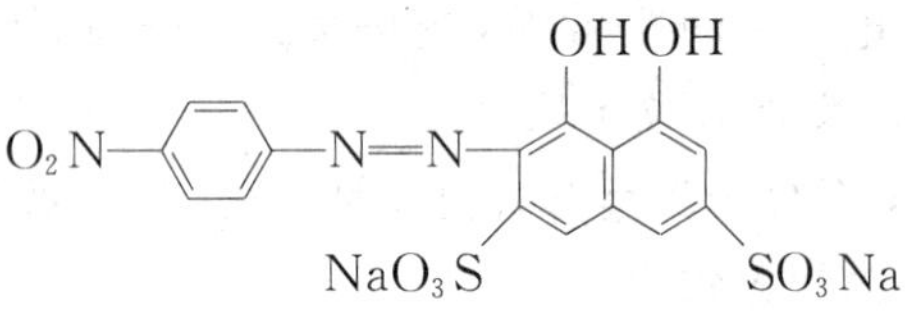

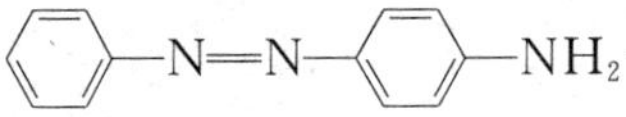

（结构：苯—N＝N—苯—NH_2）黄色 ------ （O_2N—苯—N＝N—苯—NH_2）红色

（结构：苯—N＝N—苯—N(C_2H_5)(C_2H_4CN)）黄色 ------ （O_2N—苯(Cl)—N＝N—苯—N(C_2H_5)(C_2H_4CN)）紫色

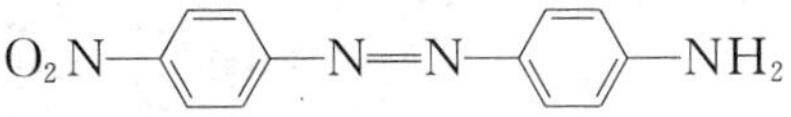

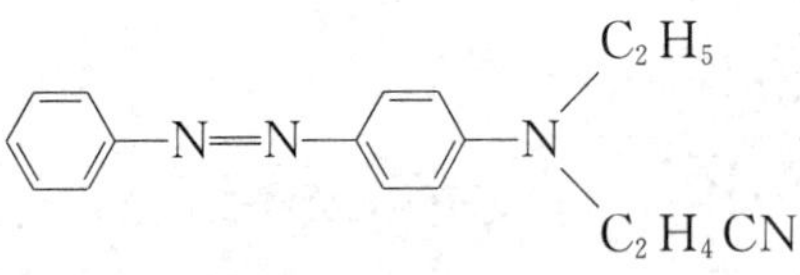

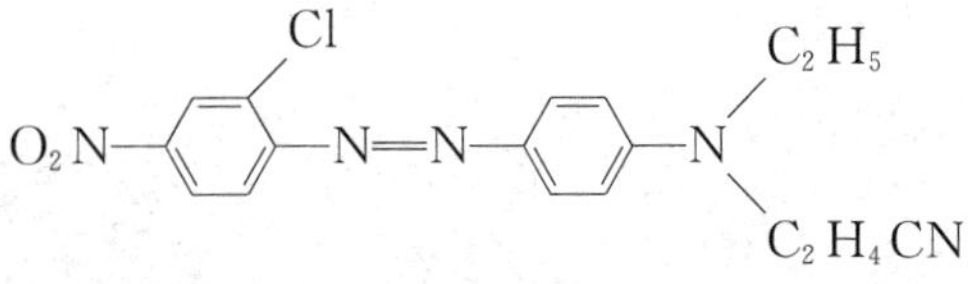

靛族染料分子的共轭体系的 N 原子上引入甲基或乙基,增强了 N 原子的供电性,使颜色加深。如:

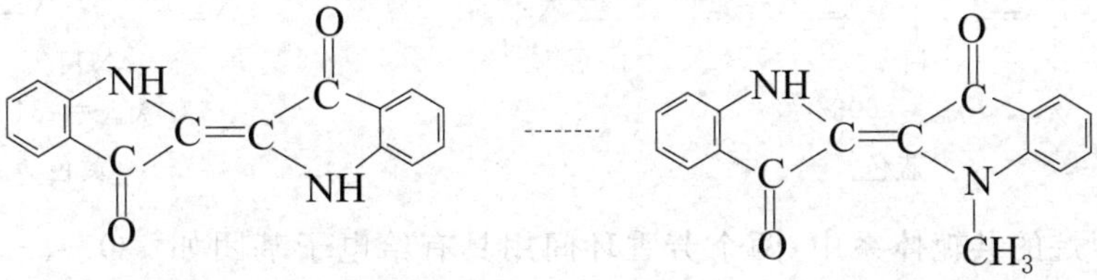

$\lambda_{max}=605$ 橙色 ——————— $\lambda_{max}=644$ 红色

在供电子基与吸电子之间能形成氢键时,则深色效应更为显著。如:

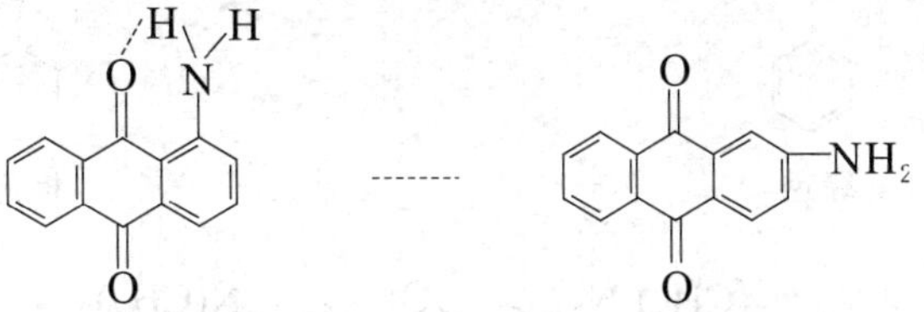

$\lambda_{max}=465$ 青色 ——————— $\lambda_{max}=416$ 紫色

3.分子的离子化

有机物分子中含有供电基或吸电基时,能引起吸收峰向长波方向或短波方向移动,这种现象与介质的性质、取代基的性质及其在共轭体系中的位置有关,在含有吸电基 $C=O$、$C=NH$ 的分子中,当介质酸性增强时,分子转变成阳离子,增强了吸电子性,使颜色加深。例如:

$$\begin{array}{c}C=O + H^+ \longrightarrow \begin{array}{c}\end{array} C=OH^+ \qquad \begin{array}{c}\end{array} C=NH + H^+ \longrightarrow \begin{array}{c}\end{array} C=NH_2^+\end{array}$$

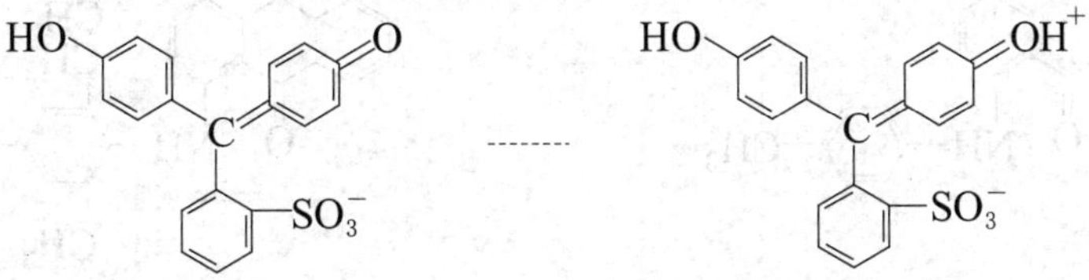

黄色 ——————— 红色

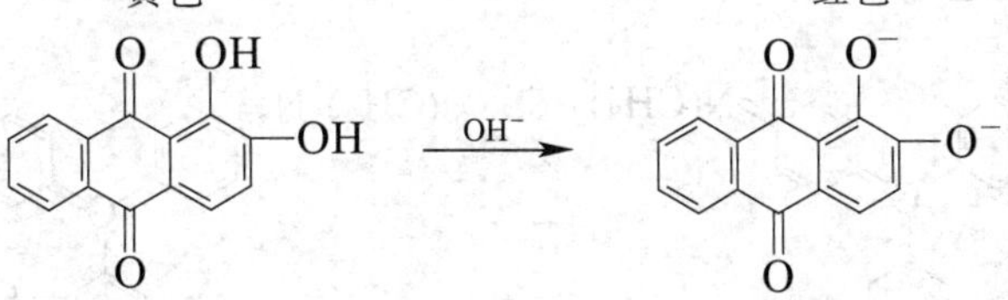

黄色 红色

4.共轭系统的"受阻"现象

已知共轭系统的长度越长,激发能越低,在共轭体系的两端连接供电子和吸电子基团,也能降低激发能,最大吸收波长变长,发生深色效应。若在共轭体系中插入另一供电子基团

时,则共轭系统有"受阻"现象发生,使吸收光谱向短波方向转移。例如:

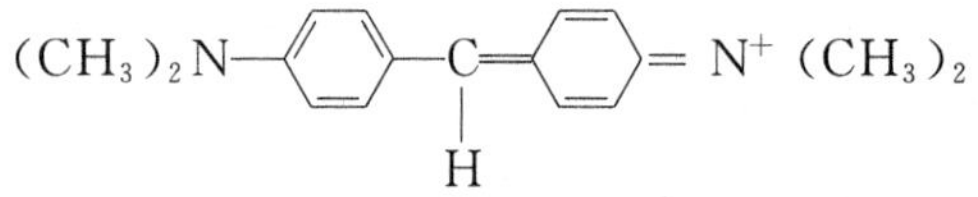

$$(CH_3)_2N\text{—}\bigcirc\text{—}C\text{=}\bigcirc\text{=}N^+(CH_3)_2 \cdots (CH_3)_2N\text{—}\bigcirc\text{—}C\text{=}\bigcirc\text{=}N^+(CH_3)_2$$

$\lambda_{max}=603$ 蓝色 　　　　　 $\lambda_{max}=434$ 黄色

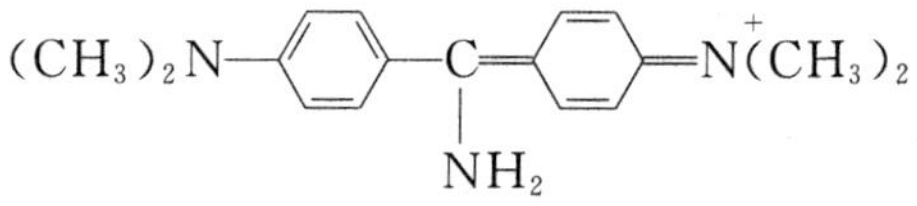

在芳甲烷的共轭体系中,两个芳香环间用具有给电子基团如—O—、—NH—、—S—等连成桥时,共轭体系也"受阻"。例如:

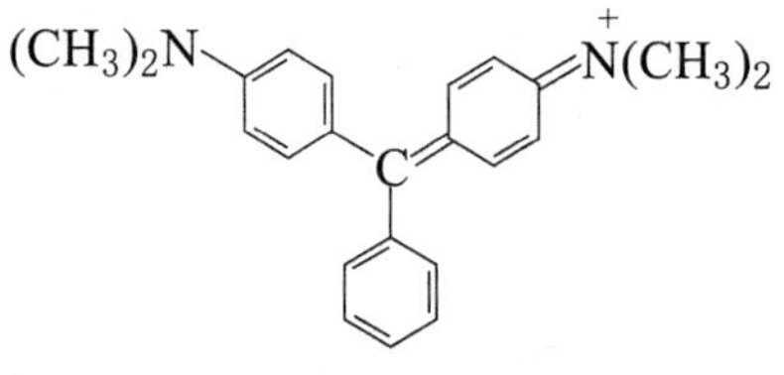

绿色 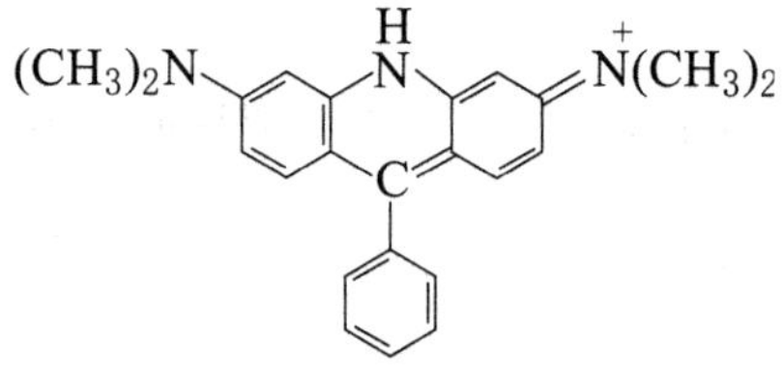　　　　　　　　　　　橙色

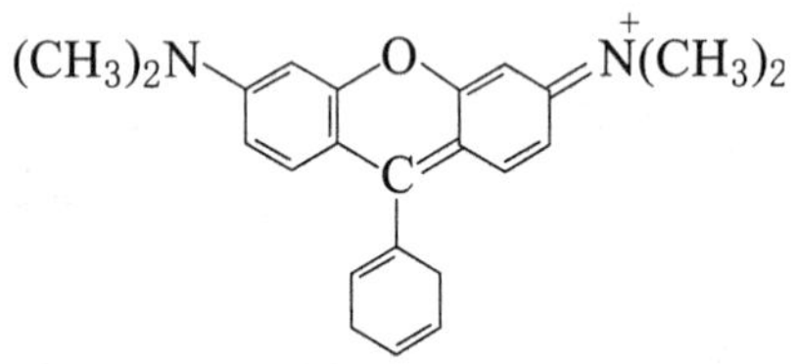

红色

5.分子的平面结构

平面结构受到破坏时,π-电子叠合程度降低,颜色变浅。例如:

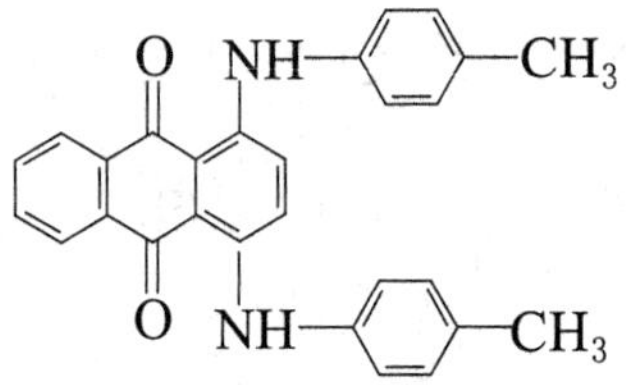

绿色 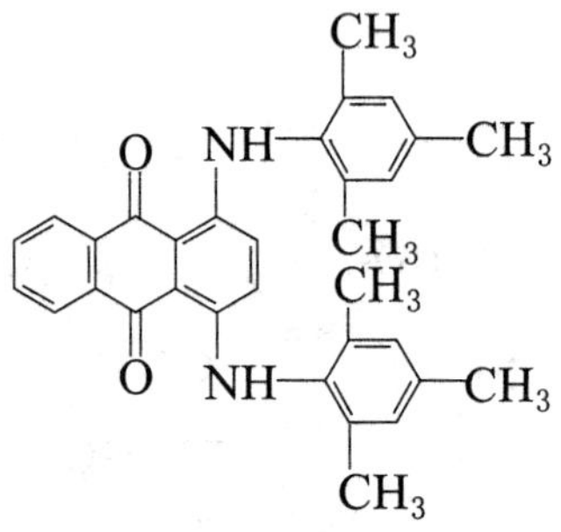　　　　--------　　　　蓝色

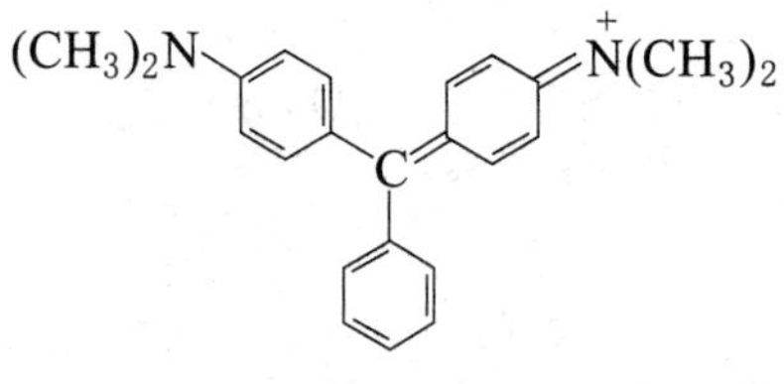

绿色 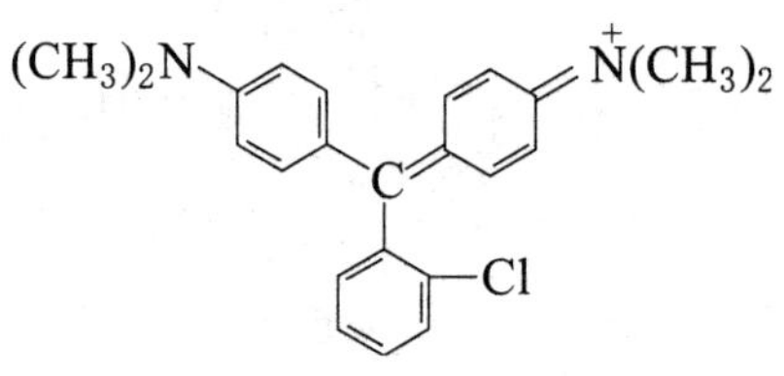　　　　--------　　　　蓝色

6.金属配合物的影响

当染料与金属形成配合物时,大多数呈稳定的五元环或六元环结构,若配位键由参与共

轭的孤对电子构成,则将影响共轭体系电子云流动,通常使颜色加深变暗。例如:

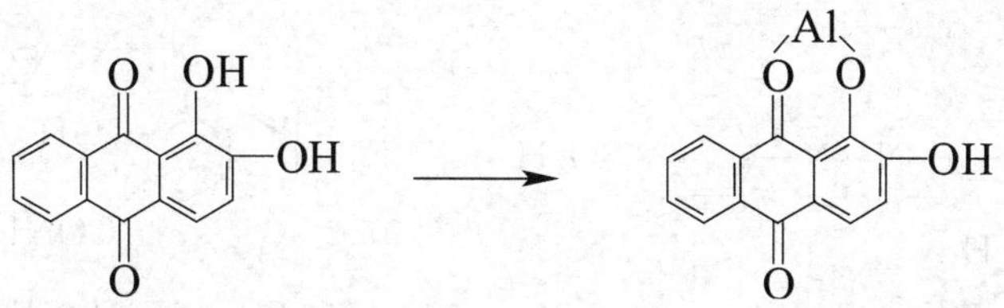

黄色   →   红色

在金属配合染料(酸性含媒染料)分子中,染料的颜色随金属原子不同而呈不同色泽,配位键由参与共轭的孤对电子构成,配合物颜色加深。例如:

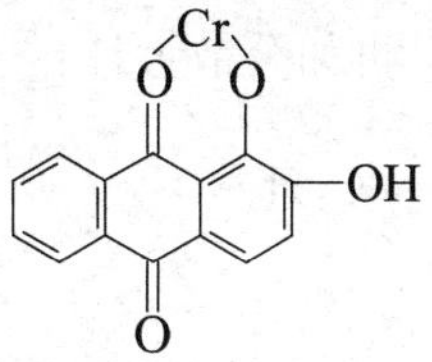

棕色 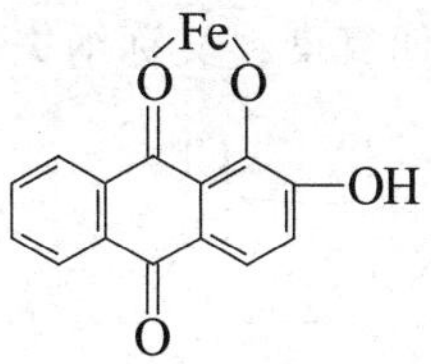   紫色

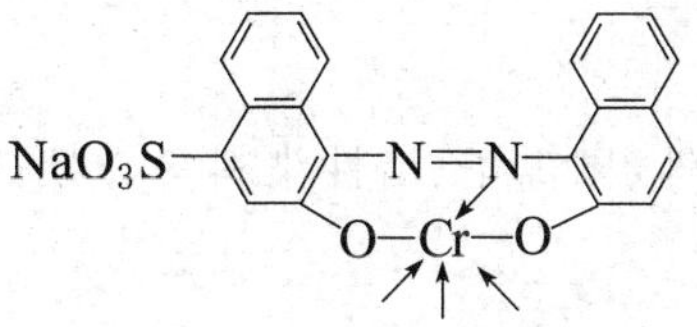

蓝黑色 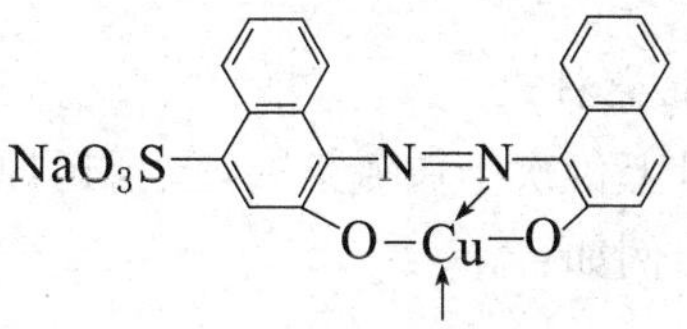   紫色

第二节　染料的分类

对于品种繁多的染料,一般有两种分类方法:一种是应用分类法,根据染料的使用方法和使用范围来分类,适用于染料应用性能的研究;另一种是化学结构分类法,根据染料共轭发色体系的结构特征来分类,即根据基本结构或共同的基团进行分类,适用于对染料分子结构和染料合成的研究。

一、按化学结构分类

这种方法是以染料分子中相同的基本化学结构或共同的基团以及染料共同的合成方法和性质进行分类的。

1. 偶氮染料

根据偶氮基的数目可分为单偶氮和多偶氮染料。占全部染料的50%以上,包括酸性、活性、阳离子、分散、冰染、直接染料等类型,以黄、橙、红、蓝等浅、中色品种居多。例如:

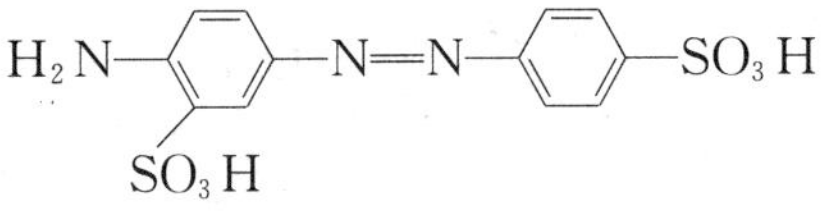

酸性黄 G

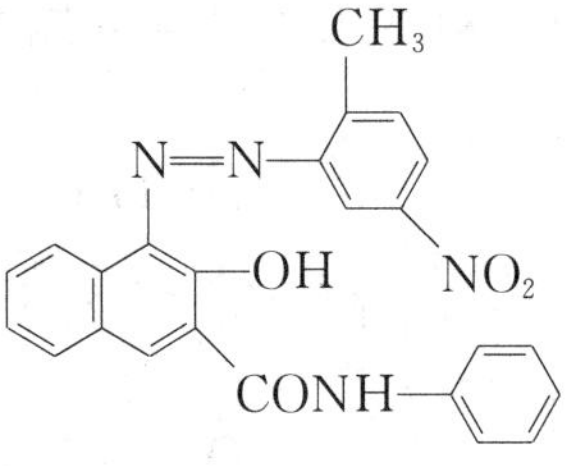

红色(不溶性染料)

该染料在织物上形成红色,染色时先将色酚 AS 溶解在烧碱液中,配成一定浓度的溶液,将棉布在此溶液中浸轧(打底),由于纤维素纤维与色酚 AS 有亲和力,就结合在一起,然后再将重氮化后的色基倒入已打好底的织物,这样就在织物上直接偶合形成了染料。不溶于水(无水溶性基团)的偶氮染料又称纳夫妥染料。再如分散大红:

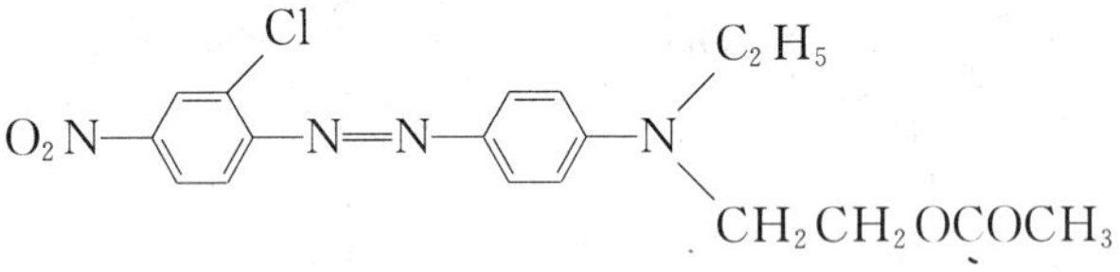

分散大红

2.蒽醌染料

在数量上仅次于偶氮染料,包括还原、分散、酸性、阳离子、活性染料等类型,颜色以中、深色较多。例如:

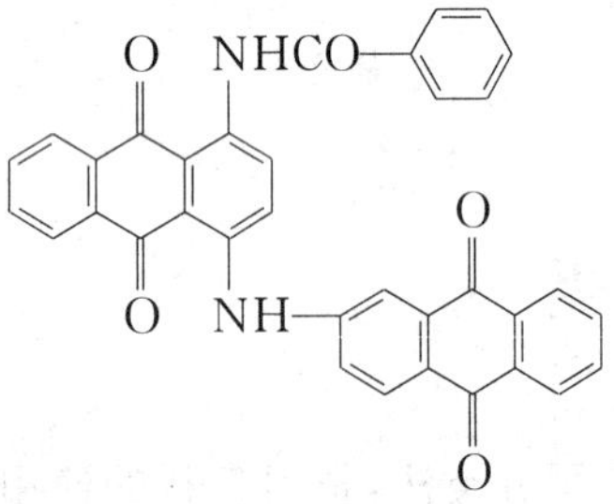

还原酱红 RK

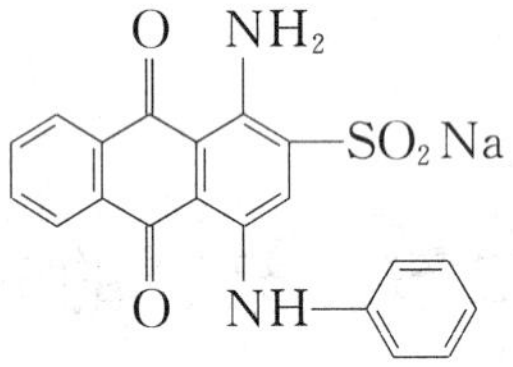

酸性蓝 A

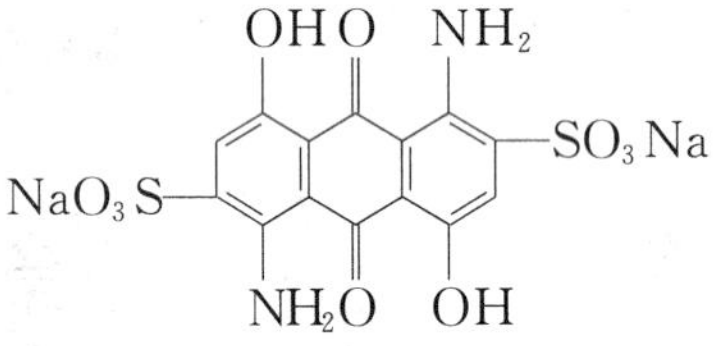

酸性蓝 SE

3.靛族染料

含有靛蓝和硫靛的结构,为还原染料。以蓝色和红色染料较多。例如:

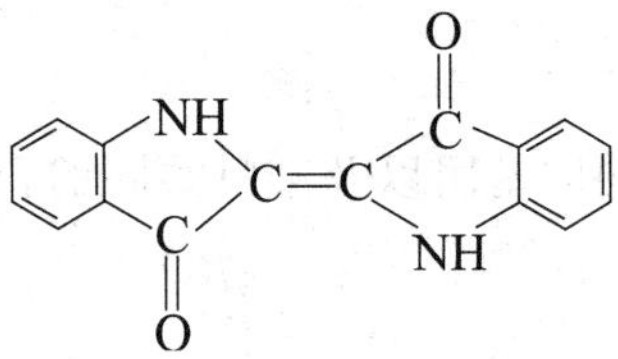

靛蓝

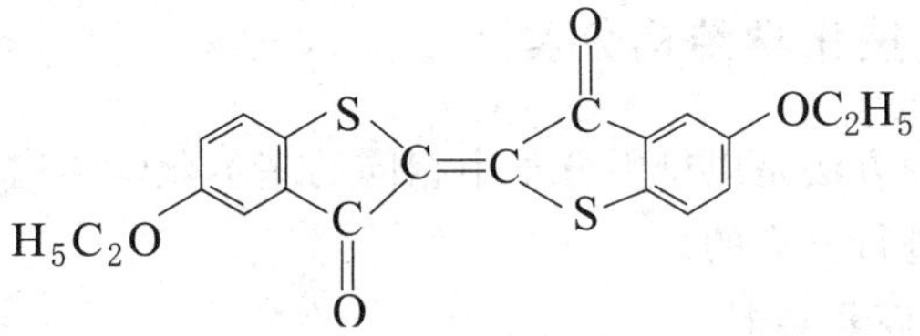

还原橙 RF

4.三苯甲烷染料

包括二苯甲烷和三苯甲烷结构,包括碱性、酸性等染料,有红、紫、蓝、绿等色谱,色泽浓艳,但日晒牢度较差。孔雀绿就是三苯甲烷染料,可染丝、羊毛等。例如:

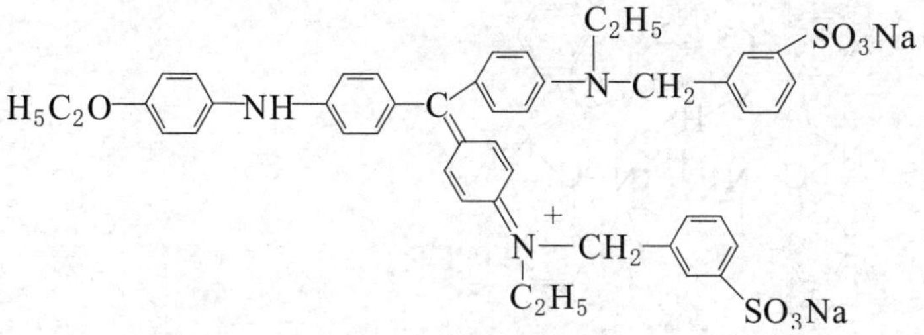

酸性艳蓝 6B

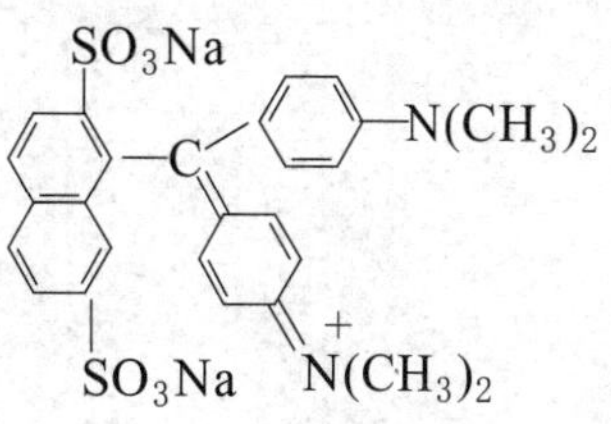

酸性绿 V

5. 反应性染料

选择色泽鲜艳,牢度较高的酸性染料为母体,然后接上活性基团染料。这类活性基在染色或印花时与纤维进行反应。

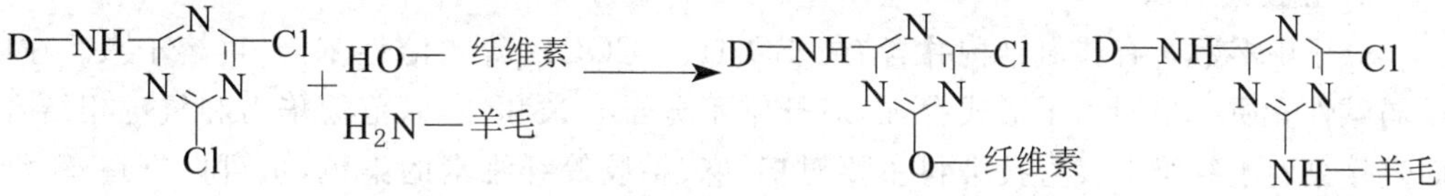

式中:D——染料母体,可以是偶氮、蒽醌、三芳甲烷、酞菁等结构。例如:

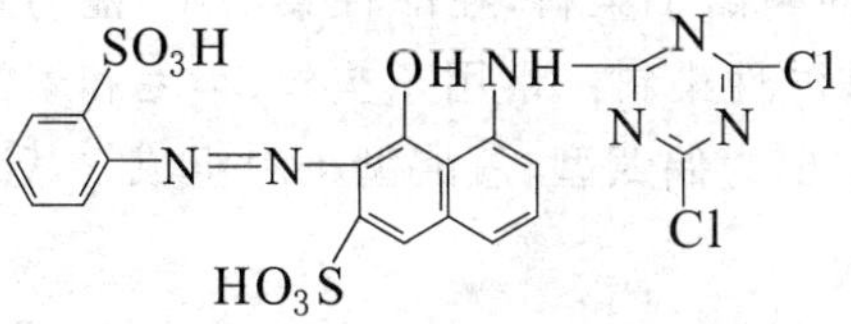

活性艳红 X—B

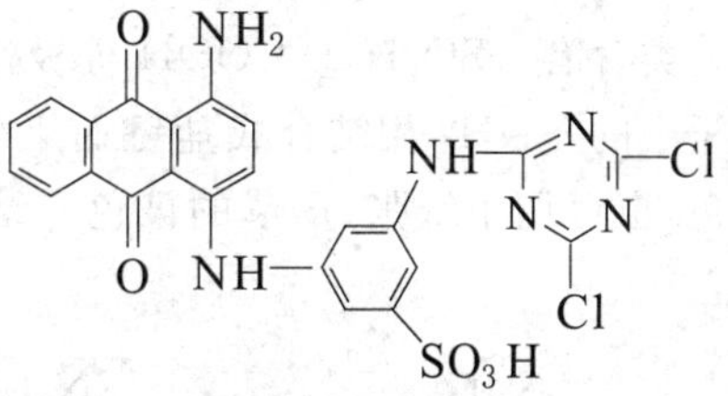

活性艳蓝 X—BR

染料分子中具有能与纤维分子中羟基、氨基发生共价键合反应的活性基团。因该类染料引入的活性基团或个数不同而形成很多小类,其每类又有其各自的特点,是目前使用最普遍、品种最多的染料之一。

6. 硫化染料

分子中含硫键,制造时用硫磺或多硫化钠进行硫化,例如:

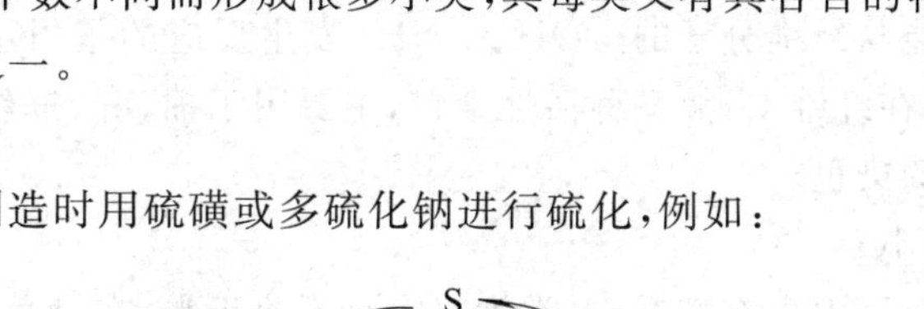

硫化黑

这类染料以黑、蓝、草绿色为多。该类染料也具有可溶性,主要应用于皮革。

7. 酞菁染料

色泽鲜艳,主要有翠绿、翠蓝两个色谱,可合成活性、直接、缩聚染料的母体。可与 Cu、Fe、Ni、Zn 等络合。例如:

293

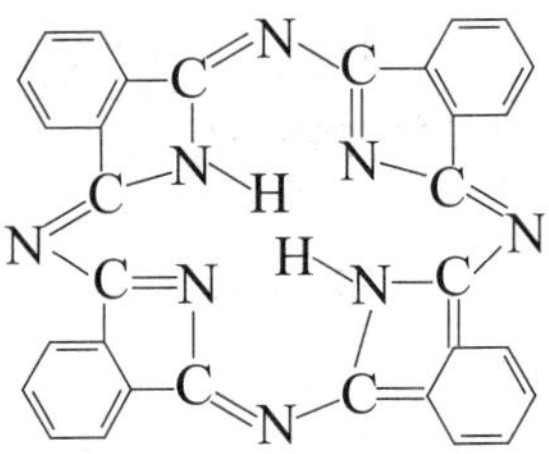

酞菁

二、按应用分类

按应用分类的主要根据是染料的应用对象、染料的染色方法、染料的应用性能以及染料与被染物的结合形式等。不论染料的化学结构如何,只要其染色性能和染色方法相同,均属同一应用类别。

1. 直接染料(direct dyes)

分子中多数含有偶氮结构并含有—SO_3H、—$COOH$ 等水溶性基团,可溶于水。在中性或弱碱性介质中呈阴离子形式存在,对纤维素分子有亲和性,以范德华力和氢键相结合,从而直接染着于纤维上。直接染料主要对棉、麻、粘胶等纤维素的染色,也可以染蚕丝、纸张、皮革等。染色方法简单,但耐晒、耐洗牢度差。

2. 酸性染料(acid dyes)

是一类含有—SO_3H、—$COOH$ 等极性基团的阴离子染料,在酸性染浴中,能与蛋白质纤维分子中的—NH_2 相结合成盐键而染着,故称酸性染料。常用于蚕丝、羊毛和聚酰胺纤维的染色,也可用于纸张、皮革的染色。结构上主要为偶氮型、蒽醌型染料组成。其染色过程如下:

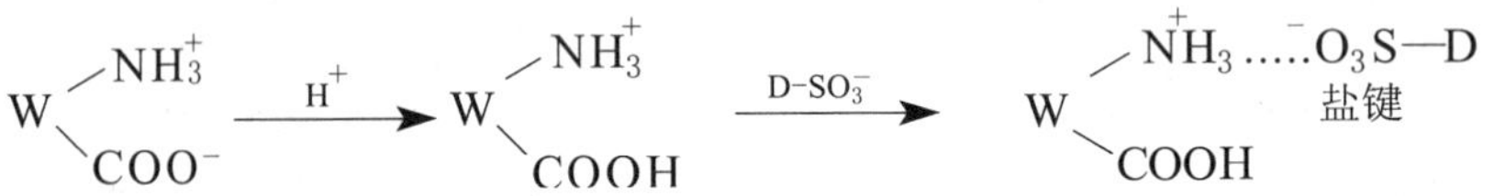

3. 反应性染料(reactive dyes)

染料分子中含有能与纤维分子的—OH、—NH_2 发生反应的基团,染色时与纤维发生共价键结合,牢固地染着在纤维上,故又称活性染料,主要用于棉、麻、蚕丝等纤维的印染,亦可应用于羊毛和聚酰胺的染色。

4. 还原染料(vat dyes)

还原染料大多数分子中含有羰基,这类染料本身不溶于水,在染色时可用还原剂如保险粉($Na_2S_2O_4$)在碱性条件下还原成可溶性的隐色体而染色,再经氧化,在纤维上恢复成原来的不溶性染料而固着。主要用于纤维素纤维的染色和印花,也可用于维纶的染色,其耐晒,耐洗牢度都很好。例如:

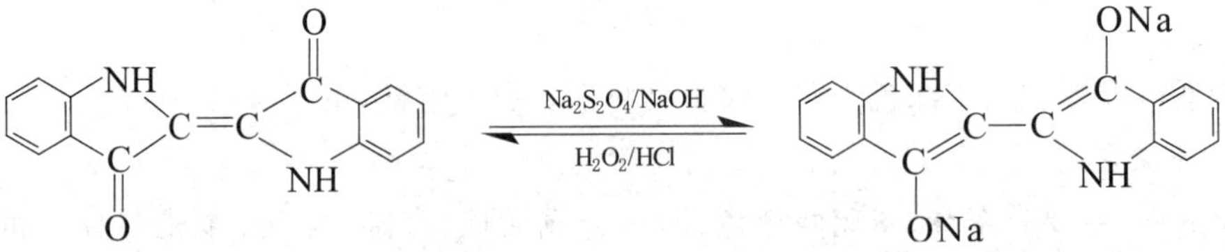

不溶于水　　　　　　　　　　　　　　　　　　　可溶于水

5. 不溶性偶氮染料(azoic dyes)

在染色过程中,不溶性偶氮染料由重氮组分和偶联组分直接在纤维上反应形成色淀而染着,主要用于纤维素纤维织物的染色和印花。因染色时需要冰,故又称冰染染料(后生染料)。例如:

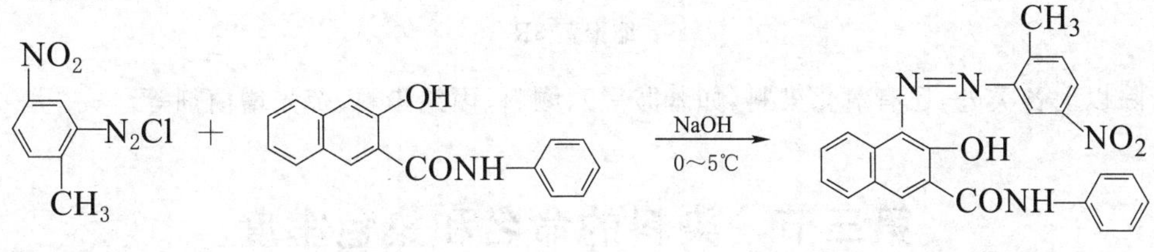

重氮盐   色酚—AS   不溶性染料(不溶于水)

6. 硫化染料(sulphur dyes)

这是一类与还原染料相似的不溶性染料,只是它们借硫化钠的还原作用,染色时将染料还原成可溶性隐色体钠盐而着染纤维上,再经氧化恢复成原来的不溶性染料染在纤维上,这类染料中黑、蓝、草绿色较多,主要用于纤维素纤维的染色,有时也用于维纶的染色,较耐洗耐晒,但色泽较暗。

7. 分散染料(disperse dyes)

分散染料分子中不含水溶性基团,是一类水溶性很小的非离子型染料。在染色时用分散剂将染料分散成极细颗粒,在染浴中呈分散状态对纤维染色,故称分散染料。主要用于化学纤维中疏水性纤维的染色。如涤纶、锦纶、醋酸纤维等。例如:

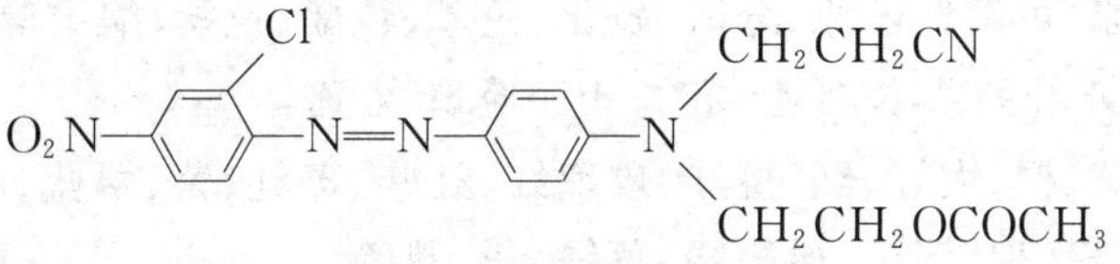

分散大红 3GFL

8. 阳离子染料(cationic dyes)和碱性染料

这类染料分子溶于水呈阳离子状态,故称阳离子染料。适用于腈纶的染色,色泽鲜艳,牢度较好。阳离子染料是在腈纶纤维出现后,由碱性染料发展形成的。

碱性染料结构中含有碱性基团,如—NH_2,—NHR 等,能与蛋白质纤维上的—COOH 成盐而直接染色,但效果不佳,现很少使用。例如:

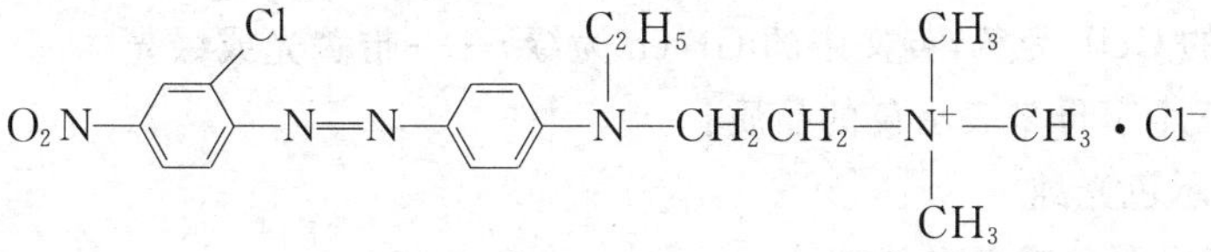

阳离子红 GTL

9. 缩聚染料(polycondensation dyes)

这类染料可溶于水,分子中含有—SSO_3Na(硫代硫酸基),染色时在纤维上脱去水溶性基团而发生分子间缩聚反应,成为分子量较大的不溶性染料而固着在纤维上,故称缩聚染料。例如:

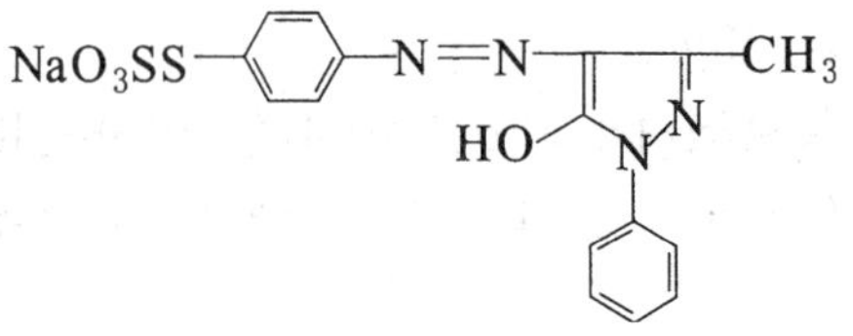

缩聚黄 3R

除以上各类外,还有氧化染料(如苯胺黑)、颜料、丙纶染料、荧光增白剂等。

第三节　染料的命名和染色牢度

一、染料的命名

染料的命名采用三段命名法,即染料的名称由三段组成。

第一段为"冠称":表示染料根据应用方法或性质分类。

第二段为"色称":表示染料色泽的名称。

第三段为"字尾"或"词尾":用符号和数字来说明色光、形态、特殊性及用途等。

1. 冠称:是根据染料的应用对象、染色方法及性能来确定的。

冠称有三十一种,如直接、直接耐晒、酸性、弱酸性、酸性络合、酸性媒染、中性、阳离子、活性、毛用活性、还原、可溶性还原、分散、硫化、色基、色酚、色盐、缩聚等。

2. 色称:表示染料的基本颜色,有三十个色泽名称:

如嫩黄、黄、深黄、橙、大红、红、桃红、玫瑰红、红紫、枣红、紫、翠蓝、湖蓝、艳蓝、深蓝、绿、艳绿、深绿、黄棕、红棕、棕、深棕、橄榄绿、草绿、灰、黑等。

色泽的形容词常用"嫩"、"艳""深"三个字。

3. 字尾(词尾):表示光及性能的字母。

(1)表示染料的色光和色的品质

常用下列三个字母来表示色光:

B(Blue)——带蓝光或青光

R(Red)——带红光

G(德文中的 Gelb 为黄,英文中的 Green 为绿)——带黄光或绿光

而用下列三个字母来表示色的品质:

F(Fine)表示色光纯

D(Dark)表示深色或色光稍暗

T(Tallish)表示深

(2)表示染料的性质和用途

采用下列符号来表示:

C(Chlorine,Cotton)——耐氯漂,棉用

K(Kalt 德文)——冷染法,国产活性染料中 K 代表热染型

L(Light)——耐光牢度,或匀染性好(Leveling)

M(Mixture)——混合物,国产活性染料中 M 代表含双活性基

P(Printing)——适用于印花

例如:

名称	冠称	色称	字尾
还原蓝 BC	还原	蓝	B、C
活性艳红 K—2BP	活性	艳红	K—2BP 高温型　适用印花

二、染色牢度

染色牢度是指染色制品在使用或在染后的加工过程中,染料(或颜料)在各种外界因素的影响下,能保持原来色泽的能力。它是衡量产品质量的重要指标之一。纺织品按照用途不同和加工过程不同,它们的牢度要求也不同。国际标准牢度协会(ISO)和美国纺织学会(AATCC)所制订的染色牢度的测试标准和评级的方法,可参阅《染料索引》中有关的介绍和《美国纺织学会技术手册》(Technical Manual of AATCC Vol. 51,1975)。我国科学技术委员会在 1964 年也先后颁布了染色织物牢度测试和评级的标准。

染色牢度基本上可分为两类:

(1)在染整加工过程中所要求的牢度有:耐漂白、耐酸、耐碱、耐缩绒、耐升华牢度等。

(2)在使用过程中所要求的牢度为:耐光、耐熨烫、耐洗、耐汗渍、耐摩擦、耐海水、耐烟褪色牢度等。

其中以耐洗、摩擦和耐光牢度的应用较为广泛。

染料在纤维上的染色牢度,虽然取决于染料的化学结构,但染料在纤维上的状态、染料与纤维的结合情况、染色方法和染色工艺条件等,对牢度也有很大影响。同一染料在不同纤维上的染色牢度有很大的差别,如靛蓝在棉纤维上耐光牢度并不高。而在羊毛上却很好。又如阳离子染料在腈纶上的水洗牢度比棉高许多。

染色方法和工艺条件,都会影响染料在纤维上所处的状态,例如不溶性偶氮染料染色的棉布,适当的皂煮可除去浮色并提高耐光牢度,但皂煮过久,染料聚集加剧,便会引起摩擦牢度的下降。

染色牢度的评级除耐光牢度外,一般都采用与标准《评定变色用灰色样卡》(GB250－1995)和标准《评定沾色用灰色样卡》(GB251－1995)相比较的方法评定,它们都由灰色标样制成,分为 5 个等级,分别代表原样与试样相对的变化程度和标准白色纺织品试验前后相对的褪色或沾色程度。

耐光牢度的评定按国家标准《纺织品耐光和耐气候色牢度蓝色羊毛标准》(GB730－1998)评定,蓝色标准样是按规定深度的 8 种染料染在羊毛哔叽织物上制成的。耐光牢度共分 8 级,1 级褪色最严重或完全被破坏,表示耐光牢度最差,8 级为不褪色或褪色不易察觉,耐光牢度最好。

习　题

1. 什么是染料？染料的命名是如何分段的？

2. 简述反应性染料、酸性染料、还原染料和不溶性染料的染色原理。

3. 试说明下列染料按结构分类和应用分类各属于哪一种染料？可用于染哪些纤维？

(1)

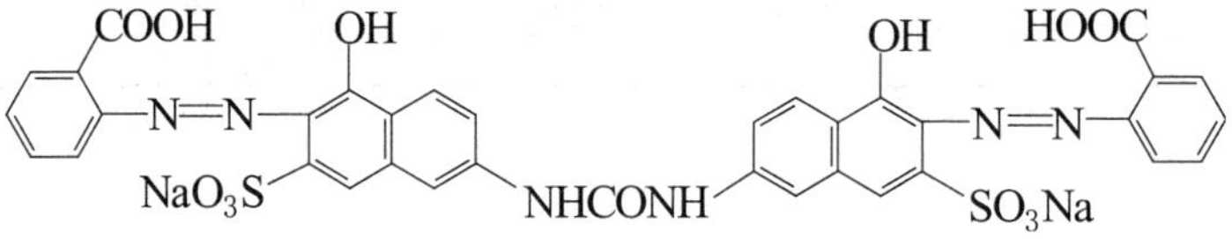

(2)

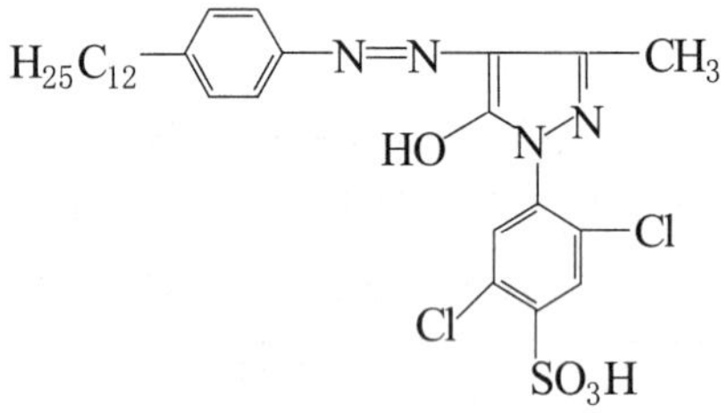

(3)

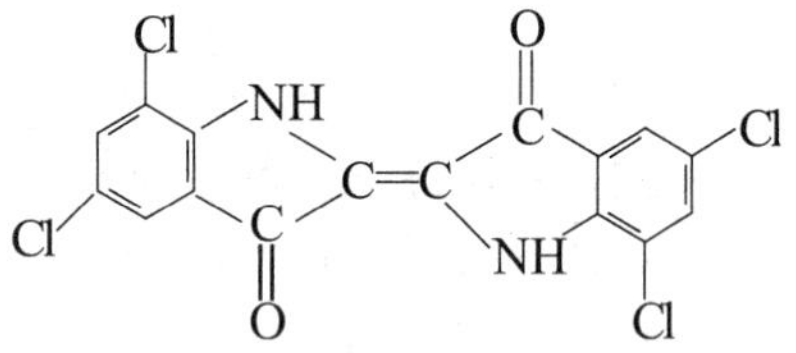

(4)

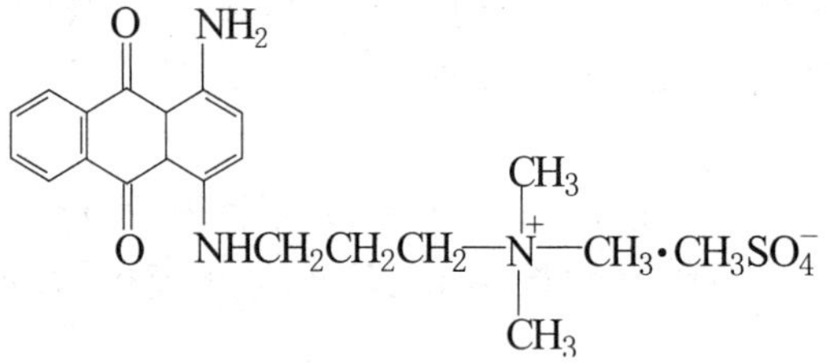

(5)

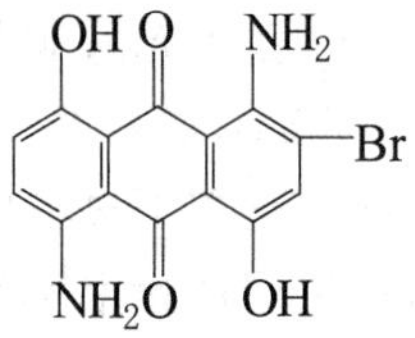

(6)

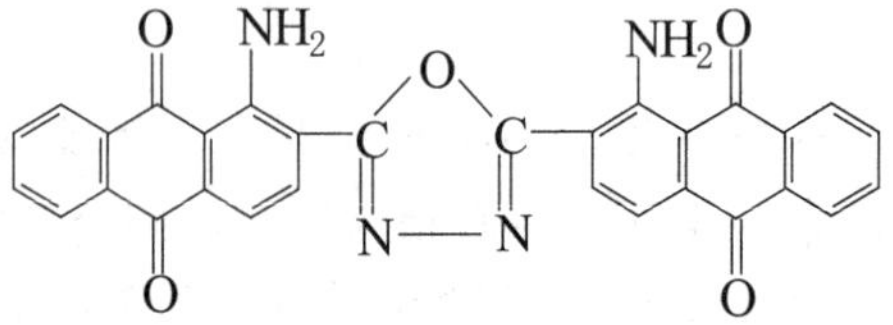

(7)

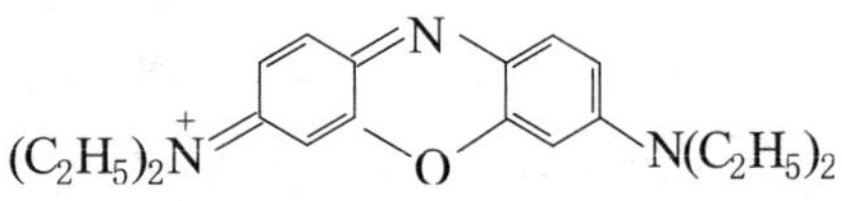

(8)

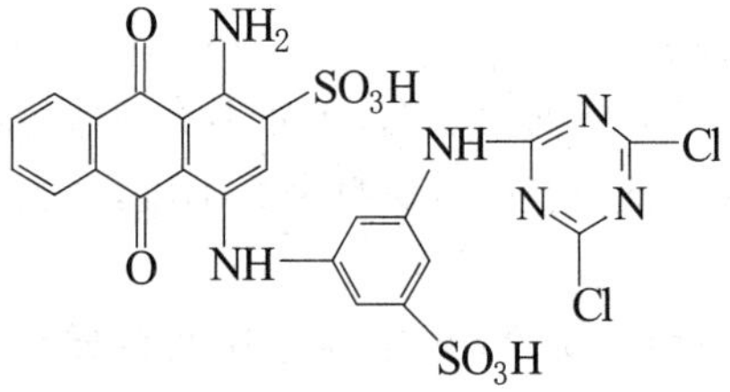

(9)

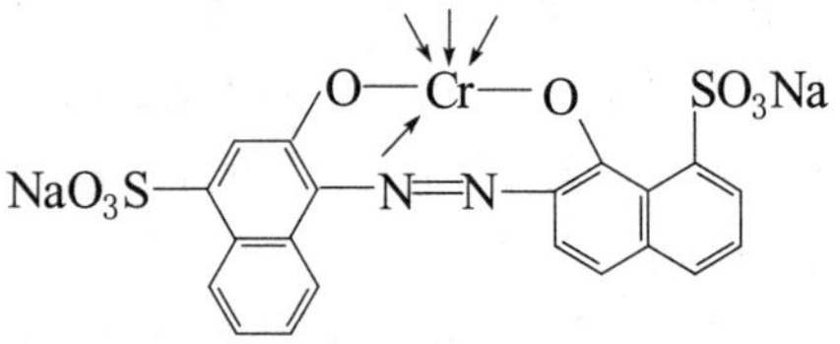

(10)

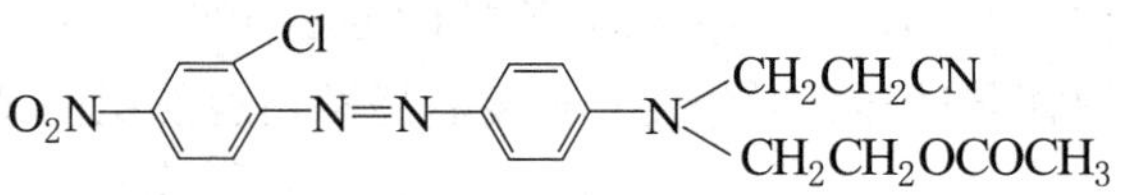

第十六章　高分子化合物及合成纤维

高分子化合物与人类的物质生活密不可分。人穿着的各种衣物大都是由高分子材料制成的,布绸呢绒、毛线皮革无一不是高分子材料。本章主要讨论高分子化合物的基本概念、基本合成方法、结构与物理性能以及纺织用的几种合成纤维的结构、性能和应用。

第一节　高分子化合物

一、高分子化合物的组成

高分子化合物(macromolecule)是由许多相同的、简单的结构单元通过共价键重复连接而成的大分子。所以又称高聚物(highpolymer)或聚合物(polymer)。高分子化合物最突出的特征是相对分子质量大,但化学组成一般比较简单,例如聚氯乙烯分子是由许多氯乙烯分子聚合而成:

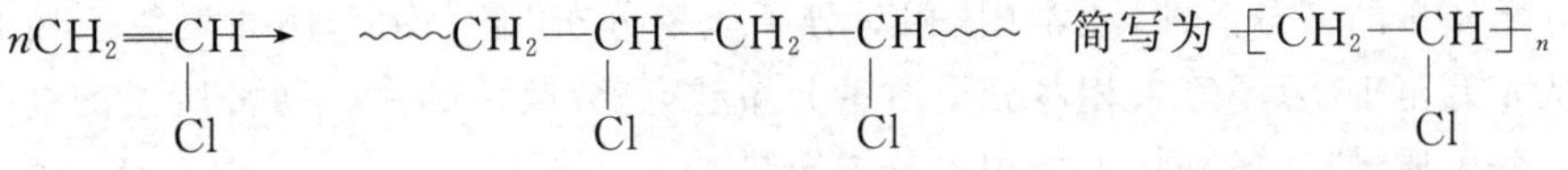

$$n\text{CH}_2\!=\!\text{CH} \longrightarrow \sim\!\sim\!\sim\!\text{CH}_2\!-\!\text{CH}\!-\!\text{CH}_2\!-\!\text{CH}\!\sim\!\sim\!\sim \quad 简写为 \ \text{+CH}_2\!-\!\text{CH+}_n$$

氯乙烯(单体)　　　　　聚氯乙烯　　　　　重复结构单元(链节)

像氯乙烯这样能聚合成高分子化合物的小分子化合物称为单体(monomer)。组成高分子化合物的重复结构单元(如聚氯乙烯中的$-\text{CH}_2-\text{CHCl}-$)称为链节(chain unit)。重复结构单元数目(或链节数)n称为聚合度(degree of polymerization)。聚合度是衡量高分子相对分子质量大小的一个指标。

由一种单体聚合而成的高聚物称为均聚物(homopolymer),如聚氯乙稀、聚苯乙烯、尼

龙-6($\text{+CCH}_2(\text{CH}_2)_4\text{NH+}_n$,其中C上连O)等;由两种以上单体共聚而成的高聚物称为共聚物(copolymer),如尼龙-66($\text{+NH}(\text{CH}_2)_6\text{NHCO}(\text{CH}_2)_4\text{CO+}_n$)的单体为己二胺和己二酸。

二、高分子化合物的特性

1. 相对分子质量大

相对分子质量大(见表16-1)是高分子化合物的最主要的特征,是同小分子化合物最根本的区别,也是高分子化合物具有各种独特性能,如相对密度小、强度大,具有高弹性和可塑

299

性等的基本原因。由于相对分子质量大,分子间的相互作用力大大超过了分子链中化学键的离解能,所以这种化合物常温下一般为固体,加热不熔化,继续加热,则裂解或碳化。在外力的作用下分子链不易滑动,表现出较大的机械强度和弹性,经抽丝或制模或浇注可做成各种合成材料,表现出可塑性。它们通常较难溶解,甚至不溶,溶解往往需要溶胀。其溶液的粘度比同质量浓度的低分子物质要高数十倍,甚至数百倍,相对分子质量大越大,粘度越大。所以,常利用相对分子质量与粘度的关系测定高分子化合物的相对分子质量。

表 16-1　某些高分子化合物的相对分子质量

天然高分子化合物		合成高分子化合物	
名　称	相对分子质量	名　称	相对分子质量
直链淀粉	$1 \times 10^4 \sim 8 \times 10^4$	聚氯乙烯	$4 \times 10^4 \sim 16 \times 10^4$
丝蛋白	约 15×10^4	尼龙-66	$2 \times 10^4 \sim 2.5 \times 10^4$
天然纤维素	约 57×10^4	聚苯乙烯	$8 \times 10^4 \sim 30 \times 10^4$
天然橡胶	$20 \times 10^4 \sim 50 \times 10^4$	有机玻璃	$5 \times 10^4 \sim 14 \times 10^4$

2.多分散性

(1)相对分子质量的多分散性

高分子化合物在形成过程中,由于各种原因,致使所形成的高分子物的相对分子质量并不完全相同。即高分子化合物是由许多具有相同链节结构、不同聚合度的同系物组成的混合物,这种特点称为高分子化合物相对分子质量的多分散性。

相对分子质量的多分散性,通常用"相对分子质量分布"来表示。例如聚氯乙烯的相对分子质量从 4 万至 16 万不等。相对分子质量分布越宽,分散性越大。通常所说的高分子化合物的相对分子质量,一般是指平均相对分子质量。

相对分子质量相同的高分子,其分散性也不一定相同。由于分散性不同,高分子的性能可以有很大的差异。一般说来,分散性越大即相对分子质量分布越宽,低组分越多,则这种高分子的机械性能越差。例如,纤维素的相对分子质量可高达数百万,但若其中所含相对分子质量在 10000 以下的短链分子占多数时,则纤维的强度很低,不宜用作纺织材料。可见相对分子质量不能完全反映聚合物的性能,还要看相对分子质量的多分散性。

(2)结构和化学组成的多分散性

以聚氯乙烯为例,合成聚氯乙烯分子时,除形成(Ⅰ)式结构外,还存在少量的(Ⅱ)、(Ⅲ)等等之类的结构。所以高分子物在结构和化学组成上具有多分散性,而不象小分子那样具有固定的原子组成和结构。高分子物在结构和化学组成上的多分散性,对高分子的性能如弹性等也是有影响的。

$$\cdots CH_2-CH-CH_2-CH-CH_2-CH-CH_2-CH\cdots$$
$$\qquad\quad | \qquad\qquad | \qquad\qquad | \qquad\qquad |$$
$$\qquad\quad Cl \qquad\quad Cl \qquad\quad Cl \qquad\quad Cl$$

（Ⅰ）头尾相连

```
----CH₂—CH—CH—CH₂—CH₂—CH—CH₂—CH----
         |    |              |          |
         Cl   Cl             Cl         Cl
```

（Ⅱ）头头相连或尾尾相连

```
                          CH₂Cl
                          |
                          CH₂
                          |
----CH₂—CH—CH—CH₂—CH₂—C—CH₂—CH----
         |    |              |          |
         Cl   Cl             Cl         Cl
```

（Ⅲ）支化

3. 复杂分子链的几何形状

高分子链的几何形状主要有线型（链型）、支链型和体型（交联型或网型）三种，如图 16-1。

线型高分子是线状的长链分子，它们的长度往往是直径的几万倍，分子的长链可能比较舒展，也可能卷曲成团，所以又可分为无规则线团状、螺旋状、直线状、折叠片状。支链型高分子其主链上连接着长短不一的支链而成树型。交联型是以化学键相互连接成三维网状。

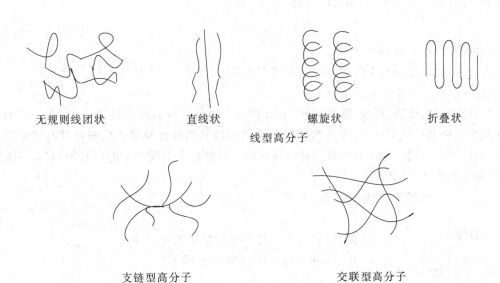

无规则线团状   直线状   螺旋状   折叠状

线型高分子

支链型高分子   交联型高分子

图 16-1　高分子化合物的各种几何形状

分子链的几何形状和高分子的性质有密切关系。支链型与线型相比，由于分子间排列疏松，分子间作用力较弱，溶解度较大，而密度、软化温度和机械强度较低。一般说来，线型高分子可以被某些溶剂溶解，也可以熔融，硬度和脆性较小。体型高分子由于没有独立的大分子存在，故没有弹性和可塑性，不能溶解，也不能熔融，只能溶胀，硬度和脆性较大。因此，用来制造纤维的，一般都是线型或分支程度较小的支链型结构高分子物。

三、高分子化合物的分类和命名

1. 高分子化合物的分类

高分子化合物种类极其繁多，至今仍在不断增加。因此，有必要加以分类使之系统化，以便于研究和讨论。

(1)按来源分类

高分子化合物分为天然、半天然、人工合成三大类。天然的高分子化合物如淀粉、蛋白质、石墨等。半天然的高分子化合物是天然的高分子化合物经化学改性而得的，如粘胶纤维、醋酸纤维等。人工合成的高分子化合物如塑料、合成橡胶、合成纤维等。

(2)按主链结构分类

可分为碳链、杂链、元素高分子化合物三类。

碳链高分子化合物的主链全部由碳原子组成，例如聚乙烯 $\mathrm{-\!\!\!\left[CH_2-CH_2\right]\!\!\!-_n}$ 等聚烯烃类。杂链高分子化合物的主链除碳原子外，还有氧、硫、氮等杂原子，如尼龙-66：$\mathrm{-\!\!\!\left[NH(CH_2)_6NHCO(CH_2)_4CO\right]\!\!\!-_n}$等。元素高分子化合物的主链不含碳原子，只含硅、铝、硼等元素，但侧基是有机基团，如聚硅氧烷 $\mathrm{-\!\!\!\left[\overset{R}{\underset{R}{Si}}-O\right]\!\!\!-_n}$ 。

(3)按高分子几何形状分类

可分为线型(链型)、支链型、交联型(网型或体型)三类，见图 16-1。

(4)按性能和用途分类

可分为塑料、橡胶、纤维、感光材料、粘合剂等。塑料是具有可塑性的物质，在一定的温度和压力下可制成成型材料，按其热性能分为热塑性和热固性两类。橡胶是具有可逆形变的高弹性高分子材料，分为天然橡胶和合成橡胶。纤维是纤细而柔韧的丝状物，具有一定的长度、强度和弹性，分类如下：

- 纤维
  - 天然纤维：如棉、麻、丝、毛等
  - 化学纤维
    - 再生纤维：将天然高分子经化学加工重新抽丝制成的纤维，如醋酸纤维等
    - 合成纤维：由合成高分子抽丝制成的纤维，如涤纶，腈纶等

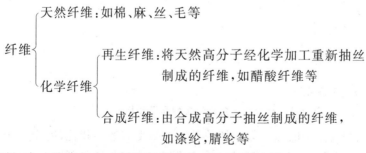

塑料、合成橡胶与合成纤维通常称作三大合成材料。

此外还可以按聚合反应机理、高分子化合物的热性能分类。每种分类方法都有一定的依据，但又都不能全面概括，至今还未找到一种最完善的分类方法。

2. 高分子的命名

高分子化合物有许多命名方法，但是尚无一个统一的命名规则。IUPAC 命名法太冗长，至今未被普遍采用。

（1）习惯命名法

天然高分子化合物大多用习惯命名法，如淀粉、纤维素、蛋白质等。许多合成高分子化合物使用商品名称，如涤纶（聚对苯二甲酸二乙二醇酯）、腈纶（聚丙烯腈）、丙纶（聚丙烯）等。这种命名方法简单，但不能反映高分子化合物的结构特点，而且不同国家对同一种高分子化合物命名不同。如聚 ω-己内酰胺，我国叫锦纶，欧美叫尼龙-6，日本叫耐纶。

（2）根据原料命名

在原料单体的名称前冠以"聚"字，如聚乙烯、聚苯乙烯等。由两种以上单体形成的共聚物有时也用此法命名，如聚对苯二甲酸二乙二醇酯、聚己二胺己二酸等。

对于某些结构复杂的高分子化合物，则按其原料泛称为酚醛树脂、脲醛树脂等。

（3）按化学结构命名

一般要指出高分子链中的特性基团，如链中含 $-\overset{\overset{O}{\|}}{R}COR'-$ 则称聚酯，含 $-\overset{\overset{O}{\|}}{R}CNHR'-$ 则称聚酰胺，含 $-ROR'-$ 则称聚醚等。

（4）有些合成高分子化合物还常用英文名称的缩写来表示，如 PVA 为聚乙烯醇（polyvinyl alcohol），PET 为聚对苯二甲酸乙二酯（polyethylene terephthalate）等。

第二节　高分子化合物的合成方法

低分子单体合成高分子的反应称为聚合反应。合成高分子化合物的化学反应可以分为两大类，即加成聚合反应（加聚反应）和缩合聚合反应（缩聚反应）。

一、加聚反应

由不饱和低分子相互加成，生成高分子化合物的反应称加成聚合反应，简称加聚反应。例如：

$$n\text{CH}_2=\overset{\overset{}{|}}{\underset{A}{\text{CH}}} \longrightarrow \left[\text{CH}_2-\overset{\overset{}{|}}{\underset{A}{\text{CH}}}\right]_n$$

式中：A＝H、Cl、CN、R、Ar 等。

在加聚反应中没有其他物质析出，生成的高分子化合物和单体具有相同的化学组成。

仅由一种单体进行的加聚反应称**均聚反应**，得到的聚合物为均聚物。

由两种或两种以上的单体进行的加聚反应称**共聚反应**，得到的聚合物为共聚物。例如 1,3-丁二烯和丙烯腈加成聚合生成丁腈橡胶，反应如下：

$$m\text{CH}_2=\text{CH}-\text{CH}=\text{CH}_2 + n\text{CH}_2=\underset{\text{CN}}{\overset{\overset{}{|}}{\text{CH}}} \longrightarrow$$

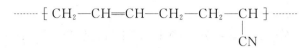

$$\cdots\cdots \{CH_2{-}CH{=}CH{-}CH_2{-}CH_2{-}CH\} \cdots\cdots$$
$$| $$
$$CN$$

丁腈橡胶

共聚物与相应的均聚物的性质如软化点、溶解性、结晶度、强度等都有不同程度的差异。利用共聚反应可改善聚合物的性能。例如：由丁二烯聚合制得的聚丁二烯橡胶耐油性较差，而由丁二烯和丙烯腈共聚制得的丁腈橡胶具有良好的耐油性。

二、缩聚反应

由含有两个或两个以上官能团的单体相互缩合，析出水、卤化氢、氨或醇等低分子副产物而生成高聚物的反应称缩合聚合反应，简称**缩聚反应**。得到的聚合物称缩聚物。

例如：由己二胺和己二酸脱水缩合，聚合生成的聚己二酰己二胺（尼龙-66）的反应是缩聚反应。生成的聚己二酰己二胺被称做缩聚物。

$$n H_2N(CH_2)_6NH_2 + n HOOC(CH_2)_4COOH \longrightarrow$$

$$H\{NH(CH_2)_6NHCO(CH_2)_4CO\}_nOH + (2n-1)H_2O$$

尼龙-66

如果单体含有两个以上官能团时，大分子可向三个方向增长得到体型结构的缩聚物。如醇酸树脂和酚醛树脂等。

三、开环聚合

开环聚合是环状化合物经过开环和聚合而生成线型高聚物的过程。例如：环酰胺开环聚合得到聚酰胺。

$$n \begin{pmatrix} NH{-}CO \\ (CH_2)_x \end{pmatrix} \longrightarrow \{HN\{CH_2\}_x CO\}_n$$

反应过程中，并无低分子副产物放出，生成的聚合物和原料单体的组成相同，体系没有新键形成，只是键的连接顺序发生了变化。

能发生开环聚合的环状化合物，大多数含有杂原子。开环反应的能力与环的热力学稳定性有关（即环的大小）。开环聚合在工业上已经得到应用。例如己内酰胺在高温及引发剂的存在下，能发生开环聚合反应生成聚己内酰胺（尼龙-6）。

第三节　高分子化合物的化学反应

高分子化合物的化学反应，是指高分子主链或支链上所发生的化学反应。

在大多数情况下，高分子化合物的化学反应，不是一个分子整体参加，而只是大分子链中个别链节或支链上的官能团发生的局部反应。尤其是多相反应时，局部反应的特征更为显著,并且反应程度也不同。一般说来,小分子可发生的反应,相应的高分子化合物也能进行。例如,聚丙烯腈水解时,大分子链上的氰基会有不同的水解。

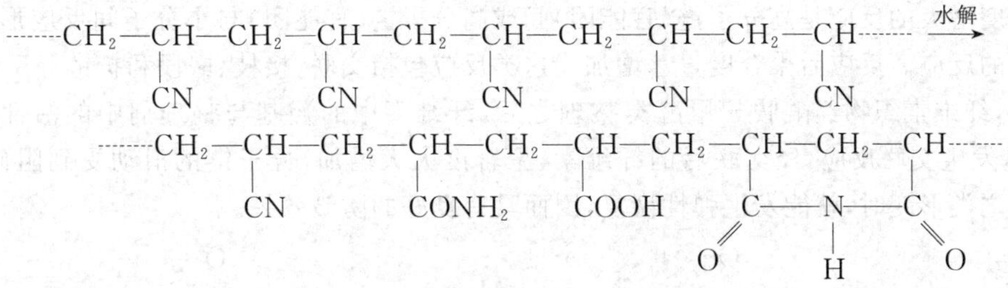

再如,苯能发生磺化反应,而聚苯乙烯和浓硫酸作用时,苯环上也发生磺化反应,由此制备强酸性阳离子交换树脂。

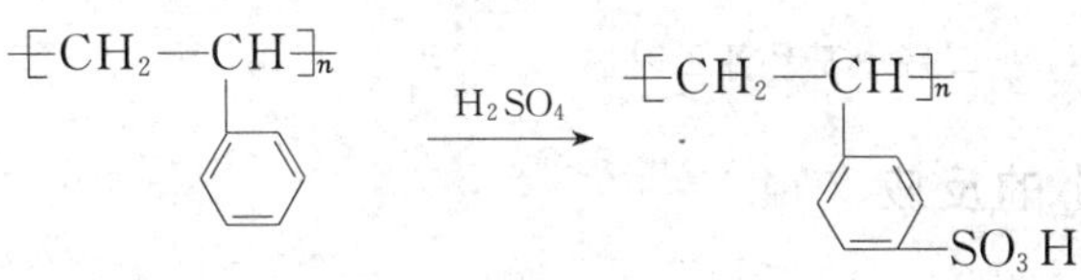

通过高分子化合物与小分子化合物、高分子化合物和高分子化合物间的各种化学反应,改变原来高分子化合物的化学组成与结构,以便达到对原有高分子化合物进行改性、合成新的和具有特殊功能的高分子材料的目的。

高分子化合物的化学反应有聚合度相似的反应、聚合度增加和聚合度减小的反应。而在反应时,往往同时发生上述两种以上的反应。

一、聚合度相似的反应

聚合度相似的反应是指高分子化合物官能团的反应,如酯化、醚化、磺化、卤化、硝化、缩醛化、水解等反应。这类反应所引起的聚合度变化不大。通过此类型的反应能获得许多无法通过单体聚合得到的新的聚合物和功能高分子化合物。例如天然高分子纤维素的分子链上有许多羟基,在氢氧化钠水溶液中与一氯醋酸作用,发生羧甲基化反应,制得羧甲基纤维素的钠盐。羧甲基纤维素的聚合度并没有发生变化,只是官能团发生了改变。羧甲基纤维素溶于水,可作浆料,增稠剂,增膜等。

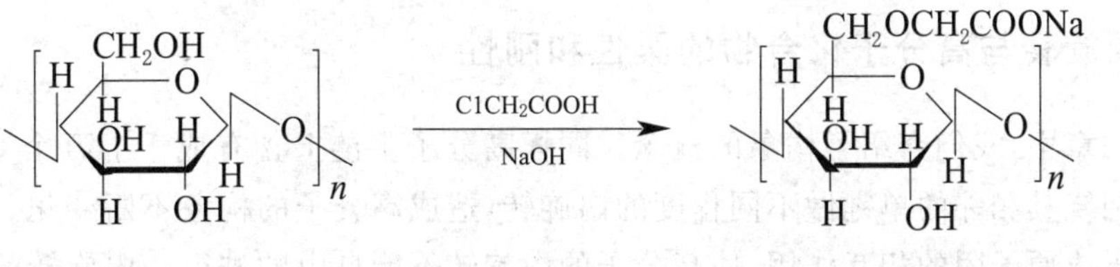

羧甲基纤维素

纺织有机化学

二、聚合度增大的反应

聚合度增大的反应是高分子链(官能团)间或高分子链(官能团)与小分子间反应形成体型聚合物的反应。反应后聚合度显著增加。这类反应包括交联、接枝、嵌段和扩链等反应。

例如,纤维素织物经酰胺—甲醛类整理之后,纤维素中的羟基与整理剂中的活性基团N-羟甲基发生交联反应,经交联后的纤维素,聚合度大大增加,分子链的滑动受到阻碍,当出现皱褶之类形变时,就能发生弹性恢复,因而具有良好的防皱效果。

$$\text{纤维素—OH} + \text{HOCH}_2\text{N} \overset{\overset{\displaystyle O}{\overset{\displaystyle \|}{C}}}{\underset{\underset{\displaystyle \text{CH}_2\text{—CH}_2}{}}{}} \text{NCH}_2\text{OH} \longrightarrow \text{纤维素} \overset{\text{}}{\underset{}{}} \text{OCH}_2\text{N} \overset{\overset{\displaystyle O}{\overset{\displaystyle \|}{C}}}{\underset{\underset{\displaystyle \text{CH}_2\text{—CH}_2}{}}{}} \text{NCH}_2\text{O} \overset{\text{}}{\underset{}{}} \text{纤维素}$$

N,N′-二羟甲基环亚乙基脲

三、聚合度减小的反应

聚合度减小的反应是指高分子链发生断裂,相对分子质量降低的反应,又称高分子化合物的降解反应。聚合度减小的反应可在物理因素(光、热、电、机械力、超声波)和化学因素(水、酸、碱、醇、氧)及微生物的影响下发生。包括水解、氧化裂解、热裂解、光裂解和老化。例如,淀粉水解生成麦芽糖,最终水解成葡萄糖,其聚合度大大降低。

淀粉 $\xrightarrow[\text{麦芽酶}]{\text{H}_2\text{O}}$ 麦芽糖

第四节　高分子化合物的结构与物理性能

一、内旋转与高分子化合物的柔性和刚性

在第二章中,我们介绍了构象的概念。同样高分子主链上含有成千上万个 C—C 单键,每个单键围绕其相邻的单键做不同程度的内旋转,造成高分子的构象不断变化。但是,由于非键联原子或原子团的相互作用,使高分子的内旋转不能自由的进行。内旋转的难易,取决于碳原子所连接基团的极性和体积。基团的极性越强,相互间的作用力越大,旋转时所需用的能量越大,内旋转越不易进行。基团的体积越大,空间位阻越大,内旋转越不易进行。

内旋转越容易,高分子的柔顺性越好(刚性越差)。例如,聚乙烯主链上的碳原子连接的

都是氢原子,原子间的斥力小,所以,分子链的内旋转很容易,其分子链的柔性很大。而聚氯乙烯主链上的碳原子连有氯原子,欲使两个相邻的氯原子旋转到同一方位,需要消耗很多能量,内旋转相对不易进行,因此聚氯乙烯的柔性不如聚乙烯。纤维素因分子链是由葡萄糖环通过氧原子连接,不易内旋转,且分子链上有许多羟基,能形成大量的氢键,所以整个分子较硬。

当温度升高时,由于热能的增加而使分子的内旋转变得较为自由,分子的柔性增加。

二、高分子化合物的聚集状态

高分子的聚集状态是指高分子聚合物材料本体内部高分子链相互的几何排列结构。

小分子物质的状态有气态、液态和固态,固态又分为晶态和非晶态。高分子化合物由于相对分子质量大,分子间的作用力大,常温下一般为固态。所以高分子的聚集状态分为晶态和非晶态。晶态高分子内的分子排列规整有序,如聚酰胺、聚酯等。非晶态高分子内的分子排列杂乱无序,如聚苯乙烯、聚丙烯酸甲酯等。

高分子的链结构是决定聚合物基本性质的主要因素,而高分子的聚集态是决定聚合物本体性能的直接因素。例如,熔融的聚对苯二甲酸乙二醇酯经缓慢冷却得到的涤纶片是脆性的,此时分子聚集成结晶态;而迅速冷却并经双轴拉伸处理的涤纶薄膜却是坚韧的材料,此时分子聚集成非晶态。所以研究高分子的聚集状态是了解高分子结构与性能关系的又一个重要方面。

1. 大分子链结构对形成晶体能力的影响

聚乙烯分子和聚苯乙烯分子都属于线型大分子。聚乙烯分子链上无大的取代基,结构规整,分子间的作用力大,易形成结晶态。反之,像聚苯乙烯分子链上有较大的苯环,分子结构不规整,分子不容易产生有序排列,所以易形成非晶态。

体型结构的高分子,由于分子链间有大量的交联,分子链不可能产生有序排列,因而都是非晶态的。

由两种或两种以上单体组成的无规则共聚物,由于组成不均,难于结晶。

2. 结晶高分子的结构

在高分子化合物晶态中,由于高分子长链卷曲纠缠,使分子链的某一部分与它的邻近分子链有序地排列在一起形成晶区。但分子链的另外一部分则由于移动困难仍不能作有序排列,称非晶区。即结晶高分子存在着结晶区和非结晶区。

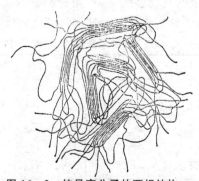

图 16—2　结晶高分子的两相结构

结晶区域所占的百分数称结晶度。结晶度增加则密度、强度和耐热性也增加。

纤维除了要有分子链整齐排列的结晶区以保证足够的强度外,还要有分子链仍可自由运动的非晶区,使纤维柔软而富有弹性,便于水和染料分子有渗入纤维的可能。

三、线型非晶态高分子化合物的力学状态

线型非晶态高聚物具有三种不同的物理状态:玻璃态、高弹态和粘流态。

将线型非晶态聚合物试样置于一恒定的外力作用下,然后以一定速率升温,记录伴随温度升高,高分子试样形态的变化。当温度低时,试样呈刚性固体,其力学特征和玻璃差不多,硬,脆,在外力的作用下,只发生非常小的形变,我们将这种力学状态称之为玻璃态(glass state)。当温度升至某范围后,试样形变明显增加,其力学特征是在不大的外力作用下就能产生数倍的可逆变形,呈现高弹性,如橡胶所处的状态,我们将这种力学状态称之为高弹态(high-elastic state)。温度进一步升高,高分子物加热到熔融时所处的状态,具有粘性液体那样的流动性,但粘度很大,力学特征是在微小的外力作用下就可以产生不可逆的变形,称此力学状态为粘流态(viscous state)。见图 16-3。

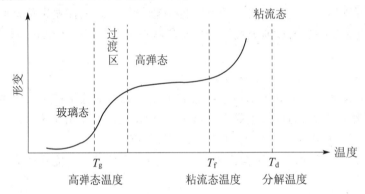

图 16-3　线型非晶态高分子物的温度—形变曲线

当温度在 T_g 以下时,高分子处于玻璃态,就象塑料一样;当温度在 T_g 以上时,高分子处于高弹态,象橡胶一样。通常把 T_g 在室温以下的高分子物称橡胶;T_g 在室温以上的称塑料;T_f 在室温以下的高分子物一般做涂料。加工高分子时,温度选择在粘流态温度(T_f)以上,即通常在粘流态下进行成型。

体型高分子物,因分子链间有较多的交联,使分子链的运动受到了限制,所以只有一种聚集状态——玻璃态。若加热到足够高温度时,则会发生裂解。

表 16-2　几种聚合物的 T_g 和 T_f 值

聚　合　物	T_g(℃)	T_f(℃)	T_g-T_f(℃)
聚氯乙烯	75	175	100
聚苯乙烯	90	135	45
耐纶-66	48	265	217
天然橡胶	−73	122	195
聚甲基丙烯酸甲酯	105	150	45

为什么线型非晶相高聚物具有三种不同的物理状态，而且在不同温度下三种状态可以相互转化呢？

线形大分子链是柔顺的，通常情况下分子链处于卷曲状态。这种卷曲的大分子链具有两种运动单元即链段（由若干链节组成）和整个大分子链。每个大分子链都含有若干个链段。链段的运动比整个分子链的运动容易得多。同一种高分子在不同温度下分子链的柔顺性和运动难易程度会发生改变。在温度很低的情况下，大分子链和链段这两种单元都不能自由运动，只有大分子链上的原子或原子团以一定的平均距离运动着。但在外力的作用下，原子间的平均距离将发生改变，表现出少许的变形。当外力除去，原子又恢复原来的平衡位置，形变恢复。由于这一形变是靠键角、键长瞬时变化而产生的，因此形变较困难，形变量不大，是可逆的普弹形变。这就是所谓玻璃态时的情况，表现出硬而脆的特性。如下图所示：

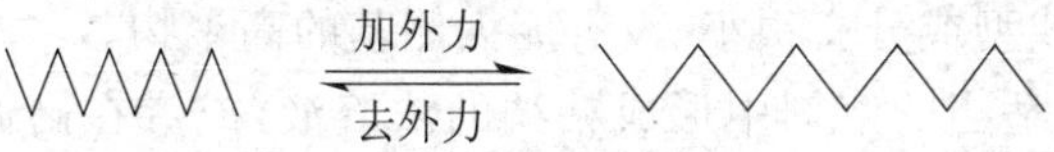

随着外界温度的升高，高分子获得一部分能量，当达到 T_g 时链段开始运动。链段运动的结果使分子链的形状发生变化，在外力的作用下，分子链可以被拉长，从卷曲状态变为伸展状态，外力除去后，由于链段的热运动，分子链立即又恢复到稳定的卷曲状态，表现出高弹形变的性能。可见高弹形变也是可逆的形变。见下图。

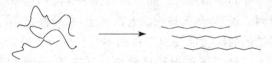

当进一步升高温度时（超过 T_f 后），不但链段运动，而且整个分子链也发生运动，分子间产生相对位移，此时不但形变容易而且是不可逆的。见下图。

通过高分子物的三种力学状态和两个转变温度与分子结构和分子链运动的关系，就可以通过共聚，定向聚合或加入增塑剂而改变原来的高分子物的 T_g，从而提高耐寒性和耐热性。如聚氯乙烯的 T_g 为 75 度，室温下为玻璃态，加入增塑剂如邻苯二甲酸二丁酯后，T_g 就降到室温以下，使聚氯乙烯在室温下处于高弹态，可制薄膜，软管和人造革等。

第五节　合成纤维

纤维以其细长为特征，各种纤维的长度约为 1 毫米～几百米，各种纤维的直径均在几微米～几十微米之间，其长度与直径比在几十倍以上。凡是具备长度与直径比在几十倍以上的均匀线条状或丝状的高分子化合物都称作纤维。

合成纤维是用石油、天然气、煤及农副产品为原料，经一系列化学反应制成高分子物，再经加工制得的高分子化合物纤维。合成纤维具有强度高、外观好、质轻、易洗、保暖性好、耐酸碱等优点,既可单独纺织也可与其他纤维缝纺或交织。

合成纤维的产量和用途非常大,占人类生产、使用的纤维总量的的第二位,仅次于棉花。合成纤维的品种已有几十种,最主要的是聚酯纤维、聚酰胺纤维和聚丙烯腈纤维三大类。合成纤维性能优良,用途广泛,原料来源丰富,发展异常迅速,不但能满足人们对衣着和室内装饰的要求,还能为科技领域和产业部门提供各种高性能纤维和功能纤维。

能形成纤维的高分子应具有下列特性:

第一,要有适宜的相对分子质量和相对分子质量分布。

相对分子质量不够大时,纤维的强度差。相对分子质量增大,可提高纤维的强度。但大到一定程度时,对强度影响不大,反而粘度过大,给纺丝带来困难。一般要求相对分子质量在 10^4 数量级为宜。同时,相对分子质量分布不能太大,否则也要影响物理机械性能。

第二,高分子应是线型或分支很小、没有庞大侧基的高聚物。

这种高聚物能溶在适当的溶剂中形成粘稠的浓溶液,或者在高温下熔融成为粘流态而进行纺丝。通过纺丝后加工,大分子链在纤维轴方向形成有序排列。增加大分子间的引力,构成纤维内部的晶区,以保证纤维有较好的物理机械性能。

第三,分子链间要有较强的吸引力。

一根合成纤维总是由无数线型高分子链交织排列在一起。要提高纤维的强度,就必须提高分子链间的作用力。分子链上有—OH、—NH₂、—CO—、—CN 等极性基团,容易形成氢键,高分子链间的引力就高。聚酰胺、聚酯、丙烯腈等都有极性基团,它们都是良好的合成纤维。但是极性基团并不是提高分子链间作用力的唯一条件,通过定向聚合得到有规立构的聚丙烯分子中虽无极性基团,但分子链排列整齐,分子间作用力强,也可作为良好的纤维。

第四,能形成半结晶结构。

纤维中应同时有晶形区和非晶形区。晶形区内分子链排列规整,分子间吸引力大,强度较高。非晶形区分子排列不规整,呈无规则的卷曲状态,柔顺性好,表现出一定的弹性、耐疲劳性和染色性。这种半结晶的结构能使原来排列不规整的分子链,经过拉伸取向而沿着纤维轴作有序排列固定下来。如果不能保持这种规整状态,而又恢复到无序卷曲的状态,那么,这种高聚物只能制作橡胶而不能纺制纤维。

一、聚酯纤维

聚酯纤维是指高分子链通过酯键(—$\overset{\text{O}}{\overset{\|}{\text{C}}}$—O—)连接起来的一类合成纤维。

聚酯纤维的英文缩写为PET,我国的商品名叫涤纶。主要品种是聚对苯二甲酸乙二酯纤维,另外还有聚对苯二甲酸丁二酯纤维,聚对苯二甲酸-1,4-环己二甲酯纤维等。

1. 聚对苯二甲酸乙二酯的合成

合成聚对苯二甲酸乙二酯的原料为对苯二甲酸或对苯二甲酸二甲酯、乙二醇或环氧乙烷。通过三种途径合成,见下面的反应。

对苯二甲酸经 CH_3OH 甲酯化得到对苯二甲酸二甲酯（邻位为 $COOCH_3$，对位为 $COOCH_3$），再经 $HOCH_2CH_2OH$ 酯交换；或对苯二甲酸（上下两端 $COOH$）经 $HOCH_2CH_2OH$ 直接酯化，或经环氧乙烷（ $CH_2\!-\!CH_2$，中间 O ）加成酯化，得到对苯二甲酸二乙二酯（ $COOCH_2CH_2OH$ ）。

对苯二甲酸二乙二酯

↓ 缩聚

$$HO\!-\!(CH_2CH_2OC\!-\!\!-\!CO\!)_n\!CH_2CH_2OH \ +\ (n-1)\,HOCH_2CH_2OH$$

PET　　　　　　　　　　　　　　　EG

酯交换缩聚法生产技术最成熟，产品质量稳定，成本低。

直接酯化缩聚法采用对苯二甲酸为原料，与酯交换缩聚法相比，省去了对苯二甲酸二甲酯的制造、精致及甲醇回收等工艺，过程简单，但必须使用高纯度的对苯二甲酸。

环氧乙烷加成酯化缩聚法是由环氧乙烷代替乙二醇，省工序，产品质量也好。但环氧乙烷易燃易爆，加成反应不宜控制，设备结构复杂，所以存在问题较多。

2. 聚对苯二甲酸乙二酯的结构与性能

聚对苯二甲酸乙二酯（涤纶）的相对分子质量为 2 万～3 万，大分子链的两端各有一个羟基，酯键把一系列苯环和 $-CH_2CH_2-$ 连接起来，分子链没有分支，易于沿着纤维拉伸方向相互平行排列。结构有高度规整性，具有紧密敛集能力与结晶倾向，所以，涤纶纤维密度大，为 $1.38\sim1.40\mathrm{g/cm^3}$，比棉纤维小，接近于羊毛和天然丝。分子链中的刚性基团

（ $-\overset{O}{\underset{}{C}}\!-\!\!-\!\overset{O}{\underset{}{C}}-$ ）作为一个整体而振动，所以增加了链的刚性，使大分子比较挺直，因此使纺织品挺括，不易变形，回弹率高，缩水率低。由于长链分子缺少极性基，因而涤纶吸湿性低，织物易洗快干，但不吸汗，穿着时有发闷的感觉。大分子链中虽然有酯键，但与苯环发生共轭，使酯键水解困难，所以涤纶耐腐蚀、耐有机溶剂、耐光都很好。但在强碱或浓碱作用下，易水解，所以涤纶不耐碱。

涤纶的结构具有疏水性，所以纤维间的摩擦系数高，导电性差，绝缘性好。但在纺织品中容易形成静电，必须加抗静电剂。

涤纶分子中缺乏亲水性基团和能与染料结合的基团，所以吸水性弱，染色困难。聚酯纤维一般用分散染料高温染色，也可制成聚酯的改性纤维，用阳离子染料来染色。

3. 聚对苯二甲酸乙二酯（涤纶）的主要用途

涤纶的强度、弹性、耐磨性、耐热性均较好，可制成纯涤纶织物，也可与棉、毛、粘胶纤维

等混纺织成各种纺织品和针织物,是理想的纺织材料。工业上主要用于轮胎帘子线,电绝缘材料,密封粘合胶带、包装材料滤布等。

二、聚酰胺纤维

聚酰胺纤维是指大分子链通过酰胺键($-\overset{\overset{\displaystyle O}{\|}}{C}-NH-$)连接起来的一类合成纤维。在我国简称锦纶,国外称尼龙或耐纶。

锦纶纤维一般分两大类,一类是由二元胺和二元酸缩聚而得,通式为:
$H[HN(CH_2)_xNHCO(CH_2)_yCH]_nOH$,根据二元胺和二元酸的碳原子数得到不同的锦纶。例如,锦纶-66 就是由己二胺和己二酸缩聚而得,前一个数字表示二元胺的碳原子数,后一个数字表示二元酸的碳原子数。

另一类是由 ω-氨基酸缩聚或内酰胺开环聚合制得。通式 $H[HN(CH_2)_xCO]_nOH$

根据每一链节所含的碳原子数予以命名,例如锦纶-6 就是由己内酰胺 $\left(\begin{matrix} NH-CO \\ (CH_2)_5 \end{matrix}\right)$ 开环聚合制得。聚酰胺纤维有许多品种,主要品种为锦纶-6 和锦纶-66,其中锦纶-6 占锦纶的一半以上。

1. 锦纶-6 的合成

(1)己内酰胺单体

合成锦纶-6 的原料来自于石油化工、煤化学工业和农副产品。合成己内酰胺单体有三种方法:苯酚法、环己烷法(空气氧化法和环己烷光亚硝化法)和甲苯法。苯酚法最早实现工业化,技术成熟,产品质量高,但工艺路线长,原料成本高,已逐步被其他方法取代。甲苯原料充足、便宜,但产量低。环己烷法是生产己内酰胺的主要方法。空气氧化法工艺简单成本低,光亚硝化法流程短产率高,但耗电高。反应如下:

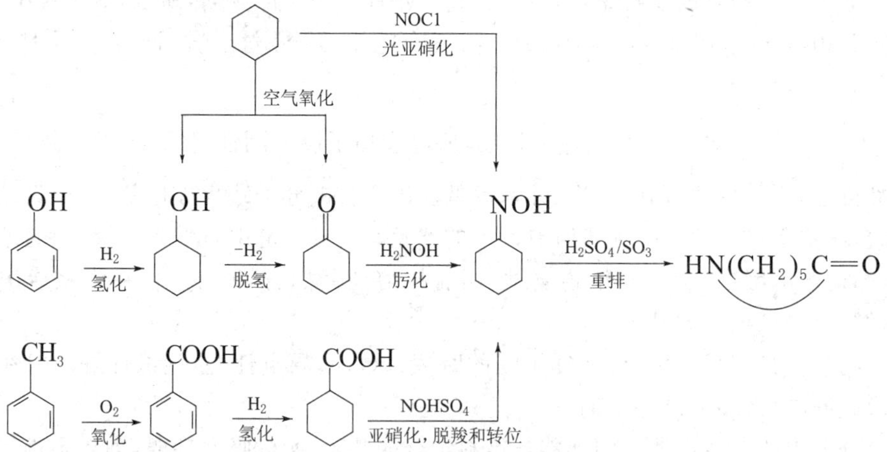

(2)锦纶-6 的合成

工业上常用水解聚合法制备锦纶-6。可用少量水做催化剂,也可用氢氧化钠等碱性物

质做催化剂。反应如下:

$$n\,HN(CH_2)_5C{=}O + nH_2O \longrightarrow nH_2N(CH_2)_5COOH$$

$$\longrightarrow H\!-\!\!\left[HN(CH_2)_5CO\right]_n\!\!OH$$

2. 聚酰胺的结构和性能

聚酰胺是没有庞大侧链的线形高分子,中间的脂肪链是通过酰胺键相连的,分子的结构比较规整,内旋转能量低,柔顺性大,因此聚酰胺纤维容易变形,回弹率和耐磨性成为纺织纤维的最优者。分子链上大量的酰胺键使分子间存在氢键,分子间的作用力大,所以聚酰胺的熔点较高。分子链沿着纤维方向作有序排列,结晶度和取向度较高,所以强度比天然纤维高。分子链中亚甲基较多,所以密度小,为 $1.04 \sim 1.14g/cm^3$,其密度仅高于聚丙烯和聚乙烯纤维。分子链上有极性的酰胺键和非极性的亚甲基,其吸湿性在合成纤维中较好,但比天然纤维和再生纤维低。聚酰胺纤维链端含有羧基和氨基,所以,染色性要好于涤纶低于天然纤维和再生纤维。可用酸性染料、中性染料、分散染料、活性染料及活性分散染料等进行染色。

3. 主要用途

聚酰胺纤维具有强度高、弹性好、密度小、耐磨耐疲劳性好,是一种优良的合成纤维,作为纺织材料以长丝居多,可纯纺或混纺加工成各种机织、针织品,制成袜子、内衣、衬衣、运动衫。在工业上可制作轮胎帘子线、传动带、渔网、绳缆、过滤布和军用物质等。现已对聚酰胺纤维进行化学或物理改性,以克服易变形、尺寸不稳定、耐光耐热性差等缺点。

三、聚丙烯腈纤维

聚丙烯腈纤维是指由丙烯腈质量占 85% 以上的共聚物制得的一类碳链纤维。聚丙烯腈纤维一般都是三元共聚物纺丝制得的。丙烯腈为第一单体,约占 85%。常用的第二单体有丙烯酸甲酯($CH_2{=}CH{-}COOCH_3$)、甲基丙烯酸甲酯($CH_2{=}C(CH_3){-}COOCH_3$)、醋酸乙烯酯($CH_2{=}CH{-}OOCCH_3$)等,约占 5%~9%。常用的第三单体有衣康酸($CH_2{=}C(COOH){-}CH_2COOH$)、甲基丙烯磺酸钠($CH_3CH{=}CH{-}CH_2SO_3Na$)、对甲基丙烯酰胺苯磺酸钠($CH_3CH{=}CH{-}CONH{-}\text{苯环}{-}SO_3Na$)、2-乙烯基吡啶($CH_2{=}CH{-}\text{吡啶}$)等,约占 0.5%~2%。

聚丙烯腈纤维商品牌号很多,国外统称为聚丙烯腈系纤维,我国的商品名为腈纶。是合成纤维三大品种之一。

1. 聚丙烯腈共聚物的合成

(1)单体的合成

制取第一单体丙烯腈的原料有石油、天然气、煤和电石等。目前工业上的最主要方法是丙烯氨氧化法。

$$CH_2\!=\!CH\!-\!CH_3 + NH_3 + O_2 \xrightarrow{\text{催化剂}} CH_2\!=\!CH\!-\!CN + H_2O$$

第二单体可由丙烯氧化制取丙烯酸,再与甲醇酯化制得。

$$CH_2\!=\!CH\!-\!CH_3 + O_2 \xrightarrow{\text{催化剂}} CH_2\!=\!CH\!-\!COOH + H_2O$$

$$\downarrow CH_3OH, H^+$$

$$CH_2\!=\!CH\!-\!COOCH_3 + H_2O$$

第三单体可由丙烯与氯气反应生成3-氯-1-丙烯,再与亚硫酸钠反应制得。

$$CH_2\!=\!CH\!-\!CH_3 + Cl_2 \xrightarrow{\text{光}} CH_2\!=\!CH\!-\!CH_2Cl + HCl$$

$$\downarrow Na_2SO_3$$

$$CH_2\!=\!CH\!-\!CH_2SO_3Na + NaCl$$

(2)丙烯腈共聚物的合成

$$\begin{array}{ccccc} CH_2\!=\!CH & + & CH_2\!=\!CH & + & CH_2\!=\!CH \\ | & & | & & | \\ CN & & COOCH_3 & & CH_2SO_3Na \end{array} \longrightarrow$$

$$\begin{array}{ccc} -\!-\!-\!-\!CH_2\!-\!CH\!-\!CH_2\!-\!CH\!-\!CH_2\!-\!CH \\ | & | & | \\ CN & COOCH_3 & CH_2SO_3Na \end{array}$$

2. 聚丙烯腈纤维的结构与性能

丙烯腈均聚物分子链上有强极性的氰基,分子间的作用力很强,紧密堆砌,横向高度有序,致使聚合物发脆,溶解性和染色性都很差。丙烯腈共聚物是带有侧基的线形碳链高分子,各共聚体在分子链上的分布是无规则的,丙烯腈单元的连接方式主要是头尾相连,具有不规则曲折和扭转的螺旋状结构。加入第二单体和第三单体后,① 可削弱了分子链之间的作用力,增加氰基排列的不规则性,减少氢键及偶极结合;② 增加分子链间的阻碍,减弱分子链间的结合,可使分子链变得柔软;③ 第三单体具有酸性基团,共聚后酸性基团在纤维中可与阳离子染料结合。使染色时染料分子易扩散至纤维内部,因而容易染色。

3. 主要用途

腈纶具有良好的耐日光、耐热和耐霉变虫蛀性能,对酸、碱的稳定性也好,具有热弹性。它的蓬松性、弹性和保暖性比羊毛好,外观上酷似羊毛,是优良的天然毛的代用品,被称作人造羊毛,已广泛应用于绒线或与羊毛混纺制成毛型纺织品。腈纶经抗菌处理后,其抗菌能力可长期保持,用于无菌水及腹水透析器等。

四、聚乙烯醇纤维

聚乙烯醇纤维是指由聚乙烯醇制得的一类碳链合成纤维。聚乙烯醇缩甲醛纤维是这类纤维的主要工业产品,在我国的商品名为维纶。

1. 聚乙烯醇缩甲醛的合成

游离的乙烯醇极不稳定,它很快互变成一个几乎完全是乙醛的平衡混合物。

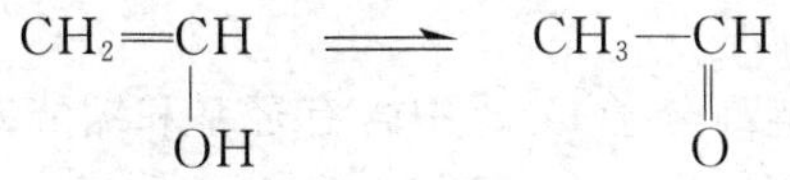

$$\underset{\underset{\text{乙烯醇}}{OH}}{CH_2=CH} \Longrightarrow \underset{\underset{\text{乙醛}}{O}}{CH_3-CH}$$

因此,不能直接用乙烯醇作单体制备聚乙烯醇。目前,聚乙烯醇在工业上是用醋酸乙烯聚合,然后醇解(或水解)而制得。

(1)醋酸乙烯合成

醋酸乙烯的合成方法有乙炔法和乙烯法。

乙烯法是以乙烯、醋酸和氧气为原料,在醋酸钠和 $PdCl_2-CuCl_2$ 催化剂存在下,于160～200℃气相合成的。该法原料丰富,成本低,生产能力大,产品质量高。

$$CH_2=CH_2+CH_3COOH+O_2 \longrightarrow CH_3COOCH=CH_2+H_2O$$

(2)醋酸乙烯的聚合

醋酸乙烯在偶氮二异丁腈的引发下,以甲醇为溶剂的溶液中聚合。

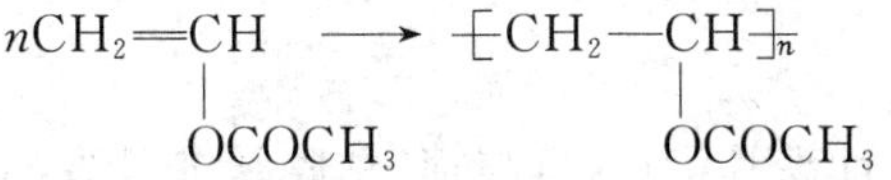

$$n\underset{\underset{OCOCH_3}{|}}{CH_2=CH} \longrightarrow \underset{\underset{OCOCH_3}{|}}{[CH_2-CH]_n}$$

(3)聚醋酸乙烯的醇解

聚醋酸乙烯的醇解一般在碱催化下进行。生成的产物聚乙烯醇为白色粉末沉淀出来。

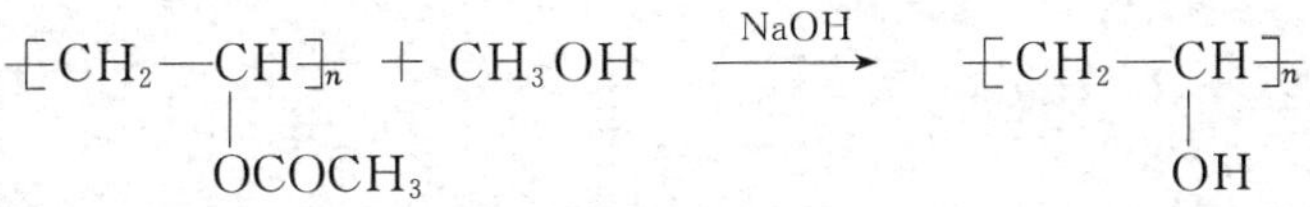

$$\underset{\underset{OCOCH_3}{|}}{[CH_2-CH]_n}+CH_3OH \xrightarrow{NaOH} \underset{\underset{OH}{|}}{[CH_2-CH]_n}$$

醇解反应不可能完全,因而聚乙烯醇的分子链中残留一定量的醋酸基。醋酸基的体积较大,含量过高会阻碍聚乙烯醇的密度,致使结晶困难,不能获得高强度的纤维,制得的纤维还容易在热水中溶胀,降低纤维的耐热水性。聚乙烯醇作为浆料和乳化剂时,醋酸基含量较高;用于纺丝,要求醇解完全,一般残留醋酸基控制在 0.2% 以下。

(4)聚乙烯醇缩甲醛的合成

聚乙烯醇大分子链中有许多仲羟基,具有多元醇的性质,能醚化、酯化、缩醛化和脱水等。缩醛化反应在工业上应用最多的是甲醛化。聚乙烯醇在硫酸催化下的缩醛化反应,主要是生成分子内的缩醛,但也会生成分子间的缩醛而产生交联。缩醛化后,聚乙烯醇中的一部分羟基转变成缩醛基,降低了亲水性。

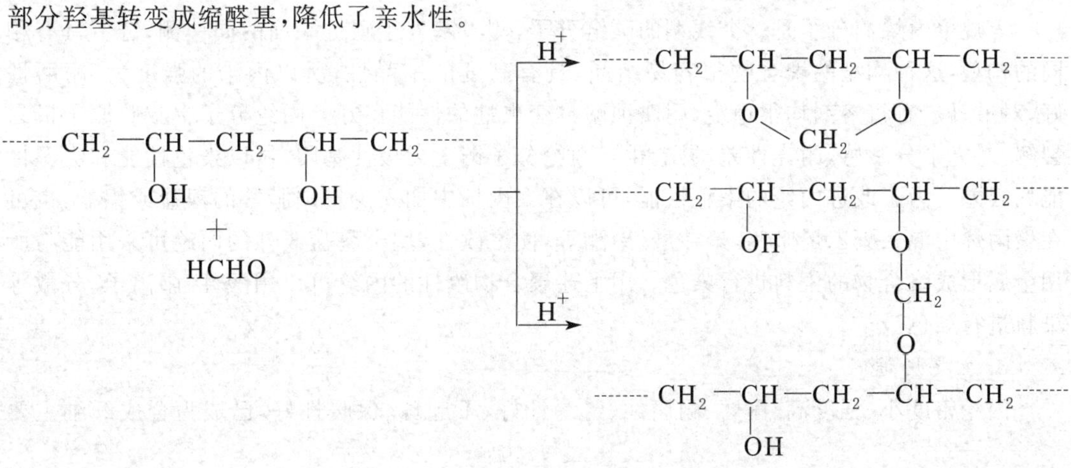

315

2.聚乙烯醇缩甲醛的结构与性能

聚乙烯醇缩甲醛是支链很少的线形全碳链高分子,分子中含有羟基和缩醛基,缩醛化度一般为 35%,这样保持聚乙烯醇缩甲醛的晶区占 60%,非晶区占 40%。

维纶的密度为 1.26~1.30g/cm³,与羊毛、涤纶相近,比棉花轻,比锦纶、腈纶略重。由于纤维中含有大量的羟基,所以有很高的吸湿性。维纶的耐热性很差,湿态的纤维在 110℃以上就发生显著的收缩和变形,若在水中煮沸 3~4h,就会粘结,甚至部分溶解。维纶的断裂强度比棉花高一倍多,耐磨性好。回弹率比羊毛、涤纶和腈纶低,织物的弹性差易皱折,但比棉花好。

维纶具有皮芯结构,皮层结构紧密,芯层有空穴,皮层的存在使化学试剂难以渗入到纤维的内部,所以,维纶耐酸碱的作用。由于缩醛对碱比对酸稳定,因此维纶的耐碱性比耐酸性更好。维纶在一般的有机酸、醇、酯、石油醚等溶剂中均不溶解。

维纶既含有亲水性的羟基,又有疏水性的缩醛基,所以维纶对大多数染料或多或少有一定的染色性,对直接、硫化、还原等染料都有一定的亲和力。

3.聚乙烯醇缩甲醛的主要用途

维纶具有强度较高、耐磨性好和吸湿性高等优点,可与棉、粘胶纤维混纺,加工成各种民用的纺织品。但由于缩水率大、弹性差、易皱折,不宜制成高档织物。工业上可制成消防带、包装布、渔网等。

五、聚丙烯纤维

聚丙烯纤维是指由等规聚丙烯制得的一种碳链合成纤维。在我国的商品名为"丙纶"。

1.等规聚丙烯的合成

聚丙烯的原料丙烯来自石油裂解。在齐格勒—纳塔催化剂[$TiCl_3 - (C_2H_5)_3Al$]催化下,以惰性烷烃为溶剂进行丙烯的定向聚合。

$$nCH_2\!\!=\!\!CH \xrightarrow[50\sim80℃]{TiCl_3 - (C_2H_5)_3Al} \underset{\mid}{\overset{}{\left[CH_2 - CH\right]_n}}$$
$$\quad\quad\mid \qquad\qquad\qquad\qquad\qquad\qquad\quad CH_3$$
$$\quad\quad CH_3$$

2.等规聚丙烯的结构与性能

等规聚丙烯高分子是一个线型的碳链分子,侧甲基处于碳链平面的同一侧,链节具有相同的构型,这种构型的聚合物很容易结晶,具有高度的结晶性,所以丙纶的强度大,耐磨性好,对酸、碱,有机溶剂均很稳定,耐腐蚀耐霉变虫蛀的性能良好。丙纶分子中叔碳原子极易裂解,对光十分敏感,耐光性差,易老化。丙纶分子链上无极性基团,所以染色性能和吸湿性能均很差。为了改进丙纶的染色性能,可以在聚丙烯中加入少量硬脂酸的镍盐或铝盐,也可在聚丙烯中混入聚乙烯吡啶、聚羧酸、聚酯等,使之改性,用金属盐改性的丙纶可采用能与所用金属形成络合物的染料进行染色。用上述聚合物改性的丙纶可以用酸性、阳离子、分散等染料进行染色。

3.主要用途

丙纶密度小、强度高、耐磨、耐腐蚀、绝缘性好、不起球、保暖性好,已成为合成纤维主要品种之一。丙纶大量用于织造地毯及装饰织物,也可织成袜子、蚊帐。工业上可制作绳索、渔网、人造草坪和各种无纺布等。

六、聚乳酸纤维

聚乳酸纤维(PLA)是以玉米(淀粉)为原料经发酵制成乳酸,乳酸通过聚合制成聚乳酸,聚乳酸经纺丝制成聚乳酸纤维。

聚乳酸纤维是一种高科技、环保型、功能性的纺织材料。它的原料来自于价廉量多的植物(玉米),而不是石油。使用后的废弃物埋在土中或水中,可在微生物的作用下,分解生成二氧化碳和水,在阳光下通过光合作用又生成起始原料淀粉,起到环保作用。由于具有完全自然循环和能生物分解的特点,已被众多专家推荐为"21世纪的环境循环材料",是一种极具发展潜质的生态性纤维。

PLA 最早于 1932 年由 Dupont 发现。经过几十年的研究,目前已发展成为与棉花、羊毛、丝绸、尼龙、聚酯等并列的一类新的纤维。

聚乳酸纤维(PLA)属于脂肪族聚酯纤维,吸湿排汗性好;比重为 $1.27g/cm^3$,比棉花、羊毛轻,比锦纶、腈纶重;难燃烧性佳,燃烧时烟少,离火 2 分钟后自动熄火;强度高($3.8g \cdot d^{-1}$);回弹率高,恢复(伸度 5%)93%,抗皱性好;抗紫外线性能优越;熔融纺丝,用分散染料染色。

聚乳酸纤维(PLA)可与棉、羊毛混纺,纺织成衣料用织物,生产具有丝感外观的 T 恤、茄克衫、长裤及礼服等。由于具有无毒无刺激性、生物相容性和生物分解功能的特点,在手术缝合线及医用材料方面也颇受欢迎。另外还可以用于非织造布领域,用于地毯、农用材料、汽车材料、热融纤维材料和家具填充材料等方面。

国内对聚乳酸纤维(PLA)的开发、应用研究现还处于起步阶段,相信在不久的将来,聚乳酸纤维(PLA)会大量的生产应用,给我们带来极大的好处。

习 题

1. 高分子化合物与低分子化合物有何区别?

2. 解释下列术语:

(1)单体 (2)链节 (3)聚合度 (4)多分散性 (5)柔顺性

3. 室温下有气体或液体状态的高分子化合物吗? 为什么? 有人说鸡蛋、牛奶和天然橡胶乳都是液体高分子,对吗?

4. 什么叫共聚反应? 共聚物有哪几类?

5. 线形非晶态高聚物在不同温度下可呈现哪几种物理状态? 各状态的力学特征是什么? 各状态高聚物分子的热运动是如何进行的?

6. 将下列两组高分子物按柔顺性由大到小排列成序:

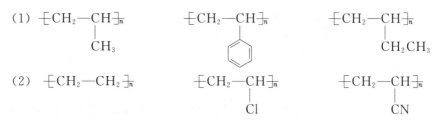

（2） $\left[CH_2-CH_2 \right]_n$ $\qquad$ $\left[CH_2-CH \atop | \atop Cl \right]_n$ $\qquad$ $\left[CH_2-CH \atop | \atop CN \right]_n$

7. 有两种合成高聚物，一种能溶于氯仿等有机溶剂，并且加热到一定温度时会变软甚至熔融成粘稠状的液体；另一种不仅不溶于溶剂，加热后亦不会变软和熔融，请指出两者的结构形状。能否用这种简单的方法把两种不同的结构的合成高聚物初步区别开来？

8. 成纤高聚物有哪些基本特征？试以聚酰胺-6为例说明。

9. 如果聚酰胺66的酰胺键上的氮原子上的氢原子被甲基取代，那么该高聚物的 T_g 与聚酰胺-66的 T_g 谁高？

10. 合成腈纶时为何要加入第二单体和第三单体？第二单体和第三单体的分子属哪种类型，作用是什么？

11. 完成下列反应：

（1） $\left[CH_2-CH \atop | \atop OCOCH_3 \right]_n$ $\xrightarrow{H_2O}$ ？ $\xrightarrow{HCHO}$

（2） $\left[CH_2-CH \atop | \atop \bigcirc \right]_n$ $\xrightarrow[\text{HNO}_3]{\text{H}_2\text{SO}_4}$

12. 命名下列高分子，并写出单体的构造式：

（1） $\left[HN-(CH_2)_{10}-NH-\overset{O}{\overset{||}{C}}-(CH_2)_8-\overset{O}{\overset{||}{C}} \right]_n$

（2） $\left[CH_2-CH=CH-CH_2 \right]_n$

（3） $\left[CH_2-CH \atop | \atop \bigcirc \right]_n$

第十七章　红外光谱与核磁共振谱

测定有机化合物的结构是有机化学研究的一项重要任务。随着科学技术的发展,红外光谱、紫外光谱、核磁共振及质谱(简称四谱)等物理方法已成为有机化学领域广泛使用的新技术。本章仅对普遍应用的红外光谱(infrared spectroscopy,简称 IR)和核磁共振谱(nuclear magnetic resonance spectroscopy,简称 NMR)作一简单介绍。

第一节　电磁波与分子吸收光谱

一、电磁波

电磁辐射是一种高速通过空间传播的光子流,既有粒子性又有波动性。就波动性而言,光子流有一定的波长:

$$\nu = c/\lambda$$

式中:ν为振动频率(Hz);c为光速(其量值近似为 3×10^{10} cm·s^{-1});λ为波长(nm,光波波长的单位很多,其换算关系为 1 nm$=10^{-3}$ μm$=10^{-7}$ cm)。

在波谱学中,表示频率还常用波数(σ),即波长的倒数,表示在 1cm 长度上波的数目,单位 cm^{-1}。

$$\sigma = \frac{1}{\lambda} = \frac{\nu}{c}$$

按波长顺序排列得到光谱,光谱可划分成若干区域。

就粒子而言,光子又具有能量(E),其量值与频率成正比:

$$E = h\nu = \frac{hc}{\lambda}$$

式中:E为光子能量(J);h为普朗克(Planck 常量,其量值为 6.626×10^{-34} J·s。

波长越短,频率越高,光子能量越大。

二、分子吸收光谱

分子和原子一样,也有它的特征分子能级。分子内部的运动可分为价电子运动、分子内原子在平衡位置附近的振动和分子绕其重心的转动。因此分子具有电子(价电子)能级、振动能级和转动能级,它们对应的能量分别为电子能(E_e)、振动能(E_v)和转动能(E_r),则分子的总能量 E 与三者之间的关系为:

$$E_{总} = E_e + E_v + E_r$$

当分子吸收一个具有一定能量的光子时,分子就由较低的能级 E_1 跃迁到较高的能级 E_2,被吸收光子的能量必须与分子跃迁前后的能级差恰好相等,否则不能被吸收,它们是量子化的。

$$\triangle E_{分子} = E_2 - E_1 = E_{光子} = h\nu$$

上述分子中这三种能级,以转动能级差最小(约在 0.025～0.004 eV),分子的振动能差约在 1～0.025 eV 之间,分子外层电子跃迁的能级差约为 20～1 eV。

1. 转动光谱(rotational spectrum)

在转动光谱中,分子所吸收的光能只引起分子转动能级的变化,即使分子从较低的转动能级激发到较高的转动能级。转动光谱是由彼此分开的谱线所组成的。

由于分子转动能级之间的能量差很小,转动光谱位于电磁波谱中长波部分,即在远红外线及微波区域内。所以这种分子吸收光谱又称远红外光谱。

根据简单分子的转动光谱可以测定键长和键角。

2. 振动光谱(vibrational spectrum)

在振动光谱中分子所吸收的光能引起振动能级的变化。分子中振动能级之间能量差要比同一振动能级中转动能级之间能量差大 100 倍左右。振动能级的变化常常伴随转动能级的变化,所以,振动光谱是由一些谱带组成的,它们大多在红外区域内,因此,叫红外光谱或振动—转动光谱。

3. 电子光谱(electron spectrum)

在电子光谱中分子所吸收的光能使电子激发到较高的电子能级,电子能级发生变化所需的能量约为振动能级发生变化所需能量的 10～100 倍。

电子能级发生变化时常常同时发生振动和转动能级的变化。当电子从一个能级跃迁到另一个电子能级时,产生的谱线不是一条,而是无数条。实际上观测到的是一些互相重叠的谱带。在一般情况下,也很难确定电子能级的变化究竟相当于哪一个波长,一般是把吸收带中吸收强度最大的波长 λ_{max}(最大吸收峰的波长)标出。因此,由电子跃迁产生的分子吸收光谱称为紫外—可见吸收光谱或电子光谱。

第二节　红外光谱

利用物质的分子对红外辐射的吸收,得到与分子结构相应的红外光谱图,从而来鉴定分子结构的方法称为红外吸收光谱法(infrared absorption spectroscopy)。红外光谱在化学领域中的应用,大体上可分为两个方面:用于分子结构的基础研究和用于化学组成的分析。前者应用红外光谱可以测定键长、键角,以此推断出分子的立体构型;根据所得的力常数可以知道化学键的强弱等等。但是,红外光谱最广泛的应用还在于对物质的化学组成进行分析,即从特征吸收来识别不同分子的结构;通过与已知化合物的光谱进行比较,识别分子中的官能团。

习惯上按红外线波长,将红外光谱分成三个区域。这三个区域所包含的波长(波数)范围以及能级跃迁类型如表 17-1 所示。其中中红外区是研究、应用最多的区域,本节主要讨论中红外吸收光谱。

表 17-1 电磁波谱

光谱区	波长范围	原子或分子的运动形式
X 射线	0.01~10 nm	原子内层电子的跃进
远紫外	10~200 nm	分子中原子外层电子的跃进
紫外	200~380 nm	同上
可见光	380~780 nm	同上
近红外	780nm~2.5 μm	分子中涉及氢原子的振动
(中)红外	2.5~50 μm	分子中原子的振动及分子转动
远红外	50~300 μm	分子的转动
微波	0.3mm~1m	同上
无线电波	1~1 000m	核磁共振

一、红外光谱图的表示方法

红外光谱图多以波长 λ(单位 μm)或波数 σ(或用 $1/\lambda$ 表示,单位 cm^{-1})为横坐标,表示吸收带的位置。波长和波数之间的关系为

$$\sigma = \frac{1}{\lambda} \times 10^4$$

以透射百分率(transmittance %,符号 T%)为纵坐标表示吸收强度时,吸收峰向下;如果用吸光度 A(absorption)为纵坐标表示吸收强度时,吸收峰则向上。

透射率 T%越低,表明吸收的越好,故曲线低谷表示一个好的吸收带。

$$T\% = \frac{I}{I_0} \times 100\%$$

式中:I 为透过光的强度;I_0 为入射光的强度。

图 17-1 所示为正丁醛的红外谱图。

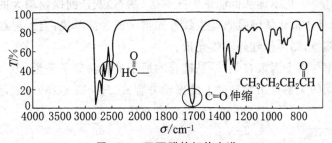

图 17-1 正丁醛的红外光谱

由图 17-1 可见正丁醛在羰基峰处 T 几乎为 0,而在醛基的 C—H 伸缩振动峰处 T 为 30%。因此我们可以说在波数为 1730 cm^{-1} 处有很强的红外吸收。吸收峰越长,分子吸收该

频率的红外光能力越大。

二、红外光谱与分子结构的关系

1.红外光谱的产生

红外光谱是一种吸收光谱,它是由于分子振动能级的跃迁(同时伴随转动能级跃迁)而产生的。由原子组成的分子是在不断地振动着的,分子中原子的振动可以分两大类:一类是原子间沿着键轴的伸长和缩短,叫做伸缩振动(stretching vibration),用 V 表示。伸缩振动时只是键长有变化而键角不变,所产生的吸收带一般发生在高频区。另一类是成键两个原子在键轴上下或左右弯曲,叫做弯曲振动(bending vibration)或变形振动,用 δ 表示。弯曲振动时键长不变而键角有变化,所产生的吸收带一般在低频区。

伸缩振动可分为对称伸缩振动(用 V_s 表示)和不对称伸缩振动(用 V_{as} 表示)两种,如图17-2;弯曲振动可分为面内弯曲振动和面外弯曲振动,如图 17-3 所示。

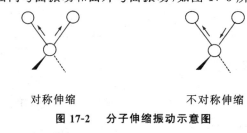

对称伸缩　　　　　　　　　不对称伸缩

图 17-2　分子伸缩振动示意图

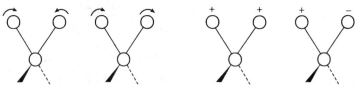

剪式振动　　平面摇摆　　　　非平面摇摆　　　扭曲振动

面内弯曲(δ)　　　　　　　面外弯曲(γ)

图 17-3　分子弯曲振动示意图(＋、－表示与纸面垂直方向)

当红外光照射化合物时,化学键吸收红外光的能量,从而增大化学键振动能量。当入射红外光的能量恰好等于化学键从低能量的振动态(基态)跃迁到振幅增大的高能量的振动态(激发态),这个能量才被化学键吸收产生红外光谱。或者简单说:当入射红外光的频率恰好等于振动跃迁的频率,则产生红外吸收光谱。

振动吸收频率与两个因素有关:一是键合的原子的相对原子质量;另一个是键的相对强度。这些因素之间的关系可用物理学上的振动方程式(Hooke 定律)来表示:

$$\nu = \frac{1}{2\pi}\sqrt{\frac{k}{\mu}} \qquad\qquad \mu = \frac{m_1 m_2}{m_1 + m_2}$$

式中:ν 为双原子分子化学键的振动频率(可近似按简谐振动处理);k 为化学键的力常数(N·cm^{-1});m_1,m_2 分别为两原子质量(g);μ 为折合质量(g)。

现代红外光谱多用投射率与波数(σ/cm^{-1})或透射率与波长(λ/μm)表示。

$$\sigma = \frac{1}{2\pi \cdot c}\sqrt{\frac{\kappa}{\mu}} \qquad 或 \qquad \lambda = \frac{c}{\dfrac{1}{2\pi}\sqrt{\dfrac{\kappa}{\mu}}}$$

上述公式中,π 和 c 为常数,吸收频率随键的强度的增加而增加,随键连原子的质量的增加而减小。

每种振动形式都具有其特定的振动频率,即有相应的红外吸收峰。当振动频率和入射光的频率一致时,入射光就被吸收,因而同一基团基本上总是相对稳定地在某一特定范围内出现吸收峰。例如,由于 C—H 键的伸缩振动,在波数 $2870\sim3300\ \mathrm{cm}^{-1}$ 间将出现吸收峰,O—H 键的伸缩振动,在 $2500\sim3650\ \mathrm{cm}^{-1}$ 间出现吸收峰;而 C—O—H 三原子平面间的弯曲振动会在 $1250\sim1500\ \mathrm{cm}^{-1}$ 间出现吸收峰。因此研究红外光谱可以得到分子内部结构的资料。

2.红外吸收区域和特征频率

红外光谱的吸收位置在波数为 $4000\sim400\ \mathrm{cm}^{-1}$(或波长 $2.5\sim25\,\mu\mathrm{m}$)的范围之内。我们可将整个红外光谱划分为官能团区($4000\sim1300\ \mathrm{cm}^{-1}$)及指纹区($1300\sim400\ \mathrm{cm}^{-1}$)两个区段。

在红外光谱中,波数在 $4000\sim1300\ \mathrm{cm}^{-1}$ 之间的高频区域的吸收峰主要是由官能团中某两个键连原子之间的伸缩振动产生的,与整个分子的关系不大,因而可用于确定某种官能团是否存在,这是红外光谱中较易识别的区域,一般把这个区域叫做特征谱带区,又叫官能团吸收区。在该区域中凡是能用于鉴定有机化合物各种基团存在的吸收峰叫特征吸收峰或特征峰。

官能团吸收区又可以分三个特征区:

①X—H 伸缩振动区($4000\sim2500\ \mathrm{cm}^{-1}$)

在 $4000\sim2500\ \mathrm{cm}^{-1}$ 区域的吸收峰主要包括 O—H、N—H、C—H 和 S—H 键的伸缩振动,通常又称为"氢键区"。

②X≡Z 叁键和累积双键伸缩振动区($2500\sim1900\ \mathrm{cm}^{-1}$)

在 $2500\sim1900\ \mathrm{cm}^{-1}$ 区域主要是—C≡C—、—C≡N 等三键和—C=C=C—、—N=C=O、—C=C=O 等积累双键的伸缩振动吸收光的频率。

③X=Z 双键伸缩振动区($1900\sim1200\ \mathrm{cm}^{-1}$)

在 $1900\sim1200\ \mathrm{cm}^{-1}$ 区域的吸收峰主要是 C=O、C=N、C=C 等双键伸缩振动吸收光的频率。

波数在 $1300\sim400\ \mathrm{cm}^{-1}$ 的低频区吸收带特别密集,是由多原子体系的单键(主要是 C—C、C—N 和 C—O)伸缩振动及弯曲振动产生的吸收峰。这一区域内的吸收峰位置及强度可随化合物结构的不同而不同,像人的指纹一样,两人没有完全相同的指纹,所以叫指纹区。指纹区吸收峰非常多,它们的位置、强度及形状随每一个具体化合物而变化,有时难以辨认,所以该区域的吸收峰对于鉴别官能团意义不是太大。但在指纹区内各个化合物在结构上的微小差异都会得到反映,因此在确定某有机物时有很大的用途。只有两个化合物的红外光谱不仅官能团区一致,而且指纹区也完全一致,才能说明这两个化合物是相同的。

在红外光谱中,各类有机化合物的主要基团在固定区域内出现一定强度的吸收带,这些吸收带可作为鉴定官能团的依据,将能产生这些吸收带的吸收频率叫该基团的特征频率。人们总结了大量有机化合物的红外光谱,得到了详细的官能团的特征频率,现将一些重要官能团的主要特征吸收频率列入表 17-2 中。

表 17-2　主要基团的红外光谱特征峰的吸收频率

基团	吸收频率(cm^{-1})	基团	吸收频率(cm^{-1})
OH(游离)	3650~3580(伸缩)	C≡C	1680~1620(伸缩)
—OH(缔合)	3400~3200(伸缩)	芳环中 C≡C	1600,1580(伸缩)
—NH_2,—NH(游离)	3500~3300(伸缩)	—	1500,1450(伸缩)
—NH_2,—NH(缔合)	3400~3100(伸缩)	—C=O	1850~1600(伸缩)
—SH	2600~2500(伸缩)	—NO_2	1600~1500(反对称伸缩)
C—H 伸缩振动	—	—NO_2	1300~1250(对称伸缩)
不饱和 C—H	—	S=O	1220~1040(伸缩)
≡C—H(叁键)	3300 附近(伸缩)	C—O	1300~1000(伸缩)
=C—H(双键)	3010~3040(伸缩)	C—O—C	1150~900(伸缩)
苯环中 C—H	3030 附近(伸缩)	—CH_3,—CH_2	1460±10(CH_3 反对称变形,CH_2 变形)
饱和 C—H	—	—CH_3	1370~1380(对称变形)
—CH_3	2960±5(反对称伸缩)	—NH_2	1650~1560(变形)
—CH_3	2870±10(对称伸缩)	C—F	1400~1000(伸缩)
—CH_2	2930±5(反对称伸缩)	C—Cl	800~600(伸缩)
—CH_2	2850±10(对称伸缩)	C—Br	600~500(伸缩)
—C≡N	2260~2220(伸缩)	C—I	500~200(伸缩)
—N≡N	2310~2135(伸缩)	=CH_2	910~890(面外摇摆)
—C≡C—	2260~2100(伸缩)	—$(CH_2)_n$— ,$n>4$	720(面内摇摆)
—C=C=C—	1950 附近(伸缩)		—

三、红外吸收光谱的应用

1.谱图的解析

在获得红外光谱图以后,可借助于手册和书籍中的基团频率表对照图谱中基团频率区内的主要吸收带,推测可能存在的官能团和化学键,然后再结合指纹区吸收带作出推测。

计算有机化合物的不饱和度,对结构的推测非常有帮助。所谓不饱和度是表示有机分子中碳原子的饱和程度。计算不饱和度 U 的经验公式为:

$$U = 1 + n_4 + \frac{1}{2}(n_3 - n_1)$$

式中 n_1,n_3 和 n_4 分别为分子式中一价、三价和四价原子的数目。通常规定双键(C=C、

C=O 等)和饱和环状结构的不饱和度为1,叁键(C≡C、C≡N 等)的不饱和度为2,苯环的不饱和度为4(可理解为一个环加三个双键)。链状饱和烃的不饱和度则为零。

下面通过实例来说明结构的推断:

[例1] 某化合物的化学式为 $C_9H_{10}O$,它的红外光谱如下,试推断其结构式。

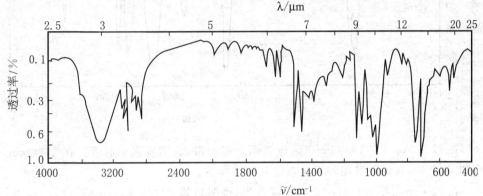

解:(1)不饱和度计算如下:

$U=1+9+\frac{1}{2}(0-10)=5$,说明分子中可能存在苯环。

(2)在 1700 cm^{-1} 附近无强吸收带,说明不存在羰基,因此可以排除它是羰基化合物的可能性。

(3)在 3400 cm^{-1} 附近有一强而宽的吸收带,说明有 OH 的伸缩振动带,在 1050 cm^{-1} 左右有一强吸收带,证明是伯醇。

(4)1600 cm^{-1}、1500 cm^{-1} 及 1450 cm^{-1} 附近有三个尖锐的吸收带,且 1500 cm^{-1} 强于 1600 cm^{-1} 处的带,1600 cm^{-1} 附近又分裂成两个带。以上事实不仅说明有苯环存在,也证实苯环与一π电子不饱和体系共轭,这与不饱和度为 5 完全吻合。

(5)在 700 和 750 cm^{-1} 处有两个吸收带,证明是一元取代苯。

(6)1380 cm^{-1} 处无吸收,说明不存在甲基。

综上所述,此化合物的结构式是: ⌬—CH=CH—CH$_2$—OH

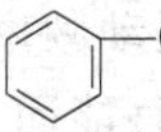

[例2] 某化合物的化学式为 $C_{18}H_{26}O_4$,它的红外谱图如图所示,试推断其结构。

解:(1)不饱和度计算如下:

$U=1+18+\frac{1}{2}(0-26)=6$,说明分子中可能存在苯环。

(2)在 1700 cm^{-1} 附近有强吸收带,宽度中等,说明存在羰基,因此排除了醇、酚、醚及胺类的可能性。

(3)在 3000 cm^{-1} 附近,无很宽吸收带,说明不是羧酸。

(4)在 3500~3400 cm^{-1} 间无 N—H 伸缩振动吸收带。1600 cm^{-1} 附近无强、宽的吸收带,说明不是酰胺。

(5)在 2700 cm^{-1} 附近无中强吸收带,可排除是醛的可能性。

(6)在 1100 和 1250 cm^{-1} 附近有两个强吸收带,且羰基的吸收带频率要比一般酮高,说明此化合物很可能是酯。

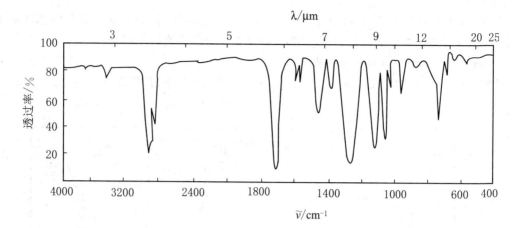

(7)在 1500 cm⁻¹ 与 1600 cm⁻¹ 附近有两个吸收带,且前者强于后者。在 1600 cm⁻¹ 附近分裂出两个带,这说明存在苯环与双键共轭的体系。

(8)在 750 cm⁻¹ 附近只有一个中强吸收带,说明是邻二取代苯。

(9)在 1640 cm⁻¹ 附近无尖锐吸收带,说明除芳环外,无其他 C=C 双键。

(10)1380 cm⁻¹ 附近有吸收带,且在 2870 cm⁻¹ 附近有吸收带,说明存在—CH₃。1380 cm⁻¹ 处的吸收带不发生分裂,说明不存在异丙基。在 2855 cm⁻¹ 处有吸收,说明存在饱和亚甲基。综上所述,此化合物的结构式应是:

$$\text{（邻苯二甲酸二戊酯结构式）}$$

$C-O(CH_2)_4CH_3$

2. 定性分析

分子中基团或化学键都具有各自的特征振动频率,因此可以利用未知化合物红外光谱图上吸收带的位置,推断出分子中可能存在的官能团和化学键,再根据其他信息,便可确定化合物的结构。下面重点介绍红外吸收光谱法在纺织化学中的应用。

(1)纤维的鉴定

结构不同的纤维有不同的红外吸收光谱。将纤维试样的红外光谱与各种纤维的标准谱图相对照,就可加以鉴定。几种常见纤维的红外光谱图如图 17-4～图 17-8 所示。

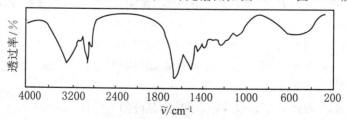

图 17-4 羊毛红外光谱图(KBr 压片)

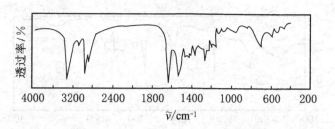

图 17-5　尼龙-6 红外光谱图（甲酸制膜）

羊毛（蛋白质纤维）及尼龙-6（聚酰胺纤维）的红外光谱图如图 17-4 和 17-5 所示，两者都具有酰胺键，红外光谱图很相似，在 $3300 \pm 10\ cm^{-1}$ 附近有 N—H 的伸缩振动带，在 1640 cm^{-1} 有 C＝O 伸缩振动带。但是 N—H 的弯曲振动带，蛋白质分子出现在 1500 cm^{-1}，而聚酰胺分子则出现在 1545 cm^{-1}。根据这两个差别可区分聚酰胺纤维和蛋白质纤维。

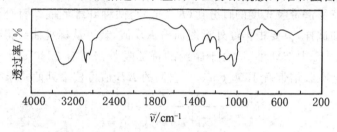

图 17-6　维纶短纤维红外光谱图（KBr 压片）

聚乙烯醇系纤维红外光谱如图 17-6 所示，在 850 cm^{-1} 有 C—C 骨架振动吸收带，在 1020 cm^{-1} 有 O—CH_2—O 伸缩振动带，在 3400 cm^{-1} 附近有 O—H 伸缩振动带。这三个谱带可用于鉴别该系纤维。

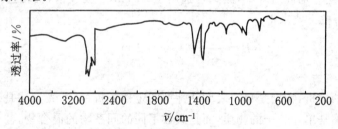

图 17-7　丙纶红外光谱图（KBr 压片）

丙纶纤维红外光谱如图 17-7 所示，丙纶分子中甲基和亚甲基的数量相等，甲基和亚甲基的不对称伸缩振动带 2950 cm^{-1} 和 2910 cm^{-1} 的强度相等；而甲基和亚甲基的对称伸缩振动带 2850 cm^{-1} 和 2820 cm^{-1} 的强度相近。特征谱带是 1170 cm^{-1}、1000 cm^{-1}、975 cm^{-1} 和 843 cm^{-1} 四个谱带。

聚丙烯腈系纤维如图 17-8 所示，这类纤维因共聚组分不同，商品牌号很多，其红外光谱也有一定差异，但它们都含有丙烯腈组分，在 2230 cm^{-1} 处有—C≡N 伸缩振动带，在 1450 cm^{-1} 有 CH_2 弯曲振动带，这两个谱带可作为该系纤维的鉴别标准。若第二单体用的是丙烯酸甲酯，则在 1735 cm^{-1} 附近还有酯类羰基伸缩振动带。

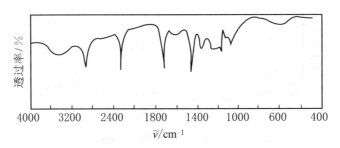

图 17-8　腈纶(国产)红外光谱图(KBr 压片)

至于混纺纤维,可利用各种纤维的不同特征吸收带进行鉴定。若再结合使用显微镜法、溶解法等其他方法,则对混纺组分的鉴别就更加可靠。

(2)混纺纤维混纺比的测定

将两种纤维特征谱带吸光度的百分比(KB 值)与两种纤维的混纺百分比作图可得到标准曲线。对于未知试样,只要根据红外谱图标出 KB 值,就可从标准曲线得到混纺比。

例如,腈纶－羊毛混纺纤维,适合于腈纶的特征吸收谱带有 2230 cm^{-1} 和 1450 cm^{-1};适合于羊毛的特征吸收谱带有 1500 cm^{-1}。它们的 KB 值可按下列两式求得:

$$KB = \frac{A_{1500}}{A_{1500} + A_{2230}} \times 100$$

$$KB = \frac{A_{1500}}{A_{1500} + A_{1450}} \times 100$$

将上面两式求得的 KB 值,分别对混纺比或羊毛的百分含量作图,得到的两条标准曲线都显示良好的线性关系。

又如,对于涤纶－棉混纺纤维,涤纶可选用 1730 cm^{-1} 吸收谱,棉可选用 2900 cm^{-1} 吸收带。其 KB 值可按下式求得:

$$KB = \frac{A_{2900}}{A_{2900} + A_{1730}} \times 100$$

(3)表面活性剂的分析

表面活性剂的分析,特别是单一表面活性剂的定性分析,红外光谱法是最有效的工具之一。表面活性剂不是单一分子的物质,而是碳数不同的同系物的混合物,甚至是合成反应的混合物,因此吸收带较多,往往相互干扰,使谱图的解析比较困难,而常常必须借助标准谱图对照才能作出最后结论。图 17-9～图 17-12 是一些常用的表面活性剂的红外谱图。

①阴离子表面活性剂

羧酸盐型见图 17-9,在 1563 cm^{-1} 和 1430 cm^{-1} 有两个表征羧酸盐离子结构的特征吸收带。当加入稀的无机酸游离出脂肪酸后,则这两个带消失,而在 1710 cm^{-1} 附近出现脂肪酸 C=O 的伸缩振动带。

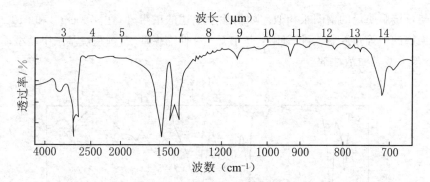

图 17-9　硬脂酸钠红外光谱图(KBr 法)

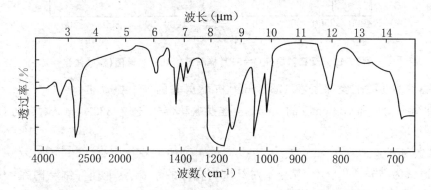

图 17-10　直链烷基苯磺酸钠(LAS)(C$_{11}$～C$_{12}$) 红外光谱图

硫酸酯盐型和磺酸盐型见图 17-10,在 1220～1170 cm^{-1} 间有一宽而强的 S=O 不对称伸缩振动带,一般硫酸酯盐在 1220 cm^{-1} 附近,磺酸盐型低于 1220 cm^{-1}。直链烷基苯磺酸除在 1180 cm^{-1} 有 S=O 吸收带外,在 1600 cm^{-1} 和 1500 cm^{-1} 有苯环的骨架振动带,在 900～700 cm^{-1} 间有苯环上 C—H 面外弯曲振动带。

磷酸酯盐型,烷基磷酸酯盐在 1290～1235 cm^{-1} 间有一中等强度的 P=O 伸缩振动带,在 1050～970 cm^{-1} 间有一宽而强的 P—O—C 伸缩振动带。

② 阳离子表面活性剂

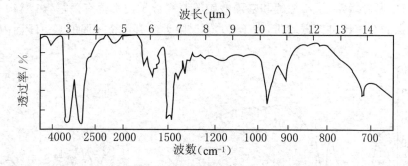

图 17-11　氯化三甲基月桂基(含水)的红外光谱图(液膜法)

季铵盐类在 2900 cm^{-1} 有 C—H 伸缩振动带,在 1470 cm^{-1} 有—CH$_2$—及—CH$_3$ 的剪式弯曲振动带,在 720 cm^{-1} 有亚甲基长链的平面摇摆振动带,在 1000～910 cm^{-1} 间有宽而弱的 C—N 伸缩振动带。如果谱图中再无其他强吸收带,则可能是二烷基二甲基型季铵盐。这种季铵盐与长链脂肪烃的谱图很相似。如果除了上述的谱带外,在 970 cm^{-1} 和 910 cm^{-1} 附近还有两个尖锐的中等强度的—N(CH$_3$)$_3$ 基中 C—N 伸缩振动带,则是烷基三甲基型季铵盐。

③ 非离子型表面活性剂

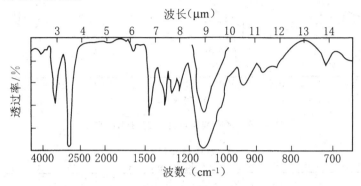

图 17-12 聚氧乙烯(EO=5)月桂醇醚的红外光谱图(液膜法)

多元醇的脂肪酸酯类除了在 1730 cm^{-1} 有酯羰基的伸缩振动带,在 1170 cm^{-1} 有 C—O—C 的伸缩振动带和 720 cm^{-1} 的—CH$_2$—摇摆振动带外,还有 3333 cm^{-1} 附近的 O—H 伸缩振动带。

(4)浆料分析

浆料通常为高分子化合物,其分子对纤维有良好的粘着力,能使纤维粘附在一起,增加纱线的强力,提高耐磨性,广泛用于经纱的上浆。常用的浆料有淀粉、植物胶、淀粉衍生物、纤维素衍生物、聚乙烯醇、聚丙烯酸酯、聚丙烯酰胺等等。

红外光谱法分析浆料,是根据分子中所含的官能团来判断浆料的类别,一般比常规的化学分析正确可靠。快速简便,但对于未知浆料的剖析,最好与理化分析相结合,这样结果更为可靠。图 17-13~图 17-16 是某些常用浆料的红外光谱图。

现将浆料的红外谱图解析的一些注意点分述如下:

所有的淀粉浆料,无论是小麦淀粉或玉蜀黍淀粉,化学结构基本相同。它们的红外谱图也十分相似,甚至完全相同。

淀粉、羧甲基纤维素、聚乙烯醇和褐藻酸钠等浆料分子内都含有羟基,在 3340 cm^{-1} 附近都有一宽而强的 O—H 伸缩振动带,在 1320 cm^{-1} 附近还有一个较弱的 C—H 面内弯曲振动带,图 17-13。

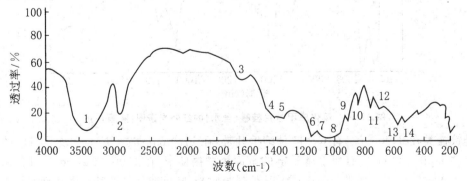

图 17-13 小麦淀粉红外光谱图

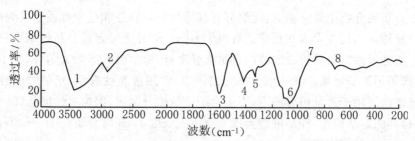

图 17-14　羧甲基纤维素钠(CMC)红外光谱图

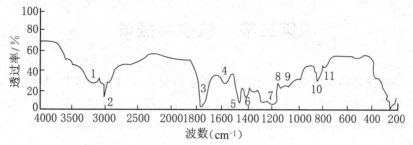

图 17-15　聚丙烯酸酯红外光谱图

羧甲基纤维素、褐藻酸钠等含羧基的浆料，它们的羧酸根离子的不对称伸缩振动带在 $1600\sim1570$ cm^{-1} 间，对称伸缩振动带在 1400 cm^{-1} 附近，这两个吸收带强度大，特征性强。利用这两个谱带可将它们与淀粉浆区分开来，如见图 17-14 所示。

聚丙烯酸酯和聚醋羧乙烯酯部分醇解的聚乙烯醇浆料，它们分子中含有酯键，在 1735 cm^{-1} 附近有 C=O 的伸缩振动带，在 $1300\sim1100$ cm^{-1} 间有 C—O—C 的不对称伸缩振动带。利用这两个谱带可将完全醇解型和部分醇解型两种聚乙烯醇浆料区分开来，如图 17-15 所示。

聚丙烯酰胺浆料分子中含有酰胺基，在 $3500\sim3300$ cm^{-1} 间和 1600 cm^{-1} 附近分别有 N—H 的伸缩振动带和弯曲振动带，在 1690 cm^{-1} 附近有 C=O 的伸缩振动带，如图 17-16 所示。

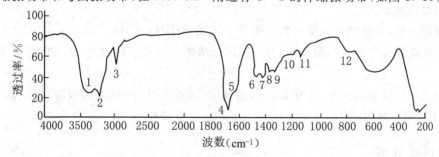

图 17-16　聚丙烯酰胺红外光谱图

淀粉、淀粉衍生物、植物胶、纤维素衍生物等类的浆料在化学结构上都属于多糖类的天然高分子化合物或及其衍生物，分子中都含有六元氧环式结构，在 $1200\sim1060$ cm^{-1} 间有一个宽而平坦的 C—O—C 不对称伸缩振动带。这是碳氧六元环结构的特征吸收带。

3.定量分析

红外光谱定量分析法与其他定量方法相比存在不少缺点，因此只在特殊情况下使用。

它常常用于分析混合物中某一组分,此组分与其他组分在物理和化学性质上极为相似,特别是异构体。异构体的红外光谱在指纹区有很大不同。红外光谱定量分析的依据仍是朗伯-比尔定律。所选择的定量分析吸收峰应有足够强度,即摩尔吸光系数大的峰,且不与其他峰相重叠,一般采用面积定量。在一般红外光谱图中,常用透光度表示,定量时应转换成吸光度。红外光谱法适用于常量组分测定,不适合于微量组分测定,因为灵敏度低(误差在5％左右)。为了提高测定准确度,样品的透光度不宜过大或过小,通常介于20％～60％之间,同样绘制吸光度对浓度的校准曲线。

第三节　核磁共振谱

核磁共振波谱是研究具有磁性质的某些原子核对射频辐射的吸收,是测定各种有机和无机成分结构的最强有力的工具之一。如果说红外吸收光谱揭示了分子中官能团的种类、确定了化合物所属类型,那么核磁共振谱则可进一步确定分子中各种氢原子、碳原子等细微结构的信息。

核磁共振波谱类似于紫外、可见及红外吸收光谱,也属于吸收光谱法,只是研究的对象是处于强磁场中的原子核对射频辐射的吸收。

一、基本原理

核磁共振主要是由原子核的自旋运动引起的。不同的原子核自旋运动的情况不同,可以用自旋量子数 I 表示。当其质量数和原子序数两者之一是奇数或均为奇数时,原子核就像陀螺一样绕轴做旋转运动,例如 $_1^1H$ 和 $_6^{13}C$ 等都可做自身旋转运动,称为自旋运动,自旋可产生磁矩。核磁共振图谱是由于具有磁矩的原子核,在外加磁场中受辐射而发生能级跃迁所形成的吸收光谱。

从原则上说,凡是核自旋量子数 I 不等于零的原子核,如 ^1H,^{13}C,^{15}N,^{19}F,^{35}Cl,^{37}Cl 等都可发生核磁共振。但到目前为止,最有实用价值的只有氢谱和碳谱。^1H 和 ^{13}C 的 I 都等于 $1/2$。

有机化学中研究得最多、应用最广的是氢谱(即质子 ^1H 的核磁共振谱),又叫质子核磁共振(PMR)谱。近年来 ^{13}C 的核磁共振(CMR)也发展较快,本书主要讨论氢谱。

二、核磁共振

如前所述,能够自旋($I \neq 0$)的原子核会产生磁场,形成磁矩,所以这样的原子核可以看成微小的磁铁。如果把这样带有磁性的核放到外磁场中,核自旋对外加磁场可以有 $2I+1$ 种取向。氢原子核的 $I=1/2$,因此只有两种取向,$m = +1/2$ 和 $m = -1/2$(m 为磁量子数),即与外磁场同向和与外磁场反向。前者能量低,后者能量高。显然在磁场中核倾向于具有 $m = +1/2$ 的低能态。而两种取向不同的氢核,其能量差 $\triangle E$ 等于:

$$\triangle E = \mu H_0 / I$$

式中:μ 为磁矩;H_0 为磁场强度。

由于 $I=1/2$,故:

$$\triangle E = 2\mu H_0$$

在外磁场作用下,自旋核能级的裂分可用图 17-17 所示。

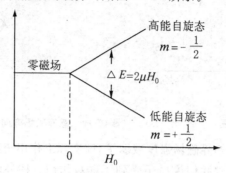

图 17-17　在外磁场作用下,核自旋能级的裂分

若质子受到一定频率的电磁波辐射,辐射所提供的能量恰好等于质子两种取向的能量差,质子就吸收电磁辐射的能量,从低能级跃迁至高能级,即产生了**核磁共振**。这种磁场强度 H_0 不变,改变辐射频率,使辐射的能量恰好等于能量差时,质子发生能级跃迁,产生共振,称为**扫频**。根据量子力学计算结果表明:当 $I=1/2$ 时,$\triangle E$ 与 H_0 的关系:

$$\triangle E = \frac{\gamma h H_0}{2\pi}$$

式中:h 为普朗克常数;H_0 为磁场强度;γ 为磁旋比。

由于 $\triangle E = h\nu_0$,可以导出频率的表达式:

$$\nu_0 = \frac{\gamma H_0}{2\pi}$$

该式是发生核磁共振的条件,在这个关系式中,有两个变数:H_0 和 ν,如将无线电波的频率固定不变,改变 H_0,不同的原子核将在不同的 H_0 时发生共振,这称为**扫场**。一般的核磁共振仪都采用扫场的方法。若以能量吸收峰的强度为纵坐标,磁场强度为横坐标,则可得到 NMR 谱图。

三、屏蔽效应和化学位移

1. 屏蔽效应

对相同的核来说,γ 为常数。一个有机分子中的全部氢质子在同一磁场强度下吸收,只有一个信号,但实际不是这样。如对乙醚样品进行扫场,磁场强度由低至高,首先出现 CH_2 基中 H 的信号,其次是 CH_3 中 H 的信号,即出现了两种不同 H 的信号,在图谱上就是两个吸收峰(图 17-18)。这是因为在有机化合物分子中的质子周围还有电子,而不同类型的 H 周围电子云密度不一样,在外加磁场的作用下,引起了电子环流,在环流中产生另一个磁场,即感应磁场。电子围绕质子所产生的这个感应磁场,使质子产生对抗磁场,磁场方向与外界磁场方向相反,如图 17-19 所示。

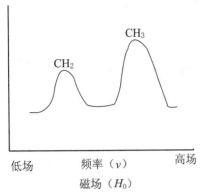

图 17-18　乙醚的 NMR 图

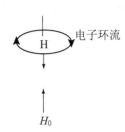

图 17-19　感应磁场方向与外界磁场方向示意图

于是,质子所感应到的外界磁场强度减弱了,即实际上作用于质子的磁场强度 H_i 比 H_0 要小一点(百万分之几),这时我们说质子受到了屏蔽作用。核外电子对核所产生的这种作用称之为**屏蔽效应**(shielding effect)。屏蔽作用的大小与核外电子云密切有关,在质子周围的电子云密度越大屏蔽效应越大,即需在更高的磁场强度中才能发生共振。在乙醚分子 $CH_3-CH_2-O-CH_2-CH_3$ 中,氧是吸电子的,从而减少了它两侧的 CH_2 中 H 的电子云密度,相应地 CH_3 中 H 离氧较远,电子云密度比 CH_2 要大,就是 CH_3 的屏蔽效应比 CH_2 要强些,其结果是 CH_2 上的 H 在磁场强度较低处发生能级的跃迁。

2. 化学位移

像乙醚分子中的 CH_2 和 CH_3 上的 H(质子),由于在分子中的化学环境不同,所受的屏蔽效应则不同,而产生的在不同磁场强度下的共振,显示出不同的吸收峰,峰与峰之间的差距称做**化学位移**(chemical shift),用 δ 来表示。

同一分子中不同类型的氢核,由于化学环境不同,其共振吸收频率亦不同。其频率间的差值相对于 H_0 或 v_0 来说,均是一个很小的数值,仅为 v_0 的百万分之十左右。对其绝对值的测量,难以达到所要求的精度,且因仪器不同,其差值亦不同。例如用 60 MHz 的核磁共振仪,乙醚中 CH_3 和 CH_2 的 H 共振吸收频率之差为 69 Hz 和 202 Hz;如用 100 MHz 的核磁共振仪,乙醚中 CH_3 和 CH_2 的 H 共振吸收频率之差为 115 Hz 和 337 Hz。

为了克服测试上的困难和避免因仪器不同所造成的误差,在实际工作中,使用一个与仪器无关的相对值表示。既以某一标准物质的共振吸收峰为标准($H_{标}$ 或 $v_{标}$),测出样品中各共振吸收峰($H_{样}$ 或 $v_{样}$)与标样的差值 $\triangle H$ 或 $\triangle v$。目前最常用的标准物质是四甲基硅烷 $[(CH_3)_4Si,TMS]$(tetramethyl-silicane),人为地把它的 δ 定为零,因为 TMS 共振时的磁场强度 H 最高,因而一般有机物中氢核的 δ 值都是负值。为了方便起见,负号都不加。凡是 δ 值较大的氢核,就称为低场(downfield),位于谱图的左面;δ 值较小的氢核是高场(upfield),位于谱图的右面,TMS 位于谱图的最右面,如图 17-20。

334

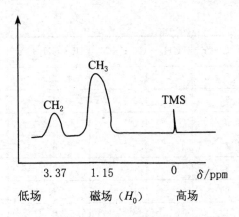

图 17-20 TMS 在核磁共振谱图中的位置

选用 TMS 的原因是它的 12 个氢原子的化学环境完全相同,它只有一个尖锐的吸收峰。另外 TMS 的屏蔽效应很高,共振吸收在高场出现,并且其吸收峰的位置处于一般有机物中不发生的区域内。

为了应用方便,δ 一般都用相对值来表示。因为氢核的 δ 值数量级为百万分之几到十几,因此常在相对值上乘以 10^6。有机化合物的化学位移一般在 0~10 之间,0 是高场,10 是低场。化学位移 δ 可用下式计算:

$$\delta = \frac{\nu_{样品} - \nu_{TMS}}{\nu_{仪器}} \times 10^6$$

式中:$\nu_{样品}$ 为样品吸收峰的频率;ν_{TMS} 为四甲基硅烷吸收峰的频率;$\nu_{仪器}$ 为操作仪器选用的频率。

例如乙醚中 CH_3 和 CH_2 基团中 H 的化学位移计算如下:

设标准化合物 TMS 的 $\delta = 0$,则:

用 60 MHz 时:$\delta(CH_3 \text{ 的 H}) = \frac{69}{60} = 1.15 \text{ ppm}$;$\delta(CH_2 \text{ 的 H}) = \frac{202}{60} = 3.37 \text{ ppm}$

用 100 MHz 时:$\delta(CH_3 \text{ 的 H}) = \frac{115}{100} = 1.15 \text{ ppm}$;$\delta(CH_2 \text{ 的 H}) = \frac{337}{100} = 3.37 \text{ ppm}$

由于化学位移是一个相对值,因此无论在多强的外磁场的磁感应强度下发生共振,某个氢核的化学位移是不会变的,所以化学位移与所用仪器的磁场强度无关。表 17-3 给出了各种基团中质子的化学位移值。

表 17-3 各种基团在不同化学环境中质子的化学位移

Y	CH_3Y	CH_3-G-Y	$CH_3-C-C-Y$	$R-CH_2-Y$	RCH_2-C-Y	R_2CH-Y
H	0.23	0.9	0.9	0.9	1.3	1.3
$CH=CH_2$	1.71	1.0	—	2.0	—	1.7
$C\equiv CH$	1.80	1.2	1.0	2.1	1.5	2.6
C_6H_5	2.35	1.3	1.0	2.6	1.7	2.9
F	4.27	1.2	—	4.4	—	—

Y	CH_3Y	CH_3-C-Y	$CH_3-C-C-Y$	$R-CH_2-Y$	RCH_2-C-Y	R_2CH-Y
Cl	3.06	1.5	1.1	3.5	1.8	4.1
Br	2.69	1.7	1.1	3.4	1.9	4.2
I	2.16	1.9	1.0	3.2	1.9	4.2
OH	3.39	1.2	0.9	3.5	1.5	3.9
OR	3.24	1.2	1.1	3.3	1.6	3.6
OA_c	3.67	1.3	1.1	4.0	1.6	4.9
CHO	2.18	1.1	1.0	2.4	1.7	2.4
$COCH_3$	2.09	1.1	0.9	2.4	1.6	2.5
COOH	2.08	1.2	1.0	2.3	1.7	2.6
NH_2	2.47	1.1	0.9	2.7	1.4	3.1
$NHCOCH_3$	2.71	1.1	1.0	3.2	1.6	4.0
SH	2.00	1.3		2.5	1.6	3.2
CN	1.98	1.4	1.1	2.3	1.7	2.7
NO_2	4.29	1.6	1.0	4.3	2.0	4.4

3. 化学位移与分子结构

化学位移产生的原因是由于核外周围电子的抗磁屏蔽作用,现将影响屏蔽效应的结构因素简述如下:

（1）电负性

屏蔽效应的大小与质子周围的电子云密度成正比,就是质子周围的电子云密度越高,屏蔽效应越大,δ 值越小;电子云密度越低,则 δ 值越大。与质子连接的原子如果电负性较强,即吸电子能力较大,致使质子周围的电子云密度减弱,于是有较小的屏蔽效应和较大的 δ 值。

（2）磁各向异性效应

在分子中,质子与某一官能团的空间关系,有时会影响质子的化学位移,这种效应称磁各向异性效应（magnetic anisotropy）。磁各向异性效应是通过空间而起作用的,它与通过化学键而起作用的效应是不一样的。

① 双键的各向异性效应

例如 C=C 或 C=O 双键中的 π 电子云垂直于双键平面,它在外磁场作用下产生环流。由图 17-21 可见,在双键平面上的质子周围,感应磁场的方向与外磁场相同而产生去屏蔽,吸收峰位于低场。然而在双键上下方向则是屏蔽区域,因而处在此区域的质子共振信号将在高场出现。

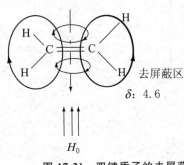

图 17-21　双键质子的去屏蔽

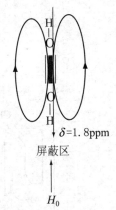

图 17-22　乙炔质子的屏蔽作用

②叁键的各向异性效应

叁键(如乙炔)的电子云是以叁键为轴心的圆柱体,在外磁场诱导下形成绕键轴的电子环流。此环流所产生的感应磁场,使处在键轴方向的质子受到屏蔽效应。因此,它的共振信号在较高磁场出现,其 δ 值低于烯键氢(图 17-22)。

③芳环环电流效应

芳环具有三个共轭双键,它的电子云可以看作为上下两个面包圈形的 π 电子环流。环流半径与芳环半径相同,距离苯环平面为 0.128 nm,在苯环平面上下位置产生抗磁性磁场,即芳环中心为屏蔽区,这种现象叫做环电流效应。由于这个效应,芳环质子发生共振位置较低,其 δ 值一般为 7 ppm 左右。

由上述可见,各向异性效应对化学位移的影响,可以是反磁屏蔽(感应磁场与外磁场反方向),也可以是顺磁屏蔽(去屏蔽)。虽然影响质子化学位移的因素较多,但化学位移和这些因素之间存在着一定的规律性,而且在每一系列给定的条件下,化学位移数值可以重复出现,因此根据化学位移来推测质子的化学环境是很有价值的。现在某些基团或化合物(如亚甲基、烯氢、取代苯、稠环芳烃等)的质子化学位移 δ_H 可用经验式予以估算,这些经验式是根据取代基对化学位移的影响具有加和性的原理由大量实验数据归纳总结而得,具有一定的实用价值。可参阅有关的参考书。

四、积分曲线与峰面积

核磁共振谱不仅揭示了各种不同 H 的化学位移,并且还表示了各种不同 H 的数目。

由图 17-23 可以看到由左到右呈阶梯形的曲线,此曲线称为积分曲线(integral curve),它是将各组共振峰的面积加以积分而得。积分线的高度代表了积分值的大小。由于谱图上共振峰的面积是和质子的数目成正比的,因此只要将峰面积加以比较,就能确定各组质子的数目,如图 17-23 中的峰面积之比是 3:2,恰好是 CH_3 和 CH_2 中氢原子数之比。

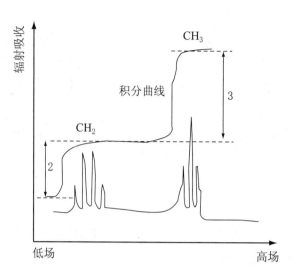

图 17-23　积分曲线与峰面积

　　积分曲线的高度,由核磁共振仪上带的自动积分仪对各峰的面积进行自动积分得到的。积分曲线的画法是由低场到高场,从积分曲线起点到终点的总高度与分子中全部氢原子的数目成比例。每一阶梯的高度表示引起该共振峰的氢原子数之比,其高度比可以用坐标纸方格数(或 cm)表示。

　　如乙醚的 NMR,一组峰高 2 cm,一组峰高 3 cm,总高 5 cm,乙醚分子含 10 个氢原子,则 $\frac{10}{5}=2$(个/cm),一组峰 4 个 H,一组峰 6 个 H,即为 $CH_3CH_2OCH_2CH_3$。

五、自旋偶合与自旋裂分

　　应用高分辨的现代核磁共振仪,乙醚的谱图(低分辨)中原来的两个峰各分裂成四重峰和三重峰,这种情况叫做峰的裂分现象。除了核外电子云的作用外,自旋核还受到邻近碳原子上自旋核两种自旋态的小磁场的作用。分子中相邻碳上等位氢原子自旋相互作用称为**自旋偶合**(spin coupling);由于自旋偶合作用使一种氢核的信号频率发生裂分,称为**自旋裂分**(spin splitting)。自旋裂分会产生多重峰。

　　1. 吸收峰为什么会发生裂分

　　如果一个质子共振峰不受相邻的另一个氢质子的自旋偶合时,表现为一个单峰。

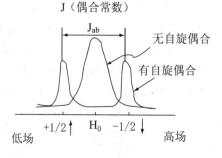

图 17-24　自旋偶合裂分示意图

若受其相邻一个质子（＋1/2，－1/2）自旋偶合时，则裂分为一组二重峰，该二重峰强度相等，其总面积正好和未分裂的单峰的面积相等。峰位则对称分布在未分裂的单峰两侧，一个在强度较低的外加磁场区，一个在强度较高的外加磁场区。这是由于受附近质子自旋影响的结果，如图 17-24 所示。

乙醚分子中 CH_3 上的 H（用 H_a 代表）附近有 CH_2（用 H_b 代表），两个 H_b 的自旋有三种组合方式：(1)两个 H_b 自旋量子数都是 ＋1/2；(2)一个 H_b 为 ＋1/2，另一个为 －1/2 和一个为 －1/2，另一个为 ＋1/2；(3)两个都为 －1/2。

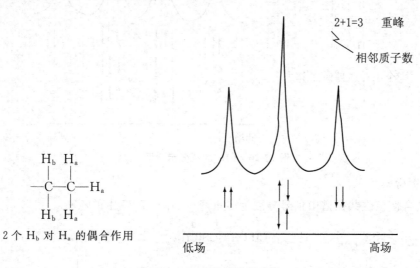

17-25　CH_3 的裂分示意图

第一种组合：等于在 H_a 周围增加两个小磁场，其方向与外加磁场相同。假定在没有 H_b 存在的情况下，H_a 在外加磁场强度为 H_0 时发生跃迁，现由于 2 个 H_b（＋1/2，＋1/2）两个小磁场（与外加磁场方向相同）的存在，使 H_a 受到的磁场力增强。在扫描时，外加磁场强度比 H_0 略小时，即可发生能级的跃迁，于是 H_a 的共振信号将出现在比原来稍低的磁场强度处。

第二种组合：等于增加了两个方向相反，强度相等的小磁场，对 H_a 周围的磁场强度等于没有影响。

第三种组合：相当于增加两个方向与外加磁场相反的小磁场。因此，在扫描时，外加磁场的强度比 H_0 略大时（$H_外＝H_0＋$克服两个 H_b 产生的与外加磁场方向相反的小磁场的强度），H_a 才能发生能级的跃迁，于是 H_a 的共振信号将出现在比原来稍高的磁场强度处。

由于 H_b 的影响，H_a 的共振峰将要一分为三，形成三重峰，如图 17-25 所示，其面积比为 1：2：1。同理 CH_2 上的 H_b 在 CH_3 上三个 H_a 的影响下，其信号分裂为四重峰，其面积比为 1：3：3：1，如图 17-26 所示。

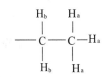

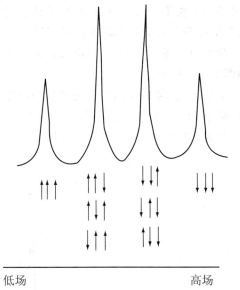

（$n+1$）=3+1=4 重峰
H_b裂分为四重峰
H_b相邻质子为3各
$n=3$

3个H_a对H_b的偶合作用

低场　　　　　　　　　　　　高场

图 17-26　CH₂ 的裂分示意图

2. 偶合常数

自旋偶合使核磁共振谱中信号分裂为多重峰。如图 17-27 中的乙醚

$$\overset{b}{\text{CH}_3}\overset{}{\text{CH}_2}\text{O}\overset{a}{\text{CH}_2}\text{CH}_3$$

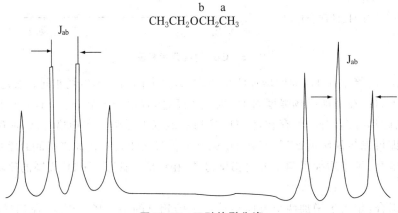

图 17-27　乙醚的裂分峰

相邻两个裂分峰之间的距离称为偶合常数 J（coupling constant），其单位为 Hz。J 的大小表示偶合作用的强弱。与化学位移不一样，J_{ab}不因外磁场的变化而改变；同时外界条件如溶剂、温度、浓度的变化对J_{ab}的影响也很小。

由于偶合作用是通过成键电子传递的，因此 J 的大小与两个（组）氢核之间的键数有关。随着键数的增加，J 值逐渐变小。一般说来，间隔 3 个单键以上时，趋近于零，即此时的偶合作用可以忽略不计。

3. 核的化学等价和磁等价

在核磁共振谱中，有相同化学环境的核具有相同的化学位移。这样有相同化学位移的核称为化学等价。例如在对硝基苯甲醚（结构式中含 NO_2、OCH_3、H_a'、H_b'、H_a、H_b）中，H_a 和 H_a'（或 H_b 和 H_b'）质子的化学环境相同，化学位移相同，它们是化学等价的。又如，在苯环上，六个氢的化学位移相同，它们是化学等价的。

所谓磁等价是指分子中的一组氢核，其化学位移相同，且对组外任何一个原子核的偶合常数也相同。例如在二氟甲烷（$H_1—C—F_2$，含 F_1、H_2）中，H_1 和 H_2 质子的化学位移相同，并且它们对 F_1 或 F_2 的偶合常数也相同，即 $J_{H_1F_1}=J_{H_2F_1}$，$J_{H_2F_2}=J_{H_1F_2}$。因此 H_1 或 H_2 称为磁等价核。应该指出，它们之间虽有自旋干扰，但并不产生峰的裂分；而只有磁不等价的核之间发生偶合时，才会产生峰的裂分。

化学等价的核不一定是磁等价的，而磁等价的核一定是化学等价的。例如在二氟乙烯（$C=C$，含 H_1、H_2、F_1、F_2）中，两个 ^1H 和两个 ^{19}F 虽然环境相同，是化学等价的，但是由于 H_1 和 F_1 是顺式偶合，与 F_2 是反式偶合。同理 H_2 与 F_2 是顺式偶合，与 F_1 是反式偶合。所以 H_1 和 H_2 是磁不等价。应该指出，在同一碳上的质子，不一定都是磁等价。事实上，与手性碳原子相连的 $-CH_2-$ 上的二个氢核，就是磁不等价的，例如在化合物2-氯丁烷（$CH_3—C—C—CH_3$，含 H_a、H、H_b、Cl）中，H_a 和 H_b 质子是磁不等价的。

在解析图谱时，必须弄清某组质子是化学等价还是磁等价，这样才能正确分析图谱。

4.一级图谱

一般说来，一级裂分图谱的吸收峰数目、相对强度和排列次序遵守下列规则：

(1)一个峰被裂分成多重峰时，多重峰的数目将由相邻原子中磁等价的核数 n 来确定，其计算式为 $(2nI+1)$。对于氢核来说，自旋量子数 $I=1/2$，其计算式可写成 $(n+1)$。在乙醇分子中，亚甲基峰的裂分数由邻近的甲基质子数目确定，即 $(3+1)=4$，为四重峰；甲基质子的裂分数由邻近的亚甲基质子数确定，即 $(2+1)=3$，为三重峰。在相邻有两组非等价原子时，则其多重性同时受两个原子上磁等价核数目 n 及 n' 的影响，峰数值等于 $(n+1)(2n'+1)$。

(2)裂分数的面积之比，为二项式 $(X+1)^n$ 展开式中各项系数之比。多重峰通过其中点作对称分布，其中心位置即为化学位移。

例如，在化合物 $CH_3CH_2COCH_3$ 中，右侧的甲基质子与其他质子被三个以上的键分开，因此只能观察到一个峰。中间的 $-CH_2-$ 质子则具有 $(3+1)=4$ 重峰，且面积之比为

$1:3:3:1$。左侧甲基质子则具有$(2+1)=3$重峰,其面积之比为$1:2:1$。

六、NMR 谱图的应用举例

从氢核磁共振谱的每个吸收峰可以得到几个主要参数,即化学位移、自旋裂分、偶合常数和积分高度等,利用这些参数可以解析图谱。

(1)从吸收峰的数目可推测氢(质子)的种类;

(2)根据峰的强度(峰的面积或积分高度)找出每组峰所代表的氢原子数目;

(3)根据吸收峰的化学位移(δ)判断每类质子所处的化学环境及在化合物中位置;

(4)从峰的裂分数和偶合常数(J),找出相互偶合的信号,从而确定相邻碳原子上质子数。

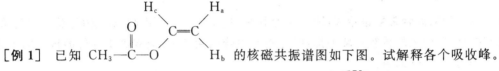

[例1] 已知 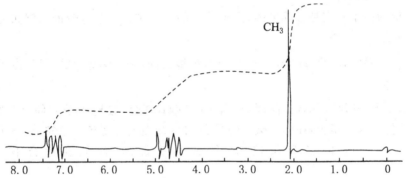 的核磁共振谱图如下图。试解释各个吸收峰。

解:根据化学位移规律,在$\delta=2.1$处的单峰应属于—CH_3的质子峰;=CH_2中 H_a 和 H_b 在$\delta=4\sim5$处,其中 H_a 应在$\delta=4.43$处;H_b 应在$\delta=4.74$处;而 H_c 因受吸电子基团—COO 的影响,显著移向低场,其质子峰组$\delta=7.0\sim7.4$处。从分裂情况来看:由于 H_a 和 H_b 并不完全化学等性(或磁全同),互相之间稍有一定的裂分作用。

H_a 受 H_c 的偶合作用裂分为二$(J_{ab}=6Hz)$,又受 H_b 的偶合,裂分为二$(J_{ab}=1Hz)$,因此 H_a 是两个二重峰;H_b 受 H_c 的作用裂分为二$(J_{ac}=14Hz)$,又受 H_a 的作用裂分为二$(J_{ba}=1Hz)$,因此 H_b 也是两个二重峰;H_c 受 H_b 的作用裂分为二$(J_{cb}=14Hz)$,又受 H_a 的作用裂分为二$(J_{cb}=6Hz)$,因此 H_c 也是两个二重峰。

从积分线高度来看,三组质子数符合$1:2:3$,因此图谱解释合理。

[例2] 下图是化合物 $C_5H_{10}O_2$ 在 CCl_4 溶液中的核磁共振谱,试根据此图谱鉴定它是什么化合物。

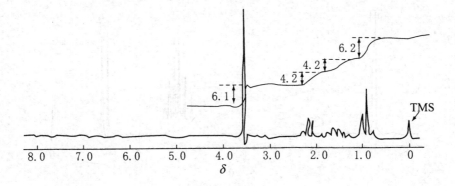

解：从积分线可见，自左到右峰的相对面积为 6.1：4.2：4.2：6.2，这表明 10 个质子的分布为 3，2，2 和 3。在 $\delta=3.6$ 处的单峰是一个孤立的甲基，有可能是 $CH_3O—CO—$ 基团。根据经验式和其余质子的 2：2：3 的分布情况，表示分子中可能有一个正丙基。由分子式计算出其不饱和度等于 1，该化合物含一双键，所以结构式可能为 $CH_3O—CO—CH_2CH_2CH_3$（丁酸甲酯）。其余三组峰的位置和分裂情况是完全符合这一设想的：$\delta=0.9$ 处的三重峰是典型的同—CH_2—基相邻的甲基峰，由化学位移数据 $\delta=2.2$ 处的三重峰可知是同羰基相邻的 CH_2 基的两个质子，另一个 CH_2 基在 $\delta=1.7$ 处产生 12 个峰，这是由于受两边的 CH_2 及 CH_3 的偶合裂分所致[$(3+1)\times(2+1)=12$]，但是在图中只观察到 6 个峰，这是由于仪器分辨率还不够高的缘故。

习　题

1. 红外吸收的条件是什么？是否所有的分子振动都会产生红外吸收峰？为什么？
2. 以亚甲基为例说明分子的基本振动形式。
3. 何谓基团频率？它有什么重要性及用途？
4. 何谓"指纹区"？它有什么特点和用途？
5. 什么是自旋偶合和自旋裂分？
6. 化学位移值是如何定义的？
7. 根据 $\nu_0=\gamma H_0/2\pi$，可以说明一些什么问题？
8. 从以下红外数据鉴定特定的二甲苯：
   化合物 A：吸收带在 767 cm^{-1} 和 629 cm^{-1} 处
   化合物 B：吸收带在 792 cm^{-1} 处
   化合物 C：吸收带在 724 cm^{-1} 处。
9. 某化合物的 NMR 波谱内有三个单峰，分别在 $\delta=7.27$、$\delta=3.07$ 和 $\delta=1.57$ 处。它的经验式是 $C_{10}H_{13}Cl$。推论该化合物的结构。
10. 某化合物的分子式为 C_9H_{12}，其 NMR 谱图如图所示，试推断结构。

343

第十七章　红外光谱与核磁共振谱

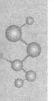

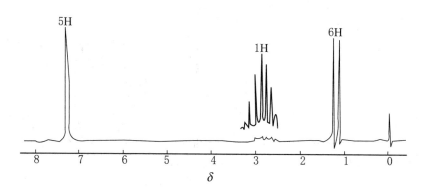

11. 某化合物的分子式为 C_4H_8O,它的红外光谱在 $1715cm^{-1}$ 有强吸收峰;它的核磁共振谱有一单峰,相当于三个 H,有一四重峰相当于二个 H,有一三重峰相当于三个 H。试写出该化合物的构造式。

主要参考文献

1. 邢其毅,裴伟伟.基础有机化学.3版.北京:高等教育出版社,2005.

2. 高鸿宾.有机化学.北京:高等教育出版社,2005.

3. 徐寿昌.有机化学.北京:高等教育出版社,1993.

4. 王礼琛.有机化学.南京:东南大学出版社,2004.

5. 郭灿城.有机化学.2版.北京:高等教育出版社,2006.

6. 华东理工大学有机化学教研组.有机化学.北京:高等教育出版社,2006.

7. 曾昭琼.有机化学.4版.北京:高等教育出版社,2004.

8. 四川大学.近代化学基础.2版.北京:高等教育出版社,2006.

9. 候毓汾,朱振华,王任之.染料化学.北京:化学工业出版社,1994.

10. 眭伟民,金惠平.纺织有机化学基础.上海:上海交通大学出版社,1992.

11. 刘程,张万福,陈长明.表面活性剂应用手册.北京:化学工业出版社,1994.

12. 顾雪蓉,陆云.高分子科学基础.北京:化学工业出版社,2003.

13. 章睿骏,李慧善.石油化学纤维工业知识.北京:纺织工业出版社,1979.